"十三五"普通高等教育本科系列教材

机械制造技术基础课程设计指导书

主　编　储开宇
副主编　王进峰
编　写　康文利　霍　娟　刘尚坤
主　审　范孝良

中国电力出版社
CHINA ELECTRIC POWER PRESS

内 容 提 要

本书共7章，主要内容包括课程设计指导、机械加工工艺规程的制订与专用夹具设计、机床夹具设计要点及常见错误、课程设计实例、机床夹具设计常用工艺设计资料、机床夹具常用零件与部件标准、课程设计题目选编。本书将课程设计指导和常用切削用量手册、典型夹具零部件手册等设计参考资料，精心编排在一起，引入最新国家标准，力求使内容满足课程设计需要且精练合理，便于查阅，选编的课程设计题目可供教师在布置设计任务时选用。

本书可作为普通高等院校机械设计制造及其自动化和机械工程相关专业机械制造技术基础课程设计的指导用书，也可供其他专业师生、机械制造企业与科研院所的工程技术人员参考使用。

图书在版编目（CIP）数据

机械制造技术基础课程设计指导书/储开宇主编．—北京：中国电力出版社，2017.9（2022.8重印）
“十三五”普通高等教育本科规划教材
ISBN 978-7-5198-0004-8

Ⅰ.①机… Ⅱ.①储… Ⅲ.①机械制造—高等学校—教材 Ⅳ.①TH

中国版本图书馆CIP数据核字（2016）第268465号

出版发行：中国电力出版社
地　　址：北京市东城区北京站西街19号（邮政编码100005）
网　　址：http：//www.cepp.sgcc.com.cn
责任编辑：周巧玲
责任校对：李　楠
装帧设计：郝晓燕　张　娟
责任印制：吴　迪

印　　刷：三河市航远印刷有限公司
版　　次：2017年9月第一版
印　　次：2022年8月北京第三次印刷
开　　本：787毫米×1092毫米　16开本
印　　张：22
字　　数：523千字
定　　价：48.00元

版 权 专 有　　侵 权 必 究

本书如有印装质量问题，我社营销中心负责退换

前　言

制造业是国民经济的主体，是立国之本、兴国之器、强国之基。打造具有国际竞争力的制造业，是我国提升综合国力、保障国家安全、建设世界强国的必由之路。而在整个制造业当中，机械制造又起着支柱和支撑的作用，是国民经济发展和科学技术进步的基础核心。在机械制造过程中，为了保证产品质量和提高生产效率，广泛采用了各种工装夹具。使用工装夹具不仅可以保证产品质量和提高生产效率，还可以降低生产成本，改善工人的劳动条件，减轻工人的劳动强度，降低对工人的技术等级要求，扩大工具的操作范围，并且可以实现产品加工过程的自动化，扩展机床的工艺范围，实现一机多能等。

机械制造技术基础课程设计是机械类专业基础课机械制造技术基础的后续课程，其主要任务是对于给定的机械零件，编制其机械加工工艺规程，并对其中某一工序进行机床专用夹具设计。本课程设计以金属切削理论为基础，以机械制造工艺为主线，以机床专用夹具设计为具体任务，目的是培养学生在机械制造实际生产过程中发现问题、分析问题和解决问题的能力，强调学生要综合运用机械制造技术基础的基本知识、基本理论和基本技能，分析和解决实际生产中遇到的设计、结构、工艺、制造、装配、维修等一系列的工程问题，是对学生运用机械制造技术基础相关理论和知识的全面训练，是创新思维和能力的启发、运用和体验，更是让学生成长为工程师的基本培养过程。

编者是结合多年的教学和实践经验，针对目前机械制造技术基础课程设计教学中实际存在的一些问题精心编写而成的。例如，学生在设计过程中需要查阅大量的国家标准及其相关资料，而这些资料分类在不同的手册中，且一般学校图书资料的数量很难同时满足大量学生的设计需求。因此，本书收集了机械制造工艺规程设计和机床夹具设计中常用的有关设计资料，汇编在一起，并在目录中列入相关表格，便于学生查阅，也方便教师进行课程设计的指导。本书紧密联系生产实际，教学针对性强，体系结构设计合理，循序渐进，实例丰富新颖，有利于培养学生的设计能力和动手能力。

本书由华北电力大学储开宇任主编，王进峰任副主编，康文利、霍娟和刘尚坤参加了资料的收集与编写。本书由华北电力大学范孝良教授主审。

由于编者水平所限，书中不足之处在所难免，敬请广大读者和专家批评指正。

编　者

2017年5月

目　　录

第1章 课 程 设 计 指 导

1.1 课程设计的目的、任务与要求

机械制造技术基础是机械设计制造及其自动化专业（或机械工程及相关专业）的一门重要的专业基础课。为了巩固学生在课堂学习到的理论知识，并学会把理论知识运用到实际生产中，要通过机械制造技术基础课程设计这个实践环节，提高学生在实际生产中发现问题、分析问题和解决问题的能力，为学生今后毕业设计进行一次综合性的训练和准备。

机械制造技术基础课程设计主要涉及的设计任务是机械制造工艺及工艺装备的设计。通常是以一个中等复杂程度的中小型机械零件为对象，编制其机械加工工艺规程，并对其中某一工序进行机床专用夹具设计。

1.1.1 课程设计的目的

机械制造技术基础课程设计是为机械设计制造及其自动化专业的学生毕业后从事机械制造技术工作进行的一次基本训练。通过课程设计培养学生制订零件机械加工工艺规程和分析工艺问题的能力，以及机床夹具结构设计的能力，巩固、充实课堂教学内容，拓宽学生的专业视野。学生通过课程设计，应该在下述几个方面得到锻炼：

（1）能熟练运用机械制造技术基础课程中的基本理论，以及在认识实习中学到的实践知识。正确地解决一个零件在加工中的定位、夹紧，以及工艺路线安排、工艺尺寸确定等问题，保证零件的加工质量。

（2）提高结构设计能力。学生通过夹具设计的训练，应获得根据被加工零件的加工要求和实际具备的加工条件，设计出高效、省力、经济合理且能保证加工质量的夹具的能力，掌握从事工艺设计的方法和步骤。

（3）学会使用手册、图表及数据库资料。掌握与本设计有关的各种资料的名称、出处，能够熟练地在相关设计手册中查阅设计过程涉及的图表、数据及标准。

（4）进一步培养学生机械制图、设计计算、结构设计和编写技术文件等的基本技能。提高在实际生产中分析和解决工艺问题的能力，遵守各种设计规范，为今后从事机械加工工艺与夹具设计打下良好的基础。

（5）培养学生养成高级工程技术人员所需要具备的一丝不苟、耐心细致、科学分析、周密思考、吃苦耐劳的良好习惯。

1.1.2 课程设计的任务

1. 课程设计题目

本次设计要求编制一个中等复杂程度零件的机械加工工艺规程，按教师的指定，设计其中一道工序的专用夹具，并撰写设计说明书。学生应在教师的指导下，认真、有计划地按时完成设计任务。学生必须以负责的态度对待自己所做的技术决定、数据和计算结果，注意理论与实践的结合，以保证整个设计在技术上是先进的，在经济上是合理的，在生产中是可行的。

机械制造技术基础课程设计题目为“××××零件的机械加工工艺规程及××××工序的专用夹具设计”，生产类型为中批或大批生产。

2. 学生在规定的时间内应完成的设计任务

(1) 毛坯图，1张。

(2) 机械加工工艺规程卡，1套。

(3) 机械加工工序卡，1张。

(4) 机床夹具总装图，1张。

(5) 机床夹具零件图，1～2张。

(6) 课程设计说明书，1份。

1.1.3 课程设计的要求

1. 基本要求

(1) 工艺规程设计的基本要求。机械加工工艺规程是指导生产的重要技术文件。因此制订机械加工工艺规程应满足以下基本要求：

1) 应保证零件的加工质量，达到设计图纸上提出的各项技术要求。在保证质量的前提下，能尽量提高生产率和降低消耗，同时尽量减轻工人的劳动强度。

2) 在充分利用现有生产条件的基础上，尽可能采用国内外先进工艺技术。

3) 工艺规程的内容，应正确、完整、统一、清晰。工艺规程编写，应规范化、标准化。工艺规程的格式与填写方法以及所用的术语、符号、代号等应符合相应标准规定。

(2) 夹具设计的基本要求。设计的夹具在满足工艺要求，有利于实现优质、高产、低耗，改善劳动条件的同时，还应满足下列要求：

1) 所设计夹具必须结构性能可靠、使用安全、操作方便，便于工件装夹和取出。

2) 所设计夹具应具有良好的结构工艺性，便于制造、调整、维修，且便于切屑的清理、排除。

3) 所设计夹具，应提高其零部件的标准化、通用化、系列化。

4) 夹具设计必须保证图纸清晰、完整、正确、统一。

2. 纪律

规定课程设计时间为上午8:30～11:30，下午2:30～5:30。在以上规定时间内所有学生必须到安排的教室进行设计，有事必须向指导教师请假。

3. 设计工具

学生应准备的课程设计工具包括：1号图板一块，丁字尺一个，绘图工具一套，H、HB中华绘图铅笔，橡皮一块、计算器等。

4. 课程设计进度安排

课程设计计划时间两周，具体安排如下：

(1) 布置设计任务、查阅相关资料，0.5天。

(2) 读零件图、绘制毛坯图，1.5天。

(3) 设计零件的加工工艺规程，2天。

(4) 设计指定工序的工序卡，0.5天。

(5) 设计夹具结构、绘制草图、绘制夹具装配图，2.5天。

(6) 拆画零件图，1天。

（7）整理设计说明书，1天。

（8）答辩，1天。

5. 课程设计成绩的考核

课程设计的全部图样及说明书应有设计者的签字。课程设计成绩根据平时的工作情况、工艺分析的深入程度、工艺装备的设计水平、图样的质与量、独立工作能力、答辩情况等综合衡量，由指导教师评定。

设计成绩定为5级：优秀、良好、中等、及格和不及格。评价如下：

（1）优秀：① 遵守课程设计纪律，按时完成规定的课程设计任务；② 图面质量好，符合《机械制图》国家标准的规定；③ 尺寸、公差、配合、表面粗糙度标注合理、齐全；④ 工艺规程论证充分、可行性好；⑤ 定位方案正确，夹具结构良好；⑥ 设计说明书内容充分，设计计算正确，书写工整；⑦ 答辩中表达能力强，回答问题正确，思路清晰，对关键问题理解正确。

（2）良好：① 遵守课程设计纪律，按时完成规定的课程设计任务；② 图面质量较好，符合《机械制图》国家标准的规定；③ 尺寸、公差、配合、表面粗糙度标注比较合理、齐全；④ 工艺规程论证比较充分、可行性较好；⑤ 定位方案较正确，夹具结构正确；⑥ 设计说明书内容较充分，设计计算较正确，书写工整；⑦ 答辩中表达能力较强，回答问题较正确，思路较清晰，对关键问题理解较正确。

（3）中等：① 能够遵守课程设计纪律，按时完成规定的课程设计任务；② 图面质量一般，符合《机械制图》国家标准的规定；③ 尺寸、公差、配合、表面粗糙度标注基本合理、齐全；④ 工艺规程论证一般、基本可行；⑤ 定位方案较正确；夹具结构基本正确；⑥ 设计说明书内容一般，设计计算基本正确；⑦ 答辩中回答问题基本正确。

（4）及格：① 基本遵守课程设计纪律，按时完成规定的课程设计任务；② 图面质量一般，基本符合《机械制图》国家标准的规定；③ 主要尺寸、公差、配合、表面粗糙度标注基本合理；④ 工艺规程论证基本达到要求、基本可行；⑤ 定位方案基本正确，夹具结构基本合理；⑥ 设计说明书内容一般，达到基本要求；⑦ 答辩中主要问题回答基本正确。

（5）不及格：① 不遵守课程设计纪律，未按时完成规定的课程设计任务。② 虽勉强完成规定的课程设计任务，但有下列情形者：a. 夹具图明显是抄袭，或者夹具图与任务不符；b. 图面质量差，线型单一随意，文字潦草，画图不符合《机械制图》国家标准的规定；c. 图面没有尺寸、公差、配合、表面粗糙度等标注，或标注随意、不合理、不规范、不齐全；d. 工艺规程编排混乱，完全违背、不符合设计原则，且未论证或论证简单、不合理；e. 没有定位方案、定位误差分析计算或计算有原则性错误，夹具结构设计有原则性错误；f. 设计说明书内容空泛、书写凌乱或完全抄袭的；g. 答辩中对主要设计问题回答错误、思路不清晰，明显不是自己完成设计。

1.2 课程设计的步骤与内容

1.2.1 读懂零件图，对零件进行工艺分析

学生在得到设计题目以后，应首先对零件进行工艺分析。其主要内容包括以下几点：

（1）先熟悉零件图，了解零件的性能、用途、工作条件，分析零件的作用及零件图上的

技术要求。

（2）了解零件的材料及其力学性能，以便合理选择毛坯的种类和制造方法。

（3）分析零件主要加工表面的形状、尺寸及位置精度、表面粗糙度、热处理及设计基准等技术要求，分析其制订的依据，确定主要加工表面和次要表面，找出关键技术问题。

（4）分析零件的结构工艺性。要从选材是否适当，尺寸标注和技术要求是否合理，加工的难易程度，成本高低，是否便于采用先进的、高效的工艺方法等方法进行分析，不合理之处提出修改意见。

另外，指导老师可安排，按《机械制图》国家标准 1∶1 比例画出零件图 1 份，零件图标题栏如图 1-1 所示。

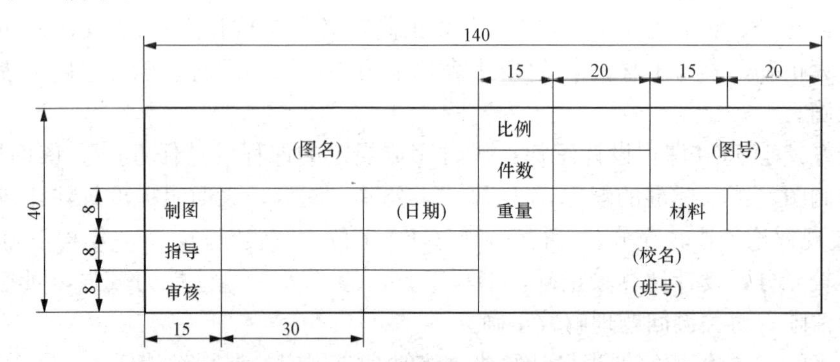

图 1-1 零件图标题栏

1.2.2 选择毛坯的制造方式

毛坯的选择应该根据生产批量、零件复杂程度、形状、尺寸、材料、加工表面及非加工表面技术要求等方面综合考虑。正确地选择毛坯的制造方式，确定毛坯的精度，可以使整个工艺过程更加经济合理，故应慎重对待。在通常情况下，主要应根据生产类型来决定。

1.2.3 编制机械加工工艺规程

（1）制订零件的机械加工工艺路线。在对零件进行分析的基础上，制订零件的工艺路线和划分粗、精加工阶段。对于比较复杂的零件，可以先考虑几个加工方案，经分析比较后，再从中选择比较合理的加工方案。

（2）选择定位基准，进行必要的工序尺寸计算。根据粗、精基准选择原则合理选定各工序的定位基准。当某工序的定位基准与设计基准不相符时，必须对工序尺寸进行换算。

（3）选择机床及工具、夹具、量具、刃具。机床设备的选用应当既要保证加工质量，又要经济合理。在成批生产条件下，一般应采用通用机床和专用工夹具。

（4）加工余量及工序间尺寸与公差的确定。根据工艺路线的安排，要求每道工序逐个表面地确定加工余量。其工序间尺寸公差，按经济精度确定。一个表面的总加工余量，则为该表面各工序间加工余量之和。在本设计中，对各加工表面的余量及公差，学生可根据指导老师的建议，直接从本书中查得。

（5）切削用量的确定。在机床、刀具、加工余量等已确定的基础上，要求学生用公式计算 1～2 道工序的切削用量，其余各工序的切削用量可由本书中查得。

（6）画毛坯图。在加工余量已确定的基础上画毛坯图，要求毛坯轮廓用粗实线绘制，零件的实体尺寸用双点画线绘出，比例取 1∶1。同时应在图上标出毛坯的尺寸、公差、技术要求，毛坯制造的分模面、圆角半径和拔模斜度等。

（7）填写机械加工工艺过程卡片。将前述各项内容及各工序加工简图，一并填入机械加工工艺过程卡片及机械加工工序卡片，卡片的尺寸规格见附表1和附表2。

1.2.4 夹具设计

夹具设计主要进行下面五个方面的工作：

（1）确定设计方案，绘制结构原理示意图。设计方案的确定是一项十分重要的设计程序，方案的优劣往往决定了夹具设计是否成功，因此必须充分地进行研究和讨论，以确定最佳方案，不应急于求成，草率从事。学生在确定夹具设计方案时应遵循的原则是：确保加工质量，结构尽量简单，操作方便高效，制造成本低廉。如果把这四条原则单独拿出来分析，有些是相互矛盾的，而设计者的任务就是要在设计实践中综合上述四条，通盘考虑，灵活运用所学知识，结合实际情况，注意分析研究，考虑相互制约的各种因素，确定最合理的设计方案。

（2）选择定位元件。在确定设计方案的基础上，应按照加工精度的高低，需要消除自由度的数目及粗、精加工的需要，按有关标准正确地选择定位元件。定位元件的选择是否适当，直接关系到夹具结构的优劣。

（3）计算定位误差。为了保证工件的加工精度，还应使选择的定位方式必须能满足工件加工精度要求。因此，需要对定位方式所产生的定位误差进行定量地分析与计算，以确定所选择的定位方式是否合理。如果定位误差计算结果不能满足设计要求，说明确定的定位设计方案存在缺陷，这样就要对其进行修改，需要改变定位方法或者提高定位元件、定位表面的制造精度，以减小定位误差，提高加工精度。有时甚至要从根本改变工艺路线的安排，以保证零件的加工能顺利进行。然后对修改后的方案再进行定位误差计算，直到满足要求为准。因此，定位误差计算是夹具设计中不可缺少的环节。

（4）计算所需的夹紧力，设计夹紧机构。在夹具方案确定后，要对夹紧工件所需的夹紧力进行计算，以便确定动力元件和夹紧方案。设计时所进行的夹紧力计算，实际上是经过简化的计算。因为此时计算所得数据，仅为零件在切削力、夹紧力的作用下按照静力平衡条件而求得的理论夹紧力。为了保证零件装夹的安全可靠，实际所需的夹紧力应比理论夹紧力大，即应对理论夹紧力乘以安全系数 k。k 的大小可从有关手册中查得，一般 $k=1.5\sim2.5$。应该指出，由于加工方法、切削刀具及装夹方式千差万别，夹紧力的计算在有些情况下是没有公式可以套用的，所以需要根据过去所学的理论进行分析研究，以确定合理的计算方法。夹紧机构的功用就是将动力源提供的力正确、有效地施加到工件上去。在课程设计过程中，可以根据具体情况，选择并设计杠杆、螺旋、偏心、铰链等不同的夹紧机构，并配合以手动、气动或液动的动力源，将夹具的设计工作逐步完善起来。

（5）画夹具装配图。画夹具装配图是夹具设计工作中的重要的一环。画夹具装配图时，应当遵循和注意以下各点：

1）在夹具结构设计中，要求按 1∶1 的比例画夹具装配图。被加工零件在夹具上的位置，要用双点画线表示，在视图上按透明处理，不遮挡任何线条，夹紧机构应处于“夹紧”的位置上。

2）注意投影的选择。应当用最少的投影将夹具的结构完全清楚地表达出来。因此，在画图之前，应当仔细考虑各视图的配置和安排。

3）所设计的夹具，不但要机构合理，结构也应当合理，不能出现封闭结构，否则将不能正常工作。

4）要保证夹具与机床的相对位置、刀具与夹具的相对位置的正确性，铣床夹具上应具备定向键和对刀装置。

5）运动部件的运动要灵活，不能出现干涉和卡死的现象。回转工作台或回转定位部件应有锁紧装置，不能在工作中松动。

6）夹具的装配工艺性和夹具零件的可加工性要好。

7）夹具中的运动零部件要有润滑措施，夹具的排屑要方便。

8）零件的选材、尺寸公差的标注及总装技术要求要合理。为便于审查零件的加工工艺性及夹具的装配工艺性，从教学要求出发，各零部件尽量不采用简化法绘制。

9）对夹具装配图上尺寸标注要求。在夹具装配图上，一般只要求标注四种尺寸，即轮廓尺寸、配合尺寸、与加工有关的尺寸及与机床关联的尺寸。

1.2.5 课程设计说明书

课程设计说明书的内容包括课程设计封面、课程设计任务书、目录、正文（工艺规程和夹具设计的基本理论、计算过程、设计结果）、参考资料。

说明书要求字迹工整、语言简练、文字通顺，用 A4 纸书写或打印，四周留有边框，并装订成册。

第2章 机械加工工艺规程的制订与专用夹具设计

(1) 编制机械加工工艺规程前，应至少具备下列原始资料：

1) 产品的零件图。

2) 产品的生产类型及生产纲领。如有可能，收集产品的总装图、同类产品零件的加工工艺以及生产现场的情况（设备、人员、毛坯供应）等。

3) 产品验收的质量标准。

4) 毛坯生产和供应条件。

5) 现有生产条件和资料。包括工艺装备及专用设备的制造能力、有关机械加工车间的设备和工艺装备的条件、技术工人的水平，以及各种工艺资料和标准等。

6) 国内外生产技术的发展情况。制订工艺过程时，还必须了解国内生产技术的发展情况，结合本企业具体情况加以推广，以便制订出先进的工艺过程。此外，还应该了解国外先进生产技术的发展情况，将适合我国实际情况的先进技术，加以引进、消化、吸收、创新。

7) 各种有关手册、标准及指导性文件。手册有切削用量手册、加工余量手册、时间定额手册、夹具结构及元件图册、刀具手册、机械零件设计手册、机床设计手册等。标准有公差与配合标准、机械零件标准、轴承标准、气动和液压标准等。这些资料有些是制订工艺规程所需要的，有些是设计专用工、夹、量具等用来参考的。

(2) 编制机械加工工艺规程时，应首先遵循以下原则：

1) 应以保证零件加工质量、达到设计图纸规定的各项技术要求为前提。

2) 在保证加工质量的基础上，应使工艺过程有较高的生产效率和较低的成本。

3) 应充分考虑零件的生产纲领和生产类型，充分利用现有生产条件，并尽可能做到平衡生产。

4) 尽量减轻工人劳动强度，保证安全生产，创造良好、文明的劳动条件。

5) 积极采用先进技术和工艺，力争减少材料和能源消耗，并应符合环境保护要求。

(3) 编制机械加工工艺规程中，可以按照下列程序进行：

1) 绘制零件图，分析零件特点，找出主要要求。

2) 确定零件各表面的成型方法及余量，绘制毛坯图。

3) 安排加工顺序，制订工艺路线。

4) 进行工序计算。

5) 填写工艺文件。

2.1 零件分析与毛坯选择

2.1.1 零件分析

零件分析主要包括分析零件的几何形状、加工精度、技术要求及工艺特点，同时对零件的工艺性进行研究。

(1) 读懂零件图。了解零件的几何形状、结构特点及技术要求，若有装配图，了解零件在所装配产品中的作用。零件由多个表面构成，既有基本表面（如平面、圆柱面、圆锥面及球面），又有特形表面（如螺旋面、双曲面等）。不同的表面对应不同的加工方法，并且各个表面的精度、粗糙度不同，对加工方法的要求也不同。

(2) 确定加工表面。找出零件的加工表面及其精度、粗糙度要求，结合生产类型，查阅表 2-2～表 2-4 中典型表面的典型加工方案和各种加工方法所能达到的经济加工精度（见 5.8 节），选取该表面对应的加工方法及加工次数。查阅各种加工方法的余量，确定表面每次加工的余量，经计算得到该表面总加工余量。

(3) 确定主要表面。按照组成零件各表面所起的作用，确定起主要作用的表面，通常主要表面的精度和粗糙度要求都比较严格，在设计工艺规程时应首先保证。

在零件分析时，应着重抓住主要加工面的尺寸、形状精度、表面粗糙度及主要表面的相互位置精度要求，做到心中有数。

2.1.2 毛坯选择

1. 选择毛坯制造方法

毛坯的种类有铸件、锻件、型材、焊接件及冲压件。确定毛坯种类和制造方法时，在考虑零件的结构形状、性能、材料的同时，应考虑与规定的生产类型（批量）相适应。零件毛坯的类型对零件的机械加工工艺过程、材料消耗、加工劳动量等影响很大，故正确选择毛坯种类与制造方法非常重要。各类毛坯的特点和应用范围见表 2-1。

表 2-1 各类毛坯的特点和应用范围

毛坯种类	制造精度	加工余量	原材料	工件尺寸	工件形状	适用生产类型	生产成本
型材		大	各种材料	小型	简单	各种类型	低
型材焊接件		一般	钢材	大、中型	较复杂	单件	低
砂型铸造	13 级以下	大	铸铁、青铜为主	各种尺寸	复杂	各种类型	较低
自由锻造	13 级以下	大	钢材为主	各种尺寸	较简单	单件小批	较低
普通模锻	15～11	一般	钢、锻铝、铜等	中、小型	一般	中批、大批量	一般
钢模铸造	12～10	较小	铸铝为主	中、小型	较复杂	中批、大批量	一般
精密锻造	11～8	较小	钢材、铸铝等	小型	较复杂	大批量	较高
压力铸造	11～8	小	铸铁、铸钢、青铜	中、小型	复杂	中批、大批量	较高
熔模铸造	10～7	很小	铸铁、铸钢、青铜	小型为主	复杂	中批、大批量	高

根据生产类型、零件结构、形状、尺寸、材料等选择毛坯制造方式，确定毛坯的精度。此时，若零件毛坯选用型材，则应确定其名称、规格；若选用铸件，则应确定分型面、浇冒口的位置；若选用锻件，应合理确定其分模面的位置。

2. 确定毛坯余量及余量公差

(1) 在确定各表面的总余量及余量公差时，应查阅本书第 5 章相关表格，用查表法和计算法确定各表面的总余量、余量公差及毛坯的尺寸及公差。

(2) 余量修正。将查得的毛坯总余量与零件分析中得到的加工总余量对比，若毛坯总余量比加工总余量小，则需调整毛坯余量，以保证有足够的加工余量；若毛坯总余量比加工总余量大，应考虑增加走刀次数，或是减小毛坯总余量。

3. 绘制毛坯图

毛坯轮廓用粗实线绘制，毛坯图上应标出毛坯尺寸、公差、技术要求，以及毛坯制造的分模面、圆角半径、拔模斜度等。零件实体用双点画线绘制，比例尽量取1∶1。

先画出已简化次要细节的零件图的主要视图，然后将已确定的加工余量叠加在各项被加工表面上，即得到毛坯轮廓，再用粗实线绘出轮廓。和一般零件图一样，为表达清楚某些内部结构，可画出必要的剖视、剖面图。对于在实体上加工出来的槽和孔，可不必这样表达。在图上只要标出毛坯尺寸及公差，标出加工余量的名义尺寸，标明毛坯技术要求，如毛坯精度、热处理及硬度、圆角半径、拔模斜度、表面质量要求。

2.2 工艺路线的拟订

零件机械加工工艺过程是工艺规程设计的中心问题。其内容主要包括：选择定位基准，安排加工顺序，确定各工序所用机床设备和工艺装备等。

零件结构、技术特点和生产批量将直接影响所制订工艺规程的具体内容和详细程度，这在制订工艺路线的各项内容时必须随时考虑到。

以上各方面与零件的加工质量、生产率和经济性有着密切的关系，“优质、高产、低耗”原则必须在方案中得到统一的解决。因此，设计时应同时考虑几个方案，经过分析比较，选择出比较合理的方案。

2.2.1 定位基准的选择

正确地选择定位基准是设计工艺过程的一项重要内容，也是保证零件加工精度的关键。

定位基准分为精基准、粗基准及辅助基准。在最初的加工工序中，只能用毛坯上未经加工的表面作为定位基准（粗基准）；在后续工序中，则使用已加工表面作为定位基准（精基准）。为了使工件便于装夹，并且易于获得所需的加工精度，可在工件上某部位做一辅助基准，用以定位。

选择定位基准时，既要考虑零件的整个加工工艺过程，又要考虑零件的特征、设计基准及加工方法，根据粗、精基准的选择原则，合理选定零件加工过程中的定位基准。

在制订工艺规程时，总是先考虑选择怎样的精基准以保证达到精度要求，并把各个表面加工出来，然后再考虑选择合适的粗基准把精基准面加工出来。应从零件的整个加工工艺过程的全局出发，在分析零件的结构特点、设计基准和技术要求的基础上，根据粗、精基准的选择原则，合理地选择定位基准。

2.2.2 确定各个加工表面的加工方案

确定工件各加工表面的加工方案是拟订工艺路线的重要问题。主要依据零件各加工表面的技术要求来确定，同时还要综合考虑生产类型、零件的结构形状和加工表面的尺寸、工厂的现有设备情况、工件材质和毛坯情况等。在明确各主要加工表面的技术要求后，即可据此选择能保证该要求的最终加工方法，然后确定前面一系列准备工序的加工方法和顺序，再选定各个次要表面的加工方法。在确定各加工表面的加工方法和加工次数时，可参阅表2-2～表2-4。选择时应考虑下列因素：

(1) 应根据加工精度选择合理的加工方法。例如，公差为IT7级和表面粗糙度为

Ra0.4μm 的外圆表面，若采用车削，通过一定的工艺措施是可以达到精度要求的，但是不如采用磨削经济。

（2）所选择的加工方法要能保证加工表面的几何形状和相互位置精度要求。例如，加工直径为 200mm 的外圆表面，其圆度公差为 0.006mm，这时应采用磨削加工，因为在普通车床上一般只能达到 0.02mm 的圆度公差。

（3）所选择的加工方法要与工件材料的加工性能相适应。例如，淬火钢采用磨削加工，而有色金属则磨削困难，一般采用金刚镗或精密车削的方法进行精加工。

（4）所选择的加工方法要与本厂现有生产条件相适应，所选择的加工方案要与生产类型相适应。

表 2-2　　外圆表面加工方案

序号	加 工 方 法	经济加工精度（公差等级 IT）	表面粗糙度 Ra（μm）	适 用 范 围
1	粗车	IT12～IT11	50～12.5	适于淬火钢以外的各种金属
2	粗车—半精车	IT10～IT8	6.3～3.2	
3	粗车—半精车—精车	IT7～IT6	1.6～0.8	
4	粗车—半精车—精车—滚压（或抛光）	IT6～IT5	0.2～0.025	
5	粗车—半精车—磨削	IT7～IT6	0.8～0.4	主要用于淬火钢，也可用于未淬火钢，但不易加工非铁金属
6	粗车—半精车—粗磨—精磨	IT6～IT5	0.4～0.1	
7	粗车—半精车—粗磨—精磨—超精加工（或轮式超精密）	IT6～IT5 以上	0.1～0.012	
8	粗车—半精车—精车—金刚石车	IT6～IT5	0.4～0.025	主要用于要求较高的非铁金属加工
9	粗车—半精车—粗磨—精磨—超精磨（或镜面磨）	IT5 以上	0.025～0.006	适用于极高精度的钢或铸铁的外圆加工
10	粗车—半精车—粗磨—精磨—研磨	IT5 以上	0.1～0.006	

表 2-3　　内圆表面加工方案

序号	加 工 方 法	经济加工精度（公差等级 IT）	表面粗糙度 Ra（μm）	适 用 范 围
1	钻	IT12～IT11	12.5	加工未淬火钢及铸铁毛坯，也可用于加工有色金属（孔径小于 15～20mm）
2	钻—铰	IT9～IT8	3.2～1.6	
3	钻—铰—精铰	IT8～IT7	1.6～0.8	
4	钻—扩	IT11～IT10	12.5～6.3	同上，但孔径大于 15～20mm
5	钻—扩—铰	IT9～IT8	3.2～1.6	加工未淬火钢及铸铁的实心毛坯，也可用于加工非铁金属（但表面粗糙度值稍高），孔径大于 20mm
6	钻—扩—粗铰—精铰	IT8～IT7	1.6～0.8	
7	钻—扩—机铰—手铰	IT7～IT6	0.4～0.1	
8	钻—扩—拉	IT9～IT7	1.6～0.1	大批量生产中小零件的通孔
9	粗镗（或扩孔）	IT12～IT11	12.5～6.3	除淬火钢外所有材料，毛坯有铸出孔或锻造孔
10	粗镗（粗扩）—半精镗（精扩）	IT9～IT8	3.2～1.6	
11	粗镗（粗扩）—半精镗（精扩）—精镗（铰）	IT8～IT7	1.6～0.8	
12	粗镗（粗扩）—半精镗（精扩）—精镗（铰）—浮动镗刀精镗	IT7～IT6	0.8～0.4	

续表

序号	加 工 方 法	经济加工精度（公差等级 IT）	表面粗糙度 Ra（μm）	适 用 范 围
13	粗镗（粗扩）—半精镗—磨孔	IT8～IT6	0.8～0.2	主要用于加工淬火钢，也可用于不淬火钢，但不宜用于非金属
14	粗镗（粗扩）—半精镗—粗磨—精磨	IT7～IT5	0.2～0.1	
15	粗镗—半精镗—精镗—金刚镗	IT7～IT5	0.4～0.05	主要用于精度要求较高的非铁金属加工
16	钻—(扩)—粗铰—精铰—珩磨 钻—(扩)—拉—珩磨 粗镗—半精镗—精镗—珩磨	IT7～IT5 以上	0.2～0.025	精度要求很高的孔
17	以研磨代替上述中的珩磨	IT6～IT5	0.1～0.006	
18	钻（粗镗）—扩（半精镗）—精镗—金刚镗—脉冲滚挤	IT7～IT5	0.1～0.006	大批量生产的非铁金属零件中的小孔，铸铁箱体上的孔

表 2-4　　平面加工方案

序号	加 工 方 法	经济加工精度（公差等级 IT）	经济粗糙度值 Ra（μm）	适 用 范 围
1	粗车	IT13～IT11	50～12.5	回转体的端面
2	粗车—半精车	IT10～IT8	6.3～3.2	
3	粗车—半精车—精车	IT8～IT7	1.6～0.8	
4	粗车—半精车—磨削	IT8～IT6	0.8～0.2	
5	粗刨（或粗铣）	IT13～IT11	25～6.3	一般不淬硬平面（端铣表面粗糙度值 Ra 较小）
6	粗刨（或粗铣）—精刨（或精铣）	IT10～IT8	6.3～1.6	
7	粗刨（或粗铣）—精刨（或精铣）—刮研	IT7～IT6	0.8～0.1	精度要求较高的不淬硬平面，批量较大时宜采用宽刃精刨方案
8	以宽刃精刨代替上述刮研	IT7	0.8～0.2	
9	粗刨（或粗铣）—精刨（或精铣）—磨削	IT7	0.4～0.025	精度要求高的淬硬平面或不淬硬平面
10	粗刨（或粗铣）—精刨（或精铣）—粗磨—精磨	IT7～IT6	0.8～0.2	
11	粗铣—拉削	IT9～IT7	0.1～0.006（或 Rz0.05）	大批量生产，较小的平面（精度视拉刀精度而定）
12	粗铣—精铣—磨削—研磨	IT5 以上		高精度平面

2.2.3　划分加工阶段，安排加工顺序

在零件分析中确定了各个表面的加工方法以后，安排加工顺序就成为工艺路线拟订的一个重要环节。

通常机加工顺序安排的原则可概括为十六个字：先粗后精、先主后次，先面后孔、基面先行。一般将整个工艺过程分为粗加工阶段、半精加工阶段、精加工阶段和光整加工阶段，热处理按段穿插，检验按需安排，表面处理、去毛刺等辅助工序靠后安排。

按照这些原则安排加工顺序时，可将零件主要表面的加工次序作为工艺路线的主干进行排序，即零件的主要表面先粗加工，再半精加工，最后是精加工，如果还有光整加工，可以

放在工艺路线的末尾，次要表面穿插在主要表面加工顺序之间；多个次要表面排序时，按照和主要表面位置关系确定先后；平面加工安排在孔加工之前。

总之，加工顺序最前面的是粗基准面的加工，最后面的是清洗、去毛刺及最终检验。对热处理工序、中间检验等辅助工序，以及一些次要工序等，在工艺方案中安排适当的位置，防止遗漏。

2.2.4 确定工序集中和分散

安排完加工工序以后，就可将各加工表面的每一次加工，按不同的加工阶段和先后顺序组合成若干个工序。组合时，可采用工序分散或工序集中的原则。工序集中和分散各有特点，应根据生产纲领、技术要求、现场的生产条件和产品的发展情况来综合考虑。从发展的角度看，当前一般宜按工序集中原则来考虑，初拟加工工艺路线。根据前面已分析和确定的各方面问题，可初步拟订出2、3个较完整、合理的零件加工工艺路线。

2.2.5 选择各工序所用的机床、夹具、刀具、量具和辅具

1. 机床的选择

零件的加工精度和生产率在很大程度上是由使用的机床所决定的。要根据已确定的工艺基本特征，结合零件的结构和质量要求，选择出既能保证加工质量，又经济合理的机床和工艺装备。这时应认真查阅有关手册或进行实地调查，应将选定的机床或工装的有关参数记录下来。例如，机床型号、规格、工作台宽、T形槽尺寸；刀具形式、规格，与机床连接关系；专用夹具设计要求，与机床的连接方式等。为后面填写工艺卡片和夹具设计做好必要准备，以免重复查阅。

机床设备的选择应遵循以下原则：

(1) 机床的加工尺寸范围应与工件外形轮廓尺寸相适应。

(2) 机床的精度应与工序精度要求相适应。

(3) 机床的生产率与工件的生产类型相适应。

(4) 机床的选择还应与现有设备条件相适应。

工艺装备的设计与选择应考虑以下因素：

(1) 工艺规程的特点。

(2) 现有设备负荷的均衡情况和通用工装的应用程度。

(3) 成组技术的应用。

(4) 安全技术的要求。

满足工装设计的经济性原则，即在保证产品质量和生产效率的情况下，用完成工艺过程所需工装的费用作为选择分析的基础，对不同方案进行比较，使工装的制造费用及其使用维护费用最低。

2. 夹具的选择

夹具的选择要与工件的生产类型相适应，单件小批生产应尽量选用通用夹具，如机床三爪自定心卡盘、平口虎钳、转台等。大批量生产时，应采用高效的专用夹具，如气、液传动的专用夹具。在推行计算机辅助制造、成组技术等新工艺时，应采用成组夹具、可调夹具、组合夹具。所选夹具的精度应与工件的加工精度相适应。

3. 刀具的选择

刀具的选择主要取决于各工序的加工方法、工件材料、加工精度、所用机床的性能、生

产率、经济性等。选择时主要确定刀具的材料、型号、主要切削参数等。在生产中，应尽量采用标准刀具，必要时可采用高效复合刀具和其他一些专用刀具。

4. 量具的选择

量具主要根据生产类型和所要求检验的精度来选择。单件小批生产中应采用标准的通用量具，如卡尺、千分尺等。大批量生产中，一般应根据所检验的精度要求设计专用量具，如卡规、样柱等极限量规，以及各种专用检验仪器和检验夹具。

在选择工艺装备时，既要考虑适应性，又要注意新技术的应用。选择时还应充分考虑工厂的现有生产条件，尽量采用标准设备和工具。

当需要设计专用刀具、量具或夹具时，应提出设计任务书。

设备及工艺装备的选择可参阅有关的工艺、机床和刀具、夹具、量具和辅具手册。

2.2.6　工艺方案和内容的论证

根据设计零件的特点，可有选择地进行以下几方面的工艺论证：

(1) 对比较复杂的零件，可考虑两个甚至更多的工艺方案进行分析比较，择优而定，并在说明书中论证其合理性。

(2) 当零件的主要技术要求是通过两个甚至更多个工序综合保证，应对有关工序运行分析，并用工艺尺寸链方法加以计算，从而有根据地确定和保证该主要技术要求。

(3) 对于影响零件主要技术要求且误差因素较复杂的重要工序，需要分析论证如何保证该工序技术要求，从而明确提出对定位精度、夹具设计精度、工艺调整精度、机床和加工方法精度甚至刀具精度（若有影响）等方面的要求。

(4) 其他的在设计中需要加以论证分析的内容。

2.3　工序设计及工艺规程的制订

2.3.1　工序设计

对于工艺路线中的工序，按照要求进行工序设计，其主要内容包括以下几项。

1. 划分工步

根据工序内容及加工顺序安排的一般原则，合理划分工步。

2. 确定加工余量

毛坯余量已在画毛坯图时确定，这里主要是确定工序余量。合理选择加工余量对零件的加工质量和整个工艺过程的经济性都有很大影响。若余量过大，则浪费材料及工时，增加机床和刀具的消耗；若余量过小，则不能去掉加工前存在的误差和缺陷层，影响加工质量，造成废品。因此，应在保证加工质量的前提下尽量减小加工余量。工序余量一般可用计算法、查表法和经验估计法三种方式来确定。可参阅本书第 5、6 章的内容，用查表法和计算法按工艺路线的安排，逐工序、逐表面地加以确定。例如粗加工工序（工步）余量应由总余量减去精加工、半精加工余量之和而得出。若某一表面仅需一次粗加工即可，则该表面的粗加工余量就等于已确定出的毛坯总余量。

3. 确定工序尺寸及公差

计算各个工序加工时所应达到的工序尺寸及其公差是工序设计的主要任务之一。工序尺寸及其公差的确定与工序余量的大小、工序尺寸的标注方法、基准选择、中间工序安排等密切相关。对于简单加工的情况，工序尺寸可由后续加工的工序尺寸加上名义工序余量简单求得，工序公差可用查表法按加工经济精度确定；对于加工时有基准转换的复杂情况，需用工艺尺寸链来计算工序尺寸及公差。

就其性质和特点而言，一般可以归纳为以下两大类：

（1）当定位基准与设计基准重合时（如单纯孔与外圆表面的加工、单一平面加工等），某表面本身各加工工序尺寸的计算。对于这类问题，当确定了各工序间余量和工序所能达到的加工精度后，就可以计算各工序的尺寸和公差。计算的顺序从最后一道工序开始，由后向前推算。即将工序余量一层层地叠加在被加工表面上，可以清楚地看出每道工序的工序尺寸，再将每种加工方法的经济加工精度公差按入体原则标注在对应的工序尺寸上。例如，某一加工表面为ϕ100H6孔，其加工方案为粗镗—精镗—粗磨—精磨，由本书第5章可查出各工序的加工余量和所能达到的经济精度、毛坯的公差，也可根据毛坯的生产类型、结构特点、制造方式和具体生产条件，参照参考文献［1］确定。

（2）基准不重合时工序尺寸的计算。在零件的加工过程中，为了加工和检验方便可靠，或由于零件表面的多次加工原因，往往不能直接采用设计基准为定位基准，形状复杂的零件在加工过程中需要多次转换定位基准。这时工序尺寸的计算较为复杂，应利用尺寸链原理来进行分析和计算，并对工序间余量进行必要的验算，以确定工序尺寸及其公差。

4. 选择切削用量

切削用量可用查表法或访问数据库的方法初步确定，再参照所用机床实际转速、走刀量的挡数最后确定。确定切削用量时，应在机床、刀具、加工余量等确定以后，综合考虑工序的具体内容、加工精度、生产率、刀具寿命等因素。在单件小批量生产中，常常不具体规定切削用量，而是由操作工人根据具体情况自己确定，以简化工艺文件。在大批量生产中，则科学严格地选择切削用量，以充分发挥高效率设备的潜力和作用。

选择切削用量的基本原则是：首先选取尽可能大的背吃刀量；其次要根据机床动力和刚性限制条件或者已加工表面粗糙度的规定等，选取尽可能大的进给量；最后利用本书第5章选取或用公式计算最佳切削速度。下面介绍常用加工方法切削用量的一般选择方法。

（1）车削用量的选择。

1）切削深度。粗加工时，尽可能一次切除全部加工余量，即选择切深值等于余量值。当余量太大时，应考虑工艺系统刚度和机床的有效功率，尽可能选取较大的切深和最少的工作行程数，半精加工时，如单边余量$h>2$mm，则应分在两次行程中切除：第一次切除（3/4～4/5）h，第二次切除（1/5～1/4）h，如$h\leqslant 2$mm，可一次切除。

2）进给量。切削深度选定后，进给量直接决定切削面积，从而决定切削力的大小。因此，允许选用的最大进给量受下列因素限制：①机床的有效功率和转矩；②机床进给机构传动链的强度；③工件的刚度；④刀具的强度与刚度；⑤图样规定的加工表面粗糙度。生产中应多利用金属切削用量手册采用查表法确定合理的进给量。

3）切削速度。在背吃刀量和进给量选定后，切削速度的选定是否合理，对切削效率和加工成本影响很大。一般方法是根据合理的刀具寿命计算或查表选定值。

精加工时，应选取尽可能高的切削速度，以保证加工精度和表面质量，同时满足生产率的要求。粗加工时，切削速度的选择，应考虑以下几点：

硬质合金车刀切削热轧中碳钢的平均切削速度为1.67m/s，切削灰铸铁的平均切削速度为1.17m/s，两者平均刀具寿命为3600～5400s。

切削合金钢比切削中碳钢的平均切削速度要降低20%～30%。

切削调质状态的钢件或者切削正火、退火状态的钢料的切削速度要降低20%～30%；切削有色金属比切削中碳钢的切削速度可提高100%～300%。

(2) 铣削用量的选择。

1) 铣削吃刀量。根据加工余量来确定铣削吃刀量。粗铣时，为提高铣削效率，一般选铣削吃刀量等于加工余量，一个工作行程铣完；半精铣及精铣时，加工要求较高，通常分两次铣削，半精铣吃刀量一般为0.5～2mm，精铣吃刀量一般为0.1～1mm或更小。

2) 每齿进给量。可由本书第5章中的切削用量表格中查出，其中推荐值均有一个范围。精铣或铣刀直径较小、铣削吃刀量较大时，用其中较小值，较大值常用于粗铣。加工铸铁件时，用其中较大值；加工钢件时，用较小值。

3) 铣削速度。铣削吃刀量和每齿进给量确定后，可适当选择较高的切削速度以提高生产率。选择时，可按公式计算或查阅本书第5章中的切削用量表格。对于大平面铣削，也可参照国内外的先进经验，采用密齿铣刀，选择大进给量、高速铣削，以提高效率和加工质量。

(3) 刨削用量的选择。

1) 刨削吃刀量。刨削吃刀量的确定方法和车削基本相同。

2) 进给量。刨削进给量可以按第5章中的车削进给量推荐值选用。粗刨平面时，根据切削深度和刀杆截面尺寸按粗车外圆选其较大值；精加工时，按半精车、精车外圆选取；刨槽和切断时，按车槽和切断进给量选择。

3) 刨削速度。在实际刨削加工中，通常是根据实践经验选定刨削速度。若选择不当，不仅生产率低，还会造成人力和动力的浪费。刨削速度也可按车削速度公式计算，只不过考虑到冲击载荷，除了如同车削时要考虑的诸项因素外，还要引入修正系数。

(4) 钻削用量的选择。钻削用量的选择包括确定钻头直径D、进给量和切削速度。应尽可能选择大直径钻头和大的进给量，再根据钻头的寿命选取合适的钻削速度，以取得高的钻削效率。

1) 钻头直径。钻头直径D由工艺尺寸要求确定，尽可能一次钻出所要求的孔。当机床性能不能胜任时，可采取钻孔—扩孔的工艺，这时，钻头直径取加工尺寸的0.5～0.7倍。钻孔用麻花钻直径可参阅GB/T 20330—2006选取。

2) 进给量。进给量主要受到钻削吃刀量、机床进给机构和动力的限制，有时也受工艺系统刚度的限制。标准麻花钻的进给量可查表选取。采用先进钻头能有效地减小轴向力，往往能使进给量成倍提高。因此，进给量还必须根据实践经验和具体条件分析确定。

3) 钻削速度。钻削速度通常根据钻头寿命选取。

5. 确定加工工时定额

对加工工序进行时间定额的计算，主要是确定工序的机加工时间。对于辅助时间、服务时间、自然需要时间及每批零件的准备终结时间等，可按照有关资料提供的比例系数估算。

(1) 工时定额的计算。工时定额指完成零件加工的一个工序的时间定额（单件时间定额），可按下式计算：

$$T_d = T_j + T_f + T_b + T_x + T_z/N$$

式中　T_d——单件时间定额；

T_j—— 基本时间（机动时间），可计算求得；

T_f—— 辅助时间，一般取 15%～20%T_j，T_j 与 T_f 之和称为作业时间；

T_b——布置工作的时间，一般按作业时间的 2%～7%估算；

T_x——休息及生理需要时间，一般按作业时间的 2%～4%估算；

T_z——准备与终结时间，大量生产时，准备与终结时间可忽略不计，只有在中小批量生产时才考虑，一般按作业时间的 3%～5%估算；

N—— 一批零件的数量。

(2) 机动时间（基本时间）的计算。机动时间可用计算法、实测法或类比法确定。常用加工方法机动时间的计算见表 5-133～表 5-140。

2.3.2 工艺规程的制订

(1) 机械加工工艺规程（简称工艺规程）。工艺路线与工序内容确定以后，要以表格或者卡片的形式确定下来，形成机械加工工艺规程卡片，以便指导工人操作和用于生产、工艺管理。机械加工工艺规程是指规定产品或零部件制造工艺过程和操作方法等的工艺文件，其格式有机械加工工艺过程卡片、机械加工工序卡片、机械加工工艺综合卡片等，见附表 1 和附表 2。

(2) 机械加工工艺过程卡片的制订。在单件小批量生产中，一般只填写简单的机械加工工艺过程卡片。工艺过程卡片主要列出整个零件加工（包括毛坯、机械加工和热处理）所经过的工艺路线，包括零件各个工序名称、工序内容、经过的车间、工段、所用的机床、刀具、夹具、量具、工时定额等，它是制订其他工艺文件的基础。本设计阶段任务要求学生要填写完整的工艺过程卡片。

(3) 机械加工工序卡片的制订。在大批量生产中，每个零件的各道工序还要有工序卡片；成批生产中只要求主要零件的每个工序有工序卡片，而一般零件仅是关键工序有工序卡片。工序卡片是详细说明每个工序加工内容的工艺文件，要求画出各个工序的工序简图。该阶段学生的任务一般由指导教师指定。

工序简图按照缩小的比例画出，尽量选用一个视图，工件是处在加工位置、夹紧状态；用细实线画出工件的主要特征轮廓，加工表面用粗实线表示；标明定位符号与定位点数、夹紧符号及夹紧指向的夹紧面，定位、夹紧符号见表 5-172。标明各加工表面加工后的位置、尺寸及公差等，最终工序标注表面粗糙度数值。

2.3.3 审核

在完成制订机械加工工艺规程各步骤以后，应对整个工艺规程进行一次全面的审核。首先应按照各项内容审核设计的合理性和正确性，如基准的选择、加工方法的选择是否正确、合理，加工余量、切削用量等工艺参数是否合理，工序图等图样是否完整、准确等。此外，还应审查工艺文件是否完整、全面，工艺文件中各项内容是否符合相应标准的规定。

2.4 专用夹具的设计

夹具设计一般在零件的机械加工工艺制订之后按照某一工序的具体要求进行。制订工艺过程应充分考虑夹具实现的可能性，而设计夹具时，如确有必要也可以对工艺过程提出修改意见。夹具设计质量的高低，应以稳定地保证工件的加工质量，生产效率高，成本低，排屑方便，操作安全、省力，制造、维护容易等为其衡量指标。

2.4.1　夹具设计的基本要求

（1）夹具设计必须满足工艺要求，且结构性能可靠，使用省力安全，操作方便，有利于实现优质、高产、低耗；能改善劳动条件，提高标准化、通用化、系列化水平。

（2）要深入现场，联系实际，确定设计方案时，应征求教师意见，经审批后进行设计。

（3）具有良好的结构工艺性，即所设计的夹具应便于制造、检验、装配、调整、维修，且便于切屑的清理、排除。

（4）夹具设计必须保证图样清晰、完整、正确、统一。

2.4.2　夹具设计的依据

夹具设计的依据包括：工装设计任务书；工件的工艺规程；产品的图纸和技术要求等；有关国家标准、行业标准和企业标准；国内外典型工装图样和有关资料；工装设备清单；生产技术条件。

2.4.3　夹具设计的步骤

一般情况下，夹具设计大致可分为四个步骤，即收集和研究有关资料，确定夹具的结构方案，绘制夹具总图，以及确定并标注有关尺寸、公差及技术条件。

1. 收集和研究有关资料

工艺人员在编制零件的机械加工工艺过程中，应提出相应的夹具设计任务书，对其中的定位基准、夹紧方案及有关要求做出说明。夹具设计人员，则应根据夹具设计任务书进行夹具的结构设计，为了使所设计的夹具能够满足上述基本要求，设计前要认真收集和研究以下有关资料：

（1）明确设计任务。接到夹具设计任务后，应认真分析、研究，若有不妥之处，可提出修改意见，经审批后方可进行修改。

（2）了解生产批量。被加工零件的生产批量对工艺过程的制订和夹具设计都有着十分重要的影响。夹具结构的合理性及经济性与生产批量有着密切的关系。大批量生产多采用气动、液动或其他机动夹具，其自动化程度高，同时夹紧的工作数量多，结构也比较复杂；中小批生产，宜采用结构简单、成本低廉的手动夹具，以及万能通用夹具或组合夹具。

（3）熟悉零件图及工序图。零件图是夹具设计的重要资料之一，它给出了工件加工表面在尺寸、位置等方面精度的总要求。弄清楚工件的材料、毛坯种类、结构特点、重量和外形尺寸等。工序图则给出了所用夹具加工工件的工序尺寸、工序基准、已加工表面、待加工表面、工序加工精度要求等，它是设计夹具的主要依据。

（4）零件工艺规程。零件的工艺规程表明工件在本工序以前的加工情况，以及本工序所用的机床、刀具、加工余量、切削用量、工步安排、工时定额及同时加工的工件数目等，这些都是确定夹具的尺寸、形式、夹紧装置及夹具与机床连接部分结构尺寸的主要依据。

（5）夹具典型结构及其有关标准。设计夹具还要收集典型夹具结构图册和有关夹具零部件标准等资料。了解本厂制造使用夹具情况及国内外同类型夹具的资料，以便使所设计的夹具能够适合本厂实际，吸取先进经验，并尽量采用国家标准。

2. 确定夹具的结构方案

在广泛收集和研究有关资料的基础上，着手拟订夹具的结构方案，主要包括以下几点：

（1）根据工件的加工要求和基准的选择，依据工件的定位原理，确定工件的定位方式，选择定位元件。

（2）按照夹紧的基本原则，确定工件的夹紧方式、夹紧力方向和作用点位置，选择适宜的夹紧装置。

（3）确定刀具的对刀及导引方式，选取刀具的对刀及导引元件。

（4）确定其他元件或装置的结构形式，如定向元件、分度装置等。

（5）协调各元件、装置的布局，确定夹具结构尺寸和夹具的总体结构和尺寸。必要时，对夹具体几何尺寸进行必要的刚度和强度验算。

（6）对于复杂的夹具可先绘制联系尺寸图和刀具布置图。

（7）对夹具的轮廓尺寸、总重量、承载能力及设备规格进行校核。

（8）对几种可行的设计方案进行全面分析对比，最终确定出合理的设计方案。在确定夹具结构方案的过程中，工件定位、夹紧、对刀和夹具在机床定位等，以及各部分的结构、总体布局，都会有几种不同的方案可供选择，因而都应画出草图，并通过必要的计算（如定位误差及夹紧力计算等）和分析比较，从中选取较为合理的方案。

3. 绘制夹具总图

夹具总图上，还应画出零件明细表和标题栏，写明夹具名称及零件明细表上所规定的内容。

（1）选定比例。绘制夹具总图应遵循国家制图标准，为使所绘制的夹具总图有良好的直观性，比例应尽量取 1∶1。对于较大或较小的夹具，可适当缩小或放大比例。

（2）合理地选择和布置视图。夹具总图在清楚地表达夹具工作原理、内部结构、各元件内部结构、各元件与装置位置关系的前提下，视图的数量应尽量少。主视图应取操作者实际工作时正对的位置或最能清楚表达夹具主要部件的位置，以便于夹具装配及使用时参考。夹具总图中视图的布置也应符合制图国家标准的规定。

（3）画出工件轮廓图。同画结构示意图一样，用黑色双点画线画出工件轮廓图。被加工工件在夹具中被看作透明体，所画的工件轮廓线与夹具上的任何线彼此独立，不相干涉，并用网纹线表示出加工余量。

（4）装配图按工件处于夹紧状态绘制。对某些在使用中位置可能变化且范围较大的夹具，例如夹紧手柄或其他移动或转动元件，必要时以双点画线局部地表示出极限位置，以便检查是否与其他元件、部件、机床或刀具相干涉。

（5）工件在夹具上的支承定位，必须使用定位元件的单位表面，而不能以铸铁夹具体上的表面与工件直接接触定位，因为铸件夹具体耐磨性差，磨损后难以修复而影响定位精度，如图 2-1（a）所示。

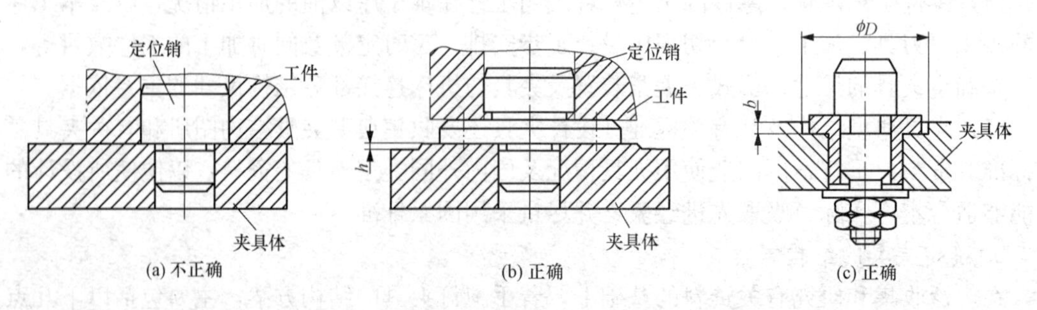

图 2-1　定位基面必须与定位元件接触（配合）

（6）为了减小加工表面面积，减少加工行程次数，夹具体上与其他夹具元件相接处的结合面一般应设计成等高的凸台。凸台高度一般高出非加工铸造表面3～5mm，如图2-1（b）所示。若结合面用其他方法加工，其结构尺寸也可设计成沉孔或凹槽，如图2-1（c）所示。

（7）夹具体上各元件应与夹具体可靠连接。为保证工人操作安全，一般采用内六角圆柱头螺钉沉头连接紧固，若相对位置精度要求较高，还需两个圆柱销定位，再辅以钻铰定位销孔压入两个定位销。

（8）画出整个夹具结构。先用双点画线画出指定工序工件轮廓外形和主要表面的几个视图，然后围绕工件的几个视图依次画出有关定位元件的结构，再画出确定的夹紧装置的具体结构和尺寸。然后画出刀具的对刀与导向装置；确定并画出夹具体及其他零件。最后绘制出夹具体及连接元件，把夹具的各组成元件和装置连成一体。

（9）检查图样。完成以上工作以后，应检查图样是否已把结构表达清楚，即夹具上的每个零件是否都能在装配图上表示出来，与其他零部件的装配关系是否表达清楚。同时，还应从机械制图的角度检查是否有漏画、错画和不符合制图标准规定的地方并及时修正过来。

（10）标注夹具尺寸公差和技术要求。夹具装配图应标注的尺寸、公差和技术要求，以及各类机床夹具公差和技术要求制订的依据和具体方法，见下面叙述。

（11）顺序标注夹具零件号。装配图绘制完后，按一定顺序引出各元件和零件的件号，一般从夹具体为件号1开始，顺时针引出各个件号。

（12）填写标题栏和零件明细表。

4. 确定并标注有关尺寸、公差及技术条件

（1）应标注的尺寸。在夹具总图上应标注的尺寸有下列五类：

1）夹具的外廓尺寸（含机件运动极限位置尺寸）：一般是指夹具最大外形轮廓尺寸。若夹具上有可动部分，应包括可动部分处于极限位置所占的尺寸空间。

2）夹具与刀具的联系尺寸：用来确定夹具上对刀、导引元件位置的尺寸。对于铣、刨床夹具，是指对刀元件与定位元件的位置尺寸；对于钻、镗床夹具，则是指钻（镗）套与定位元件间位置尺寸，钻（镗）套之间的位置尺寸，以及钻（镗）套与刀具导向部分的配合尺寸等。

3）夹具与机床连接部件的联系尺寸：用于确定夹具在机床上正确位置的尺寸。对于车、磨床夹具，主要是指夹具与主轴端的配合尺寸；对于铣、刨床夹具，则是指夹具上的定位键与机床工作台上的T形槽的配合尺寸。

4）工件定位面与定位件间的配合尺寸：常指工件以孔在心轴或定位销上（或工件以外圆在内孔中）定位时，工件定位表面与夹具上定位元件间的配合尺寸。

5）夹具内部的配合尺寸：它们与工件、机床、刀具无关，主要是为了保证夹具装配后能满足规定的使用要求。

（2）夹具的公差。在夹具总图上应标注的尺寸公差有下列两类：

1）直接与工件的加工尺寸公差有关的尺寸公差。夹具上定位元件之间（一面双孔定位，两定位销之间的中心距）的尺寸公差；导向件之间（孔系加工时钻套之间的中心距）的尺寸公差；对刀件与定位件之间（对刀块工作表面与定位件间的距离）的尺寸公差。这类公差多根据工厂实践经验，取工件上相对应公差的1/5～1/2，在具体选取时，必须结合工件的加工精度高低、批量大小、工厂制造的技术水平而定。

2）与工件加工尺寸无关的夹具公差。这属于夹具内部的结构配合尺寸公差，包括定位件和夹具体的配合尺寸公差，可换钻套与衬套的配合尺寸公差，镗套和镗杆的配合尺寸公差，铰链连接的轴和孔的配合尺寸公差，导向件和刀具的配合尺寸公差，夹紧装置各组成零件间的配合尺寸公差等。这些公差根据其功用和装配要求，按一般公差与配合原则决定。

（3）应标注的技术条件。在夹具总图上应标注的技术条件（位置精度要求）有以下几个方面：

1）定位元件之间或定位元件与夹具体底面间的位置要求，其作用是保证工件加工面与工件定位基准面间的位置精度。

2）定位元件或对刀元件与连接元件（或夹县安装在机床上的找正基面）间的位置要求。

3）定位元件与导引元件（或夹具安装在机床上的找正基准 ）之间的位置要求。

5. 绘制零件图

根据已绘制的装配图，就可绘制全部的零件图。具体要求如下：

（1）零件图的投影应尽量与总图的投影位置相符合，便于读图和核对。

（2）尺寸标注应完善、清楚，既便于读图，又便于加工。

（3）应将零件的形状、尺寸、相互位置精度、表面粗糙度、材料、热处理及表面处理要求等都清楚地表示出来。

（4）同一工种加工表面的尺寸应尽量集中标注。

（5）对于可在装配后用组合加工来保证的尺寸，应在其尺寸数值后标注“按总图”字样。如钻套之间、定位销之间的尺寸等。

（6）要注意选择设计基准和工艺基准。

（7）某些要求不高的几何公差可由加工方法自行保证，可不标注。

（8）为满足加工要求，尺寸应尽量按加工顺序标注，以免进行尺寸换算。

6. 图样审核

夹具装配图和零件图绘制完毕，为使夹具能够满足使用功能要求，同时又具有良好的装配工艺性和加工工艺性，要对图样进行必要的审核：①夹具的结构应合理；②夹具结构要稳定可靠，有足够的强度和刚度，如铸件可增加加强筋；③夹具的受力应合理，夹具的受力部分应直接由夹具体承受，避免通过紧固螺钉受力，夹紧装置的设计应尽量使夹紧力在夹具体一个构件上得到平衡；④夹具结构应具有良好的工艺性；⑤正确设计退刀槽及倒角；⑥注意材料及热处理方法的合理选择；⑦夹具结构应具有良好的装配工艺性；⑧夹具结构应充分考虑测量与检验的问题；⑨夹具的易损件应便于更换和维修。

7. 编写课程设计说明书

学生在完成上述的全部设计工作后，应将设计工作依据先后顺序编写设计说明书一份，说明书用统一的纸张书写或用 A4 纸按照学校规定的格式打印，最后用统一的课程设计封皮装订成册。

（1）说明书是课程设计的总结性文件。通过编写设计说明书，可进一步培养学生分析、总结和表达的能力，巩固、深化在设计过程中所获得的知识。因此，编写设计说明书是课程设计工作的一个重要组成部分。

（2）说明书应概括地介绍设计全貌，对设计的各部分内容应做重点说明、分析论证及必要的计算。要求全文系统性好，条理清楚，图文并茂，充分表达自己的设计见解，力求避免抄书。说明书内的公式、图表、数据等出处，应注明参考文献的序号。

(3) 说明书中应包括有关设计的计算过程，包括几何关系的尺寸换算及误差计算，对工件工序尺寸公差的误差分析，特殊结构中力的分析和计算，以及必要的强度校核等。

(4) 说明书要求计算过程及结果准确无误，文字工整，叙述有条理，语言通顺简练，图面清晰工整。

学生在设计一开始就应随时逐项记录设计内容、计算结果、分析意见和资料来源，以及教师的合理意见、自己的见解、分析与结论。每一设计阶段后，随时可整理、编写出有关部分的说明书，待全部设计结束后，只要稍加整理，即可完成说明书。

8. 标准化审查

图纸、文字、符号、计量单位、尺寸、公差及表面粗糙度是否符合制图国家标准的规定；零件结构、材料及标准件是否符合有关标准。

第3章 机床夹具设计要点及常见错误

机床夹具设计中关于定位、夹紧元件及其机构前面已经讨论过，本节主要阐述各类机床夹具设计中的特点和注意事项。

3.1 车床专用夹具设计要点

对于一些非回转体工件，要在车床上加工回转表面时，如钻孔、镗孔、车端面等，需要设计车床专用夹具。车床夹具的主要特点是夹具与机床主轴连接，工作时由机床主轴带动做高速回转。因此在设计车床夹具时除了保证工件达到工序的精度要求外，还应考虑以下几点：

（1）夹具的结构应力求紧凑、轻便、悬臂尺寸短，使重心尽可能靠近主轴。

（2）夹具应有平衡措施，消除回转的不平衡现象，以减小主轴轴承的不正常磨损，避免产生振动及其对加工质量和刀具寿命的影响，平衡重的位置应可以调节。

（3）夹紧装置除应使夹紧迅速、可靠外，还应注意夹具旋转的惯性力不应使夹紧力有减小的趋势，以防回转过程中夹紧元件松脱。

（4）夹具上的定位、夹紧元件及其他装置的布置不应大于夹具体的直径，靠近夹具外缘的元件，不应该有突出的棱角，必要时应加防护罩。

（5）车床夹具与主轴连接精度对夹具的回转精度有决定性的影响，因此回转轴线与车床主轴轴线要有尽可能高的同轴度。

（6）当主轴有高速转动、急刹车等情况时，夹具与主轴之间的连接应该有防松装置。

（7）在加工过程中，工件在夹具上应能用量具测量，切屑能顺利排出或清理。

车床专用夹具的设计要点也适用于内、外圆磨床专用夹具。

3.2 钻床专用夹具设计要点

钻床夹具大都有刀具导向装置即钻套，钻套安装在钻模板上，故习惯上把钻床夹具称为钻模。钻模从结构上分为固定式钻模、回转式钻模、翻转式钻模、盖板式钻模和滑柱式钻模等。

（1）在设计钻模时，首先需要根据工件的形状尺寸、质量、加工要求和批量来选择钻模的结构类型。选择时注意以下几点：

1）被钻孔直径大于 ϕ10mm 时（特别是加工钢件），宜采用固定式钻模。

2）翻转式钻模适用于加工中小件，包括工件在内的总质量不宜超过 10kg。

3）当加工分布不在同心圆周上的平行孔系时，如果工件和夹具的总质量超过 15kg，宜采用固定式钻模在摇臂钻床上加工；如果生产批量大，则可在立式钻床上采用多轴传动头加工。

4）对于孔的垂直度和孔心距要求不高的中小型工件，宜优先采用滑柱式钻模。

（2）固定式钻模在使用时，是被固定在钻床工作台上。用于在立式钻床上加工较大的单孔或在摇臂钻床上加工平行孔系。课程设计中固定式钻模应用最广，易犯的错误有以下几点：

1）由于注意力集中在定位、夹紧上，忘记设计钻模板，成图后发现错误却难以安排图面，应在方案设计时记住钻模这一不可或缺的导引装置的安排。

2）将钻模板与底座设计成整体式，使夹具体很难加工甚至无法加工，通常应将钻模板与底座分开设计，再用内六角圆柱头螺钉（GB/T 70—2008）和内螺纹圆锥销（GB/T 118—2008）或内螺纹圆柱销（GB/T 120—2008）连接紧固。

3）工件无法装卸时，应将钻模板与底座的连接设计成铰链式或可调式（典型结构参阅教材相关内容）。

4）不清楚钻模与钻床的连接方式，钻模和铣夹具不同，夹具体上一般不设定位和定向装置，但夹具体底板上一般都设有翻边或留一些平台面，以便夹具在机床工作台上固定，有时只要保证安全，甚至钻模在工作台上不用固定。

（3）钻模设计的其他注意事项。

1）钻模板上安装钻套的孔之间及孔与定位元件的位置应有足够的精度。

2）钻模板应具有足够的刚度，以保证钻套位置的准确性，但又不能做得太厚太重，注意布置加强筋以提高钻模板的刚性，钻模板一般不应承受夹紧力。

3）翻转式钻模一般要在夹具体上设计支脚，以保证夹具在钻床工作台上放置平稳，减小夹具底面与工作台的接触面积，支脚结构形式有整体式（铸造或焊接）、装配式（已有标准）。

3.3 铣床专用夹具设计要点

由于铣削加工切削用量及切削的力很大，同时又是多刃断续切削，加工时很容易产生振动，因此设计铣床夹具时应注意以下几点：

（1）为了调整和确定夹具与机床工作台轴线的相对位置，在夹具体的底面应具有两个定位键，定位键与工作台上中间T形槽相配，保证进给运动方向与工件加工表面间的正确位置。精度高的或重型铣夹具宜采用夹具体上的找正基面实现在机床上的定位和定向。

（2）为了调整和确定夹具与铣刀的相对位置，应正确选用对刀装置，对刀装置在便于使用塞尺和易于观察的位置，并应在铣刀开始切入工件的一端。

（3）铣床夹具一般要在工作台上对定后固定。对于矩形铣床工作台，一般是通过两侧的T形槽用T形槽螺钉来固定夹具，应先查出该机床工作台T形槽的尺寸及槽距，根据T形槽尺寸和槽距选择定位键，在夹具体底板上设计开有U形槽口的耳座。

（4）由于铣削过程不是连续切削，且加工余量较大，切削力较大而方向随时都在变化。所以夹具应有足够的刚性和强度，夹具的重心应尽量低，夹具的高度与宽度之比应为1∶1.25，并应有足够的排屑空间。

（5）夹紧装置要有足够的强度和刚度，保证必需的夹紧力，并有良好的自锁性能，一般在铣床夹具上（特别是粗铣），不宜采用偏心夹紧。

（6）夹紧力应作用在工件刚度较大的部位上。工件与主要定位元件的定位表面接触刚度要大。当从侧面压紧工件时，压板在侧面的着力点应低于工件侧面的支承点。

由于刨床、平面磨床专用夹具的结构和动作原理与铣床专用夹具相近，故其设计要点可参照上述内容。

3.4　镗床专用夹具设计要点

镗床夹具通常称为镗模。它有钻模的特点，即被加工孔或孔系的位置精度主要由镗模来保证，镗模的结构类型主要决定于导向支架的布置形式，分为单面导向和双面导向两种。

镗孔工具主要为安装刀具的镗杆，镗杆靠镗套引导保证所加工孔的位置。

镗模支架和底座均为镗模主要零件。支架供安装镗套和承受切削力用。底座承受包括工件、镗杆、镗套、镗模支架、定位元件、夹紧装置等在内的全部重量及加工过程中的切削力，因此要求支架和底座的刚性好、变形小。

在设计支架和底座时应注意：支架与底座宜分开，以便于制造；支架在底座上安装要稳固，必须用两定位销定位，用螺钉紧固；支架应尽量避免承受夹紧力，底座上应有找正基面，以便于夹具的制造和装配；底座上应设置供起吊用的吊环螺钉或起重螺栓。

3.5　机床夹具设计常见错误

由于学生是第一次独立进行工艺规程编制和夹具设计，常常会发生一些结构设计方面的错误，现将它们以正误对照的形式列于表 3-1 中，以资借鉴。

表 3-1　　**常见结构错误**

项　目	正误对照		简要说明
	错误或不好的	正确或好的	
定位销在夹具体上的定位与连接	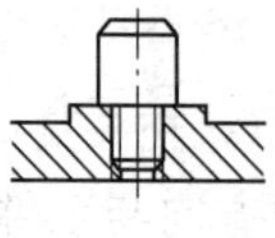	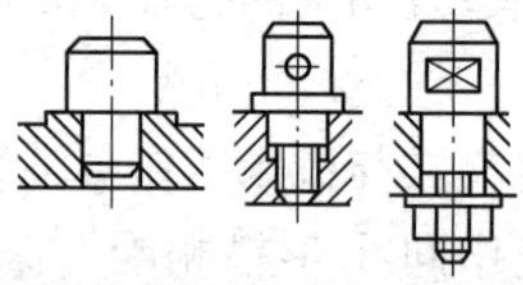	螺纹不起定心作用，带螺纹的销应有旋紧用的扳手孔或扳手平面
工件安放	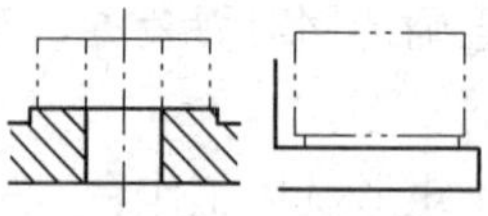	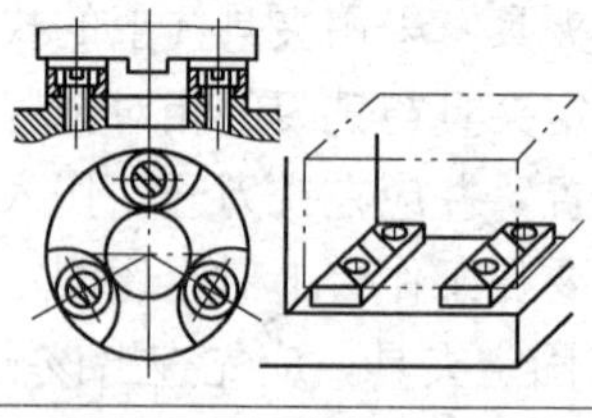	工件不要与夹具体直接接触，应加放钢制支承板、垫块等，保证耐磨性
机构自由度	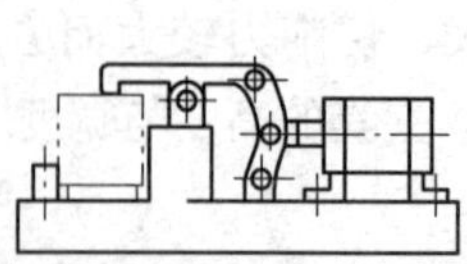	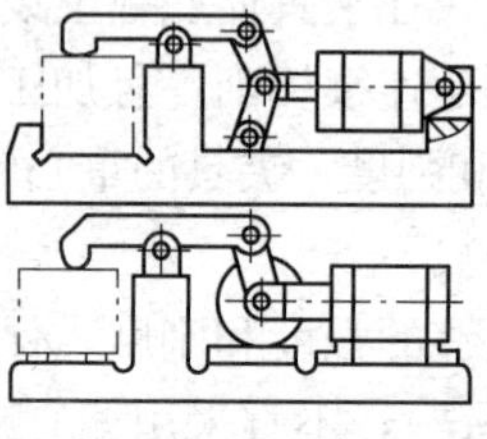	夹紧机构运动时不得发生干涉，保证自由度 $F\neq0$，左图 $F=3\times4-2\times6=0$，右上图 $F=3\times5-2\times7=1$，右下图 $F=3\times3-2\times4=1$

续表

项　目	正　误　对　照		简 要 说 明
	错误或不好的	正确或好的	
考虑极限状态下不卡死	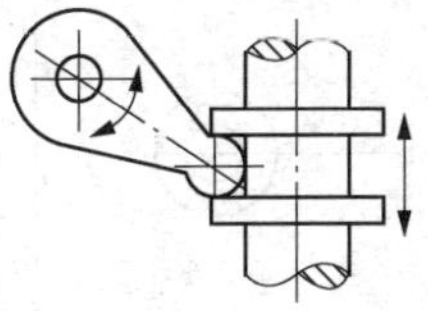	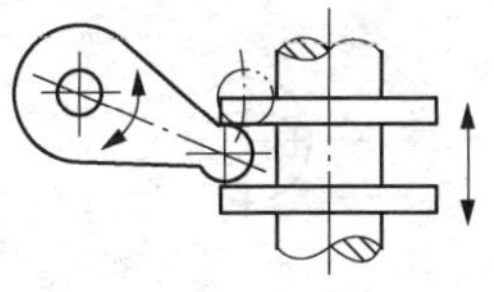	摆动零件动作过程中不应卡死，应检查极限位置
移动V形架	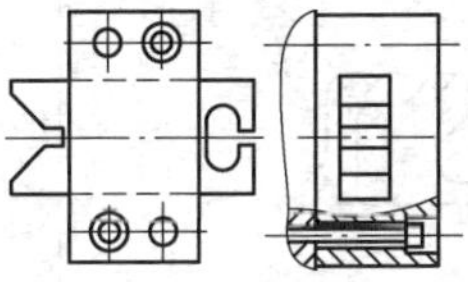	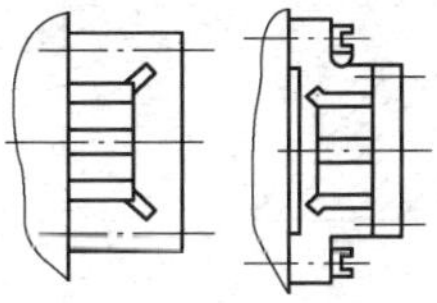	V形架移动副应便于制造、调整和维修；与夹具体之间应避免大平面接触
螺纹连接或定位	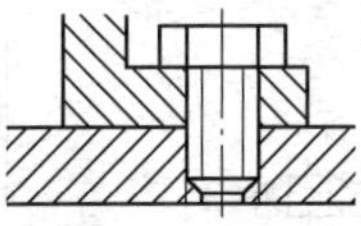	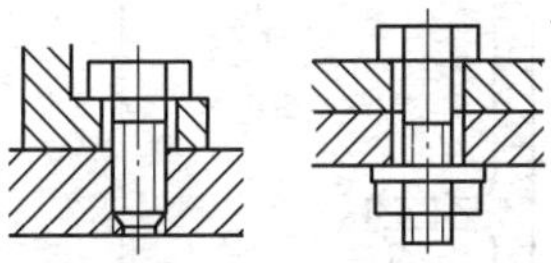	被连接件应为光孔，若两者都有螺纹，将无法拧紧
	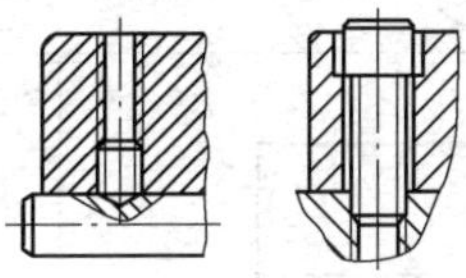	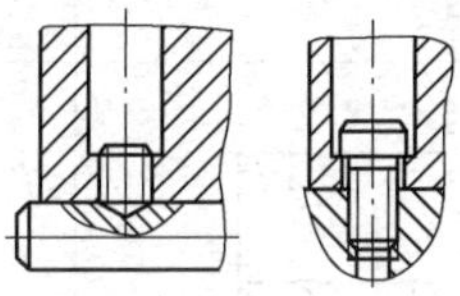	避免螺孔或螺杆太长
可调支承	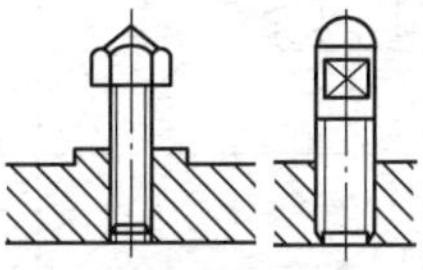	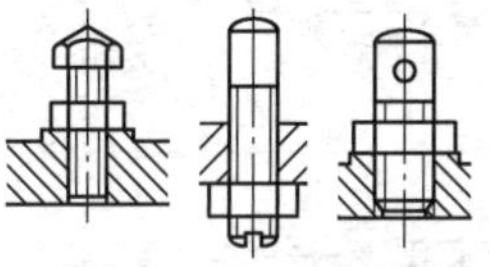	应有锁紧螺母、应有调整用扳手孔（面）或起子槽
摆动压块	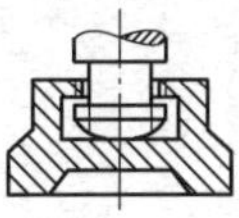	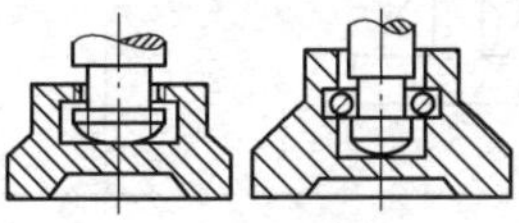	压杆应能装入，且上升时摆动压块不得脱落
可移动心轴	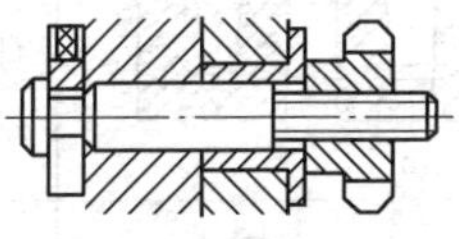	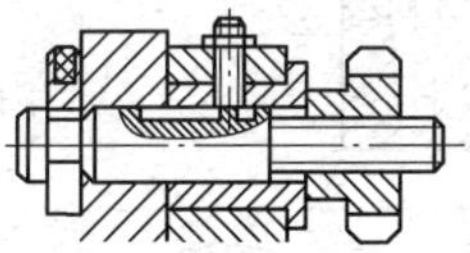	手轮转动时，应保证心轴只移不转
耳孔方向	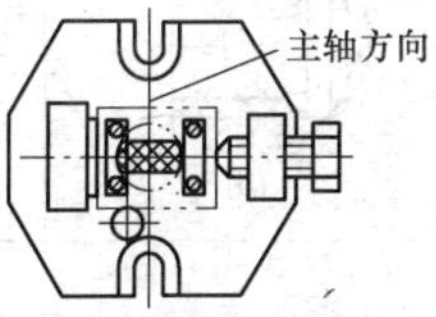 主轴方向	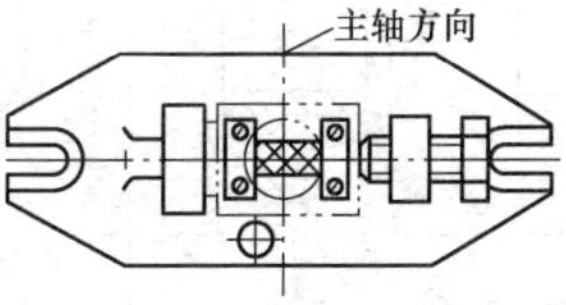 主轴方向	耳孔方向（铣床工作台T形槽方向）与夹具在机床上安放及刀具（铣床主轴）不应矛盾
使用球面垫圈	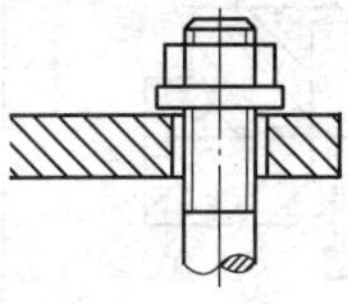	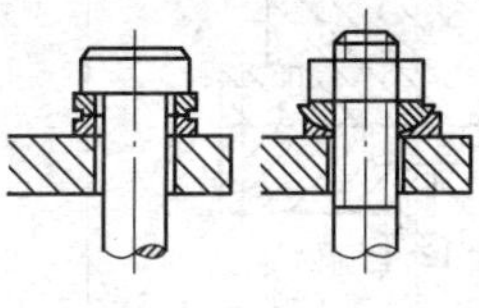	当螺杆与压板有可能倾斜受力时，应采用球面垫圈以免螺纹受到弯曲应力而破坏

续表

项　目	正 误 对 照		简 要 说 明
	错误或不好的	正确或好的	
菱形销安装方向	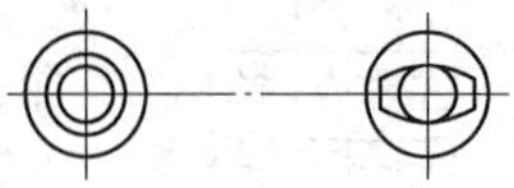	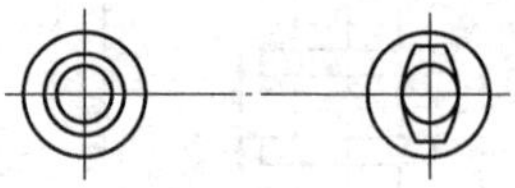	菱形销长轴应与两销连心线垂直，方能消除转动自由度
铸造结构	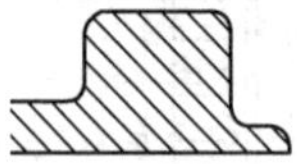	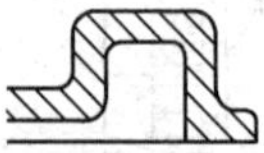	夹具体铸件壁厚应均匀
铸造夹具体工艺性	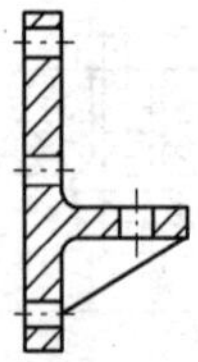	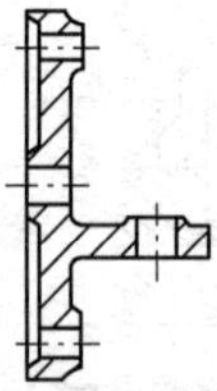	被加工孔的端面应铸造出小凸台，孔的正下方不能设置加强筋
焊接夹具体工艺性	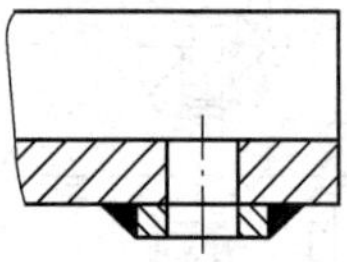	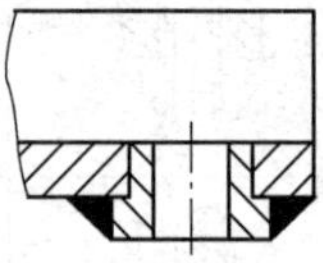	改进设计使焊接后孔的位置得到保证
加强筋	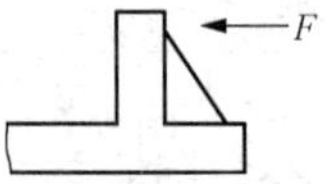 F	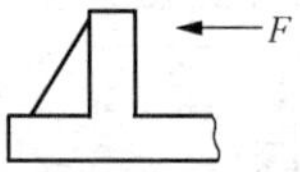 F	加强筋应尽量放在承受压应力的方向
加工和维修的工艺性	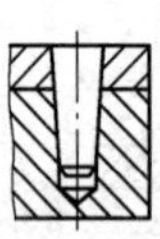	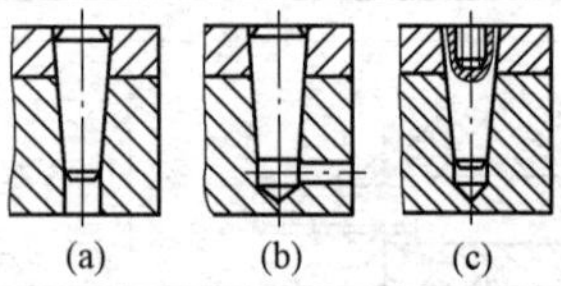 (a) (b) (c)	连接定位用的销钉设计时应考虑到装拆和维修
	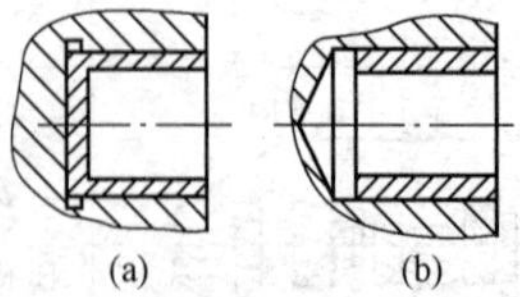 (a) (b)	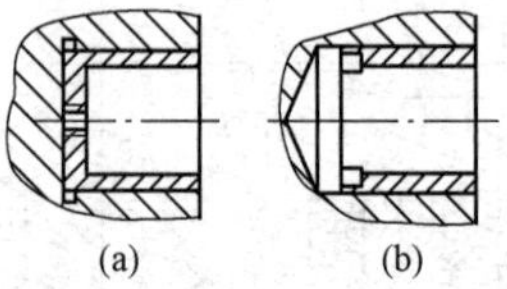 (a) (b)	在衬套的底部设计螺孔或缺口槽，以便使用工具将其拔出
	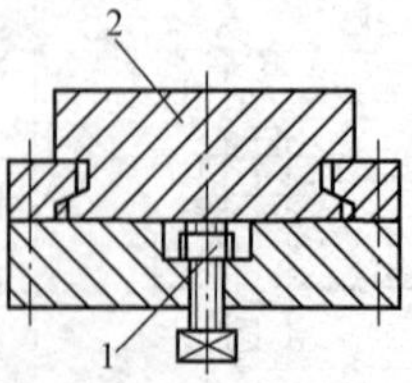 2 1	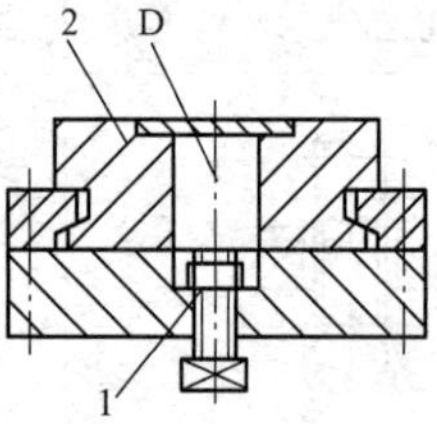 2 D 1	在件 2 上预先设置供工具伸入用的工艺孔 D，拆卸零件 1 时，不受件 2 的阻碍

续表

项　目	正 误 对 照		简 要 说 明
	错误或不好的	正确或好的	
夹紧不能产生过定位	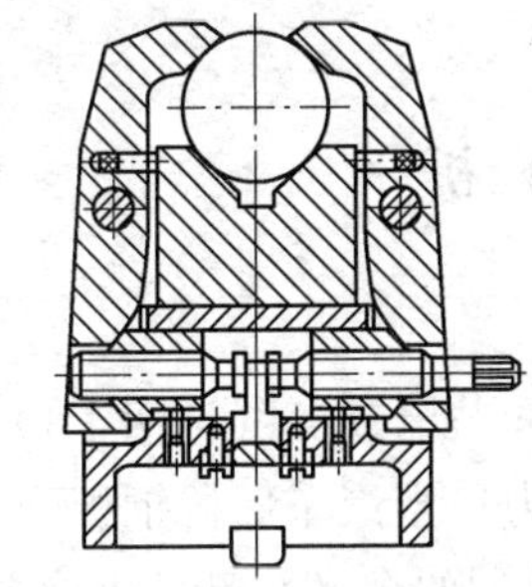	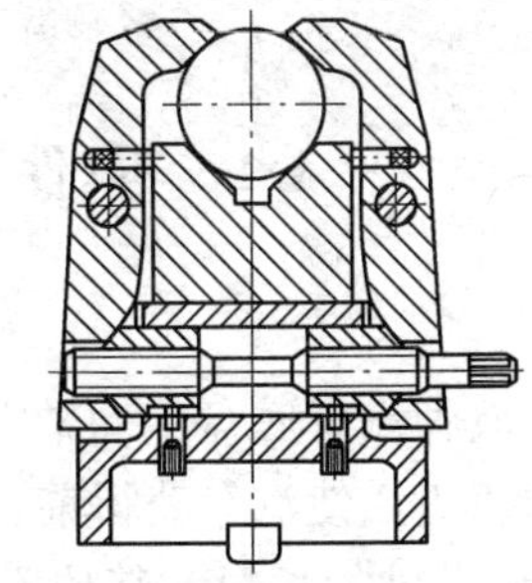	双向正反螺杆定心夹紧机构形成过定位，改进后去掉了螺杆中间的轴向叉形限位件，使螺杆轴向不定位，保证了可靠夹紧
调整环节	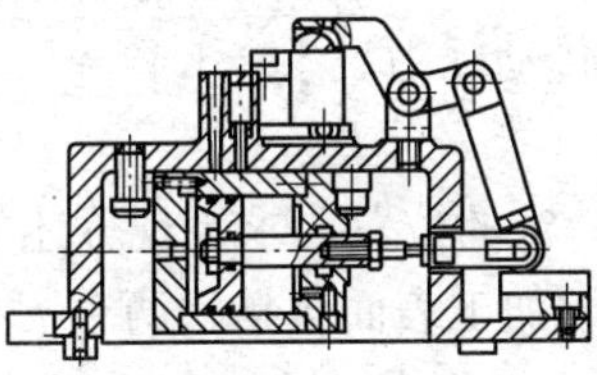	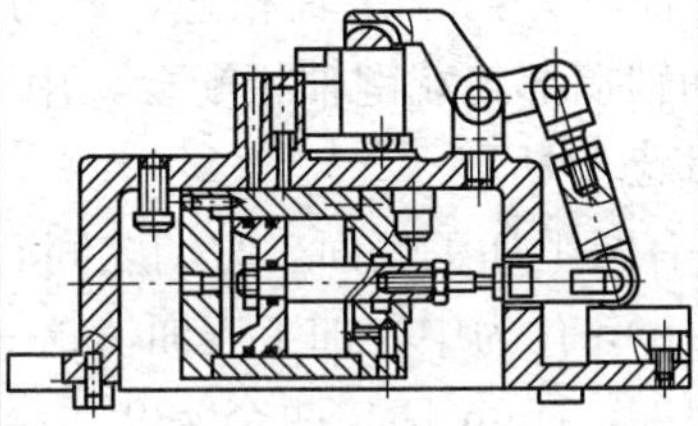	左图铰链夹紧机构缺少调整环节，可能出现活塞到达终点时还夹不紧工件的情况，右图在拉杆上增加一个调整环节，保证了可靠夹紧

第4章 课程设计实例

4.1 零件的分析

4.1.1 零件的作用

题目所给的零件是解放牌汽车底盘传动轴上的万向节滑动叉（见图4-1），它位于传动轴的端部。主要作用：传动扭矩，使汽车获得前进的动力；当汽车后桥钢板弹簧处在不同的状态时，由本零件可以调整传动轴的长短及其位置。零件的两个叉头部位上有两个$\phi39^{+0.027}_{-0.010}$mm的孔，用以安装滚针轴承并与十字轴相连，起万向联轴节的作用。零件$\phi65$mm外圆内为$\phi50$mm花键孔与传动轴端部的花键轴相配合，用于传动动力。

4.1.2 零件的工艺分析

万向节滑动叉共有两组加工表面，它们之间有一定的位置要求。现分述如下：

（1）以$\phi39^{+0.027}_{-0.010}$mm孔为中心加工表面。这一组加工表面包括：两个$\phi39^{+0.027}_{-0.010}$mm的孔及其倒角，尺寸为$118^{0}_{-0.07}$mm且与两个$\phi39^{+0.027}_{-0.010}$mm相垂直的表面，以及在平面上的四个M8螺孔。其中，主要加工表面为$\phi39^{+0.027}_{-0.010}$mm的两个孔。

（2）以$\phi50$mm花键孔为中心的加工表面。这一组加工表面包括：$\phi50^{+0.039}_{0}$mm十六齿方齿花键孔，$\phi55$mm阶梯孔，以及$\phi65$mm的外圆表面和M60×1mm的外螺纹面。

这两组加工表面之间有着一定的位置要求，主要是：①$\phi50^{+0.039}_{0}$mm花键孔与$\phi39$mm$^{+0.027}_{-0.010}$mm两孔中心联线的垂直度公差为100∶0.2；②$\phi39$mm两孔外端面对$\phi39$mm孔垂直度公差为0.1mm；③$\phi50^{+0.039}_{0}$mm花键槽宽中心线与$\phi39$mm中心线偏转角度公差为2°。

由以上分析可知，对于这两组加工表面而言，可以先加工其中一组表面，然后借助于专用夹具加工另一组表面，并且保证它们之间的位置精度要求。

4.2 毛坯图的确定

4.2.1 毛坯制造形式的确定

零件材料为45钢。考虑到汽车在运行中要经常加速及正反行驶，零件的工作过程中经常承受交变载荷及冲击性载荷，因此应该选择锻件，以使金属纤维尽量不被切除，保证零件工作可靠。由于零件年产量为4000件，已达大批生产的水平，而且零件的轮廓尺寸不大，故可采用模锻成型。这从提高生产率、保证加工精度上考虑，也是应该的。

4.2.2 机械加工余量、工序尺寸及毛坯尺寸的确定

万能节滑动叉零件材料45钢，硬度207～241HBS，毛坯质量为6kg，生产类型为大批生产，采用在锻锤上合模模锻毛坯。根据上述原始资料及加工工艺，分别确定各加工表面的机械加工余量、工序尺寸及毛坯尺寸如下：

（1）外圆表面（$\phi62$mm及M60×1mm）。考虑其加工长度为90mm，与其连接的非加工外圆表面直径为$\phi65$mm，为简化锻毛坯的外形，现直接取其外圆表面直径为$\phi65$mm。

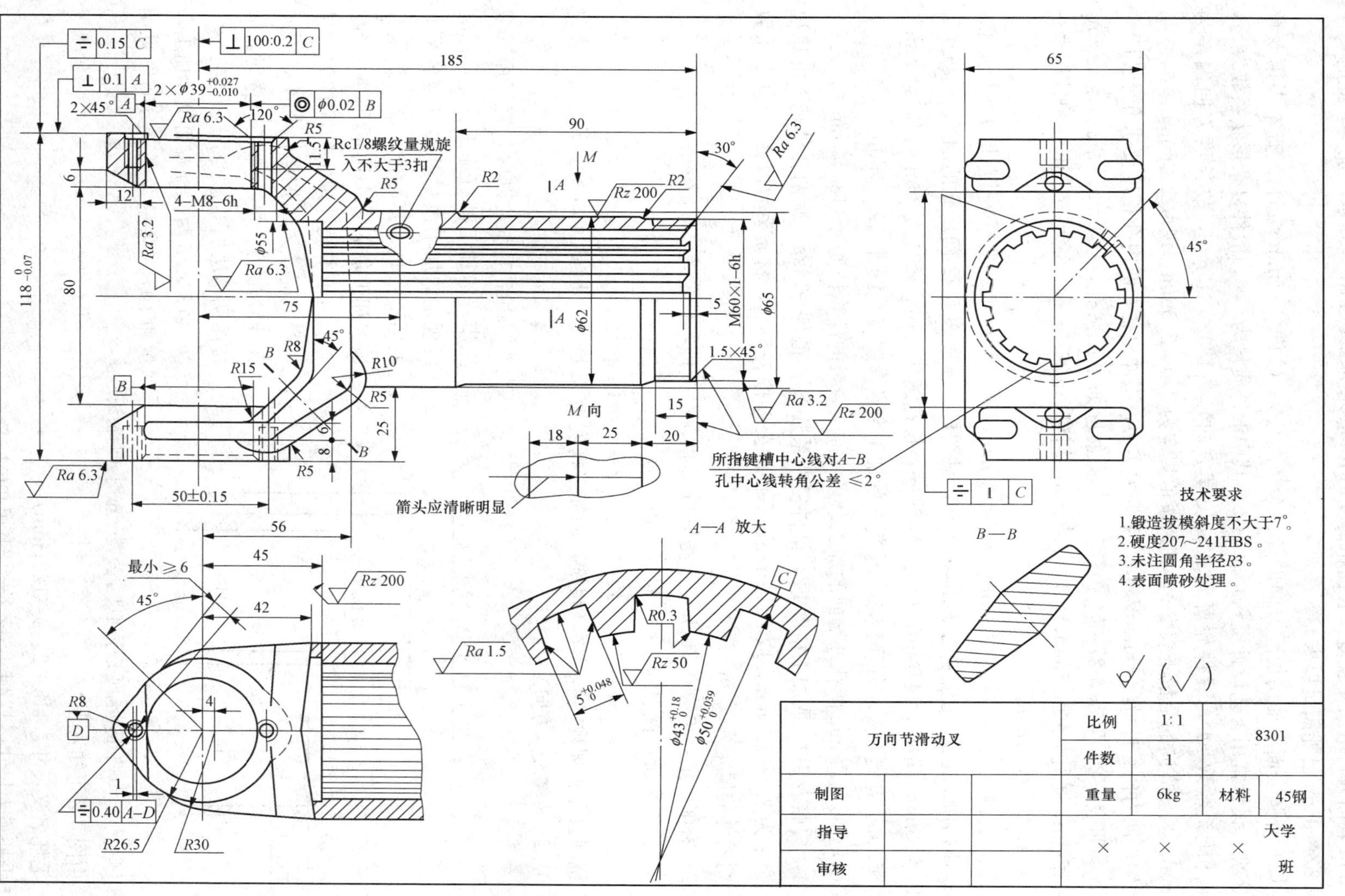

图 4-1 万向节滑动叉零件图

ϕ62mm 表面为自由尺寸公差，表面粗糙度值 Ra 要求为 200μm，只要求粗加工，此时直径余量 $2Z$=3mm 已能满足要求。

（2）外圆表面沿轴线长度方向的加工余量及公差（M60×1mm 端面）。查本书第 5 章（机床夹具设计常用工艺设计资料）表 5-12，其中锻件质量为 6kg，锻件复杂形状系数为 S_1，锻件材质系数取 M_1，锻件轮廓尺寸（长度方向）＞180～315mm，故长度方向偏差为 $^{+1.5}_{-0.7}$mm。长度方向的余量查表 5-9，其余量值规定为 2.0～2.5mm，现取 2.0mm。

（3）两内孔 $\phi 39^{+0.027}_{-0.010}$ mm（叉部）。毛坯为实心，不冲出孔。两内孔精度要求介于 IT8～IT7，参照表 5-22 及表 5-27 确定工序尺寸及余量如下：钻孔，ϕ25mm；钻孔，ϕ37mm，$2Z$=12mm；扩孔，ϕ38.7mm，$2Z$＝1.7mm；精镗，ϕ38.9mm，$2Z$＝0.2mm；细镗，$\phi 39^{+0.027}_{-0.010}$ mm，$2Z$=0.1mm。

（4）花键孔（16－$\phi 50^{+0.039}_{0}$ mm×$\phi 43^{+0.16}_{0}$ mm×$\phi 5^{+0.048}_{0}$ mm）。要求花键孔为外径定心，故采用拉削加工。内孔尺寸为 $\phi 43^{+0.16}_{0}$mm，见图样。参照表 5-22 确定孔的加工余量分配：钻孔，ϕ25mm；钻孔，ϕ41mm；扩孔，ϕ42mm；拉花键孔，16－$\phi 50^{+0.039}_{0}$mm×$\phi 43^{+0.16}_{0}$mm×$\phi 5^{+0.048}_{0}$mm。花键孔要求外径定心，拉削时的加工余量参照表 5-29 取 $2Z$=1mm。

（5）$\phi 39^{+0.027}_{-0.010}$ mm 两孔外端面的加工余量（加工余量的计算长度为 $118_{-0.07}^{0}$mm）。

1）按照表 5-9。取加工精度 F2，锻件复杂系数 S_3，锻件重 6kg，则两孔外端面的单边加工余量为 2.0～3.0mm，取 Z=2mm，锻件的公差按表 5-12，材质系数取 M_1，复杂系数 S_2，则锻件的偏差为 $^{+1.3}_{-0.7}$ mm。

2）磨削余量：单边 0.2mm（见表 5-35），磨削公差即零件公差－0.07mm。

3）铣削余量：铣削的公称余量（单边）为

$$Z=2.0-0.2=1.8\ (\text{mm})$$

铣削公差：现规定本工序（粗铣）的加工精度为 IT11 级，因此可知本工序的加工公差为－0.22mm（入体方向）。

由于毛坯及以后各道工序（或工步）的加工都有加工公差，因此所规定的加工余量其实只是名义上的加工余量。实际上，加工余量有最大加工余量及最小加工余量之分。

由于本设计规定的零件为大批生产。应该采用调整法加工，因此在计算最大、最小加工余量时，应按照调整法加工方式予以确定。

ϕ39mm 两孔外端面尺寸加工余量和工序间余量及公差分布图见图 4-2。

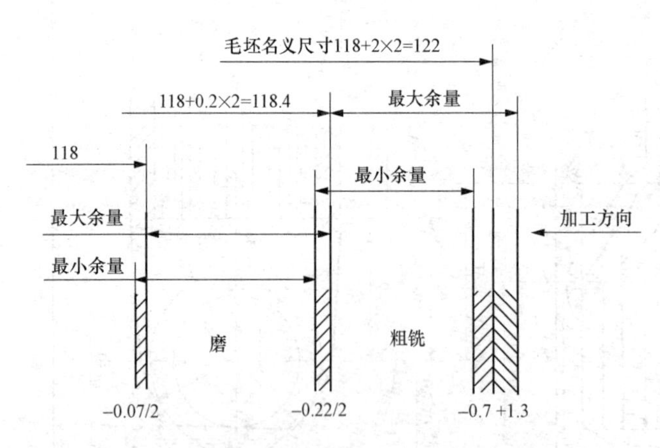

图 4-2 ϕ39mm 两孔外端面工序间尺寸公差分布图（调整法）

由图 4-2 可知：

毛坯名义尺寸 118＋2×2＝122(mm)

毛坯最大尺寸 122＋1.3×2＝124.6(mm)

毛坯最小尺寸　122－0.7×2＝120.6(mm)

粗铣后最大尺寸　118＋0.2×2＝118.4(mm)

粗铣后最小尺寸　118.4－0.22＝118.18(mm)

磨后尺寸与零件图尺寸应相符，即 $118_{-0.07}^{\ 0}$mm。

最后，将上述计算的工序间尺寸及公差整理成表 4-1。

表 4-1　　加工余量计算表

<table>
<tr><th colspan="2">工　序
加工尺寸及误差</th><th>锻件毛坯
ϕ39 两端面，零件尺寸 $118_{-0.07}^{\ 0}$</th><th colspan="2">粗铣两端面</th><th>磨两端面</th></tr>
<tr><td rowspan="2">加工前尺寸</td><td>最大</td><td></td><td colspan="2">124.6</td><td>118.4</td></tr>
<tr><td>最小</td><td></td><td colspan="2">120.6</td><td>118.18</td></tr>
<tr><td rowspan="2">加工后尺寸</td><td>最大</td><td>124.6</td><td colspan="2">118.4</td><td>118</td></tr>
<tr><td>最小</td><td>120.6</td><td colspan="2">118.18</td><td>117.93</td></tr>
<tr><td colspan="2" rowspan="2">加工余量（单边）</td><td rowspan="2">2</td><td>最大</td><td>3.1</td><td>0.2</td></tr>
<tr><td>最小</td><td>1.21</td><td>0.125</td></tr>
<tr><td colspan="2">加工公差（单边）</td><td>＋1.3
－0.7</td><td colspan="2">－0.22/2</td><td>－0.07/2</td></tr>
</table>

万向节滑动叉的锻件毛坯图见图 4-3。

4.3　工艺路线与工艺规程的制订

4.3.1　选择基面

选择基面是工艺规程设计的重要工作之一。基面选择的正确与合理，可以使加工质量得到保证，生产率得以提高。否则，加工工艺过程中会问题百出，甚至会造成零件大批报废，使生产无法正常进行。

(1) 粗基准的选择。对于一般的轴类零件而言，以外圆作为粗基准是完全合理的。但对于本零件来说，如果以 ϕ65mm 外圆表面作基准，则可能造成这一组内、外圆柱表面与零件的叉部外形不对称。按照有关粗基准的选择原则（即当零件有不加工表面时，应以这些不加工表面作为粗基准；若零件有若干个不加工表面时，则应以与加工表面要求相对位置精度较高的不加工表面作为粗基准），现选取叉部两个 ϕ39mm 孔的不加工外轮廓表面作为粗基准，利用一组共两个 V 形块支撑着两个 ϕ39mm 的外轮廓作主要定位面，以消除 $\vec{x}$ $\overset{\frown}{x}$ $\vec{y}$ $\overset{\frown}{y}$ 四个自由度，再用一对自动定心的窄口卡爪，夹持在 ϕ65mm 外圆柱面上，以消除 $\vec{z}$、$\overset{\frown}{z}$ 两个自由度，达到完全定位。

(2) 精基准的选择。主要应该考虑基准重合的问题。当设计基准与工序基准不重合时，应该进行尺寸换算，这在以后还要专门计算，此处不再重复。

4.3.2　制订工艺路线

制订工艺路线的出发点，应该是使零件的几何形状、尺寸精度、位置精度等技术要求能得到合理的保证。在生产纲领已确定为大批生产的条件下，可以考虑采用万能型机床配以专用工夹具，并尽量使工序集中来提高生产率。除此以外，还应当考虑经济效果，以便使生产成本尽量下降。

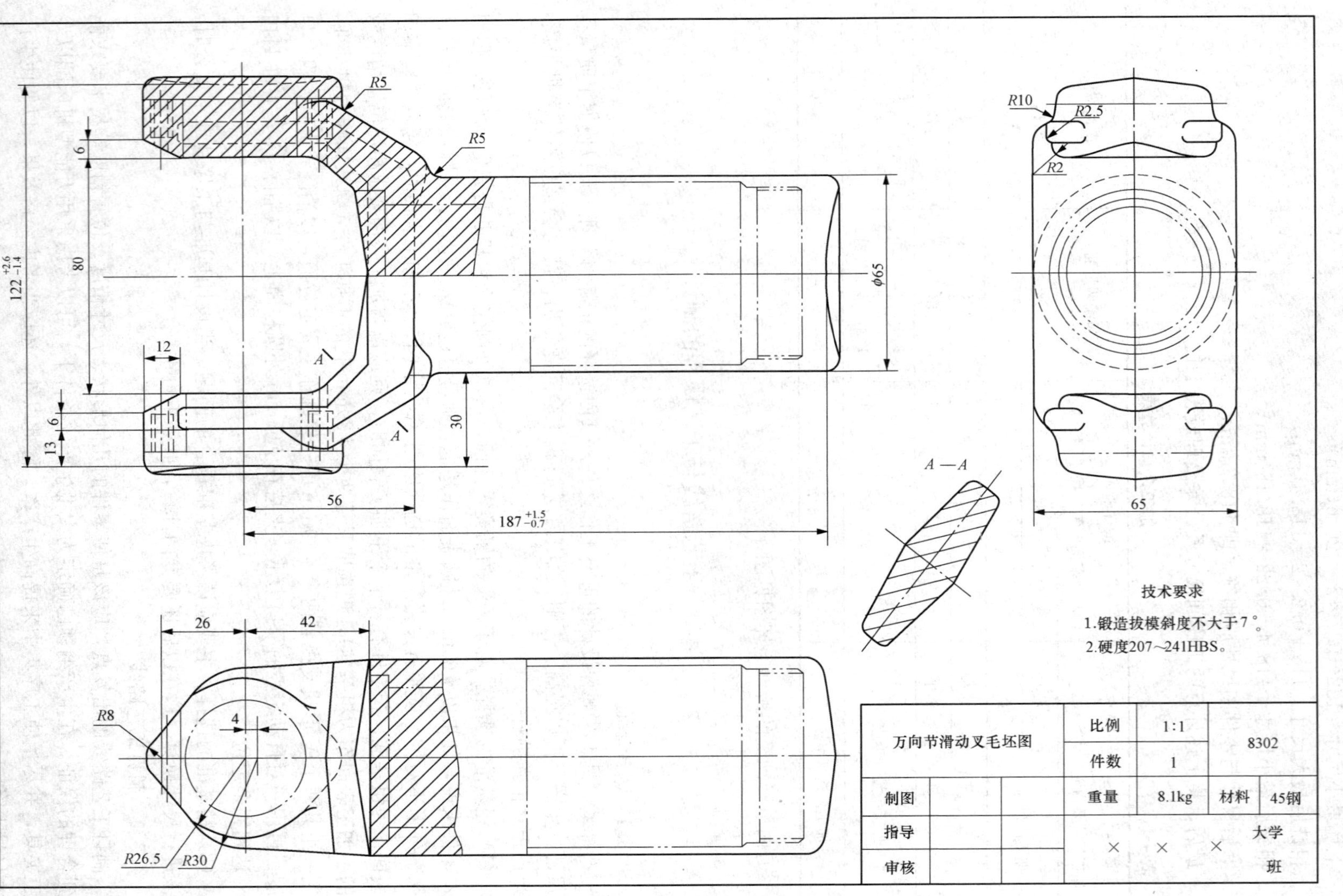

万向节滑动叉毛坯图			比例	1:1	8302	
			件数	1		
制图			重量	8.1kg	材料	45钢
指导			×	×	×	大学
审核						班

图 4-3 万向节滑动叉的锻件毛坯图

1. 工艺路线方案一

工序Ⅰ 车外圆ϕ62mm、ϕ60mm，车螺纹M60×1mm。

工序Ⅱ 两次钻孔并扩钻花键底孔ϕ43mm，锪沉头孔ϕ55mm。

工序Ⅲ 倒角5×30°。

工序Ⅳ 钻Rc1/8底孔。

工序Ⅴ 拉花键孔。

工序Ⅵ 粗铣ϕ39mm两孔端面。

工序Ⅶ 精铣ϕ39mm两孔端面。

工序Ⅷ 钻、扩、粗镗、精镗两个ϕ39mm孔，至图样尺寸并锪倒角2×45°。

工序Ⅸ 钻M8mm底孔ϕ6.7mm，倒角120°。

工序Ⅹ 攻螺纹M8mm，Rc1/8。

工序Ⅺ 冲箭头。

工序Ⅻ 检查。

2. 工艺路线方案二

工序Ⅰ 粗铣ϕ39mm两孔端面。

工序Ⅱ 精铣ϕ39mm两孔端面。

工序Ⅲ 钻ϕ39mm两孔（不到尺寸）。

工序Ⅳ 镗ϕ39mm两孔（不到尺寸）。

工序Ⅴ 精镗ϕ39两孔，倒角2×45°。

工序Ⅵ 车外圆ϕ62mm，ϕ60mm，车螺纹M60×1mm。

工序Ⅶ 钻、镗孔ϕ43mm，并锪沉头孔ϕ55mm。

工序Ⅷ 倒角5×30°。

工序Ⅸ 钻Rc1/8底孔。

工序Ⅹ 拉花键孔。

工序Ⅺ 钻M8mm螺纹的底孔ϕ6.7mm孔，倒角120°。

工序Ⅻ 攻螺纹M8mm，Rc1/8。

工序XIII 冲箭头。

工序XIV 检查。

3. 工序方案的比较与分析

上述两个工艺方案的特点在于：方案一是先加工以花键孔为中心的一组表面，然后以此为基面加工ϕ39mm两孔；而方案二则相反，先是加工ϕ39mm两孔，然后再以此二孔为基准加工花键孔及其外表面。两相比较可以看出，先加工花键孔，再以花键孔定位加工ϕ39mm两孔，这时的位置精度较易保证，并且定位、装夹等都比较方便。而方案一中的工序Ⅷ虽然代替了方案二中的工序Ⅲ、Ⅳ、Ⅴ，减少了装夹次数，但在一道工序中要完成这么多工作，除了选用专门设计的组合机床（但大批量生产时，在能保证加工精度的情况下，应尽量不需要专用组合机床）外，只能选用转塔车床，利用转塔头进行加工。而转塔车床目前大多适用于粗加工，用来在此处加工ϕ39mm两孔是不合适的，因此决定将方案二中的工序Ⅲ、Ⅳ、Ⅴ移入方案一，改为两道工序加工。具体工艺过程如下：

工序Ⅰ 车外圆ϕ62mm、ϕ60mm，车螺纹M60×1mm。粗基准的选择如前所述。

工序Ⅱ 两次钻孔并扩钻花键底孔ϕ43mm，锪沉头孔ϕ55mm，以ϕ62mm外圆为定位基准。

工序Ⅲ 倒角5×30°。

工序Ⅳ 钻Rc1/8锥螺纹底孔。

工序Ⅴ 拉花键孔。

工序Ⅵ 粗铣ϕ39两孔端面，以花键孔及其端面为基准。

工序Ⅶ 精铣ϕ39两孔端面。

工序Ⅷ 钻孔两次并扩孔ϕ39mm。

工序Ⅸ 精镗并细镗ϕ39mm两孔，倒角2×45°。工序Ⅶ、Ⅷ、Ⅸ的定位基准均与工序Ⅵ相同。

工序Ⅹ 钻M8mm螺纹底孔，倒角120°。

工序Ⅺ 攻螺纹M8mm，Rc1/8。

工序Ⅻ 冲箭头。

工序XⅢ 检查。

以上工艺方案大致看来还是合理的。但是仔细考虑零件的技术要求及可能采取的加工手段就会发现问题，主要表现在ϕ39mm两个孔及其端面加工要求上。图样规定：ϕ39mm两孔中心线应与ϕ55mm花键孔垂直，垂直度公差为100∶0.2；ϕ39mm两孔与其外端面应垂直，垂直度公差为0.1mm。由此可以看出，因为ϕ39mm两孔的中心线要求与ϕ55mm花键孔中心线垂直，因此，加工及测量ϕ39mm孔时应以花键孔为基准。这样做能保证设计基准与工艺基准相重合。在上述工艺路线制订中也是这样做的。同理，ϕ39mm两孔与其外端面的垂直度（0.1mm）的技术要求在加工与测量时应遵循上述原则。但在已制订的工艺路线中却没有这样做：ϕ39mm孔加工时，以ϕ55mm花键孔定位（这是正确的）；而ϕ39mm孔的外端面加工时，也是以ϕ55mm花键孔定位。这样做，从装夹上看似乎比较方便，但却违反了基准重合原则，造成了不必要的基准不重合误差。具体来说，当ϕ39mm两孔的外端面以花键孔为基准加工时，如果两个端面与花键孔中心线已保证绝对平行的话，那么由于ϕ39mm两孔中心线与花键孔仍有100∶0.2的垂直度公差，则ϕ39mm两孔与其外端面的垂直度误差会很大，甚至造成超差导致报废。为了解决这个问题，原有的加工路线可仍大致保持不变，只是在ϕ39mm两孔加工完以后，再增加一道工序，以ϕ39mm孔为基准，磨ϕ39mm两外端面。这样可以修正由于基准不重合造成的加工误差，同时也照顾了原有的加工路线中便于装夹的特点。因此，最后的加工路线确定如下：

工序Ⅰ 车外圆ϕ62mm，ϕ60mm，车螺纹M60×1mm。以两个叉耳外轮廓及ϕ65mm外圆为粗基准，选中C620-1卧式车床并加专用夹具。

工序Ⅱ 两次钻孔并扩钻花键底孔ϕ43mm，锪沉头孔ϕ55mm，以ϕ62mm外圆为定位基准。选用C365L转塔车床。

工序Ⅲ 内花键孔5×30°倒角。选用C620-1卧式车床并加专用夹具。

工序Ⅳ 钻锥螺纹Rc1/8底孔。选中Z525立式钻床及专用钻模。这里安排钻Rc1/8底孔主要是为了下道工序拉花键孔时，为消除回转自由度而设置的一个定位基准。本工序以花键内底孔定位，并利用叉部外轮廓消除回转自由度。

工序Ⅴ 拉花键孔。利用花键内底孔、ϕ55mm端面及Rc1/8锥螺纹底孔定位，选用

L6120 卧式拉床加工。

工序Ⅵ 粗铣ϕ39 两孔端面，以花键孔定位。选用 X63 卧式铣床加工。

工序Ⅶ 钻、扩孔ϕ39mm 及倒角。以花键孔及端面定位，选用 Z535 立式钻床加工。

工序Ⅷ 精镗并细镗ϕ39mm 两孔，选中 T740 型卧式金刚镗床及专用夹具加工，以花键内孔及其端面定位。

工序Ⅸ 磨ϕ39mm 两孔端面，保证尺寸 $118_{-0.07}^{0}$mm，以ϕ39mm 孔及花键孔定位，选用 M7130 平面磨床及专用夹具加工。

工序Ⅹ 钻叉部四个 M8mm 螺纹底孔并倒角。选用 Z525 立式钻床及专用夹具加工，以花键孔及ϕ39mm 孔定位。

工序Ⅺ 攻螺纹 4×M8mm 及 Rc1/8。

工序Ⅻ 冲箭头。

工序ⅩⅢ 检查。

4.4 工序切削用量与基本工时的确定

4.4.1 工序Ⅰ

车削端面、外圆及螺纹。本工序采用计算法确定切削用量。

1. 加工条件

工件材料：45 钢正火，σ_b =0.60GPa，模锻。

加工要求：粗车ϕ60 端面及ϕ60mm、ϕ62mm 外圆，$Rz200\mu m$；车螺纹 M60×1mm。

机床：C620-1 卧式车床。

刀具：刀片材料 YT15，刀杆尺寸 16mm × 25mm，$\kappa_\gamma=90°$，$\gamma_o=15°$ ，$\alpha_o=12°$，$\gamma_\varepsilon=0.5mm$ 。

60°螺纹车刀：刀片材料 W18Cr4V。

2. 计算切削用量

（1）粗车 M60×1mm 端面。

1）端面最大加工余量。已知毛坯长度方向的加工余量为 $2_{-0.7}^{+1.5}$ mm，考虑 7°的模锻拔模斜度，则毛坯长度方向的最大加工余量 Z_{max}=7.5mm。但是实际上，由于以后还要钻花键底孔，因此端面不必全部加工，而可以留出一个ϕ40 mm 芯部待后续加工钻孔时加工掉，故此时实际端面最大加工余量可按 Z_{max} = 5.5mm 考虑，分两次加工，a_p = 3 mm 计。长度加工公差按 IT12 级，取−0.46mm（入体方向）。

2）进给量 f 。根据表 5-52，当刀杆尺寸为 16mm × 25mm，a_p ≤3mm，工件直径为 60mm 时，f =0.5～0.7mm/r。

按 C620-1 车床说明（见表 5-131），取 f =0.5mm/r。

3）计算切削速度。根据表 5-62，切削速度的计算公式为（寿命选 T =60min）

$$v_c=\frac{C_v}{T^m a_p^{x_v} f^{y_v}}k_v \quad (m/min)$$

其中，C_v =242 ，x_v =0.15，y_v =0.35，m=0.2。修正系数 k_v 见表 5-64，即

$$k_{M_v}=1.44,\ k_{s_v}=0.8,\ k_{k_v}=1.04,\ k_{\kappa_r v}=0.81,\ k_{B_v}=0.97。$$

所以

$$v_c = \frac{242}{60^{0.2} \times 3^{0.15} \times 0.5^{0.35}} \times 1.44 \times 0.8 \times 1.04 \times 0.81 \times 0.97 = 108.6(\mathrm{m/min})$$

4）确定机床主轴转速

$$n_s = \frac{100 v_c}{\pi d_w} = \frac{1000 \times 108.6}{\pi \times 65} \approx 532(\mathrm{r/min})$$

按照机床说明（见表 5-131），与 532r/min 相近的机床转速为 480r/min 及 600r/min。现选取 $n_w = 600\mathrm{r/min}$ 。如果选 $n_w = 480\mathrm{r/min}$ ，则速度损失太大。

所以实际切削速度 $v = 122\mathrm{m/min}$ 。

5）切削工时。根据表 5-133，有

$$l = \frac{65 - 40}{2} = 12.5(\mathrm{mm}), l_1 = 2\mathrm{mm}, l_2 = 0, l_3 = 0$$

$$t_m = \frac{l + l_1 + l_2 + l_3}{n_w f} i = \frac{12.5 + 2}{600 \times 0.5} \times 2 = 0.096(\mathrm{min})$$

（2）粗车 ϕ62mm 外圆，同时应校验机床功率及进给机构强度。

1）切削深度。单边余量 $Z = 1.5\mathrm{mm}$，可一次切除。

2）进给量。根据表 5-52，选用 $f = 0.5\mathrm{mm/r}$。

3）计算切削速度。见表 5-62，有

$$v_c = \frac{C_v}{T^m a_p^{x_v} f^{y_v}} k_v = \frac{242}{60^{0.2} \times 1.5^{0.15} \times 0.5^{0.35}} \times 1.44 \times 0.8 \times 0.81 \times 0.97 = 116\ (\mathrm{m/min})$$

4）确定主轴转速。

$$n_s = \frac{1000 v_c}{\pi d_w} = \frac{1000 \times 116}{\pi 65} = 568(\mathrm{r/min})$$

按机床选取 $n = 600\mathrm{r/min}$

所以实际的切削速度为 $v = \frac{\pi d_w n}{1000} = \frac{\pi \times 65 \times 600}{1000} = 122(\mathrm{m/min})$

5）检验机床功率。主切削力 F_c 按表 5-58，有

$$F_c = C_{F_c} a_p^{x_{F_c}} f^{y_{F_c}} v_c^{n_{F_c}} k_{F_c}$$

其中，$C_{F_c} = 2795$ ，$x_{F_c} = 1.0$ ，$y_{F_c} = 0.75$ ，$n_{F_c} = -0.15$，则

由表 5-60，得 $k_{MF} = \left(\frac{\sigma_b}{650}\right)^{n_F} = \left(\frac{600}{650}\right)^{0.75} = 0.94$

由表 5-61，得 $k_{\kappa_r F} = 0.89$

所以 $F_c = 2795 \times 1.5 \times 0.5^{0.75} \times 122^{-0.15} \times 0.94 \times 0.89$

切削时消耗的功率 P_c 为 $P_c = \frac{F_c v_c}{6 \times 10^4} = 2.06(\mathrm{kW})$

由表 5-131 中 C620-1 机床说明可知，C620-1 主电动机功率为 7.8kW，当主轴转速为 600r/min 时，主轴传递的最大功率为 5.5kW，见表 5-132，所以机床功率足够，可以正常加工。

6）校验机床进给系统强度。已知主切削力 $F_c = 1012.5\mathrm{N}$，径向切削力按 F_p 表 5-58，所示公式计算

$$F_p = C_{F_p} a_p^{x_{F_p}} f^{y_{F_p}} v_c^{n_{F_p}} k_{F_p}$$

其中，$C_{F_p} = 1940$ ，$x_{F_p} = 0.9$ ，$y_{F_p} = 0.6$ ，$n_{F_p} = -0.3$ ，则

由表5-60，得 $k_{MF}=\left(\frac{\sigma_b}{650}\right)^{n_F}=\left(\frac{600}{650}\right)^{1.35}=0.897$

由表5-61，得 $k_{\kappa_r F}=0.5$

所以 $F_p=1940\times1.5^{0.9}\times0.5^{0.6}\times122^{-0.3}\times0.897\times0.5=195(N)$

而轴向切削力（进给力） $F_f=C_{F_f}a_f^{x_{F_f}}f^{y_{F_f}}v_c^{n_{F_f}}k_{F_f}$

其中，$C_{F_f}=2880, x_{F_f}=1.0, y_{F_f}=0.5, n_{F_f}=-0.4$，则

由表5-60，得 $k_{MF}=\left(\frac{\sigma_b}{650}\right)^{n_F}=\left(\frac{600}{650}\right)^{1.0}=0.923$

由表5-61，得 $k_{\kappa_r F}=1.17$

轴向切削力 $F_f=2880\times1.5\times0.5^{0.5}\times122^{-0.4}\times0.923\times1.17=480(N)$

取机床导轨与床鞍之间的摩擦系数 $\mu=0.1$，则切削力在纵向进给方向对进给机构的作用力为

$$F=F_f+\mu(F_c+F_p)=480+0.1\times(1012.5+195)=600(N)$$

而机床纵向进给机构可承受的最大纵向力为3530N（见表5-132），故机床进给系统可正常工作。

7）切削工时。

$$t=\frac{l+l_1+l_2}{nf}$$

其中，$l=90, l_1=4, l_2=0$。

所以 $$t=\frac{90+4}{600\times0.5}=0.31(\text{min})$$

（3）车ϕ60mm外圆柱面。

$a_p=1\text{mm}, f=0.5\text{mm/r}$（见表5-53），$Ra=6.3\mu\text{m}$，刀具圆弧半径 $\gamma_\varepsilon=1.0\text{mm}$，则切削速度 v_c 为

$$v_c=\frac{C_v}{T^m a_p^{x_v} f^{y_v}}k_v \ (\text{m/min})$$

其中，$C_v=242, x_v=0.15, y_v=0.35, m=0.2, T=60, k_{M_v}=1.44, k_{\kappa_r v}=0.81$，则

$$v_c=\frac{242}{60^{0.2}\times1^{0.15}\times0.5^{0.35}}\times1.44\times0.81=159(\text{m/min})$$

$$n=\frac{1000v}{\pi d}=\frac{1000\times159}{\pi\times60}=843(\text{r/min})$$

按机床说明书取 $n=770\text{r/min}$

则此时 $v=145\text{m/min}$

切削工时 $$t=\frac{l+l_1+l_2}{nf}$$

其中，$l=20, l_1=4, l_2=0$。

所以 $$t=\frac{20+4}{770\times0.5}=0.062(\text{min})$$

（4）车螺纹M60×1。

1）切削速度的计算。见表5-124和表5-125，刀具寿命 $T=60\text{min}$，采用高速钢螺纹车刀。规定粗车螺纹时，$a_p=0.17$，走刀次数 $i=4$；精车螺纹时 $a_p=0.08$，走刀次数 $i=2$，则

$$v_c=\frac{C_v}{T^m a_p^{x_v} f^{y_v}}k_v \ (\text{m/min})$$

其中，$C_v = 11.8, x_v = 0.70, y_v = 0.3, m = 0.11$，螺距 $f = 1$，则

$$k_{M_v} = \left(\frac{0.637}{0.6}\right)^{1.75} = 1.11,\ k_{\kappa_r v} = 0.75$$

所以，粗车螺纹时 $v_c = \dfrac{11.8}{60^{0.11} \times 0.17^{0.7} \times 1^{0.3}} \times 1.11 \times 0.75 = 21.57(\text{m/min})$

精车螺纹时 $v_c = \dfrac{11.8}{60^{0.11} \times 0.08^{0.7} \times 1^{0.3}} \times 1.11 \times 0.75 = 36.8(\text{m/min})$

2）确定主轴转速。

粗车螺纹时 $n_1 = \dfrac{1000v_c}{\pi D} = \dfrac{1000 \times 21.57}{\pi \times 60} = 114.4(\text{r/min})$

按机床说明书取 n=96r/min。

实际切削速度为 v_c = 18m/min 。

精车螺纹时 $n_2 = \dfrac{1000v_c}{\pi D} = \dfrac{1000 \times 36.8}{\pi \times 60} = 195(\text{r/min})$

按机床说明书取 n =184r/min。

实际切削速度为 v_c =34m/min。

3）切削工时。取切入长度 l_1 =3mm。

粗车螺纹时 $t_1 = \dfrac{l + l_1}{nf} i = \dfrac{15 + 3}{96 \times 1} \times 4 = 0.75(\text{min})$

精车螺纹时 $t_2 = \dfrac{l + l_2}{nf} i = \dfrac{15 + 3}{195 \times 1} \times 2 = 0.18(\text{min})$

所以车螺纹的总工时为 $t = t_1 + t_2 = 0.93(\text{min})$

4.4.2 工序Ⅱ

钻、扩花键底孔 ϕ43mm 及锪沉头孔 ϕ55mm，选用转塔车床 C365L。

（1）钻孔 ϕ25mm 。

$$f = 0.41\text{mm/r（见表 5-131）}$$

$$v = 12.25\text{m/min（见表 5-72）}$$

$$n_s = \frac{1000v}{\pi d_w} = \frac{1000 \times 12.25}{\pi \times 25} = 155(\text{r/min})$$

按机床选取 $n_w = 136\text{r/min}$（见表 5-131）

所以实际切削速度为 $v = \dfrac{\pi d_w n_w}{1000} = \dfrac{\pi \times 25 \times 136}{1000} = 10.68(\text{m/min})$

切削工时为 $t = \dfrac{l + l_1 + l_2}{n_w f} = \dfrac{150 + 10 + 4}{136 \times 0.41} = 2.94(\text{min})$

其中，切入 l_1 = 10mm，切出 l_2 = 4mm，l =150mm。

（2）钻孔 ϕ41mm 。查表 5-78，利用钻头进行扩钻时，其进给量与切削速度与钻同样尺寸的实心孔时的进给量与切削速度的关系为

$$f = (1.2 \sim 1.8) f_{钻}$$

$$v = \left(\frac{1}{2} \sim \frac{1}{3}\right) v_{钻}$$

式中 $f_{钻}$、$v_{钻}$——加工实心孔时的进给量与切削速度。

已知 $f_{钻}$ = 0.56mm/r（见表 5-65），$v_{钻}$ = 19.25m/min（0.32m/s，见表 5-72）。并令 f =

1.35mm/r，$f_{钻}$=0.76mm/r，按机床选取 f=0.76mm/r，$v=0.4v_{钻}$=7.7m/min，有

$$n_s = \frac{1000v}{\pi D} = \frac{1000 \times 7.7}{\pi \times 41} = 59(\text{r/min})$$

按机床选取 n_w=58r/min，所以实际切削速度为

$$v = \frac{\pi \times 41 \times 58}{1000} = 7.47(\text{m/min})$$

切入 $l_1 = 7$mm，切出 $l_2 = 2$mm，l=150mm，则切削工时为

$$t = \frac{l + l_1 + l_2}{n_w f} = \frac{150 + 7 + 2}{58 \times 0.76} = 3.6(\text{min})$$

(3) 扩花键底孔 ϕ43mm。根据表 5-76 规定，查得扩孔钻扩 ϕ43mm 孔时的进给量，并根据机床规定选 f=1.24mm/r。

扩孔钻扩孔时的切削速度，根据表 5-78，确定为 $v = 0.4v_{钻}$。

其中，$v_{钻}$为用钻头钻同样尺寸实心孔时的切削速度。

故
$$v = 0.4 \times 19.25 = 7.7(\text{m/min})$$

$$n_s = \frac{1000 \times 7.7}{\pi \times 43} = 57(\text{r/min})$$

按机床选取 n_w = 58r/min。

切入 l_1 = 3mm，切出 l_2 = 1.5mm，则切削工时为

$$t = \frac{l + l_1 + l_2}{n_w f} = \frac{150 + 3 + 1.5}{58 \times 1.24} = 2.15(\text{min})$$

(4) 锪圆柱式沉头孔 ϕ55。根据表 5-78，锪沉头孔时进给量及切削速度为钻孔时的 1/3～1/2，故

$$f = \frac{1}{3} f_{钻} = \frac{1}{3} \times 0.6 = 0.2(\text{mm/r})$$

按机床选取 f=0.21mm/r，有

$$v = \frac{1}{3} v_{钻} = \frac{1}{3} \times 25 = 8.33(\text{m/min})$$

$$n_s = \frac{1000 \times 8.33}{\pi \times 55} = 48(\text{r/min})$$

按机床选取 n_w = 44r/min，所以实际切削速度为

$$v = \frac{\pi D n_w}{1000} = \frac{\pi \times 55 \times 44}{1000} = 7.6(\text{r/min})$$

切入 l_1 = 2mm，切出 l_2 = 0mm，l = 8mm，则切削工时为

$$t = \frac{l + l_1 + l_2}{n_w f} = \frac{8 + 2}{44 \times 0.21} = 1.08(\text{min})$$

在本工步中，加工 ϕ55mm 沉头孔的测量长度，由于工艺基准与设计基准不重合，故需要进行尺寸换算。按图样要求，加工完毕后应保证尺寸 45mm。

尺寸链如图 4-4 所示，尺寸 45mm 为封闭环，给定尺寸 185mm 及 45mm，由于基准不重合，加工时应保证尺寸 A，有

$$A = 185 - 45 = 140(\text{mm})$$

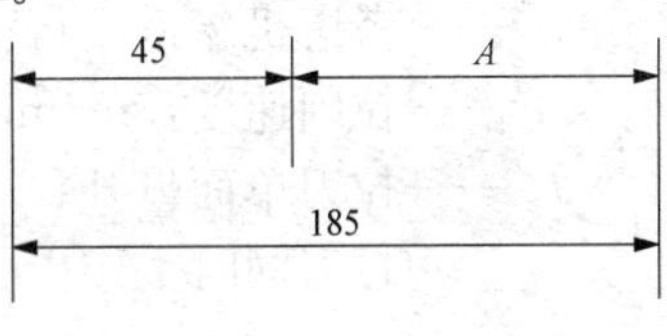

图 4-4 尺寸链

规定公差值：封闭环公差等于各组成环公差之和，即

$$T_{(45)} = T_{(185)} + T_{(140)}$$

由于本尺寸链较简单，故分配公差采用等公差法。尺寸 45mm 按自由尺寸去公差等级 IT16，其公差 $T_{(45)}=1.6\text{mm}$，并令 $T_{(185)}=T_{(140)}=0.8\text{mm}$。

4.4.3 工序Ⅲ

ϕ43mm 内孔 5×30°倒角。选用卧式车床 C620-1。由于最后的切削宽度很大，故按成型车削制订进给量。根据表 5-56 和表 5-131，取 $f=0.08\text{mm/r}$。

当采用高速钢车刀时，根据一般资料，确定切削速度 $v=16\text{m/min}$。

则
$$n_s=\frac{1000v}{\pi D}=\frac{1000\times 16}{\pi\times 43}=118(\text{r/min})$$

按机床说明书（见表 5-131），取 $n_w=120\text{r/min}$，则此时切削速度为

$$v=\frac{\pi D n_w}{1000}=16.2(\text{m/min})$$

切入 $l_1=3\text{mm}$，$l=5\text{mm}$，则切削工时为

$$t=\frac{l+l_1}{n_w f}=\frac{5+3}{120\times 0.08}=0.83(\text{min})$$

4.4.4 工序Ⅳ

钻锥螺纹 Rc1/8 底孔（ϕ8.8mm）。

$$f=0.11\text{mm/r}\ (\text{见表 5-65})$$
$$v=25\text{m/min}\ (\text{见表 5-72})$$

所以

$$n=\frac{1000v}{\pi D}=\frac{1000\times 25}{\pi\times 8.8}=904(\text{r/min})$$

按机床选取 $n_w=680\text{r/min}$（见表 5-131）

实际切削速度 $v=\dfrac{\pi D n_w}{1000}=\dfrac{\pi\times 8.8\times 680}{1000}=18.8(\text{m/min})$

$l=11\text{mm}$，$l_1=4\text{mm}$，$l_2=3\text{mm}$，则切削工时为

$$t=\frac{l+l_1+l_2}{n_w f}=\frac{11+4+3}{680\times 0.11}=0.24(\text{min})$$

4.4.5 工序Ⅴ

拉花键孔。

单面齿升：根据表 5-121～表 5-123，确定拉花键孔时花键拉刀的单面齿升为 0.06mm，拉削速度 $v=0.06\text{m/s}(3.6\text{m/min})$

切削工时（拉刀工作长度未知） $t=\dfrac{Z_b l\eta k}{1000 v f_z z}$

式中 Z_b——单面余量 3.5mm（由 ϕ43mm 拉削到 ϕ50mm）；

l——拉削表面长度，140mm；

η——考虑校准部分的长度系数，$\eta=1.17\sim1.25$，取 1.2；

k——考虑机床返回行程系数，$k=1.14\sim1.5$，取 1.4；

v——拉削速度，m/min；

f_z——拉刀单面齿升；

z——拉刀同时工作齿数，$z=l/p$；

p——拉刀齿距，$p=(1.25\sim1.5)\sqrt{l}=1.35\sqrt{140}=16\text{mm}$。

则拉刀同时工作齿数 $z=l/p=140/16\approx9$，所以切削工时为

$$t=\frac{3.5\times140\times1.2\times1.4}{1000\times3.6\times0.06\times9}=0.42(\text{min})$$

4.4.6 工序Ⅵ

粗铣 $\phi39$mm 两孔端面，保证尺寸 $118.4_{-0.22}^{\ 0}$mm。

$$f_z=0.08\text{mm/齿}（见表5\text{-}100）$$

切削速度：见表5-104，确定 $v=0.45$m/s，即27m/min。

采用高速钢镶齿三面刃铣刀，$d_w=225$mm，齿数 $z=20$。则

$$n_s=\frac{1000v}{\pi d_w}=\frac{1000\times27}{\pi\times225}=38(\text{r/min})$$

现采用X63卧式铣床，根据机床说明书（见表5-131），取 $n_w=37.5$r/min，则此时切削速度为

$$v=\frac{\pi d_w n_w}{1000}=\frac{\pi\times225\times37.5}{1000}=26.5(\text{m/min})$$

当 $n_w=37.5$r/min 时，工作台的每分钟进给量 f_m 应为

$$f_m=f_z z n_w=0.08\times20\times37.5=60(\text{mm/min})$$

查机床说明书，刚好有 $f_m=60$m/min，故直接选用该值。

切削工时：由于是粗铣，故整个铣刀刀盘不必铣过这个工件，利用作图法，可以得出铣刀的行程 $l+l_1+l_2=105$mm，则切削工时为

$$t=\frac{l+l_1+l_2}{f_m}=\frac{105}{60}=1.75(\text{min})$$

4.4.7 工序Ⅶ

钻、扩 $\phi39$mm 两孔及倒角。

（1）钻孔 $\phi25$mm。确定进给量 f：根据表5-65，当钢的 $\sigma_b<800$MPa，$d_0=\phi25$mm 时，$f=0.39\sim0.47$mm/r。由于本零件在加工 $\phi25$ mm 孔时属于低刚度零件，故进给量应乘系数0.75，则根据Z235机床说明书（见表5-131），现取 $f=0.25$mm/r。

切削速度：根据表5-72，查得切削速度 $v=0.25$m/s=15m/min。

所以
$$n_s=\frac{1000v}{\pi d_w}=\frac{1000\times15}{\pi\times25}=191.08(\text{r/min})$$

根据机床说明书，取 $n_w=195$r/min，则此时切削速度为

$$v=\frac{\pi d_w n_w}{1000}=\frac{\pi\times25\times195}{1000}=15.3(\text{m/min})$$

切削工时：$l=19$mm，$l_1=9$mm，$l_2=3$mm，则

$$t_{m1}=\frac{l+l_1+l_2}{n_w f}=\frac{19+9+3}{195\times0.25}=0.635(\text{min})$$

以上为钻一个孔时的切削时间。故本工序的切削工时为

$$t_m=t_{m1}\times2=0.635\times2=1.27(\text{min})$$

（2）扩钻 $\phi37$mm 孔。利用 $\phi37$mm 的钻头对 $\phi25$mm 的孔进行扩钻。根据表5-78的规定，扩钻的切削用量可根据钻孔的切削用量选取

$$f=(1.2\sim1.8)f_{钻}=(1.2\sim1.8)\times0.65\times0.75=0.585\sim0.87(\text{mm/r})$$

根据机床说明书（见表5-131），选取

$$f=0.57\text{mm/r}$$

$$v=\left(\frac{1}{3}\sim\frac{1}{2}\right)v_{钻}=\left(\frac{1}{3}\sim\frac{1}{2}\right)\times 12=4\sim 6(\mathrm{m/min})$$

则主轴的转速为 n=51.6～34r/min，按机床说明书（见表 5-131）取 $n_w=68\mathrm{r/min}$。

实际切削速度为 $$v=\frac{\pi d_w n_w}{1000}=\frac{\pi\times 37\times 68}{1000}=7.9(\mathrm{mm/min})$$

切削工时（一个孔）：$l=19\mathrm{mm}$，$l_1=6\mathrm{mm}$，$l_2=3\mathrm{mm}$，则

$$t_1=\frac{l+l_1+l_2}{n_w f}=\frac{19+6+3}{68\times 0.57}=0.72(\mathrm{min})$$

当扩钻两个孔时，切削工时为 $t=0.72\times 2=1.44(\mathrm{min})$

(3) 扩孔 ϕ38.7mm。采用 ϕ38.7 专用扩孔钻。

进给量：$f=(0.9\sim 1.2)\times 0.7=0.63\sim 0.84(\mathrm{mm/r})$（见表 5-76）

查机床说明书，取 f=0.72mm/r。

机床主轴转速：取 n=68r/min，其切削速度 v=8.26m/min。

切削工时：$l=19\mathrm{mm}$，$l_1=3\mathrm{mm}$，$l_2=3\mathrm{mm}$，则

$$t_1=\frac{l+l_1+l_2}{nf}=\frac{19+3+3}{68\times 0.72}=0.51(\mathrm{min})$$

当加工两个孔时 $t_m=0.51\times 2=1.02(\mathrm{min})$

(4) 倒角 2×45°双面采用 90°锪钻。为缩短辅助时间，取倒角时的主轴转速与扩孔时相同，即 n=68r/min。手动进给。

4.4.8　工序Ⅷ

精、细镗 $\phi 39^{+0.027}_{-0.010}$mm 两孔，选用 T740 金刚镗床。

(1) 精镗孔至 ϕ38.9mm，单边余量 Z=0.1mm，一次镗去全部余量，a_p=0.1mm。进给量 f=0.1mm/r。根据有关手册，确定金刚镗床的切削速度为 v=100m/min，则

$$n_w=\frac{1000v}{\pi D}=\frac{1000\times 100}{\pi\times 39}=816(\mathrm{r/min})$$

由于 T740 金刚镗床主轴转速为无级调速，故以上转速可以作为加工时使用的转速。

切削工时：当加工一个工件时，$l=19\mathrm{mm}$，$l_1=3\mathrm{mm}$，$l_2=4\mathrm{mm}$，有

$$t_1=\frac{l+l_1+l_2}{n_w f}=\frac{19+3+4}{816\times 0.1}=0.32(\mathrm{min})$$

所以加工两个以上的孔时切削时间为 $t=0.32\times 2=0.64(\mathrm{min})$

(2) 细镗孔至 $\phi 39^{+0.027}_{-0.010}$mm。由于细镗与精镗孔共用一个镗杆，利用金刚镗床同时对工件精、细镗孔，故切削用量及工时均与精镗相同：$a_p=0.05\mathrm{mm}$，f=0.1mm/r，$n_w=816\mathrm{r/min}$，$v=100\mathrm{m/min}$，t=0.64min。

4.4.9　工序Ⅸ

磨 ϕ39mm 两孔端面，保证尺寸 $118^{\ 0}_{-0.07}$mm。

(1) 选择砂轮。见配套教材[1]中磨料选择各表，结果为 WA46KV6P350×40×127。

其含义：砂轮磨粒为白刚玉，粒度为 46＃，硬度为中软 1 级，陶瓷结合剂，6 号组织，平砂轮，其尺寸为 $350\mathrm{mm}\times 40\mathrm{mm}\times 127\mathrm{mm}(D\times B\times d)$。

(2) 切削用量：砂轮转速 $n_{砂}=1500\mathrm{r/min}$（见机床说明书）$v_{砂}=27.5\mathrm{m/s}$。

轴向进给量 $f_B=0.5B=20\mathrm{mm}$（双行程），工件速度 $v=10\mathrm{m/min}$，径向进给量 f_{ts}=0.015mm/双行程。同时加工零件数 z=1。

(3) 切削工时：当加工一个表面时

$$t_1 = \frac{2LbhK}{1000vf_B f_{ts} z}$$（见表 5-140）

式中 L——加工长度，73mm；

b——加工宽度，68mm；

h——单面加工余量，0.2mm；

K——系数 1.10；

v——工作台移动速度，m/min；

f_B——工作台往返一次砂轮轴向进给量，mm；

f_{ts}——工作台往返一次砂轮径向进给量，mm。

则 $$t_1 = \frac{2 \times 73 \times 68 \times 0.2 \times 1.1}{1000 \times 10 \times 20 \times 0.015} = \frac{2184}{3000} = 0.728(\text{min})$$

当加工两端面时

$$t_m = 0.728 \times 2 = 1.456(\text{min})$$

4.4.10 工序Ⅹ

钻螺纹底孔 4× ϕ6.7mm 并倒角 120°。

$f = 0.2 \times 0.50 \doteq 0.1(\text{mm/r})$（见表 5-65），$v = 0.33\text{m/s} = 20\text{m/min}$（见表 5-72）

$$n_s = \frac{1000v}{\pi D} = \frac{1000 \times 20}{\pi \times 6.7} = 950(\text{r/min})$$

按机床取 $n_w = 960\text{r/min}$，故 $v = 20.2\text{m/min}$ 。

切削工时（4 个孔）：$l = 19\text{mm}$ ，$l_1 = 3\text{mm}$ ，$l_2 = 1\text{mm}$ ，则

$$t_m = \frac{l + l_1 + l_2}{n_w f} = \frac{19 + 3 + 1}{960 \times 0.1} \times 4 = 0.96(\text{min})$$

倒角仍取 $n = 960\text{r/min}$。手动进给。

4.4.11 工序Ⅺ

攻螺纹 4×M8mm 及 Rc1/8。

由于公制螺纹 M8mm 与锥螺纹 Rc1/8 外径相差无几，故切削用量一律按加工 M8 选取 $v = 0.1\text{m/s} = 6\text{m/min}$，所以 $n_s = 238\text{r/min}$ 。

按机床选取 $n_w = 195\text{r/min}$ ，则 $v = 4.9\text{m/min}$。

切削工时：攻 M8 孔，$l = 19\text{mm}$ ，$l_1 = 3\text{mm}$ ，$l_2 = 3\text{mm}$ ，则

$$t_{m1} = \frac{(l + l_1 + l_2) \times 2}{n_w f} \times 4 = \frac{(19 + 3 + 3) \times 2}{195 \times 1} \times 4 = 1.02(\text{min})$$

攻 Rc1/4 孔，$l = 11\text{mm}$ ，$l_1 = 3\text{mm}$ ，$l_2 = 0\text{mm}$ ，则

$$t_{m2} = \frac{l + l_1 + l_2}{n_w f} \times 2 = \frac{11 + 3}{195 \times 0.94} \times 2 = 0.15(\text{min})$$

4.5 工艺文件的填写

将以上各工序切削用量、工时定额的计算结果，连同其他加工数据，一并填入机械加工工艺过程卡片，见表 4-2。各个同学根据自己的设计任务完成相应的机械加工工序卡片，见表 4-3。机械加工工艺过程综合卡片，见表 4-4。

表 4-2

机械加工工艺过程卡片

××××大学 ××××系	机械加工工艺过程卡片	产品型号		零（部）件图号			
		产品名称	旋耕机	零（部）件名称	万向节滑动叉	共（2）页	第（1）页

材料牌号	45 钢	毛坯种类	模锻件	毛坯外形尺寸	299mm×65mm×122mm	每毛坯可制件数	1	每台件数	1	备注	

工序号	工序名称	工序内容扩	车间	工段	设备	工艺装备	工时 准终	工时 单件
		锻造	铸					
		时效	热					
Ⅰ		粗车端面至 ϕ30mm，保证尺寸 $185_{-0.46}^{0}$mm 粗车 ϕ62mm 外圆，车 ϕ60mm 外圆，车 M60×1mm 螺纹	金工		C620-1	专用车夹具		1.398
Ⅱ		钻孔 ϕ25mm，钻孔 ϕ41mm，扩花键底孔 ϕ43mm，锪沉头孔 ϕ55mm	金工		C365L	专用车夹具		9.77
Ⅲ		ϕ43mm 内孔倒角 5×30°	金工		C620-1	专用车夹具		0.83
Ⅳ		钻锥螺纹 Rc1/8 底孔（ϕ8.8mm）	金工		Z525	专用钻夹具		0.24
Ⅴ		拉花键孔 16×43H11×50H8×5H10mm	金工		L6120	专用拉夹具		0.42
Ⅵ		粗铣 ϕ39 两孔端面，保证尺寸 $118.4_{-0.22}^{0}$mm	金工		X63	专用铣夹具		1.75
Ⅶ		钻、扩 ϕ39mm 两孔及倒角	金工		Z535	专用钻夹具		3.73
Ⅷ		精镗、细镗 $\phi39_{-0.010}^{+0.027}$mm 两孔	金工		T740	专用镗夹具		1.28
Ⅸ		磨 ϕ39mm 两孔端面	金工		M7130	专用磨夹具		1.456
Ⅹ		钻螺纹底孔 4×ϕ6.7mm 并孔口倒角	金工		Z525	专用钻夹具		1.28
Ⅺ		攻螺纹 4×M8 及 Rc1/8	金工					
Ⅻ		冲箭头	金工					
XIII		检查						

描图

描校

底图号

装订号

										设计（日期）	审核（日期）	标准化（日期）	会签（日期）	
标记	处数	更改文件号	签字	日期	标记	处数	更改文件号	签字	日期					

表 4-3 机械加工工序卡片

××××大学 ××××系	机械加工工序卡片	产品型号		零（部）件图号			
		产品名称	万向节滑动叉	零（部）件名称	犁刀变速齿轮箱体	共（9）页	第（6）页

车间	工序号	工序名称	材料牌号
	6	粗铣两端面	45 钢
毛坯种类	毛坯外形尺寸	每毛坯可制件数	每台件数
铸件	229mm×65mm×122mm	1	1
设备名称	设备型号	设备编号	同时加工件数
立式铣床	X63		1

夹具编号	夹具名称	切削液	
	粗铣 N 面夹具		
工位器具编号	工位器具名称	工序工时	
		准终	单件

Rz 50

118.4 $_{-0.22}^{0}$

Rz 50

工步号	工步内容	工艺装备	主轴转速 r/min	切削速度 m/min	进给量 mm/r	切削深度 mm	进给次数	工步工时 机动	工步工时 辅助
6	粗铣 ϕ39mm 孔两端面，保证尺寸 $118.4_{-0.22}^{0}$	专用铣夹具	37.5	26.5	1.6	4	1		
		高速钢镶齿三面刃铣刀							

描图

描校

底图号

装订号

										设计（日期）	审核（日期）	标准化（日期）	会签（日期）	
标记	处数	更改文件号	签字	日期	标记	处数	更改文件号	签字	日期					

表 4-4 **机械加工工艺过程综合卡片**

× × × 大 学	零件号		材料	45 钢	编制		（日期）
机械加工工艺过程综合卡片	零件名称	万向节滑动叉	毛坯重量	6kg	指导		
	生产类型	大批生产	毛坯种类	模锻件	审核		

工序	安装（工位）	工步	工序说明	工序简图	机床	夹具或辅助工具	刀具	量具	走刀次数	走刀长度 (mm)	切削深度 (mm)	进给量 (mm/r)	主轴转速 (r/min)	切削速度 (m/min)	工时定额（min）基本时间	辅助时间	工作地服务时间
Ⅰ	1	1	粗车端面至 ϕ30mm，保证尺寸 $185_{-0.46}^{\ 0}$mm	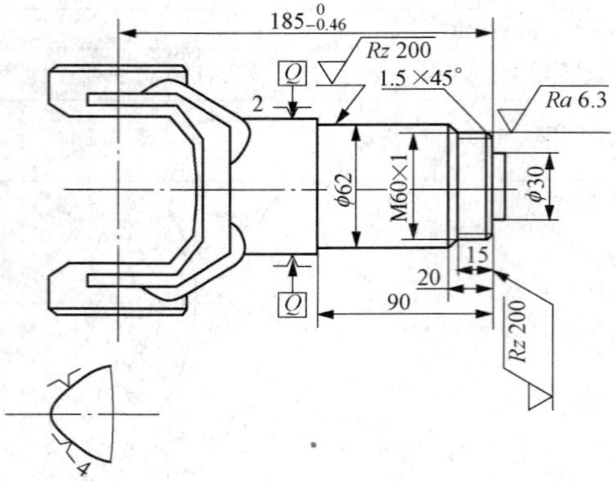	卧式车床 C620-1	专用夹具	YT15 外圆车刀	卡板	2	17.5	3	0.5	600	122	0.096		
		2	粗车 ϕ62mm 外圆						1	94	1.5	0.5	600	122	0.31		
		3	车 ϕ60mm 外圆						1	24	1	0.5	770	145	0.06		
		4	车 M60×1mm 螺纹 粗车螺纹				W18Cr4V 螺纹车刀	螺纹量规	4	18	0.17	1	96	18	0.75		
		5	精车螺纹						2	18	0.03	1	184	34	0.18		
Ⅱ	1	1	钻、扩花键底孔 ϕ43mm 及锪沉头孔 ϕ55mm 钻孔 ϕ25mm	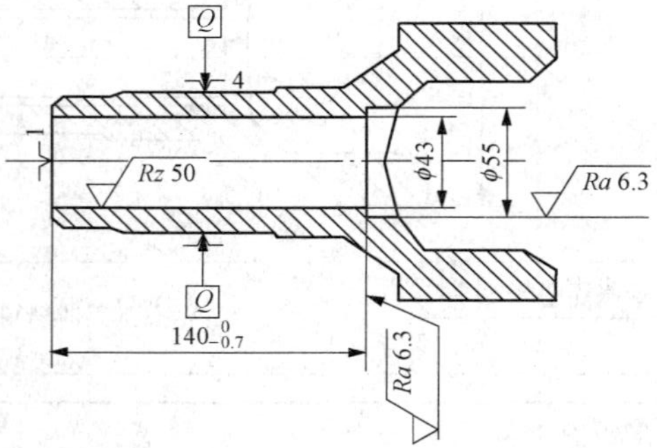	转塔车床 C365L	专用夹具	麻花钻 ϕ25mm	卡尺	1	164	12.5	0.41	136	10.68	2.94		
		2	钻孔 ϕ41mm				ϕ41mm		1	159	8	0.76	58	7.47	3.6		
		3	扩花键底孔 ϕ43mm				扩孔钻 ϕ43mm		1	154.5	1	1.24	58	7.7	2.15		
		4	锪圆柱式沉头孔 ϕ55mm				锪钻 ϕ55mm		1	10	6	0.21	44	8.29	1.08		

续表

×××大学	零件号		材料	45钢	编制		（日期）
机械加工工艺过程综合卡片	零件名称	万向节滑动叉	毛坯重量	6kg	指导		
	生产类型	大批生产	毛坯种类	模锻件	审核		

工序	安装（工位）	工步	工序说明	工序简用	机床	夹具或辅助工具	刀具	量具	走刀次数	走刀长度(mm)	切削深度(mm)	进给量(mm/r)	主轴转速(r/min)	切削速度(m/min)	工时定额(min) 基本时间	工时定额(min) 辅助时间	工时定额(min) 工作地服务时间
Ⅲ	1	1	ϕ43mm 内孔倒角 5×30°	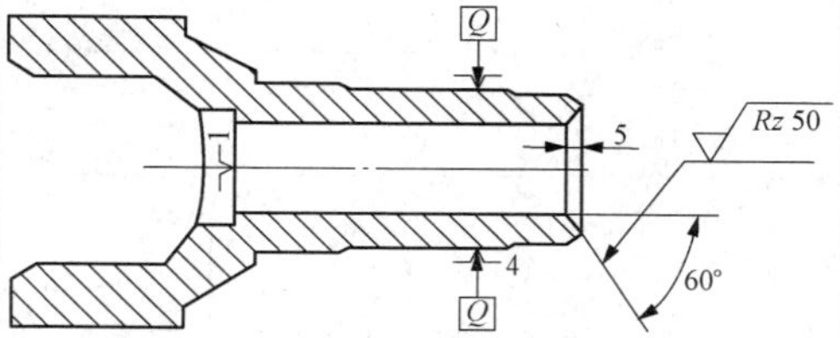	C620-1	专用夹具	成形车方	样板	1	8		0.08	120	16.2	0.83		
Ⅳ	1	1	钻锥螺纹 Rc1/8 底孔（ϕ8.8mm）	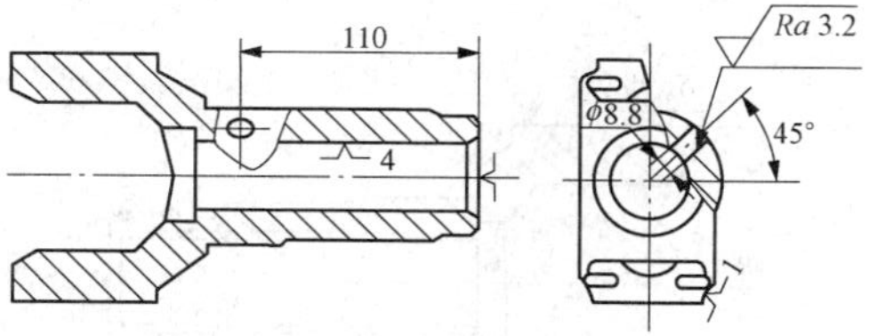	立式钻床 Z525	专用夹具	麻花钻头 ϕ8.8mm		1	18	4.4	0.11	680	18.8	0.24		
Ⅴ	1	1	拉花键孔 16×43H11×50H8×5H10mm	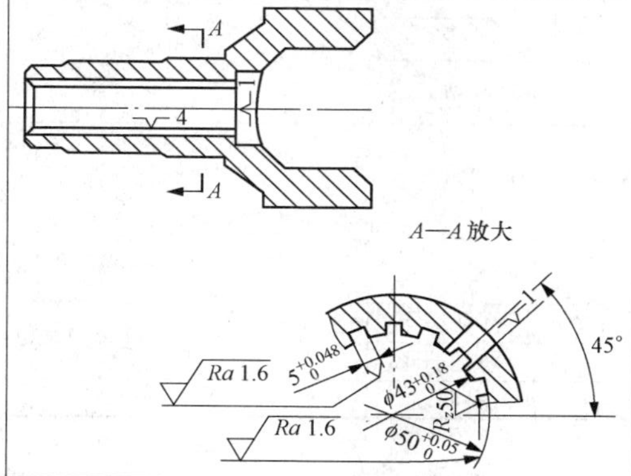 A—A 放大	卧式拉床 L6120	专用夹具	花键拉刀	花键量规	1			0.06mm/z		3.6	0.42		

续表

××× 大 学	零件号		材料	45 钢	编制		(日期)
机械加工工艺过程综合卡片	零件名称	万向节滑动叉	毛坯重量	6kg	指导		
	生产类型	大批生产	毛坯种类	模锻件	审核		

工序	安装（工位）	工步	工序说明	工序简图	机床	夹具或辅助工具	刀具	量具	走刀次数	走刀长度(mm)	切削深度(mm)	进给量(mm/r)	主轴转速(r/min)	切削速度(m/min)	工时定额(min) 基本时间	工时定额(min) 辅助时间	工时定额(min) 工作地服务时间
Ⅵ	1	1	粗铣 ϕ39mm 两孔端面，保证尺寸 $118.4_{-0.22}^{0}$mm	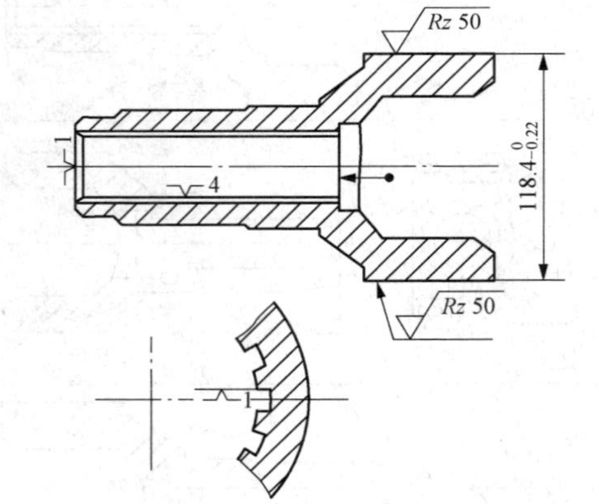 Rz 50; $118.4_{-0.22}^{0}$; Rz 50	卧式铣床 X63	专用夹具	高速钢镶齿三面刃铣刀 ϕ225mm	卡板	1	105	3.1	60mm/min	37.5	26.5	1.75		
Ⅶ			钻、孔 ϕ39mm 二孔及倒角	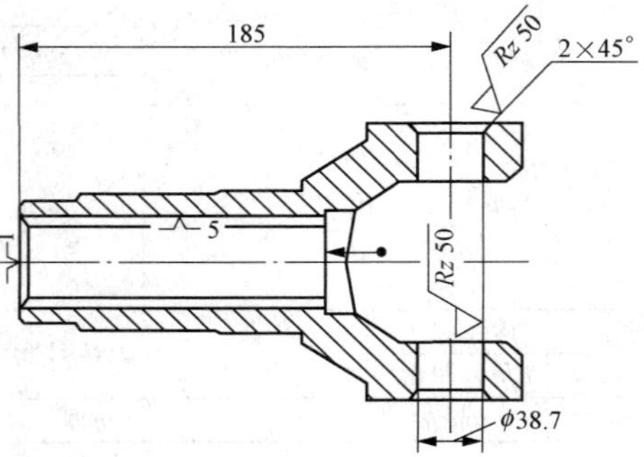 185; Rz 50; 2×45°; Rz 50; ϕ38.7	立式钻床 Z535	专用夹具											
	1	1	钻孔 ϕ25mm				麻花钻 ϕ25mm		1	62	12.5	0.25	195	15.3	1.27		
		2	扩钻 ϕ37mm				ϕ37mm		1	56	6	0.57	68	7.9	1.44		
		3	扩孔 ϕ38.7mm				扩孔钻 ϕ38.7mm		1	50	0.85	0.72	68	8.26	1.02		
		4	倒角 2×45°				90°锪钻		1				68				
	2	1	倒角 2×45°				90°锪钻		1				68				

续表

×××大学					零件号		材料	45钢		编制				(日期)			
机械加工工艺过程综合卡片					零件名称	万向节滑动叉	毛坯重量	6kg		指导							
					生产类型	大批生产	毛坯种类	模锻件		审核							
工序	安装（工位）	工步	工序说明	工序简图	机床	夹具或辅助工具	刀具	量具	走刀次数	走刀长度(mm)	切削深度(mm)	进给量(mm/r)	主轴转速(r/min)	切削速度(m/min)	工时定额(min) 基本时间	辅助时间	工作地服务时间
Ⅷ	1		精镗、细镗 $\phi39^{+0.027}_{-0.010}$mm二孔	185; Ra 3.2; $\phi39^{+0.027}_{-0.010}$	金刚镗床 T740	专用夹具	YT30镗刀	塞规									
		1	精镗孔 $\phi38.9$mm						1	52	0.1	0.1	816	100	0.64		
		2	细镗孔 $\phi39^{+0.027}_{-0.010}$mm						1	52	0.05	0.1	816	100	0.64		
Ⅸ			磨 $\phi39$mm二孔端面	Ra 6.3; $118^{\ 0}_{-0.07}$; Ra 6.3	平面磨床 M7130	专用夹具	砂轮 WA46K V6P 350×40×127	卡板									
	1	1	磨上端面							73				27.5m/s	3.64		
	2	1	磨另一端面							73				27.5m/s	3.64		
Ⅹ			钻螺纹底孔 4×$\phi6.7$mm并倒角	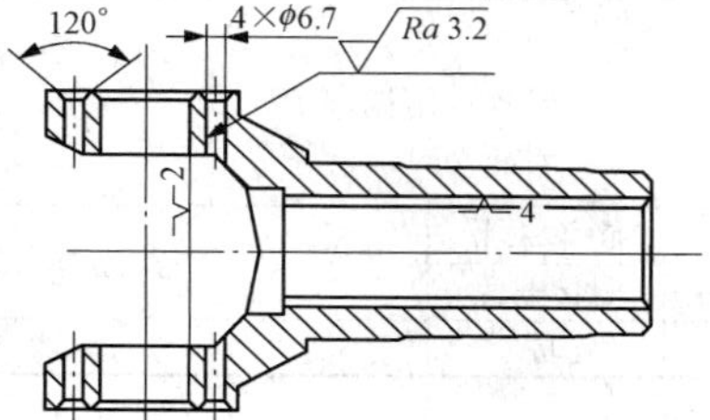 120°; 4×$\phi6.7$; Ra 3.2	立式钻床 Z525	专用夹具	麻花钻 $\phi6.7$mm		1	23	3.35	0.1	960	20.2	0.48		
	1	1	钻孔 2×$\phi6.7$mm						1	23	3.35	0.1	960	20.2	0.48		
	2	2	钻孔 2×$\phi6.7$mm				锪钻120°		1				960				
	3	1	倒角														
			倒角				锪钻120°		1				960				

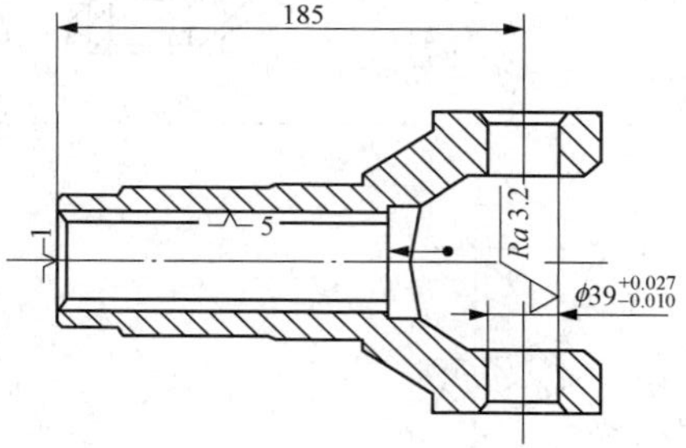

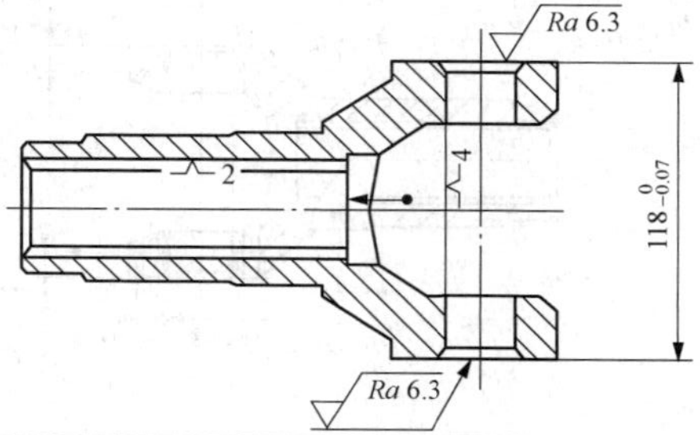

续表

××× 大 学					零件号		材料		45 钢			编制			(日期)		
机械加工工艺过程综合卡片					零件名称	万向节滑动叉	毛坯重量		6kg			指导					
					生产类型	大批生产	毛坯种类		模锻件			审核					
工序	安装(工位)	工步	工序说明	工序简用	机床	夹具或辅助工具	刀具	量具	走刀次数	走刀长度(mm)	切削深度(mm)	进给量(mm/r)	主轴转速(r/min)	切削速度(m/min)	工时定额(min) 基本时间	辅助时间	工作地服务时间
Ⅺ	1	1	攻螺纹 4×M8 及 Rc1/8	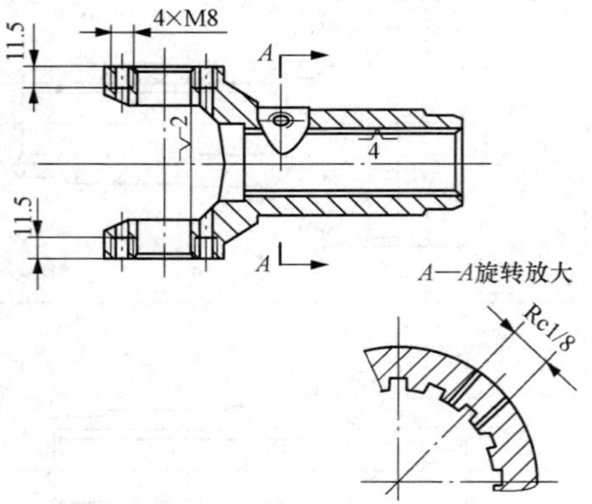			M8 丝锥		1	25		1.25	195	4.9	0.51		
	2	1	攻螺纹 2×M8				M8 丝锥		1	25		1.25	195	4.9	0.51		
	3	1	攻螺纹 2×M8 攻 Rc1/8				Rc1/8 丝锥		1	25		0.94	195	4.9	0.26		
Ⅻ			冲箭头	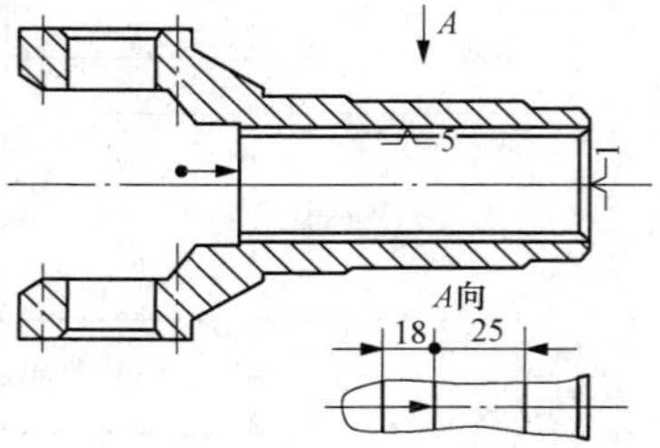													
XIII			检　查														

4.6 工序专用夹具设计

大批量生产中，为了提高劳动生产率，保证加工质量，降低劳动强度，需要设计专用夹具。

为了表明专用夹具的设计过程，以工序Ⅵ粗铣 $\phi39$mm 两孔端面的铣床夹具为例，结合配套教材[1]中有关夹具设计的相关理论，介绍专用夹具的简要设计过程。本夹具将用于 X63 卧式铣床，刀具为两把高速钢镶齿三面刃铣刀，对工件的两个端面同时进行加工。

4.6.1 工序要求

本夹具主要用来粗铣 $\phi39$mm 二孔的两个端面，这两个端面对 $\phi39$mm 孔及花键孔都有一定的技术要求。但加工本道工序时，主要应考虑如何提高劳动生产率、降低劳动强度，而精度不是主要问题。

4.6.2 定位基准的选择

由零件图可知，$\phi39$mm 两孔端面应对花键孔中心线有平行度及对称度要求，其设计基准为花键孔中心线，为了使定位误差为零，应该选择以花键孔定位的自动定心夹具。但这种自动定心夹具在结构上过于复杂，因此这里只选用以花键孔为主要定位基面。

4.6.3 定位元件的选择

以花键孔为主要定位基面后，定位方案是用长销短面来限制工件的 5 个自由度，绕花键孔旋转的自由度限制，考虑花键孔中的花键结构，将长销短面中的长销设计成花键轴，利用轴上花键来限制旋转的自由度。

4.6.4 夹紧机构的设计

为了提高加工效率，用两把镶齿三面刃铣刀对两个 $\phi39$mm 孔端面同时进行加工。同时为了缩短辅助时间，提高劳动生产率，应首先着眼于机动夹紧而不采用手动夹紧。为此，本道工序的铣床夹具拟采用气动夹紧装置。

夹紧部位选择花键孔的叉口端面，夹紧力方向由上向下；压头用摆动压头 24（见表 6-54），夹紧力传递方案用配套教材[1]中的图 3-80 表示的带滑柱的斜楔机构，用楔轴 3 将气缸水平力转换为垂直上下的力，在用配套教材[1]中杠杆夹紧机构图 3-83（b），用压板 9 把力从上向下作用在万向节滑动叉的叉口端面上，从而夹紧工件。

4.6.5 切削力及夹紧力计算

刀具：高速钢镶齿三面刃铣刀，$\phi225$mm，$z=20$，有

$$F_c = \frac{C_F a_p^{x_F} f_z^{y_F} a_e^{u_F} z}{d_0^{q_F} n^{w_F}} \text{（见表 5-107）}$$

其中，$C_F = 650$，$a_p = 3.1$mm，$x_F = 1.0$，$f_z = 0.08$mm，$y_F = 0.72$mm，$a_e = 40$mm（在加工面上测量的近似值），$u_F = 0.86$，$d_0 = 225$mm，$q_F = 0.86$，$w_F = 0$，$z = 20$，所以

$$F_c = \frac{650 \times 3.1 \times 0.08^{0.72} \times 40^{0.86} \times 20}{225^{0.86}} = 1456(\text{N})$$

当用两把刀铣削时 $F_{实} = 2F_c = 2912(\text{N})$

水平分力 $F_H = 1.1F_{实} = 3203(\text{N})$

垂直分力 $F_V = 0.3F_{实} = 873(\text{N})$

在计算切削力的时候，必须把安全系数考虑在内。安全系数 $K = K_1K_2K_3K_4$ ，其中，$K_1=1.5$，为基本安全系数；$K_2=1.1$，为加工性质系数；$K_3=1.1$，为刀具钝化系数；$K_4=1.1$，为断续切削系数。

所以　　$F' = KF_H = 1.5\times1.1\times1.1\times1.1\times3203 = 6395(\mathrm{N})$

选用气缸-斜楔加紧机构，楔角 $\alpha = 10°$ ，其结构形式选用Ⅵ型，则扩力比 $i=3.42$。

为了克服水平切削力，实际加紧力 N 应为

$$N(f_1+f_2) = KF_H$$

所以

$$N = \frac{KF_H}{f_1+f_2}$$

其中，f_1 及 f_2 为夹具定位面及加紧面上的摩擦系数，$f_1 = f_2 = 0.25$ ，则

$$N = \frac{6395}{0.5} = 12\ 790(\mathrm{N})$$

气缸选用 ϕ100mm。当压缩空气单位压力 $p=0.5$MPa 时，气缸推力为 3900N。由于已知斜楔机构的扩力比 $i=3.42$，故由气缸产生的实际加紧力为

$$N_{气} = 3900i = 3900\times3.42 = 13\ 338(\mathrm{N})$$

此时，$N_{气}$已大于所需的 12 790N 的夹紧力，故本夹具可安全工作。

4.6.6　定位误差分析

(1) 定位元件尺寸及公差的确定。夹具的主要定位元件为一花键轴，该定位花键轴的尺寸与公差规定为本零件在工作时与其他相配花键轴的尺寸与公差相同，即 $16\times43\mathrm{H}11\times50\mathrm{H}8\times5\mathrm{H}10$mm 。

(2) 计算最大转角。零件图样规定 $\phi\,50^{+0.039}_{0}$ mm 花键孔键槽宽中心线与 $\phi\,39^{+0.027}_{-0.010}$mm 两孔中心线转角公差为 2° 。由于 ϕ39 mm 孔中心线应与其外端面垂直，故要求 ϕ39 mm 两孔端面之垂线应与 ϕ50mm 花键孔键槽宽中心线转角公差为 2° 。此项技术要求主要应由花键槽宽配合中的侧向间隙保证。

已知花键孔键槽宽为 $5^{+0.048}_{0}$mm ，夹具中定位花键轴键宽为 $5^{-0.025}_{-0.065}$mm ，因此，当零件安装在夹具中时，键槽处的最大侧向间隙为

$$\Delta b_{\max} = 0.048-(-0.065) = 0.113(\mathrm{mm})$$

由此而引起的零件最大转角 α 为

$$\tan\alpha = \frac{\Delta b_{\max}}{R} = \frac{0.113}{25} = 0.00\ 452$$

所以 $\alpha=0.258°$，即最大侧隙能满足零件的精度要求。

(3) 计算 $\phi\,39^{+0.027}_{-0.010}$mm 两孔外端面铣加工后与花键中心线的最大平行度误差。

零件花键孔与定位心轴外径的最大间隙为

$$\Delta_{\max} = 0.048-(-0.083) = 0.131(\mathrm{mm})$$

当定位花键轴的长度取 100mm 时，则由上述间隙引起的最大倾角为 0.131/100。此即为由于定位问题而引起的 $\phi39^{+0.027}_{-0.010}$mm 孔端面对花键孔中心线的最大平行度误差。由于 $\phi39^{+0.027}_{-0.010}$mm 孔外端面后续还要进行磨削加工，故上述平行度误差值可以允许。

4.6.7　定位键的确定

定位键是夹具与机床间的连接元件，本工序采用两个 JB/T 8016—1999 标准定位键 30，固定在夹具体底面的同一直线位置的键槽中，用于确定铣床夹具相对于机床进给方向的正确

位置，并保证定位键的宽度与机床工作台T形槽相匹配的要求。

4.6.8 对刀块的选择

采用圆对刀块及平塞尺对刀，选用JB/T 8031.1—1999圆对刀块27，通过对刀块支架28用螺栓和定位销固定在夹具体上，保证对刀块的对刀面始终处在平行于走到路线的方向。

确定对刀块的对刀面与定位元件定位表面之间的尺寸与公差：水平方向的尺寸与公差118.4/2（两孔端面尺寸的一半）－2（塞尺厚度）＝57.2mm；其尺寸公差取工件相应公差的1/3；此处工件相应公差为0.22/2＝0.11，其公差的1/3是0.11/3＝0.037，取0.03。

垂直方向的尺寸与公差：本工序因垂直方向尺寸对加工无影响，故省略不标。

4.6.9 夹具体设计

本工序由于是粗加工，切削力较大，为了夹紧工件，势必要增大气缸直径，而这样将使整个夹具过于庞大。为了减小夹具的结构尺寸，将气缸的缸体作为夹具体的一部分，与定位元件和力的传递部分有机的连接起来，形成完整的夹具体1，实现了定位、夹紧、对刀等功能。本夹具整体比较紧凑的。

4.6.10 夹具操作简要说明

先安装工件，将工件的花键孔对准定位花键轴，由上而下套在花键轴上，然后将压板9向右移动，直到足块24到达叉口端面上方；气缸右腔进气，活塞12及楔轴3向左运动，楔轴的斜面推动轴8向上运动，顶紧螺钉10，压板9通过足块24夹紧工件，实现定位与夹紧，准备加工。

取出工件时，气缸左腔进气，活塞12及楔轴3向右运动，轴8松开螺钉10，此时，足块24松开夹紧工件，然后将压板9向左滑动，足块24移出工件范围，工件可由下而上取出，准备安装下一工件进行加工。

铣床夹具的装配图及夹具体零件图分别如图4-5和图4-6所示。

4.7 编写夹具设计说明书

设计说明书的编写主要依据本书第2章中的2.4.3中的第7条要求进行，具体内容包括如下：

（1）目录。

（2）设计任务书。

（3）序言。

（4）对零件的工艺分析，包括零件的作用、结构特点、结构工艺性、主要表面技术要求分析等。

（5）工艺设计与计算。

1）毛坯选择与毛坯图。

2）工艺路线的确定：包括粗、精基准的选择，各表面加工方法的确定，工序集中与分散的考虑，工序顺序安排的原则，加工设备与工艺设备的选择，不同方案的分析比较等。

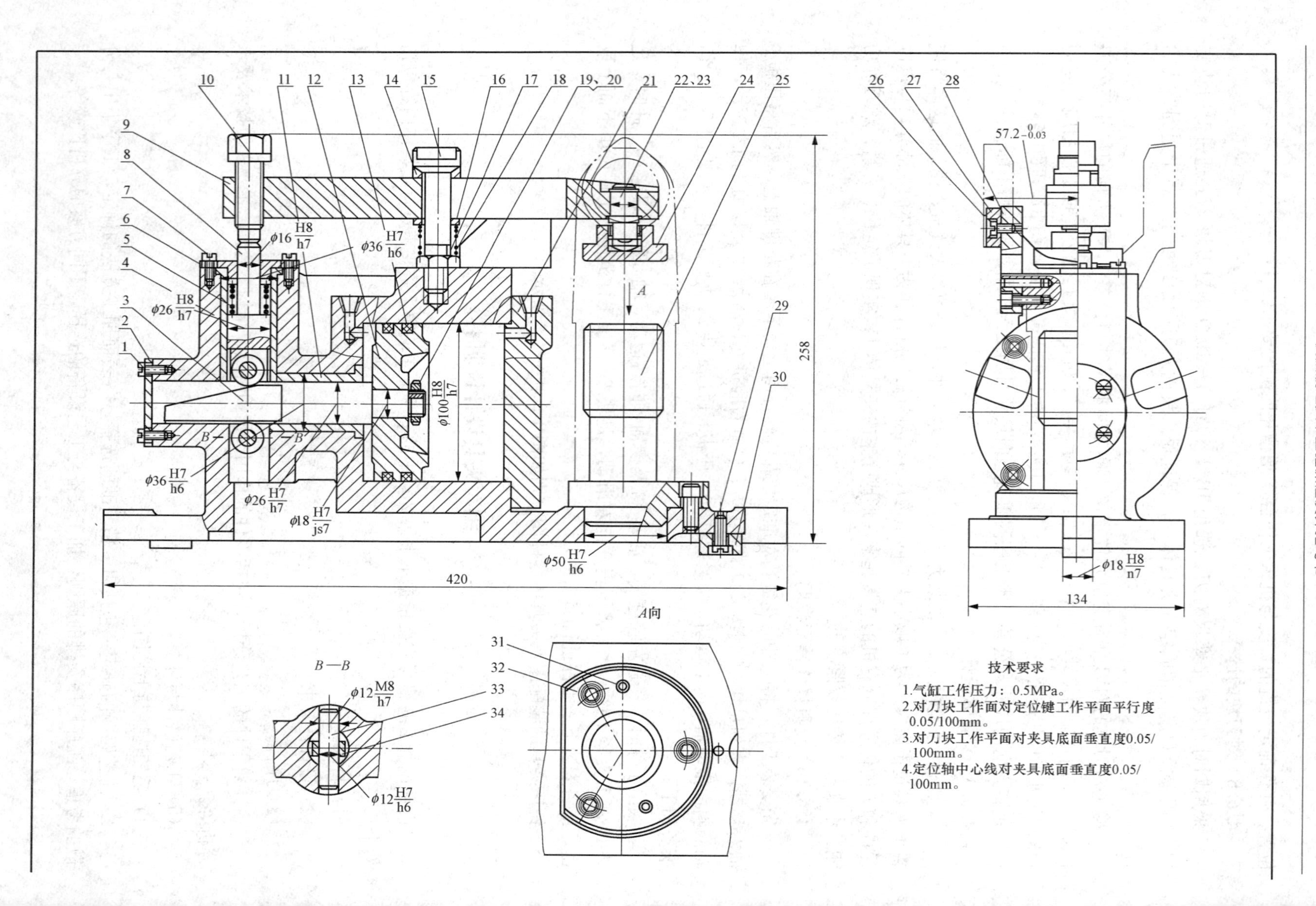
A向
B—B
420
258
134
技术要求
1.气缸工作压力：0.5MPa。
2.对刀块工作面对定位键工作平面平行度0.05/100mm。
3.对刀块工作平面对夹具底面垂直度0.05/100mm。
4.定位轴中心线对夹具底面垂直度0.05/100mm。

序号	名称	件数	材料	备注	序号	名称	件数	材料	备注
34	滚轴	2	45 钢	45～50HRC	17	螺母	1	Q235 钢	M16 GB/T 56—1988
33	轴	2	45 钢	45～50HRC	16	垫圈	1	Q235 钢	16 GB/T 95—2002
32	内六角螺钉	7	35 钢	M8×20 GB/T 70.1—2008	15	球头螺栓	1	45 钢	AM16×70 JB/T 8007.1—1995 35～40HRC
31	锥销	4	35 钢	6×25 GB/T 117—2000	14	球面垫圈	1	45 钢	D=17，40～45HRC
30	定位键	2	45 钢	43～48HRC	13	密封圈	2	耐油橡胶	O形，D=100
29	螺钉	1	35 钢	M8×18	12	活塞	1	ZL3	
28	支架	1	45 钢		11	套	1	20 钢	
27	对刀块	1	T7A	55～60HRC	10	螺钉	1	45 钢	M16×50 JB/T 8006.2—1995 35～40HRC
26	螺钉	1	35 钢	M8×10					
25	定位轴	1	45 钢	45～50HRC	9	压板	1	35 钢	
24	足块	1	45 钢	35～40HRC	8	轴	1	45 钢	
23	弹性挡圈	1	65Mn	16 GB 894—1986 48～53HRC	7	螺钉	4	35 钢	M6×14
					6	盖	1	20 钢	
22	轴	1	45 钢		5	弹簧	1	65Mn	
21	端盖	1	HT200		4	夹具体	1	HT200	
20	止动垫圈	1	Q235 钢	16 GB/T 858—1988	3	楔轴	1	45 钢	50～55HRC
19	圆螺母	1	45 钢	M16×1.5 GB/T 812—1988	2	盖	1	20 钢	
18	弹簧	1	65Mn		1	螺钉	4	35 钢	M8×12

铣床夹具			比例	1∶1	8303	
			件数			
设计			重量		共 1 张	第 1 张
指导			××× 大学 班			
审核						

图 4-5 铣床夹具装配图

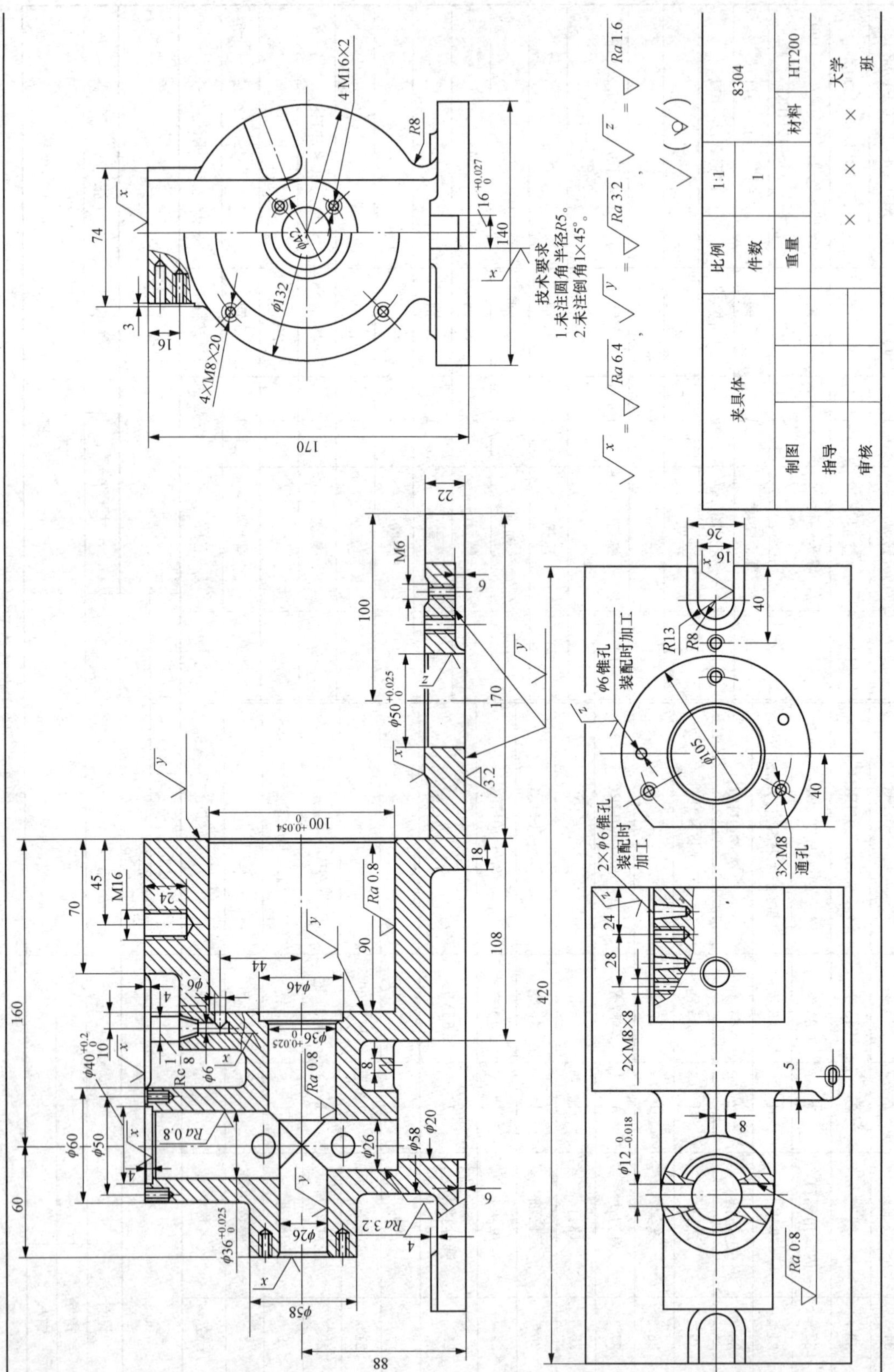

图 4-6　铣床夹具体零件图

3）加工余量、切削用量、工时定额的确定：要求在计算过程中说明数据来源，计算全部工序或教师指定工序的时间定额。

4）工序尺寸与公差的确定。

（6）专用夹具设计。设计思想与不同方案对比；定位分析与定位误差计算；对刀装置（铣床夹具）及导引装置（钻床与镗床夹具）设计；夹紧机构设计与夹紧力计算；夹具操作说明。

（7）设计心得体会。

（8）参考文献目录（文献前排列序号，以便正文引用）。

（9）准备设计封面，装订成册。

第5章 机床夹具设计常用工艺设计资料

5.1 加工余量

5.1.1 铸锻件的加工余量（见表5-1～表5-14）

表5-1 铸件机械加工余量

尺寸公差等级CT		3	4	5		6			7			8					9				
加工余量等级MA		C	D	D	E	D	E	F	D	E	F	D	E	F	G	H	D	E	F	G	H
基本尺寸		加工余量数值																			
>	≤																				
—	100	0.5	0.6	0.8	0.9	0.8	1.0	1.5	1.0	1.5	2.0	1.0	1.5	2.0	2.5	3.0	1.5	2.0	2.5	3.0	3.5
		0.4	0.5	0.6	0.8	0.6	0.8	1.5	0.7	0.9	1.5	0.8	1.0	1.5	2.0	2.5	1.0	1.5	2.0	2.5	3.0
100	160	0.6	0.9	1.0	1.5	1.0	1.5	2.0	1.5	2.0	2.5	1.5	2.0	2.5	3.0	4.0	2.0	2.5	3.0	3.5	4.5
		0.5	0.8	0.8	1.5	0.9	1.5	2.0	0.9	1.5	2.0	1.0	1.5	2.0	2.5	3.5	1.5	2.0	2.5	3.0	4.0
160	250	0.8	1.5	1.5	2.0	1.5	2.0	2.5	1.5	2.0	3.0	2.0	2.5	3.0	4.0	5.0	2.5	3.0	3.5	4.5	5.5
		0.7	1.0	1.0	1.5	1.5	2.0	2.5	1.5	2.0	2.5	1.5	2.0	2.5	3.5	4.5	1.5	2.5	3.0	4.0	5.0
250	400	0.9	1.5	1.5	2.0	2.0	2.5	3.5	2.0	2.5	3.5	2.5	3.0	4.0	5.0	6.5	3.0	3.5	4.5	5.5	7.0
		0.8	1.5	1.5	2.0	1.5	2.0	3.0	1.5	2.0	3.0	2.0	2.5	3.5	4.5	6.0	2.0	2.5	3.5	4.5	6.0
400	630	—	2.0	2.0	2.5	2.0	2.5	4.0	2.5	3.0	4.0	2.5	3.5	4.5	5.5	7.5	3.0	4.0	5.0	6.0	7.5
			1.5	1.5	2.5	1.5	2.5	3.5	2.0	2.5	3.5	2.0	2.5	4.0	5.0	7.0	2.5	3.0	4.0	5.0	7.0
630	1000	—	—	2.5	3.0	2.5	3.0	4.5	2.5	3.5	4.5	3.0	4.0	5.0	6.5	8.5	3.5	4.5	5.5	7.0	9.0
				2.0	2.5	2.0	3.0	4.0	2.0	3.0	4.0	2.5	3.0	4.5	6.0	8.0	2.5	3.5	4.5	6.0	8.0

尺寸公差等级CT		10				11				12				13				14		15		16	
加工余量等级MA		E	F	G	H	E	F	G	H	F	G	H	J	F	G	H	J	H	J	H	J	H	J
基本尺寸		加工余量数值																					
>	≤																						
—	100	2.5	3.0	3.5	4.0	3.0	3.5	4.0	4.5	3.0	3.5	4.0	4.5	5.5	6.0	6.5	7.5	7.5	8.5	9.0	10	11	12
		1.5	2.0	2.5	3.0	2.0	2.5	3.0	3.5	2.0	2.5	3.0	3.5	3.5	4.0	4.5	5.5	5.0	6.0	5.5	6.5	6.5	7.5
100	160	3.0	3.5	4.0	5.0	3.5	4.0	4.5	5.5	3.5	4.0	4.5	5.5	6.5	7.0	8.0	9.0	9.0	10	11	12	13	14
		2.0	2.5	3.0	4.0	2.5	3.0	3.5	4.5	2.5	3.0	3.5	4.5	4.0	4.5	5.5	6.5	6.0	7.0	7.0	8.0	8.0	9.0
160	250	3.5	4.0	5.0	6.0	4.5	5.0	6.0	7.0	4.5	5.0	6.0	7.0	7.5	8.5	9.5	11	11	13	13	15	15	17
		2.5	3.0	4.0	5.0	3.0	3.5	4.5	5.5	3.0	3.5	4.5	5.5	5.0	6.0	7.0	8.5	7.5	9.0	8.5	10	9.5	11
250	400	4.0	5.0	6.0	7.5	5.0	6.0	7.0	8.5	7.0	8.0	9.5	11	8.5	9.5	11	13	13	15	15	17	18	20
		3.0	4.0	5.0	6.5	3.5	4.5	5.5	7.0	5.0	6.0	7.5	9.0	5.5	6.5	8.0	10	9.0	11	10	12	12	14
400	630	4.5	5.5	6.5	8.5	5.5	6.5	7.5	9.5	8.0	9.0	11	14	10	11	13	16	15	18	17	20	20	23
		3.5	4.5	5.5	7.5	4.0	5.0	6.0	8.0	5.5	6.5	8.5	10	6.5	7.5	9.5	12	11	13	12	14	13	16
630	1000	5.5	6.5	8.0	10	6.5	7.5	9.0	11	9.0	11	13	16	12	13	15	18	17	20	20	23	23	26
		4.0	5.0	6.5	8.5	4.5	5.5	7.0	9.0	6.5	8.0	10	13	7.5	9	11	14	12	15	14	17	15	18

表 5-2 **铸件机械加工余量等级**

生产类型	工艺方法 尺寸公差 加工余量		加工余量等级								
			铸钢	灰铸铁	球墨铸铁	可锻铸件	铜合金	锌合金	轻金属合金	镍基合金	钴基合金
成批和大量生产	砂型手工造型	CT	11～13	11～13	11～13	10～12	10～12	—	9～11	—	—
		MA	J	H	H	H	H	—	H	—	—
	砂型机器造型	CT	8～10	8～10	8～10	8～10	8～10	—	7～9	—	—
	型及壳型	MA	H	G	G	G	G	—	G	—	—
	金属型	CT	—	7～9	7～9	7～9	7～9	7～9	6～8	—	—
		MA	—	F	F	F	F	F	F	—	—
	低压铸造	CT	—	7～9	7～9	7～9	7～9	7～9	6～8	—	—
		MA	—	F	F	F	F	F	F	—	—
	压力铸造	CT	—	—	—	—	6～8	4～6	5～7	—	—
		MA	—	—	—	—	E	E	E	—	—
	熔模铸造	CT	5～7	5～7	5～7	—	4～6	—	4～6	5～7	5～7
		MA	E	E	E	—	E	—	E	E	E
小批和单件生产	干、湿砂型	CT	13～15	13～15	13～15	13～15	13～15	—	11～13	—	—
		MA	J	H	H	H	H	—	H	—	—
	自硬砂	CT	12～14	11～13	12～13	11～13	10～12	—	10～12	—	—
		MA	J	H	H	H	H	—	H	—	—

表 5-3 **铸件尺寸公差数值**

基本尺寸		公差等级（CT）													
大于	至	3	4	5	6	7	8	9	10	11	12	13	14	15	16
—	3	0.14	0.20	0.28	0.40	0.56	0.80	1.2	—	—	—	—	—	—	—
3	6	0.16	0.24	0.32	0.48	0.64	0.90	1.3	—	—	—	—	—	—	—
6	10	0.18	0.26	0.36	0.52	0.74	1.0	1.5	2.0	2.8	4.2	—	—	—	—
10	16	0.20	0.28	0.38	0.54	0.78	1.1	1.6	2.2	3.0	4.4	—	—	—	—
16	25	0.22	0.30	0.42	0.58	0.82	1.2	1.7	2.4	3.2	4.6	6	8	10	12
25	40	0.24	0.32	0.46	0.64	0.90	1.3	1.8	2.6	3.6	5.0	7	9	11	14
40	63	0.26	0.36	0.50	0.70	1.0	1.4	2.0	2.8	4.0	5.6	8	10	12	16
63	100	0.28	0.40	0.56	0.78	1.1	1.6	2.2	3.2	4.4	6	9	11	14	18
100	160	0.30	0.44	0.62	0.88	1.2	1.8	2.5	3.6	5.0	7	10	12	16	20
160	250	0.34	0.50	0.70	1.0	1.4	2.0	2.8	4.0	5.6	8	11	14	18	22
250	400	0.40	0.56	0.78	1.1	1.6	2.2	3.2	4.4	6.2	9	12	16	20	25
400	630	—	0.64	0.90	1.2	1.8	2.6	3.6	5	7	10	14	18	22	28
630	1000	—	0.72	1.0	1.4	2.0	2.8	4.0	6	8	11	16	20	25	32

注 1. CT1 和 CT2 是为将来可能要求更精密的公差保留的，故表中未列。

2. CT13～CT16 小于或等于 16mm 的铸件，其公差值需单独标注，可提高 2～3 级。

3. 壁厚尺寸比一般尺寸公差降一级公差带，应对称于铸件基本尺寸设置。

表 5-4　错型值（GB/T 6414—1999）　mm

公差等级 CT	错型值	公差等级 CT	错型值
3～4	表 5-3 的公差以内	9～10	1.0
5	0.3	11～13	1.5
6	0.5	14～16	2.5
7～8	0.7		

表 5-5　铸造孔的最小尺寸　mm

铸造方法	合金种类	一般最小孔径	特殊最小孔径
砂型及壳型铸造	全部	30	8～10
金属型铸造	有色	10～20	5
压力铸造	锌合金	5～10	1
	铝合金		2.5
	镁合金		2
	铜合金		3
熔模铸造	有色	5～10	2
	黑色		2.5

表 5-6　各种铸造方法的铸件最小壁厚　mm

铸件的表面积（cm^2）	砂型铸造			金属型铸造			壳型铸造				压力铸造					熔模铸造
	铝硅合金	ZM-5 ZL-201 ZL-301	铸铁	铝硅合金	ZM-5 ZL-201 ZL-301	铸铁	铝镁合金	钢合金	铸铁	钢	铝锡合金	锌合金	镁合金	铝合金	铜合金	钢
～25	2	3	2	2	3	2.5	2	2	2	2	0.6	0.8	1.3	1	1.5	1.2
25～100	2.5	3.5	2.5	2.5	3	3	2	2	2	2	0.7	1	1.8	1.5	2	1.6
100～225	3	4	3	3	4	3.5	2.5	3	2.5	4	1.1	1.5	2.5	2	3	2.2
225～400	3.5	4.5	4	4	5	4	3	3.5	3	4	1.5	2	3	2.5	3.5	3
400～1000	4	5	5	4	6	4.5	4	4	4	5	—	—	4	4	—	—

表 5-7　锻件形状复杂系数 *S* 分级表

级别	*S* 数值范围	级别	*S* 数值范围
简单	S_1＞0.63～1	较复杂	S_3＞0.16～0.32
一般	S_2＞0.32～0.63	复杂	S_4＜0.16

注　当锻件为薄形圆盘或法兰件，其厚度与直径之比小于 0.2 时，直接确定为复杂级。

表 5-8　锻件内孔直径的机械加工余量　mm

孔径		孔深				
＞	≤	＞0 ≤63	＞63 ≤100	＞100 ≤140	＞140 ≤200	＞200 ≤280
＞	25	2.0	—	—	—	—
25	40	2.0	2.6	—	—	—
40	63	2.0	2.6	3.0	—	—
63	100	2.5	3.0	3.0	4.0	—
100	160	2.6	3.0	3.4	4.0	4.6
160	250	3.0	3.0	3.4	4.0	4.6

表 5-9　　模锻件内外表面加工余量　　mm

锻件质量（kg）		一般加工精度 F1 磨削加工精度 F2	锻件形状 S_1 复杂系数 S_3	锻件单面余量						
				厚度（直径）方向	水平方向					
					>	0	315	400	630	800
>	≤				≤	315	400	630	800	1250
0	0.4	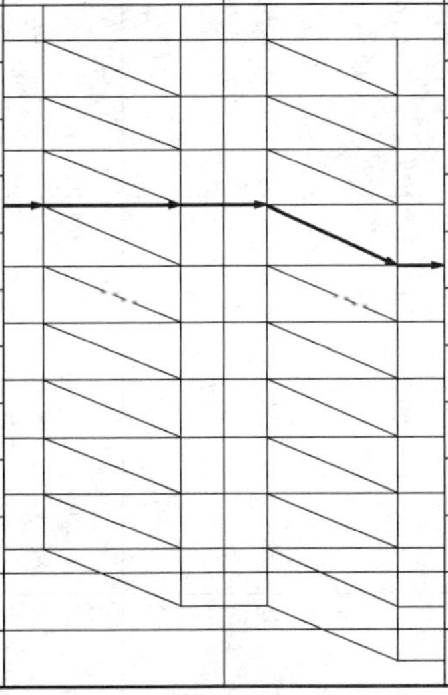		1.0～1.5		1.0～1.5	1.5～2.0	2.0～2.5		
0.4	1.0			1.5～2.0		1.5～2.0	1.5～2.0	2.0～2.5	2.0～3.0	
1.0	1.8			1.5～2.0		1.5～2.0	1.5～2.0	2.0～2.7	2.0～3.0	
1.8	3.2			1.7～2.2		1.7～2.2	2.0～2.5	2.0～2.7	2.0～3.0	2.5～3.5
3.2	5.0			1.7～2.2		1.7～2.2	2.0～2.5	2.0～2.7	2.5～3.5	2.5～4.0
5.0	10.0			2.0～2.5		2.0～2.5	2.0～2.5	2.3～3.0	2.5～3.5	2.7～4.0
10.0	20.0			2.0～2.5		2.0～2.5	2.0～2.7	2.3～3.0	2.5～3.5	2.7～4.0
20.0	50.0			2.3～3.0		2.0～3.0	2.5～3.0	2.5～3.5	2.7～4.0	3.0～4.5
50.0	120			2.5～3.2		2.5～3.5	2.5～3.5	2.7～3.5	2.7～4.0	3.0～4.5
120	250			3.0～4.0		2.5～3.5	2.5～3.5	2.7～4.0	3.0～4.5	3.0～4.5
				3.5～4.5		2.7～3.5	2.7～3.5	3.0～4.0	3.0～4.5	3.5～5.0
				4.0～5.5		2.7～4.0	3.0～4.0	3.0～4.5	3.5～4.5	3.5～5.0

注　本表适用于在热模锻压力机、模锻锤、平锻机及螺旋压力机上生产的模锻件。

例如，锻件质量为 3kg，在 1600t 热模锻压力机上生产，零件无磨削精加工工序，锻件复杂系数为 S_3，长度为 480mm 时，查出该零件余量是：厚度方向为 1.7～2.2mm，水平方向为 2.0～2.7mm。

表 5-10　　锻件的机械加工余量　　mm

锻件种类简图	余量计算公式	备注
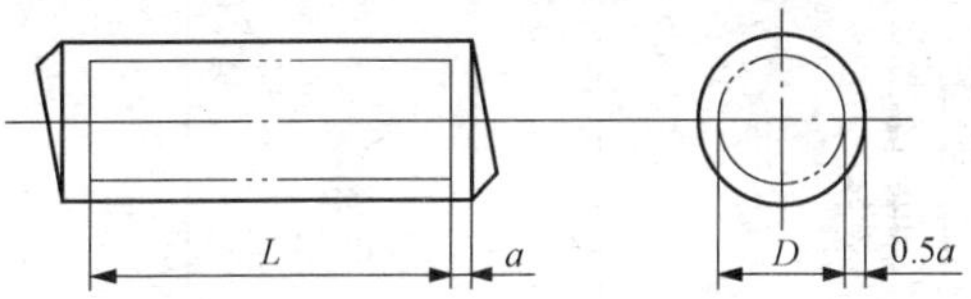 光轴	$a=0.22L^{0.2}D^{0.5}$	D 或 A<65 时，按 65 计算 L<300 时，按 300 计算
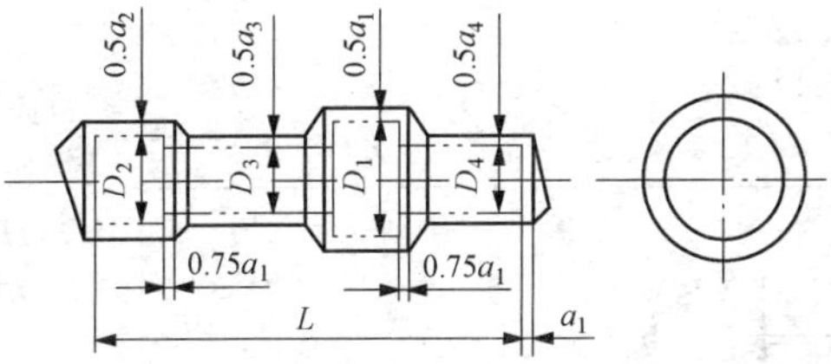 台阶轴	$a_i=0.26L^{0.2}D_i^{0.5}$ $i=1, 2, 3, 4$	
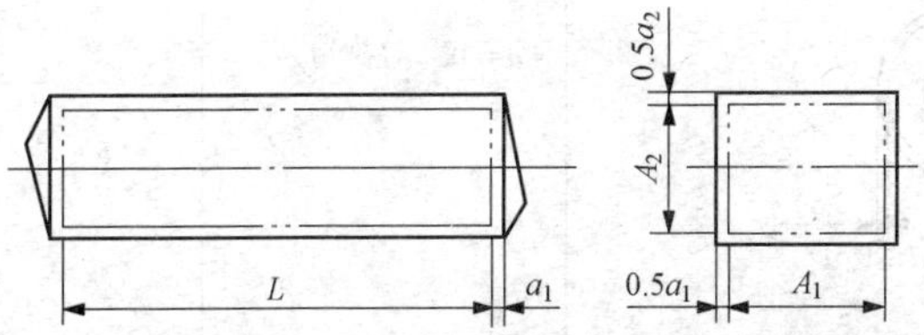 方轴	$a_i=0.24L^{0.2}A_i^{0.5}$ $i=1, 2$	

续表

锻件种类简图	余量计算公式	备注
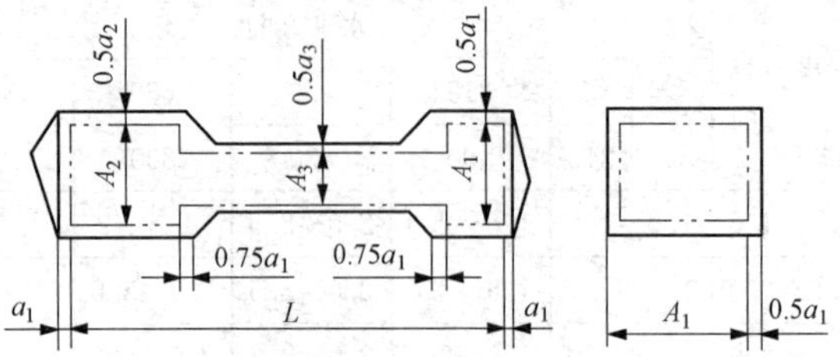 有台阶长方形坯	$a_i=0.28L^{0.2}A_i^{0.5}$ $i=1, 2, 3$	D或$A<65$时，按65计算 $L<300$时，按300计算
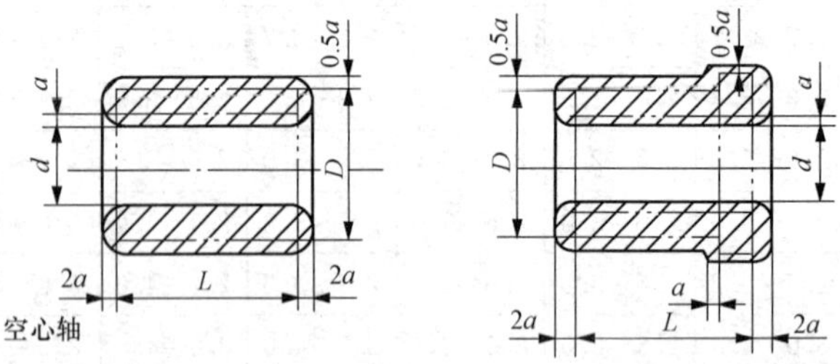 空心轴	$a=0.4L^{0.2}D^{0.5}$	$D\geqslant70$ $L\geqslant200$
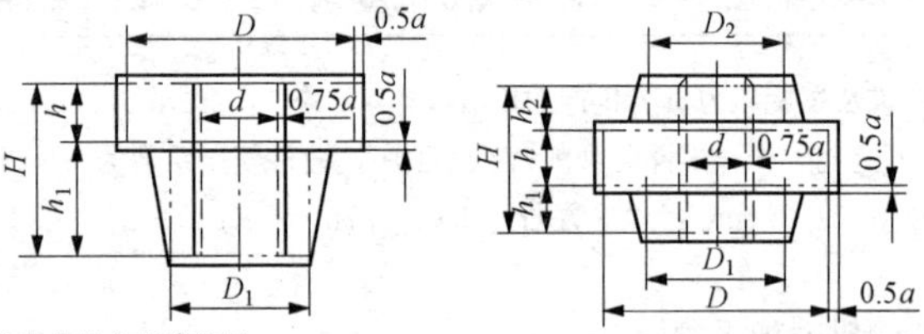 凸肩齿轮和凸肩法兰	$a=0.25H^{0.2}D^{0.5}$	D或$A<100$时，按100计算 $H<50$时，按50计算
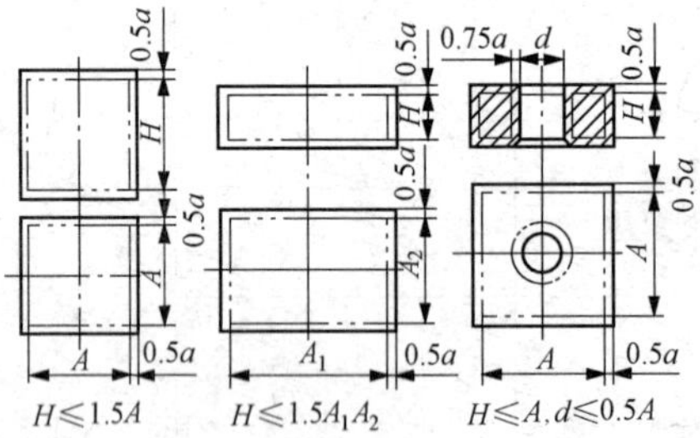 $H\leqslant1.5A$　$H\leqslant1.5A_1A_2$　$H\leqslant A, d\leqslant0.5A$ 矩形板	$a=0.18H^{0.2}A_i^{0.5}$ $i=1, 2$	D或$A<100$时，按100计算 $H<50$时，按50计算
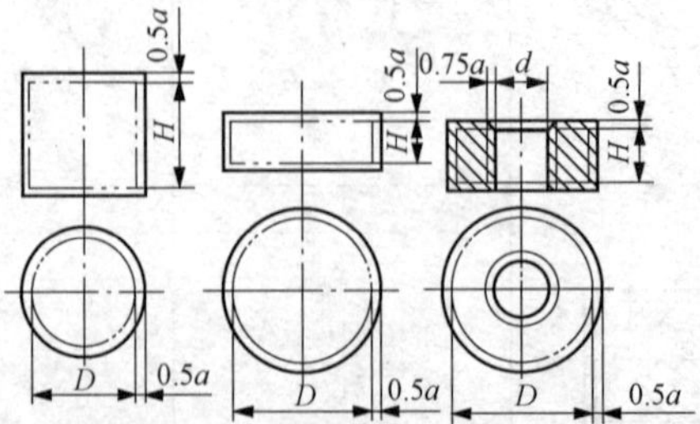 $H\leqslant1.5D$　$H\leqslant0.5D$　$H\leqslant1.5D; d\leqslant0.5D$ 圆板圆环	$a=0.18H^{0.2}D^{0.55}$	

表 5-11 锻件的长度、宽度、高度及错差、残留飞边公差（普通级）（GB/T 12362—2003） mm

错差公差	残留飞边公差	分模线（非对称 / 平直或对称）	锻件质量 (kg)	材质系数 M_1 M_2	形状复杂系数 $S_1S_2S_3S_4$	锻件基本尺寸 大于 0 至 30	大于 30 至 80	大于 80 至 120	大于 120 至 180	大于 180 至 315	大于 315 至 500	大于 500 至 800	大于 800 至 1250	大于 1250 至 2500
						公差值及极限偏差								
0.4	0.5		>0～0.4			$1.1^{+0.8}_{-0.3}$	$1.2^{+0.8}_{-0.4}$	$1.4^{+0.9}_{-0.5}$	$1.6^{+1.1}_{-0.5}$	$1.8^{+1.2}_{-0.6}$				
0.5	0.6		>0.4～1.0			$1.2^{+0.8}_{-0.4}$	$1.4^{+0.9}_{-0.5}$	$1.6^{+1.1}_{-0.5}$	$1.8^{+1.2}_{-0.6}$	$2.0^{+1.3}_{-0.7}$	$2.2^{+1.5}_{-0.7}$			
0.6	0.7		>1.0～1.8			$1.4^{+0.9}_{-0.5}$	$1.6^{+1.1}_{-0.5}$	$1.8^{+1.2}_{-0.6}$	$2.0^{+1.3}_{-0.7}$	$2.2^{+1.5}_{-0.7}$	$2.5^{+1.7}_{-0.8}$	$2.8^{+1.9}_{-0.9}$		
0.8	0.8		>1.8～3.2			$1.6^{+1.1}_{-0.5}$	$1.8^{+1.2}_{-0.6}$	$2.0^{+1.3}_{-0.7}$	$2.2^{+1.5}_{-0.7}$	$2.5^{+1.7}_{-0.8}$	$2.8^{+1.9}_{-0.9}$	$3.2^{+2.1}_{-1.1}$	$3.6^{+2.4}_{-1.2}$	
1.0	1.0		>3.2～5.6			$1.8^{+1.2}_{-0.6}$	$2.0^{+1.3}_{-0.7}$	$2.2^{+1.5}_{-0.7}$	$2.5^{+1.7}_{-0.8}$	$2.8^{+1.9}_{-0.9}$	$3.2^{+2.1}_{-1.1}$	$3.6^{+2.4}_{-1.2}$	$4.0^{+2.7}_{-1.3}$	$4.5^{+3.0}_{-1.5}$
1.2	1.2		>5.6～10			$2.0^{+1.3}_{-0.7}$	$2.2^{+1.5}_{-0.7}$	$2.5^{+1.7}_{-0.8}$	$2.8^{+1.9}_{-0.9}$	$3.2^{+2.1}_{-1.1}$	$3.6^{+2.4}_{-1.2}$	$4.0^{+2.7}_{-1.3}$	$4.5^{+3.0}_{-1.5}$	$5.0^{+3.3}_{-1.7}$
1.4	1.4		>10～20			$2.2^{+1.5}_{-0.7}$	$2.5^{+1.7}_{-0.8}$	$2.8^{+1.9}_{-0.9}$	$3.2^{+2.1}_{-1.1}$	$3.6^{+2.4}_{-1.2}$	$4.0^{+2.7}_{-1.3}$	$4.5^{+3.0}_{-1.5}$	$5.0^{+3.3}_{-1.7}$	$5.6^{+3.7}_{-1.9}$
1.6	1.7		>20～50			$2.5^{+1.7}_{-0.8}$	$2.8^{+1.9}_{-0.9}$	$3.2^{+2.1}_{-1.1}$	$3.6^{+2.4}_{-1.2}$	$4.0^{+2.7}_{-1.3}$	$4.5^{+3.0}_{-1.5}$	$5.0^{+3.3}_{-1.7}$	$5.6^{+3.7}_{-1.9}$	$6.3^{+4.2}_{-2.1}$
1.8	2.0		>50～120			$2.8^{+1.9}_{-0.9}$	$3.2^{+2.1}_{-1.1}$	$3.6^{+2.4}_{-1.2}$	$4.0^{+2.7}_{-1.3}$	$4.5^{+3.0}_{-1.5}$	$5.0^{+3.3}_{-1.7}$	$5.6^{+3.7}_{-1.9}$	$6.3^{+4.2}_{-2.1}$	$7.0^{+4.7}_{-2.3}$
2.0	2.4		>120～250			$3.2^{+2.1}_{-1.1}$	$3.6^{+2.4}_{-1.2}$	$4.0^{+2.7}_{-1.3}$	$4.5^{+3.0}_{-1.5}$	$5.0^{+3.3}_{-1.7}$	$5.6^{+3.7}_{-1.9}$	$6.3^{+4.2}_{-2.1}$	$7.0^{+4.7}_{-2.3}$	$8.0^{+5.3}_{-2.7}$
2.4	2.8					$3.6^{+2.4}_{-1.2}$	$4.0^{+2.7}_{-1.3}$	$4.5^{+3.0}_{-1.5}$	$5.0^{+3.3}_{-1.7}$	$5.6^{+3.7}_{-1.9}$	$6.3^{+4.2}_{-2.1}$	$7.0^{+4.7}_{-2.3}$	$8.0^{+5.3}_{-2.7}$	$9.0^{+6.0}_{-3.0}$
						$4.0^{+2.7}_{-1.3}$	$4.5^{+3.0}_{-1.5}$	$5.0^{+3.3}_{-1.7}$	$5.6^{+3.7}_{-1.9}$	$6.3^{+4.2}_{-2.1}$	$7.0^{+4.7}_{-2.3}$	$8.0^{+5.3}_{-2.7}$	$9.0^{+6.0}_{-3.0}$	$10^{+6.7}_{-3.3}$
							$5.0^{+3.3}_{-1.7}$	$5.6^{+3.7}_{-1.9}$	$6.3^{+4.2}_{-2.1}$	$7.0^{+4.7}_{-2.3}$	$8.0^{+5.3}_{-2.7}$	$9.0^{+6.0}_{-3.0}$	$10^{+6.7}_{-3.3}$	$11^{+7.3}_{-3.7}$
								$6.3^{+4.2}_{-2.1}$	$7.0^{+4.7}_{-2.3}$	$8.0^{+5.3}_{-2.7}$	$9.0^{+6.0}_{-3.0}$	$10^{+6.7}_{-3.3}$	$11^{+7.3}_{-3.7}$	$12^{+8.0}_{-4.0}$
								$7.0^{+4.7}_{-2.3}$	$8.0^{+5.3}_{-2.7}$	$9.0^{+6.0}_{-3.0}$	$10^{+6.7}_{-3.3}$	$11^{+7.3}_{-3.7}$	$12^{+8.0}_{-4.0}$	$13^{+8.7}_{-4.3}$

例：锻件质量为 6kg，材质系数为 M_1，形状复杂系数为 S_2，尺寸为 160mm，平直分模线时各类公差查法。

注 锻件的高度或台阶尺寸及中心到边缘尺寸公差，按±1/2 的比例分配。内表面尺寸极限偏差，正负符号与表中相反。长度、宽度尺寸的上、下偏差按±2/3，±1/3 比例分配。

表 5-12　锻件的长度、宽度、高度及错差、残留飞边公差（精密级）（GB/T 12362—2003）　mm

错差公差	残留飞边公差
0.3	0.3
0.4	0.4
0.5	0.5
0.6	0.6
0.7	0.7
0.8	0.8
1.0	1.0
1.2	1.2
1.2	1.2
1.4	1.4
1.4	1.7

分模线（非对称 / 平直或对称）	锻件质量（kg）	材质系数 M_1 M_2	形状复杂系数 $S_1S_2S_3S_4$
	>0～0.4		
	>0.4～1.0		
	>1.0～1.8		
	>1.8～3.2		
	>3.2～5.6		
	>5.6～10		
	>10～20		
	>20～50		
	>50～120		
	>120～250		

锻件基本尺寸 大于	0	30	80	120	180	315	500	800	1250
至	30	80	120	180	315	500	800	1250	2500
公差值及极限偏差									
	$0.7^{+0.5}_{-0.2}$	$0.8^{+0.5}_{-0.3}$	$0.9^{+0.6}_{-0.3}$	$1.0^{+0.7}_{-0.3}$	$1.2^{+0.8}_{-0.4}$				
	$0.8^{+0.5}_{-0.3}$	$0.9^{+0.6}_{-0.3}$	$1.0^{+0.7}_{-0.3}$	$1.2^{+0.8}_{-0.4}$	$1.4^{+0.9}_{-0.5}$	$1.6^{+1.1}_{-0.5}$			
	$0.9^{+0.6}_{-0.3}$	$1.0^{+0.7}_{-0.3}$	$1.2^{+0.8}_{-0.4}$	$1.4^{+0.9}_{-0.5}$	$1.6^{+1.1}_{-0.5}$	$1.8^{+1.2}_{-0.6}$	$2.0^{+1.3}_{-0.7}$		
	$1.0^{+0.7}_{-0.3}$	$1.2^{+0.8}_{-0.4}$	$1.4^{+0.9}_{-0.5}$	$1.6^{+1.1}_{-0.5}$	$1.8^{+1.2}_{+0.6}$	$2.0^{+1.3}_{-0.7}$	$2.2^{+1.5}_{-0.7}$	$2.5^{+1.7}_{-0.8}$	
	$1.2^{+0.8}_{-0.4}$	$1.4^{+0.9}_{-0.5}$	$1.6^{+1.1}_{-0.5}$	$1.8^{+1.2}_{-0.6}$	$2.0^{+1.3}_{-0.7}$	$2.2^{+1.5}_{-0.7}$	$2.5^{+1.7}_{-0.8}$	$2.8^{+1.9}_{-0.9}$	$3.2^{+2.1}_{-1.1}$
	$1.4^{+0.9}_{-0.5}$	$1.6^{+1.1}_{-0.5}$	$1.8^{+1.2}_{-0.6}$	$2.0^{+1.3}_{-0.7}$	$2.2^{+1.5}_{-0.7}$	$2.5^{+1.7}_{-0.8}$	$2.8^{+1.9}_{-0.9}$	$3.2^{+2.1}_{-1.1}$	$3.6^{+2.4}_{-1.2}$
	$1.6^{+1.1}_{-0.5}$	$1.8^{+1.2}_{-0.6}$	$2.0^{+1.3}_{-0.7}$	$2.2^{+1.5}_{-0.7}$	$2.5^{+1.7}_{-0.8}$	$2.8^{+1.9}_{-0.9}$	$3.2^{+2.1}_{-1.1}$	$3.6^{+2.4}_{-1.2}$	$4.0^{+2.7}_{-1.3}$
	$1.8^{+1.2}_{-0.6}$	$2.0^{+1.3}_{-0.7}$	$2.2^{+1.5}_{-0.7}$	$2.5^{+1.7}_{-0.8}$	$2.8^{+1.9}_{-0.9}$	$3.2^{+2.1}_{-1.1}$	$3.6^{+2.4}_{-1.2}$	$4.0^{+2.7}_{-1.3}$	$4.5^{+3.0}_{-1.5}$
	$2.0^{+1.3}_{-0.7}$	$2.2^{+1.5}_{-0.7}$	$2.5^{+1.7}_{-0.8}$	$2.8^{+1.9}_{-0.9}$	$3.2^{+2.1}_{-1.1}$	$3.6^{+2.4}_{-1.2}$	$4.0^{+2.7}_{-1.3}$	$4.5^{+3.0}_{-1.5}$	$5.0^{+3.3}_{-1.7}$
	$2.2^{+1.5}_{-0.7}$	$2.5^{+1.7}_{-0.8}$	$2.8^{+1.9}_{-0.9}$	$3.2^{+2.1}_{-1.1}$	$3.6^{+2.4}_{-1.2}$	$4.0^{+2.7}_{-1.3}$	$4.5^{+3.0}_{-1.5}$	$5.0^{+3.3}_{-1.7}$	$5.6^{+3.7}_{-1.9}$
	$2.5^{+1.7}_{-0.8}$	$2.8^{+1.9}_{-0.9}$	$3.2^{+2.1}_{-1.1}$	$3.6^{+2.4}_{-1.2}$	$4.0^{+2.7}_{-1.3}$	$4.5^{+3.0}_{-1.5}$	$5.0^{+3.3}_{-1.7}$	$5.6^{+3.7}_{-1.9}$	$6.3^{+4.2}_{-2.1}$
	$2.8^{+1.9}_{-0.9}$	$3.2^{+2.1}_{-1.1}$	$3.6^{+2.4}_{-1.2}$	$4.0^{+2.7}_{-1.3}$	$4.5^{+3.0}_{-1.5}$	$5.0^{+3.3}_{-1.7}$	$5.6^{+3.7}_{-1.9}$	$6.3^{+4.2}_{-2.1}$	$7.0^{+4.7}_{-2.3}$
	$3.2^{+2.1}_{-1.1}$	$3.6^{+2.4}_{-1.2}$	$4.0^{+2.7}_{-1.3}$	$4.5^{+3.0}_{-1.5}$	$5.0^{+3.3}_{-1.7}$	$5.6^{+3.7}_{-1.9}$	$6.3^{+4.2}_{-2.1}$	$7.0^{+4.7}_{-2.3}$	$8.0^{+5.3}_{-2.7}$
	$3.6^{+2.4}_{-1.2}$	$4.0^{+2.7}_{-1.3}$	$4.5^{+3.0}_{-1.5}$	$5.0^{+3.3}_{-1.7}$	$5.6^{+3.7}_{-1.9}$	$6.3^{+4.2}_{-2.1}$	$7.0^{+4.7}_{-2.3}$	$8.0^{+5.3}_{-2.7}$	$9.0^{+6.0}_{-3.0}$
		$4.5^{+3.0}_{-1.5}$	$5.0^{+3.3}_{-1.7}$	$5.6^{+3.7}_{-1.9}$	$6.3^{+4.2}_{-2.1}$	$7.0^{+4.7}_{-2.3}$	$8.0^{+5.3}_{-2.7}$	$9.0^{+6.0}_{-3.0}$	$10.0^{+6.7}_{-3.3}$

例：锻件质量为 3kg，材质系数为 M_1，形状复杂系数为 S_3，尺寸为 120mm，平分模线时各类公差查法。

注　锻件的高度或台阶尺寸及中心到边缘尺寸公差，按±1/2 的比例分配。内表面尺寸极限偏差，正负符号与表中相反。长度、宽度尺寸的上、下偏差按±2/3，±1/3 比例分配。

表 5-13　模锻件的厚度、顶料杆压痕公差及允许偏差（普通级）（GB/T 12362—2003）　　mm

顶出器压痕 + (凸)	顶出器压痕 − (凹)	锻件质量 (kg)	锻件材质系数 M_1 M_2	形状复杂系数 $S_1S_2S_3S_4$	锻件厚度尺寸 大于 0 至 18	大于 18 至 30	大于 30 至 50	大于 50 至 80	大于 80 至 120	大于 120 至 180	大于 180 至 315
					公差值及允许偏差						
0.8	0.4	>0~0.4	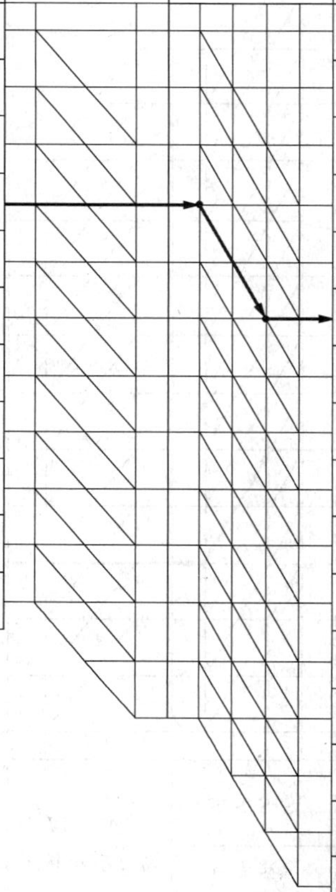		$1.0^{+0.8}_{-0.2}$	$1.1^{+0.8}_{-0.3}$	$1.2^{+0.9}_{-0.3}$	$1.4^{+1.0}_{-0.4}$	$1.6^{+1.2}_{-0.4}$	$1.8^{+1.4}_{-0.4}$	$2.0^{+1.5}_{-0.5}$
1.0	0.5	>0.4~1.0			$1.1^{+0.8}_{-0.3}$	$1.2^{+0.9}_{-0.3}$	$1.4^{+1.0}_{-0.4}$	$1.6^{+1.2}_{-0.4}$	$1.8^{+1.4}_{-0.4}$	$2.0^{+1.5}_{-0.5}$	$2.2^{+1.7}_{-0.5}$
1.2	0.6	>1.0~1.8			$1.2^{+0.9}_{-0.3}$	$1.4^{+1.0}_{-0.4}$	$1.6^{+1.2}_{-0.4}$	$1.8^{+1.4}_{-0.4}$	$2.0^{+1.5}_{-0.5}$	$2.2^{+1.7}_{-0.5}$	$2.5^{+1.9}_{-0.6}$
1.5	0.8	>1.8~3.2			$1.4^{+1.0}_{-0.4}$	$1.6^{+1.2}_{-0.4}$	$1.8^{+1.4}_{-0.4}$	$2.0^{+1.5}_{-0.5}$	$2.2^{+1.7}_{-0.5}$	$2.5^{+1.9}_{-0.6}$	$2.8^{+2.1}_{-0.7}$
1.8	0.9	>3.2~5.6			$1.6^{+1.2}_{-0.4}$	$1.8^{+1.4}_{-0.4}$	$2.0^{+1.5}_{-0.5}$	$2.2^{+1.7}_{-0.5}$	$2.5^{+1.9}_{-0.6}$	$2.8^{+2.1}_{-0.7}$	$3.2^{+2.4}_{-0.8}$
2.2	1.2	>5.6~10			$1.8^{+1.4}_{-0.4}$	$2.0^{+1.5}_{-0.5}$	$2.2^{+1.7}_{-0.5}$	$2.5^{+1.9}_{-0.6}$	$2.8^{+2.1}_{-0.7}$	$3.2^{+2.4}_{-0.8}$	$3.6^{+2.7}_{-0.9}$
2.8	1.5	>10~20			$2.0^{+1.5}_{-0.5}$	$2.2^{+1.7}_{-0.5}$	$2.5^{+1.9}_{-0.6}$	$2.8^{+2.1}_{-0.7}$	$3.2^{+2.4}_{-0.8}$	$3.6^{+2.7}_{-0.9}$	$4.0^{+3.0}_{-1.0}$
3.5	2.0	>20~50			$2.2^{+1.7}_{-0.5}$	$2.5^{+1.9}_{-0.6}$	$2.8^{+2.1}_{-0.7}$	$3.2^{+2.4}_{-0.8}$	$3.6^{+2.7}_{-0.9}$	$4.0^{+3.0}_{-1.0}$	$4.5^{+3.4}_{-1.1}$
4.5	2.5	>50~120			$2.5^{+1.9}_{-0.6}$	$2.8^{+2.1}_{-0.7}$	$3.2^{+2.4}_{-0.8}$	$3.6^{+2.7}_{-0.9}$	$4.0^{+3.0}_{-1.0}$	$4.5^{+3.4}_{-1.1}$	$5.0^{+3.6}_{-1.2}$
6.0	3.0	>120~250			$2.8^{+2.1}_{-0.7}$	$3.2^{+2.4}_{-0.8}$	$3.6^{+2.7}_{-0.9}$	$4.0^{+3.0}_{-1.0}$	$4.5^{+3.4}_{-1.1}$	$5.0^{+3.8}_{-1.2}$	$5.6^{+4.2}_{-1.4}$
					$3.2^{+2.4}_{-0.8}$	$3.6^{+2.7}_{-0.9}$	$4.0^{+3.0}_{-1.0}$	$4.5^{+3.4}_{-1.1}$	$5.0^{+3.8}_{-1.2}$	$5.6^{+4.2}_{-1.4}$	$6.3^{+4.8}_{-1.5}$
					$3.6^{+2.7}_{-0.9}$	$4.0^{+3.0}_{-1.0}$	$4.5^{+3.4}_{-1.1}$	$5.0^{+3.8}_{-1.2}$	$5.6^{+4.2}_{-1.4}$	$6.3^{+4.8}_{-1.5}$	$7.0^{+5.3}_{-1.7}$
					$4.0^{+3.0}_{-1.0}$	$4.5^{+3.4}_{-1.1}$	$5.0^{+3.8}_{-1.2}$	$5.6^{+4.2}_{-1.4}$	$6.3^{+4.8}_{-1.5}$	$7.0^{+5.3}_{-1.7}$	$8.0^{+6.0}_{-2.0}$
					$4.5^{+3.4}_{-1.1}$	$5.0^{+3.8}_{-1.2}$	$5.6^{+4.2}_{-1.4}$	$6.3^{+4.8}_{-1.5}$	$7.0^{+5.3}_{-1.7}$	$8.0^{+6.0}_{-2.0}$	$9.0^{+6.8}_{-2.2}$
					$5.0^{+3.8}_{-1.2}$	$5.6^{+4.2}_{-1.4}$	$6.3^{+4.8}_{-1.5}$	$7.0^{+5.3}_{-1.7}$	$8.0^{+6.0}_{-2.0}$	$9.0^{+6.8}_{-2.2}$	$10.0^{+7.5}_{-2.5}$
					$5.6^{+4.2}_{-1.4}$	$6.3^{+4.8}_{-1.5}$	$7.0^{+5.3}_{-1.7}$	$8.0^{+6.0}_{-2.0}$	$9.0^{+6.8}_{-2.2}$	$10.0^{+7.5}_{-2.5}$	$11.0^{+8.3}_{-2.7}$

例：锻件质量 3kg，材质系数为 M_1，形状复杂系数为 S_3，最大厚度尺寸为 45mm 时各类公差查法。

注　上、下偏差也可按+3/4、−1/4 比例分配。若有需要也可按+2/3，−1/3 比例分配。

表 5-14　模锻件的厚度、顶料杆压痕公差及允许偏差（精密级）（GB/T 12362—2003）　mm

压痕极限偏差		锻件质量（kg）	锻件材质系数 M_1 M_2	形状复杂系数 $S_1S_2S_3S_4$	锻件厚度尺寸						
				大于	0	18	30	50	80	120	180
				至	18	30	50	80	120	180	315
+（凸）	−（凹）				公差值及允许偏差						
0.6	0.3	>0～0.4			$0.6^{+0.5}_{-0.1}$	$0.8^{+0.5}_{-0.2}$	$0.9^{+0.7}_{-0.2}$	$1.0^{+0.8}_{-0.2}$	$1.2^{+0.9}_{-0.3}$	$1.4^{+1.0}_{-0.4}$	$1.6^{+1.2}_{-0.4}$
0.8	0.4	>0.4～1.0			$0.8^{+0.6}_{-0.2}$	$0.9^{+0.7}_{-0.2}$	$1.0^{+0.8}_{-0.2}$	$1.2^{+0.9}_{-0.3}$	$1.4^{+1.0}_{-0.4}$	$1.6^{+1.2}_{-0.4}$	$1.8^{+1.4}_{-0.4}$
1.0	0.5	>1.0～1.8			$0.9^{+0.7}_{-0.2}$	$1.0^{+0.8}_{-0.2}$	$1.2^{+0.9}_{-0.3}$	$1.4^{+1.0}_{-0.4}$	$1.6^{+1.2}_{-0.4}$	$1.8^{+1.4}_{-0.4}$	$2.0^{+1.5}_{-0.5}$
1.2	0.6	>1.8～3.2			$1.0^{+0.8}_{-0.2}$	$1.2^{+0.9}_{-0.3}$	$1.4^{+1.0}_{-0.4}$	$1.6^{+1.2}_{-0.4}$	$1.8^{+1.4}_{-0.4}$	$2.0^{+1.5}_{-0.5}$	$2.2^{+1.7}_{-0.5}$
1.6	0.8	>3.2～5.6			$1.2^{+0.9}_{-0.3}$	$1.4^{+1.0}_{-0.4}$	$1.6^{+1.2}_{-0.4}$	$1.8^{+1.4}_{-0.4}$	$2.0^{+1.5}_{-0.5}$	$2.2^{+1.7}_{-0.5}$	$2.5^{+1.9}_{-0.6}$
1.8	1.0	>5.6～10			$1.4^{+0.9}_{-0.4}$	$1.6^{+1.2}_{-0.4}$	$1.8^{+1.4}_{-0.4}$	$2.0^{+1.5}_{-0.5}$	$2.2^{+1.7}_{-0.5}$	$2.5^{+1.9}_{-0.6}$	$2.8^{+2.1}_{-0.7}$
2.2	1.2	>10～20			$1.6^{+1.2}_{-0.4}$	$1.8^{+1.4}_{-0.4}$	$2.0^{+1.5}_{-0.5}$	$2.2^{+1.7}_{-0.5}$	$2.5^{+1.9}_{-0.6}$	$2.8^{+2.1}_{-0.7}$	$3.2^{+2.4}_{-0.8}$
2.8	1.5	>20～50			$1.8^{+1.4}_{-0.4}$	$2.0^{+1.5}_{-0.5}$	$2.2^{+1.7}_{-0.5}$	$2.5^{+1.9}_{-0.6}$	$2.8^{+2.1}_{-0.7}$	$3.2^{+2.4}_{-0.8}$	$3.6^{+2.7}_{-0.9}$
3.5	2.0	>50～120			$2.0^{+1.5}_{-0.5}$	$2.2^{+1.7}_{-0.5}$	$2.5^{+1.9}_{-0.6}$	$2.8^{+2.1}_{-0.7}$	$3.2^{+2.4}_{-0.8}$	$3.6^{+2.7}_{-0.9}$	$4.0^{+3.0}_{-1.0}$
4.5	2.5	>120～250			$2.2^{+1.7}_{-0.5}$	$2.5^{+1.9}_{-0.6}$	$2.8^{+2.1}_{-0.7}$	$3.2^{+2.4}_{-0.8}$	$3.6^{+2.7}_{-0.9}$	$4.0^{+3.0}_{-1.0}$	$4.5^{+3.4}_{-1.1}$
					$2.5^{+1.9}_{-0.6}$	$2.8^{+2.1}_{-0.7}$	$3.2^{+2.4}_{-0.8}$	$3.6^{+2.7}_{-0.9}$	$4.0^{+3.0}_{-1.0}$	$4.5^{+3.4}_{-1.1}$	$5.0^{+3.8}_{-1.2}$
					$2.8^{+2.1}_{-0.7}$	$3.2^{+2.4}_{-0.8}$	$3.6^{+2.7}_{-0.9}$	$4.0^{+3.0}_{-1.0}$	$4.5^{+3.4}_{-1.1}$	$5.0^{+3.8}_{-1.2}$	$5.6^{+4.2}_{-1.4}$
					$3.2^{+2.4}_{-0.8}$	$3.6^{+2.7}_{-0.9}$	$4.0^{+3.0}_{-1.0}$	$4.5^{+3.4}_{-1.1}$	$5.0^{+3.8}_{-1.2}$	$5.6^{+4.2}_{-1.4}$	$6.3^{+4.8}_{-1.5}$
					$3.6^{+2.7}_{-0.9}$	$4.0^{+3.0}_{-1.0}$	$4.5^{+3.4}_{-1.1}$	$5.0^{+3.8}_{-1.2}$	$5.6^{+4.2}_{-1.4}$	$6.3^{+4.8}_{-1.5}$	$7.0^{+5.3}_{-1.7}$
					$4.0^{+3.0}_{-1.0}$	$4.5^{+3.4}_{-1.1}$	$5.0^{+3.8}_{-1.2}$	$5.6^{+4.2}_{-1.4}$	$6.3^{+4.8}_{-1.5}$	$7.0^{+5.3}_{-1.7}$	$8.0^{+6.0}_{-2.0}$

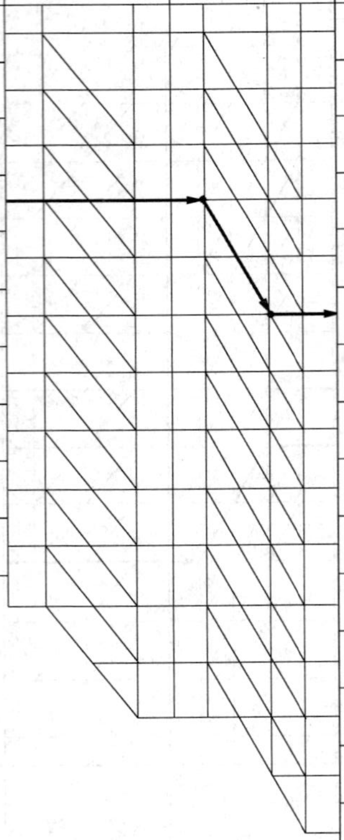

例：锻件质量 3kg，材质系数为 M_1，形状复杂系数为 S_3，最大厚度尺寸为 45mm 时各类公差查法。

注　上、下偏差按+3/4、−1/4 比例分配。若有需要也可按+2/3，−1/3 比例分配。

5.1.2　轴的加工余量（见表5-15～表5-19）

表5-15　　轴的折算长度（确定半精车及磨削加工余量用）

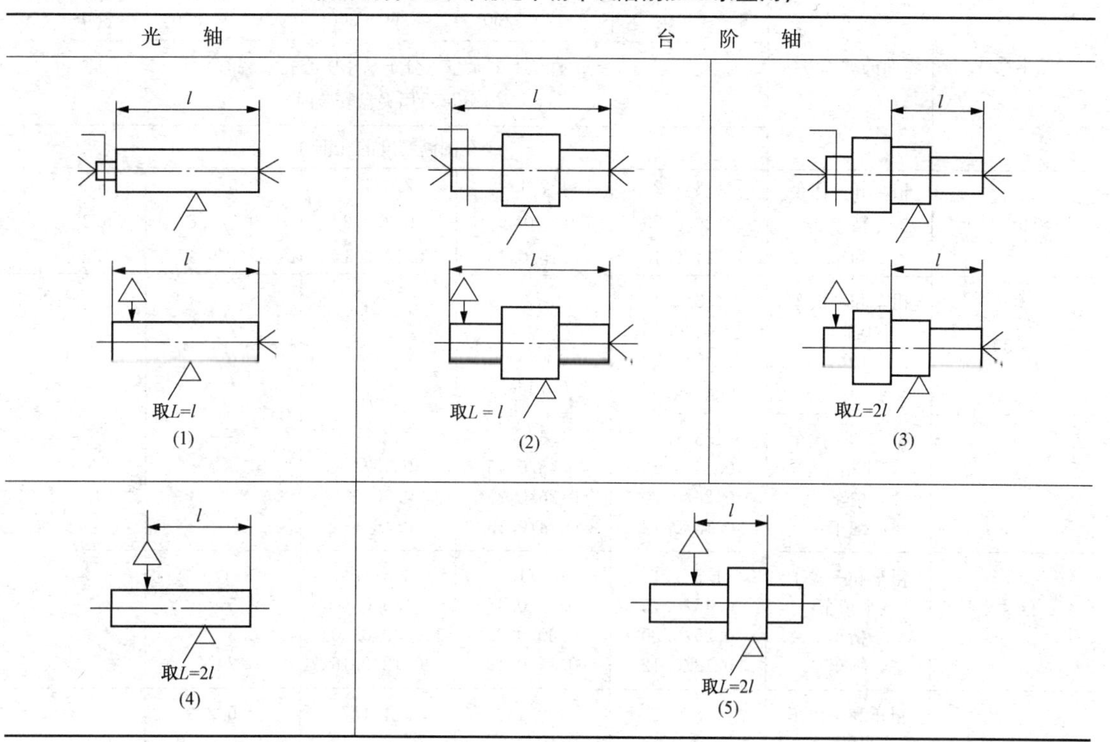

注　轴类零件在加工中受力变形与其长度和装夹方式（顶尖或卡盘）有关。轴的折算长度可分为表中五种情形：(1)、(2)、(3) 轴件装在顶尖间或装在卡盘与顶尖间，相当二支梁，其中 (2) 为加工轴的中段；(3) 为加工轴的边缘（靠近端部的两段）。轴的折算长度 L 是轴的端面到加工部分最远一端之间距离的2倍。(4)、(5) 轴件仅一端夹紧在卡盘内，相当于悬臂梁，其折算长度是卡爪端面到加工部分最远一端距离的2倍。

表5-16　　轴的机械加工余量（外旋转表面）　　mm

基本尺寸	表面的加工方法	轴的长度				
		≤120	>120～260	>260～500	>500～800	>800～1250
		直径上的余量（分子系用中心孔安装时）（分母系用夹盘安装时）				
		车削高精度的轧钢件				
≤30	粗车和一次车	1.2/1.1	1.7/—	—	—	—
	精车	0.25/0.25	0.3/—	—	—	—
	细车	0.12/0.12	0.15/—	—	—	—
>30～50	粗车和一次车	1.2/1.1	1.5/1.4	2.2/—	—	—
	精车	0.3/0.25	0.3/0.25	0.35/—	—	—
	细车	0.15/0.12	0.16/0.13	0.20/—	—	—
>50～80	粗车和一次车	1.5/1.1	1.7/1.5	2.3/2.1	3.1/—	—
	精车	0.25/0.20	0.3/0.25	0.3/0.3	0.4/—	—
	细车	0.14/0.12	0.15/0.13	0.17/0.16	0.25/—	—

续表

基本尺寸	表面的加工方法	轴的长度				
		≤120	>120～260	>260～500	>500～800	>800～1250
		直径上的余量（分子系用中心孔安装时）（分母系用夹盘安装时）				
		车削高精度的轧钢件				
>80～120	精车和一次车	1.6/1.2	1.7/1.3	2.0/1.7	2.5/2.3	3.3/—
	精车	0.25/0.25	0.3/0.25	0.3/0.3	0.3/0.3	0.35/—
	细车	0.14/0.13	0.15/0.13	0.16/0.15	0.17/0.17	0.20/—
≤30	粗车和一次车	1.3/1.1	1.7/—	—	—	—
	半精车	0.45/0.45	0.50/—	—	—	—
	精车	0.25/0.20	0.25/—	—	—	—
	细车	0.13/0.12	0.15/—			
>30～50	粗车和一次车	1.3/1.1	1.6/1.4	2.2/—	—	—
	半精车	0.45/0.45	0.45/0.45	0.45/—	—	—
	精车	0.25/0.20	0.25/0.25	0.30/—	—	—
	细车	0.13/0.12	0.14/0.13	0.16/—		
>50～80	粗车和一次车	1.5/1.1	1.7/1.5	2.3/2.1	3.1/—	—
	半精车	0.45/0.45	0.50/0.45	0.50/0.50	0.55/—	—
	精车	0.25/0.20	0.30/0.25	0.30/0.30	0.35/—	—
	细车	0.13/0.12	0.14/0.13	0.18/0.16	0.20/—	
>80～120	粗车和一次车	1.8/1.2	1.9/1.3	2.1/1.7	2.6/2/3	3.4/—
	半精车	0.50/0.45	0.50/0.45	0.50/0.50	0.50/0.50	0.55/—
	精车	0.25/0.25	0.25/0.25	0.30/0.25	0.30/0.30	0.35/—
	细车	0.15/0.12	0.16/0.13	0.16/0.14	0.18/0.17	0.20/—
>120～180	粗车和一次车	2.0/1.3	2.1/1.4	2.3/1.8	2.7/2.3	3.5/3.2
	半精车	0.50/0.45	0.50/0.45	0.50/0.50	0.50/0.50	0.60/0.55
	精车	0.30/0.25	0.30/0.25	0.30/0.25	0.30/0.30	0.35/0.30
	细车	0.16/0.13	0.16/0.13	0.17/0.15	0.18/0.17	0.21/0.20
>180～260	粗车和一次车	2.0/1.4	2.4/1.5	2.6/1.8	2.9/2.4	3.5/3.2
	半精车	0.50/0.45	0.50/0.45	0.50/0.50	0.55/0.50	0.60/0.55
	精车	0.30/0.25	0.30/0.25	0.30/0.25	0.30/0.30	0.35/0.35
	细车	0.17/0.13	0.17/0.14	0.18/0.15	0.19/0.17	0.22/0.20
≤18	粗车和一次车	1.5/1.4	1.9/—	—	—	—
	精车	0.25/0.25	0.30/—	—	—	—
	细车	0.14/0.14	0.15/—	—	—	—
>18～30	粗车和一次车	1.6/1.5	2.0/1.8	2.3/—	—	—
	精车	0.25/0.25	0.30/0.25	0.30/—	—	—
	细车	0.14/0.14	0.15/0.14	0.16/—	—	—
>30～50	粗车和一次车	1.8/1.7	2.3/2.0	3.0/2.7	3.5/—	—
	精车	0.30/0.20	0.30/0.30	0.30/0.30	0.35/—	—
	细车	0.15/0.15	0.16/0.15	0.19/0.17	0.21/—	—
>50～80	粗车和一次车	2.2/2.0	2.9/2.6	3.4/2.9	4.2/3.6	5.0/—
	精车	0.30/0.30	0.30/0.30	0.35/0.30	0.40/0.35	0.45/—
	细车	0.16/0.16	0.18/0.17	0.20/0.18	0.22/0.20	0.26/—

续表

基本尺寸	表面的加工方法	轴的长度 ≤120	>120~260	>260~500	>500~800	>800~1250
		直径上的余量（分子系用中心孔安装时）（分母系用夹盘安装时）				
		车削高精度的轧钢件				
>80~120	粗车和一次车	2.6/2.3	3.3/3.0	4.3/3.8	5.2/4.5	6.3/5.2
	精车	0.30/0.30	0.30/0.30	0.40/0.35	0.45/0.40	0.50/0.45
	细车	0.17/0.17	0.19/0.18	0.23/0.21	0.26/0.24	0.30/0.26
>120~180	粗车和一次车	3.2/2.8	4.6/4.2	5.0/4.5	6.2/5.6	7.5/6.7
	精车	0.35/0.30	0.40/0.30	0.45/0.40	0.50/0.45	0.60/0.55
	细车	0.20/0.20	0.24/0.22	0.25/0.23	0.30/0.27	0.35/0.32

表 5-17　外圆磨削余量　mm

轴径	热处理状态	长度 ≤100	>100~250	>250~500	轴径	热处理状态	长度 ≤100	>100~250	>250~500
≤10	未淬硬	0.2	0.2	0.3	>50~80	未淬硬	0.3	0.4	0.4
	淬硬	0.3	0.3	0.4		淬硬	0.4	0.5	0.5
>10~18	未淬硬	0.2	0.3	0.3	>80~120	未淬硬	0.4	0.4	0.5
	淬硬	0.3	0.3	0.4		淬硬	0.5	0.5	0.6
>18~30	未淬硬	0.3	0.3	0.3	>120~180	未淬硬	0.5	0.5	0.6
	淬硬	0.3	0.4	0.4		淬硬	0.5	0.6	0.7
>30~50	未淬硬	0.3	0.3	0.4	>180~260	未淬硬	0.5	0.6	0.6
	淬硬	0.4	0.4	0.5		淬硬	0.6	0.7	0.7

表 5-18　研磨外圆加工余量　mm

零件基本尺寸	直径余量	零件基本尺寸	直径余量
≤10	0.005~0.008	>50~80	0.008~0.012
>10~18	0.006~0.009	>80~120	0.010~0.014
>18~30	0.007~0.010	>120~180	0.012~0.016
>30~50	0.008~0.011	>180~250	0.015~0.020

注　经过精磨的零件，其手工研磨余量为 3~8μm，机械研磨余量为 8~15μm。

表 5-19　超精加工余量

上工序表面精糙度 *Ra*（μm）	直径加工余量（mm）
>0.63~1.25	0.01~0.02
>0.16~0.63	0.003~0.01

5.1.3 孔的加工余量（见表5-20～表5-32）

表5-20　在钻床上用钻模加工孔（孔的长径比为5）　mm

孔的公差等级	在实体材料上加工孔	预先铸出或热冲出的孔
12级	一次钻孔	用车刀或扩孔钻镗孔
11级	孔径≤10：一次钻孔 孔径>10～30：钻孔及扩孔 孔径>30～80：钻孔，扩钻及扩孔；或钻孔，用扩孔刀或车刀镗孔及扩孔	孔径≤80：粗扩和精扩；或用车刀粗镗或精镗；或根据余量一次镗孔或扩孔
10级、9级	孔径≤10：钻孔及铰孔 孔径>10～30：钻孔，扩孔及铰孔 孔径>30～80：钻孔，扩钻及铰孔；或钻孔，用扩孔刀镗孔，扩孔及铰孔	孔径≤80：扩孔（一次或二次，根据余量而定）及铰孔；或用车刀镗孔（一次或二次，根据余量而定）及铰孔
8级、7级	孔径≤10：钻孔及一次或二次铰孔 孔径>10～30：钻孔，扩孔及一次或二次铰孔 孔径>30～80：钻孔，扩钻（或用扩孔刀镗孔），扩孔，一次或二次铰孔	孔径≤80：扩孔（一次或二次，根据余量而定）及一次或二次铰孔；或用车刀镗孔（一次或二次，根据余量而定）及一次或二次铰孔

表5-21　按照基孔制7级公差（H7）加工孔　mm

加工孔的直径	直径						加工孔的直径	直径					
	钻		用车刀镗以后	扩孔钻	粗铰	精铰		钻		用车刀镗以后	扩孔钻	粗铰	精铰
	第一次	第二次						第一次	第二次				
3	2.9					3H7	30	15	28	29.8	29.8	29.93	30H7
4	3.9					4H7	32	15	30	31.7	31.75	31.93	32H7
5	4.8					5H7	35	20	33	34.7	34.75	34.94	35H7
6	5.8					6H7	38	20	36	37.7	37.75	37.93	38H7
8	7.8				7.96	8H7	40	25	38	39.7	39.75	39.93	40H7
10	9.8				9.96	10H7	42	25	40	41.7	41.75	41.93	42H7
12	11.0			11.85	11.95	12H7	45	25	43	44.7	44.75	44.93	45H7
13	12.0			12.85	12.95	13H7	48	25	46	47.7	47.75	47.93	48H7
14	13.0			13.85	13.95	14H7	50	25	48	49.7	49.75	49.93	50H7
15	14.0			14.85	14.95	15H7	60	30	55	59.5	59.5	59.9	60H7
16	15.0			15.85	15.95	16H7	70	30	65	69.5	69.5	69.9	70H7
18	17.0			17.85	17.94	18H7	80	30	75	79.5	79.5	79.9	80H7
20	18.0		19.8	19.8	19.94	20H7	90	30	80	89.3		89.8	90H7
22	20.0		21.8	21.8	21.94	22H7	100	30	80	99.3		99.8	100H7
24	22.0		23.8	23.8	23.94	24H7	120	30	80	119.3		119.8	120H7
25	23.0		24.8	24.8	24.94	25H7	140	30	80	139.3		139.8	140H7
26	24.0		25.8	25.8	25.94	26H7	160	30	80	159.3		159.8	160H7
28	26.0		27.8	27.8	27.94	28H7	180	30	80	179.3		179.8	180H7

注　1. 在铸铁上加工直径到15mm的孔时，不用扩孔钻镗孔。

2. 在铸铁上加工直径为30mm与32mm的孔时，仅用直径为28mm与30mm的钻头钻一次。

3. 用磨削作为孔的最后加工方法时，精磨以后的直径根据表5-26查得。

4. 用金刚石细镗作为孔的最后加工方法时，精镗以后的直径根据表5-27查得。

5. 如仅用一次铰孔，则铰孔的加工余量为本表中粗铰与精铰的加工余量总和。

表 5-22　　按照基孔制 8、9 级公差（H8、H9）加工孔　　mm

加工孔的直径	直径					加工孔的直径	直径				
	钻		用车刀镗以后	扩孔钻	铰		钻		用车刀镗以后	扩孔钻	铰
	第一次	第二次					第一次	第二次			
3	2.9				3H8、H9	30	15	28	29.8	29.8	30H8、H9
4	3.9				4H8、H9	32	15	30	31.7	31.75	32H8、H9
5	4.8				5H8、H9	35	20	33	34.7	34.75	35H8、H9
6	5.8				6H8、H9	38	20	36	37.7	37.75	38H8、H9
8	7.8				8H8、H9	40	25	38	39.7	39.75	40H8、H9
10	9.8				10H8、H9	42	25	40	41.7	41.75	42H8、H9
12	11.8				12H8、H9	45	25	43	44.7	44.75	45H8、H9
13	12.8				13H8、H9	48	25	46	47.7	47.75	48H8、H9
14	13.8				14H8、H9	50	25	48	49.7	49.75	50H8、H9
15	14.8				15H8、H9	60	30	55	59.5		60H8、H9
16	15.0			15.85	16H8、H9	70	30	65	69.5		70H8、H9
18	17.0			17.85	18H8、H9	80	30	75	79.5		80H8、H9
20	18.0		19.8	19.8	20H8、H9	90	30	80	89.3		90H8、H9
22	20.0		21.8	21.8	22H8、H9	100	30	80	99.3		100H8、H9
24	22.0		23.8	23.8	24H8、H9	120	30	80	119.3		120H8、H9
25	23.0		24.8	24.8	25H8、H9	140	30	80	139.3		140H8、H9
26	24.0		25.8	25.8	26H8、H9	160	30	80	159.3		160H8、H9
28	26.0		27.8	27.8	28H8、H9	180	30	80	179.3		180H8、H9

注　1. 在铸铁上加工直径为 30mm 与 32mm 的孔时，仅用直径为 28mm 与 30mm 的钻头钻一次。

2. 用磨削作为孔的最后加工方法时，精磨以后的直径根据表 5-26 查得。

3. 用金刚石细镗作为孔的最后加工方法时，精镗以后的直径根据表 5-27 查得。

表 5-23　　按照 7 级与 9 级公差加工预先铸出或热冲出的孔　　mm

加工孔的直径	直径						加工孔的直径	直径					
	粗镗		精镗		粗铰	精铰H7或H9		粗镗		精镗		粗铰	精铰H7或H9
	第一次	第二次	镗以后的直径	按H11公差				第一次	第二次	镗以后的直径	按H11公差		
30		28.0	29.8	+0.13	29.93	30	60	56	58.0	59.5	+0.19	59.92	60
32		30.0	31.7	+0.16	31.93	32	62	58	60.0	61.5	+0.19	61.92	62
35		33.0	34.7	+0.16	34.93	35	65	61	63.0	64.5	+0.19	64.92	65
38		36.0	37.7	+0.16	37.93	38	68	64	66.0	67.5	+0.19	67.90	68
40		38.0	39.7	+0.16	39.93	40	70	66	68.0	69.0	+0.19	69.90	70
42		40.0	41.7	+0.16	41.93	42	72	68	70.0	71.5	+0.19	71.90	72
45		43.0	44.7	+0.16	44.93	45	75	71	73.0	74.5	+0.19	74.90	75
48		46.0	47.7	+0.16	47.93	48	78	74	76.0	77.5	+0.19	77.90	78
50	45	48.0	49.7	+0.19	49.93	50	80	75	78.0	79.5	+0.19	79.90	80
52	47	50.0	51.5	+0.19	51.92	52	82	77	80.0	81.3	+0.22	81.85	82
55	51	53.0	54.5	+0.19	54.92	55	85	80	83.0	84.3	+0.22	84.85	85
58	54	56.0	57.5	+0.19	57.92	58	88	83	86.0	87.3	+0.22	87.85	88

续表

加工孔的直径	直径						加工孔的直径	直径					
	粗镗		精镗		粗铰	精铰H7或H9		粗镗		精镗		粗铰	精铰H7或H9
	第一次	第二次	镗以后的直径	按H11公差				第一次	第二次	镗以后的直径	按H11公差		
90	85	88.0	89.3	+0.22	89.85	90	175	170	173.0	174.3	+0.25	174.8	175
92	87	90.0	91.3	+0.22	91.85	92	180	175	178.0	179.3	+0.25	179.8	180
95	90	93.0	94.3	+0.22	94.85	95	185	180	183.0	184.3	+0.29	184.8	185
98	93	96.0	97.3	+0.22	97.85	98	190	185	188.0	189.3	+0.29	189.8	190
100	95	98.0	99.3	+0.22	99.85	100	195	190	193.0	194.3	+0.29	194.8	195
105	100	103.0	104.3	+0.22	104.8	105	200	194	197.0	199.3	+0.29	199.8	200
110	105	108.0	109.3	+0.22	109.8	110	210	204	207.0	209.3	+0.29	209.8	210
115	110	113.0	114.3	+0.22	114.8	115	220	214	217.0	219.3	+0.29	219.8	220
120	115	118.0	119.3	+0.22	119.8	120	250	244	247.0	249.3	+0.29	249.8	250
125	120	123.0	124.3	+0.25	124.8	125	280	274	277.0	279.3	+0.32	279.8	280
130	125	128.0	129.3	+0.25	129.8	130	300	294	297.0	299.3	+0.32	299.8	300
135	130	133.0	134.3	+0.25	134.8	135	320	314	317.0	319.3	+0.36	319.8	320
140	135	138.0	139.3	+0.25	139.8	140	350	342	347.0	349.3	+0.36	349.8	350
145	140	143.0	144.3	+0.25	144.8	145	380	372	377.0	479.2	+0.36	379.75	380
150	145	148.0	149.3	+0.25	149.8	150	400	392	397.0	399.2	+0.36	399.75	400
155	150	153.0	154.3	+0.25	154.8	155	420	412	417.0	419.2	+0.40	419.75	420
160	155	158.0	159.3	+0.25	159.8	160	450	442	447.0	449.2	+0.40	449.75	450
165	160	163.0	164.3	+0.25	164.8	165	480	472	477.0	479.2	+0.40	479.75	480
170	165	168.0	169.3	+0.25	169.8	170	500	492	497.0	499.2	+0.40	499.75	500

注 1. 用磨削作为孔的最后加工方法时，精镗以后的直径根据表5-26查得。

2. 用金刚石细镗作为孔的最后加工方法时，精镗以后的直径根据表5-27查得。

3. 镗直径大于500mm的孔时，所用的工序间加工余量与直径500mm的孔相同。

4. 如铸出的孔有很大的加工余量时，第一次粗镗可以分成两次或多次。

5. 仅用一次铰孔时，铰孔的加工余量为本表中粗铰与精铰的加工余量之总和。

表5-24　环孔钻加工余量　mm

钻头直径 d	75～125	>125～225	>225～275	>275
套料加工余量（即环孔径向宽度 b）	20～25	30～35	38～42	42～48

表5-25　扩孔、镗孔、铰孔余量　mm

直径	扩或镗	粗铰	精铰	直径	扩或镗	粗铰	精铰
3～6	—	0.1	0.04	>50～80	1.5～2.0	0.3～0.5	0.10
>6～10	0.8～1.0	0.1～0.15	0.05	>80～120	1.5～2.0	0.5～0.7	0.15
>10～18	1.0～1.5	0.1～0.15	0.05	>120～180	1.5～3.0	0.5～0.7	0.2
>18～30	1.5～2.0	0.15～0.2	0.06	>180～260	2.0～3.0	0.5～0.7	0.2
>30～50	1.5～2.0	0.2～0.3	0.08	>260～360	2.0～3.0	0.5～0.7	0.2

表 5-26　磨孔余量　mm

孔的直径	热处理状态	孔的长度				
		≤50	>50~100	>100~200	>200~300	>300~500
≤10	未淬硬	0.2	—	—	—	—
	淬硬	0.2				
>10~18	未淬硬	0.2	0.3	—	—	—
	淬硬	0.3	0.4			
>18~30	未淬硬	0.3	0.3	0.4	—	—
	淬硬	0.3	0.4	0.4		
>30~50	未淬硬	0.3	0.3	0.4	0.4	—
	淬硬	0.4	0.4	0.4	0.5	
>50~80	未淬硬	0.4	0.4	0.4	0.4	—
	淬硬	0.4	0.5	0.5	0.5	
>80~120	未淬硬	0.5	0.5	0.5	0.5	0.6
	淬硬	0.5	0.5	0.6	0.6	0.7
>120~180	未淬硬	0.6	0.6	0.6	0.6	0.6
	淬硬	0.6	0.6	0.6	0.6	0.7
>180~260	未淬硬	0.6	0.6	0.7	0.7	0.7
	淬硬	0.7	0.7	0.7	0.7	0.8
>260~360	未淬硬	0.7	0.7	0.7	0.8	0.8
	淬硬	0.7	0.8	0.8	0.8	0.9
>360~500	未淬硬	0.8	0.8	0.8	0.8	0.8
	淬硬	0.8	0.8	0.8	0.9	0.9

表 5-27　金刚镗孔余量　mm

镗孔直径	轻合金		巴氏合金		青铜、铸铁		钢	
	粗镗	精镗	粗镗	精镗	粗镗	精镗	粗镗	精镗
≤30	0.2	0.1	0.3	0.1	0.2	0.1	0.2	0.1
>30~50	0.3	0.1	0.4	0.1	0.3	0.1	0.2	0.1
>50~80	0.4	0.1	0.5	0.1	0.3	0.1	0.2	0.1
>80~120	0.4	0.1	0.5	0.1	0.3	0.1	0.3	0.1
>120~180	0.5	0.1	0.6	0.2	0.4	0.1	0.3	0.1
>180~260	0.5	0.1	0.6	0.2	0.4	0.1	0.3	0.1
>260~360	0.5	0.1	0.6	0.2	0.4	0.1	0.3	0.1
>360~500	0.5	0.1	0.6	0.2	0.5	0.2	0.4	0.1
>500~640					0.5	0.2	0.4	0.1
>640~800					0.5	0.2	0.4	0.1
>800~1000					0.6	0.2	0.5	0.2

表 5-28　圆孔拉削余量　mm

直径 D	拉削余量 e	直径 D	拉削余量 e
10~12	0.4	>30~40	0.8
>12~18	0.5	>40~60	1.0
>18~25	0.6	>60~100	1.2
>25~30	0.7	>100~160	1.4

注　此表是按 $e=0.005D+0.075\sqrt{l}$ 算得，取拉削长度 $l=2D$。预加工孔精度较高时 $e=0.005D+0.005\sqrt{l}$ 预加工孔精度较低时 $e=0.005D+0.1\sqrt{l}$。

表 5-29　　花键孔拉削余量　　mm

花键规格		定心方式		花键规格		定心方式	
键数	外径 D	外径定心	内径定心	键数	外径 D	外径定心	内径定心
6	35～42	0.4～0.5	0.7～0.8	10	45	0.5～0.6	0.8～0.9
6	45～50	0.5～0.6	0.8～0.9	16	38	0.4～0.5	0.7～0.8
6	55～90	0.6～0.7	0.9～1.0	16	50	0.5～0.6	0.8～0.9
10	30～42	0.4～0.5	0.7～0.8				

表 5-30　　孔的珩磨余量　　mm

孔的基本尺寸	直径余量					
	精磨以后		半精镗以后		磨以后	
	铸铁	钢	铸铁	钢	铸铁	钢
≤50	0.09	0.06	0.09	0.07	0.08	0.05
>50～80	0.10	0.07	0.10	0.08	0.09	0.05
>80～120	0.11	0.08	0.11	0.09	0.10	0.06
>120～180	0.12	0.09	0.12	—	0.11	0.07
>180～260	0.12	0.09	—	—	0.12	0.08

注　珩磨前的孔加工精度为 H7。

表 5-31　　孔的研磨余量　　mm

孔的直径	直径上的余量
<50	0.010
>50～80	0.015
>80～120	0.020

表 5-32　　攻螺纹前钻孔用麻花钻直径　　mm

计算攻螺纹前钻孔用麻花钻直径 d 的经验公式

加工钢料及塑性金属时：$d=D-P$　　　　加工铸铁及脆性金属时：$d=D-1.1P$

(1) 粗牙普通螺纹

普通螺纹						麻花钻直径 d
基本直径 D	螺距 P	内螺纹小径 D_1				
		5H (max)	6H (max)	7H (max)	5H、6H、7H (min)	
1.0		0.785			0.729	0.75
1.1	0.25	0.885	—	—	0.829	0.85
1.2		0.985			0.929	0.95
1.4	0.3	1.142	1.150		1.075	1.10
1.6	0.35	1.301	1.321	—	1.221	1.25
1.8		1.501	1.521		1.421	1.45
2.0	0.4	1.657	1.679		1.567	1.60
2.2	0.45	1.813	1.838	—	1.713	1.75
2.5		2.113	2.138		2.013	2.05

续表

(1) 粗牙普通螺纹

普通螺纹						麻花钻直径 d
基本直径 D	螺距 P	内螺纹小径 D_1				
		5H (max)	6H (max)	7H (max)	5H、6H、7H (min)	
3.0	0.5	2.571	2.599	2.639	2.459	2.50
3.5	0.6	2.975	3.010	3.050	2.850	2.90
4.0	0.7	3.382	3.422	3.466	3.242	3.30
4.5	0.75	3.838	3.878	3.924	3.688	3.70
5.0	0.8	4.294	4.334	4.384	4.134	4.20
6.0	1	5.107	5.153	5.217	4.917	5.00
7.0		6.107	6.153	6.217	5.917	6.00
8.0	1.25	6.859	6.912	6.982	6.647	6.80
9.0		7.859	7.912	7.982	7.647	7.80
10.0	1.5	8.612	8.676	8.751	8.376	8.50
11.0		9.612	9.676	9.751	9.376	9.50
12.0	1.75	10.371	10.441	10.631	10.106	10.20
14.0	2	12.135	12.210	12.310	11.835	12.00
16.0		14.135	14.210	14.310	13.835	14.00
18.0	2.5	15.649	15.744	15.854	15.294	15.50
20.0		17.649	17.744	17.854	17.294	17.50
22.0		19.649	19.744	19.854	19.294	19.50
24.0	3	21.152	21.252	21.382	20.752	21.00
27.0		24.152	24.252	24.382	23.752	24.00
30.0	3.5	26.661	26.771	26.921	26.211	26.50
33.0		29.661	29.771	29.921	29.211	29.50
36.0	4	32.145	32.270	32.420	31.670	32.00
39.0		35.145	35.270	35.420	34.670	35.00
42.0	4.5	37.659	37.799	37.979	37.129	37.50
45.0		40.659	40.799	40.979	40.129	40.50
48.0	5	43.147	43.297	43.487	42.587	43.00
52.0		47.147	47.297	47.487	46.587	47.00
56.0	5.5	50.646	50.796	50.996	50.046	50.50

续表

(2) 细牙普通螺纹

普通螺纹						麻花钻直径 d
基本直径 D	螺距 P	内螺纹小径 D_1				
		5H (max)	6H (max)	7H (max)	5H、6H、7H (min)	
2.5	0.35	2.201	2.221	—	2.121	2.15
3.0		2.701	2.721		2.621	2.65
3.5		3.201	3.221		3.121	3.10
4.0	0.5	3.571	3.599	3.639	3.459	3.50
4.5		4.071	4.099	4.139	3.959	4.00
5.0		4.571	4.599	4.639	4.459	4.50
5.6		5.071	5.099	5.139	4.959	5.00
6.0	0.75	5.338	5.378	5.424	5.188	5.20
7.0		6.338	6.378	6.424	6.188	6.20
8.0		7.338	7.378	7.424	7.188	7.20
9.0		8.338	8.378	8.424	8.188	8.20
10.0		9.338	9.378	9.424	9.188	9.20
11.0		10.338	10.378	10.424	10.188	10.20
8.0	1	7.107	7.153	7.217	6.917	7.00
9.0		8.107	8.153	8.217	7.917	8.00
10.0		9.107	9.153	9.217	8.917	9.00
11.0		10.107	10.153	10.217	9.917	10.00
12.0		11.107	11.153	11.217	10.917	11.00
14.0		13.107	13.153	13.217	12.917	13.00
15.0		14.107	14.153	14.217	13.917	14.00
16.0		15.107	15.153	15.217	14.917	15.00
17.0		16.107	16.153	16.217	15.917	16.00
18.0		17.107	17.153	17.217	16.017	17.00
20.0		19.107	19.153	19.217	18.917	19.00
22.0		21.107	21.153	21.217	20.017	21.00
24.0		23.107	23.153	23.217	22.917	23.00
25.0		24.107	24.153	24.217	23.917	24.00
27.0		26.107	26.153	26.217	25.917	26.00
28.0		27.107	27.153	27.217	26.917	27.00
30.0		29.107	29.153	29.217	28.917	29.00
10.0	1.25	8.859	8.912	8.982	8.647	8.80
12.0		10.859	10.912	10.982	10.647	10.80
14.0		12.859	12.912	12.982	12.647	12.80

续表

(2) 细牙普通螺纹

普　通　螺　纹						麻花钻直径 d
基本直径 D	螺距 P	内　螺　纹　小　径　D_1				
		5H (max)	6H (max)	7H (max)	5H、6H、7H (min)	
12.0	1.5	10.612	10.676	10.751	10.976	10.50
14.0		12.612	12.876	12.751	12.376	12.50
15.0		13.612	13.676	13.751	13.376	13.50
16.0		14.612	14.676	14.751	14.376	14.50
17.0		15.612	15.676	15.751	15.376	15.50
18.0		16.612	16.676	16.751	16.376	16.50
20.0		18.612	18.676	18.751	18.376	18.50
22.0		20.612	20.876	20.751	20.376	20.50
24.0		22.612	22.676	22.751	22.376	22.50
25.0		23.612	23.676	23.751	23.376	23.50
26.0		24.612	24.676	24.751	24.376	24.50
27.0		25.612	25.676	25.751	25.376	25.50
28.0		26.612	26.676	26.751	26.376	26.50
30.0		28.612	28.676	28.751	28.376	28.50
32.0		30.612	30.676	30.751	30.376	30.50
33.0		31.612	31.676	31.751	31.376	31.50
35.0		33.612	33.676	33.751	33.376	33.50
36.0		34.612	34.676	34.751	34.376	34.50
38.0		36.612	36.676	36.751	36.376	36.50
39.0		37.612	37.676	37.751	37.376	37.50
40.0		38.612	38.676	38.751	38.376	38.50
42.0		40.612	40.676	40.751	40.376	40.50
45.0		43.612	43.676	43.751	43.376	43.50
48.0		46.612	46.676	46.751	46.376	46.50
50.0		48.612	48.676	48.751	48.376	48.50
52.0		50.612	50.676	50.751	50.376	50.50
18.0	2	16.135	16.210	16.310	15.835	16.00
20.0		19.135	18.210	18.310	17.835	18.00
22.0		20.125	20.210	20.310	19.835	20.00
24.0		22.135	22.210	22.310	21.835	22.00

续表

（2）细牙普通螺纹

普通螺纹						麻花钻直径 d
基本直径 D	螺距 P	内螺纹小径 D_1				
		5H (max)	6H (max)	7H (max)	5H、6H、7H (min)	
25.0	2	23.135	23.210	23.310	22.835	23.00
27.0		25.135	25.210	25.310	24.835	25.00
28.0		26.135	26.210	26.310	25.835	26.00
30.0		28.135	28.210	28.310	27.835	28.00
32.0		30.135	30.310	30.310	29.835	30.00
33.0		31.135	31.210	31.310	30.835	31.00
36.0		34.125	34.210	34.310	33.835	34.00
39.0		37.135	37.210	37.310	36.835	37.00
40.0		38.135	38.210	38.310	37.835	38.00
42.0		40.135	40.210	40.310	39.835	40.00
45.0		43.135	43.210	43.310	42.835	43.00
48.0		46.135	46.210	46.310	45.835	46.00
50.0		48.135	48.210	48.310	47.835	49.00
52.0		50.135	50.210	50.310	49.835	50.00
30.0	3	27.152	27.252	27.382	26.752	27.00
33.0		30.152	30.252	30.382	29.752	30.00
36.0		33.152	33.252	33.382	32.752	33.00
39.0		36.152	36.252	35.382	35.752	36.00
40.0		36.152	37.252	37.382	36.752	37.00
42.0		39.152	39.252	39.382	38.752	39.00
45.0		42.152	42.252	42.382	41.752	42.00
48.0		45.152	45.252	45.382	44.752	45.00
50.0		47.152	47.252	47.382	46.752	47.00
52.0		49.152	49.252	49.382	48.752	49.00
42.0	4	38.145	38.270	38.420	37.670	38.00
45.0		41.145	41.270	41.420	40.670	41.00
48.0		44.145	41.270	44.420	43.670	44.00
52.0		48.145	48.270	48.420	47.670	48.00

注 此表所列麻花钻直径适用于一般生产条件下的钻孔，随生产条件的不同，可按实际需要在麻花钻标准系列中选用相近的尺寸，在螺纹孔小径公差范围内，尽可能选用较大尺寸的麻花钻，以减轻攻螺纹工序的负荷，提高丝锥耐用度。

5.1.4 平面的加工余量（见表5-33～表5-40）

表5-33 平面粗刨后精铣的加工余量 mm

平面长度	平面宽度			平面长度	平面宽度		
	≤100	>100～200	>200		≤100	>100～200	>200
≤100	0.6～0.7	—	—	>250～500	0.7～1.0	0.75～1.0	0.8～1.1
>100～250	0.6～0.8	0.7～0.9	—	>500	0.8～1.0	0.9～1.2	0.9～1.2

表5-34 铣平面的加工余量 mm

零件厚度	荒铣后粗铣						粗铣后半精铣					
	宽度≤200			宽度>200～400			宽度≤200			宽度>200～400		
	加工表面不同长度下的加工余量											
	≤100	>100～250	>250～400	≤100	>100～250	>250～400	≤100	>100～250	>250～400	≤100	>100～250	>250～400
>6～30	1.0	1.2	1.5	1.2	1.5	1.7	0.7	1.0	1.0	1.0	1.0	1.0
>30～50	1.0	1.5	1.7	1.5	1.5	2.0	1.0	1.0	1.2	1.0	1.2	1.2
>50	1.5	1.7	2.0	1.7	2.0	2.5	1.0	1.3	1.5	1.3	1.5	1.5

表5-35 磨平面的加工余量 mm

零件厚度	第一种					
	经热处理及未经热处理零件的终磨					
	宽度≤200			宽度>200～400		
	加工表面不同长度下的加工余量					
	≤100	>100～250	>250～400	≤100	>100～250	>250～400
>6～30	0.3	0.3	0.5	0.3	0.5	0.5
>30～50	0.5	0.5	0.5	0.5	0.5	0.5
>50	0.5	0.5	0.5	0.5	0.5	0.5

零件厚度	第二种											
	热处理后											
	粗磨						半精磨					
	宽度≤200			宽度>200～400			宽度≤200			宽度>200～400		
	加工表面不同长度下的加工余量											
	≤100	>100～250	>250～400	≤100	>100～250	>250～400	≤100	>100～250	>250～400	≤100	>100～250	>250～400
>6～30	0.2	0.2	0.3	0.2	0.3	0.3	0.1	0.1	0.2	0.1	0.2	0.2
>30～50	0.3	0.3	0.3	0.3	0.3	0.3	0.2	0.2	0.2	0.2	0.2	0.2
>50	0.3	0.3	0.3	0.3	0.3	0.3	0.2	0.2	0.2	0.2	0.2	0.2

表5-36 平面的刮研余量 mm

加工面长度	加工面宽度		
	≤100	>100～300	>300～1000
	加工余量		
≤300	0.15	0.15	0.20
>300～1000	0.20	0.20	0.25
>1000～2000	0.25	0.25	0.30

表 5-37 端面的加工余量 mm

零件长度（全长）	粗车后的精车端面			磨削	
	余量（按端面最大直径取）				
	≤30	>30～120	>120～260	≤120	>120～260
≤10	0.5	0.6	1.0	0.2	0.3
>10～18	0.5	0.7	1.0	0.2	0.3
>18～50	0.6	1.0	1.2	0.2	0.3
>50～80	0.7	1.0	1.3	0.3	0.4
>80～120	1.0	1.0	1.3	0.3	0.5
>120～180	1.0	1.3	1.5	0.3	0.5

表 5-38 研磨平面加工余量 mm

平面长度	≤25	>25～75	>75～150
≤25	0.005～0.007	0.007～0.010	0.010～0.014
>25～75	0.007～0.010	0.010～0.014	0.014～0.020
>75～150	0.010～0.014	0.014～0.020	0.020～0.024
>150～260	0.014～0.018	0.020～0.024	0.024～0.030

注 经过精磨的零件，手工研磨余量，每面 0.003～0.005mm；机械研磨余量，每面 0.005～0.010mm。

表 5-39 外表面拉削余量 mm

工件状态		单面余量	工作状态		单面余量
小件	铸造 模锻或精密铸造 经预先加工	4～5 2～3 0.3～0.4	中件	铸造 模锻或精密铸造 经预先加工	5～7 3～4 0.5～0.6

表 5-40 凹槽加工余量及偏差 mm

凹槽尺寸			宽度余量		宽度偏差	
长	深	宽	粗铣后半精铣	半精铣后磨	粗铣（IT12～IT13）	半精铣（IT11）
≤80	≤60	>3～6	1.5	0.5	+0.12～+0.18	+0.075
		>6～10	2.0	0.7	+0.15～+0.22	+0.09
		>10～18	3.0	1.0	+0.18～+0.27	+0.11
		>18～30	3.0	1.0	+0.21～+0.33	+0.13
		>30～50	3.0	1.0	+0.25～+0.39	+0.16
		>50～80	4.0	1.0	+0.30～+0.46	+0.19
		>80～120	4.0	1.0	+0.35～+0.54	+0.22

注 1. 半精铣后磨凹槽的加工余量，适用于半精铣后经热处理和未经热处理的零件。

2. 宽度余量指双面余量（即每面余量是表中所列数值的 1/2）。

5.1.5 花键的加工余量（见表 5-41 和表 5-42）

表 5-41 花键精加工余量 mm

精铣					磨削				
花键轴的大径	花键长度				花键轴的大径	花键长度			
	≤100	>100~200	>200~350	>350~500		≤100	>100~200	>200~350	>350~500
10~18	0.4~0.6	0.5~0.7	—	—	10~18	0.1~0.2	0.2~0.3	—	—
>18~30	0.5~0.7	0.6~0.8	0.7~0.9	—	>18~30	0.1~0.2	0.2~0.3	0.2~0.4	—
>30~50	0.6~0.8	0.7~0.9	0.8~1.0	—	>30~50	0.2~0.3	0.2~0.4	0.3~0.5	—
>50	0.7~0.9	0.8~1.0	0.9~1.2	1.2~1.5	>50	0.2~0.4	0.3~0.5	0.3~0.5	0.4~0.6

表 5-42 花键加工余量 mm

1. 内花键小径拉削和磨削余量

花键小径基本尺寸 d	拉削余量 a_1	磨削余量 a_2	拉前小径 d_3 (H10)	拉后小径 d_3 (H7)
11	0.25	0.15	10.6	10.85
13			12.6	12.85
16			15.6	15.85
18			17.6	17.85
21			20.6	20.85
23			22.6	22.85
26	0.3		25.55	25.85
28			27.55	27.85
32			31.55	31.85
36			35.55	35.85
42			41.55	41.85
46			45.55	45.85
52		0.2	51.5	51.8
56			55.5	55.8
62			61.5	61.8
72	0.35	0.25	71.4	71.75
82			81.4	81.75
92			91.4	91.75
102			101.4	101.75
112			111.4	111.75

2. 外花键小径及键宽磨削余量

花键小径基本尺寸 d	花键键宽基本尺寸 B	磨削余量 a	磨削前 小径 d_4 (h9)	磨削前 键宽 B_1 (h10)
11	3	0.2	11.2	3.2
13	3.5		13.2	3.7
16	4		16.2	4.2
18	5		18.2	5.2
21	5		21.2	5.2
23	6		23.2	6.2
26	6		26.2	6.2
28	7		28.2	7.2
32	7		32.2	7.2
36	7		36.2	7.2
42	8	0.3	42.3	8.3
46	9		46.3	9.3
52	10		52.3	10.3
56	10		56.3	10.3
62	12		62.3	12.3
72	12		72.3	12.3
82	12		82.3	12.3
92	14	0.4	92.4	14.4
102	16		102.4	16.4
112	18		112.4	18.4

5.1.6 有色金属及其合金零件的加工余量（见表 5-43~表 5-45）

表 5-43 有色金属及其合金零件的加工余量 mm

加工方法	直径余量（按孔基本尺寸取）		
	≤18	>18~50	>50~80
钻后镗或扩	0.8	1.0	1.1
镗或扩后铰或预磨	0.2	0.25	0.3

续表

加工方法	直径余量（按孔基本尺寸取）		
	≤18	>18～50	>50～80
预磨后半精磨；铰后拉或半精铰	0.12	0.14	0.18
拉或铰后精铰或精镗	0.10	0.12	0.14
精铰或精镗后珩磨	0.008	0.012	0.015
精铰或精镗后研磨	0.006	0.007	0.008

外回转表面加工

加工方法	直径余量（按轴基本尺寸取）		
	≤18	>18～50	>50～80
铸造后粗车或一次车			
砂型铸造	1.7	1.8	2.0
离心铸造	1.3	1.4	1.6
金属型或壳型铸造	0.8	0.9	1.0
熔模铸造	0.5	0.6	0.7
压力铸造	0.3	0.4	0.5
粗车或一次车后半精车或精磨	0.2	0.3	0.4
精磨后半精磨或一次车后磨	0.1	0.15	0.2

端面加工

加工方法	端面余量（按加工表面的直径取）			
	≤18	>18～50	>50～80	>80～120
铸造后粗车或一次车				
砂型铸造	0.80	0.90	1.00	1.10
离心铸造	0.65	0.70	0.75	0.80
金属型或壳型铸造	0.40	0.45	0.50	0.55
熔模铸造	0.25	0.30	0.35	0.40
压力铸造	0.15	0.20	0.25	0.35
粗车后半精车	0.12	0.15	0.20	0.25
半精车后磨	0.05	0.06	0.08	0.08

表 5-44 有色金属及其合金壳体类零件的加工余量 mm

平面加工

加工方法	单面余量（按加工面最大尺寸取）											
	≤50	>50～120	>120～180	>180～260	>260～360	>360～500	>500～630	>630～800	>800～1000	>1000～1250	>1250～1600	>1600～2000
铸造后精（或一次）铣或刨												
砂型铸造	0.65	0.75	0.80	0.85	0.95	1.10	1.25	1.40	1.60	1.80	2.10	2.50
金属型或壳型铸造	0.35	0.45	0.50	0.55	0.65	0.85	0.95	1.10	1.30	1.50	—	—
熔模铸造	0.25	0.32	0.38	0.46	0.56	0.70	0.83	1.00	—	—	—	—
压力铸造	0.15	0.25	0.30	0.35	0.45	0.60	0.75	—	—	—	—	—
粗刨后半精刨或铣	0.07	0.09	0.11	0.14	0.18	0.23	0.30	0.37	0.45	0.55	0.65	0.80
半精刨或铣后磨	0.04	0.06	0.07	0.09	0.12	0.15	0.20	0.25	0.30	0.38	0.48	0.60

表 5-45　有色金属及其合金圆筒形零件的加工余量　mm

铸造孔加工

加工方法	直径余量（按孔基本尺寸取）					
	≤30	>30～50	>50～80	>80～120	>120～180	>180～260
铸造后粗镗或扩						
砂型铸造	2.70	2.80	3.00	3.00	3.20	3.20
离心铸造	2.40	2.50	2.70	2.70	3.00	3.00
金属型或壳型铸造	1.30	1.40	1.50	1.50	1.50	1.60
粗镗后半精镗或拉	0.25	0.30	0.40	0.40	0.50	0.50
半精镗后拉、精镗、铰或预磨	0.10	0.15	0.20	0.20	0.25	0.25
预磨后半精磨	0.10	0.12	0.15	0.15	0.20	0.20
铰孔后精铰	0.05	0.08	0.08	0.10	0.10	0.15
精铰后研磨	0.008	0.01	0.015	0.02	0.025	0.03

外回转表面加工

加工方法	直径余量（按轴基本尺寸取）				
	≤50	>50～80	>80～120	>120～180	>180～260
铸造后粗车					
砂型铸造	2.00	2.10	2.20	2.40	2.60
离心铸造	1.60	1.70	1.80	2.00	2.20
金属型或壳型铸造	0.90	1.00	1.10	1.20	1.30
粗车后半精车或预磨	0.40	0.50	0.60	0.70	0.80
半精车后预磨或半精车后精车	0.15	0.20	0.25	0.25	0.30
粗磨后半精磨	0.10	0.15	0.15	0.20	0.20
半精车后珩磨或精磨	0.01	0.015	0.02	0.025	0.03
精车后研磨、超精研或抛光	0.006	0.008	0.010	0.012	0.015

端面加工

加工方法	端面余量（按加工表面直径取）				
	≤50	>50～80	>80～120	>120～180	>180～260
铸造后粗车或一次车					
砂型铸造	0.80	0.90	1.10	1.30	1.50
离心铸造	0.60	0.70	0.80	0.90	1.20
金属型或壳型铸造	0.40	0.45	0.50	0.60	0.70
端面粗车后半精车	0.10	0.13	0.15	0.15	0.15
粗车后磨	0.08	0.08	0.08	0.11	0.11

5.1.7　热处理后的加工余量（见表 5-46～表 5-51）

表 5-46　调质件的加工余量　mm

直径	长度			
	<500	500～1000	1000～1800	>1800
10～20	2.0～2.5	2.5～3.0	—	—
22～45	2.5～3.0	3.0～3.5	3.5～4.0	—
48～70	2.5～3.0	3.0～3.5	4.0～4.5	5.0～6.0
75～100	3.0～3.5	3.0～3.5	5.0～5.5	6.0～7.0

表 5-47 **不渗碳局部加工余量** mm

设计要求渗碳深度	不渗碳表面的留余量	设计要求渗碳深度	不渗碳表面的留余量
0.2～0.4	1.1＋淬火时留余量	1.1～1.5	2.2＋淬火时留余量
0.4～0.7	1.4＋淬火时留余量	1.5～2.0	2.7＋淬火时留余量
0.7～1.1	1.8＋淬火时留余量		

表 5-48 **轴、杆类零件外圆热处理后的磨削余量** mm

直径或厚度	长度							
	≤50	51～100	101～200	201～300	301～450	451～600	601～800	801～1000
≤5	0.35～0.45	0.45～0.55	0.55～0.65					
6～10	0.30～0.40	0.40～0.50	0.50～0.60	0.55～0.65				
11～20	0.25～0.35	0.35～0.45	0.45～0.55	0.50～0.60	0.55～0.65			
21～30	0.30～0.40	0.30～0.40	0.35～0.45	0.40～0.50	0.45～0.55	0.50～0.60	0.55～0.65	
31～50	0.35～0.45	0.35～0.45	0.35～0.45	0.35～0.45	0.40～0.50	0.40～0.50	0.50～0.60	0.60～0.70
51～80	0.40～0.50	0.40～0.50	0.40～0.50	0.40～0.50	0.40～0.50	0.40～0.50	0.50～0.60	0.55～0.65
81～120	0.50～0.60	0.50～0.60	0.50～0.60	0.50～0.60	0.50～0.60	0.50～0.60	0.60～0.70	0.65～0.75
121～180	0.60～0.70	0.60～0.70	0.60～0.70	0.60～0.70	0.60～0.70			
181～260	0.70～0.90	0.70～0.90	0.70～0.90	0.70～0.90				

注 1. 粗磨后需人工时效的零件应较上表增加 50%。
2. 此表为断面均匀、全部淬火的零件的余量，特殊零件另行协商解决。
3. 全长三分之一以下局部淬火者可取下限，淬火长度大于三分之一按全长处理。
4. ϕ80mm 以上短实心轴可取下限。
5. 高频淬火件可取下限。

表 5-49 **渗碳零件磨削余量** mm

公称渗碳层深度	0.3	0.5	0.9	1.3	1.7
磨削余量	0.15～0.20	0.20～0.25	0.25～0.30	0.35～0.40	0.45～0.50
实际工艺渗碳深度	0.4～0.6	0.7～1.0	1.0～1.4	1.5～1.9	2.0～2.5

表 5-50 **切除渗碳层余量** mm

渗碳层深度	>0.4～0.6	>0.6～0.8	>0.8～1.1	>1.1～1.4	>1.4～1.8
直径余量	1.5～1.7	2.0～2.2	2.5～3.0	3.2～4.0	4.0～4.5
端面、平面单面余量	1.0～1.2	1.2～1.5	1.5～2.0	2.0～2.3	2.3～2.7

表 5-51 **轴、套、环类零件内孔热处理后的磨削余量** mm

孔径公称尺寸	<10	11～18	19～30	31～50	51～80	81～120	121～180	181～260	261～360	361～500
一般孔余量	0.20～0.30	0.25～0.35	0.30～0.45	0.35～0.50	0.40～0.60	0.50～0.75	0.60～0.90	0.65～1.00	0.80～1.10	0.85～1.30
复杂孔余量	0.25～0.40	0.35～0.45	0.40～0.50	0.50～0.65	0.60～0.80	0.70～1.00	0.80～1.20	0.90～1.35	1.05～1.50	1.15～1.75

注 1. 碳素钢工件一般均用水或水油淬，孔变形较大，应选用上限；薄壁零件（外径/内径小于 2）应取上限。
2. 合金钢薄壁零件（外径/内径小于 1.25 者）应取上限。
3. 合金钢零件渗碳后采用二次淬火者应取上限。
4. 同一工件上有大小不同的孔时，应以大孔计算。
5. 一般孔指零件形状简单，对称，孔是光滑圆孔或花键孔：复杂孔指零件形状复杂，不对称，壁薄，孔形不规则。
6. 外径/内径小于 1.5 的高频淬火件，内孔留余量应减少 40%～50%，外圆加大 30%～40%。

5.2　切削用量的选择

5.2.1　车削切削用量（见表5-52～表5-64）

表5-52　硬质合金及高速钢车刀粗车外圆和端面时的进给量

加工材料	车刀刀杆尺寸 $B \times H$（mm×mm）	工作直径（mm）	背吃刀量 a_p（mm）				
			≤3	>3～5	>5～8	>8～12	12以上
			进给量 f（mm/r）				
碳素结构钢和合金结构钢	16×25	20	0.3～0.4	—	—	—	—
		40	0.4～0.5	0.3～0.4	—	—	—
		60	0.5～0.7	0.4～0.6	0.3～0.5	—	—
		100	0.6～0.9	0.5～0.7	0.5～0.6	0.4～0.5	—
		400	0.8～1.2	0.7～1.0	0.6～0.8	0.5～0.6	—
	20×30 25×25	20	0.3～0.4	—	—	—	—
		40	0.4～0.5	0.3～0.4	—	—	—
		60	0.6～0.7	0.5～0.7	0.4～0.6	—	—
		100	0.8～1.0	0.7～0.9	0.5～0.7	0.4～0.7	—
		600	1.2～1.4	1.0～1.2	0.8～1.0	0.6～0.9	0.4～0.6
	25×40	60	0.6～0.9	0.5～0.8	0.4～0.7	—	—
		100	0.8～1.2	0.7～1.1	0.6～0.9	0.5～0.8	—
		1000	1.2～1.5	1.1～1.5	0.9～1.2	0.8～1.0	0.7～0.8
	30×45 40×60	500	1.1～1.4	1.1～1.4	1.0～1.2	0.8～1.0	0.7～1.1
		2500	1.3～2.0	1.3～1.8	1.2～1.6	1.1～1.5	1.0～1.5
铸铁及铜合金	16×25	40	0.4～0.5	—	—	—	—
		60	0.6～0.8	0.5～0.8	0.4～0.6	0	—
		100	0.8～1.2	0.7～1.0	0.6～0.8	0.5～0.7	—
		400	1.0～1.4	1.0～1.2	0.8～1.0	0.6～0.8	—
	20×30 25×25	40	0.4～0.5	—	—	—	—
		60	0.6～0.9	0.5～0.8	0.4～0.7	—	—
		100	0.9～1.3	0.8～1.2	0.7～1.0	0.5～0.8	—
		600	1.2～1.8	1.2～1.6	1.0～1.3	0.9～1.1	0.7～0.9
	25×40	60	0.6～0.8	0.5～0.8	0.4～0.7	—	—
		100	1.0～1.4	0.9～1.2	0.8～1.8	0.6～0.9	—
		1000	1.5～2.0	1.2～1.8	1.0～1.4	1.0～1.2	0.8～1.0
	30×45 40×60	500	1.4～1.8	1.2～1.6	1.0～1.4	1.0～1.3	0.9～1.2
		2500	1.6～2.4	1.6～2.0	1.4～1.8	1.3～1.7	1.2～1.7

注　1. 加工断续表面及有冲击时，表内的进给量应乘系数 K=0.75～0.85。

2. 加工耐热钢及其合金时，不采用大于1.0mm/r的进给量。

3. 加工淬硬钢时，表内进给量应乘系数 K=0.8（当材料硬度为44～56HBC）或 K=0.5（当硬度为57～62HRC时）。

表 5-53　硬质合金车刀和高速钢车刀半精车与精车外圆和端面时的进给量

表面粗糙度 Ra (μm)	加工材料	副偏角 κ_r' (°)	切削速度 v_c 范围 (m/s)	刀尖半径 r_ε (mm) 0.5	1.0	2.0
				进给量 f (mm/r)		
12.5	钢和铸铁	5	不限制	—	1.0~1.1	1.3~1.5
		10		—	0.8~0.9	1.0~1.1
		15		—	0.7~0.8	0.9~1.0
6.3	钢和铸铁	5	不限制	—	0.55~0.7	0.7~0.88
		10~15		—	0.45~0.8	0.6~0.7
3.2	钢	5	<0.83	0.2~0.3	0.25~0.35	0.3~0.46
			0.833~1.666	0.28~0.35	0.35~0.4	0.4~0.55
			>1.666	0.35~0.4	0.4~0.5	0.5~0.6
		10~15	<0.83	0.18~0.25	0.25~0.3	0.3~0.4
			0.833~1.666	0.25~0.3	0.3~0.35	0.35~0.5
			>1.666	0.3~0.35	0.35~0.4	0.5~0.55
	铸铁	5	不限制	—	0.3~0.5	0.45~0.65
		10~15			0.25~0.4	0.4~0.6
1.6	钢	≥5	0.5~0.833	—	0.11~0.15	0.14~0.22
			0.833~1.333	—	0.14~0.20	0.17~0.25
			1.333~1.666	—	0.16~0.25	0.23~0.35
			1.666~2.166	—	0.2~0.3	0.25~0.39
			>2.166	—	0.25~0.3	0.35~0.39
	铸铁	≥5	不限制	—	0.15~0.25	0.2~0.35
0.8	钢	≥5	1.666~1.833	—	0.12~0.15	0.14~0.17
			1.833~2.166	—	0.13~0.18	0.17~0.23
			>2.166	—	0.17~0.20	0.21~0.27

加工材料强度不同时进给量的修正系数

材料强度 σ_b (MPa)	<122	122~686	686~882	882~1078
修正系数 $K_{料}$	0.7	0.75	1.0	1.25

注　半精镗、精镗内孔进给量可参考车外圆数据，并取较小值。

表 5-54　切断及切槽时的进给量

工件直径 (mm)	切刀宽度 (mm)	加工材料：碳素结构钢、合金结构钢及钢铸件	加工材料：铸铁、铜合金及铝合金
		进给量 f (mm/r)	
≤20	3	0.06~0.08	0.11~0.14
>20~40	3~4	0.10~0.12	0.16~0.19
>40~60	4~5	0.13~0.16	0.20~0.24
>60~100	5~8	0.16~0.23	0.24~0.32
>100~150	6~10	0.18~0.26	0.30~0.40
>150	10~15	0.28~0.36	0.40~0.55

注　1. 在直径大于 60mm 的实心材料上切断时，当切刀接近零件轴线 0.5 倍半径时，表中进给量应减小 40%~50%。
2. 加工淬硬钢时，表内进给量应减小 30%（当硬度小于 50HRC 时）或 50%（当硬度大于 50HRC 时）。
3. 如切刀安装在六角头上时，进给量应乘系数 0.3。

表 5-55　切断和切槽时的切削用量

硬质合金车刀						高速钢车刀					
YT15（P10）		YG6（K02）		YG8（K30）		W18Cr4V		W18Gr4V		W18Cr4V	
碳素结构钢、铬钢、镍铬钢 σ_b＝637MPa		灰铸铁 190HBS		可锻铸铁 150HBS		碳素结构钢、铬钢、镍铬钢 σ_b＝637MPa		灰铸铁 190HBS		可锻铸铁 150HBS	
f (mm/r)	切刀宽度 a_p（mm） 3～15 v_c (m/s)	f (mm/r)	切刀宽度 a_p（mm） 3～15 v_c (m/s)	f (mm/r)	切刀宽度 a_p（mm） 3～15 v_c (m/s)	f (mm/r)	切刀宽度 a_p（mm） 3～15 v_c (m/s)	f (mm/r)	切刀宽度 a_p（mm） 3～15 v_c (m/s)	f (mm/r)	切刀宽度 a_p（mm） 3～15 v_c (m/s)
0.06	2.65	0.11	1.22	0.11	1.53	0.06	0.81	0.11	0.39	0.11	0.68
0.08	2.11	0.14	1.11	0.14	1.39	0.08	0.67	0.14	0.36	0.14	0.60
0.10	1.76	0.16	1.05	0.16	1.32	0.10	0.57	0.16	0.34	0.16	0.56
0.12	1.52	0.20	0.96	0.20	1.21	0.12	0.51	0.20	0.31	0.20	0.50
0.15	1.27	0.24	0.89	0.24	1.12	0.15	0.44	0.24	0.29	0.24	0.46
0.18	1.10	0.28	0.84	0.28	1.05	0.18	0.39	0.28	0.27	0.28	0.43
0.20	1.01	0.30	0.81	0.30	1.02	0.20	0.36	0.30	0.26	0.50	0.41
0.23	0.90	0.32	0.79	0.32	0.99	0.23	0.33	0.32	0.26	0.32	0.40
0.26	0.82	0.35	0.77	0.35	0.97	0.26	0.31	0.35	0.25	0.35	0.38
0.30	0.73	0.40	0.73	0.40	0.92	0.30	0.28	0.40	0.23	0.40	0.36
0.32	0.69	0.45	0.69	0.45	0.87	0.32	0.27	0.45	0.22	0.45	0.34
0.36	0.63	0.50	0.66	0.50	0.83	0.36	0.25	0.50	0.21	0.50	0.32
0.40	0.58	0.55	0.64	0.55	0.80	0.40	0.23	0.55	0.21	0.55	0.30

注　1. 切槽时，最终直径与初始直径之比不同应乘下面修正系数。

最终直径/初始直径 d_1/d	0.5～0.7	0.8～0.95
修正系数 K	0.96	0.84

2. 切削速度 v_c 与切刀宽度无关，表中给出的 3～15mm 是常用的切刀宽度。

表 5-56　成型车削时的进给量

刀具宽度 /mm	加　工　直　径		
	20	25	≥40
	进给量 f（mm/r）		
8	0.03～0.08	0.04～0.09	0.040～0.090
10	0.03～0.07	0.04～0.085	0.040～0.085
15	0.02～0.055	0.035～0.075	0.040～0.080
20	—	0.03～0.060	0.040～0.080
30	—	—	0.035～0.070
40	—	—	0.030～0.060
≥50	—	—	(0.025～0.055)

注　1. 工件轮廓比较复杂且加工材料硬度较高时，取小的进给量；工件轮廓比较简单且加工材料硬度较低时，取大的进给量。

2. 括号内数值仅在加工直径不小于 60mm 时采用。

表 5-57 车刀的磨钝标准及寿命

	车刀类型	刀具材料	加工材料	加工性质	后刀面最大磨损量（mm）
磨钝标准	外圆车刀、端面车刀、镗刀	高速钢	碳钢、合金钢	粗车	1.5～2.0
			铸钢、有色金属	精车	1.0
			灰铸铁、可锻铸铁	粗车	2.0～3.0
				半精车	1.5～2.0
			耐热钢、不锈钢	粗、精车	1.0
		硬质合金	碳钢、合金钢	粗车	1.0～1.4
				精车	0.4～0.6
			铸铁	粗车	0.8～1.0
				精车	0.6～0.8
			耐热钢、不锈钢	粗、精车	0.8～1.0
			钛合金	精、半精车	0.4～0.5
			淬硬钢	精车	0.8～1.0
	切槽及切断刀	高速钢	钢、铸钢		0.8～1.0
			灰铸铁		1.5～2.0
		硬质合金	钢、铸钢		0.4～0.6
			灰铸铁		0.6～0.8
	成型车刀	高速钢	碳钢		0.4～0.5

	刀具材料	硬质合金	高速钢	
车刀寿命		普通车刀	普通车刀	成型车刀
	车刀寿命 T（min）	60	60	120

注 以上为焊接车刀的寿命，机夹可转位车刀的寿命可适当降低，一般选为 30min。

表 5-58 车削时切削力及切削功率的计算公式

计 算 公 式	
切削力 F_c	$F_c=C_{F_c}a_p^{x_{F_c}}f^{y_{F_c}}v_c^{n_{F_c}}k_{F_c}$ （N）
背向力 F_p	$F_p=C_{F_p}a_p^{x_{F_p}}f^{y_{F_p}}v_c^{n_{F_p}}k_{F_p}$ （N）
进给力（轴向力）F_f	$F_f=C_{F_f}a_f^{x_{F_f}}f^{y_{F_f}}v_c^{n_{F_f}}k_{F_f}$ （N）
切削功率 P_c	$P_c=F_cv_c10^{-3}$ （kW）

公式中的系数及指数

加工材料	刀具材料	加工型式	公式中的系数及指数											
			切削力 F_c				背向力 F_p				进给力 F_f			
			C_{F_c}	x_{F_c}	y_{F_c}	n_{F_c}	C_{F_p}	x_{F_p}	y_{F_p}	n_{F_p}	C_{F_f}	x_{F_f}	y_{F_f}	n_{F_f}
结构钢及铸钢 637 MPa	硬质合金	外圆纵车、横车及车孔	2795	1.0	0.75	−0.15	199	0.9	0.60	−0.3	294	1.0	0.5	−0.4
		切槽及切断	3600	0.72	0.8	0	142	0.73	0.67	0	—	—	—	—
	高速钢	外圆纵车、横车及车孔	1770	1.0	0.75	0	94	0.9	0.75	0	54	1.2	0.65	0
		切槽及切断	2160	1.0	1.0	0	—	—	—	—	—	—	—	—
		成型车削	1855	1.0	0.75	0	—	—	—	—	—	—	—	—

续表

公式中的系数及指数														
加工材料	刀具材料	加工型式	公式中的系数及指数											
			切削力 F_c				背向力 F_p				进给力 F_f			
			C_{F_c}	x_{F_c}	y_{F_c}	n_{F_c}	C_{Fp}	x_{Fp}	y_{Fp}	n_{Fp}	C_{F_f}	x_{F_f}	y_{F_f}	n_{F_f}
不锈钢 1Cr18Ni9Ti	硬质合金	外圆纵车，横车及车孔	2000	1.0	0.75	0	—	—	—	—	—	—	—	—
灰铸铁 190HBS	硬质合金	外圆纵车、横车及车孔	900	1.0	0.75	0	54	0.9	0.75	0	46	1.0	0.4	0
	高速钢	外圆纵车、横车及车孔	1120	1.0	0.75	0	119	0.9	0.75	0	51	1.2	0.65	0
		切槽及切断	1550	1.0	1.0	0	—	—	—	—	—	—	—	—
可锻铸铁 150HBS	硬质合金	外圆纵车，横车及车孔	795	1.0	0.75	0	43	0.9	0.75	0	38	1.0	0.4	0
	高速钢	外圆纵车，横车及车孔	980	1.0	0.75	0	88	0.9	0.75	0	40	1.2	0.65	0
		切槽及切断	1375	1.0	1.0	0	—	—	—	—	—	—	—	—
不均质铜合金 120HBS	高速钢	外圆纵车、横车及车孔	540	1.0	0.66	0	—	—	—	—	—	—	—	—
		切槽及切断	735	1.0	1.0	0	—	—	—	—	—	—	—	—
铝及铝硅合金	高速钢	外圆纵车、横车及车孔	390	1.0	0.75	0	—	—	—	—	—	—	—	—
		切槽及切断	490	1.0	1.0	0	—	—	—	—	—	—	—	—

注　1. 公式中切削速度 v_c 的单位为 m/s。

2. 结构钢及铸钢的强度单位为 MPa（$1\text{kgf/mm}^2=9.80665\text{MPa}$）。

3. 加工条件改变时，切削力的修正系数见表 5-59～表 5-61。

表 5-59　　铜及铝合金的物理机械性能改变时，切削力的修正系数

铜合金的系数 k_{MF}						铝合金的系数 k_{MF}			
非均质的		非均质的铅合金和含铅不足10%的均质合金	均质合金	铜	含铅大于15%的合金	硬　铝			
中等硬度 120HBS	高硬度 >120HBS					铝及铝硅合金	$\sigma_b=245$ MPa	$\sigma_b=343$ MPa	$\sigma_b>245$ MPa
1.0	0.75	0.65～0.70	1.8～2.2	1.7～2.1	0.25～0.45	1.0	1.5	2.0	0.75

表 5-60　　钢和铸铁的强度、硬度改变时，切削力的修正系数

加　工　材　料	结构钢和铸钢	灰　铸　铁	可　锻　铸　铁
系数 k_{MF}	$k_{MF}=(\sigma_b/650)^{n_F}$	$k_{MF}=(\text{HBS}/190)^{n_F}$	$k_{MF}=(\text{HBS}/150)^{n_F}$

上　列　公　式　中　的　指　数　n_F

加　工　材　料	刀　具　材　料					
	硬　质　合　金			高　速　钢		
	切　削　力					
	F_c	F_p	F_f	F_c	F_p	F_f
	指　数　n_F					
结构钢及铸钢 $\sigma_b\leqslant588\text{MPa}/\sigma_b\geqslant588\text{MPa}$	0.75	1.35	1.0	0.35/0.75	2.0	1.5
灰铸铁及可锻铸铁	0.4	1.0	0.8	0.55	1.3	1.1

表 5-61 加工钢及铸铁刀具几何参数改变时车削力的修正系数

参数名称	参数数值	刀具材料	修正系数名称	车削力 F_c	车削力 F_p	车削力 F_f
主偏角 κ_r（°）	30	硬质合金	$k_{\kappa_r F}$	1.08	1.30	0.78
	45			1.0	1.0	1.0
	60			0.94	0.77	1.11
	75			0.92	0.62	1.13
	90			0.89	0.50	1.17
	30	高速钢		1.08	1.63	0.7
	45			1.0	1.0	1.0
	60			0.98	0.71	1.27
	75			1.03	0.54	1.51
	90			1.08	0.44	1.82
前角 γ_o（°）	−15	硬质合金	$k_{\gamma_o F}$	1.25	2.0	2.0
	−10			1.2	1.8	1.8
	0			1.1	1.4	1.4
	10			1.0	1.0	1.0
	20			0.9	0.7	0.7
	12～15	高速钢		1.15	1.6	1.7
	20～25			1.0	1.0	1.0
刃倾角 λ_s（°）	+5	硬质合金	$k_{\lambda_s F}$	1.0	0.75	1.07
	0				1.0	1.0
	−5				1.25	0.85
	−10				1.5	0.75
	−15				1.7	0.65
刀尖圆弧半径 r_ε（mm）	0.5	高速钢	$k_{r_\varepsilon F}$	0.87	0.66	1.0
	1.0			0.93	0.82	
	2.0			1.0	1.0	
	3.0			1.04	1.14	
	5.0			1.1	1.33	

表 5-62　**车削速度的计算公式**

计算公式

$$v_c=\frac{C_v}{T^m a_p^{x_v} f^{y_v}}k_v$$　式中　v——车削速度，m/min。

公式中的系数及指数

加工材料	加工形式	刀具材料	进给量 f (mm/r)	系数及指数			
				C_v	x_v	y_v	m
碳素结构钢 $\sigma_b=650$MPa	外圆纵车 ($\kappa_r>0°$)	YT15（不用切削液）	$f\leqslant0.30$	291	0.15	0.20	0.20
			$f\leqslant0.70$	242		0.35	
			$f>0.70$	235		0.45	
		高速钢（用切削液）	$f\leqslant0.25$	67.2	0.25	0.33	0.125
			$f>0.25$	43		0.66	
	外圆纵车 ($\kappa_r=0°$)	YT15（不用切削液）	$f\geqslant a_p$	198	0.30	0.15	0.18
			$f<a_p$		0.15	0.30	
	切断及切槽	YT5（不用切削液）	—	38	—	0.80	0.20
		高速钢（用切削液）		21		0.66	0.25
	成形车削	高速钢（用切削液）	—	20.3	—	0.50	0.30
耐热钢 1Cr18Ni9Ti 141HBW	外圆纵车	YG8（不用切削液）	—	110	0.20	0.45	0.15
		高速钢（用切削液）		31		0.55	
淬硬钢 50HRC $\sigma_b=1650$MPa	外圆纵车	YT15（不用切削液）	$f\leqslant0.3$	53.5	0.18	0.40	0.10
灰铸铁 190HBW	外圆纵车 ($\kappa_r>0°$)	YG6（不用切削液）	$f\leqslant0.40$	189.8	0.15	0.20	0.20
			$f>0.40$	158		0.40	
		高速钢（不用切削液）	$f\leqslant0.25$	24	0.15	0.30	0.1
			$f>0.25$	22.7		0.40	
	外圆纵车 ($\kappa_r=0°$)	YG6（用切削液）	$f\geqslant a_p$	208	0.40	0.20	0.28
			$f<a_p$		0.20	0.40	
	切断及切槽	YG6（不用切削液）	—	54.8	—	0.40	0.20
		高速钢（不用切削液）		18			0.15
可锻铸铁 150HBW	外圆纵车	YG8（不用切削液）	$f\leqslant0.40$	206	0.15	0.20	0.20
			$f>0.40$	140		0.45	
		高速钢（用切削液）	$f\leqslant0.25$	68.9	0.20	0.25	0.125
			$f>0.25$	48.8		0.50	
	切断及切槽	YG6（不用切削液）	—	68.8	—	0.40	0.20
		高速钢（用切削液）		37.6		0.50	0.25
中等硬度非均质铜合金 100～140HBW	外圆纵车	高速钢（不用切削液）	$f\leqslant0.20$	216	0.12	0.25	0.23
			$f>0.20$	145.6		0.50	

续表

加工材料	加工形式	刀具材料	进给量 (mm/r)	系数及指数			
				C_v	x_v	y_v	m
硬青铜 200～240HBW	外圆纵车	YG8（不用切削液）	$f \leqslant 0.40$	734	0.13	0.20	0.20
			$f > 0.40$	648	0.20	0.40	
铝硅合金及铸造铝合金 $\sigma_b = 100 \sim 200$MPa， $\leqslant$65HBW； 硬铝 $\sigma_b = 300 \sim 400$MPa， $\leqslant$100HBW	外圆纵车	高速钢（不用切削液）	$f \leqslant 0.20$	388	0.12	0.25	0.28
			$f > 0.20$	262		0.50	

注 1. 内表面加工（镗孔、孔内切槽、内表面成形车削）时，用外圆加工的车削速度乘以系数 0.9。

2. 用高速钢车刀加工结构钢、不锈钢及铸钢，不用切削液时，车削速度乘以系数 0.8。

3. 用 YT5 车刀对钢件切断及切槽使用切削液时，车削速度乘以系数 1.4。

4. 成形车削深轮廓及复杂轮廓工件时，车削速度乘以系数 0.85。

5. 用高速钢车刀加工热处理钢件时，车削速度应减少；正火，乘以系数 0.95；退火，乘以系数 0.9；调质，乘以系数 0.8。

6. 加工钢和铸铁的力学性能改变时，车削速度的修正系数 k_{M_v} 可按表 5-63 计算。

7. 其他加工条件改变时，车削速度的修正系数见表 5-64。

表 5-63　　钢和铸铁的强度和硬度改变时车削速度的修正系数 k_{M_v}

加工材料	刀具材料	
	硬质合金	高速钢
	计算公式	
碳素结构钢、合金结构钢和铸钢	$k_{M_v} = \dfrac{650}{\sigma_b}$	$k_{M_v} = C_M \left(\dfrac{650}{\sigma_b}\right)^{n_v}$
灰铸铁	$k_{M_v} = \left(\dfrac{190}{HBW}\right)^{1.25}$	$k_{M_v} = \left(\dfrac{190}{HBW}\right)^{n_v}$
可锻铸铁	$k_{M_v} = \left(\dfrac{150}{HBW}\right)^{1.25}$	$k_{M_v} = \left(\dfrac{150}{HBW}\right)^{n_v}$

上列公式中的系数 C_M 及指数 n_v

加工材料	可加工性系数 C_M	n_v		
		车　削	钻　孔	铣　削
钢：碳钢 [w (C) $\leqslant$0.6%]	1.0	1.75①	0.9②	0.9②
易切钢	1.2	1.75	1.05	—
镍钢	1.0	1.75	0.9	1.0
铬钢	0.8	1.75	0.9	1.45
镍铬钢	0.9	1.50	0.9	1.35
碳钢 [w (C) >0.6%]、锰钢及镍铬钨钢	0.8	1.75	0.9	1.0
铬钼钢、镍铬钼钢、铬铝钢、铬钼铝钢及其相近的钢	0.7	1.25	0.9	1.0
铬锰钢、铬硅钢、铬硅锰钢、镍铬锰钢及其相近的钢	0.7	1.50	0.9	1.0
高速钢	0.6	1.25	0.9	1.0
灰铸铁	—	1.7	1.3	0.95
可锻铸铁	—	1.7	1.3	0.85

① 当 σ_b<450MPa 时，$n_v = -1.0$。

② 当 σ_b<550MPa 时，$n_v = -0.9$。

表 5-64　　**车削条件改变时的修正系数**

（1）与车刀耐用度有关

刀具材料	工件材料	车刀类型	工作条件	耐用度指数 m	系数	耐用度 T（min） 30	60	90	120	150	240	360
						修正系数						
硬质合金	结构碳钢及合金钢	κ_r＞0°外圆车刀、端面车刀、镗刀	不加切削液	0.20	k_{T_v}	1.15	1.0	0.92	0.87	0.83	0.76	0.70
					k_{TF_c}	0.98	1.0	1.02	1.03	1.04	1.05	1.07
					k_{TP_m}	1.13	1.0	0.94	0.89	0.86	0.80	0.75
		κ_r＝0°外圆车刀		0.18	k_{T_v}	1.13	1.0	0.93	0.88	0.85	0.78	0.73
					k_{TF_c}	0.98	1.0	1.02	1.03	1.04	1.05	1.07
					k_{TP_m}	1.11	1.0	0.95	0.91	0.88	0.82	0.78
		切断刀		0.20	$k_{T_v}=k_{TP_m}$	1.15	1.0	0.92	0.87	0.83	0.76	0.70
	耐热钢1Cr18Ni9Ti	外圆车刀、端面车刀、镗刀		0.15	$k_{T_v}=k_{TP_m}$	1.11	1.0	0.94	0.90	0.87	0.81	0.76
	铸铁、青铜	κ_r＞0°外圆车刀、端面车刀、切断刀		0.20	$k_{T_v}=k_{TP_m}$	1.15	1.0	0.92	0.87	0.83	0.76	0.70
		κ_r＝0°外圆车刀		0.28	$k_{T_v}=k_{TP_m}$	1.21	1.0	0.89	0.82	0.77	0.68	0.61
高速钢	钢、可锻铸铁	外圆车刀、端面车刀、镗刀	加切削液	0.125	$k_{T_v}=k_{TP_m}$	1.09	1.0	0.95	0.92	0.90	0.85	0.80
		车槽刀、切断刀		0.25	$k_{T_v}=k_{TP_m}$	1.19	1.0	0.90	0.83	0.79	0.71	0.64
		样板刀		0.30	$k_{T_v}=k_{TP_m}$	—	—	1.09	1.0	0.93	0.81	0.72
	灰铸铁	外圆车刀、端面车刀、镗刀	不加切削液	0.1	$k_{T_v}=k_{TP_m}$	1.07	1.0	0.96	0.93	0.91	0.87	0.84
		车槽刀、切断刀		1.15	$k_{T_v}=k_{TP_m}$	1.11	1.0	0.94	0.90	0.87	0.81	0.76
	铜合金	所有车刀		2.23	$k_{T_v}=k_{TP_m}$	1.16	1.0	0.91	0.84	0.80	0.73	0.66
	铝合金及镁合金	除样板刀外的所有车刀		0.30	$k_{T_v}=k_{TP_m}$	1.23	1.0	0.88	0.81	0.75	0.66	0.58

（2）与工件材料有关

类别	工件材料	力学性能 布氏硬度的压坑直径（mm）	布氏硬度 HBW	抗拉强度 σ_b（MPa）	修正系数 车削速度 k_{M_v}	主车削力 k_{MF_c}	功率 k_{MP_m}
	1）高速钢车刀						
1	易切削钢 Y12、Y20、Y30、Y40Mn	5.70～5.08	107～138	400～500	2.64	—	—
		＜5.08～4.62	＞138～169	＞500～600	2.04	—	—
		＜4.62～4.26	＞169～200	＞600～700	1.56	—	—
		＜4.26～3.98	＞200～230	＞700～800	1.20	—	—
		＜3.98～3.75	＞230～262	＞800～900	0.96	—	—
2	结构碳钢［w（C）≤0.6%］，08、10、15、20、25、30、35、40、45、50、55、60、0、1、2、3、4、5、6	6.60～5.70	77～107	300～400	1.39	0.78	1.78
		＜5.70～5.08	＞107～138	＞400～500	1.70	0.86	1.46
		＜5.08～4.62	＞138～169	＞500～600	1.31	0.92	1.21
		＜4.62～4.26	＞169～200	＞600～700	1.0	1.0	1.0
		＜4.26～3.98	＞200～230	＞700～800	0.77	1.13	0.87
		＜3.98～3.75	＞230～262	＞800～900	0.63	1.23	0.78

续表

(2) 与工件材料有关

类别	工件材料	力学性能：布氏硬度的压坑直径（mm）	力学性能：布氏硬度 HBW	力学性能：抗拉强度 σ_b（MPa）	修正系数：车削速度 k_{M_v}	修正系数：主车削力 k_{MF_c}	修正系数：功率 k_{MP_m}
1）高速钢车刀							
3	灰铸铁 HT100、HT150、HT200、HT250、HT300、HT350	5.05～4.74	140～160	—	1.51	0.88	1.33
		<4.74～4.48	>160～180	—	1.21	0.94	1.14
		<4.48～4.26	>180～200	—	1.00	1.00	1.00
		<4.26～4.08	<200～220	—	0.85	1.06	0.90
		<4.08～3.91	>220～240	—	0.72	1.11	0.80
		<3.91～3.76	<240～260	—	0.63	1.16	0.73
4	可锻铸铁 KTH300-06、KTH330-08、KTH350-10、KTH370-12	5.87～5.42	100～120	—	1.76	0.84	1.48
		<5.42～5.06	>120～140	—	1.28	0.92	1.18
		<5.06～4.74	>140～160	—	1.00	1.00	1.00
		<4.74～4.48	>160～180	—	0.80	1.07	0.86
		<4.48～4.26	>180～200	—	0.66	1.14	0.75
5	铜合金 非均质的 高硬度的	—	150～200	—	0.70	0.75	0.53
	铜合金 非均质的 中等硬度的	—	100～140	—	1.0	1.0	1.0
	铜合金 非均质含铅合金	—	70～90	—	1.70	0.65～0.70	1.1～1.19
	铜合金 均质合金	—	60～90	—	2.0	1.8～2.2	3.6～4.4
	铜合金 w(Pb)<10%的均质合金	—	60～80	—	4.0	0.65～0.70	2.6～2.8
	铜合金 铜	—	70～80	—	8.0	1.7～2.1	13.6～16.8
	铜合金 w（Pb）>15%的合金	—	35～45	—	12.0	0.25～0.45	3.0～5.4
6	铝合金 铝硅合金及铸造合金	—	>65(淬火的)	200～300	0.8	1.0	0.8
	铝合金 硬铝	—	>100(淬火的)	400～500		2.75	2.2
	铝合金 铝硅合金及铸造合金	—	≤65	100～200	1.0	1.0	1.0
	铝合金 硬铝	—	≤100	300～400		2.0	2.0
	铝合金 硬铝	—	—	200～300	1.2	1.5	1.8
2）硬质合金车刀							
1	碳钢及合金钢（铬钢、镍铬钢及铸钢）	≤5.10	≤137	400～500	1.44	0.83	1.20
		5.00～4.56	143～174	>500～600	1.18	0.92	1.09
		<4.56～4.23	>174～207	>600～700	1.0	1.0	1.0
		<4.23～4.00	>207～229	>700～800	0.87	1.07	0.93
		<4.00～3.70	>229～267	>800～900	0.77	1.14	0.88
		<3.70～3.50	>267～302	>900～1000	0.69	1.20	0.83
		<3.50～3.40	>302～320	>1000～1100	0.62	1.26	0.78
		<3.40～3.30	>320～350	>1100～1200	0.57	1.32	0.75
2	灰铸铁 HT100、HT150、HT200、HT250、HT300、HT350	5.05～4.74	140～160	—	1.35	0.91	1.23
		<4.74～4.48	>160～180	—	1.15	0.96	1.10
		<4.48～4.26	>180～200	—	1.0	1.0	1.0
		<4.26～4.08	>200～220	—	0.89	1.04	0.93
		<4.08～3.91	>220～240	—	0.79	1.08	0.85
		<3.91～3.76	>240～260	—	0.71	1.11	0.79

续表

（3）与毛坯表面状态有关

无外皮	有外皮				
	棒料	锻件	铸钢及铸铁		铜及铝合金
			一般	带砂外皮	
修正系数 $k_{s_v}=k_{sP_m}$					
1.0	0.9	0.8	0.8～0.85	0.5～0.6	0.9

（4）与刀具材料有关

加工材料	修正系数 $k_{t_v}=k_{tP_m}$					
结构钢及铸钢	YT5	YT14	YT15	YT30	YG8	—
	0.65	0.8	1.0	1.4	0.4	
灰铸铁及可锻铸铁	YG8	YG6	—	YG3	—	
	0.83	1.0		1.15		
铜及铝合金	W18Cr4V W6Mo5Cr4V2		—	YG6	9SiCr、CrWMn	T12A
	1.0			2.7	0.6	0.5

（5）与车削方式有关

车削方式	外圆纵车	横车 d/D			切断	切槽 d/D		说明
		0～0.4	0.5～0.7	0.8～1.0		0.5～0.7	0.8～0.95	
系数 $k_{k_v}=k_{kP_m}$	1.0	1.24	1.18	1.04	1.0	0.96	0.84	d—加工后的直径；D—加工前的直径

（6）镗孔时相对于外圆纵车的修正系数

镗孔直径（mm）			75	150	250	>250
修正系数	用硬质合金车刀加工未淬火钢	k_{g_v}	0.8	0.9	0.95	1.0
		k_{gF_c}	1.03	1.01	1.01	1.0
		k_{gP_m}	0.82	0.91	0.96	1.0
	加工其他金属	$k_{g_v}=k_{gP_m}$	0.8	0.9	0.95	1.0

（7）与车刀主偏角有关

主偏角 κ_r（°）		30	45	60	75	90
系数 $k_{\kappa_r v}$①	加工结构钢、可锻铸铁	1.13	1.0	0.92	0.86	0.81
	加工耐热钢	—	1.0	0.87	0.78	0.70
	加工灰铸铁、铜合金	1.20	1.0	0.88	0.83	0.73
系数 $k_{\kappa_r F_c}$①	硬质合金刀具	1.08	1.0	0.94	0.92	0.89
	高速钢刀具	1.08	1.0	0.98	1.03	1.08

续表

(8) 与车刀的前角有关

刀具材料	工件材料		前角 γ (°)								
			+30	+25	+20	+12	+10	+8	0	−10	−20
			系数 $k_{\gamma_o F_c}=k_{\gamma_o P_m}$								
高速钢	钢 σ_b (MPa)	<500	0.94	1.0	1.06	—	—	—	—	—	—
		>500~800	—	0.94	1.0	1.10	—	—	—	—	—
		>800~1000	—	—	0.91	1.0	1.03	1.06	—	—	—
		>1000~1200	—	—	—	0.94	0.97	1.0	—	—	—
	铸铁及铜合金 硬度 HBW	<150	—	—	1.0	1.10	—	—	—	—	—
		150~200	—	—	0.91	1.0	1.03	1.06	—	—	—
		200~260	—	—	—	0.94	0.97	1.0	—	—	—
硬质合金	钢 σ_b (MPa)	≤800	—	—	0.94	1.0	1.04	1.07	1.15	1.25	1.35
		>800	—	—	0.9	0.96	1.0	1.03	1.10	1.20	1.30
	灰铸铁、可锻铸铁及青铜 硬度 HBW	<220	—	—	—	1.0	1.02	1.04	1.12	1.22	1.33
	灰铸铁 硬度 HBW	>220	—	—	—	0.96	0.98	1.0	1.08	1.18	1.28

(9) 与车刀其他参数有关(仅用于高速钢刀具)

副偏角 κ_r' (°)	10	15	20	30	45
系数 $k_{\kappa'_r v}=k_{\kappa'_r P_m}$	1.0	0.97	0.94	0.91	0.87

刀尖圆弧半径 r_ε (mm)		1	2	3	5
系数	$k_{r_\varepsilon v}$	0.94	1.0	1.03	1.13
	$k_{r_\varepsilon F_c}$	0.93	1.0	1.04	1.1
	$k_{r_\varepsilon P_m}$	0.87	1.0	1.07	1.24

刀杆尺寸 ($B\times H$) (mm×mm)	12×20 16×16	16×25 20×20	20×30 25×25	25×40 30×30	30×45 40×40	40×60
系数 $k_{Bv}=k_{BP_m}$	0.93	0.97	1.0	1.04	1.08	1.12

① 根据不同刀具材料加工不同工件材料 $k_{\kappa_r P_m}=k_{\kappa_r v}k_{\kappa_r F_c}$。

5.2.2 钻削切削用量(见表 5-65~表 5-75)

表 5-65 高速钢钻头钻孔时的进给量

钻头直径 d_0 (mm)	钢 σ_b (MPa)			铸铁、铜、铝合金硬度	
	<800	800~1000	>1000	≤200HBS	>200HBS
	进给量 f (mm/r)				
≤2	0.05~0.06	0.04~0.05	0.03~0.04	0.09~0.11	0.05~0.07
>2~4	0.08~0.10	0.06~0.08	0.04~0.06	0.18~0.22	0.11~0.13
>4~6	0.14~0.10	0.10~0.12	0.08~0.10	0.27~0.33	0.18~0.22
>6~8	0.18~0.22	0.13~0.15	0.11~0.13	0.36~0.44	0.22~0.26

续表

钻头直径 d_0 (mm)	钢 σ_b (MPa)			铸铁、铜、铝合金硬度	
	<800	800～1000	>1000	≤200HBS	>200HBS
	进给量 f (mm/r)				
>8～10	0.22～0.28	0.17～0.21	0.13～0.17	0.47～0.57	0.28～0.34
>10～13	0.25～0.31	0.19～0.23	0.15～0.19	0.52～0.64	0.31～0.39
>13～16	0.31～0.37	0.22～0.28	0.18～0.22	0.61～0.75	0.37～0.45
>16～20	0.35～0.43	0.26～0.32	0.21～0.25	0.70～0.86	0.43～0.53
>20～25	0.39～0.47	0.29～0.35	0.23～0.29	0.78～0.96	0.47～0.57
>25～30	0.45～0.55	0.32～0.40	0.27～0.33	0.9～1.1	0.54～0.66
>30～60	0.60～0.70	0.40～0.50	0.30～0.40	1.0～1.2	0.70～0.80

注　1. 表列数据适用于在大刚性零件上钻孔，精度在 H12～H13 级以下，或未注公差，钻孔后还用钻头、扩孔钻或镗刀加工。在下列条件下需乘修正系数：在中等刚性零件上钻孔（箱体形状的薄壁零件、零件上薄的突出部分钻孔）时，乘系数 0.75；钻孔后要用铰刀加工的精确孔、低刚性零件上钻孔、斜面上钻孔以及钻孔后用丝锥攻螺纹的孔，乘系数 0.50。

2. 钻孔深度大于 3 倍直径时应乘如下修正系数。

钻孔深度（孔深以直径的倍数表示）	$3d_0$	$5d_0$	$7d_0$	$10d_0$
修正系数 k_H	1.0	0.9	0.8	0.75

3. 为避免钻头损坏，当刚要钻穿时应停止自动进给而改用手动进给。

表 5-66　硬质合金钻头钻孔时的进给量

钻头直径 d_0 (mm)	未淬硬的碳钢及合金钢 σ_b=550～850MPa	淬硬钢				铸铁	
		硬度 HRC				硬度 HBW	
		≤40	40	55	64	≤170	>170
≤10	0.12～0.16	0.04～0.05	0.03	0.025	0.02	0.25～0.45	0.20～0.35
>10～12	0.14～0.20					0.30～0.50	0.20～0.35
>12～16	0.16～0.22					0.35～0.60	0.25～0.40
>16～20	0.20～0.26					0.40～0.70	0.25～0.40
>20～23	0.22～0.28					0.45～0.80	0.30～0.45
>23～26	0.24～0.32					0.50～0.85	0.35～0.50
>26～29	0.26～0.35					0.50～0.90	0.40～0.60

注　1. 大进给量用于在大刚度零件上钻孔，精度在 H12～H13 级以下或自由公差，钻孔后还用钻头、扩孔钻或镗刀加工。小进给量用于在中等刚性条件下，钻孔后要用铰刀加工的精确孔，钻孔后用丝锥攻螺纹的孔。

2. 钻孔深度大于 3 倍直径时应乘以下修正系数：

孔　深	$3d_0$	$5d_0$	$7d_0$	$10d_0$
修正系数 k_H	1.0	0.9	0.8	0.75

3. 为避免钻头损坏，当刚要钻穿时应停止自动走刀而改用手动走刀。

4. 钻削钢件时使用切削液，钻削铸铁时不使用切削液。

表 5-67　　高速钢钻头在铸铁件及钢件上钻孔的切削用量

加工材料	材料硬度或强度	切削速度 v（m/min）	钻孔直径（mm） 1～6	6～12	12～22
			进给量 f（mm/r）		
铸铁	160～200HBW	16～24	0.07～0.12	0.12～0.20	0.20～0.40
	200～240HBW	10～18	0.05～0.10	0.10～0.18	0.18～0.25
	240～300HBW	5～12	0.03～0.08	0.08～0.15	0.15～0.20
钢	σ_b=520～700MPa（35、45 钢）	18～25	0.05～0.10	0.1～0.2	0.2～0.3
	σ_b=700～900MPa（15Cr、20Cr）	12～20	0.05～0.10	0.1～0.2	0.2～0.3
	σ_b=1000～1100（合金钢）	8～15	0.03～0.08	0.08～0.15	0.15～0.25

表 5-68　　硬质合金钻头钻削不同材料的切削用量

加工材料	抗拉强度 σ_b（MPa）	硬度 HBW	进给量 f（mm/r） d_0（mm） 5～10	11～30	切削速度 v（m/min） d_0（mm） 5～10	11～30	切削液	钻尖角（°）
灰铸铁	—	200	0.2～0.3	0.3～0.5	40～45	45～60	干切或乳化液	—
合金铸铁	—	230～350	0.03～0.07	0.05～0.1	20～40	25～45	非水溶性切削油或乳化液	
	—	350～400	0.03～0.05	0.04～0.08	8～20	10～25		
冷硬铸铁	—	—	0.02～0.04	0.02～0.05	5～8	6～10		
可锻铸铁	—	—	0.15～0.2	0.2～0.4	35～38	38～40	干切或乳化液	—
高强度可锻铸铁	—	—	0.08～0.12	0.12～0.2	35～38	38～40		
黄铜	—	—	0.07～0.15	0.1～0.2	70～100	90～100		
铸造青铜	—	—	0.07～0.1	0.09～0.2	50～70	55～75		
铝	—	—	0.15～0.3	0.3～0.8	250～270	270～300	乳化液或水溶性切削液	
硅铝合金	—	—	0.2～0.6	0.2～0.6	125～270	130～140		

表 5-69　　小钻头（ϕ 1mm 以下）的切削用量

（1）进给量 f（mm/r）

钻头直径 d_0（mm）	0.1	0.2	0.3	0.4	0.5	0.6	0.7	0.8	0.9
f（mm/r）	感觉	感觉	0.001	0.0015	0.0015	0.002	0.003	0.01	0.02

（2）转速 n（r/min）

钻头直径 d_0（mm）		0.1～0.2	0.25～0.35	0.4～0.6	0.6～0.9
加工材料	钢、铸铁	500～1000	4000～6000	6000～8000	6000～8000
	黄铜、青铜	500～1000	4000～6000	8000～12000	8000～12000
	铜	500～1000	4000～6000	4000～6000	6000～8000
	铝及硅铝合金	800～1000	4000～6000	8000～12000	8000～12000
	硬橡胶	1500～2000	6000～8000	8000～12000	8000～12000

表 5-70　　麻花钻钻深孔时切削用量减少率

孔深	切削速度减少率（%）	进给量减少率（%）	孔深	切削深速减少率（%）	进给量减少率（%）
$3d_0$	10	10	$10d_0$	45	30
$4d_0$	20	10	$15d_0$	50	40
$5d_0$	30	10	$20d_0$	50	45
$6d_0$	35	20	$25d_0$	50	50
$8d_0$	40	20			

注　d_0 为钻头直径。

表 5-71　　硬质合金 YG8 钻头钻灰铸铁时的进给量

钻头直径 d_0 (mm)	铸　铁　的　硬　度			
	≤200HBS		>200HBS	
	工艺要求分类			
	Ⅰ	Ⅱ	Ⅰ	Ⅱ
	进给量 f (mm/r)			
≤8	0.22～0.28	0.18～0.22	0.18～0.22	0.13～0.17
>8～12	0.20～0.36	0.22～0.28	0.25～0.30	0.18～0.22
>12～16	0.25～0.40	0.25～0.30	0.28～0.34	0.20～0.25
>16～20	0.40～0.48	0.27～0.33	0.32～0.38	0.23～0.28
>20～24	0.45～0.55	0.33～0.38	0.38～0.43	0.27～0.32
>24～26	0.50～0.60	0.37～0.41	0.40～0.46	0.32～0.28
>26～30	0.55～0.65	0.40～0.50	0.45～0.50	0.36～0.44

注　1. Ⅰ类进给量用于在大刚度的零件上钻孔，精度在 IT12 级以下（或未注公差），钻孔后还用钻头、锪钻或镗刀加工；Ⅱ类进给量用于在中等刚度条件下，钻孔后要用铰刀加工的精确孔，以及钻孔后用丝锥攻螺纹的孔。
2. 孔深的修正系数见表 5-66。
3. 为了避免钻头损坏，当刚钻穿时应停止自动进给而改用手进给。

表 5-72　　高速钢钻头钻孔时的切削速度　　m/s

加工材料	硬度 HBS	切削速度 v_c	加工材料	硬度 HBS	切削速度 v_c
低碳钢	100～125	0.45	铸钢	低碳	0.40
	125～175	0.40		中碳	0.30～0.40
	175～225	0.35		高碳	0.25
中高碳钢	125～175	0.37	球墨铸铁	140～190	0.50
	175～225	0.33		190～225	0.35
	225～275	0.25		225～260	0.28
	275～325	0.20		260～300	0.20
合金钢	175～225	0.30	可锻铸铁	110～160	0.70
	225～275	0.25		160～200	0.42
	275～325	0.20		200～240	0.33
	325～375	0.17		240～250	0.20
高速钢	200～250	0.22	铝合金、镁合金		1.25～1.50
灰铸铁	100～140	0.55	铜合金		0.33～0.80
	140～190	0.45			
	190～220	0.35			
	220～260	0.25			
	260～320	0.15			

表 5-73 硬质合金钻头钻孔时的切削速度

加工材料	材料的力学性能	YG8								YT15			
		钻头直径 d_0（mm）											
		10～16			16～23			23～30		30～40			
		进给量 f（mm/r）											
		0.12～0.22	0.2～0.5	0.2～0.35	0.16～0.28	0.3～0.7	0.25～0.5	0.22～0.35	0.45～0.8	0.35～0.6	0.04～0.05	0.025～0.03	0.02
		切削速度 v_c/m·s^{-1}											
碳素结构钢及合金结构钢	σ_b=832MPa	1.08～1.35			1.12～1.32			1.08～1.28					
	σ_b=735MPa	0.82～1.01			0.85～1			0.82～0.96					
	σ_b=637MPa	0.93～1.16			0.96～1.13			0.92～1.1					
	σ_b=499MPa	0.73～0.90			0.76～0.90			0.73～0.86					
灰铸铁	170HBS		1.60～1.08		1.53～0.98				1.28～0.95				
	190HBS		1.55～1.15		1.45～1.11				1.38～1.00				
	210HBS			1.36～1.01		1.26～0.98				1.91～0.88			
	230HBS			1.21～0.90		1.13～0.86				1.08～0.78			
淬火钢	≤40HRC										1.08～1		0.91～0.83
	40～55HRC											1～0.91	
	55～64HRC												

表 5-74　　钻孔时轴向力、转矩及功率的计算公式

(1) 计算公式

轴向力 (N)	转矩 (N·m)	功率 (kW)
$F=C_F d_0^{z_F} f^{y_F} k_F$	$T=C_T d_0^{z_T} f^{y_T} k_T$	$P_m=\frac{T_v}{30d_0}$

(2) 公式中的系数和指数

加工材料	刀具材料	系数和指数					
		轴向力			转矩		
		C_F	z_F	y_F	C_T	z_T	y_T
钢，σ_b=650MPa	高速钢	600	1.0	0.7	0.305	2.0	0.8
耐热钢 1Cr18Ni9Ti	高速钢	1400	1.0	0.7	0.402	2.0	0.7
灰铸铁，190HBW	高速钢	420	1.0	0.8	0.206	2.0	0.8
	硬质合金	410	1.2	0.75	0.117	2.2	0.8
可锻铸铁，150HBW	高速钢	425	1.0	0.8	0.206	2.0	0.8
	硬质合金	320	1.2	0.75	0.098	2.2	0.8
中等硬度非均质铜合金，100～140HBW	高速钢	310	1.0	0.8	0.117	2.0	0.8

注　1. 当钢和铸铁的强度和硬度改变时，切削力的修正系数 k_{MF} 可按表 5-64 计算。

2. 加工条件改变时，切削力及转矩的修正系数见表 5-75。

3. 用硬质合金钻头钻削未淬硬的碳素结构钢、铬钢及镍铬钢时轴向力及转矩可按下列公式计算：

$$F=3.48d_0^{1.4}f^{0.8}\sigma_b^{0.75},\quad T=5.87d_0^2 f\sigma_b^{0.7}$$

表 5-75　　钻孔条件改变时轴向力及转矩的修正系数

(1) 与加工材料有关

钢	力学性能	硬度 HBW	110～140	>140～170	>170～200	>200～230	>230～260	>260～290	>290～320	>320～350	>350～380
		σ_b (MPa)	400～500	>500～600	>600～700	>700～800	>800～900	>900～1000	>1000～1100	>1100～1200	>1200～1300
	$k_{MF}=k_{MT}$		0.75	0.88	1.0	1.11	1.22	1.33	1.43	1.54	1.63
铸铁	力学性能硬度 HBW		100～120	120～140	140～160	160～180	180～200	200～220	220～240	240～260	—
	系数 $k_{MF}=k_{MT}$	灰铸铁	—	—	—	0.94	1.0	1.06	1.12	1.18	—
		可锻铸铁	0.83	0.92	1.0	1.08	1.14	—	—	—	—

(2) 与刃磨形状有关

刃磨形状		标准	双横、双横棱、横、横棱
系　数	k_{xF}	1.33	1.0
	k_{xT}	1.0	1.0

(3) 与刀具磨钝有关

切削面状态		尖锐的	磨钝的
系　数	k_{VBF}	0.9	1.0
	k_{VBT}	0.87	1.0

5.2.3 扩孔及锪钻的切削用量（见表5-76～表5-81）

表5-76 高速钢及硬质合金扩孔钻的进给量

扩孔钻直径 d_0（mm）	加工不同材料时的进给量 f（mm/r）		
	钢及铸钢	铸铁、铜合金及铝合金	
		硬度≤200HBW	硬度=200～450HBW
≤15	0.5～0.6	0.7～0.9	0.5～0.6
>15～20	0.6～0.7	0.9～1.1	0.6～0.7
>20～25	0.7～0.9	1.0～1.2	0.7～0.8
>25～30	0.8～1.0	1.1～1.3	0.8～0.9
>30～35	0.9～1.1	1.2～1.5	0.9～1.0
>35～40	0.9～1.2	1.4～1.7	1.0～1.2
>40～50	1.0～1.3	1.6～2.0	1.2～1.4
>50～60	1.1～1.3	1.8～2.2	1.3～1.5
>60～80	1.2～1.5	2.0～2.4	1.4～1.7

注 1. 加工强度及硬度较低的材料时，采用较大值；加工强度及硬度较高的材料时，采用较小值。
2. 在扩盲孔时，进给量取为0.3～0.6mm/r。
3. 表列进给量用于：孔的精度不高于H12～H13级，以后还要用扩孔钻和铰刀加工的孔，还要用两把铰刀加工的孔。
4. 当加工孔的要求较高时，例如H8～H11级精度的孔，还要用一把铰刀加工的孔，用丝锥攻螺纹前的扩孔，则进给量应乘系数0.7。

表5-77 锪钻加工的切削用量

加工材料	高速钢锪钻		硬质合金锪钻	
	进给量 f（mm/r）	切削速度 v（m/min）	进给量 f（mm/r）	切削速度 v（m/min）
铝	0.13～0.38	120～245	0.15～0.30	150～245
黄铜	0.13～0.25	45～90	0.15～0.30	120～210
软铸铁	0.13～0.18	37～43	0.15～0.30	90～107
软钢	0.08～0.13	23～26	0.10～0.20	75～90
合金钢及工具钢	0.08～0.13	12～24	0.10～0.20	55～60

表5-78 扩钻与扩孔的切削用量

加工方法	背吃刀量 a_p	进给量 f	切削速度 v_c
扩钻	(0.15～0.25) D①	(1.2～1.8) $f_{钻}$②	(1/2～1/3) $v_{钻}$③
扩孔	0.05D	(2.2～2.4) $f_{钻}$	(1/2～1/3) $v_{钻}$

① D为加工孔径。
② $f_{钻}$为钻孔进给量。
③ $v_{钻}$为钻孔切削速度。

表 5-79　高速钢扩孔钻在结构碳钢（σ_b=650MPa）上扩孔时的切削速度　m/s

f（mm/r）	d_0=15mm 整体 a_p=1mm	d_0=20mm 整体 a_p=1mm	d_0=25mm 整体 a_p=1.5mm	d_0=25mm 套式 a_p=1.5mm
	v_c			
0.3	0.57	0.63	0.49	0.45
0.4	0.49	0.54	0.43	0.38
0.5	0.44	0.47	0.38	0.33
0.6	0.40	0.44	0.35	0.31
0.7	0.37	0.40	0.32	0.29
0.8	—	0.38	0.31	0.27
0.9	—	0.36	0.28	0.26
1.0	—	0.34	0.27	0.24
1.2	—	—	0.25	0.22

f（mm/r）	d_0=30mm 整体 a_p=1.5mm	d_0=30mm 套式 a_p=1.5mm	d_0=35mm 整体 a_p=1.5mm	d_0=35mm 套式 a_p=1.5mm	d_0=40mm 整体 a_p=2mm
	v_c				
0.4	0.45	0.40	0.42	0.37	0.41
0.5	0.41	0.37	0.37	0.33	0.37
0.6	0.37	0.34	0.33	0.31	0.33
0.7	0.35	0.32	0.32	0.28	0.31
0.8	0.33	0.28	0.29	0.26	0.29
0.9	0.31	0.27	0.28	0.25	0.27
1.0	0.28	0.26	0.26	0.24	0.26
1.2	0.26	0.23	0.24	0.21	0.24
1.4	0.24	0.21	0.23	0.20	0.22
1.6	—	—	0.21	0.18	0.20

f（mm/r）	d_0=40mm 套式 a_p=2mm	d_0=50mm 套式 a_p=2.5mm	d_0=60mm 套式 a_p=3mm	d_0=70mm 套式 a_p=3.5mm	d_0=80mm 套式 a_p=4mm
	v_c				
0.5	0.34	0.31	0.29	—	—
0.6	0.30	0.28	0.27	0.26	0.24
0.7	0.28	0.26	0.25	0.24	0.23
0.8	0.26	0.24	0.23	0.23	0.21
1.0	0.23	0.21	0.21	0.20	0.18
1.2	0.21	0.20	0.19	0.17	0.17
1.4	0.20	0.18	0.17	0.17	0.16
1.6	0.18	0.17	0.16	0.16	0.14
1.8	—	0.16	0.15	0.14	0.14
2.0	—	0.15	0.14	0.14	0.13
2.2	—	—	0.14	0.13	0.12
2.4	—	—	—	0.12	0.12

注　1. 全部使用切削液。

2. 使用条件交换时可视具体条件用插值法求出。

表 5-80 高速钢扩孔钻在灰铸铁（190HBS）上扩孔时的切削速度 m/s

f（mm/r）	d_0=15mm 整体 a_p=1mm	d_0=20mm 整体 a_p=1mm	d_0=25mm 整体 a_p=1.5mm	d_0=25mm 套式 a_p=1.5mm
	v_c			
0.3	0.55	0.59	—	—
0.4	0.49	0.52	0.49	0.44
0.5	0.45	0.48	0.45	0.40
0.6	0.42	0.44	0.42	0.37
0.8	0.37	0.39	0.37	0.34
1.0	0.34	0.36	0.34	0.31
1.2	0.32	0.34	0.32	0.28
1.4	—	0.32	0.30	0.27
1.6	—	0.30	0.28	0.25
1.8	—	—	0.27	0.24

f（mm/r）	d_0=30mm 整体 a_p=1.5mm	d_0=30mm 套式 a_p=1.5mm	d_0=35mm 整体 a_p=1.5mm	d_0=35mm 套式 a_p=1.5mm	d_0=40mm 整体 a_p=2mm
	v_c				
0.5	0.47	0.39	—	—	—
0.6	0.43	0.38	0.43	0.38	0.43
0.8	0.38	0.35	0.38	0.34	0.38
1.0	0.35	0.32	0.35	0.32	0.35
1.2	0.33	0.29	0.33	0.29	0.33
1.4	0.31	0.28	0.31	0.28	0.31
1.6	0.29	0.26	0.29	0.26	0.29
1.8	0.28	0.25	0.28	0.25	0.28
2.0	0.27	0.24	0.27	0.24	0.27
2.4	—	—	0.25	0.21	0.25
2.8	—	—	—	—	0.23

f（mm/r）	d_0=40mm 套式 a_p=2mm	d_0=50mm 套式 a_p=2.5mm	d_0=60mm 套式 a_p=3mm	d_0=70mm 套式 a_p=3.5mm	d_0=80mm 套式 a_p=4mm
	v_c				
0.6	0.38	—	—	—	—
0.8	0.34	0.33	0.34	—	—
1.0	0.32	0.31	0.31	0.31	0.31
1.2	0.29	0.29	0.29	0.29	0.29
1.4	0.28	0.28	0.28	0.27	0.27
1.6	0.26	0.26	0.25	0.25	0.25
2.0	0.24	0.23	0.23	0.23	0.23
2.4	0.22	0.22	0.22	0.22	0.22
2.8	0.21	0.21	0.21	0.21	0.21
3.2	—	0.19	0.19	0.19	0.19
3.6	—	—	0.18	0.18	0.18
4.0	—	—	—	0.17	0.17

注 使用条件变换时可根据具体条件用插值法求出。

表 5-81　　硬质合金扩孔钻扩孔时的切削速度　　m/s

YT15 硬质合金扩孔钻在碳钢及合金钢（σ_b=650MPa）上扩孔，加切削液

f（mm/r）	d_0=15mm a_p=1mm	d_0=20mm a_p=1mm	d_0=25mm a_p=1.5mm	d_0=30mm a_p=1.5mm	d_0=35mm a_p=1.5mm
	v_c				
0.20	0.97	—	—	—	—
0.25	0.92	1.10	—	—	—
0.30	0.87	1.01	1.00	—	—
0.35	0.82	0.98	0.97	—	—
0.40	0.78	0.93	0.92	1.03	—
0.45	0.77	0.90	0.88	1.00	1.03
0.50	0.73	0.88	0.87	0.97	1.00
0.60	0.70	0.83	0.82	0.92	0.95
0.70	0.67	0.80	0.78	0.87	0.90
0.80	—	0.77	0.75	0.83	0.87
0.90	—	—	0.72	0.80	0.83
1.00	—	—	—	0.78	0.82

f（mm/r）	d_0=40mm a_p=2mm	d_0=50mm a_p=2.5mm	d_0=60mm a_p=3mm	d_0=70mm a_p=3.5mm	d_0=80mm a_p=4mm
	v_c				
0.45	1.05	—	—	—	—
0.50	1.01	1.01	1.03	1.05	1.10
0.60	0.97	0.97	0.98	1.00	1.00
0.70	0.92	0.93	0.93	0.95	0.95
0.80	0.88	0.88	0.90	0.92	0.92
0.90	0.85	0.87	0.87	0.88	0.88
1.00	0.83	0.83	0.83	0.85	0.87
1.20	0.78	0.78	0.80	0.80	0.82
1.40	—	0.75	0.77	0.77	0.78

YG8 硬质合金扩孔钻在灰铸铁（190HBS）上扩孔的切削速度 v_c

f（mm/r）	d_0=15mm a_p=1mm	d_0=20mm a_p=1mm	d_0=25mm a_p=1.5mm	d_0=30mm a_p=1.5mm	d_0=35mm a_p=1.5mm
	v_c				
0.30	1.43	—	—	—	—
0.35	1.33	1.50	—	—	—
0.40	1.27	1.42	1.30	1.40	—
0.50	1.13	1.28	1.16	1.27	1.22
0.60	1.05	1.18	1.08	1.16	1.13
0.70	0.98	1.10	1.00	1.08	1.05
0.80	0.92	1.03	0.95	1.01	1.00
0.90	0.87	0.98	0.90	0.97	0.93
1.00	—	0.93	0.85	0.92	0.90
1.20	—	—	0.78	0.85	0.83

f（mm/r）	d_0=40mm a_p=2mm	d_0=50mm a_p=2.5mm	d_0=60mm a_p=3mm	d_0=70mm a_p=3.5mm	d_0=80mm a_p=4mm
	v_c				
0.50	1.23	—	—	—	—
0.60	1.13	1.05	1.00	—	—
0.70	1.06	0.98	0.93	0.90	0.87
0.80	1.00	0.93	0.88	0.83	0.82
0.90	0.95	0.88	0.83	0.80	0.77
1.00	0.90	0.83	0.80	0.77	0.73
1.20	0.83	0.77	0.73	0.70	0.68
1.40	0.78	0.72	0.68	0.65	0.63
1.60	0.73	0.68	0.63	0.62	0.60
2.00	—	0.62	0.58	0.55	0.53
2.40	—	—	—	0.51	0.50

5.2.4 铰削切削用量（见表 5-82～表 5-90）

表 5-82　　高速钢及硬质合金机铰刀铰孔时的进给量　　mm/r

铰刀直径（mm）	高速钢铰刀				硬质合金铰刀			
	钢		铸铁		钢		铸铁	
	$\sigma_b \leqslant$ 900MPa	$\sigma_b >$ 900MPa	硬度≤170HBS 铸铁、铜、铝合金	硬度>170HBS	未淬硬钢	淬硬钢	硬度≤170HBS	硬度>170HBS
≤5	0.2～0.5	0.15～0.35	0.6～1.2	0.4～0.8	—	—	—	—
>5～10	0.4～0.9	0.35～0.7	1.0～2.0	0.65～1.3	0.35～0.5	0.25～0.35	0.9～1.4	0.7～1.1
>10～20	0.65～1.4	0.55～1.2	1.5～3.0	1.0～2.0	0.4～0.6	0.30～0.40	1.0～1.5	0.8～1.2
>20～30	0.8～1.8	0.65～1.5	2.0～4.0	1.3～2.6	0.5～0.7	0.35～0.45	1.2～1.8	0.9～1.4
>30～40	0.95～2.1	0.8～1.8	2.5～5.0	1.6～3.2	0.6～0.8	0.40～0.50	1.3～2.0	1.0～1.5
>40～60	1.3～2.8	1.0～2.3	3.2～6.4	2.1～4.2	0.7～0.9	—	1.6～2.4	1.25～1.8
>60～80	1.5～3.2	1.2～2.6	3.75～7.5	2.6～5.0	0.9～1.2	—	2.0～3.0	1.5～2.2

注　1. 表内进给量用于加工通孔。加工盲孔时进给量应取为 0.2～0.5mm/r。

2. 最大进给量用于在钻或扩孔之后，精铰孔之前的粗铰孔。

3. 中等进给量用于：粗铰之后精铰 H7 级精度的孔；精镗之后精铰 H7 级精度的孔；对硬质合金铰刀，用于精铰 H9～H8 级精度的孔。

4. 最小进给量用于：抛光或珩磨之前的精铰孔；用一把铰刀铰 H8～H9 级精度的孔；对硬质合金铰刀，用于精铰 H7 级精度的孔。

表 5-83　　高速钢铰刀加工不同材料的切削用量

铰刀直径 d_0（mm）	低碳钢　硬度 120～200HBW		低合金钢　硬度 200～300HBW		高合金钢　硬度 300～400HBW		软铸铁　硬度 130HBW		中硬铸铁　硬度 175HBW		硬铸铁　硬度 230HBW	
	f	v	f	v	f	v	f	v	f	v	f	v
6	0.13	23	0.10	18	0.10	7.5	0.15	30.5	0.15	26	0.15	21
9	0.18	23	0.18	18	0.15	7.5	0.20	30.5	0.20	26	0.20	21
12	0.20	27	0.20	21	0.18	9	0.25	36.5	0.25	29	0.25	24
15	0.25	27	0.25	21	0.20	9	0.30	36.5	0.30	29	0.30	24
19	0.30	27	0.30	21	0.25	9	0.38	36.5	0.38	29	0.36	24
22	0.33	27	0.33	21	0.25	9	0.43	36.5	0.43	29	0.41	24
25	0.51	27	0.38	21	0.30	9	0.51	36.5	0.51	29	0.41	24

铰刀直径 d_0（mm）	可锻铸铁		铸造黄铜及黄铜		铸造铝合金及锌合金		塑　料		不　锈　钢		钛　合　金	
	f	v	f	v	f	v	f	v	f	v	f	v
6	0.10	17	0.13	46	0.15	43	0.13	21	0.05	7.5	0.15	9
9	0.18	20	0.18	46	0.20	43	0.18	21	0.10	7.5	0.20	9
12	0.20	20	0.23	52	0.25	49	0.20	24	0.15	9	0.25	12
15	0.25	20	0.30	52	0.30	49	0.25	24	0.20	9	0.25	12
19	0.30	20	0.41	52	0.38	49	0.30	24	0.25	11	0.30	12
22	0.33	20	0.43	52	0.43	49	0.33	24	0.30	12	0.38	18
25	0.38	20	0.51	52	0.51	49	0.51	24	0.36	14	0.51	18

表 5-84 高速钢铰刀铰削结构碳钢、铬钢、镍铬钢（σ_b=650MPa）的切削速度 m/min

粗 铰

f（mm/r）	d_0=5mm a_p=0.05mm	d_0=10mm a_p=0.075mm	d_0=15mm a_p=0.1mm	d_0=20mm a_p=0.125mm	d_0=25mm a_p=0.125mm
	v	v	v	v	v
≤0.5	24.0	21.6	17.4	18.2	16.6
0.6	21.3	19.2	15.3	16.1	14.8
0.7	19.3	17.4	14.1	14.7	13.4
0.8	17.6	15.9	12.9	13.5	12.2
1.0	—	13.8	11.1	11.6	10.6
1.2	—	12.3	9.9	10.3	9.4
1.4	—	—	9.2	9.3	8.5
1.6	—	—	8.2	8.6	7.8
1.8	—	—	7.7	7.9	7.2
2.0	—	—	7.1	7.4	6.7

f（mm/r）	d_0=30mm a_p=0.125mm	d_0=40mm a_p=0.15mm	d_0=50mm a_p=0.15mm	d_0=60mm a_p=0.2mm	d_0=80mm a_p=0.25mm
	v	v	v	v	v
≤0.8	12.9	12.1	11.4	10.7	9.8
1.0	11.2	10.4	9.9	9.2	8.5
1.2	9.9	9.1	8.8	8.2	7.5
1.4	8.9	8.4	8.0	7.4	6.8
1.6	8.2	7.5	7.3	6.8	6.2
1.8	7.6	7.2	6.7	6.3	5.8
2.0	7.1	6.7	6.3	5.9	5.4
2.2	6.6	6.2	5.9	5.5	5.1
2.5	6.2	5.7	5.4	5.1	4.7
3.0	5.4	5.1	4.8	4.5	4.1
3.5	5.1	4.7	4.4	4.1	3.8
4.0	4.6	4.2	4.0	3.7	3.4

精 铰

公差等级	加工表面粗糙度 R_a（μm）	切削速度 v
H7～H8	1.6～0.8	2～3
	3.2～1.6	4～5

注 1. 表内粗铰切削用量能保证得到IT11～IT8级精度及表面粗糙度 Ra=2.5～5μm。
2. 精铰切削速度的上限用于铰正火钢，而下限铰韧性钢。
3. 全部使用切削液。
4. 使用条件改变时的修正系数见表5-90。

表 5-85 高速钢铰刀铰削灰铸铁（190HBW）的切削速度 m/min

粗 铰

f（mm/r）	d_0=5mm a_p=0.05mm	d_0=10mm a_p=0.075mm	d_0=15mm a_p=0.1mm	d_0=20mm a_p=0.125mm	d_0=25mm a_p=0.125mm
	v	v	v	v	v
≤0.5	18.9	17.9	15.9	16.5	14.7
0.6	17.2	16.3	14.5	15.1	13.4
0.7	15.9	15.1	13.4	14.0	12.4
0.8	14.9	14.1	12.6	13.1	11.6

续表

粗铰					
f（mm/r）	d_0=5mm a_p=0.05mm	d_0=10mm a_p=0.075mm	d_0=15mm a_p=0.1mm	d_0=20mm a_p=0.125mm	d_0=25mm a_p=0.125mm
	v	v	v	v	v
1.0	13.3	12.6	11.2	11.7	10.4
1.2	12.2	11.5	10.3	10.7	9.5
1.4	11.3	10.7	9.5	9.9	8.8
1.6	10.6	10.0	8.9	9.2	8.2
1.8	9.9	9.4	8.4	8.7	7.7
2.0	9.4	8.9	8.0	8.3	7.4
2.5	—	—	—	7.4	6.6
3.0		—	—	6.7	6.0
f（mm/r）	d_0=30mm a_p=0.125mm	d_0=40mm a_p=0.15mm	d_0=50mm a_p=0.15mm	d_0=60mm a_p=0.2mm	d_0=80mm a_p=0.25mm
	v	v	v	v	v
0.8	12.1	11.5	11.5	10.7	10.0
1.0	10.8	10.3	10.0	9.6	8.9
1.2	9.8	9.4	9.2	8.7	8.1
1.4	9.1	8.7	8.5	8.1	7.5
1.6	8.5	8.1	7.9	7.6	7.1
1.8	8.0	7.6	7.5	7.1	6.7
2.0	7.6	7.3	7.1	6.8	6.3
2.5	6.8	6.5	6.3	6.1	5.6
3.0	6.2	5.9	5.8	5.5	5.2
4.0	5.4	5.1	5.0	4.8	4.5
5.0	4.8	4.6	4.5	4.3	4.0

精铰		
加工材料	表面粗糙度 Ra（μm）	
	3.2～1.6	1.6～0.8
	允许的最大切削速度 v	
灰铸铁	8	4
可锻铸铁	15	8
铜合金	15	8

注 1. 表内粗铰切削用量加工孔能得到IT9～IT8级精度及表面粗糙度 Ra=3.2μm。
2. 精铰切削用量加工能得到H7级精度孔。
3. 使用条件改变时的修正系数见表5-90。

表5-86　高速钢铰刀铰锥孔的切削用量

(1) 进给量 f（mm/r）

孔径 d_0（mm）	加工钢		加工铸铁	
	粗铰	精铰	粗铰	精铰
5	0.08	0.05	0.08	0.08
10	0.10	0.08	0.15	0.10
15	0.15	0.10	0.20	0.15
20	0.20	0.13	0.25	0.18

续表

(1) 进给量 f (mm/r)

孔径 d_0 (mm)	加工钢		加工铸铁	
	粗铰	精铰	粗铰	精铰
30	0.30	0.18	0.35	0.25
40	0.35	0.22	0.40	0.30
50	0.40	0.25	0.50	0.40
60	0.50	0.30	0.60	0.45

(2) 切削速度 v (m/min)

工序	结构钢 σ_b (MPa)			工具钢	铸铁
	≤600	>600~900	>900		
	加切削液				不加切削液
粗铰	8~10	6~8	5~6	5~6	8~10
精铰	6~8	4~6	3~4	3~4	5~6

注　用9SiCr钢制铰刀工作时切削速度应乘系数0.6。

表5-87　硬质合金铰刀铰孔的切削用量

加工材料			铰刀直径 d_0 (mm)	背吃刀量 a_p (mm)	进给量 f (mm/r)	切削速度 v (m/min)
钢	σ_b (MPa)	≤1000	<10	0.08~0.12	0.15~0.25	6~12
			10~20	0.12~0.15	0.20~0.35	
			20~40	0.15~0.20	0.30~0.50	
		>1000	<10	0.08~0.12	0.15~0.25	4~10
			10~20	0.12~0.15	0.20~0.35	
			20~40	0.15~0.20	0.30~0.50	
铸钢，σ_b≤700MPa			<10	0.08~0.12	0.15~0.25	6~10
			10~20	0.12~0.15	0.20~0.35	
			20~40	0.15~0.20	0.30~0.50	
灰铸铁，硬度HBW		≤200	<10	0.08~0.12	0.15~0.25	8~15
			10~20	0.12~0.15	0.20~0.35	
			20~40	0.15~0.20	0.30~0.50	
		>200~450	<10	0.08~0.12	0.15~0.25	5~10
			10~20	0.12~0.15	0.20~0.35	
			20~40	0.15~0.20	0.30~0.50	
冷硬铸铁，硬度65~80HS			<10	0.08~0.12	0.15~0.25	3~5
			10~20	0.12~0.15	0.20~0.35	
			20~40	0.15~0.20	0.30~0.50	
黄铜			<10	0.08~0.12	0.15~0.25	10~20
			10~20	0.12~0.15	0.20~0.35	
			20~40	0.15~0.20	0.30~0.50	
铸青铜			<10	0.08~0.12	0.15~0.25	15~30
			10~20	0.12~0.15	0.20~0.35	
			20~40	0.15~0.20	0.30~0.50	

续表

加工材料		铰刀直径 d_0（mm）	背吃刀量 a_p（mm）	进给量 f（mm/r）	切削速度 v（m/min）
铜		<10 10～20 20～40	0.08～0.12 0.12～0.15 0.15～0.20	0.15～0.25 0.20～0.35 0.30～0.50	6～12
铝合金	w(Si) ≤7%	<10 10～20 20～40	0.09～0.12 0.14～0.15 0.18～0.20	0.15～0.25 0.20～0.35 0.30～0.50	15～30
	w(Si) >14%	<10 10～20 20～40	0.08～0.12 0.12～0.15 0.15～0.20	0.15～0.25 0.20～0.35 0.30～0.50	10～20
热塑性树脂		<10 10～20 20～40	0.09～0.12 0.14～0.15 0.18～0.20	0.15～0.25 0.20～0.35 0.30～0.50	15～30
热固性树脂		<10 10～20 20～40	0.08～0.12 0.12～0.15 0.15～0.27	0.15～0.25 0.20～0.35 0.30～0.50	10～20

注 粗铰（Ra=3.2～1.6μm）钢和灰铸铁时，切削速度也可增至60～80m/min。

表5-88 钻头、扩孔钻和铰刀的磨钝标准及耐用度

（1）后刀面最大磨损限度 mm

刀具材料	加工材料	钻头		扩孔钻		铰刀	
		直径 d_0					
		≤20	>20	≤20	>20	≤20	>20
高速钢	钢	0.4～0.8	0.8～1.0	0.5～0.8	0.8～1.2	0.3～0.5	0.5～0.7
	不锈钢及耐热钢	0.3～0.8		—		—	
	钛合金	0.4～0.5		—		—	
	铸铁	0.5～0.8	0.8～1.2	0.6～0.9	0.9～1.4	0.4～0.6	0.6～0.9
硬质合金	钢（扩钻）及铸铁	0.4～0.8	0.8～1.2	0.6～0.8	0.8～1.4	0.4～0.6	0.6～0.8
	淬硬钢	—		0.5～0.7		0.3～0.35	

（2）单刀加工刀具耐用度 T min

刀具类型	加工材料	刀具材料	刀具直径 d_0（mm）							
			<6	6～10	11～20	21～30	31～40	41～50	51～60	61～80
钻头（钻孔及扩钻）	结构钢及钢铸件	高速钢	15	25	45	50	70	90	110	—
	不锈钢及耐热钢	高速钢	6	8	15	25	—	—	—	—
	铸铁、铜合金及铝合金	高速钢 硬质合金	20	35	60	75	110	140	170	—

续表

(2) 单刀加工刀具耐用度 T min

刀具类型	加工材料	刀具材料	刀具直径 d_0 (mm)							
			<6	6~10	11~20	21~30	31~40	41~50	51~60	61~80
扩孔钻（扩孔）	结构钢及铸钢、铸铁、铜合金及铝合金	高速钢及硬质合金	—	—	30	40	50	60	80	100
铰刀（铰孔）	结构钢及铸钢	高速钢	—	—	40	80		120		
		硬质合金	—	20	30	50	70	90	110	140
	铸铁、铜合金及铝合金	高速钢	—	—	60	120		180		
		硬质合金	—	—	45	75	105	135	165	210

(3) 多刀加工刀具耐用度 T min

最大加工孔径 (mm)	刀具数量				
	3	5	8	10	≥15
10	50	80	100	120	140
15	80	110	140	150	170
20	100	130	170	180	200
30	120	160	200	220	250
50	150	200	240	260	300

注 在进行多刀加工时，如扩孔钻及刀头的直径大于60mm，则随调整复杂程度不同，刀具耐用度取为 $T=150\sim300$min。

表 5-89　　钻、扩、铰孔时切削速度的计算公式

$$v=\frac{C_v d_0^{z_v}}{T^m a_p^{x_v} f^{y_v}} k_v$$

式中 v——切削速度，m/min。

工件材料	加工类型	刀具材料	切削液用否	进给量 f (mm/r)	公式中的系数和指数				
					C_v	z_v	x_v	y_v	m
碳素结构钢及合金结构钢，$\sigma_b=650$MPa	钻孔	高速钢	用	≤0.2	4.4	0.4	0	0.7	0.2
				>0.2	6.1			0.5	
	扩钻	高速钢		—	10.2	0.4	0.2	0.5	0.2
		YG8		—	8	0.6	0.2	0.3	0.25
	扩孔	高速钢		—	18.6	0.3	0.2	0.5	0.3
		YT15		—	16.5	0.6	0.2	0.3	0.25
	铰孔	高速钢		—	12.1	0.3	0.2	0.65	0.4
		YT15		—	115.7	0.3	0	0.65	0.7
淬硬钢，$\sigma_b=1600\sim1800$MPa，49~54HRC	扩孔	YT15	用	—	10	0.6	0.3	0.6	0.45
	铰孔			—	14	0.4	0.75	1.05	0.85
耐热钢1Cr18Ni9Ti，141HBW	钻孔	高速钢	用	—	3.57	0.5	0	0.45	0.12

续表

$v=\frac{C_v d_0^{z_v}}{T^m a_p^{x_v} f^{y_v}} k_v$　　式中　v——切削速度，m/min。

工件材料		加工类型	刀具材料	切削液用否	进给量 f (mm/r)	公式中的系数和指数				
						C_v	z_v	x_v	y_v	m
灰铸铁，190HBW		钻孔	高速钢	不用	≤0.3	8.1	0.25	0	0.55	0.125
					>0.3	9.4			0.4	
			YG8		—	22.2	0.45	0	0.3	0.2
		扩钻	高速钢		—	12.9	0.25	0.1	0.4	0.125
			YG8		—	37	0.5	0.15	0.45	0.4
		扩孔	高速钢		—	18.8	0.2	0.1	0.4	0.125
			YG8		—	68.2	0.4	0.15	0.45	0.4
		铰孔	高速钢		—	15.6	0.2	0.1	0.5	0.3
			YG8		—	109		0		0.45
可锻铸铁，150HBW		钻孔	高速钢	用	≤0.3	12	0.25	0	0.55	0.125
					>0.3	14			0.4	
			YG8	不用	—	26.2	0.45	0	0.3	0.2
		扩钻	高速钢	用	—	19	0.25	0.1	0.4	0.125
			YG8	不用	—	50.3	0.5	0.15	0.45	0.4
		扩孔	高速钢	用	—	27.9	0.2	0.1	0.4	0.125
			YG8	不用	—	93	0.4	0.15	0.45	0.4
		铰孔	高速钢	用	—	23.2	0.2	0.1	0.5	0.3
			YG8	不用	—	148		0		0.45
铜合金	中等硬度非均质铜合金，100～140HBW	钻孔	高速钢	不用	≤0.3	28.1	0.25	0	0.55	0.125
					>0.3	32.6			0.4	
	中等硬度青铜	扩孔			—	56	0.2	0.1	0.4	0.125
	高硬度青铜				—	28	0.2	0.1	0.4	0.125
	黄铜				—	48	0.3	0.2	0.5	0.3
铝硅合金及铸造铝合金，σ_b=100～200MPa，硬度≤65HBW；硬铝，σ_b=300～400MPa，硬度≤100HBW		钻孔	高速钢	不用	≤0.3	36.3	0.25	0	0.55	0.125
					>0.3	40.7			0.4	
		扩孔			—	80	0.3	0.2	0.5	0.3

注　1. 当钢和铸铁的力学性能改变时，切削速度的修正系数 k_{M_v} 可按表5-63计算。

2. 加工条件改变时切削速度的修正系数见表5-90。

3. 用YG8硬质合金钻头钻削未淬硬的结构碳钢、铬钢及镍铬钢（使用切削液）时切削速度（m/min）可按以下公式计算：

当 f≤0.12mm/r时，$v=\frac{5950d_0^{0.6}}{T^{0.25}f^{0.3}\sigma_b^{0.9}}$；$f$>0.12mm/r时，$v=\frac{3890d_0^{0.6}}{T^{0.25}f^{0.5}\sigma_b^{0.9}}$。

表 5-90 钻、扩、铰孔条件改变时切削速度的修正系数

1. 用高速钢钻头及扩孔钻加工

(1) 与刀具寿命有关的系数 k_{T_v}

$\frac{\text{实际刀具寿命}}{\text{标准刀具铸命}}$			0.25	0.5	1	2	4	6	8	10	12	18	24
k_{T_v}	加工钢及铝合金	钻，扩钻	1.32	1.15	1.0	0.87	0.76	0.70	0.66	0.63	0.61	0.56	0.53
		扩孔	1.51	1.23	1.0	0.81	0.66	0.58	0.53	0.50	0.47	0.42	0.39
	加工铸铁及铜合金	钻、扩钻、扩孔	1.2	1.09	1.0	0.91	0.84	0.79	0.76	0.75	0.73	0.69	0.66

(2) 与加工材料有关的系数 k_{M_v}

加工材料的名称	材料牌号	材料硏度 HBW											
		—	—	—	110~140	>140~170	>170~200	>200~230	>230~260	>260~290	>290~320	>320~350	>350~380
		材料强度 σ_b (MPa)											
		100~200	>200~300	>300~400	>400~500	>500~600	>600~700	>700~800	>800~900	>900~1000	>1000~1100	>1100~1200	>1200~1300
		k_{M_v}											
易切削钢	Y12、Y15、Y20、Y30、Y35	—	—	—	0.87	1.39	1.2	1.06	0.94	—	—	—	—
碳素结构钢 [$w(C) \leqslant 0.6\%$]	08、10、15、20、25、30、35、40、45、50、55、60、0～6 号钢	—	—	0.57	0.72	1.16	1.0	0.88	0.78	—	—	—	—
铬钢 镍钢 镍铬钢	15Cr、20Cr、30Cr、35Cr、40Cr、45Cr、50Cr、25Ni、30Ni、12Cr2Ni4、20Cr2Ni4、20CrNi3A、37CrNi3A	—	—	—	—	1.04	0.9	0.79	0.70	0.64	0.58	0.54	0.49
碳素工具钢及碳素结构钢 [$w(C) > 0.6\%$]	T8、T8A、T9、T9A、T10、T10A、T12、T12A、T13、T13A、T8Mn、T8MnA、T10Mn、T10MnA	—	—	—	—	—	0.8	0.7	0.62	0.57	0.52	0.48	—
镍铬钨钢及与它近似的钢	18CrNiWA、25CrNiWA、18Cr2Ni4MoA、18CrNiMoA、20CrNiVA、45CrNiMoVA	—	—	—	—	—	0.8	0.7	0.62	0.57	0.52	0.48	—

续表

1. 用高速钢钻头及扩孔钻加工

(2) 与加工材料有关的系数 k_{M_v}

加工材料的名称	材料牌号	材料硬度 HBW											
		—	—	—	110～140	>140～170	>170～200	>200～230	>230～260	>260～290	>290～320	>320～350	>350～380
		材料强度 σ_b (MPa)											
		100～200	>200～300	>300～400	>400～500	>500～600	>600～700	>700～800	>800～900	>900～1000	>1000～1100	>1100～1200	>1200～1300
		k_{M_v}											
锰钢	15Mn～70Mn、10Mn2～50Mn2												
铬钼钢及与它近似的钢	12CrMo～35CrMo、38CrMoAlA、35CrAlA、32CrNiMo、40CrNiMoA	—	—	—	—	0.82	0.7	0.62	0.55	0.5	0.46	0.42	0.39
铬锰钢及与它近似的钢	15CrMn、20CrMn、40CrMn、40Cr2Mn、55CrMn2、33CrSi、37CrSi、35SiMn、30CrMnSi、35CrMnSi	—	—	—	—	0.82	0.7	0.62	0.55	0.5	0.46	0.42	0.39
高速工具钢	W18Cr4V	—	—	—	—	—	0.6	0.53	0.47	0.43	0.39	0.36	0.33
铝硅合金及铸铝合金	—	1.0	0.8	—	—	—							
硬铝	—	—	1.2	1.0	0.8								

(2) 与加工材料有关的系数 k_{M_v}

材料名称			材料牌号	材料硬度 HBW												
				35～65	70～80	60～80	60～90	70～90	100～120	120～140	140～160	160～180	180～200	200～220	220～240	240～260
				k_{M_v}												
灰铸铁			各种	—	—	—	—	—	—	—	1.36	1.16	1.0	0.88	0.78	0.70
黑心可锻铸铁			各种	—	—	—	—	—	1.5	1.2	1.0	0.85	0.74	—	—	—
钢合金	非均质合金	高硬度	ZCuAl8Mn13Fe3Ni2及其他牌号	—	—	—	—	—	—	—	0.70	0.70	0.70	—	—	—

续表

1. 用高速钢钻头及扩孔钻加工

(2) 与加工材料有关的系数 k_{M_v}

材料名称			材料牌号	材料硬度 HBW												
				35~65	70~80	60~80	60~90	70~90	100~120	120~140	140~160	160~180	180~200	200~220	220~240	240~260
				k_{M_v}												
铜合金	非均质合金	中等硬度	QAl9-4 HSi80-3 及其他牌号	—	—	—	—	—	1.0	1.0	—	—	—	—	—	—
铜合金	非均质铅合金		ZCuSn10Pb5、ZCuZn38Mn2Pb2 及其他牌号	—	—	—	—	1.7	—	—	—	—	—	—	—	—
铜合金	均质合金		QAl7、QSn6.5-0.1 及其他牌号	—	—	—	2	—	—	—	—	—	—	—	—	—
铜合金	w (Pb) <10% 的均质合金		ZCuSn5Pb5Zn5、QSn4-4-2.5 及其他牌号	—	—	4	—	—	—	—	—	—	—	—	—	—
铜合金	铜		Cu-4、Cu-5	—	8	—	—	—	—	—	—	—	—	—	—	—
铜合金	w (Pb) >10% 的合金		ZCuPb17Sn4Zn4、ZCuPb30 及其他牌号	12	—	—	—	—	—	—	—	—	—	—	—	—

(3) 与钻孔时钢料状态有关的系数 k_{S_v}

钢料状态	轧材及已加工的孔		热处理			铸件，冲压（扩孔用）	
	冷拉的	热轧的	正火	退火	调质	未经过酸蚀的	经过酸蚀的
k_{S_v}	1.1	1.0	0.95	0.9	0.8	0.75	0.95

(4) 与扩孔时加工表面状态有关的系数 k_{W_v}

加工表面状态	已加工的孔	铸孔 $\frac{\text{实际背吃刀量 } a_{pR}}{\text{标准背吃刀量 } a_p} \geqslant 3$
k_{W_v}	1.0	0.75

(5) 与刀具材料有关的系数 k_{t_v}

刀具材料牌号	W18Cr4V W6Mo5Cr4V2	9SiCr
k_{t_v}	1.0	0.6

(6) 与钻头刃磨形状有关的系数 k_{x_v}

刃磨形状		双横	标准
k_{x_v}	加工钢及铝合金	1.0	0.87
	加工铸铁及铜合金	1.0	0.84

续表

1. 用高速钢钻头及扩孔钻加工

(7) 与扩孔的背吃刀量有关的系数 $k_{a_{pv}}$

实际背吃刀量/标准背吃刀量 $=\frac{a_{pR}}{a_p}$		0.5	1.0	2.0
$k_{a_{pv}}$	加工钢及铝合金	1.15	1.0	0.87
	加工铸铁及铜合金	1.08	1.0	0.93

(8) 与钻孔深度有关的系数 k_{l_v}

孔深（以直径为单位）	$\leqslant 3d_0$	$4d_0$	$5d_0$	$6d_0$	$8d_0$	$10d_0$
k_{l_v}	1.0	0.85	0.75	0.7	0.6	0.5

2. 用硬质合金钻头和扩孔钻加工

(1) 与刀具寿命有关的系数 k_{T_v}

实际刀具寿命/标准刀具寿命		0.25	0.5	1	2	4	6	8	10	12	18	24
k_{T_v}	加工钢	1.41	1.19	1.0	0.84	0.71	0.64	0.60	0.56	0.54	0.49	0.45
	加工铸铁	1.74	1.32	1.0	0.76	0.57	0.49	0.43	0.40	0.37	0.31	0.28

(2) 与加工材料有关的系数 k_{M_v}

加工材料											
	硬度 HBW	—	110~140	>140~170	>170~200	>200~230	>230~260	>260~290	>290~320	>320~350	>350~380
	σ_b (MPa)	300~400	>400~500	>500~600	>600~700	>700~800	>800~900	>900~1000	>1000~1100	>1100~1200	>1200~1300
	易切削钢、碳钢、铬钢、镍铬钢	1.74	1.39	1.16	1.0	0.88	0.78	0.71	0.65	0.6	0.55
	碳素工具钢、锰钢、铬镍钨钢、铬钼钢、铬锰钢	1.3	1.04	0.87	0.75	0.66	0.58	0.53	0.49	0.45	0.41

加工材料	硬度 HBW	100~120	120~140	140~160	160~180	180~200	200~220	220~240	240~260
	灰铸铁	—	—	—	1.15	1.0	0.88	0.78	0.70
	黑心可锻铸铁	1.5	1.2	1.0	0.85	0.74	—	—	—

(3) 与毛坯的表面状态有关的系数 k_{W_v}

表面状态	无外皮	铸造外皮
k_{W_v}	1.0	0.8

(4) 与刀具材料有关的系数 k_{t_v}

刀具材料	加工钢		加工铸铁		
	YT15	YT5	YG8	YG6	YG3
k_{t_v}	1.0	0.65	1.0	1.2	1.3~1.4

(5) 与使用切削液有关的系数 k_{o_v}

工作条件	加工钢		加工铸铁	
	加切削液	不加切削液	不加切削液	加切削液
k_{o_v}	1.0	0.7	1.0	1.2~1.3

续表

2. 用硬质合金钻头和扩孔钻加工

(6) 与钻孔深度有关的系数 k_{l_v}

钻孔深度（以钻头直径为单位）	$\leqslant 3d_0$	$4d_0$	$5d_0$	$6d_0$	$10d_0$
k_{l_v}	1.0	0.85	0.75	0.6	0.5

(7) 与扩孔的背吃刀量有关的系数 $k_{a_{pv}}$

$\frac{实际背吃刀量}{标准背吃刀量}=\frac{a_{pR}}{a_p}$		0.5	1.0	2.0
$k_{a_{pv}}$	加工钢	1.15	1.0	0.87
	加工铸铁	1.11	1.0	0.93

3. 用高速钢铰刀加工

(1) 与刀具寿命有关的系数 k_{T_v}

$\frac{实际刀具寿命}{标准刀具寿命}=\frac{T_R}{T}$		0.25	0.5	1.0	2	4	6	8	10	12	18	24
k_{T_v}	加工钢及铝合金	1.74	1.32	1.0	0.76	0.57	0.49	0.43	0.40	0.37	0.31	0.28
	加工铸铁及铜合金	1.51	1.23	1.0	0.81	0.66	0.58	0.53	0.50	0.47	0.42	0.39

(2) 与加工材料有关的系数 k_{M_v}

加工材料	材料硬度 HBW										
	—	—	110～140	>140～170	>170～200	>200～230	>230～260	>260～290	>290～320	>320～350	>350～380
	材料强度 σ_b（MPa）										
	≤300	300～400	>400～500	>500～600	>600～700	>700～800	>800～900	>900～1000	>1000～1100	>1100～1200	>1200～1300
	k_{M_v}										
易切削钢、碳钢、铬钢、镍铬钢	—	—	0.9	1.0	1.0	0.88	0.78	0.71	0.65	0.6	0.55
碳素工具钢、锰钢、铬镍钨钢、铬钼钢及铬锰钢	—	—	—	0.75	0.75	0.66	0.58	0.53	0.49	0.45	0.41
硬铝合金	1.2	1.0	0.8	—	—	—	—	—	—	—	—

加工材料	材料硬度 HBW										
	60～80	60～90	70～90	100～120	120～140	140～160	160～180	180～200	200～220	220～240	240～260
	k_{M_v}										
灰铸铁	—	—	—	—	—	—	1.16	1.0	0.88	0.78	0.70
可锻铸铁	—	—	—	1.5	1.2	1.0	0.85	0.74	—	—	—
铜合金	4.0	2.0	1.7	1.0	1.0	0.70	0.70	—	—	—	—

(3) 与刀具材料有关的系数 k_{t_v}

刀具材料牌号	W18Cr4V，W6Mo5Cr4V2	9SiCr
k_{t_v}	1.0	0.85

(4) 与铰孔背吃刀具有关的系数 $k_{a_{pv}}$

$\frac{实际背吃刀量}{标准背吃刀量}=\frac{a_{pR}}{a_p}$		0.5	1.0	2.0
$k_{a_{pv}}$	加工钢和铝合金	1.15	1.0	0.87
	加工铸铁和铜合金	1.08	1.0	0.93

5.2.5 镗削切削用量（见表 5-91～表 5-98）

表 5-91　硬质合金及高速钢镗刀粗镗孔的进给量

镗刀或镗杆		加工材料									
圆形镗刀直径或方形镗杆尺寸（mm）	镗刀或镗杆伸出长度（mm）	碳素结构钢、合金结构钢、耐热钢					铸铁、钢合金				
		背吃刀量 a_p（mm）									
		2	3	5	8	12	2	3	5	8	12
		进给量 f（mm/r）									
（1）车床和转塔车床											
10	50	0.08	—	—	—	—	0.12～0.16	—	—	—	—
12	60	0.10	0.08	—	—	—	0.12～0.20	0.12～0.18	—	—	—
16	80	0.10～0.20	0.15	0.10	—	—	0.20～0.30	0.15～0.25	0.10～0.18	—	—
20	100	0.15～0.30	0.15～0.25	0.12	—	—	0.30～0.40	0.25～0.35	0.12～0.25	—	—
25	125	0.25～0.50	0.15～0.40	0.12～0.20	—	—	0.40～0.60	0.30～0.50	0.25～0.35	—	—
30	150	0.40～0.70	0.20～0.50	0.12～0.30	—	—	0.50～0.80	0.40～0.60	0.25～0.45	—	—
40	200	—	0.25～0.60	0.15～0.40	—	—	—	0.60～0.80	0.30～0.60	—	—
40×40	150	—	0.60～1.0	0.50～0.70	—	—	—	0.70～1.2	0.50～0.90	0.40～0.50	—
	300	—	0.40～0.70	0.30～0.60	—	—	—	0.60～0.90	0.40～0.70	0.30～0.40	—
60×60	150	—	0.90～1.2	0.80～1.0	0.60～0.80	—	—	1.0～1.5	0.80～1.2	0.60～0.90	—
	300	—	0.70～1.0	0.50～0.80	0.40～0.70	—	—	0.90～1.1	0.70～0.90	0.50～0.70	—
75×75	300	—	0.90～1.3	0.80～1.1	0.70～0.90	—	—	1.1～1.6	0.90～1.3	0.70～1.0	—
	500	—	0.70～1.0	0.60～0.90	0.50～0.70	—	—	—	0.70～1.1	0.60～0.80	—
	800	—	—	0.40～0.70	—	—	—	—	0.60～0.80	—	—
（2）立式车床											
—	200	—	1.3～1.7	1.2～1.5	1.1～1.3	0.9～1.2	—	1.5～2.0	1.4～2.0	1.2～1.6	1.0～1.4
	300		1.2～1.4	1.0～1.3	0.9～1.1	0.8～1.0		1.4～1.8	1.2～1.7	1.0～1.3	0.8～1.1
	500		1.0～1.2	0.9～1.1	0.7～0.9	0.6～0.7		1.2～1.6	1.1～1.5	0.8～1.1	0.7～0.9
	700		0.8～1.0	0.7～0.8	0.5～0.6	—		1.0～1.4	0.9～1.2	0.7～0.9	—

续表

(3) 卧式镗床

镗刀或镗杆		加工材料									
		碳素结构钢、合金结构钢、耐热钢					铸铁、铜合金				
孔径 d (mm)	镗杆长度 L (mm)	背吃刀量 a_p (mm)									
		2	3	5	8	10	2	3	5	8	10
		进给量 f (mm/r)									
≤50	L<10d	0.30~0.50	0.30~0.50	0.20~0.30			0.40~0.60	0.40~0.60	0.35~0.50		
	L=(10~20) d	0.30~0.50	0.25~0.40	0.15~0.25			0.40~0.60	0.40~0.50	0.30~0.40		
>50~150	L<10d	0.40~0.60	0.40~0.60	0.35~0.50	0.30~0.50	0.25~0.45	0.60~1.0	0.60~1.0	0.50~0.80	0.40~0.80	0.40~0.70
	L=(10~20) d	0.40~0.60	0.30~0.50	0.30~0.40	0.25~0.40	0.20~0.30	0.50~0.80	0.50~0.80	0.40~0.60	0.30~0.60	0.20~0.50
>150	L=(10~20) d	—	0.40~0.60	0.40~0.60	0.30~0.50	0.20~0.30	—	0.60~1.0	0.50~0.80	0.40~0.80	0.40~0.70

最大背吃刀量 a_p (mm)

工件材料	镗杆直径 (mm)					
	50	70	90	110	125	150
钢	3	5	8	10	12	15
灰铸铁	5	8	12	15	18	22

注 1. 背吃刀量较小、加工材料强度较低时，进给量取较大值；背吃刀量较大、加工材料强度较高时，进给量取较小值。
2. 加工耐热钢及其合金钢时，不采用大于 1mm/r 的进给量。
3. 加工断续表面及有冲击地加工时，表内进给量应乘系数 0.75~0.85。
4. 加工淬硬钢时，表内进给量应乘系数 K=0.8（当材料硬度为 44~56HRC 时）或 K=0.5（当硬度为 57~62HRC 时）。
5. 卧式镗床的进给量适于单刃镗刀，用双刃镗刀块加工时，表内进给量应乘系数 1.4~1.6。
6. 可转位刀片的允许最大进给量不应超过其刀尖圆弧半径的 80%。

表 5-92 **卧式镗床的镗削用量**

加工方式	刀具材料	刀具类型	铸铁		钢（包括铸钢）		铜、铝及其合金		a_p（mm）（直径上）
			v_c（m/s）	f（mm/r）	v_c（m/s）	f（mm/r）	v_c（m/s）	f（mm/r）	
粗镗	高速钢	刀头	0.3～0.6	0.3～1.0	0.3～0.66	0.3～1.0	1.6～2.5	0.4～1.5	5～8
		镗刀块	0.42～0.66	0.3～0.8			2～2.5	0.4～1.5	
	硬质合金	刀头	0.66～1.32	0.3～1.0	0.66～1.0	0.3～1.0	3.3～4.2	0.4～1.5	
		镗刀块	0.6～1.0	0.3～0.8			3.3～4.2	0.4～1.0	
半精镗	高速钢	刀头	0.42～0.66	0.2～0.8	0.5～0.8	0.2～0.8	2.5～3.3	0.2～1.0	1.5～3
		镗刀块	0.5～0.66	0.2～0.6			2.5～3.3	0.2～1.0	
		粗铰刀	0.25～0.42	2.0～5.0	0.16～0.3	0.5～3.0	0.5～0.8	2.0～5.0	0.3～0.8
	硬质合金	刀头	1.0～1.6	0.2～0.8	1.32～2.0	0.2～0.8	4.2～5	0.2～0.8	1.5～3
		镗刀块	0.8～1.32	0.2～0.6			4.2～5	0.2～0.6	
		粗铰刀	0.5～0.8	3.0～5.0			1.32～2	3.0～5.0	0.3～0.8
精镗	高速钢	刀头	0.25～0.5	0.15～0.5	0.3～0.6	0.1～0.6	2.5～3.3	0.2～1.0	0.6～1.2
		镗刀块	0.13～0.25	1.0～4.0	0.1～0.2	1.0～4.0	0.3～0.5	1.0～4.0	
		精铰刀	0.16～0.3	2.0～6.0	0.16～0.3	0.5～3.0	0.5～0.8	2.0～5.0	0.1～0.4
	硬质合金	刀头	0.8～1.32	0.15～0.5	1.0～1.6	0.15～0.5	3.3～4.2	0.15～0.5	0.6～1.2
		镗刀块	0.3～0.66	1.0～4.0	0.13～0.3	1.0～4.0	0.5～0.8	1.0～4.0	
		精铰刀	0.5～0.8	2.5～5.0			0.8～1.6	2.0～5.0	0.1～0.4

注 1. 镗杆以镗套支承时，v_c 取中间值。镗杆悬伸时，v_c 取小值。

2. 当加工孔径较大时，a_p 取大值。加工孔径较小，且加工精度要求较高时，a_p 取小值。

表 5-93 **铸铁的精密镗削用量**

<table>
<tr><th>工件材料</th><th>刀具材料</th><th>v_c（m/min）</th><th>f（mm/r）</th><th>a_p（mm）</th><th>加工表面粗糙度 Ra（μm）</th></tr>
<tr><td rowspan="2">HT100</td><td>YG3X</td><td>1.33～2.66</td><td>0.04～0.08</td><td>0.1～0.3</td><td>6.3～3.2</td></tr>
<tr><td>立方氮化硼</td><td>2.66～3.33</td><td>0.04～0.06</td><td>0.06～0.3</td><td rowspan="2">3.2</td></tr>
<tr><td rowspan="2">HT150
HT200</td><td>YG3X</td><td>1.66～2.66</td><td>0.04～0.08</td><td rowspan="10">0.1～0.3</td></tr>
<tr><td>立方氮化硼</td><td>5～5.83</td><td>0.04～0.06</td><td rowspan="2">3.2～1.6</td></tr>
<tr><td rowspan="2">HT200
HT250</td><td>YG3X</td><td>2～2.66</td><td>0.04～0.08</td></tr>
<tr><td>立方氮化硼</td><td>8.33～9.16</td><td>0.04～0.06</td><td>1.6</td></tr>
<tr><td rowspan="2">KTH300-06
KTH380-08</td><td>YG3X</td><td>1.33～2.33</td><td rowspan="4">0.03～0.06</td><td>6.3～3.2</td></tr>
<tr><td>立方氮化硼</td><td>5～5.83</td><td rowspan="2">3.2</td></tr>
<tr><td rowspan="2">KTZ450－05
KTZ600－03</td><td>YG3X</td><td>2～2.66</td></tr>
<tr><td>立方氮化硼</td><td>8.33～9.16</td><td rowspan="2">3.2～1.6</td></tr>
<tr><td rowspan="2">高强度铸铁</td><td>YG3X</td><td>2～2.66</td><td>0.04～0.08</td></tr>
<tr><td>立方氟化硼</td><td>8.33～9.16</td><td>0.04～0.06</td><td>1.6</td></tr>
</table>

表 5-94　　钢的精密镗削用量

工件材料	刀具材料	v_c（m/s）	f（mm/r）	a_p（mm）	加工表面粗糙度 Ra（μm）
优质碳素结构钢	YT30	1.66～3	0.04～0.08	0.1～0.3	3.2～1.6
	立方氮化硼	9.16～10	0.04～0.06		1.6～0.8
合金结构钢	YT30	2～3	0.04～0.08		
	立方氮化硼	7.5～8.33	0.04～0.06		0.8
不锈钢，耐热合金	YT30	1.33～2	0.02～0.04	0.1～0.2	1.6～0.8
	立方氮化硼	3.33～3.83			0.8
铸钢	YT30	1.66～2.66	0.02～0.06	0.1～0.3	8.2～1.6
	立方氮化硼	3.33～3.83			1.0
调质结构钢（26～30HRC）	YT30	2～3	0.04～0.06		3.2～0.8
	立方氮化硼	5.83～6.66	0.04～0.06		1.6～0.8
淬火结构钢（40～45HRC）	YT30	1.16～2.5	0.02～0.05	0.1～0.2	1.6
	立方氮化硼	5～5.83	0.02～0.04		1.6～0.8

表 5-95　　铜、铝及其合金的精密镗削用量

工件材料	刀具材料	v_c（m/s）	f（mm/r）	a_p（mm）	加工表面粗糙度 Ra（μm）
铝合金	YG3X	3.33～10	0.04～0.08	0.1～0.3	1.6～0.8
	立方氮化硼	5～10	0.02～0.06	0.05～0.3	0.8～0.4
	天然金刚石	5～16.6	0.02～0.04	0.05～0.1	0.4～0.2
青铜	YG3X	2.5～6.66	0.04～0.08	0.1～0.3	1.6～0.4
	立方氮化硼	5～8.33	0.02～0.06		0.8～0.4
	天然金刚石	5～8.33	0.02～0.03	0.05～0.1	0.4～0.2
黄铜	YG3X	2.5～4.16	0.03～0.06	0.1～0.2	1.6～0.8
	立方氮化硼	5～5.83	0.02～0.04		0.4～0.2
	天然金刚石	5～5.83	0.02～0.03	0.05～0.1	
紫铜	YG3X	2.5～4.16	0.03～0.06	0.1～0.15	1.6～0.8
	立方氮化硼	4.16～5	0.02～0.04		0.8～0.4
	天然金刚石	4.16～5	0.01～0.03	0.04～0.08	0.4～0.2

表 5-96　　坐标镗床的切削用量

加工方式	刀具材料	v_c（m/s）					f（mm/r）	a_p（mm）（直径上）
		软钢	中硬钢	铸铁	铝、镁合金	铜合金		
半精镗	高速钢	0.3～0.42	0.25～0.3	0.3～0.36	0.83～1.25	0.5～1	0.1～0.3	0.1～0.8
	硬质合金	0.83～1.16	0.66～0.83	0.83～1.16	2.5～3.33	2.5～3.3	0.08～0.25	
精镗	高速钢	0.42～0.46	0.3～0.33	0.36～0.42	0.83～1.25	0.5～1	0.02～0.08	0.05～0.2
	硬质合金	1.16～1.33	1～1.1	1.16～1.33	2.5～3.33	2.5～3.3	0.02～0.06	
钻孔	高速钢	0.33～0.42	0.2～0.3	0.23～0.33	0.5～0.66	1～1.33	0.08～0.15	—
扩孔		0.36～0.46	0.25～0.3	0.33～0.4	0.5～0.83	1～1.5	0.1～0.2	2～5
精钻、精铰		0.1～0.13	0.08～0.12	0.1～0.13	0.13～0.16	0.13～0.16	0.08～0.2	0.05～0.1

注　1. 加工精度高，工件材料硬度高时，切削用量选低值。
　　2. 刀架不平衡或切屑飞溅大时，切削速度选低值。

表 5-97　　坐标镗床镗削淬火钢的切削用量

加工方式	刀具材料	v_c（m/s）	f（mm/r）	a_p［mm（单边）］
粗加工	YT15、YT30	0.83～1	0.05～0.07	<0.3
精加工	YN10 或立方氮化硼		0.04～0.06	<0.1

注　工件硬度不高于 45HRC。

表 5-98　　坐标镗床的铣削用量

加工方式	刀具材料	v_c（m/s）					f_z（mm/z）	a_p（mm）
		软钢	中硬钢	铸铁	铝、镁合金	铜合金		
半精铣	高速钢	0.3～0.35	0.16～0.2	0.25～0.3	1.6～2.5	0.66～0.85	0.10～0.20	0.2～0.5
	硬质合金	0.85～0.92	0.5～0.66	0.85～1	3.3～4.2	—		
精铣	高速钢	0.35～0.42	0.2～0.25	0.35～0.38	2.5～3.3	0.5～0.66	0.05～0.08	0.05～0.2
	硬质合金	0.92～1	0.66～0.75	1～1.17	4.2～5	—		

5.2.6　铣削切削用量（见表 5-99～表 5-107）

表 5-99　　按工件硬度选择铣削用量

HBW	铣刀／用量	高速钢			硬质合金				陶瓷		
		面铣刀	圆柱形	三面刃	面铣刀精	面铣刀粗	圆柱形	三面刃	面铣刀	圆柱形	三面刃
250～350	v_c(m/min)	10～18	10～15	10～15	84～127	70～100	61～100	61～100	100～300	100～300	100～300
	f_z(mm/z)	0.13～0.25	0.13～0.25	0.13～0.25	0.127～0.38	0.127～0.38	0.18～0.30	0.13～0.30	0.10～0.38	0.15～0.30	0.10～0.30
350～400	v_c(m/min)	6～10	6～10	6～10	60～90	53～76	46～76	46～76	80～180	80～180	80～180
	f_z(mm/z)	0.08～0.20	0.13～0.20	0.08～0.20	0.12～0.30	0.12～0.30	0.18～0.30	0.13～0.30	0.08～0.30	0.13～0.30	0.10～0.30

表 5-100　　高速钢端铣刀、圆柱铣刀和盘铣刀加工时的进给量

铣床（铣头）功率（kW）	工艺系统刚性	粗齿和镶齿铣刀				细齿铣刀			
		端铣刀与盘铣刀		圆柱铣刀		端铣刀与盘铣刀		圆柱铣刀	
		每齿进给量 f_z（mm/z）							
		钢	铸铁及铜合金	钢	铸铁及铜合金	钢	铸铁及铜合金	钢	铸铁及铜合金
>10	上等	0.2～0.3	0.3～0.45	0.25～0.35	0.35～0.50				
	中等	0.15～0.25	0.25～0.40	0.20～0.30	0.30～0.40				
	下等	0.10～0.15	0.20～0.25	0.15～0.20	0.25～0.30				
5～10	上等	0.12～0.20	0.25～0.35	0.15～0.25	0.25～0.35	0.08～0.12	0.20～0.35	0.10～0.15	0.12～0.20
	中等	0.08～0.15	0.20～0.30	0.12～0.20	0.20～0.30	0.06～0.10	0.15～0.30	0.06～0.10	0.10～0.15
	下等	0.06～0.10	0.15～0.25	0.10～0.15	0.12～0.20	0.04～0.08	0.10～0.20	0.06～0.08	0.08～0.12
<5	中等	0.04～0.06	0.15～0.30	0.10～0.15	0.12～0.20	0.04～0.06	0.12～0.20	0.05～0.08	0.06～0.12
	下等	0.04～0.06	0.10～0.20	0.06～0.10	0.10～0.15	0.04～0.06	0.08～0.15	0.03～0.06	0.05～0.10

注　1. 表中大进给量用于小的背吃刀量和侧吃刀量，小进给量用于大的背吃刀量和侧吃刀量。
2. 铣削耐热钢时，进给量与铣削钢时相同，但不大于 0.3mm/z。
3. 上述进给量用于粗铣，半精铣按下表选取。

要求表面粗糙度 Ra（μm）	半精铣时每转进给量 f（mm/r）						
	镶齿面铣刀和盘铣刀	圆柱铣刀铣刀直径 d_0（mm）					
		40～80	100～125	160～250	40～80	100～125	160～150
		钢及铸钢			铸铁、铜及铝合金		
6.3	1.2～2.7	—					
3.2	0.5～1.2	1.0～2.7	1.7～3.8	2.3～5.0	1.0～2.3	1.4～3.0	1.9～3.7
1.6	0.23～0.5	0.6～1.5	1.0～2.1	1.3～2.8	0.6～1.3	0.8～1.7	1.1～2.1

表 5-101　高速钢立铣刀、角铣刀、半圆铣刀、切槽铣刀和切断铣刀加工钢时的进给量

铣刀直径 d_0 (mm)	铣刀类型	铣削密度（侧吃刀量）a_e（mm）								
		3	5	6	8	10	12	15	20	30
		每齿进给量 f_z（mm/z）								
16	立铣刀	0.08～0.05	0.06～0.05	—						
20	立铣刀	0.10～0.06	0.07～0.04	—						
25	立铣刀	0.12～0.07	0.09～0.05	0.08～0.04						
32	立铣刀	0.16～0.10	0.12～0.07	0.10～0.05						
32	半圆铣刀和角铣刀	0.08～0.04	0.07～0.05	0.06～0.04						
40	立铣刀	0.20～0.12	0.14～0.08	0.12～0.07	0.08～0.05					
40	半圆铣刀和角铣刀	0.09～0.05	0.07～0.05	0.06～0.03	0.06～0.03					
40	切槽铣刀	0.009～0.005	0.007～0.003	0.01～0.007	—					
50	立铣刀	0.25～0.15	0.15～0.10	0.13～0.08	0.10～0.07					
50	半圆铣刀和角铣刀	0.1～0.06	0.08～0.05	0.07～0.04	0.06～0.03					
50	切槽铣刀	0.01～0.006	0.08～0.004	0.012～0.008	0.012～0.008					
63	半圆铣刀和角铣刀	0.10～0.06	0.08～0.05	0.07～0.04	0.06～0.04	0.05～0.03				
63	切槽铣刀	0.013～0.008	0.01～0.005	0.015～0.1	0.015～0.01	0.015～0.01				
63	切断铣刀	—	—	0.025～0.015	0.022～0.012	0.02～0.01				
80	半圆铣刀和角铣刀	0.12～0.08	0.10～0.06	0.09～0.05	0.07～0.05	0.06～0.04	0.06～0.03			
80	切槽铣刀		0.015～0.005	0.025～0.01	0.022～0.1	0.02～0.01	0.017～0.008	0.015～0.007		
80	切断铣刀			0.03～0.15	0.027～0.012	0.025～0.01	0.022～0.01	0.02～0.01		
100	半圆铣刀和角铣刀	0.12～0.05	0.12～0.05	0.11～0.05	0.10～0.05	0.09～0.04	0.08～0.04	0.07～0.03	0.05～0.03	
100	切槽铣刀	—		0.03～0.02	0.028～0.016	0.027～0.015	0.023～0.015	0.022～0.012	0.023～0.013	
125	切断铣刀			0.03～0.025	0.03～0.02	0.03～0.02	0.025～0.02	0.025～0.02	0.025～0.015	0.02～0.01
160	切断铣刀							0.03～0.02	0.025～0.015	0.02～0.01

注　铣削铸铁、铜及铝合金时，进给量可增加 30%～40%；表中半圆铣刀的进给量适用于凸半圆铣刀；对于凹半圆铣刀，进给量应减少 40%；在侧吃刀量小于 5mm 时，切槽铣刀和切断铣刀采用细齿；侧吃刀量大于 5mm 时，采用粗齿。

表 5-102　硬质合金面铣刀、圆柱铣刀和圆盘铣刀加工平面和凸台时的进给量

机床功率（kW）	钢		铸铁、铜合金	
	不同牌号硬质合金的每齿进给量 f_z（mm/z）			
	YT15	YT5	YG6	YG8
>10	0.09～0.18	0.12～0.18	0.14～0.24	0.20～0.29
5～10	0.12～0.18	0.16～0.24	0.18～0.28	0.25～0.38

注　1. 表列数值用于圆柱铣刀的背吃刀量 a_p≤30mm；当 a_p>30mm 时，进给量应减少 30%。
2. 用盘铣刀铣槽时，表列进给量应减小一半。
3. 用端铣刀加工，对称铣时进给量取小值；不对称铣时进给量取大值。主偏角大时取小值；主偏角小时取大值。
4. 加工材料的强度或硬度大时，进给量取小值；反之取大值。
5. 上述进给量用于粗铣。精铣时铣刀每转进给量按下表选择。

要求达到的表面粗糙度 Ra（μm）	3.2	1.6	0.8	0.4
每转进给量 f（mm/r）	0.5～1.0	0.4～0.6	0.2～0.3	0.15

表 5-103　硬质合金立铣刀加工平面和凸台时的进给量

铣刀类型	铣刀直径 d_0（mm）	侧吃刀量 a_e（mm）			
		1～3	5	8	12
		每齿进给量 f_z（mm/z）			
带整体刀头的立铣刀	10～12	0.03～0.025	—	—	—
	14～16	0.06～0.04	0.04～0.03	—	—
	18～22	0.08～0.05	0.06～0.04	0.04～0.03	—
镶螺旋形刀片的立铣刀	20～25	0.12～0.07	0.10～0.05	0.10～0.03	0.08～0.05
	30～40	0.18～0.10	0.12～0.08	0.10～0.06	0.10～0.05
	50～60	0.20～0.10	0.16～0.10	0.12～0.08	0.12～0.06

注　大进给量用于在大功率机床上背吃刀量较小的粗铣；小进给量用于在中等功率的机床上背吃刀量较大的铣削。表列进给量可得到 Ra6.3～3.2μm 的表面粗糙度。

表 5-104　各种常用工件材料的铣削速度推荐范围

加工材料	硬度（HRS）	铣削速度 v_c（m/s）		加工材料	硬度（HBS）	铣削速度 v_c（m/s）	
		硬质合金刀具	高速钢刀具			硬质合金刀具	高速钢刀具
低、中碳钢	<220	1.33～2.5	0.35～0.67	工具钢	200～250	0.60～1.40	0.2～0.4
	225～290	1.0～1.9	0.25～0.60	灰铸铁	100～140	1.33～1.92	0.40～0.60
	300～425	0.67～1.25	0.15～0.33		150～225	1.0～1.83	0.25～0.35
高碳钢	<220	1.0～2.2	0.30～0.60		230～290	0.75～1.50	0.15～0.30
	225～325	0.88～1.75	0.23～0.40		300～320	0.35～0.50	0.08～0.17
	325～375	0.6～0.8	0.15～0.20	可锻铸铁	110～160	1.67～3.34	0.70～0.83
	375～425	0.6～0.75	0.10～0.16		160～200	1.38～2.0	0.40～0.60
合金钢	<220	0.92～2.0	0.25～0.60		200～240	1.20～1.83	0.25～0.40
	225～325	0.67～1.33	0.16～0.40		240～280	0.67～1.0	0.15～0.35
	325～425	0.5～1.0	0.10～0.15	铝镁合金	95～100	6～10	3～10

注　粗铣时，v_c 应取小值；精铣时，v_c 应取大值。采用机夹式或可转位硬质合金铣刀，v_c 可取较大值。经实际铣削后，如发现铣刀耐用度太低，则应适当减小。铣刀结构及几何角度改进后，v_c 可以超过表列值。

表 5-105　　铣刀磨钝标准

<table>
<tr><td colspan="7">高　速　钢　铣　刀</td></tr>
<tr><td rowspan="3">铣刀类型</td><td colspan="6">后刀面最大磨损量（mm）</td></tr>
<tr><td colspan="2">钢、铸钢</td><td colspan="2">耐热合金钢</td><td colspan="2">铸铁</td></tr>
<tr><td>粗加工</td><td>精加工</td><td>粗加工</td><td>精加工</td><td>粗加工</td><td>精加工</td></tr>
<tr><td>圆柱铣刀和盘铣刀</td><td>0.4～0.6</td><td>0.15～0.25</td><td>0.5</td><td>0.20</td><td>0.50～0.80</td><td>0.20～0.30</td></tr>
<tr><td>端铣刀</td><td>1.2～1.8</td><td>0.3～0.5</td><td>0.70</td><td>0.50</td><td>1.5～2.0</td><td>0.30～0.50</td></tr>
<tr><td>立铣刀：$d_0 \leqslant 15$mm</td><td>0.15～0.20</td><td>0.1～0.5</td><td>0.50</td><td>0.40</td><td>0.15～0.20</td><td>0.10～0.15</td></tr>
<tr><td>$d_0 > 15$mm</td><td>0.30～0.50</td><td>0.20～0.25</td><td>—</td><td>—</td><td>0.30～0.50</td><td>0.20～0.25</td></tr>
<tr><td>切槽铣刀和切断铣刀</td><td>0.15～0.20</td><td>—</td><td>—</td><td>—</td><td>0.15～0.20</td><td>—</td></tr>
<tr><td>成型铣刀：尖齿</td><td>0.60～0.70</td><td>0.20～0.30</td><td>—</td><td>—</td><td>0.6～0.7</td><td>0.2～0.3</td></tr>
<tr><td>铲齿</td><td>0.30～0.4</td><td>0.20</td><td>—</td><td></td><td>0.3～0.4</td><td>0.2</td></tr>
<tr><td colspan="7">硬质合金铣刀</td></tr>
<tr><td rowspan="3">铣刀类型</td><td colspan="6">后刀面最大磨损量（mm）</td></tr>
<tr><td colspan="2">钢、铸钢</td><td colspan="2">耐热合金钢</td><td colspan="2">铸铁</td></tr>
<tr><td>粗加工</td><td>精加工</td><td>粗加工</td><td>精加工</td><td>粗加工</td><td>精加工</td></tr>
<tr><td>圆柱铣刀</td><td>1.0～1.2</td><td>0.3～0.5</td><td>—</td><td>—</td><td>1.0～1.2</td><td>0.3～0.5</td></tr>
<tr><td>盘铣刀</td><td>1.0～1.2</td><td>0.3～0.5</td><td>—</td><td>—</td><td>1.0～1.5</td><td>0.3～0.5</td></tr>
<tr><td>立铣刀</td><td>0.8～1.0</td><td>0.3～0.5</td><td>—</td><td>—</td><td>1.0～1.2</td><td>0.3～0.5</td></tr>
<tr><td>端铣刀</td><td>1.0～1.2</td><td>0.3～0.5</td><td>0.9</td><td>0.2～0.4</td><td>1.0～1.5</td><td>0.3～0.5</td></tr>
<tr><td>带整体刀头立铣刀</td><td>0.6～0.8</td><td>0.2～0.3</td><td>—</td><td>—</td><td>0.6～0.8</td><td>0.2～0.4</td></tr>
</table>

注　1. 本表适于加工钢的 YT5、YT14、YT15 和加工铸铁的 YG8、YG6 与 YG3 硬质合金铣刀。

2. 铣削奥氏体不锈钢时，许用的后刀面最大磨损量 0.2～0.4mm。

表 5-106　　铣削时切削速度的计算公式

1. 计算公式

$$v_c = \frac{C_v d_0 q_v}{T^m a_p^{x_v} f_z^{y_v} a_e^{u_v} z^{p_v}} k_v$$

式中，k_v 为切削条件改变时切削速度修正系数；v_c 的单位为 m/min。

2. 公式中的指数及系数

<table>
<tr><td rowspan="2">铣刀类型</td><td rowspan="2">刀具材料</td><td rowspan="2">a_e (mm)</td><td rowspan="2">a_p (mm)</td><td rowspan="2">f_z (mm/z)</td><td colspan="7">公式中的指数和系数</td></tr>
<tr><td>C_v</td><td>q_v</td><td>x_v</td><td>y_v</td><td>u_v</td><td>p_v</td><td>m</td></tr>
<tr><td colspan="12">加工碳素结构钢 σ_b=650MPa</td></tr>
<tr><td rowspan="3">端铣刀</td><td>YT15</td><td>—</td><td>—</td><td>—</td><td>186</td><td>0.2</td><td rowspan="3">0.1</td><td>0.4</td><td>0.2</td><td>0</td><td rowspan="3">0.2</td></tr>
<tr><td rowspan="2">高速钢（用切削液）</td><td rowspan="2">—</td><td rowspan="2">—</td><td><0.1</td><td>41</td><td rowspan="2">0.25</td><td>0.2</td><td rowspan="2">0.15</td><td rowspan="2">0.1</td></tr>
<tr><td>>0.1</td><td>26</td><td>0.4</td></tr>
<tr><td rowspan="6">圆柱铣刀</td><td rowspan="4">YT15</td><td>≤2</td><td rowspan="2">≤35</td><td rowspan="4">≥0.15</td><td>240</td><td rowspan="4">0.17</td><td rowspan="2">−0.05</td><td rowspan="4">0.28</td><td>0.19</td><td rowspan="6">0.1</td><td rowspan="6">0.33</td></tr>
<tr><td>>2</td><td>280</td><td>0.38</td></tr>
<tr><td>≤2</td><td rowspan="2">>35</td><td>379</td><td rowspan="2">0.08</td><td>0.19</td></tr>
<tr><td>>2</td><td>431</td><td>0.38</td></tr>
<tr><td rowspan="2">高速钢（用切削液）</td><td rowspan="2">—</td><td rowspan="2">—</td><td>≤0.1</td><td>28.5</td><td rowspan="2">0.45</td><td rowspan="2">0.1</td><td>0.2</td><td rowspan="2">0.3</td></tr>
<tr><td>>0.1</td><td>18</td><td>0.4</td></tr>
</table>

续表

铣刀类型	刀具材料	a_e (mm)	a_p (mm)	f_z (mm/z)	公式中的指数和系数						
					C_v	q_v	x_v	y_v	u_v	p_v	m
镶齿盘铣刀 铣平面与凸台	YT15	—	—	<0.12	600	0.21	0	0.12	0.4	0	0.35
				≥0.12	332			0.4			
镶齿盘铣刀 铣槽				<0.06	715		0.1	0.12	0.3		
				≥0.06	270			0.4			
镶齿盘铣刀 铣平面、凸台及槽	高速钢（用切削液）			≤0.1	48	0.25		0.2		0.1	0.2
				>0.1	31			0.4			
整体盘铣刀	高速钢（用切削液）	—	—	—	43	0.25	0.1	0.2	0.3	0.1	0.2
立铣刀	高速钢（用切削液）	—	—	—	21.5	0.45	0.1	0.5	0.5	0.1	0.33
切槽和切断铣刀					24.4	0.25	0.2	0.3	0.3	0.1	0.2
凸半圆铣刀					27	0.45	0.1	0.3	0.3	0.1	0.33
凹半圆和角铣刀					22.8	0.45	0.1	0.3	0.3	0.1	0.33
带整体刀头的立铣刀	YT15	—	—	—	145	0.44	0.1	0.26	0.24	0.13	0.37
镶螺旋形刀片的立铣刀					144						
加工灰铸铁硬度 190HBS											
端铣刀	YG6	—	—	—	245	0.2	0.15	0.35	0.2	0	0.32
	高速钢（不用切削液）				18.9		0.1	0.4	0.1	0.1	0.15
圆柱铣刀	YG6	<2.5	—	≤0.2	508	0.37	0.23	0.19	0.13	0.14	0.42
				>0.2	323			0.47			
		≥2.5	—	≤0.2	640	0.37	0.23	0.19	0.4	0.14	0.42
				>0.2	412.5			0.47			
	高速钢（不用切削液）	—	—	≤0.15	20	0.7	0.3	0.2	0.5	0.3	0.25
				>0.15	9.5			0.6			
镶齿盘铣刀	高速钢（不用切削液）	—	—	—	35	0.2	0.1	0.4	0.5	0.1	0.15
整体盘铣刀		—	—	—	25	0.2	0.1	0.4	0.5	0.1	0.15
立铣刀		—	—	—	25	0.7	0.3	0.2	0.5	0.3	0.25
切槽与切断铣刀		—	—	—	10.5	0.2	0.2	0.4	0.5	0.1	0.15
加工可锻铸铁硬度 150HBS											
端铣刀	YG8	—	—	≤0.18	784	0.22	0.17	0.1	0.22	0	0.33
				>0.18	548			0.32			
	高速钢（用切削液）			≤0.1	63.4	0.25	0.1	0.2	0.15	0.1	0.2
				>0.1	43.1			0.4			
圆柱铣刀	高速钢（用切削液）	—	—	≤0.1	47	0.45	0.1	0.2	0.3	0.1	0.33
				>0.1	49.5			0.4			
镶齿盘铣刀		—	—	≤0.1	74	0.25	0.1	0.2	0.3	0.1	0.2
				>0.1	47.6			0.4			
整体盘铣刀		—	—	—	67	0.25	0.1	0.2	0.3	0.1	0.2
立铣刀		—	—	—	61.7	0.45	0.1	0.2	0.2	0.1	0.33
切槽与切断铣刀					30	0.25	0.2		0.2		0.2

续表

切削速度修正系数					
主偏解 κ_r（°）	15	30	45	60	90
系数 $k_{\kappa_r v}$	1.6	1.25	1.1	1.0	0.87

注　1. 端铣刀的切削速度是按 $\kappa_r=60°$ 计算的，当 κ_r 改变时，切削速度应乘修正系数 $k_{\kappa_r v}$。
2. 硬质合金铣刀均不用切削液。
3. 加工材料的强度和硬度改变时，切削速度修正系数 k_{M_v} 见表5-63。
4. 毛坯状态改变时，切削速度修正系数 k_{s_v} 见表5-64。
5. 硬质合金牌号改变时，切削速度修正系数 k_{t_v} 见表5-64。

表5-107　　铣削时切削力、转矩和功率的计算公式

计算公式		
圆周力（N）	转矩（N·m）	功率（kW）
$F_c=\frac{C_F a_p^{x_F} f_z^{y_F} a_e^{u_F} Z}{d_0^{q_F} n^{w_F}} k_{F_c}$ 式中　k_{F_c}——切削条件改变时，切削力修正系数。	$M=\frac{F_c d_0}{2\times10^3}$	$P_c=\frac{F_c v_c}{1000}$

铣刀类型	刀具材料	公式中的系数及指数					
		C_F	x_F	y_F	u_F	w_F	q_F
加工碳素结构钢 $\sigma_b=650$MPa							
端铣刀	硬质合金	7900	1.0	0.75	1.1	0.2	1.3
	高速钢	788	0.95	0.8	1.1	0	1.1
圆柱铣刀	硬质合金	967	1.0	0.75	0.88	0	0.87
	高速钢	650	1.0	0.72	0.86	0	0.86
立铣刀	硬质合金	119	1.0	0.75	0.85	−0.13	0.73
	高速钢	650	1.0	0.72	0.86	0	0.86
盘铣刀、切槽及切断铣刀	硬质合金	2500	1.1	0.8	0.9	0.1	1.1
	高速钢	650	1.0	0.72	0.86	0	0.86
凹、凸半圆铣刀及角铣刀	高速钢	450	1.0	0.72	0.86	0	0.86
加工灰铸铁硬度190HBS							
端铣刀	硬质合金	54.5	0.9	0.74	1.0	0	1.0
圆柱铣刀		58	1.0	0.8	0.9	0	0.9
圆柱铣刀、立铣刀、盘铣刀、切槽及切断铣刀	高速钢	30	1.0	0.65	0.83	0	0.83
加工可锻铸铁硬度150HSB							
端铣刀	硬质合金	491	1.0	0.75	1.1	0.2	1.3
圆柱铣刀、立铣刀、盘铣刀、切槽及切断铣刀	高速钢	30	1.0	0.72	0.86	0	0.86

注　1. 铣削铝合金时，圆周力 F_c 按加工碳钢的公式计算并乘系数0.25。
2. 表列数据按锐刀求得，当铣刀的磨损量达到规定的数值时，F_c 要增大。加工软钢，增加75%～90%；加工中硬钢、硬钢及铸铁，增加30%～40%。
3. 加工材料强度和硬度改变时，切削力的修正系数 k_{MF_c} 见车削部分见表5-64。

5.2.7 外圆磨削切削用量（见表 5-108 和表 5-109）

表 5-108　外圆磨削砂轮速度选择

砂轮速度（m/s）	陶瓷结合剂砂轮	≤35
	树脂结合剂砂轮	>50

表 5-109　纵进给磨外圆的切削用量

（1）工件回转的圆周速度 v_w

工件磨削表面的直径 d_w（mm）	20	30	50	80	120	200	300
粗磨	10～20	11～22	12～24	13～26	14～28	15～30	17～34
精磨非淬火钢及铸铁	15～30	18～35	20～40	25～50	30～60	35～70	40～80
精磨淬火钢及耐热钢	20～30	22～35	25～40	30～50	35～60	40～70	50～80

（2）纵进给量

粗磨	f_a=（0.5～0.8）b_s（b_s 为砂轮宽度）
精磨	表面粗糙度 Ra0.8μm　f_a=（0.4～0.6）b_s 表面粗糙度 Ra0.4～0.2μm　f_a=（0.2～0.4）b_s

（3）横进给量

	工件磨削表面的直径 d_w（mm）	工件回转的圆周速度 v_w（m/min）	工件每转的纵进给量 f_a（以砂轮宽度计）			
			0.5	0.6	0.7	0.8
			工作台单行程的横进给量 f_t（μm/st）			
粗磨	20	10	21.6	18	15.4	13.6
		15	14.4	12	10.3	9
		20	10.8	9	7.7	6.8
	30	11	22.2	18.5	15.8	13.9
		16	15.2	12.7	10.9	9.6
		22	11.1	9.2	7.9	7
	50	12	23.7	19.7	16.9	14.8
		18	15.7	13.2	11.3	9.9
		24	11.8	9.8	8.4	7.4
	80	13	24.2	20.1	17.2	15.1
		19	16.5	13.8	11.8	10.3
		26	12.6	10.1	8.6	7.6
	120	14	26.4	22	18.9	16.5
		21	17.6	14.7	12.6	11
		28	13.2	11	9.5	8.3
	200	15	28.7	23.9	20.5	18
		22	19.6	16.4	14	12.2
		30	14.4	12	10.3	9
	300	17	28.7	23.9	20.5	17.9
		25	19.5	16.2	13.9	12.1
		34	14.3	11.9	10.2	8.9

注：工作台一次性复行程的横进给量 f_t 应将上列数值乘以 2。

续表

	粗磨横进给量的修正系数						
	(1) 与砂轮的耐用度有关 K_1					(2) 与有关 K_2	
	T (min)	砂轮直径 d_s				工件材料	系数
		400	500	600	750		
粗磨	6	1.25	1.4	1.6	1.8	耐热钢	0.86
	9	1	1.12	1.25	1.4	淬火钢	0.95
	16	0.8	0.9	1	1.12	非淬火钢	1
	24	0.63	0.71	0.8	0.9	铸铁	1.05

	工件磨削表面的直径 d_w (mm)	工件回转的圆周速度 v_w (m/min)	工件每转的纵进给量 f_a (mm/r)								
			10	12.5	16	20	25	32	40	50	63
			工作台单行程的横进给量 f_t (μm/st)								
精磨	20	16	11.3	9	7	5.6	4.5	3.5	2.8	2.2	1.8
		20	9	7.2	5.6	4.5	3.6	2.8	2.2	1.8	1.4
		25	7.2	5.8	4.5	3.6	2.9	2.2	1.8	1.4	1.1
		32	5.6	4.5	3.5	2.8	2.3	1.8	1.4	1.1	0.9
	30	20	10.9	8.8	6.9	5.5	4.4	3.4	2.7	2.2	1.7
		25	8.7	7	5.5	4.4	3.5	2.7	2.2	1.8	1.4
		32	6.8	5.4	4.3	3.4	2.7	2.1	1.7	1.4	1.1
		40	6.4	4.3	3.4	2.7	2.2	1.7	1.4	1.1	0.9
	50	23	12.3	9.9	7.7	6.2	4.9	3.9	3.1	2.5	2
		29	9.8	7.9	6.1	4.9	3.9	3.1	2.5	2	1.6
		36	7.9	6.4	4.9	4	3.2	2.5	2	1.6	1.3
		45	6.3	5.1	3.9	3.2	2.5	2	1.6	1.3	1
	80	25	14.3	11.5	9	7.2	5.8	4.5	3.6	2.9	2.3
		32	11.2	9	7.1	5.6	4.5	3.5	2.8	2.3	1.8
		40	9	7.2	5.7	4.5	3.6	2.8	2.2	1.8	1.4
		50	7.2	5.8	4.6	3.6	2.9	2.2	1.8	1.4	1.1
	120	30	14.6	11.7	9.2	7.4	5.9	4.6	3.7	2.9	2.3
		38	11.5	9.3	7.3	5.8	4.6	3.6	2.9	2.3	1.8
		48	9.1	7.3	5.8	4.6	3.7	2.9	2.3	1.9	1.5
		60	7.3	5.9	4.7	3.7	3	2.3	1.8	1.5	1.2
	200	35	16.2	12.0	10.1	8.1	6.5	5.1	4.1	3.2	2.6
		44	12.9	10.2	8	6.5	5.2	4	3.2	2.6	2.1
		65	10.3	8.1	6.4	5.2	4.2	3.2	2.6	2.1	1.7
		70	8	6.4	5	4.1	3.3	2.5	2	1.6	1.3
	300	40	17.4	13.9	10.9	8.7	7	5.4	4.4	3.5	2.8
		50	13.9	11.1	8.7	7	5.6	4.3	3.5	2.8	2.2
		63	11	8.8	6.9	5.6	4.4	3.4	2.8	2.2	1.8
		70	9.9	7.9	6.2	5	3.9	3.1	2.5	2	1.6

注：1. 精磨的横进给量 f_t 不应该大于粗磨的横进给量 f_t。

2. 工作台一次往复行程的横进给量应将上表数值乘 2。

续表

	粗磨横进给量的修正系数												
	(1) 与加工精度及余量有关 K_1							(2) 与工件材料及砂轮直径有关 K_2					
	精度等级	直径余量 (mm)						工件材料	砂轮直径 (mm)				
		0.11~0.15	0.2	0.3	0.5	0.7	1		400	500	600	750	900
精磨	IT5	0.4	0.5	0.63	0.9	1	1.12	耐热钢	0.55	0.6	0.71	0.8	0.85
	IT6	0.5	0.63	0.8	1	1.2	1.4	淬火钢	0.8	0.9	1	1.1	1.2
	IT7	0.63	0.8	1	1.25	1.5	1.75	非淬火钢	0.95	1.1	1.2	1.3	1.45
	IT8	0.8	1	1.25	1.6	1.9	2.25	铸铁	1.3	1.45	1.6	1.75	1.9

注 1. 按此表选择9级精度的切削用量时，应按粗磨用量校核。如按精磨选择的用量比粗磨用量高，则按粗磨用量选用。

2. 磨铸铁时，工件回转的圆周速度在建议的范围内取上限。

5.2.8 内圆磨削切削用量（见表5-110和表5-111）

表5-110 内圆磨削砂轮速度选择

砂轮直径 (mm)	<8	9~12	13~18	19~22	23~25	26~30	31~33	34~41	42~49	>50
磨钢、铸铁时速度 v_c (m/s)	10	14	18	20	21	23	24	26	27	30

表5-111 磨内圆的切削用量

(1) 工件回转的圆周速度

工件磨削表面的直径 d_w (mm)	10	15	20	30	50	80	120	200	300	400
粗磨	10~20	10~20	10~20	12~24	15~30	18~36	20~40	23~46	28~56	35~70
精磨非淬火钢及铸铁	10~18	12~20	16~32	20~40	25~50	30~60	35~70	40~80	45~90	55~110
精磨淬火钢及耐热钢	10~16	12~20	20~32	25~40	30~50	40~60	45~70	50~80	55~90	65~110

(2) 纵进给量

粗磨	f_a= (0.5~0.8) b_s　(b_s 为砂轮宽度)
精磨	表面粗糙度 Ra (1.6~0.8) μm　f_a= (0.5~0.9) b_s 表面粗糙度 Ra0.4μm　f_a= (0.25~0.5) b_s

(3) 横进给量

	工件磨削表面的直径 d_w (mm)	工件回转的圆周速度 v_w (m/min)	工件每转的纵进给量 f_a (以砂轮宽度计)			
			0.5	0.6	0.7	0.8
			工作台一次往复行程的横进给量 f_{ts} (μm/st)			
粗磨	20	10	8	6.7	5.7	5
		15	5.3	4.4	3.8	3.3
		20	4	3.3	2.9	2.6
	25	10	10	8.3	7.2	6.3
		15	6.6	5.5	4.7	4.1
		20	5	4.2	2.6	3.1
	30	11	10.9	9.1	7.8	6.8
		16	7.5	6.25	5.35	4.7
		20	6	5	4.3	3.8

续表

	工件磨削表面的直径 d_w（mm）	工件回转的圆周速度 v_w（m/min）	工件每转的纵进给量 f_a（以砂轮宽度计）			
			0.5	0.6	0.7	0.8
			工作台一次往复行程的横进给量 f_{ts}（μm/st）			
粗磨	35	12	11.6	9.7	8.3	7.2
		18	7.8	6.5	5.6	4.9
		24	5.9	4.9	4.2	3.7
	40	13	12.3	10.3	8.8	7.7
		20	8	6.7	5.7	5
		26	6.2	5.1	4.4	3.8
	50	14	14.3	11.9	10.2	8.9
		21	9.6	7.95	6.8	6
		29	6.9	5.75	4.9	4.3
	60	16	15	12.5	10.7	9.4
		24	10	8.3	7.1	6.3
		32	7.6	6.3	5.4	4.7
	80	17	18.8	15.7	13.4	11.7
		25	12.8	10.7	9.2	8
		33	9.7	8.1	6.9	6.1
	120	20	24	20	17.2	15
		30	16	13.3	11.4	10
		40	12	10	8.6	7.5
	150	22	27.3	22.7	19.5	17
		33	18.2	15.2	13	11.0
		44	13.8	11.3	9.8	8.5
	180	25	28.8	24	20.6	17.9
		37	19.4	16.2	13.9	12.1
		49	14.7	12.3	10.5	9.2
	200	26	30.8	25.7	22	19.2
		38	21.1	17.5	15.1	13.2
		52	15.4	12.8	11	9.6
	250	27	37	30.8	25.4	28.1
		40	25	20.8	17.8	15.6
		54	18.5	15.4	13.2	11.5
	300	30	40	33.8	28.6	25
		42	28.6	23.8	20.4	17.8
		55	21.8	18.2	15.6	13.6
	400	33	48.5	40.4	34.5	30.2
		44	36.4	30.3	26	22.7
		56	28.6	23.8	20.4	17.9

精磨横进给量的修正系数

（1）与砂轮的耐用度有关 K_1

T (min)	≤1.6	2.5	4	6	10
K_1	1.25	1	0.8	0.62	0.5

（2）与砂轮直径 d_s 及工件孔径 d_w 之比有关 K_2

d_s/d_w	0.4	≤0.7	>0.7
K_2	0.63	0.8	1

工件材料	砂轮的圆周速度（m/s）		
	18～22.5	≤28	≤35
耐热钢	0.68	0.76	0.85
淬火钢	0.76	0.85	0.95
非淬火钢	0.8	0.9	1
铸铁	0.83	0.94	1.05

续表

	工件磨削表面的直径 d_w(mm)	工件回转的圆周速度 v_w(m/min)	工件每转的纵进给量 f_a (mm/r)							
			10	12.5	16	20	25	32	40	50
			工作台一次往复行程的横进给量 f_{ts} (μm/st)							
精磨	10	10	3.86	3.08	2.41	1.93	1.54	1.21	0.965	0.775
		13	2.96	2.38	1.86	1.48	1.19	0.93	0.745	0.595
		16	2.41	1.96	1.5	1.21	0.965	0.755	0.605	0.482
	12	11	4.65	3.73	2.92	2.33	1.86	1.46	1.16	0.935
		14	3.66	2.94	2.29	1.83	1.47	1.14	0.915	0.735
		20	2.86	2.29	1.79	1.43	1.14	0.895	0.715	0.572
	16	13	6.22	4.97	3.89	3.11	2.49	1.94	1.55	1.24
		19	4.25	3.4	2.65	2.12	1.7	1.33	1.06	0.85
		26	3.1	2.48	1.95	1.55	1.24	0.97	0.775	0.62
	20	16	6.2	4.9	3.8	3.1	2.5	1.93	1.54	1.23
		24	4.1	3.3	2.6	2.05	1.65	1.29	1.02	0.83
		32	3.1	2.5	1.93	1.55	1.23	0.97	0.77	0.62
	25	18	6.7	5.4	4.2	3.4	2.7	2.1	1.68	1.35
		27	4.5	3.6	2.8	2.2	1.79	1.4	1.13	0.9
		36	3.4	2.7	2.1	1.68	1.34	1.05	0.84	0.67
	30	20	7.1	5.7	4.4	3.5	2.8	2.2	1.78	1.42
		30	4.7	3.8	3	2.4	1.9	1.48	1.18	9.5
		40	3.6	2.8	2.2	1.78	1.42	1.11	0.89	7.1
	35	22	7.5	6	4.7	3.7	3	2.3	1.86	1.49
		33	5	4	3.1	2.5	2	1.55	1.24	1
		45	3.7	2.9	2.3	1.82	1.46	1.14	0.91	0.73
	40	23	8.1	6.5	5.1	4.1	3.2	2.5	2	1.62
		35	5.3	4.2	3.3	2.7	2.1	1.95	1.32	1.06
		47	3.9	3.2	2.5	1.96	1.58	1.24	0.99	0.79
	50	25	9	7.2	5.7	4.5	3.6	2.8	2.3	1.81
		37	6.1	4.9	3.8	3	2.4	1.9	1.53	1.22
		60	4.5	3.6	2.8	2.3	1.81	1.41	1.13	0.91
	60	27	9.8	7.9	6.2	4.9	3.9	3.1	2.5	1.96
		41	6.5	5.2	4.1	3.2	2.6	2	1.03	1.3
		65	4.8	3.9	3	2.4	1.93	1.52	1.21	0.97
	80	30	11.2	8.9	7	5.6	4.5	3.5	2.8	2.2
		45	7.7	6.1	4.8	3.8	3	2.4	1.9	1.53
		60	5.8	4.6	3.6	2.9	2.3	1.8	1.43	1.15
	120	35	14.1	11.3	8.8	7.1	5.7	4.4	3.5	2.8
		52	9.5	7.6	5.9	4.8	3.8	3	2.4	1.9
		70	7.1	5.7	4.4	3.5	2.8	2.2	1.76	1.41
	150	37	16.4	13.1	10.2	8.2	6.5	5.1	4.1	3.3
		56	10.8	8.7	6.8	5.4	6.3	3.4	2.7	2.2
		75	8.1	6.4	5.1	4.1	3.2	2.5	2	1.61
	180	38	18.9	15.1	11.8	9.4	7.6	5.9	4.7	3.9
		58	12.4	9.9	7.8	6.2	5	3.9	3.1	2.5
		78	9.2	7.4	5.7	4.6	3.7	2.9	2.3	1.84

续表

	工件磨削表面的直径 d_w(mm)	工件回转的圆周速度 v_w(m/min)	工件每转的纵进给量 f_a (mm/r)							
			10	12.5	16	20	25	32	40	50
			工作台一次往复行程的横进给量 f_{ts} (μm/st)							
精磨	200	40	19.7	15.8	12.3	9.9	7.9	6.2	4.9	3.9
		60	13.1	10.5	8.2	6.6	5.2	4.1	3.3	2.6
		80	9.9	7.9	6.2	4.9	4	3.1	2.5	2
	250	42	23	18.4	14.4	11.5	9.2	7.2	5.7	4.6
		63	15.3	12.2	9.6	7.7	6.1	4.8	3.8	3.1
		85	11.3	9.1	7.1	5.7	4.5	3.6	2.8	2.3
	300	45	25.3	20.2	15.8	12.6	10.1	7.9	6.3	5.1
		67	16.9	13.5	10.6	8.5	6.8	5.3	4.2	3.4
		90	12.6	10.1	7.9	6.3	5.1	3.9	3.2	2.5
	400	55	26.6	21.3	16.6	13.3	10.7	8.3	6.7	5.3
		82	17.9	14.3	11.2	9	7.2	5.6	4.5	3.6
		110	18.8	10.6	8.3	6.7	5.3	4.2	3.3	2.7

精磨横进给量的修正系数

(1) 与直径余量和加工精度有关 K_1

精度等级	直径余量 (mm)				
	0.2	0.3	0.4	0.5	0.8
IT6	0.50	0.69	0.8	1	1.25
IT7	0.63	0.8	1	1.25	1.6
IT8	0.8	1	1.25	1.6	2
IT9	1	1.26	1.6	2	2.5

(2) 与工件材料和表面形状有关 K_2

工件材料	表面	
	无圆角	带圆角
耐热钢	0.7	0.56
淬火钢	1	0.75
非淬火钢	1.2	0.9
铸铁	1.6	1.2

(3) 与磨削长度对直径之比有关 K_3

l_w/d_w	≤1.24	≤1.6	≤2.5	≤4
K_3	1.0	0.87	0.76	0.67

注　1. 精磨的横进给量 f_{ts} 不应该大于粗磨的横进给量 f_{ts}。

2. 工作台每一行程的横进给量，应将 f_{ts} 除以2。

5.2.9　平面磨削切削用量（见表5-112～表5-116）

表5-112　　平面磨削砂轮速度选择

磨削形式	工件材料	粗磨 (m/s)	精磨 (m/s)	磨削形式	工件材料	粗磨 (m/s)	精磨 (m/s)
圆周磨削	灰铸铁	20～22	22～25	端面磨削	灰铸铁	15～18	18～20
	钢	22～25	25～30		钢	18～20	20～25

表5-113　　用砂轮圆周粗磨平面的切削用量——矩形工作台平面磨

(1) 横　进　给　量

加工性质	砂轮宽度 b_s (mm)						
	32	40	50	63	80	100	
	工作台单行程的横进给量 f_b (mm/st)						
粗　磨		16～24	20～30	25～38	32～44	40～60	50～75

(2) 进　给　量

续表

横进给量 f_b（以砂轮宽度计）	耐用度 T/min	工件的运动速度 v_w（m/min）					
		6	8	10	12	16	20
		工作台单行程的径向进给量 f_t（mm/st）					
0.5	9	0.066	0.049	0.039	0.033	0.024	0.019
0.6		0.055	0.041	0.033	0.028	0.020	0.016
0.8		0.041	0.031	0.024	0.021	0.015	0.012
0.5	15	0.053	0.038	0.030	0.029	0.019	0.015
0.6		0.042	0.032	0.025	0.021	0.016	0.013
0.8		0.032	0.024	0.019	0.016	0.012	0.0096
0.5	24	0.040	0.030	0.024	0.020	0.015	0.012
0.6		0.034	0.025	0.020	0.017	0.013	0.010
0.8		0.029	0.019	0.015	0.013	0.0094	0.0076
0.5	40	0.033	0.023	0.019	0.016	0.012	0.0093
0.6		0.026	0.019	0.015	0.013	0.0097	0.0078
0.8		0.019	0.015	0.012	0.0098	0.0073	0.0059

工作台单行程的径向进给量 f_t 的修正系数

（1）与工件材料及砂轮直径有关 K_1

工件材料	砂轮直径 d_s（mm）			
	320	400	500	600
耐热钢	0.7	0.78	0.85	0.95
淬火钢	0.78	0.87	0.95	1.06
非淬火钢	0.82	0.91	1.0	1.12
铸铁	0.86	0.96	1.05	1.17

（2）与工作台的充满系数有关 K_2

K_0	0.2	0.25	0.82	0.4	0.5	0.63	0.8	1.0
K_2	1.6	1.4	1.25	1.12	1.0	0.9	0.8	0.71

注 1. 工作台一次往复行程的径向进给量应将表内数值乘 2。

2. 工作台的充满系数 K_0 按下式决定

$$K_0=\sum F/bL$$

式中 $\sum F$——工件磨削表面实际的总面积，mm^2；

b——磨削表面的宽度，mm；

L——工件在工作台上所占的长度，mm。

表 5-114 用砂轮圆周精磨平面的切削用量——矩形工作台平面磨

（1）横进给量

加工性质	砂轮宽度 b_s（mm）					
	32	40	50	63	80	100
	工作台单行程的横进给量 f_b（mm/st）					
精磨	8～16	10～20	12～25	16～32	20～40	25～50

续表

(2) 径向进给量									
工件的运动速度 v_w (m/min)	工作台单行程的横进给量 f_b (mm/st)								
	8	10	12	15	20	25	30	40	50
	工作台单行程的径向进给量 f_t (mm/st)								
5	0.086	0.069	0.058	0.046	0.035	0.028	0.023	0.017	0.014
6	0.072	0.058	0.046	0.039	0.029	0.023	0.019	0.014	0.012
8	0.054	0.043	0.035	0.029	0.022	0.017	0.015	0.011	0.0086
10	0.043	0.035	0.028	0.023	0.017	0.014	0.012	0.0086	0.0069
12	0.036	0.029	0.023	0.019	0.014	0.012	0.0096	0.0072	0.0058
15	0.029	0.023	0.018	0.015	0.012	0.0092	0.0076	0.0058	0.0046
20	0.022	0.017	0.014	0.012	0.0080	0.0060	0.0058	0.0043	0.0036

工作台单行程的径向进给量 f_t 的修正系数

(1) 与加工精度及余量有关 K_1							(2) 与工件材料及砂轮直径有关 K_2				
尺寸精度 (mm)	加工余量 h (mm)						工件材料	砂轮直径 d_s (mm)			
	0.12	0.17	0.25	0.35	0.5	0.70		320	400	500	600
0.02	0.4	0.5	0.63	0.8	1.0	1.35	耐热钢	0.56	0.63	0.7	0.8
0.03	0.5	0.63	0.8	1.0	1.25	1.6	淬火钢	0.8	0.9	1.0	1.1
0.05	0.63	0.8	1.0	1.25	1.6	2.0	非淬火钢	0.96	1.1	1.2	1.3
0.08	0.8	1.0	1.25	1.6	2.0	2.5	铸铁	1.28	1.45	1.6	1.75

(3) 与工作台的充满系数有关 K_3

K_0	0.2	0.25	0.32	0.4	0.5	0.63	0.8	1.0
K_3	1.6	1.4	1.25	1.12	1.0	0.9	0.8	0.71

注 1. 精磨的 f_t 不应该超过粗磨的 f_t 值。
2. 工件的运动速度当加工淬火钢时用大值，当加工非淬火钢及铸铁时取小值。
3. 工作台的充满系数 K_0 见表5-113。

表5-115 用砂轮端面磨平面的切削用量——矩形工作台平面磨

粗磨

(1) 工件的运动速度

磨削非淬火钢及铸铁工件 v_w=8～15m/min

磨削淬火钢工件 v_w=12～25m/min

(2) 轴向进给量							
工件的运动速度 v_w(m/min)	折合的磨削宽度 b_e (mm)						
	20	30	50	80	120	200	300
	工作台单行程的轴向进给量 f_t (mm/st)						
8	0.082	0.060	0.041	0.029	0.021	0.015	0.011
10	0.065	0.048	0.033	0.023	0.017	0.012	0.0086
12	0.054	0.040	0.027	0.019	0.014	0.0097	0.0071
15	0.044	0.032	0.022	0.015	0.011	0.0077	0.0067
20	0.033	0.024	0.016	0.012	0.0086	0.0058	0.0043
25	0.026	0.019	0.013	0.0093	0.0068	0.0046	0.0034

f_t 与工件材料有关的修正系数

工件材料	耐热钢	淬火钢	非淬火钢	铸铁
K	0.85	0.95	1.0	1.05

续表

精磨							
（1）工件的运动速度							
磨削非淬火钢工件 v_w=8～15m/min 磨削淬火钢及铸铁工件 v_w=12～25m/min							
（2）进给量							
工件的运动速度 v_w(m/min)	折合的磨削宽度 b_e（mm）						
	20	30	50	80	120	200	300
	工作台单行程的轴向进给量 f_t（mm/st）						
8	0.024	0.019	0.015	0.012	0.0097	0.0076	0.0061
10	0.019	0.016	0.012	0.0096	0.0078	0.0061	0.0049
12	0.016	0.013	0.010	0.008	0.0065	0.0051	0.0041
15	0.013	0.010	0.008	0.0064	0.0052	0.0041	0.0033
20	0.0096	0.0078	0.006	0.0048	0.0039	0.0031	0.0024
25	0.0077	0.0062	0.0048	0.0088	0.0031	0.0024	0.0019

f_t 的修正系数

（1）与加工精度及余量有关 K_1								（2）与工件材料及砂轮直径有关 K_2			
尺寸公差（mm）	加工余量 h（mm）							工件材料	砂轮直径 d_s（mm）		
	0.08	0.12	0.17	0.25	0.35	0.5	0.7		≤320	≤500	≤800
0.03	0.4	0.5	0.63	0.8	1.0	1.25	1.6	耐热钢	0.55	0.7	0.88
0.05	0.5	0.63	0.8	1.0	1.25	1.6	2.0	淬火钢	0.8	1.0	1.2
0.08	0.63	0.8	1.0	1.25	1.6	2.0	2.5	非淬火钢	1.0	1.2	1.6
								铸铁	1.2	1.6	2.0

注 1. 精磨的 f_t 不应该超过粗磨的 f_t 值。

2. 折合的磨削宽度按下式决定

$$b_e=\sum F/L$$

式中 $\sum F$——工件的磨削表面的实际总面积，mm^2；

L——工作台的行程长度，mm。

表 5-116　　砂轮耐用度

磨削方式		砂轮宽度（mm）	砂轮直径 d_s（mm）					
			350	450	500	600	750	900
			耐用度 T（min）					
棕刚玉砂轮顶尖间外圆磨	（1）粗磨圆柱面	≤40 >40～63 >63	5 6 —	5 7 —	6 8 —	7 10 12	8 12 15	11 15 20
	（2）精磨带圆角的圆柱面（不带圆角的同>3）	圆角半径（mm）	圆柱面			圆弧面		
			精度等级					
			5 级	6 级	9 级	5 级	6 级	9 级
			耐用度 T（min）					
		≤0.5 >0.5～1 >1～2 >2～3 >3	10 20 25 30 40	10 14 20 25 33	6 10 15 20 25	5 8 10 12 15	4 6 8 10 12	3 5 9 8 10

磨削方式		砂轮宽度（mm）	砂轮直径 d_s（mm）				
			350	450	500	600	750
			耐用度 T（min）				
平面磨	（1）用砂轮圆周粗磨平面	≤40 >40～63 >63	5 6 	5 7 	6 8 	7 10 12	8 12 15

续表

磨削方式		砂轮宽度（mm）	砂轮直径 d_s（mm）					
			350	450	500	600	750	900
			耐用度 T（min）					

平面磨	（2）用砂轮圆周及端面精磨平面	磨削方式	用砂轮圆周			用砂轮端面	
		尺寸公差(mm)	0.05	0.08	0.12	0.05	0.1
		耐用度 T(min)	40	33	25	5	7

5.2.10 刨削切削用量（见表5-117～表5-120）

表5-117　牛头刨床上刨平面、刨槽及切断的进给量

（1）粗加工平面

工件材料	刀杆截面（mm）	背吃刀量 a_p（mm）		
		3	5	8
		进给量 f（mm/dst）		
钢	16×25 20×30 25×40	1.2～1.0 1.6～1.3 2.0～1.7	0.7～0.5 1.2～0.9 1.6～1.2	0.4～0.3 0.7～0.5 1.2～0.9
铸铁及钢合金	16×25 20×30 25×40	1.4～1.2 1.8～1.6 2.0～1.7	1.2～0.9 1.6～1.3 2.0～1.9	1.0～0.6 1.4～1.0 1.6～1.3

（2）精加工平面

表面粗糙度 Ra（μm）	工件材料	副偏角 κ_r'	刀尖圆弧半径或刃口宽度（mm）		
			1.0	2.0	3.0
			进给量 f（mm/dst）		
6.3	钢、铸铁及钢合金	3°～4°	0.9～1.0	1.2～1.9	
		5°～10°	0.7～0.8	1.0～1.2	
3.2	钢	2°～3°	0.25～0.4	0.5～0.7	0.7～0.9
	铸铁及铜合金		0.35～0.5	0.6～0.8	0.9～1.0

（3）刨槽及切断

工件材料	刨刀宽度 B（mm）			
	5	8	10	>12
	进给量 f（mm/dst）			
钢	0.12～0.14	0.15～0.18	0.18～0.20	0.18～0.22
铸铁及铜合金	0.22～0.27	0.28～0.32	0.30～0.36	0.35～0.40

表5-118　插床上插平面及插槽的进给量

（1）粗加工平面

工件材料	刀杆截面（mm×mm）	背吃刀量 a_p（mm）		
		3	5	8
		进给量 f（mm/dst）		
钢	16×25	1.2～1.0	0.7～0.5	0.4～0.3
	20×30	1.6～1.3	1.2～0.8	0.7～0.5
	30×45	2.0～1.7	1.6～1.2	1.2～0.9
铸铁	16×25	1.4～1.2	1.2～0.8	1.0～0.6
	20×30	1.8～1.6	1.6～1.3	1.4～1.0
	30×40	2.0～1.7	2.0～1.7	1.6～1.3

续表

（2）精加工平面

表面粗糙度 Ra（μm）	工件材料	副偏角 κ_r'	刀尖圆弧半径（mm）		
			1	2	3
			进给量 f（mm/dst）		
6.3	钢	3°～4°	0.9～1.0	1.2～1.5	
	铸铁	5°～10°	0.7～0.8	1.0～1.2	
3.2	钢	2°～3°	0.25～0.4	0.5～0.7	0.7～0.9
	铸铁		0.35～0.5	0.6～0.8	0.9～1.0

（3）精加工槽

机床、工件、夹具系统的刚性	工件材料	槽的长度（mm）	槽宽 B（mm）			
			5	8	10	>12
			进给量 f（mm/dst）			
刚性足	钢		0.12～0.14	0.15～0.18	0.18～0.20	0.18～0.22
	铸铁		0.22～0.27	0.28～0.32	0.30～0.36	0.35～0.40
刚性不足（工件孔径<100mm的孔内槽）	钢	100	0.10～0.12	0.11～0.13	0.12～0.15	0.14～0.18
		200	0.07～0.10	0.09～0.11	0.10～0.12	0.10～0.13
		>200	0.05～0.07	0.06～0.09	0.07～0.08	0.08～0.11
	铸铁	100	0.18～0.22	0.20～0.24	0.22～0.27	0.25～0.30
		200	0.13～0.15	0.16～0.18	0.18～0.21	0.20～0.24
		>200	0.10～0.12	0.12～0.14	0.14～0.17	0.16～0.20

表 5-119　刨削（或插削）时切削速度，切削力及切削功率的计算公式

计　算　公　式

切削速度	切削力	切削功率
$v_c=\dfrac{C_v}{T^m a_p^{x_v} f^{y_v}}k_v$（m/min）	$F_z=C_{F_z}a_p^{x_{F_z}}f^{y_{F_z}}k_{F_z}$（Ⅳ）	$P_m=\dfrac{F_z v}{6\times10^4}$（kW）

公式中的系数和指数

加工材料	刀具材料	加工方式	系数和指数值						
			切削速度计算				切削力计算		
			C_v	x_v	y_v	m	C_{F_z}	x_{F_z}	y_{F_z}
碳钢，铬钢及镍铬钢 σ_b=650MPa	高速钢	平面	48.9	0.25	0.66	0.12	1875	1.0	0.75
		槽	16.2	0	0.66	0.25	2100	1.0	1.0
灰铸铁 190HBS	高速钢	平面	31.4	0.15	0.4	0.1	1225	1.0	0.75
		槽	15.6	0	0.4	0.15	1550	1.0	1.0
	YG8	平面	129.6	0.15	0.4	0.2	900	1.0	0.75
		槽	30.6	0	0.4	0.2	1550	1.0	1.0
铜合金	高速钢	平面	133.6	0.12	0.5	0.12	540	1.0	0.66

注　加工条件改变时，切削速度和切削力的修正系数见表 5-120。

表 5-120　刨削（或插削）条件改变时的修正系数

（1）与刀具耐用度有关的修正系数

机床型式	工件材料	刀具材料	加工方式	刀具耐用度 T（min）					
				60	90	120	180	240	860
				修正系数 k_{T_v}					
龙门刨床及牛头刨床	钢	W18Cr4V	平面	1.09	1.03	1.0	0.95	0.91	0.87
			槽	1.19	1.08	1.0	0.90	0.84	0.76
	灰铸铁	YG8	平面	1.15	1.05	1.0	0.92	0.87	0.80
			槽	—	—	—	—	—	—
		W18Cr4V	平面	1.07	1.03	1.0	0.96	0.93	0.90
			槽	1.11	1.05	1.0	0.94	0.90	0.85
	铜合金		平面	1.09	1.03	1.0	0.95	0.91	0.87
插床	钢		平面	1.2	1.13	1.09	1.04	1.0	0.96
			槽	1.41	1.28	1.19	1.07	1.0	0.9
	灰铸铁		平面	1.15	1.1	1.07	1.03	1.0	0.96
			槽	1.23	1.17	1.11	1.04	1.0	0.94

（2）与工件材料的硬度和强度有关的修正系数

修正系数	刀具材料	结构钢、碳钢及合金钢 σ_b（MPa）					铸铁（HBS）			铜合金						
										非均质合金		铜铅合金	均质合金	均质结构含铅量10%	铜	含铅小于15%
		450	550	650	750	850	170	190	230	高硬度	中等硬等	（不均质结构）				
k_{M_v}	YG8	—	—	—	—	—	1.13	1.0	0.79	—	—	—	—	—	—	—
	W18Cr4V	1.8	1.37	1.0	0.78	0.62	1.18	1.0	0.72	0.7	1.0	1.7	2.0	4.0	8.0	12
k_{MF_z}	YG8	—	—	—	—	—	0.96	1.0	1.08	—	—	—	—	—	—	—
	W18Cr4V	0.88	0.94	1.0	1.12	1.22	0.94	1.0	1.11	0.75	1.0	0.62	1.8～2.2	0.65～0.7	1.7～2.1	0.25～0.4

（3）与主偏角有关的修正系数

修正系数	刀具材料	工件材料	主偏角 κ_r				
			30°	45°	60°	75°	90°
$k_{\kappa_r v}$	YG8	铸铁	1.2	1.0	0.88	0.83	0.73
	W18Cr4V	钢	1.26	1.0	0.84	0.74	0.66
		铸铁	1.2	1.0	0.88	0.79	0.79
		铜合金	—	—	1.0	—	0.83
$k_{\kappa_r F_z}$	YG8	铸铁	1.08	1.0	0.96	0.92	0.80
	W18Cr4V	钢	1.08	1.0	0.98	1.03	1.08
		铸铁	1.05	1.0	0.96	0.94	0.92
		铜合金	—	—	1.0	—	0.96

续表

(4) 与毛坯表面情况有关的修正系数

修正系数	刀具材料	工件材料	无外皮	铸造外皮	砂土外皮	无外皮		有外皮			
						型钢及锻件	铸件	型钢	铸件及锻件		
									160HBS	160～200HBS	>200HBS
k_{S_v}	YG8	铸铁	1.0	0.8～0.85	0.5～0.6	—	—	—	—	—	—
	W18Cr4V	钢	—	—	—	1.0	0.9	0.9	0.75	0.80	0.85
		铸铁	1.0	0.8～0.85	0.5～0.6	—	—	—	—	—	—
		铜合金	1.0	0.9～0.95	—	—	—	—	—	—	—

(5) 与前角有关的修正系数

修正系数	刀具材料	工件材料	前角 γ_o					
			0°	8°	10°	12°～15°	20°	25°
$k_{\gamma_o F_z}$	YG8	铸铁	1.1	—	1.0	—	0.9	—
	W18Cr4V	钢 $\sigma_b \leqslant 800$MPa	—	—	—	1.08	1.0	0.94
		$\sigma_b > 800$MPa	—		—	1.0	0.91	0.85
		铸铁	—	1.0	—	0.94	—	—

(6) 与副偏角有关的修正系数

修正系数	刀具材料	副偏角 κ'_r				
		10°	15°	20°	30°	45°
$k_{\kappa'_r v}$	W18Cr4V	1.0	0.97	0.94	0.91	0.87

(7) 与刀尖圆弧半径有关的修正系数

修正系数	刀具材料	工件材料	刀尖圆弧半径 γ_ε (mm)			
			1	2	3	5
$k_{\gamma_\varepsilon v}$	W18Cr4V	钢	—	0.97	1.0	1.0
		铸铁	—	0.94	1.0	1.0
		铜合金	0.9	1.0	1.06	1.06
$k_{\gamma_\varepsilon F_z}$	W18Cr4V	钢	0.89	0.96	1.0	1.06
		铸铁	0.92	0.97	1.0	1.04

(8) 与刀具后刀固磨损值有关的修正系数

修正系数	刀具材料	工件材料		磨损值 A_o (mm)							
				0.5	0.9	1.0	1.2	1.5	2.0	3.0	4.0
k_{k_v}	YG8	铸铁		—	—	1.0	—	1.2	1.2	—	—
	W18Cr4V	钢	插平面刀	0.93	—	—	—	0.97	—	—	—
			插槽刀	0.85	—	—	—	—	—	—	—
		铸铁	插平面刀	—	—	—	—	0.90	0.93	0.95	1.0
			插槽刀	0.85	—	—	—	0.95	1.0	—	—
k_{kF_z}	YG8	铸铁		—	1.0	—	—	—	1.05	—	—
	W18Cr14V	钢		0.93	—	0.95	—	—	1.0	—	—
		锌铁		—	—	0.82	—	—	0.83	—	1.0

续表

(9) 与刀杆截面有关的修正系数								
修正系数	刀具材料	工件材料	刀杆截面 (mm)					
			16×25	20×30	25×40	30×45	40×60	60×90
k_{B_v}	W18Cr4V	钢	0.90	0.93	0.97	1.0	1.04	1.10
		铸铁	0.95	0.96	0.98	1.0	1.02	1.05
		铜合金	—	0.96	0.98	1.0	1.02	—

(10) 与机床类型 (刚性) 有关的修正系数			
机床类型	龙门刨床	牛头刨床	插床
修正系数 k_{j_v}	1.0	0.7~0.8	0.5~0.6

5.2.11　拉削切削用量 (见表5-121~表5-123)

表5-121　拉削的进给量 (单面的齿升)　mm

拉刀型式	钢 σ_b (MPa)			铸铁		铝	青铜、黄铜
	≤490	490~735	>735	灰口铸铁	可锻铸铁		
圆柱拉刀	0.01~0.02	0.015~0.08	0.01~0.025	0.03~0.08	0.05~0.1	0.02~0.05	0.05~0.12
矩形齿花键拉刀	0.04~0.06	0.05~0.08	0.03~0.06	0.04~0.1	0.05~0.1	0.02~0.1	0.05~0.12
三角形及渐开线花键拉刀	0.03~0.05	0.04~0.06	0.03~0.05	0.04~0.08	0.05~0.08	—	—
键及槽拉刀	0.05~0.15	0.05~0.2	0.05~0.12	0.06~0.2	0.06~0.2	0.05~0.08	0.08~0.2
直角及平面拉刀	0.03~0.12	0.05~0.15	0.08~0.12	0.06~0.2	0.05~0.15	0.05~0.08	0.06~0.15
型面拉刀	0.02~0.05	0.08~0.06	0.02~0.05	0.03~0.08	0.05~0.1	0.02~0.05	0.05~0.12
正方形及六角形拉刀	0.015~0.08	0.02~0.15	0.015~0.12	0.03~0.15	0.05~0.15	0.02~0.1	0.05~0.2
各种类型的渐进拉刀	0.02~0.3	0.015~0.2	0.01~0.12	0.03	0.03~0.3	0.03~0.5	0.03~0.5

注　1. 小的进给量用于有提高拉削尺寸精度及降低表面粗糙度要求的，零件刚度不足的，必须带横向尺寸的拉刀。

2. 为了达到 $Ra2.5$~1.25 表面粗糙度，当采用符合表内的切削速度时，拉刀的精加工部分应该具有下列的余量、齿数及进给量 (单面)；齿的精加工区段 (同样尺寸的两个齿称为一个区段) 用于渐进拉刀，渐进拉刀的精加工部分，可以既有区段齿又有逐齿升高的齿。

单面余量	齿数或区段数	精加工齿的进给量 (mm)
0.02~0.035 0.085~0.07 0.07~0.1 0.1~0.16	1~3 4~5 4~7 6~8	进给量是可变的，且逐渐减小 (最高的齿升不大于0.1)

表5-122　拉削速度分组

材料名称	材料牌号	硬度HBS	拉削速度分组	材料名称	材料牌号	硬度HBS	拉削速度分组
易切削钢及碳钢	Y12、Y15、Y20	≤229	Ⅰ	易切削钢及碳钢	35	≤197 197~269	Ⅱ Ⅰ
	40、45、50、60	229~269 269~321	Ⅱ Ⅲ	灰口铸铁	—	≤180 >180	Ⅰ Ⅱ
	10、15、20	≤156	Ⅳ				
	25、30	≤187	Ⅱ	可锻铸铁	—	—	Ⅰ

注　切削速度组别的选择，应按加工材料实际硬度的上限选用。

表 5-123　　拉削速度

拉削速度组别	拉刀类别与表面粗糙度 Ra（μm）											
	圆柱孔			花键孔		外表面与键槽			螺旋齿		硬质合金齿	
	0.63～1.25	1.25～2.5	2.5～10	1.25～2.5	2.5～10	0.63～1.25	1.25～2.5	2.5～10	0.32～1.25	1.25～5	1.25～5	2.5～5
	拉削速度 v_c(m/min)											
Ⅰ	5～4	6～4	8～5	5～4	8～5	6～5	7～4	10～8	10～8	15～10	12～10	10～8
Ⅱ	4～3	5～3.5	7～5	4.5～3.5	7～5	4～3.5	6～4	8～6	8～6	10～8	10～8	8～6
Ⅲ	3.5～2.5	4～3	6～4	3.5～3	6～4	3.5～2	5～3.5	7～5	6～4	8～6	6～4	6～4
Ⅳ	2.5～1.5	3～2.5	4～3	2.5～2	4～3	2.5～1.5	3.5～2.5	4～3	4～3	6～4	5～3	4～3

注　切削速度的选择，当用 CrWMn 及 9CrWMn 钢拉刀时取小值，用 W18Cr4V 钢拉刀时取大值。

5.2.12　螺纹加工切削用量（见表 5-124～表 5-128）

表 5-124　　用高速钢刀具车削螺纹的切削用量

（碳钢 σ_b＝637～735MPa，加切削液）

螺距 P（mm）	外螺纹				内螺纹			
	粗加工		精加工		粗加工		精加工	
	行程次数	v_c（m/s）	行程次数	v_c（m/s）	行程次数	v_c（m/s）	行程次数	v_c（m/s）
三角形螺纹								
1.5	4	0.48	2	0.85	5	0.38	3	0.68
2.0	6	0.48	3	0.85	7	0.38	4	0.68
2.5	6	0.48	3	0.85	7	0.38	4	0.68
3.0	6	0.41	3	0.75	7	0.33	4	0.6
4.0	7	0.36	4	0.64	9	0.32	4	0.53
5.0	8	0.32	4	0.56	10	0.25	5	0.44
6.0	9	0.29	4	0.51	12	0.23	5	0.4
梯形螺纹								
4.0	10	0.45	7	0.85	12	0.36	8	0.68
6.0	12	0.36	9	0.85	14	0.30	10	0.68
8.0	14	0.32	9	0.85	17	0.25	10	0.68
10.0	18	0.32	10	0.85	21	0.25	12	0.68
12.0	21	0.30	10	0.85	25	0.24	12	0.68
16.0	28	0.28	10	0.69	33	0.23	12	0.55
20.0	30	0.26	10	0.69	42	0.21	12	0.55

使用条件变换时切削速度修正系数

工件材料		539～735	784～882	931～1030	1039～1226
工件材料	σ_b（MPa）	539～735	784～882	931～1030	1039～1226
	HBS	180～215	228～267	268～305	305～360
钢的类别		修正系数 R_{MV}			
碳钢（C≤0.6%）及镍钢		1.0	0.77	0.59	0.46
镍铬钢		0.90	0.72	0.57	0.46
碳钢（C>0.6%）、铬钢及镍铬钨钢		0.80	0.62	0.47	0.37
铬锰钢、铬硅钢及铬硅锰钢		0.70	0.56	0.44	0.36

注　1. 表中切削速度是按耐用度为 60min 计算的。

2. 车制 4H～6H 或 4h～6h 的内、外螺纹时，除粗、精车进给次数外，尚需增加 2～4 次行程，以进行光车，其切削速度 v_c＝0.06～0.1m/s。

3. 车制双头，多头三角形螺纹时，每头螺纹行程次数要比单头行程次数增加 1～2 次。

表 5-125　　车削螺纹时精加工行程次数

螺纹型式	螺距 P 或模数 m (mm)	精度等级			螺纹型式	螺距 P 或模数 m (mm)	精度等级		
		4H，5H	6H	7H			4H，5H	6H	7H
		精加工行程次数					精加工行程次数		
三角形螺纹	P=1.5	4	3	2	模数螺纹	m=5	13	12	10
	P=2.0	4	3	2	梯形螺纹	P=3	5	4	3
	P=3.0	4	3	2		P=4	6	5	3
	P=4	5	4	2		P=5	7	6	3
	P=5	5	4	2		P=6	7	6	4
	P=6	5	4	2		P=8	8	7	4
模数螺纹	m=2	7	6	4		P=10	9	8	5
	m=3	9	8	6		P=12	9	8	5
	m=4	11	10	8		P=16	9	8	5

表 5-126　　用 YT 类（P 类）硬质合金刀具车削螺纹的切削用量

刀具材料	螺纹形式	螺距 P 或模数 m (mm)	工件材料												
			碳钢、铬钢、镍铬钢及铬硅锰钢									碳钢、铬钢镍铬钢		铬硅锰钢	
			抗拉强度 σ_b (MPa)												
			637			735			833			1128		1422	
			行程次数(粗)	v_c (m/s)	P_m (kW)	行程次数(粗)	v_c (m/s)	P_m (kW)	行程次数(粗)	v_c (m/s)	P_m (kW)	行程次数(粗)	v_c (m/s)	行程次数(粗)	v_c (m/s)
YT15	三角形外螺方	P=1.5	2	1.47	3.4	3	1.38	2.1	3	1.25	2	4	0.98	5	0.82
		P=2	2	1.35	4.2	4	1.36	2.9	4	1.22	2.8	6	0.95	6	0.78
	三角形外螺纹及梯形外螺纹	P=3	3	1.30	6.2	5	1.26	4.4	5	1.13	4.3	6	0.90	8	0.75
		P=4	4	1.28	7.9	6	1.21	5.3	6	1.10	5.1	7	0.83	10	0.72
		P=5	6	1.31	10	8	1.21	6.6	8	1.10	6.4	9	0.82	12	0.70
		P=6	7	1.28	11.3	9	1.18	9	9	1.0	8.4	11	0.82	15	0.70
	梯形外螺纹	P=8	9	1.29	15	11	1.13	13.2	11	1.17	12.9	—	—	—	—
		P=10	11	1.23	20	13	1.10	15	13	0.98	14.1	—	—	—	—
		P=12	13	1.20	21.4	15	1.08	18	15	0.96	17.3	—	—	—	—
		P=16	16	1.17	28.2	19	1.03	23	19	0.93	23.1	—	—	—	—
	模数外螺纹	m=2	7	1.28	11.3	9	1.18	9.6	9	1.05	9	—	—	—	—
		m=3	10	1.23	16.9	12	1.12	14.4	12	1.00	14.1	—	—	—	—
		m=4	14	1.23	21.4	16	1.10	19.2	16	0.98	18.6	—	—	—	—
		m=5	16	1.21	28.2	19	1.07	23.4	19	0.95	23.1	—	—	—	—
	三角形内螺纹	P=1.5	3	1.61	3.4	4	1.50	1.9	4	1.33	1.7	6	1.06	7	0.88
		P=2	3	1.47	4.4	5	1.43	2.6	5	1.28	2.4	7	1.02	8	0.83
		P=3	4	1.40	6.4	6	1.33	4	6	1.18	4	8	0.93	10	0.78
		P=4	5	1.37	8.2	7	1.27	5.8	7	1.13	5.7	9	0.88	12	0.75
		P=5	7	1.37	10	9	1.25	6.6	9	1.12	6.4	11	0.87	14	0.72
		P=6	8	1.33	12.4	10	1.23	8.4	10	1.10	8.4	13	0.85	17	0.72

注　1. 精车行程次数可按表 5-124 推荐数值。

2. 粗、精加工用同一把螺纹车刀时，切削速度应降低 20%～30%。

3. 刀具耐用度改变时切削速度及功率修正系数如下。

刀具耐用度 T (min)	20	30	60	90	120
修正系数 $k_{T_v}=k_{T_{P_m}}$	1.08	1.0	0.87	0.8	0.76

表 5-127　　用 YG 类（K 类）硬质合金刀具车螺纹的切削用量

螺纹形式	螺距 P（mm）	粗行程次数	精行程次数	灰铸铁 硬度（HBS）170 v_c（m/s）	170 P_m（kW）	190 v_c（m/s）	190 P_m（kW）	210 v_c（m/s）	210 P_m（kW）	230 v_c（m/s）	230 P_m（kW）
三角形外螺纹	2	2	2	0.93	1.0	0.83	0.9	0.75	0.9	0.65	0.8
	3	3	2	1.06	1.9	0.93	1.8	0.83	1.7	0.73	1.6
	4	4	2	1.13	3.0	1.00	2.8	0.90	2.6	0.78	2.5
	5	4	2	1.13	4.5	1.00	4.2	0.91	3.9	0.78	3.7
	6	5	2	1.21	5.9	1.06	5.6	0.96	5.3	0.85	4.9
三角形内螺纹	2	3	2	0.85	0.7	0.75	0.7	0.66	0.7	0.58	0.6
	3	4	2	0.90	1.4	0.80	1.3	0.71	1.2	0.63	1.2
	4	5	2	0.98	2.3	0.86	2.2	0.76	2.0	0.68	1.9
	5	5	2	0.98	3.5	0.86	3.2	0.76	3.0	0.68	2.8
	6	6	2	1.03	4.5	0.91	4.2	0.81	4.0	0.71	3.7

注 1. 表中的精行程次数，适于加工 7H 级精度螺纹。对于 4H～6H 精度螺纹加工，精加工行程次数见表 5-124。

2. 使用条件变换时切削速度及功率修正系数如下：

与刀具的耐用度有关	刀具耐用度 T（min）	20	30	60	90	120
	修正系数 $k_{T_v}=k_{T_{P_m}}$	1.14	1.0	0.8	0.69	0.63
与刀具的材料有关	刀具牌号	YG8	YG6	YG4	YG3	YG2
	修正系数 $k_{T_v}=k_{T_{P_m}}$	0.83	1.0	1.1	1.14	1.3

表 5-128　　高速钢及硬质合金车刀车削不同材料螺纹的切削用量

加工材料	硬度 HBS	螺纹直径（mm）	第一走刀的横向进给（mm） 第一次走刀	最后一次走刀	切削速度（m/min） 高速钢车刀	硬质合金车刀	备注
易切碳钢、碳钢、碳钢铸件、合金钢、合金钢铸件、高强度钢、马氏体时效钢、工具钢、工具钢铸件	100～225	≤25	0.50	0.013	12～15	18～60	
		>25	0.50	0.013	12～15	60～90	
	225～375	≤25	0.40	0.025	9～12	15～46	高速钢车刀使用 W12Cr4V5Co5 及 W2Mo9Cr4VCo8 等含钴高速钢
		>25	0.40	0.025	12～15	30～60	
	375～535	≤25	0.25	0.05	1.5～4.5	12～30	
		>25	0.25	0.05	4.5～7.5	24～40	
易切不锈钢、不锈钢、不锈钢铸件	135～440	≤25	0.40	0.025	2～6	20～30	高速钢车刀使用 W12Cr4V5Co5 及 W2Mo9Cr4VCo8 等含钴高速钢
		>25	0.40	0.025	3～8	24～37	
灰铸铁	100～320	≤25	0.40	0.013	8～15	26～43	
		>25	0.40	0.013	10～18	49～73	
可锻铸铁	100～400	≤25	0.40	0.013	8～15	26～43	
		>25	0.40	0.013	10～18	49～73	
铝合金及其铸件 镁合金及其铸件	30～150	≤25	0.50	0.025	25～45	30～60	
		>25	0.50	0.025	45～60	60～90	
钛合金及其铸件	110～440	≤25	0.50	0.013	1.8～3	12～20	使用 W12Cr4V5Co5 及 W2Mo9Cr4VCo8 等含钴高速钢
		>25	0.50	0.013	2～3.5	17～26	
钢合金及其铸件	40～200	≤25	0.25	0.025	9～30	30～60	
		>25	0.25	0.025	15～45	60～90	

续表

加工材料	硬度 HBS	螺纹直径 (mm)	第一走刀的横向进给 (mm)		切削速度 (m/min)		备　注
			第一次走刀	最后一次走刀	高速钢车刀	硬质合金车刀	
镍合金及其铸件	80～360	≤25	0.40	0.025	6～8	12～30	使用 W12Cr4V5Co5 及 W2Mo9Cr4VCo8 等含钴高速钢
		>25	0.40	0.025	7～9	14～52	
高温合金及其铸件	140～230	≤25	0.25	0.025	1～4	20～26	
		>25	0.25	0.025	1～6	24～29	
	230～400	≤25	0.25	0.025	0.5～2	14～21	
		>25	0.25	0.025	1～3.5	15～23	

5.3　机　床　参　数

机床相关参数见表 5-129～表 5-132。

表 5-129　　卧式铣床工作台尺寸　　mm

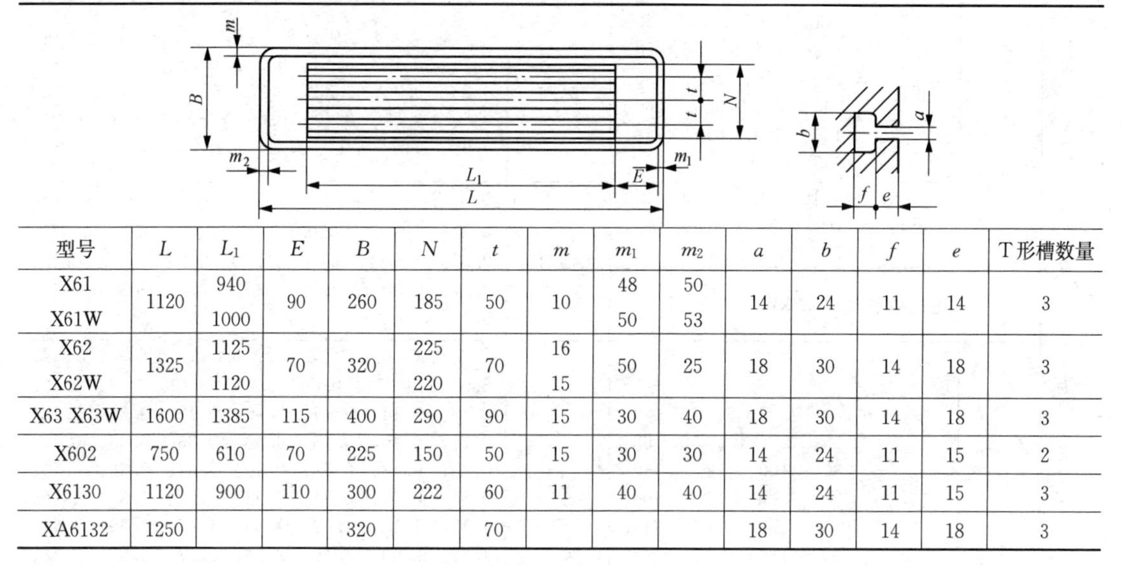

型号	L	L_1	E	B	N	t	m	m_1	m_2	a	b	f	e	T形槽数量
X61	1120	940	90	260	185	50	10	48	50	14	24	11	14	3
X61W		1000						50	53					
X62	1325	1125	70	320	225	70	16	50	25	18	30	14	18	3
X62W		1120			220		15							
X63 X63W	1600	1385	115	400	290	90	15	30	40	18	30	14	18	3
X602	750	610	70	225	150	50	15	30	30	14	24	11	15	2
X6130	1120	900	110	300	222	60	11	40	40	14	24	11	15	3
XA6132	1250			320		70				18	30	14	18	3

表 5-130　　立式铣床工作台尺寸　　mm

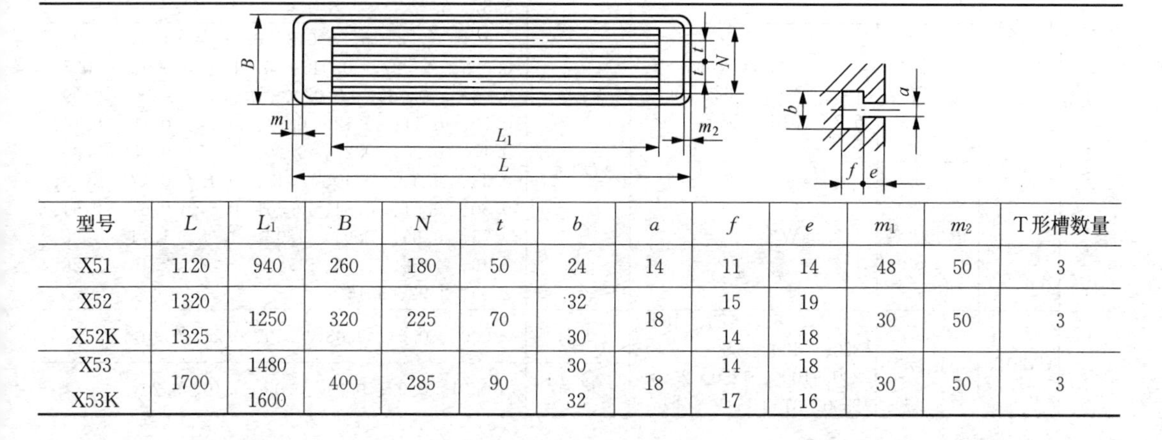

型号	L	L_1	B	N	t	b	a	f	e	m_1	m_2	T形槽数量
X51	1120	940	260	180	50	24	14	11	14	48	50	3
X52	1320	1250	320	225	70	32	18	15	19	30	50	3
X52K	1325					30		14	18			
X53	1700	1480	400	285	90	30	18	14	18	30	50	3
X53K		1600				32		17	16			

续表

型号	L	L_1	B	N	t	b	a	f	e	m_1	m_2	T形槽数量
X518	2800	2500	980	800	150	46	28	20	32	55	55	4
X5030	1120	900	300	222	60	24	14	11	16	40	40	3
X53T			425			30	18	14	18			3

注 基准槽 a 精度为 H8，固定槽 a 精度为 H12。

表 5-131　　常见机床主轴转速及进给量

类别	型号	技术参数			
		主轴转速（r/min）		进给量（mm/r）	
车床	C365L	正转	44、58、78、100、136、183、238、322、430、550、745、1000	回转刀架纵向	0.07、0.09、0.13、0.17、0.21、0.28、0.31、0.38、0.41、0.52、0.56、0.76、0.92、1.24、1.68、2.29
		反转	48、64、86、110、149、200、261、352、471、604、816、1094	横刀加纵向	0.07、0.09、0.13、0.17、0.21、0.28、0.31、0.38、0.41、0.52、0.56、0.76、0.92、1.24、1.68、2.29
		电机功率	4.5kW	横刀架横向	0.03、0.04、0.056、0.076、0.09、0.12、0.13、0.17、0.18、0.23、0.24、0.33、0.41、0.54、0.73、1.00
	CA620-1	正转	12、15、19、24、30、38、46、58、76、90、120、150、185、230、305、370、380、460、480、600、610、760、955、1200	纵向	0.08、0.09、0.10、0.11、0.12、0.13、0.14、0.15、0.16、0.18、0.20、0.22、0.24、0.26、0.28、0.30、0.33、0.35、0.40、0.45、0.48、0.50、0.55、0.60、0.65、0.71、0.81、0.91、0.96、1.01、1.11、1.21、1.28、1.46、1.59
		反转	18、30、48、73、121、190、295、485、590、760、970、1520	横向	0.027、0.029、0.033、0.038、0.04、0.042、0.046、0.05、0.054、0.058、0.067、0.075、0.078、0.084、0.092、0.10、0.20、0.22、0.23、0.27、0.30、0.32、0.33、0.37、0.40、0.41、0.48、0.52
		电机功率	7.8kW		
	CA6140	正转	10、12.5、16、20、25、32、40、50、63、80、100、125、160、200、250、320、400、450、500、560、710、900、1120、1400	纵向	0.028、0.032、0.036、0.039、0.043、0.046、0.050、0.054、0.08、0.09、0.10、0.11、0.12、0.13、0.14、0.15、0.16、0.18、0.20、0.23、0.24、0.26、0.28、0.30、0.33、0.36、0.41、0.46、0.48、0.51、0.56、0.61、0.66、0.71、0.81、0.91、0.94、0.96、1.02、1.03、1.09、1.12、1.15、1.22、1.29、1.47、1.59、1.71、1.87、2.05、2.16、2.28、2.57、2.93、3.16、3.42、3.74、4.11、4.32、4.56、5.14、5.87、6.33
		反转	14、22、36、56、90、141、226、362、565、633、1018、1580	横向	0.014、0.016、0.018、0.019、0.021、0.023、0.025、0.027、0.040、0.045、0.050、0.055、0.060、0.065、0.070、0.075、0.08、0.09、0.10、0.11、0.12、0.13、0.14、0.15、0.16、0.17、0.20、0.22、0.24、0.25、0.28、0.30、0.33、0.35、0.40、0.43、0.45、0.47、0.48、0.50、0.51、0.54、0.56、0.57、0.61、0.64、0.73、0.86、0.94、1.02、1.08、1.14、1.28、1.46、1.58、1.72、1.88、2.04、2.16、2.28、2.56、2.92、3.16
		电机功率	7.5kW		
	CM6125	正转	25、63、125、160、320、400、500、630、800、1000、1250、2000、2500、3150	纵向	0.02、0.04、0.08、0.10、0.20、0.40
				横向	0.01、0.02、0.04、0.05、0.10、0.20

续表

类别	型号	技术参数			
		主轴转速（r/min）		进给量（mm/r）	
铣床	X51（立式）	转速	65、80、100、125、160、210、255、300、380、490、590、725、1225、1500、1800	纵向	35、40、65、85、105、125、165、205、250、300、390、510、62、755、980
				横向	25、30、40、50、65、80、100、130、150、190、230、320、400、480、585、765
		电机功率	4.5kW	升降	12、15、20、25、33、40、50、65、80、95、115、160、200、290、380
	X52K X53K（立式）	转速	30、37.5、47.5、60、75、95、118、150、190、235、375、475、600、750、950、1180、1500	纵向	23.5、30、37.5、47.5、60、75、95、118、150、190、235、300、375、475、600、750、950、1180
				横向	15、20、25、31、40、50、63、78、100、126、156、200、250、316、400、500、634、786
		电机功率	X52K 7.5kW X53K 10kW	升降	8、10、12.5、15.5、20、25、31.5、39、50、63、78、100、125、158、200、250、317、394
铣床	X60 X60W（卧式）	转速	50、71、100、140、200、400、560、800、1120、1600、2240	纵向	22.4、31.5、45、63、90、125、180、250、355、500、710、1000
				横向	16、22.4、31.5、45、63、90、125、180、250、355、500、710
		电机功率	2.8kW	升降	8、11.2、16、22.4、31.5、45、63、90、125、180、250、355
	X62 X62W（卧式）	转速	30、37.5、47.5、60、75、95、118、150、190、235、300、375、475、600、750、950、1180、1500	纵向及横向	23.5、30、37.5、47.5、60、75、95、118、150、190、235、300、375、475、600、750、950、1180
		电机功率	7.5kW		
镗床	T68（卧式）	转速	20、25、32、40、50、64、80、100、125、160、200、250、315、400、500、630、800、1000	主轴	0.05、0.07、0.10、0.13、0.19、0.27、0.37、0.52、0.74、1.03、1.43、2.05、2.90、4.00、5.70、8.00、11.1、16.0
		电机功率	5.5kW/7.5kW 1460r/min、2840r/min	主轴箱	0.025、0.035、0.05、0.07、0.09、0.13、0.19、0.26、0.37、0.52、0.72、1.03、0.42、2.00、2.90、4.00、5.60、8.00
	TA4280（坐标）	转速	40、52、65、80、105、130、160、205、250、320、410、500、625、800、1000、1250、1600、2000	0.042、0.056、0.069、0.100、0.153、0.247、0.356	
钻床	Z35（摇臂）	34、42、53、67、85、105、132、170、265、335、420、530、670、850、1051、1320、1700		0.03、0.04、0.05、0.07、0.09、0.12、0.14、0.15、0.19、0.20、0.25、0.26、0.32、0.40、0.56、0.67、0.90、1.20	
	Z525（立钻）	97、140、195、272、392、545、680、960、1360		0.10、0.13、0.17、0.22、0.28、0.36、0.48、0.62、0.81	
	Z535（立钻）	68、100、140、195、275、400、530、750、1100		0.11、0.15、0.20、0.25、0.32、0.43、0.57、0.72、0.96、1.22、1.60	
	Z512（台钻）	460、620、850、1220、1610、2280、3150、4250		手动	

表 5-132　　C620-1 型卧式车床相关参数

级数	1	2	3	4	5	6	7	8	9	10	11	12	13	14	15	16	17	18	19	20	21	22	23	24
转数 n (r/min)	11.5	14.5	19	24	30	37.5	46	58	76	96	120	150	184	230	305	380	480	600	370	460	610	770	960	1200
效率	0.75																	0.70	0.82	0.80	0.75	0.70	0.67	0.63
根据传动功率的扭矩 M_1 (N·m)	3885	3855	2943	2325	1864	1491	1216	961	736	579	466	373	304	240	184	145	118	87	167	132	92	69	52	39
主轴允许的扭矩 M_2 (N·m)	1177																							
考虑效率的主轴功率 P_{E_1} (kg)	5.9																	5.5	6.4	6.2	5.9	5.5	5.2	4.9
根据最薄弱环节的主轴功率 P_{E_2} (kg)	1.42	1.79	2.35	2.95	3.7	4.6	5.7	5.9																

5.4　机动时间计算

各种切削方式机动时间计算见表 5-133～表 5-140。

(1) 车削和镗削机动时间的计算。车削和镗削加工常用符号如下：

T_j——机动时间，min；

L——刀具或工作台行程长度，mm；

l——切削加工长度，mm；

l_1——刀具切入长度，mm；

l_2——刀具切出长度，mm

v——切削速度，m/min 或 m/s；

d——工件或刀具直径，mm；

n——机床主轴转速，r/min；

f——主轴每转刀具的进给量，mm/r；

a_p——背吃刀量，mm；

i——进给次数。

表 5-133　　车削和镗削机动时间的计算公式

加工示意图	计算公式	备注
①车外圆和镗孔	$T_j=\frac{L}{fn}i=\frac{l+l_1+l_2+l_3}{fn}i$ $l_1=\frac{a_p}{\tan\kappa_r}+(2\sim3)$ $l_2=3\sim5$ l_3——单件小批生产时的试切附加长度	1. 当加工到台阶时 $l_2=0$ 2. l_3 的值见表 5-134 3. 主偏角 $\kappa_r=90°$时 $l_1=2\sim3$

续表

加工示意图	计算公式	备注
②车端面、切断或车圆环端面、切槽 车圆环　车端面	$T_j=\frac{L}{fn}i$ $L=\frac{d-d_1}{2}+l_1+l_2+l_3$ l_1、l_2、l_3 同①	1. 车槽时 $l_2=l_3=0$，切断时 $l_3=0$ 2. d_1 为车圆环的内径或车槽后的底径，mm 3. 车实体端面和切断时 $d_1=0$

表 5-134　　试切附加长度 l_3　　mm

测量尺寸	测量工量	l_3
—	游标卡尺、直尺、卷尺、内卡钳、塞规、样板、深度尺	5
≤250 >250	卡规、外卡钳、千分尺	3～5 5～10
≤1000	内径百分尺	5

（2）钻削机动时间的计算。

表 5-135　　钻削机动时间的计算公式

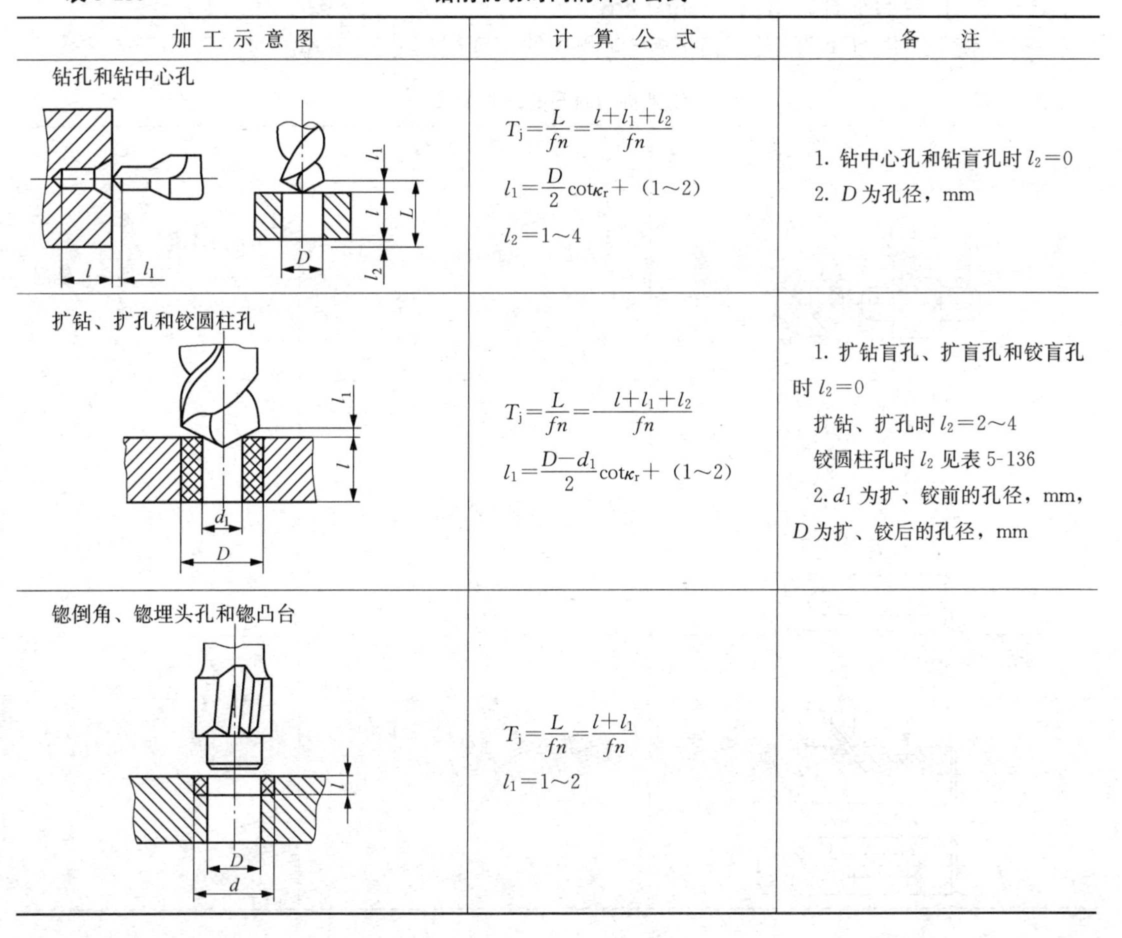

加工示意图	计算公式	备注
钻孔和钻中心孔	$T_j=\frac{L}{fn}=\frac{l+l_1+l_2}{fn}$ $l_1=\frac{D}{2}\cot\kappa_r+$（1～2） $l_2=1～4$	1. 钻中心孔和钻盲孔时 $l_2=0$ 2. D 为孔径，mm
扩钻、扩孔和铰圆柱孔	$T_j=\frac{L}{fn}=\frac{l+l_1+l_2}{fn}$ $l_1=\frac{D-d_1}{2}\cot\kappa_r+$（1～2）	1. 扩钻盲孔、扩盲孔和铰盲孔时 $l_2=0$ 扩钻、扩孔时 $l_2=2～4$ 铰圆柱孔时 l_2 见表 5-136 2. d_1 为扩、铰前的孔径，mm，D 为扩、铰后的孔径，mm
锪倒角、锪埋头孔和锪凸台	$T_j=\frac{L}{fn}=\frac{l+l_1}{fn}$ $l_1=1～2$	

续表

加工示意图	计算公式	备注
扩和铰圆锥孔 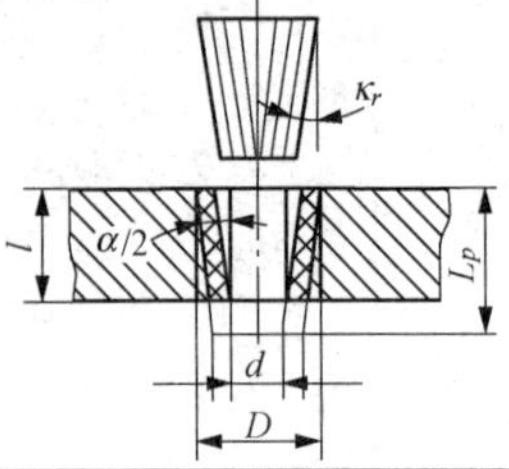	$T_j=\frac{L}{fn}i=\frac{L_p+l_2}{fn}i$ $l_1=1\sim2$ $L_p=\frac{D-d}{2\tan\kappa_r}$ $\kappa_r=\frac{\alpha}{2}$	1. L_p 为行程计算长度，mm 2. κ_r 为主偏角，α 为圆锥角

表 5-136　**铰圆柱孔的超出长度 l_2**　mm

$a_p=\frac{D-d}{2}$	0.05	0.10	0.125	0.15	0.20	0.25	0.30
l_2	13	15	18	22	28	39	45

（3）铣削机动时间的计算。铣削常用符号如下：

z——铣刀齿数；

f_z——铣刀每齿的进给量，mm/z；

f_M——工作台的进给量，mm/min，$f_M=f_z zn$；

f_{Mz}——工作台的水平进给量，mm/mm；

f_{Mc}——工作台的垂直进给量，mm/min；

a_e——铣削宽度（垂直于铣刀轴线方向测量的切削层尺寸），mm。

表 5-137　**铣削机动时间的计算公式**

加工示意图	计算公式	备注
铣键槽（两端开口） 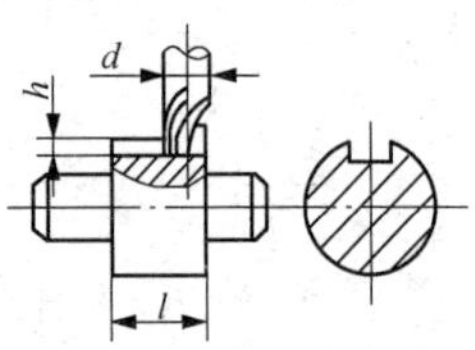	$T_j=\frac{l+l_1+l_2}{f_{Mz}}i$ $t_1=0.5d+(1\sim2)$ $l_2=1\sim3$ $i=\frac{h}{a_p}$	1. h 为键槽深度 2. 通常 $i=1$，即一次铣削到规定深度
铣键槽（一端闭口） 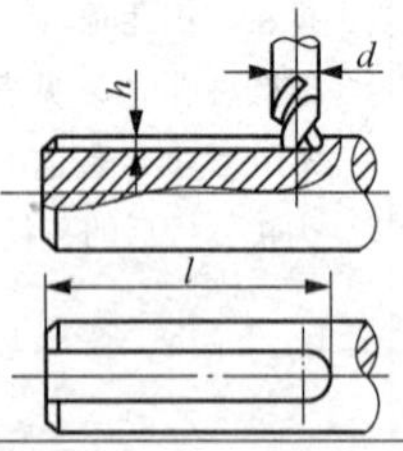	$l_2=0$，其余计算同上	
铣键槽（两端闭口） 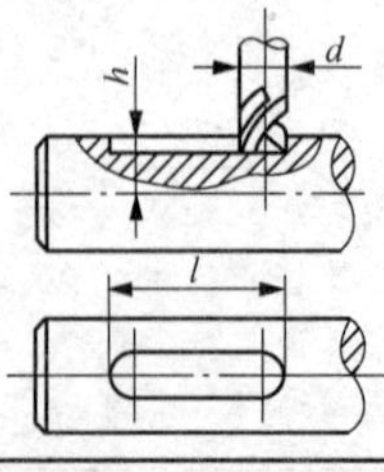	$T_j=\frac{h+l_1}{f_{Mc}}+\frac{l-d}{f_{Mz}}$ $l_1=1\sim2$	

续表

加工示意图	计算公式	备注
圆柱铣刀铣平面、三面刃铣刀铣槽 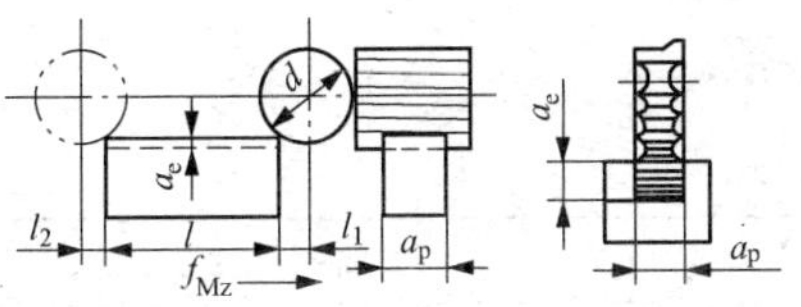	$T_j=\frac{l+l_1+l_2}{f_{Mz}}i$ $l_1=\sqrt{a_e(d-a_e)}+(1\sim3)$ $l_2=2\sim5$	
端面铣刀铣平面（对称铣削） 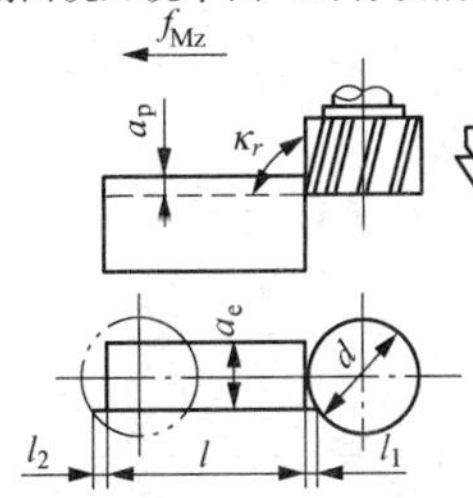	$T_j=\frac{l+l_1+l_2}{f_{Mz}}$ 当主偏角 $\kappa_r=90°$时 $l_1=0.5(d-\sqrt{d^2-a_e^2})+(1\sim3)$ 当主偏角 $\kappa_r<90°$时 $l_1=0.5(d-\sqrt{d^2-a_e^2})+\frac{a_p}{\tan\kappa_r}+(1\sim2)$ $l_2=1\sim3$	
端面铣刀铣平面（不对称铣削） 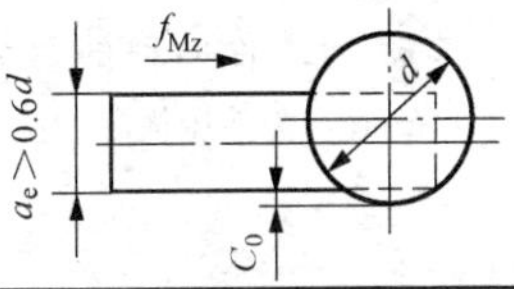	$l_1=0.5d-\sqrt{C_0(d-C_0)}+(1\sim3)$ $C_0=(0.03\sim0.05)d$ $l_2=3\sim5$	

（4）齿轮加工机动时间的计算。齿轮加工常用符号如下：

B——齿轮宽度，mm；

β——螺旋角，(°)；

m——齿轮模数，mm；

h——全齿高，mm；

z——齿轮的齿数，mm；

f_M——每分钟进给量，mm/min；

n——铣刀或滚刀每分钟转数，r/min；

q——滚刀头数；

D——刀具直径，mm。

表 5-138　齿轮加工机动时间的计算公式

加工示意图	计算公式	备注
用滚刀滚圆柱齿轮 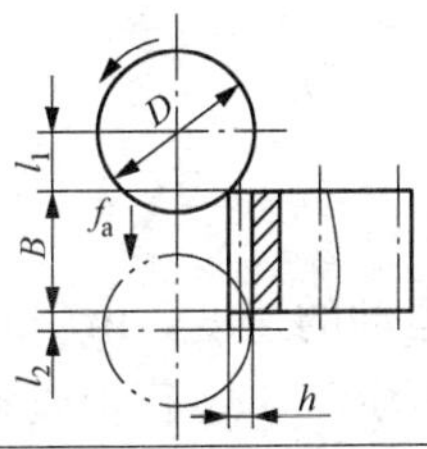	$T_j=\frac{\left(\frac{B}{\cos\beta}+l_1+l_2\right)z}{qnf_a}$ $l_1=\sqrt{h(D-h)}+(2\sim3)$ $l_2=2\sim5$	1. $\beta=0$ 为铣直齿齿轮； 2. 同时加工多个齿轮时，B 为所有齿轮宽度之和，算出之 T_j 应被齿轮数除； 3. $h\leqslant13$ 时可一次切削； 4. $h>13\sim36$ 时分两次切削，第一次 $h=1.4m$，第二次 $h=0.85m$，分别计算 l_1，将其平均值代入 T_j 公式； 5. f_a 为工件每转轴向进给量，mm/r
用圆盘插齿刀插圆柱齿轮 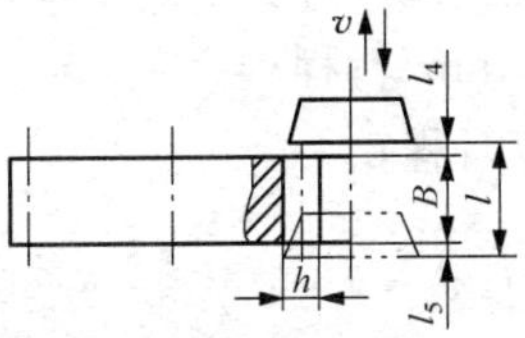	$T_j=\frac{h}{f_r n_d}+\frac{\pi di}{f_\tau n_d}$ $n_d=\frac{1000v}{2L}$ $L=B+l_4+l_5$ 插直齿时　$l_4+l_5=5\sim6$ 插斜齿时 $\beta=15°$，$l_4+l_5=5\sim10$ $\beta=30°$，$l_4+l_5=6\sim12$	f_r 为插齿刀每双行程的径向进给量，mm/双行程；f_τ 为每双行程的圆周进给量，mm/双行程；n_d 为插齿刀的每分钟双行程数；d 为工件分度圆直径，mm；L 为插齿刀的行程，mm；l_4+l_5，模数大时取大值

（5）螺纹加工机动时间的计算。

螺纹加工常用符号如下：

d——螺纹大径，mm；

P——螺纹螺距，mm；

f——工件每转进给量，mm/r；

q——螺纹的线数。

表 5-139 螺纹加工机动时间的计算公式

加工示意图	计算公式	备注
在车床上车螺纹	$T_j=\frac{L}{fn}iq=\frac{l+l_1+l_2}{fn}iq$ 通切螺纹 $l_1=(2\sim3)P$ 不通切螺纹 $l_1=(1\sim2)P$ $l_2=2\sim5$	
用板牙攻螺纹	$T_j=\left(\frac{l+l_1+l_2}{fn}+\frac{l+l_1+l_2}{fn_0}\right)i$ $l_1=(1\sim3)P$ $l_2=(0.5\sim2)P$	n_0 为工件回程的每分钟转数 r/min；i 为使用板牙的次数
用丝锥攻螺纹	$T_j=\left(\frac{l+l_1+l_2}{fn}+\frac{l+l_1+l_2}{fn_0}\right)i$ $l_1=(1\sim3)P$ $l_2=(2\sim3)P$ 攻盲孔时 $l_2=0$	n_0 为丝锥或工件回程的每分钟转数，r/min；i 为使用丝锥的数量；n 为工件或丝锥的每分钟转数，r/min

（6）磨削加工机动时间的计算。

磨削加工常用符号如下：

L——磨削计算长度，mm；

（矩台用磨轮圆周磨 $L=l_1+20$）；

（矩台用磨轮端面磨 $L=l_1+D_M+10$）；

l_1——工件磨削面长度，mm；

D_M——磨轮直径，mm；

B——磨削的计算宽度，mm；

$B=b+B_M+5$；

b——工件的磨削宽度，mm；

z——同时加工的工件数量；

v——工作台往复运动的速度，m/min；

f_B——磨削宽度进给量，mm/行程或 mm/r；

n——工作台转速，r/min；

f_t——磨削深度进给量，f_{t0} 单位为 mm/r，f_t 单位为 mm/行程；

f_{ts} 单位为 mm/双行程；

h——加工余量，mm。

表 5-140 **磨削机动时间的计算公式**

加工示意图	计算公式	备注
纵进给磨外圆（磨轮横进给按工作台单行程进给）	$T_j=\frac{LhK}{nf_Bf_t}$ L——砂轮行程长度，通磨 $L=l_1$（l_1——加工表面的长度）	外圆磨系数 K（见表A）
纵进给磨外圆（磨轮横进给按工作台一次往复行程进给）	$T_j=\frac{2LhK}{nf_Bf_{ts}}$ L——砂轮行程长度，磨削表面的一面带端面和圆角 $L=l_1-\frac{B}{2}$	
纵进给磨外圆（磨轮横进给按工作台一次往复行程进给）	$T_j=\frac{2LhK}{nf_Bf_{ts}}$ L——砂轮行程长度，磨削表面的两面都带端面和圆角 $L=l_1-B$	
切入法磨外圆	$T_j=\left(\frac{hA}{f_{tM}}+\tau\right)K$ A——切入次数； τ——光整时间，min。	
内圆磨	$T_j=\frac{2LhK}{nf_Bf_{ts}}$ L——砂轮行程长度，$L=l_1$（l_1是加工表面的长度）； f_{ts}——磨削深度进给量，mm/双行程。	内圆磨系统 K（见表B）
平面磨 矩形工作台磨床用磨轮圆周磨平面 矩形工作台磨床用磨轮端面磨平面	单行程进给 $T_j=\frac{LbhK}{1000vf_Bf_tz}$ 双行程进给 $T_j=\frac{2LbhK}{1000vf_Bf_{ts}z}$ $T_j=\frac{LhK}{1000vf_tz}$	平面磨系数 K（见表C）

表A 外圆磨系数 K

磨削方法	加工表面的形状	加工性质和表面粗糙度			
		粗磨（μm）	精磨（μm）		
			Ra1.25	Ra0.63	Ra0.32
纵进给磨	圆柱体	1.1	1.4	1.4	1.55
切入磨	圆柱体	1.1	1.0	1.0	
	圆柱体带1个圆角	1.3	1.3	1.3	
	圆柱体带2个圆角	1.65	1.65	1.65	
	端面		1.4	1.4	

表B 内圆磨系统 K

磨削精度（mm）	0.1	<0.10～0.07	<0.07～0.05	<0.05～0.03	<0.03～0.02
K	1.1	1.25	1.4	1.7	2.0

表C 平面磨系数 K

磨削精度（mm）	0.1	<0.10～0.07	<0.07～0.05	<0.05～0.03	<0.03～0.02
K	1.0	1.07	1.2	1.44	1.7

5.5 常用金属切削刀具

5.5.1 麻花站（见表 5-141～表 5-144）

表 5-141 **直柄短麻花钻**（GB/T 6135.2—2008） mm

钻头直径 d（h8）	总长 l	刃长 l_1	钻头直径 d（h8）	总长 l	刃长 l_1	钻头直径 d（h8）	总长 l	刃长 l_1
1.00	26	6	5.50	66	28	12.00	102	51
2.00	38	12	6.00	66	28	13.50	107	54
3.00	46	16	7.00	74	34	16.00	115	58
3.50	52	20	8.00	79	37	17.00	119	60
4.00	55	22	9.00	84	40	18.00	123	62
4.50	58	24	10.00	89	43	19.00	127	64
5.00	62	26	11.00	95	47	20.00	131	66

注 0.50～14.00 按 0.2、0.3 进级；14.00～32.00 按 0.25 进级；32.00～40.00 按 0.5 进级。

表 5-142 **直柄麻花钻**（GB/T 6135.3—2008） mm

钻头直径 d（h8）	总长 l	刃长 l_1	钻头直径 d（h8）	总长 l	刃长 l_1	钻头直径 d（h8）	总长 l	刃长 l_1
0.20	19	2.5	3.00	61	33	12.00	151	101
0.50	22	6	4.00	75	43	13.00	151	101
0.60	24	7	5.00	86	52	14.00	160	108
0.70	28	9	6.00	93	57	15.00	169	114
0.80	30	10	7.00	109	69	16.00	178	120
0.90	32	11	8.00	117	75	17.00	184	125
1.00	34	12	9.00	125	81	18.00	191	130
1.50	40	18	10.00	133	87	19.00	198	135
2.00	49	24	11.00	142	94	20.00	205	140

注 0.20～1.00 按 0.02、0.03 进级；1.00～3.00 按 0.05 进级；3.00～14.00 按 0.10 进级；14.00～16.00 按 0.25 进级；16.00～20.00 按 0.50 进级。

表 5-143 **莫氏锥柄麻花钻**（GB/T 1438.1—2008） mm

钻头直径 d	总长 l	刃长 l_1	锥柄号	钻头直径 d	总长 l	刃长 l_1	锥柄号	钻头直径 d	总长 l	刃长 l_1	锥柄号
4.00	124	43	1	10.00	168	87	1	16.00	218	120	2
5.00	133	52	1	11.00	175	94	1	17.00	223	125	2
6.00	138	57	1	12.00	182	101	1	18.00	228	130	2
7.00	150	69	1	13.00	182	101	1	19.00	233	135	2
8.00	156	75	1	14.00	189	108	1	20.00	238	140	2
9.00	162	81	1	15.00	212	114	2	21.00	243	145	2

表 5-144　　硬质合金锥柄麻花钻（GB/T 10947—2006）　　mm

d（h8）	刃长 l_1	总长 l	莫氏圆锥号
10.00，10.20，10.50	87	168	1
10.80，11.00，11.20，11.50，11.80	94	175	
12.00，12.20，12.50，12.80，13.00，13.20	110	199	2
13.50，13.80，14.00	108	206	
14.25，14.50，14.75，15.00	114	212	
15.25，15.50，15.75，16.00	120	218	
16.25，16.50，16.75，17.00	125	223	
17.25，17.50，17.75，18.00	130	228	
18.25，18.50，18.75，19.00	135	256	3
19.25，19.50，19.75，20.00	140	261	
20.25，20.50，20.75，21.00	145	266	

d（h8）	刃长 l_1	总长 l	莫氏圆锥号
21.25，21.50，21.75，22.00，22.25	150	271	3
22.50，22.75，23.00，23.25，23.50	155	276	
23.75，24.00，24.25，24.50，24.75，25.00	160	281	
25.25，25.50，25.75，26.00，26.25，26.50	165	286	
26.75，27.00，27.25，27.50，27.75，28.00	170	291	
		319	4
28.25，28.50，28.75，29.00，29.25，29.50，29.75，30.00	175	324	

5.5.2 扩孔钻（见表 5-145 和表 5-146）

表 5-145　　高速钢锥柄扩孔钻（GB/T 4256—2004）　　mm

钻头直径 d	总长 l	刃长 l_1	钻头直径 d	总长 l	刃长 l_1	钻头直径 d	总长 l	刃长 l_1
8.00	156	75	15.00	212	114	23.70	276	155
9.00	162	81	16.00	218	120	24.00	281	160
9.80	168	87	17.00	223	125	24.70	281	160
10.00	168	87	18.00	228	130	25.00	281	160
10.75	175	94	19.00	233	135	26.00	286	165
11.00	175	94	20.00	238	140	27.70	291	170
12.00	182	101	21.00	243	145	28.00	291	170
13.00	182	101	22.00	248	150	29.70	296	175
14.00	189	108	23.00	253	155	30.00	296	175

表 5-146　　高速钢直柄扩孔钻（GB/T 4256—2004）　　mm

钻头直径 d	总长 l	刃长 l_1	钻头直径 d	总长 l	刃长 l_1	钻头直径 d	总长 l	刃长 l_1	钻头直径 d	总长 l	刃长 l_1
3.00	61	33	5.80	93	57	10.75	142	94	15.75	178	120
3.30	65	36	6.00			11.00			16.00		
3.50	70	39	6.80	109	69	11.75			16.75	184	125
3.80	75	43	7.00			12.00	151	101	17.00		
4.00			7.80	117	75	12.75			17.75	191	130
4.30	80	47	8.00			13.00			18.00		
4.50			8.80	125	81	13.75	160	108	18.70	198	135
4.80	86	52	9.00			14.00			19.00		
5.00			9.80	133	87	14.75	169	114	19.70	205	140
—	—	—	10.00			15.00			—	—	—

5.5.3 锪钻（见表 5-147～表 5-149）

表 5-147 **60°、90°、120°锥柄锥面锪钻**（GB/T 1143—2004）

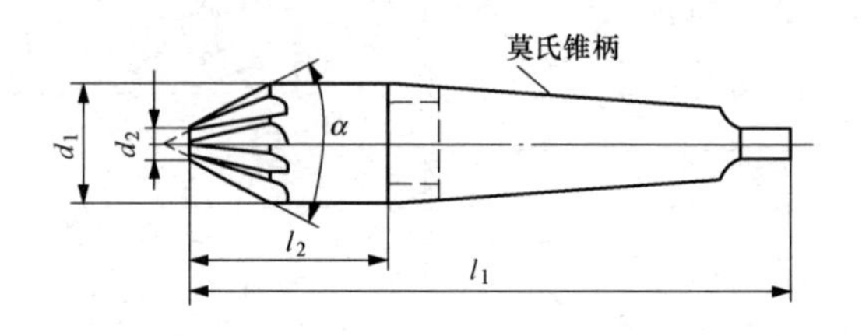

mm

公称尺寸 d_1	小端直径 d_2	总长 l_1		钻体长 l_2		锥柄号
		α=60°	α=60°或 90°	α=60°	α=60°或 90°	
16	3.2	97	93	24	20	1
20	4	120	116	28	24	2
25	7	125	121	33	29	
31.5	9	132	124	40	32	
40	12.5	160	150	45	35	3
50	16	165	153	50	38	
63	20	200	185	58	43	4
80	25	215	196	73	54	

表 5-148 **60°、90°、120°直柄锥面锪钻**（GB/T 4258—2004）

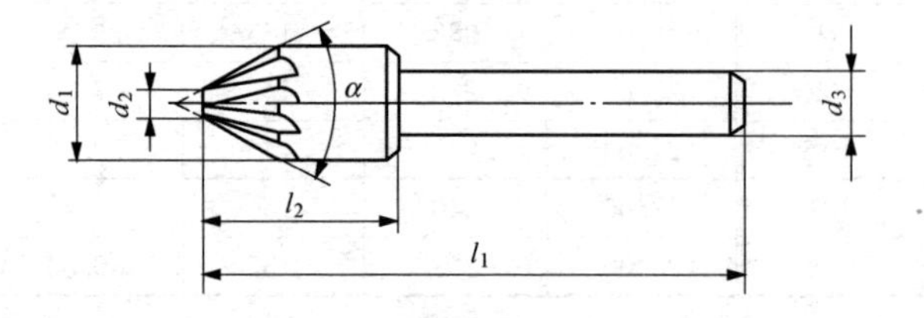

mm

公称尺寸 d_1	d_3	总长 l_1		钻体长 l_2	
		α=60°	α=60°或 90°	α=60°	α=60°或 90°
8	8	48	44	16	12
10		50	46	18	14
12.5		52	48	20	16
16	10	60	56	24	20
20		64	60	28	24
25		69	65	33	29

表 5-149　带导柱直柄平底锪钻形式和尺寸（GB/T 4260—2004）　mm

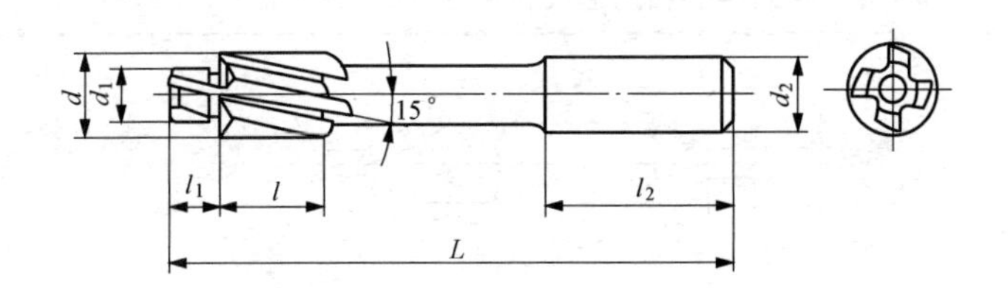

锪钻代号 ($d\times d_1$)	d		d_1		d_2		L	l	适用螺栓或螺钉规格	参考		
	基本尺寸	偏差	基本尺寸	偏差	基本尺寸	偏差				l_1	l_2	齿数 z
2.5×1.2	2.5	+0.051 +0.026	1.2	−0.014 −0.028	$d_2=d$	0 −0.030	45	7	M1	1.2	—	2
2.8×1.4	2.8		1.4						M1.2	1.4		
3.2×1.6	3.2	+0.065 +0.035	1.6				56	10	M1.4	1.6		
3.6×1.8	3.6		1.8						M1.6	1.8		
4.5×2.4	4.5		2.4						M2	2.4		
5×1.8	5		1.8						M1.6	1.8		
5×2.9			2.9						M2.5	2.9		
6×2.4	6		2.4		5		71	14	M2	2.4	31.5	
6×3.4			3.4	−0.020 −0.038					M3	3.4		
7.5×2.9	7.5	+0.078 +0.042	2.9	−0.014 −0.028					M2.5	2.9		
8.5×3.4	8.5	+0.078 +0.042	3.4	−0.020 −0.038	8	0 −0.036	80	18	M3	3.4	35.5	
8.5×4.5			4.5						M4	4.5		
10×3.4	10		3.4						M3	3.4		
10×5.5			5.5						M5	5.5		
11×4.5	11	+0.093 +0.050	4.5						M4	4.5		4
12×5.5	12		5.5						M5	5.5		
12×6.6			6.6	−0.025 −0.047					M6	6.6		
15×6.6	15	+0.103 +0.060			12.5	0 −0.043	100	22			—	
15×9			9						M8	9		
18×9	18											
18×11			11	−0.032 −0.059					M10	11		
20×9	20	+0.125 +0.073	9	−0.025 −0.047					M8	9		
20×11			11	−0.032 −0.059					M10	11		

注　导柱直径 d_1 适用通孔按中等装配。

5.5.4 中心钻（见表 5-150～表 5-152）

表 5-150 **不带护锥的中心钻的形式和尺寸**（GB/T 6078.1—1998） mm

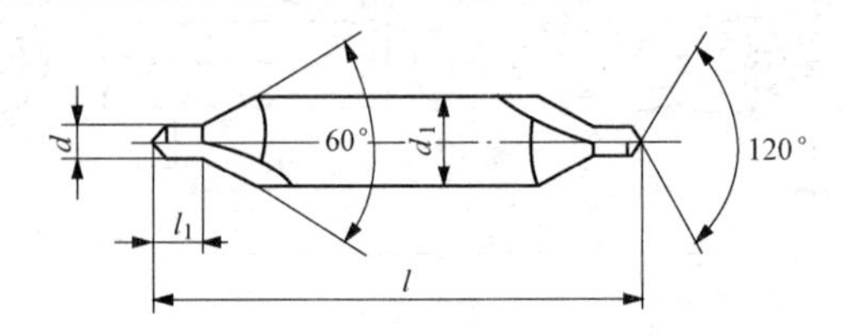

d		d_1		l		l_1		d		d_1		l		l_1	
基本尺寸	极限偏差	基本尺寸	极限偏差	基本尺寸	极限偏差	max	min	基本尺寸	极限偏差	基本尺寸	极限偏差	基本尺寸	极限偏差	max	min
(0.50)	$^{+0.10}_{0}$	3.15	$^{0}_{-0.030}$	31.5	±2	1.0	0.8	2.50	$^{+0.10}_{0}$	6.30	$^{0}_{-0.036}$	45.0	±2	4.1	3.1
(0.63)						1.2	0.9	3.15	$^{+0.12}_{0}$	8.00		50.0		4.9	3.9
(0.80)						1.5	1.1	4.00		10.00	$^{0}_{-0.043}$	56.0	±3	6.2	5.0
1.00						1.9	1.3	(5.00)		12.50		63.0		7.5	6.3
(1.25)						2.2	1.6	6.30	$^{+0.15}_{0}$	16.00		71.0		9.2	8.0
1.60		4.00		35.5		2.8	2.0	(8.00)		20.00	$^{0}_{-0.052}$	80.0		11.5	10.1
2.00		5.00		40.0		3.3	2.5	10.00		25.00		100.0		14.2	12.8

注 括号内的尺寸尽量不采用。

表 5-151 **弧形中心钻形式和尺寸**（GB/T 6078.3—1998） mm

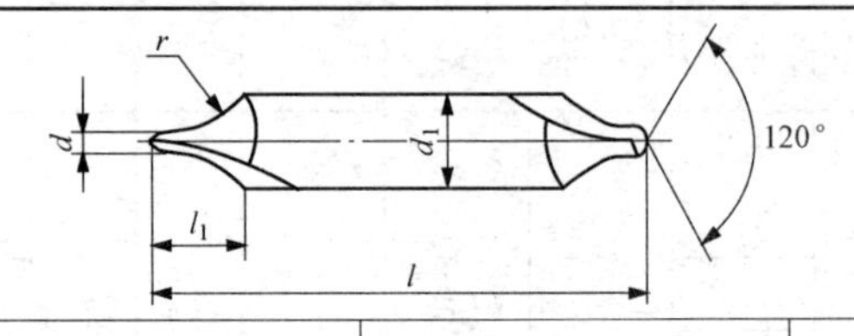

d		d_1		l		l_1	r	
基本尺寸	极限偏差	基本尺寸	极限偏差	基本尺寸	极限偏差	基本尺寸	max	min
1.00	$^{+0.10}_{0}$	3.15	$^{0}_{-0.030}$	31.5	±2	3.00	3.15	2.50
(1.25)						3.35	4.00	3.15
1.60		4.00		35.5		4.25	5.00	4.00
2.00		5.00		40.0		5.30	6.30	5.00
2.50		6.30	$^{0}_{-0.036}$	45.0		6.70	8.00	6.30
3.15	$^{+0.12}_{0}$	8.00		50.0		8.50	10.00	8.00
4.00		10.00		56.0	±3	10.60	12.50	10.00
(5.00)		12.50	$^{0}_{-0.043}$	63.0		13.20	16.00	12.50
6.30	$^{+0.15}_{0}$	16.00		71.0		17.00	20.00	16.00
(8.00)		20.00	$^{0}_{-0.052}$	80.0		21.20	25.00	20.00
10.00		25.00		100.0		26.50	31.50	25.00

注 括号内的尺寸尽量不采用。

表 5-152　钻孔定中心用的中心钻　mm

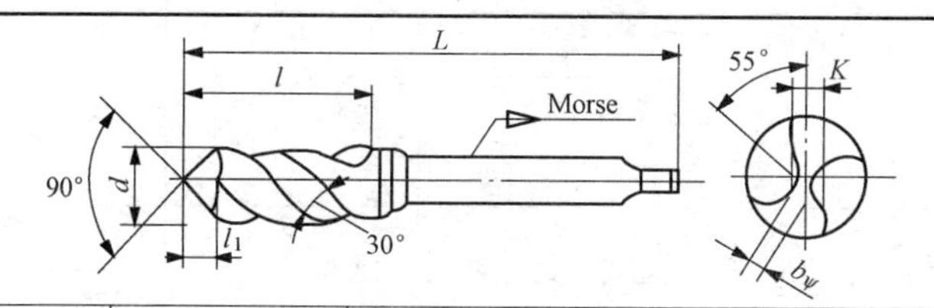

d	L	l	K	b_ψ	l_1	莫氏圆锥号
18	135	48	2.6	1.3	4	2
25	150	55	3.5	2.2	5	
35	185	68	5.2	3	7	3
50	195	78	6.4	3.5	9	
60	205	85	7			

5.5.5　机用铰刀（见表 5-153～表 5-156）

表 5-153　直柄机用铰刀形式和尺寸（GB/T 1132—2004）　mm

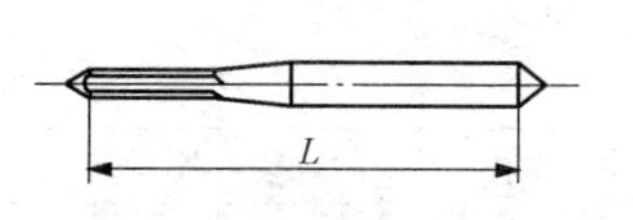

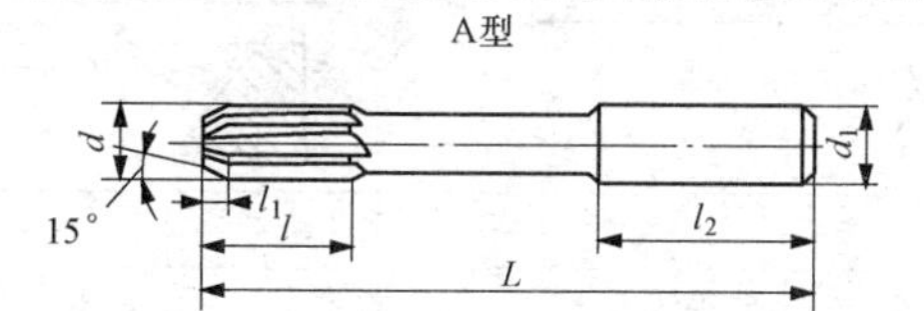

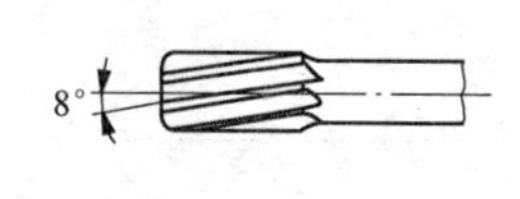

d					d_1		L	l	参考		
推荐值	分级范围	公差等级			基本尺寸	偏差			l_1	l_2	z
		H7	H8	H9							
2.8	>2.65～3.00	+0.008 +0.004	+0.011 +0.006	+0.021 +0.012	$d_1=d$	0 −0.025	61	15	1.0	22	4
3.0											
3.2	>3.00～3.35	+0.010 +0.005	+0.015 +0.008	+0.025 +0.014		0 −0.030	65	16			6
3.5	>3.35～3.75						70	18			
4.0	>3.75～4.25				4.0		75	19		32	
4.5	>4.25～4.75				4.5		80	21		33	
5.0	>4.75～5.30				5.0		86	23		34	
5.5	>5.30～6.00				5.6		93	26		36	
6.0											
—	>6.00～6.7	+0.012 +0.006	+0.018 +0.010	+0.030 +0.017	6.3	0 −0.036	101	28		38	
7	>6.7～7.5				7.1		109	31		40	
8	>7.5～8.5				8.0		117	33		42	
9	>8.5～9.5				9.0		125	36	2.5	44	
10	>9.5～10.0				10		133	38		46	
—	>10.0～10.6	+0.015 +0.008	+0.022 +0.012	+0.036 +0.020							
11	>10.6～11.8						142	41			
12	>11.8～13.2						151	44			

续表

d					d_1		L	l	参考		
推荐值	分级范围	公差等级 H7	公差等级 H8	公差等级 H9	基本尺寸	偏差			l_1	l_2	z
14	>13.2~14.0	+0.015 +0.008	+0.022 +0.012	+0.036 +0.020	12.5	0 −0.043	160	47	2.5	50	6
16	>15.0~16.0						170	52			
18	>17.0~18.0				14		182	56		52	
20	>19.0~20.0	+0.017 +0.009	+0.028 +0.016	+0.044 +0.025	16		195	60		58	

表 5-154　锥柄机用铰刀形式和尺寸（GB/T 1132—2004）　mm

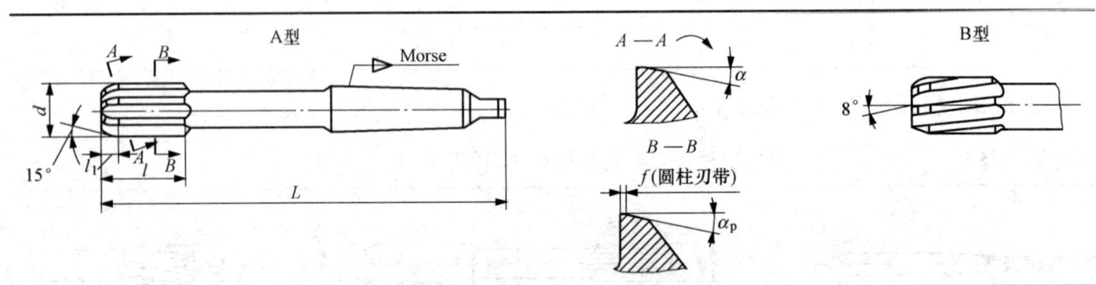

d					L		l		莫氏锥柄号	参考			
推荐值	分级范围	公差等级 H7	公差等级 H8	公差等级 H9	基本尺寸	偏差	基本尺寸	偏差		l_1	$\alpha=\alpha_p$	f	z
5.5	>5.3~6.0	+0.010 +0.005	+0.015 +0.008	+0.025 +0.014	138	±2	26	±1	1	1.0	15°	0.10~0.15	6
6.0													
—	>6.0~6.7	+0.012 +0.006	+0.018 +0.010	+0.030 +0.017	144		28				10°		
7	>6.7~7.5				150		31	±1.5					
8	>7.5~8.5				156		33						
9	>8.5~9.5				162		36			2.5			
10	>9.5~10.0				168		38						
—	>10.0~10.6	+0.015 +0.008	+0.022 +0.012	+0.036 +0.020								0.15~0.25	
11	>10.6~11.8				175		41						
12	>11.8~13.2				182		44						
(13)													
14	>13.2~14				189		47						
(15)	>14~15				204		50		2				
16	>15~16				210		52						
(17)	>16~17				214		54						
18	>17~18				219		56						
(19)	>18~19	+0.017 +0.009	+0.028 +0.016	+0.044 +0.025	223		58					0.20~0.30	
20	>19~20				228		60						
(21)	>20~21.2				232		62						8

续表

d					L		l		4莫氏锥柄号	参考			
推荐值	分级范围	公差等级 H7	公差等级 H8	公差等级 H9	基本尺寸	偏差	基本尺寸	偏差		l_1	$\alpha=\alpha_p$	f	z
22	>21.2～22.4	+0.017 +0.009	+0.028 +0.016	+0.044 +0.025	237	±2	64	±1.5	2	2.5	10°	0.20～0.30	8
(23)	>22.4～23.02				241		66						
(24)	>23.02～23.6				264				3				
25	>23.6～25.0				268		68						
(26)	>25.0～26.5				273		70						
(27)	>26.5～28				277		71						
28													
(30)	>28～30				281		73						
—	>30～31.5	+0.021 +0.012	+0.033 +0.019	+0.052 +0.030	285		75			3.5		0.25～0.40	10
—	>31.5～31.75				290		77						
32	>31.75～33.5				317	±3			4				
(34)	>33.5～35.5				321		78						
(35)													
36	>35.5～37.5	+0.021 +0.012	+0.033 +0.019	+0.052 +0.030	325		79	±1.5					
(38)	>37.5～40.0				329		81						
40	>40.0～42.5				333		82						12
(42)													
(44)	>42.5～45.0				336		83						
45													
(46)	>45.0～47.5				340		84						
(48)	>47.5～50.0				344		86						
(50)													

注　1. 直径 d"推荐值"系常备的铰刀规格，用户有特殊需要时，也可供应"分级范围"内任一直径的铰刀。

2. 带括号的尺寸尽量不采用。

3. 图中角度值仅供参数。

4. 一般供应A型铰刀。

表5-155　　硬质合金直柄机用铰刀（GB/T 4251—2008）　　mm

d	安装直径 d_1	总长 L	刃长 l	安装长度 l_1	d	安装直径 d_1	总长 L	刃长 l	安装长度 l_1
6	5.6	93	17	36	12	10.0	151	20	46
7	7.1	109		40	14	12.5	160		50
8	8.0	117		42	16	12.5	170	25	50
9	9.0	125		44	18	14.0	182		52
10	10.0	133		46	20	16.0	195		58
11	10.0	142		46	—	—	—	—	—

表 5-156　　硬质合金锥柄机用铰刀（GB/T 4251—2008）　　mm

铰刀直径 d	总长 L	刃长 l	锥柄号	铰刀直径 d	总长 L	刃长 l	锥柄号
8	156	17	1	16	210	25	2
9	162			18	219		
10	168			20	228		
11	175			21	232	28	
12	182	20		22	237		
14	189			23	241		

5.5.6　丝锥（见表 5-157）

表 5-157　　细柄机用和手用丝锥（GB/T 1132—2004）　　mm

代号	丝锥直径 d	安装直径 d_1	螺距 P	刃长 l	总长 L	代号	丝锥直径 d	安装直径 d_1	螺距 P	刃长 l	总长 L
M3	3	2.24	0.50	11.0	48	M10	10	8.00	1.50	24.0	80
M3.5	3.5	2.50	0.60	13.0	50	M12	12	9.00	1.75	29.0	89
M4	4	3.15	0.70	13.0	53	M16	16	12.5	2.00	32.0	102
M5	5	4.00	0.80	16.0	58	M20	20	14.00	2.50	37.0	112
M6	6	4.5	1.00	19.0	66	M24	24	18.00	3.00	45.0	130
M8	8	6.30	1.25	22.0	72	—	—	—	—	—	—

5.5.7　铣刀（见表 5-158～表 5-168）

表 5-158　　铣刀直径的选择　　mm

名　称	圆柱形铣刀			套式面铣刀				
背吃刀量 a_p	70	90	100	4	5	6	8	10
铣削宽度 a_e	5	8	10	40～60	90	120～180	260	350
铣刀直径 d_o	60～75	90～110	110～130	50～90	110～130	150～250	300～350	400～500
名　称	三面刃圆盘铣刀				花键铣刀、槽铣刀及切断铣刀			
背吃刀量 a_p	8	12	20	40	5	10	12	25
铣削宽度 a_e	20	25	35	50	4	4	5	10
铣刀直径 d_o	60～75	90～110	110～150	175～200	40～60	60～75	75	100

表 5-159　　圆柱形铣刀（GB/T 1115—2002）　　mm

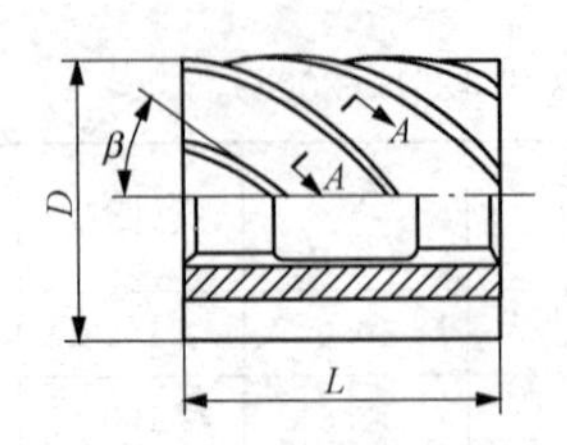

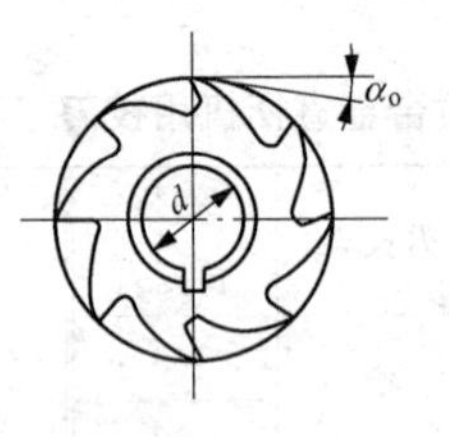

直径 D (mm)	孔径 d (mm)	刃长 L（mm）	齿数（粗/细）	直径 D (mm)	孔径 d (mm)	刃长 L（mm）	齿数（粗/细）
50	22	50、63、80	6/8	80	32	63、80、100、125	8/12
63	27	50、63、80、100	6/10	100	40	80、100、125、160	10/14

表 5-160　　**镶齿套式面铣刀**（GB/T 7954—1999）

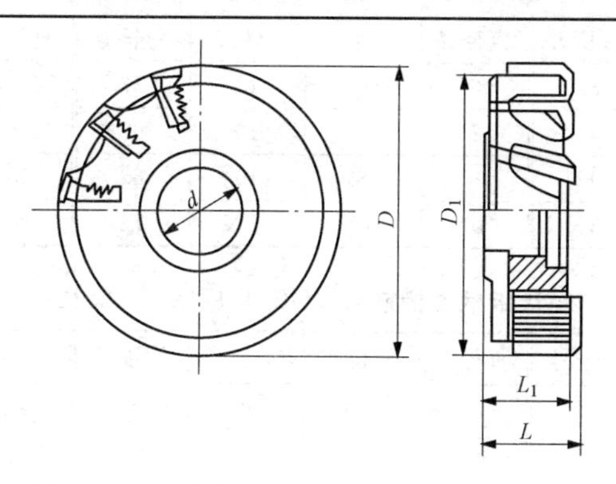

mm

外径 D/套径 D_1	孔径 d	刀宽 L	套宽 L_1	齿数	外径 D/套径 D_1	孔径 d	刀宽 L	套宽 L_1	齿数
80/70	27	36	30	10	160/150	50	45	37	16
100/90	32	40	34	10	200/186	50	45	37	20
125/115	40	40	34	14	250/236	50	45	37	26

表 5-161　　**莫氏锥柄立铣刀**（GB/T 6117.2—2010）　　mm

推荐直径 d		刃长 l	总长 L	锥柄号	推荐直径 d		刃长 l	总长 L	锥柄号
6		13	83	1	16	18	32	117	2
	7	16	86		20	22	38	140	
8		19	89		25	28	45	147	3
	9	19	89		32	36	53	178	
10	11	22	92		40	45	63	221	4
12	14	26	111	2	50		75	233	

表 5-162　　**直柄粗加工立铣刀**（GB/T 6117.2—2010）　　mm

刀直径 d_1	刀柄直径 d_2	刃长 l	总长 L	刀直径 d_1	刀柄直径 d_2	刃长 l	总长 L	刀直径 d_1	刀柄直径 d_2	刃长 l	总长 L
6	6	13		11	12	22	79	28	25	45	121
7	8	16	60	12、14	12	26	83	32、36	32	53	133
8	8	19	63	16、18	16	32	92	40、45	40	63	155
9	10	19	69	20、22	20	38	104	50、56	50	75	177
10	10	22	72	24、25	25	45	121	63	50	90	192

表 5-163　　**整体硬质合金直柄立铣刀**（GB/T 16770.1—2010）　　mm

刀直径 d_1	刀柄直径 d_2	总长 L	刃长 l	刀直径 d_1	刀柄直径 d_2	总长 L	刃长 l	刀直径 d_1	刀柄直径 d_2	总长 L	刃长 l
1.0	3、4	38、43	3	4.0	4、6	43、57	11	10.0	10	72	22
1.5			7	5.0	5、6	47、57	13	12.0	12	76、83	22、26
2.0			7	6.0	6	57	13	14.0	14	83	26
2.5		38、57	8	7.0	8	63	16	16.0	16	89	32
3.0	3、6		8	8.0	8	63	19	18.0	18	92	32
3.5	4、6	43、57	10	9.0	10	72	19	20.0	20	101	38

表 5-164 **直柄键槽铣刀**（GB/T 1112.1—2012） mm

直径 d	刀柄 d_1	刃长 l	总长 L	直径 d	刀柄 d_1	刃长 l	总长 L	直径 d	刀柄 d_1	刃长 l	总长 L
2	4	7	39	6	6	13	57	12、14	12	26	83
3	4	8	40	7	8	16	60	16	16	19	92
4	4	11	43	8	8	19	63	18	16	32	92
5	5	13	47	10	10	22	72	20	20	38	104

表 5-165 **莫氏锥柄键槽铣刀**（GB/T 1112.2—2012） mm

<table>
<tr><th>直径 d</th><th>全长 L</th><th>刃长 l</th><th>圆锥号</th><th>直径 d</th><th>全长 L</th><th>刃长 l</th><th>圆锥号</th><th>直径 d</th><th>全长 L</th><th>刃长 l</th><th>圆锥号</th></tr>
<tr><td>6</td><td>83</td><td>13</td><td rowspan="4">1</td><td>18</td><td>117</td><td>32</td><td>2</td><td>36</td><td>155、178</td><td>53</td><td>3、4</td></tr>
<tr><td>7</td><td>86</td><td>16</td><td>20</td><td rowspan="2">123、140</td><td rowspan="2">38</td><td rowspan="2">2、3</td><td>38</td><td>188</td><td>63</td><td>4</td></tr>
<tr><td>8</td><td>89</td><td>19</td><td>22</td><td>40</td><td rowspan="2">188、211</td><td rowspan="2">63</td><td rowspan="4">4、5</td></tr>
<tr><td>10</td><td>92</td><td>22</td><td>24</td><td rowspan="3">147</td><td rowspan="3">45</td><td rowspan="3">3</td><td>45</td></tr>
<tr><td>12</td><td rowspan="2">96、111</td><td rowspan="2">26</td><td rowspan="2">1、2</td><td>25</td><td>50</td><td rowspan="2">200、233</td><td rowspan="2">75</td></tr>
<tr><td>14</td><td>28</td><td>56</td></tr>
<tr><td>16</td><td>117</td><td>32</td><td>2</td><td>32</td><td>155、178</td><td>53</td><td>3、4</td><td>63</td><td>248</td><td>90</td><td>5</td></tr>
</table>

表 5-166 **半圆键槽铣刀**（摘自 GB/T 1127—2007） mm

<table>
<tr><th>直径 d</th><th>刃宽 b</th><th>轴径 d1</th><th>总长 l</th><th>键宽×直径</th><th>刀型</th><th>直径 d</th><th>刃宽 b</th><th>轴径 d1</th><th>总长 l</th><th>键宽×直径</th><th>刀型</th></tr>
<tr><td>4.5</td><td>1.0</td><td rowspan="3">6</td><td rowspan="3">50</td><td>1.0×4</td><td rowspan="3">A</td><td>19.5</td><td>4.0/5.0</td><td rowspan="2">10</td><td>55</td><td>b×19</td><td rowspan="3">B</td></tr>
<tr><td>7.5</td><td>1.5/2.0</td><td>b×7</td><td rowspan="2">22.5</td><td>5.0</td><td rowspan="3">60</td><td>5.0×22</td></tr>
<tr><td>10.5</td><td>2.0/2.5</td><td>b×10</td><td rowspan="2">6.0</td><td rowspan="4">12</td><td>6.0×22</td></tr>
<tr><td>13.5</td><td>3.0</td><td rowspan="3">10</td><td rowspan="3">55</td><td>3.0×13</td><td rowspan="3">B</td><td>25.5</td><td>6.0×25</td><td rowspan="3">C</td></tr>
<tr><td rowspan="2">16.5</td><td rowspan="2">3.0/4.0/5.0</td><td rowspan="2">b×16</td><td>28.5</td><td>8.0</td><td rowspan="2">65</td><td>8.0×28</td></tr>
<tr><td>32.5</td><td>10.0</td><td>10.0×32</td></tr>
</table>

表 5-167 **镶齿三面刃铣刀**（摘自 GB/T 7953—2010） mm

<table>
<tr><th>铣刀 D</th><th>孔径 d</th><th>刃长 l</th><th>体外径 D1</th><th>齿数</th><th>直径 D</th><th>孔径 d</th><th>刃长 l</th><th>体外径 D1</th><th>齿数</th></tr>
<tr><td>80</td><td>22</td><td>12、14、16、18、20</td><td>71</td><td>10</td><td rowspan="3">200</td><td rowspan="7">50</td><td>14</td><td rowspan="2">186</td><td>22</td></tr>
<tr><td rowspan="2">100</td><td rowspan="2">27</td><td>12、14、16、18</td><td>91</td><td>12</td><td>18、22</td><td>20</td></tr>
<tr><td>20、22、25</td><td>86</td><td>10</td><td>28、32</td><td>184</td><td>18</td></tr>
<tr><td rowspan="2">125</td><td rowspan="2">32</td><td>12、14、16、18</td><td>114</td><td>14</td><td rowspan="2">250</td><td>16、20</td><td rowspan="2">236</td><td>24</td></tr>
<tr><td>20、22、25</td><td>111</td><td>12</td><td>25、28、32</td><td>22</td></tr>
<tr><td rowspan="2">160</td><td rowspan="2">40</td><td>14、16、20</td><td>146</td><td>18</td><td rowspan="2">315</td><td>20、25、32</td><td>301</td><td>26</td></tr>
<tr><td>25、28</td><td>144</td><td>16</td><td>36、40</td><td>297</td><td>24</td></tr>
</table>

表 5-168 **锯片铣刀**（GB/T 6120—2012） mm

<table>
<tr><td>厚度系列 L</td><td colspan="9">0.2、0.25、0.3、0.4、0.5、0.6、0.8、1.0、1.2、1.6、2.0、2.5、3.0、4.0、5.0、6.0</td></tr>
<tr><td>粗齿 d</td><td>50</td><td>63</td><td>80</td><td>100</td><td>125</td><td>160</td><td>200</td><td>250</td><td>315</td></tr>
<tr><td>厚度 L</td><td>0.8~5.0</td><td colspan="3">0.8~6.0</td><td>1.0~6.0</td><td>1.2~6.0</td><td>1.6~6.0</td><td>2.0~6.0</td><td>2.5~6.0</td></tr>
<tr><td>孔径 D</td><td>13</td><td>16</td><td>22</td><td colspan="2">22（27）</td><td colspan="3">32</td><td>40</td></tr>
</table>

续表

厚度系列 *L*	0.2、0.25、0.3、0.4、0.5、0.6、0.8、1.0、1.2、1.6、2.0、2.5、3.0、4.0、5.0、6.0									
中齿 *d*	32	40	50	63	80	100	125	160	200	250
厚度 *L*	0.3～3.0	0.3～4.0	0.3～5.0	0.3～6.0	0.6～6.0	0.8～6.0	1.0～6.0	1.2～6.0	1.6～6.0	2～6.0
孔径 *D*	8	10 (13)	13	16	22	22 (27)		32		

5.5.8　齿轮滚刀（见表 5-169）

表 5-169　　**齿轮滚刀的基本形式和尺寸**（GB/T 6083—2001）　　mm

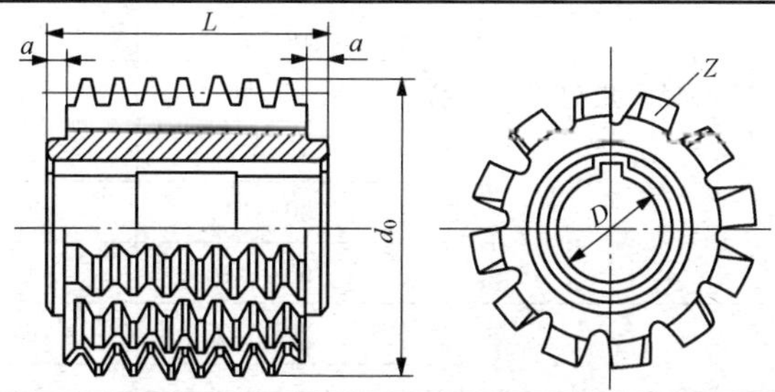

<table>
<tr><th colspan="2">模数系列</th><th colspan="5">Ⅰ型</th><th colspan="5">Ⅱ型</th></tr>
<tr><th>1</th><th>2</th><th>d_e</th><th>L</th><th>D</th><th>a_{min}</th><th>z</th><th>d_e</th><th>L</th><th>D</th><th>a_{min}</th><th>z</th></tr>
<tr><td>1</td><td></td><td rowspan="3">63</td><td rowspan="3">63</td><td rowspan="3">27</td><td rowspan="18">5</td><td rowspan="4">16</td><td rowspan="3">50</td><td rowspan="2">32</td><td rowspan="6">22</td><td rowspan="18">5</td><td rowspan="12">12</td></tr>
<tr><td>1.25</td><td></td></tr>
<tr><td>1.5</td><td></td><td rowspan="4">40</td></tr>
<tr><td></td><td>1.75</td><td rowspan="2">71</td><td rowspan="2">71</td><td rowspan="3">32</td><td rowspan="4">63</td></tr>
<tr><td>2</td><td></td><td rowspan="10">14</td></tr>
<tr><td></td><td>2.25</td><td>80</td><td>80</td></tr>
<tr><td>2.5</td><td></td><td rowspan="2">90</td><td rowspan="2">90</td><td rowspan="8">40</td><td>50</td><td rowspan="5">27</td></tr>
<tr><td></td><td>2.75</td><td rowspan="4">71</td><td rowspan="3">56</td></tr>
<tr><td>3</td><td></td><td rowspan="4">100</td><td rowspan="4">100</td></tr>
<tr><td></td><td>3.25</td></tr>
<tr><td></td><td>3.5</td><td>63</td></tr>
<tr><td></td><td>3.75</td><td>80</td><td>71</td><td rowspan="4">32</td></tr>
<tr><td>4</td><td></td><td rowspan="2">112</td><td rowspan="2">112</td><td>90</td><td>80</td><td rowspan="6">10</td></tr>
<tr><td></td><td>4.5</td><td>90</td><td>90</td></tr>
<tr><td>5</td><td>5.5</td><td rowspan="2">125</td><td rowspan="2">125</td><td rowspan="4">50</td><td rowspan="4">12</td><td>100</td><td>100</td></tr>
<tr><td></td><td></td><td>112</td><td>112</td><td rowspan="3">40</td></tr>
<tr><td>6</td><td>6.5</td><td rowspan="2">140</td><td rowspan="2">140</td><td>118</td><td>118</td></tr>
<tr><td></td><td>7</td><td>118</td><td>125</td></tr>
</table>

5.6　常　用　量　具

常用量具见表 5-170。

表 5-170 **常用量具** mm

量具名称	用途	公称规格	测量范围	读数值
百分表	测量几何形状，相互位置位移，长、宽、高	0～3	0～3	0.01
		0～5	0～5	0.01
		0～10	0～10	0.01
千分表		0～1	0～1	0.001
		0～2	0～2	0.005
内径百分表	测量内径、几何形状、位移量	10～18	10～18	0.01
		18～35	18～35	0.01
		35～50	35～50	0.01
		50～100	50～100	0.01
		100～160	100～160	0.01
		160～250	160～250	0.01
三用游标卡尺	测量内径、外径、长度、高度、深度	125×0.05	0～125	0.05
		125×0.02	0～125	0.02
		150×0.05	0～125	0.05
		150×0.02	0～150	0.02
两用/双面游标卡尺	测量内径、外径、长度	200×0.05	0～200	0.05
		200×0.02	0～200	0.02
		300×0.05	0～300	0.05
		300×0.02	0～300	0.02
深度游标卡尺	测量沟槽深度、孔深、台阶高度及其他	200×0.05	0～200	0.05
		200×0.02	0～200	0.02
		300×0.05	0～300	0.05
		300×0.02	0～300	0.02
		500×0.05	0～500	0.05
		500×0.02	0～500	0.02
外径千分尺	测量外径、厚度或长度	0～25	0～25	0.01
		25～50	25～50	0.01
		50～75	50～75	0.01
		75～100	75～100	0.01
		100～125	100～125	0.01
		125～175	125～175	0.01
内径千分尺	测量内径、沟槽的内侧面尺寸	5～30	5～30	0.01
		25～50	25～50	0.01
		50～175	50～175	0.01
		50～250	50～250	0.01
		50～575	50～575	0.01
		50～600	50～600	0.01

5.7　新旧表面粗糙度标注方法

新旧表面粗糙度标注方法见表 5-171 和表 5-172。

表 5-171　表面粗糙度标注方法演变

表面光洁度 GB 1031—1968		表面粗糙度 GB 1031—1983、GB/T 1031—1995			表面结构 GB/T 131—2006/ISO1302：2002
图形标注（级别）	*Ra*（μm）	图形标注	*Ra*、*Rz* 数值换算		图形标注
			Ra（μm）	*Rz*（μm）	
▽1	＞80～40	50▽	50	200	√Ra 50
▽2	＞40～20	25▽	25	100	√Ra 25
▽3	＞20～10	12.5▽	12.5	50	√Ra 12.5
▽4	＞10～5	6.3▽	6.3	25	√Ra 6.3
▽5	＞5～2.5	3.2▽	3.2	12.5	√Ra 3.2
▽6	＞2.5～1.25	1.6▽	1.6	6.3	√Ra 1.6
▽7	＞1.25～0.63	0.8▽	0.8	6.3	√Ra 0.8
▽8	＞0.63～0.32	0.4▽	0.4	3.2	√Ra 0.4
▽9	＞0.32～0.16	0.2▽	0.2	1.6	√Ra 0.2
▽10	＞0.16～0.08	0.1▽	0.1	0.8	√Ra 0.1
▽11	＞0.08～0.04	0.05▽	0.05	0.4	√Ra 0.05
▽12	＞0.04～0.02	0.025▽	0.025	0.2	√Ra 0.025
▽13	＞0.02～0.01	0.012▽	0.012	0.1	√Ra 0.012
▽14	≤0.01	0.006▽	0.006	0.05	√Ra 0.006
其余 ▽5		其余 3.2▽			√Ra 3.2 (√)

注　表面光洁度的数值越大，表示零件表面越平整、光滑，这是旧标准使用的表示方法，现在已经不使用。表面粗糙度、表面结构的数值越小，表示零件表面越平整、光滑，这是目前国家标准和国际标准的表示方法。

表 5-172　定位、夹紧符号（JB/T 5061—2006）

标注位置＼分类		夹紧符号			辅助支承符号	定位支承符号	
		气动夹紧	液压夹紧	机械夹紧		活动式	固定式
独立定位	标注在视图轮廓线上	Q	Y				
	标注在视图正面上	Q	Y				

5.8　各种加工方法所能达到的表面粗糙度和加工经济精度

各种加工方法所能达到的表面粗糙度和加工经济精度见表 5-173 和表 5-174。

表 5-173　各种加工方法所能达到的表面粗糙度　μm

加工方法	*Ra* 值
车削外圆	
粗车	80～10
半精车	10～2.5
精车	10～1.25
细车	1.25～0.16
车削端面	
粗车	20～5
半精车	10～2.5
精车	10～1.25
细车	1.25～0.32
车削割槽和切断	
一次行程	20～10
二次行程	10～2.5
镗孔	
粗镗	20～5
精精镗	10～2.5
精镗	5～0.63
细镗（金刚镗床镗孔）	1.25～0.16
钻孔	20～1.25
扩孔	
粗扩（有毛面）	20～5
精扩	10～1.25
锪孔、倒角	5～1.25
铰孔	
一次铰孔	
钢	10～2.5
黄铜	10～1.25
二次铰孔（精铰）	
铸铁	5～0.63
钢～轻合金	2.5～0.63
黄铜～青铜	1.25～0.32
细铰	
钢	1.25～0.16
轻合金	1.25～0.32
黄铜，青铜	0.32～0.08
铣削	
圆柱铣刀	
粗铣	20～2.5
精铣	5～0.63
细铣	1.25～0.32
端铣刀	
粗铣	20～2.5
精铣	5～0.32
细铣	1.25～0.16
高速铣削	
粗铣	2.5～0.63
精铣	0.63～0.16
刨削	
粗刨	20～5
精刨	10～1.25

续表

加工方法	*Ra* 值	加工方法	*Ra* 值
细刨（光整加工）	1.25～0.16	外圆及内圆磨削	
槽的表面	10～2.5	半精磨（一次加工）	10～0.63
插削	20～2.5	精磨	1.25～0.16
拉削		细磨	1.25～0.08
精拉	2.5～0.32	镜面磨削	0.08～0.01
细拉	0.32～0.08	平面磨	
推削		精磨	5～0.16
精推	1.25～0.16	细磨	0.32～0.04
细推	0.63～0.02	珩磨	
螺纹加工		粗珩（一次加工）	1.25～0.16
用板牙、丝锥、自动张开式板牙头	5～0.63	精珩	0.32～0.02
车刀或梳刀车、铣	10～0.63	超精加工	
磨螺纹	1.25～0.16	精	1.25～0.08
研磨	1.25～0.04	细	0.16～0.04
搓丝模搓螺纹	2.5～0.63	镜面的（两次加工）	0.04～0.01
滚丝模滚螺纹	2.5～0.16	抛光	
齿轮及花键加工		精抛光	1.35～0.08
粗滚	5～1.25	细（镜面的）抛光	0.16～0.02
精滚	2.5～0.63	砂带抛光	0.32～0.08
精插	2.5～0.63	电抛光	2.5～0.01
精刨	5～0.63	研磨	
拉	5～1.25	粗研	0.63～0.16
剃齿	1.25～0.16	精研	0.32～0.04
磨齿	1.25～0.08	细研（光整加工）	0.08～0.01
研齿	0.63～0.16	手工研磨	1.25～0.01
滚轧		机械研磨	0.32～0.08
磨齿的轧辊	1.25～0.32	钳工锉削	20～0.63
冷轧	1.25～0.08	刮研 25mm×25mm 内的点数 8～10	1.25～0.63

表 5-174　各种加工方法的加工经济精度

加工方法		经济精度	加工方法		经济精度
外圆表面	粗车	IT13～IT11	平面	粗车端面	IT13～IT11
	半精车	IT10～IT8		精车端面	IT9～IT7
	精车	IT8～IT7		细车端面	IT8～IT6
	细车	IT6～IT5		粗铣	IT13～IT9
	粗磨	IT9～IT8		精铣	IT11～IT7
	精磨	IT7～IT6		细铣	IT9～IT6
	细磨	IT6～IT5		拉	IT9～IT6
	研磨	IT5		粗磨	IT10～IT7

续表

加工方法		经济精度	加工方法		经济精度
平面	精磨	IT9～IT6	内孔表面	粗拉毛孔	IT11～IT10
	细磨	IT7～IT5		精拉	IT9～IT7
	研磨	IT5		粗镗	IT13～IT11
内孔表面	钻孔	IT13～IT12		精镗	IT9～IT7
	钻头扩孔	IT11		金刚镗	IT7～IT5
	粗扩	IT13～IT12		粗磨	IT9
	精扩	IT11～IT10		精磨	IT8～IT7
	一般铰孔	IT11～IT10		细磨	IT6
	精铰	IT9～IT7		研、珩	IT6
	细铰	IT7～IT6			

5.9 标准公差值

标准公差值见表 5-175。

表 5-175　　标准公差值

基本尺寸(mm)		公差等级										
		IT5	IT6	IT7	IT8	IT9	IT10	IT11	IT12	IT13	IT14	IT15
大于	至	μm							mm			
—	3	4	6	10	14	25	40	60	0.10	0.14	0.25	0.40
3	6	5	8	12	18	30	48	75	0.12	0.18	0.30	0.48
6	10	6	9	15	22	36	58	90	0.15	0.22	0.36	0.58
10	18	8	11	18	27	43	70	110	0.18	0.27	0.43	0.70
18	30	9	13	21	33	52	84	130	0.21	0.33	0.52	0.84
30	50	11	16	25	39	62	100	160	0.25	0.39	0.62	1.00
50	80	13	19	30	46	74	120	190	0.30	0.46	0.74	1.20
80	120	15	22	35	54	87	140	220	0.35	0.54	0.87	1.40
120	180	18	25	40	63	100	160	250	0.40	0.63	1.00	1.60
180	250	20	29	46	72	115	185	290	0.46	0.72	1.15	1.85
250	315	23	32	52	81	130	210	320	0.52	0.81	1.30	2.10
315	400	25	36	57	89	140	230	360	0.57	0.89	1.40	2.30
400	500	27	40	63	97	155	250	400	0.63	0.97	1.55	2.50
500	630	30	44	70	110	175	280	440	0.70	1.10	1.75	2.80
630	800	35	50	80	125	200	320	500	0.80	1.25	2.00	3.20
800	1000	40	56	90	140	230	360	560	0.90	1.40	2.30	3.60
1000	1250	46	66	105	165	260	420	660	1.05	1.65	2.60	4.20

第 6 章　机床夹具常用零件与部件标准

注意：本章所采用的表面粗糙度标注请对照表 5-171。

6.1 定 位 件

6.1.1 定位销及定位插销（见表 6-1～表 6-5）

表 6-1　　**小定位销的规格尺寸**（JB/T 8014.1—1999）　　mm

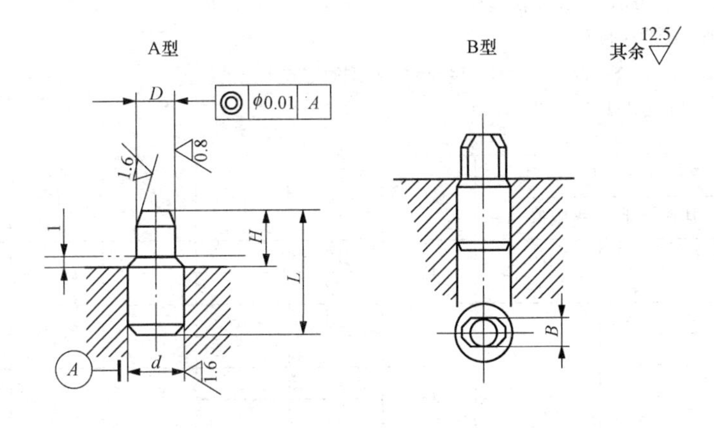

1. 材料：T8 按 BG/T 1298 的规定。
2. 热处理：55～60HRC。
3. 其他技术条件按 JB/T 8044 的规定。

标记示例　*D*=2.5mm，公差带为 f7 的 A 型小定位销：

定位销　A2.5f7　JB/T 8014.1—1999

D	*H*	*d*		*L*	*B*
		基本尺寸	极限偏差 r6		
1～2	4	3	+0.016 +0.010	10	*D*−0.3
>2～3	5	5	+0.023 +0.015	12	*D*−0.6

注　*D* 的公差带按设计要求决定。

表 6-2　固定式定位销的规格尺寸（JB/T 8014.2—1999） mm

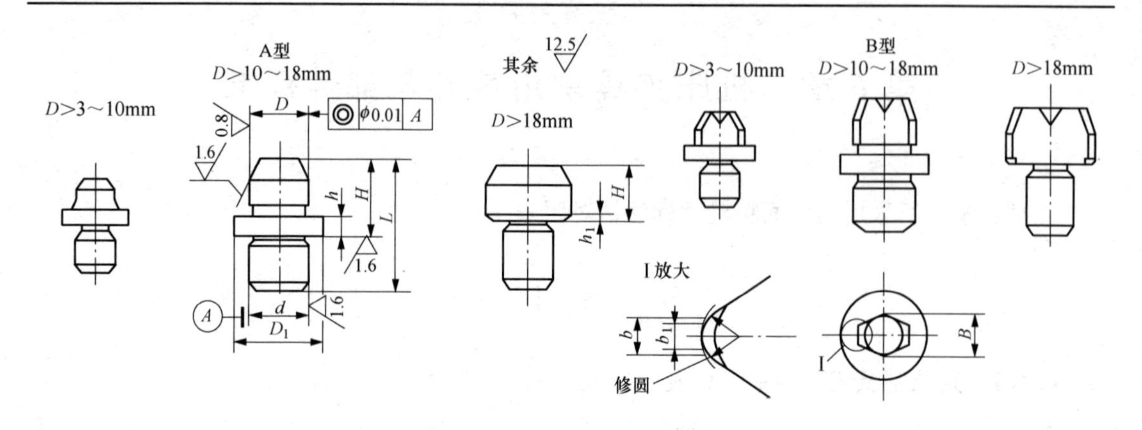

1. 材料：D≤18mm，T8 按 GB/T 1298 的规定；D>18mm，20 钢按 GB/T 699 的规定。
2. 热处理：T8 为 55～60HRC；20 钢渗碳深度 0.8～1.2mm，55～60HRC。
3. 其他技术条件按 JB/T 8044 的规定。

标记示例　D=11.5mm、公差带为 f7、H=14mm 的 A 型固定式定位销：

定位销　A11.5f7×14　JB/T 8014.2—1999

<table>
<tr><th rowspan="2">D</th><th rowspan="2">H</th><th colspan="2">d</th><th rowspan="2">D_1</th><th rowspan="2">L</th><th rowspan="2">h</th><th rowspan="2">h_1</th><th rowspan="2">B</th><th rowspan="2">b</th><th rowspan="2">b_1</th></tr>
<tr><th>基本尺寸</th><th>极限偏差 r6</th></tr>
<tr><td rowspan="2">>3～6</td><td>8</td><td rowspan="2">6</td><td rowspan="2">+0.023
+0.015</td><td rowspan="2">12</td><td>16</td><td>3</td><td rowspan="2">—</td><td rowspan="2">D−0.5</td><td rowspan="2">2</td><td rowspan="2">1</td></tr>
<tr><td>14</td><td>22</td><td>7</td></tr>
<tr><td rowspan="2">>6～8</td><td>10</td><td rowspan="2">8</td><td rowspan="4">+0.028
+0.019</td><td rowspan="2">14</td><td>20</td><td>3</td><td rowspan="8">—</td><td rowspan="2">D−1</td><td rowspan="2">3</td><td rowspan="2">2</td></tr>
<tr><td>18</td><td>28</td><td>7</td></tr>
<tr><td rowspan="2">>8～10</td><td>12</td><td rowspan="2">10</td><td rowspan="2">16</td><td>24</td><td>4</td><td rowspan="9">D−2</td><td rowspan="9">4</td><td rowspan="15">3</td></tr>
<tr><td>22</td><td>34</td><td>8</td></tr>
<tr><td rowspan="2">>10～14</td><td>14</td><td rowspan="2">12</td><td rowspan="13">+0.034
+0.023</td><td rowspan="2">18</td><td>26</td><td>4</td></tr>
<tr><td>24</td><td>36</td><td>9</td></tr>
<tr><td rowspan="2">>14～18</td><td>16</td><td rowspan="2">15</td><td rowspan="2">22</td><td>30</td><td>5</td></tr>
<tr><td>26</td><td>40</td><td>10</td></tr>
<tr><td rowspan="3">>18～20</td><td>12</td><td rowspan="3">12</td><td rowspan="15">—</td><td>26</td><td rowspan="15">—</td><td rowspan="3">1</td></tr>
<tr><td>18</td><td>32</td></tr>
<tr><td>28</td><td>42</td></tr>
<tr><td rowspan="3">>20～24</td><td>14</td><td rowspan="6">15</td><td>30</td><td rowspan="6">2</td><td rowspan="3">D−3</td><td rowspan="6">5</td></tr>
<tr><td>22</td><td>38</td></tr>
<tr><td>32</td><td>48</td></tr>
<tr><td rowspan="3">>24～30</td><td>16</td><td>36</td><td rowspan="3">D−4</td></tr>
<tr><td>25</td><td>45</td></tr>
<tr><td>34</td><td>54</td></tr>
<tr><td rowspan="3">>30～40</td><td>18</td><td rowspan="3">18</td><td rowspan="6">+0.041
+0.028</td><td>42</td><td rowspan="6">3</td><td rowspan="6">D−5</td><td rowspan="3">6</td><td rowspan="3">4</td></tr>
<tr><td>30</td><td>54</td></tr>
<tr><td>38</td><td>62</td></tr>
<tr><td rowspan="3">>40～50</td><td>20</td><td rowspan="3">22</td><td>50</td><td rowspan="3">8</td><td rowspan="3">5</td></tr>
<tr><td>35</td><td>65</td></tr>
<tr><td>45</td><td>75</td></tr>
</table>

注　D 的公差带按设计要求决定。

表 6-3　可换定位销的规格尺寸（JB/T 8014.3—1999）　mm

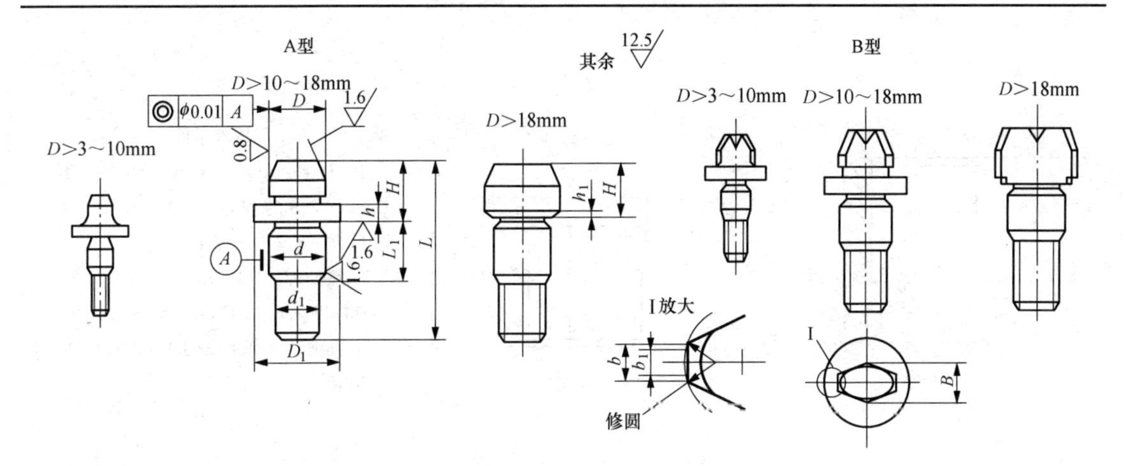

1. 材料：$D \leqslant 18$mm，T8 按 GB/T 1298 的规定，$D>18$mm，20 钢按 GB/T 699 的规定。
2. 热处理：T8 为 55～60HRC；20 钢渗碳深度 0.8～1.2mm，55～60HRC。
3. 其他技术条件按 JB/T 8044 的规定。

标记示例 D=12.5mm、公差带为 f7、H=14mm 的 A 型可换定位销：

定位销 A12.5f7×14　JB/T 8014.3—1999

D	H	d 基本尺寸	d 极限偏差 h6	d_1	D_1	L	L_1	h	h_1	B	b	b_1
>3～6	8	6	0 −0.008	M5	12	26	8	3	—	D−0.5	2	1
	14					32		7				
>6～8	10	8	0 −0.009	M6	14	28		3		D−1	3	2
	18					36		7				
>8～10	12	10		M8	16	35	10	4		D−2	4	3
	22					45		8				
>10～14	14	12	0 −0.011	M10	18	40	12	4				
	24					50		9				
>14～18	10	15		M12	22	46	14	5				
	26					56		10				
>18～20	12	12		M10	—	40	12	—	1			
	18					46						
	28					55						
>20～24	14	15		M12		45	14		2	D−3	5	
	22					53						
	32					63						
>24～30	16					50	16			D−4		
	25					60						
	34					68						
>30～40	13	18	0 −0.013	M16		60	20		3	D−5	6	4
	30					72						
	38					80						
>40～50	20	22		M20		70	25				8	5
	35					85						
	45					95						

注　D 的公差带按设计要求决定。

表 6-4 定位衬套的规格尺寸（JB/T 8013—1999） mm

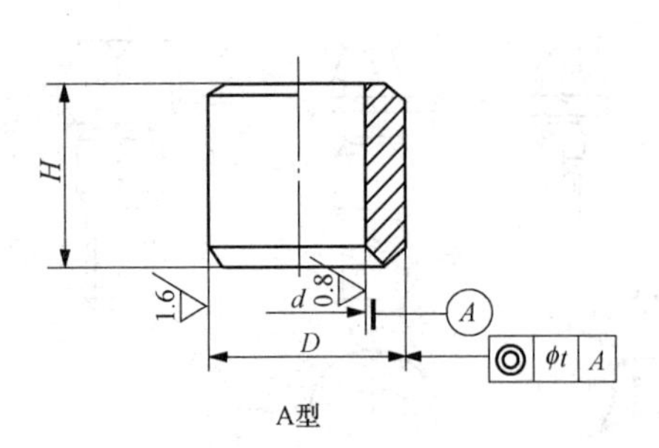

A型

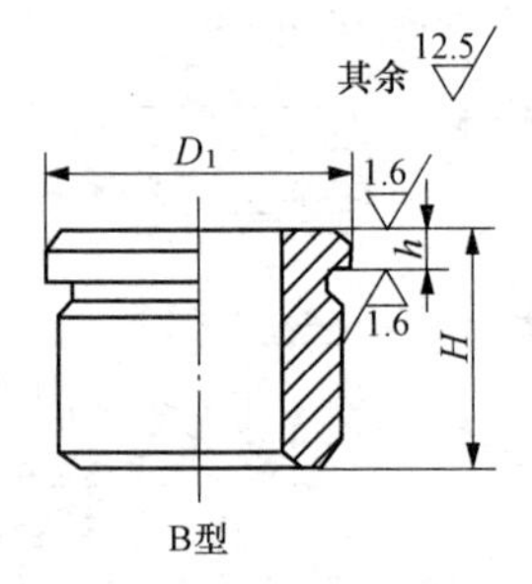

B型

技术条件

1. 材料：$d \leqslant 25$mm，T8 按 GB/T 1298—2008 的规定；$d > 25$mm，20 钢按 GB/T 699—1999 的规定。

2. 热处理：T8 为 55～60HRC；20 钢渗碳深度 0.8～1.2mm，55～60HRC。

3. 其他技术条件按 JB/T 8044—1999 的规定。

<table>
<tr><th colspan="3">d</th><th rowspan="2">H</th><th colspan="2">D</th><th rowspan="2">D₁</th><th rowspan="2">h</th><th colspan="2">t</th></tr>
<tr><th>基本尺寸</th><th>极限偏差 H6</th><th>极限偏差 H7</th><th>基本尺寸</th><th>极限偏差 n6</th><th>用于 H6</th><th>用于 H7</th></tr>
<tr><td>3</td><td>+0.006
0</td><td>+0.010
0</td><td>8</td><td rowspan="2">8</td><td rowspan="3">+0.019
+0.010</td><td rowspan="2">11</td><td rowspan="5">3</td><td rowspan="7">0.005</td><td rowspan="7">0.008</td></tr>
<tr><td>4</td><td rowspan="2">+0.008
0</td><td rowspan="2">+0.012
0</td><td rowspan="3">10</td></tr>
<tr><td>6</td><td>10</td><td>13</td></tr>
<tr><td>8</td><td rowspan="2">+0.009
0</td><td rowspan="2">+0.015
0</td><td>12</td><td rowspan="3">+0.023
+0.012</td><td>15</td></tr>
<tr><td>10</td><td rowspan="2">12</td><td>15</td><td>18</td></tr>
<tr><td>12</td><td rowspan="3">+0.011
0</td><td rowspan="3">+0.018
0</td><td>18</td><td>22</td><td rowspan="4">4</td></tr>
<tr><td>15</td><td rowspan="2">16</td><td>22</td><td rowspan="3">+0.028
+0.015</td><td>26</td></tr>
<tr><td>18</td><td>26</td><td>30</td><td rowspan="11">0.008</td><td rowspan="11">0.012</td></tr>
<tr><td>22</td><td rowspan="4">+0.013
0</td><td rowspan="4">+0.021
0</td><td rowspan="2">20</td><td>30</td><td>34</td></tr>
<tr><td>26</td><td>35</td><td rowspan="5">+0.033
+0.017</td><td>39</td><td rowspan="7">5</td></tr>
<tr><td rowspan="2">30</td><td>25</td><td rowspan="2">42</td><td rowspan="2">46</td></tr>
<tr><td>45</td></tr>
<tr><td rowspan="2">35</td><td rowspan="6">+0.016
0</td><td rowspan="6">+0.025
0</td><td>25</td><td rowspan="2">48</td><td rowspan="2">52</td></tr>
<tr><td>45</td></tr>
<tr><td rowspan="2">42</td><td>30</td><td rowspan="2">55</td><td rowspan="8">+0.039
+0.020</td><td rowspan="2">59</td></tr>
<tr><td>56</td></tr>
<tr><td rowspan="2">48</td><td>30</td><td rowspan="2">62</td><td rowspan="2">66</td><td rowspan="10">6</td></tr>
<tr><td>56</td></tr>
<tr><td rowspan="2">55</td><td rowspan="8">+0.019
0</td><td rowspan="8">+0.030
0</td><td>30</td><td rowspan="2">70</td><td rowspan="2">74</td><td rowspan="8">0.025</td><td rowspan="8">0.040</td></tr>
<tr><td>56</td></tr>
<tr><td rowspan="2">62</td><td>35</td><td rowspan="2">78</td><td rowspan="2">82</td></tr>
<tr><td>67</td></tr>
<tr><td rowspan="2">70</td><td>35</td><td rowspan="2">85</td><td rowspan="4">+0.045
+0.023</td><td rowspan="2">90</td></tr>
<tr><td>67</td></tr>
<tr><td rowspan="2">78</td><td>40</td><td rowspan="2">95</td><td rowspan="2">100</td></tr>
<tr><td>78</td></tr>
</table>

表 6-5　　**定位插销的规格尺寸**（JB/T 8015—1999）　　mm

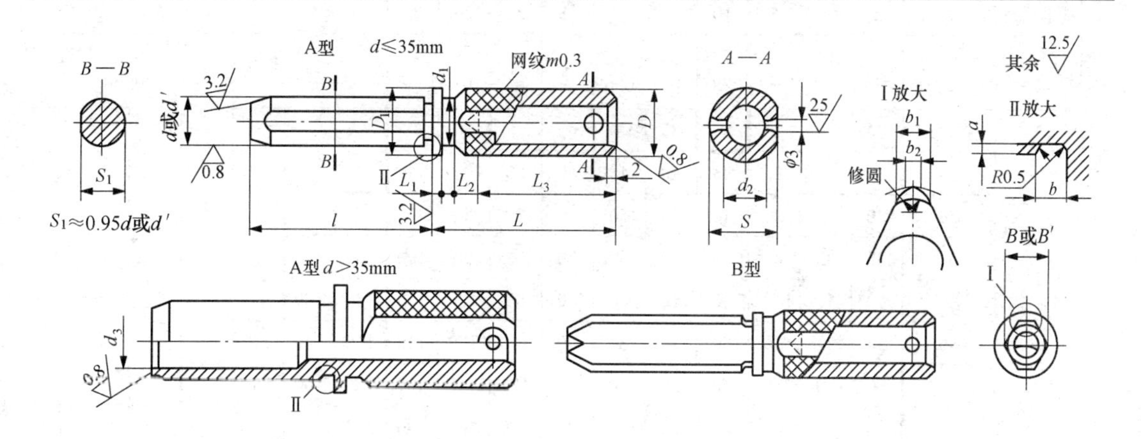

1. 材料：d≤10mm，T8按GB/T 1298的规定；d>10mm，20钢按GB/T 699的规定。
2. 热处理：T8为55～60HRC；20渗碳深度0.8～1.2mm，55～60HRC。
3. 其他技术条件按JB/T 8044的规定。

标记示例　d=10mm、l=40mm的A型定位插销：定位插销　A10×40　JB/T 8015—1999

d′=12.5mm、公差带为h6、l=50mm的A型定位插销：定位插销　A12.5h6×50　JB/T 8015—1999

<table>
<tr><td rowspan="2">d</td><td>基本尺寸</td><td>3</td><td>4</td><td>6</td><td>8</td><td>10</td><td>12</td><td>15</td><td>18</td><td>22</td><td>26</td><td>30</td><td>35</td><td>42</td><td>48</td><td>55</td><td>62</td><td>70</td><td>78</td></tr>
<tr><td>极限偏差 f7</td><td>−0.006
−0.016</td><td colspan="2">−0.010
−0.022</td><td colspan="2">−0.013
−0.028</td><td colspan="3">−0.016
−0.034</td><td colspan="3">−0.020
−0.041</td><td colspan="3">−0.025
−0.050</td><td colspan="4">−0.030
−0.060</td></tr>
<tr><td colspan="2">d′</td><td>2～3</td><td>>3
～4</td><td>>4
～6</td><td>>6
～8</td><td>>8
～10</td><td>>10
～12</td><td>>12
～15</td><td>>15
～18</td><td>>18
～22</td><td>>22
～26</td><td>>26
～30</td><td>>30
～35</td><td>>35
～42</td><td>>42
～48</td><td>>48
～55</td><td>>55
～62</td><td>>62
～70</td><td>>70
～78</td></tr>
<tr><td colspan="2">D（滚花前）</td><td>6</td><td>8</td><td>10</td><td>12</td><td>14</td><td>16</td><td>19</td><td>22</td><td colspan="2">30</td><td>36</td><td colspan="7">40</td></tr>
<tr><td colspan="2">D_1</td><td>6</td><td>8</td><td>10</td><td>12</td><td>14</td><td>16</td><td>19</td><td>22</td><td colspan="2">30</td><td>36</td><td>40</td><td>47</td><td>53</td><td>60</td><td>67</td><td>75</td><td>d+5
d′+5</td></tr>
<tr><td colspan="2">d_1</td><td>5</td><td>6</td><td>7</td><td>8</td><td>10</td><td>12</td><td>15</td><td>18</td><td colspan="2">26</td><td>32</td><td colspan="7">36</td></tr>
<tr><td colspan="2">d_2</td><td colspan="7">—</td><td>14</td><td colspan="2">20</td><td>25</td><td colspan="7">28</td></tr>
<tr><td colspan="2">d_3</td><td colspan="12">—</td><td>25</td><td>30</td><td>35</td><td>40</td><td>45</td><td>50</td></tr>
<tr><td colspan="2">L</td><td colspan="4">30</td><td colspan="2">40</td><td colspan="2">50</td><td colspan="2">60</td><td colspan="2">80</td><td colspan="6">90</td></tr>
<tr><td colspan="2">L_1</td><td colspan="4">2</td><td colspan="2">3</td><td colspan="4">4</td><td colspan="2">5</td><td colspan="6">6</td></tr>
<tr><td colspan="2">L_2</td><td colspan="4">3</td><td colspan="2">4</td><td colspan="4">6</td><td colspan="8">8</td></tr>
<tr><td colspan="2">L_3</td><td colspan="7">—</td><td>35</td><td colspan="2">45</td><td colspan="2">60</td><td colspan="6">—</td></tr>
<tr><td colspan="2">S</td><td>5</td><td>7</td><td>9</td><td>11</td><td>13</td><td>15</td><td>18</td><td>21</td><td colspan="2">29</td><td>35</td><td colspan="7">39</td></tr>
<tr><td colspan="2">B</td><td>2.7</td><td>3.5</td><td>5.5</td><td>7</td><td>9</td><td>10</td><td>13</td><td>16</td><td>19</td><td>23</td><td>26</td><td>30</td><td colspan="6" rowspan="2">—</td></tr>
<tr><td colspan="2">B′</td><td>d′−0.3</td><td colspan="2">d′−0.5</td><td colspan="2">d′−1</td><td colspan="3">d′−2</td><td colspan="2">d′−3</td><td>d′−4</td><td>d′−5</td></tr>
<tr><td colspan="2">a</td><td colspan="3">0.25</td><td colspan="6">0.5</td><td colspan="9">1</td></tr>
<tr><td colspan="2">b</td><td colspan="10">2</td><td colspan="4">3</td><td colspan="4">4</td></tr>
<tr><td colspan="2">b_1</td><td>1.5</td><td colspan="2">2</td><td colspan="2">3</td><td colspan="3">4</td><td colspan="4">5</td><td colspan="6" rowspan="2">—</td></tr>
<tr><td colspan="2">b_2</td><td colspan="3">1</td><td colspan="2">2</td><td colspan="7">3</td></tr>
</table>

续表

d	基本尺寸	3	4	6	8	10	12	15	18	22	26	30	35	42	48	55	62	70	78
	极限偏差 f7	−0.006 −0.016	−0.010 −0.022		−0.013 −0.028		−0.016 −0.034			−0.020 −0.041			−0.025 −0.050			−0.030 −0.060			
l		20	20	20	20		35	40			60	70							
		25	25	25	25	35	40	45	50	60	70	80							
		30	30	30	30	40	45	50	60	70	80	90	90						
		35	35	35	35	45	50	60	70	80	90	100	100	100					
		40	40	40	40	50	60	70	80	90	100	120	120	120					
		45	45	45	45	60	70	80	90	100	120	140	140	140	140				
			50	50	50	70	80	90	100	120	140	160	160	160	160	160			
			60	60	60	80	90	100	120	140	160	180	180	180	180	180	180	180	180
				70	70	90	100	120	140	160	180	200	200	200	200	200	200	200	200
					80	100	120	140	160	180	200	220	220	220	220	220	220	220	220
											220	250	250	250	250	250	250	250	250
											250	280	280	280	280	280	280	280	280
												320	320	320	320	320	320	320	320

注 d'的公差带按设计要求确定。

6.1.2 键（见表 6-6 和表 6-7）

表 6-6 定位键的规格尺寸 mm

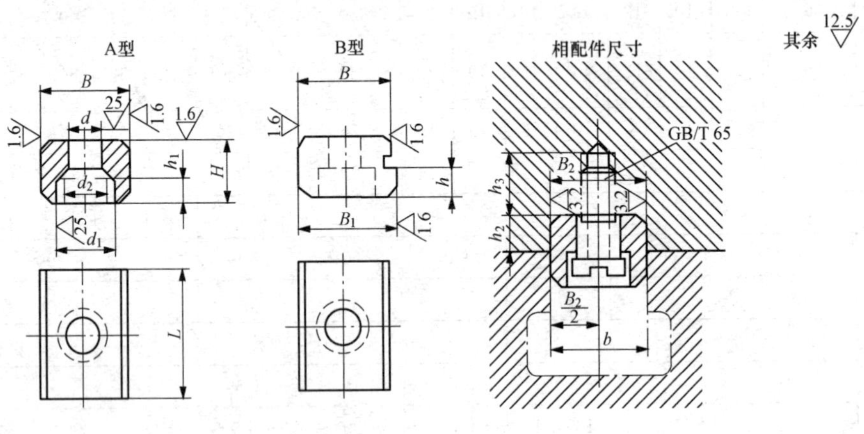

1. 材料：45 钢按 GB/T 699 的规定。
2. 热处理：40～45HRC。
3. 其他技术条件按 JB/T 8044 的规定。

标记示例　B=18mm、公差带为 h6 的 A 型定位键：

定位键　A18h6　JB/T 8016—1999

续表

B			B_1	L	H	h	h_1	d	d_1	d_2	相配件						
											T形槽宽度	B_2			h_2	h_3	螺钉 GB/T65—2000
基本尺寸	极限偏差 h6	极限偏差 h8									b	基本尺寸	极限偏差 H7	极限偏差 Js6			
8	0 −0.009	0 −0.022	8	14	8	3	3.4	3.4	6	—	8	8	+0.015 0	±0.0045	4	8	M3×10
10			10	16			4.6	4.5	8		10	10					M4×10
12	0 −0.011	0 −0.027	12	20			5.7	5.5	10		12	12	+0.018 0	±0.0055		10	M5×12
14			14								14	14					
16			16	25	10	4	6.8	6.6	11		(16)	16			5	13	M6×16
18			18		12	5					18	18			6		
20	0 −0.013	0 −0.033	20	32							(20)	20	+0.021 0	±0.0065			
22			22								22	22					
24			24	40	14	6	9	9	15		(24)	24			7	15	M8×20
28			28		16	7					28	28			8		
36	0 −0.016	0 −0.039	36	50	20	9	13	13.5	20	16	36	36	+0.025 0	±0.008	10	18	M12×25
42			42	60	24	10					42	42			12		M12×30
48			48	70	28	12	17.5	17.5	26	18	48	48			14	22	M16×35
54	0 −0.019	0 −0.046	54	80	32	14					54	54	+0.030 0	±0.0095	16		M16×40

注　1. 尺寸 B_1 留磨量 0.5mm 按机床 T 形槽宽度配作，公差带为 h6 或 h8。

2. 括弧内尺寸尽量不采用。

表 6-7　**定向键的规格尺寸**（JB/T 8017—1999）　mm

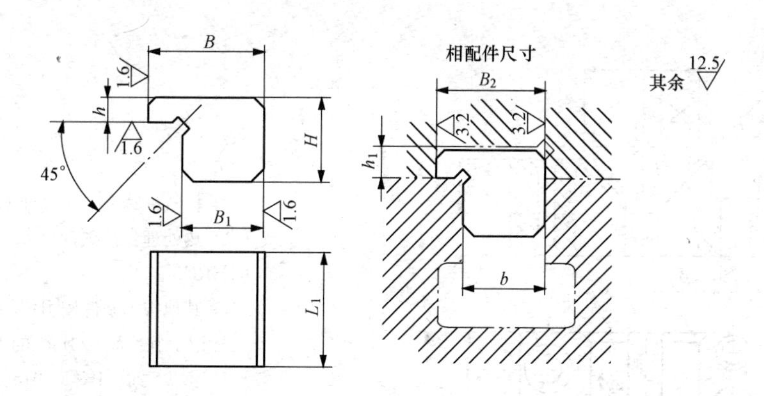

1. 材料：45 钢按 GB/T 699 的规定。
2. 热处理：40～45HRC。
3. 其他技术条件按 JB/T 8044 的规定。

标记示例　B=24mm、B_1=18mm、公差带为 h6 的定向键：

定向键　24×18h6　JB/T 8017—1999

续表

B 基本尺寸	B 极限偏差 h6	B_1	L_1	H	h	相配件 T形槽宽度 b	相配件 B_2 基本尺寸	相配件 B_2 极限偏差 H7	相配件 h_1
18	$^{0}_{-0.011}$	8	20	12	4	8	18	$^{+0.018}_{0}$	6
		10				10			
		12				12			
		14				14			
24	$^{0}_{-0.013}$	16	25	18	5	(16)	24	$^{+0.021}_{0}$	7
		18				18			
		20				(20)			
28		22	40	22	7	22	28		9
		24				(24)			
36	$^{0}_{-0.016}$	28				28	36	$^{+0.025}_{0}$	
48		36	50	35	10	36	48		12
		42				42			
60	$^{0}_{-0.019}$	48				48	60	$^{+0.030}_{0}$	14
		54	65	50	12	54			

注 1. 尺寸 B_1 留磨量 0.5mm 按机床 T 形槽宽度配作，公差带为 h6 或 h8。

2. 括弧内尺寸尽量不采用。

6.1.3 V形块及挡块（见表 6-8～表 6-14）

表 6-8 **V形块的规格尺寸**（JB/T 8018.1—1999） mm

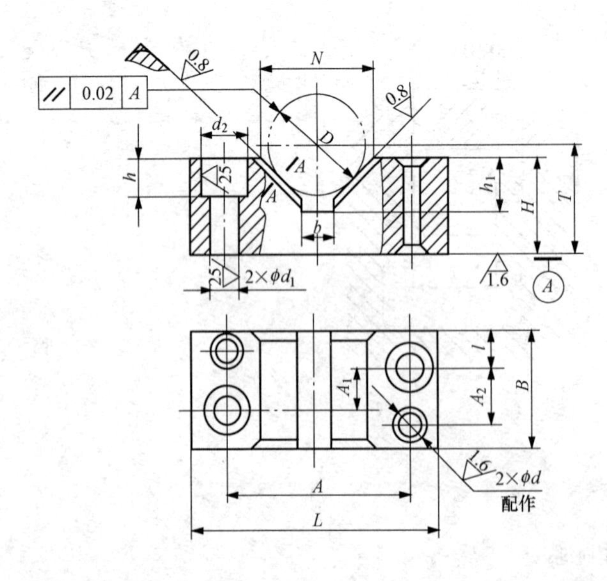

其余 12.5▽

1. 材料：20 钢按 GB/T 699 的规定。

2. 热处理：渗碳深度 0.8～1.2mm，58～64HRC。

3. 其他技术条件按 JB/T 8044 的规定。

标记示例 N=24mm 的 V形块：

V形块 24 JB/T 8018.1—1999

续表

N	D	L	B	H	A	A_1	A_2	b	l	d 基本尺寸	d 极限偏差H7	d_1	d_2	h	h_1
9	5～10	32	16	10	20	5	7	2	5.5	4	+0.012 0	4.5	8	4	5
14	＞10～15	38	20	12	26	6	9	4	7			5.5	10	5	7
18	＞15～20	46	25	16	32	9	12	6	8	5		6.6	11	6	9
24	＞20～25	55		20	40			8							11
32	＞25～35	70	32	25	50	12	15	12	10	6		9	15	8	14
42	＞35～45	85	40	32	64	16	19	16	12	8	+0.015 0	11	18	10	18
55	＞45～60	100		35	76			20							22
70	＞60～80	125	50	42	96	20	25	30	15	10		13.5	20	12	25
85	＞80～100	140		50	110			40							30

注 尺寸 T 按公式计算：$T=H+0.707D-0.5N$。

表 6-9 **固定V形块的规格尺寸**（JB/T 8018.2—1999） mm

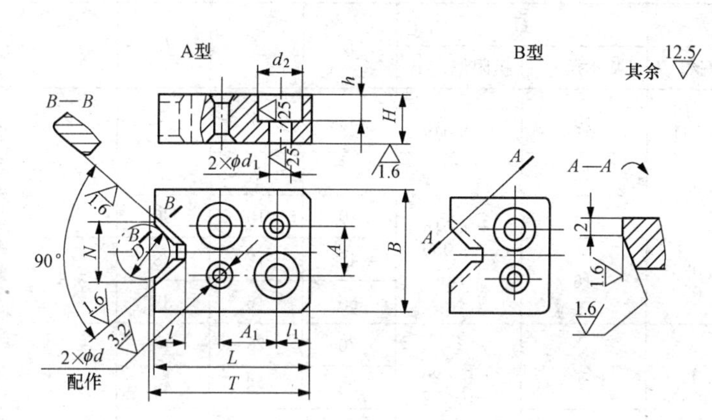

1. 材料：20钢按GB/T 699的规定。
2. 热处理：渗碳深度0.8～1.2mm，58～64HRC。
3. 其他技术条件按JB/T 8044的规定。

标记示例 $N=18$mm的A型固定V形块：

V形块 A18 JB/T 8018.2—1999

N	D	B	H	L	l	l_1	A	A_1	d 基本尺寸	d 极限偏差 H7	d_1	d_2	h
9	5～10	22	10	32	5	6	10	13	4	+0.012 0	4.5	8	4
14	＞10～15	24	12	35	7	7		14	5		5.5	10	5
18	＞15～20	28	14	40	10	8	12				6.6	11	6
24	＞20～25	34	16	45	12	10	15	15	6				
32	＞25～35	42		55	16	12	20	18	8	+0.015 0	9	15	8
42	＞35～45	52	20	68	20	14	26	22	10		11	18	10
55	＞45～60	65		60	25	15	35	28					
70	＞60～80	80	25	90	32	18	45	35	12	+0.018 0	13.5	20	12

注 尺寸 T 按公式计算：$T=L+0.707D-0.5N$。

表 6-10　　调整 V 形块的规格尺寸（JB/T 8018.3—1999）　　mm

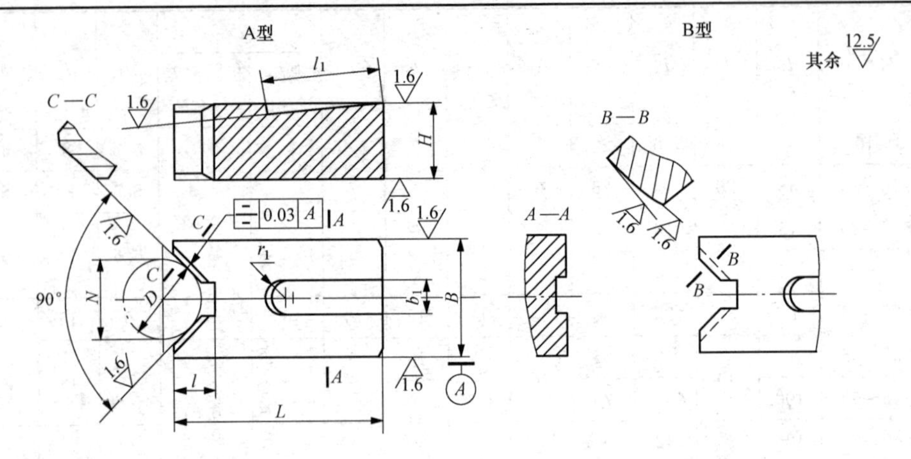

1. 材料：20 钢按 GB/T 699 的规定。
2. 热处理：渗碳深度 0.8～1.2mm，58～64HRC。
3. 其他技术条件按 JB/T 8044 的规定。

标记示例　N=18mm 的 A 型调整 V 形块：

V 形块　A18　JB/T 8018.3—1999

N	D	B		H		L	l	l_1	r_1
		基本尺寸	极限偏差 f7	基本尺寸	极限偏差 f9				
9	5～10	18	−0.016 −0.034	10	−0.013 −0.049	32	5	22	4.5
14	>10～15	20	−0.020 −0.041	12	−0.016 −0.059	35	7		
18	>15～20	25		14		40	10	26	
24	>20～25	34	−0.025 −0.050	16		45	12	28	5.5
32	>25～35	42				55	16	32	
42	>35～45	52	−0.030 −0.060	20	−0.020 −0.072	70	20	40	6.5
55	>45～60	65				85	25	46	
70	>60～80	80		25		105	32	60	

表 6-11　　活动 V 形块的规格尺寸（JB/T 8018.4—1999）　　mm

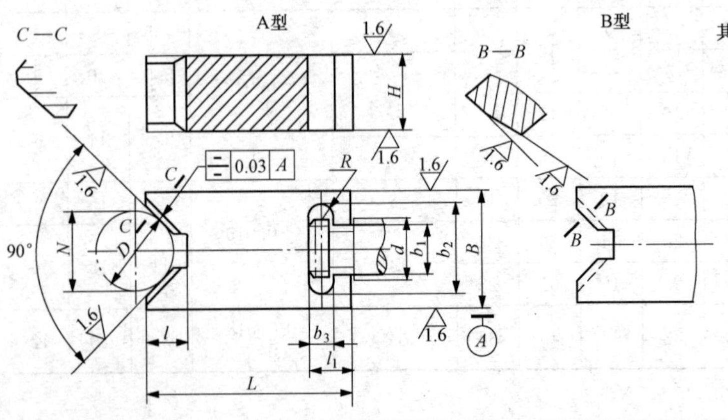

1. 材料：20 钢按 GB/T 699 的规定。

2. 热处理：渗碳深度 0.8～1.2mm，58～64HRC。

3. 其他技术条件按 JB/T 8044 的规定。

标记示例　N=18mm 的 A 型活动 V 形块：

V 形块　A18　JB/T 8018.4—1999

续表

N	D	B 基本尺寸	B 极限偏差 f7	H 基本尺寸	H 极限偏差 f9	L	l	l_1	b_1	b_2	b_3	相配件 d
9	5～10	18	−0.016 −0.034	10	−0.013 −0.049	32	5	6	5	10	4	M6
14	＞10～15	20	−0.020 −0.041	12	−0.016 −0.059	35	7	8	6.5	12	5	M8
18	＞15～20	25		14		40	10	10	8	15	6	M10
24	＞20～25	34	−0.025 −0.030	16		45	12	12	10	18	8	M12
32	＞25～35	42				55	16	13	13	24	10	M16
42	＞35～45	52	−0.030 −0.060	20	−0.020 0.072	70	20					
55	＞45～60	65				85	25	15	17	28	11	M20
70	＞60～80	80		25		105	32					

表 6-12 **导板的规格尺寸**（JB/T 8019—1999） mm

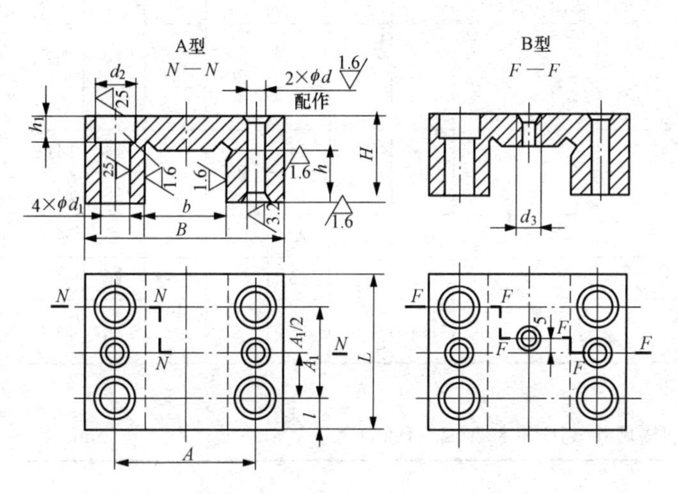

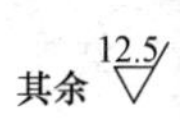

1. 材料：20 钢按 GB/T 699 的规定。

2. 热处理：渗碳深度 0.8～1.2mm，58～64HRC。

3. 其他技术条件按 JB/T 8044 的规定。

标记示例 b=20mm 的 A 型导板：

导板 A20 JB/T 8019—1999

b 基本尺寸	b 极限偏差 H7	h 基本尺寸	h 极限偏差 H8	B	L	H	A	A_1	l	h_1	d 基本尺寸	d 极限偏差 H7	d_1	d_2	d_3
18	+0.018 0	10	+0.022 0	50	38	18	34	22	8	6	5	+0.012 0	6.6	11	M8
20	+0.021 0	12	+0.027 0	52	40	20	35		9						
25		14		60	42	25	42	24			6				
34	+0.025 0	16		72	50	28	52	28	11	8			9	15	M10
42				90	60	32	65	34	13	10	8	+0.015 0	11	18	
52	+0.030 0	20	+0.033 0	104	70	35	78	40	15		10				M12
65				120	80		90	48	15.5	12			13.5	20	
80		25		140	100	40	110	66	17		12	+0.018 0			

表 6-13　　**薄挡板的规格尺寸**（JB/T 8020.1—1999）　　mm

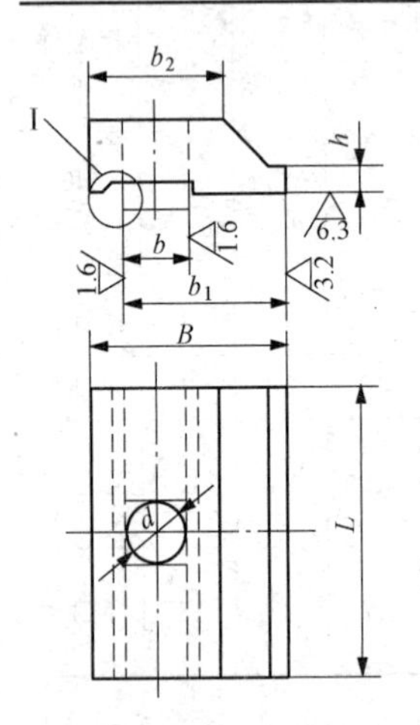

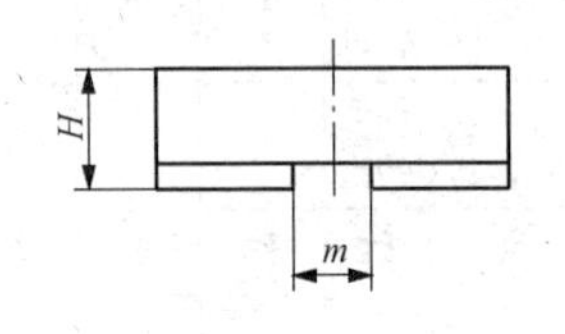

I 放大

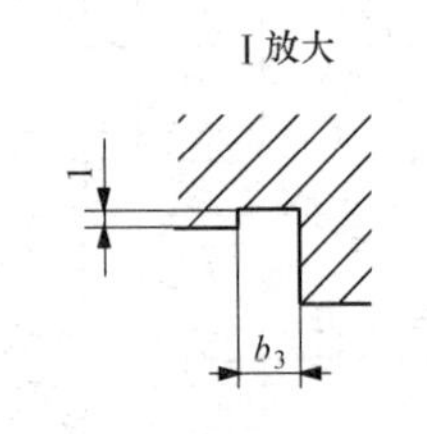

其余 25

1. 材料：45 钢按 GB/T 699 的规定。

2. 热处理：40～45HRC。

3. 其他技术条件按 JB/T 8044 的规定。

标记示例　b=18mm 的薄挡块：

挡板　18　JB/T 8020.1—1999

b		L	B	b_1		b_2	b_3	d	H	h	m	配用螺钉
基本尺寸	极限偏差 b12			基本尺寸	极限偏差 JS11							
10	−0.150 −0.300	70	50	40	±0.080	35	3	10	20	3	10	M8
12	−0.150 −0.330							12		4	12	M10
14		80	60	45		40		14	25	6	14	M12
18				50				18			18	M16
22	−0.160 −0.370	90	70	55	±0.095	45	4	22	30	8	22	M20
28		100	80	65		50		26	35	10	26	M24
36	−0.170 −0.420	110	90	75		60		33			33	M30

表 6-14　　**厚挡板的规格尺寸**（JB/T 8020.2—1999）　　mm

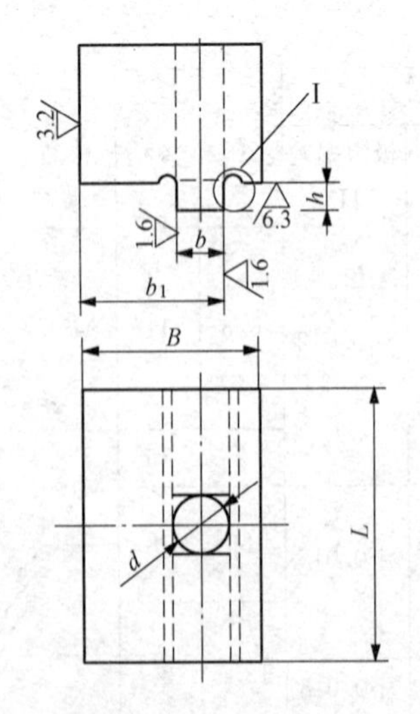

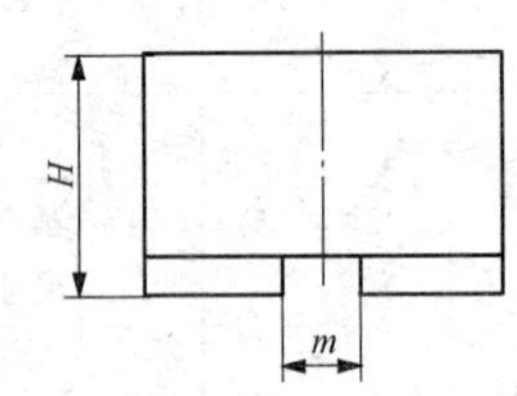

I 放大

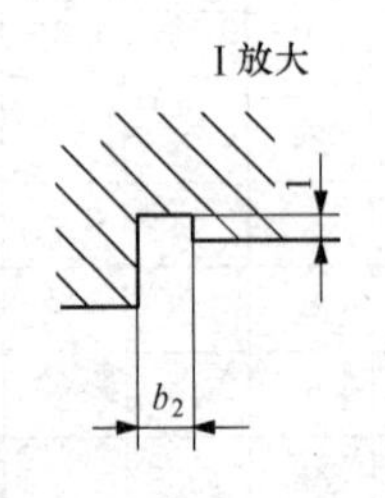

其余 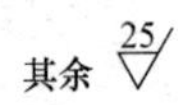

1. 材料：45 钢按 GB/T 699 的规定。

2. 热处理：40～45HRC。

3. 其他技术条件按 JB/T 8044 的规定。

标记示例　b=18mm 的厚挡块：

挡板　18　JB/T 8020.2—1999

续表

b 基本尺寸	b 极限偏差 b12	d	L	B	b_1 基本尺寸	b_1 极限偏差 JS11	b_2	H	h	m	配用螺钉
10	−0.150 −0.300	10	70	50	40	±0.080	3	35	5	10	M8
12	−0.150 −0.330	12						40		12	M10
14		14	80	60	45					14	M12
18		18			50			48	8	18	M16
22	−0.160 −0.370	22	90	70	55	±0.095	4			22	M20
28		26	100	80	65			60	10	26	M24
36	−0.170 −0.420	33	110	90	75			70		33	M30

6.1.4　定位器

1. 手拉式定位器（见表 6-15～表 6-17）

表 6-15　手拉式定位器（JB/T 8021.1—1999）　mm

标记示例　d=15mm 的手拉式定位器：

定位器 15　JB/T 8021.1—1999

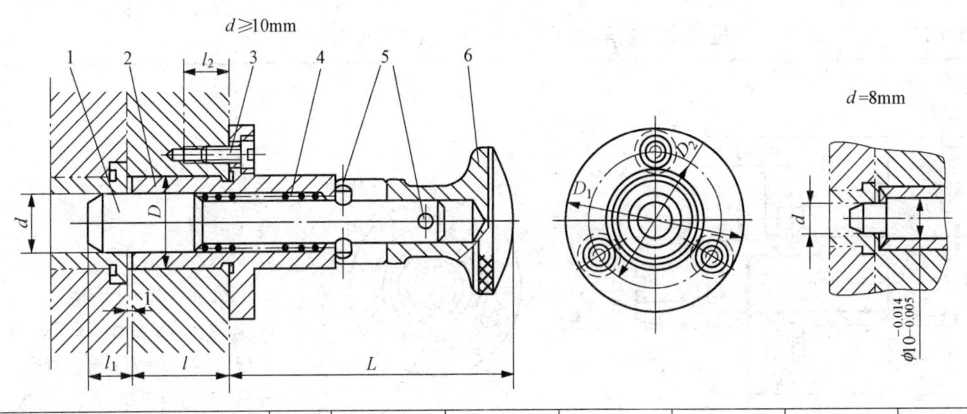

主要尺寸								件号	1	2	3	4	5	6
								名称	定位销	导套	螺钉	弹簧	销	把手
d	D	D_1	D_2	$L\approx$	l	$l_1\approx$	l_2	材料	T8	45 钢	35 钢	碳素弹簧钢丝Ⅱ	45 钢	A3
								数量	1	1	3	1	2	1
								标准	JB/T 8021.1—1999	JB/T 8021.1—1999	GB/T 65—2000		GB/T 119—2000	GB/T 2218—1991
8	16	40	28	57	20	9	9	规格	8	10	M4×10	0.8×8×32	2n6×12	6
10									10					
12	18	45	32	63	24	11	10.5		12	12	M5×12	1×10×35	3n6×16	8
15	24	50	36	79	28	13			15	15		1.2×12×42	3n6×20	10

表 6-16　　手拉式定位器定位销的规格尺寸（JB/T 8021.1—1999）　　mm

件 1　定位销

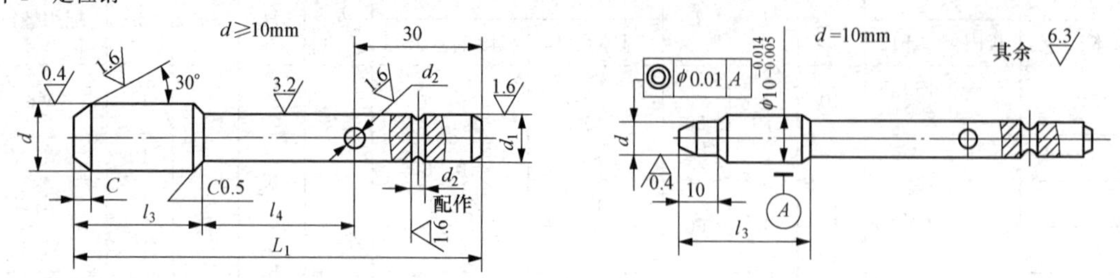

1. 材料：T8。
2. 热处理：在 l_3 长度上 55～60HRC。
3. 其他技术条件按 JB/T 8044。

标记示例　d=15mm 的定位销：定位销 15　JB/T 8021.1—1999

d		d_1		L_1	l_3	l_4	d_2		C
基本尺寸	极限偏差 g6	基本尺寸	极限偏差 h8				基本尺寸	极限偏差 H7	
8	−0.005 −0.014	6	0 −0.018	75	24	28	2	+0.010 0	3
10									
12	−0.006 −0.017	8	0 −0.022	85	26	31.5	3		4
15		10		100	32	38.5			

表 6-17　　手拉式定位器导套的规格尺寸（JB/T 8021.1—1999）　　mm

件 2　导套

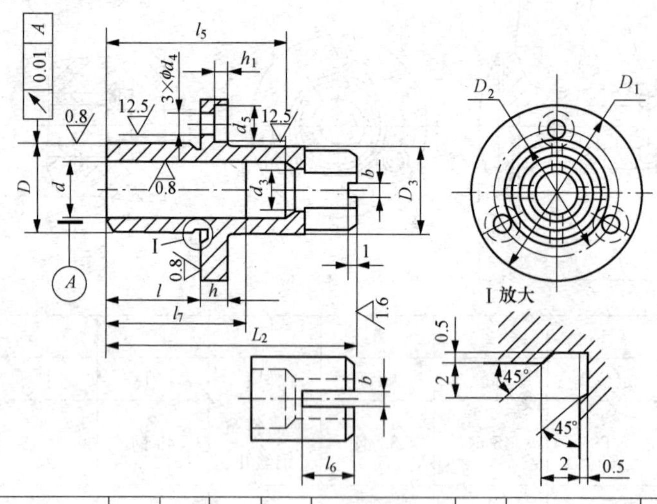

1. 材料：45 钢。
2. 热处理：35～40HRC。
3. 其他技术条件按 JB/T 8044。

标记示例　d=15mm 的导套：导套 15　JB/T 8021.1—1999

d		d_3	d_4	d_5	b	D		D_1	D_2		D_3	L_2	l	l_5	l_6	l_7	h	h_1
基本尺寸	极限偏差 H7					基本尺寸	极限偏差 n6		基本尺寸	极限偏差								
10	+0.015 0	6.2	4.5	8.5	2.5	16	+0.023 +0.012	40	28	±0.200	16	52	20	38	10	30	6	3
12	+0.018 0	8.2	5.5	10	3.6	18		45	32		18	57	24	42	12	35	7	3.5
15		10.2				24	+0.028 +0.015	50	36		24	72	28	53	14	40		

2. 枪栓式定位器（见表6-18～表6-21）

表6-18 **枪栓式定位器**（JB/T 8021.2—1999） mm

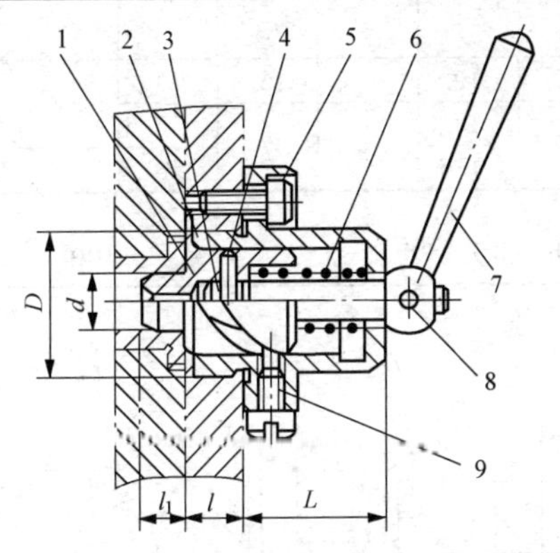

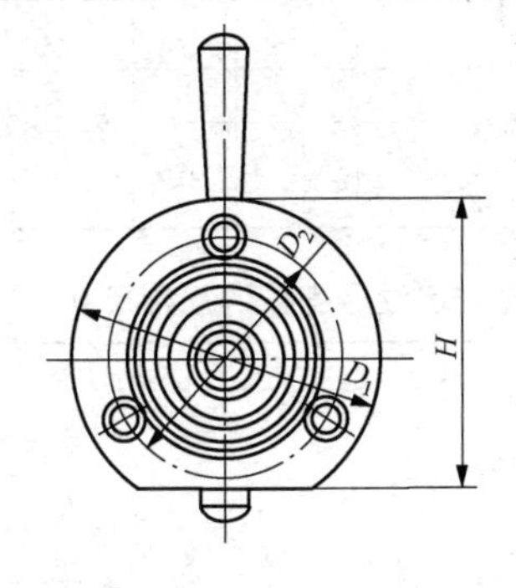

标记示例

d=12mm的枪栓式定位器：

定位器12 JB/T 8021.2—1999

主要尺寸								件号	1	2	3	4	5	6	7	8	9
								名称	定位销	壳体	轴	销	螺钉	弹簧	手柄	销	螺钉
								材料	20钢	45钢	45钢	45钢	35钢	碳素弹簧钢丝Ⅱ	35钢	45钢	35钢
d	D	L	l	l_1	D_1	D_2	H	数量	1	1	1	1	3	1	1	1	1
								标准	JB/T 8021.2—1999	JB/T 8021.2—1999	JB/T 8021.2—1999	GB/T 119—2000	GB/T 70—2000			GB/T 119—2000	GB 828—1988
12	32	33	12.5	10	60	46	54	规格	12	24	8×53	3n6×22	M6×14	1.2×12×35	8—8×65	3n6×16	M6×10
15	38	40	15.5	12	68	52	60		15	28	10×66	3n6×25					
18	40	42	18.5	15	70	55	62		18	30	10×73	3n6×28		1.6×16×38	8—10×80	3n6×18	

表6-19 **枪栓式定位器定位销的规格尺寸**（JB/T 8021.2—1999） mm

件1 定位销

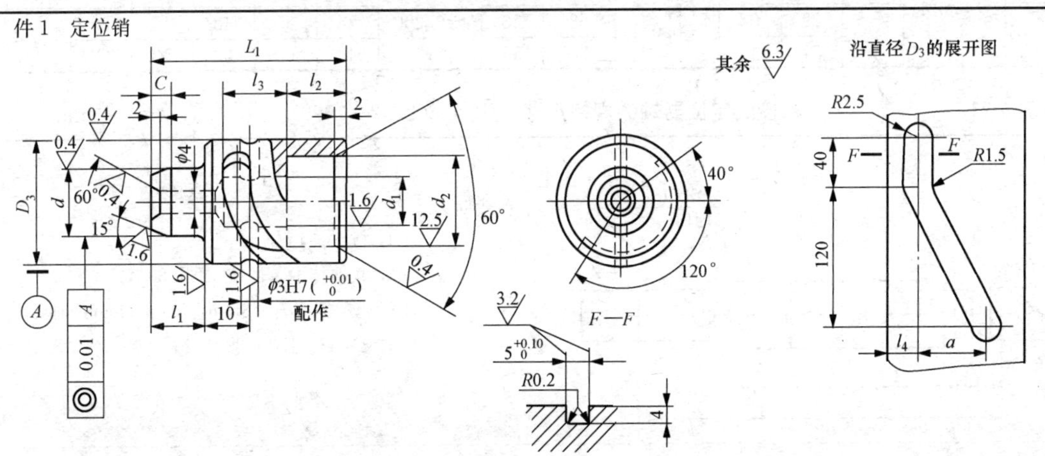

1. 材料：20钢。
2. 热处理：渗碳深度0.8～1.2mm 58～64HRC。
3. 其他技术条件按JB/T 8044。

标记示例 d=15mm的定位销：定位销15 JB/T 8021.2—1999

续表

d		D₃		L_1	l_1	d_1		d_2	l_2	l_3	l_4	u	C
基本尺寸	极限偏差 g6	基本尺寸	极限偏差 g6			基本尺寸	极限偏差 H9						
12	−0.006 −0.017	24	−0.007 −0.020	35	10	8	+0.036 0	15	10	12	6	13	4
15		28		42	12	10		20	13	14	7	15	
18		30		45	15				15			18	5

表 6-20　枪栓式定位器壳体的规格尺寸（JB/T 8021.2—1999）　mm

件 2　壳体

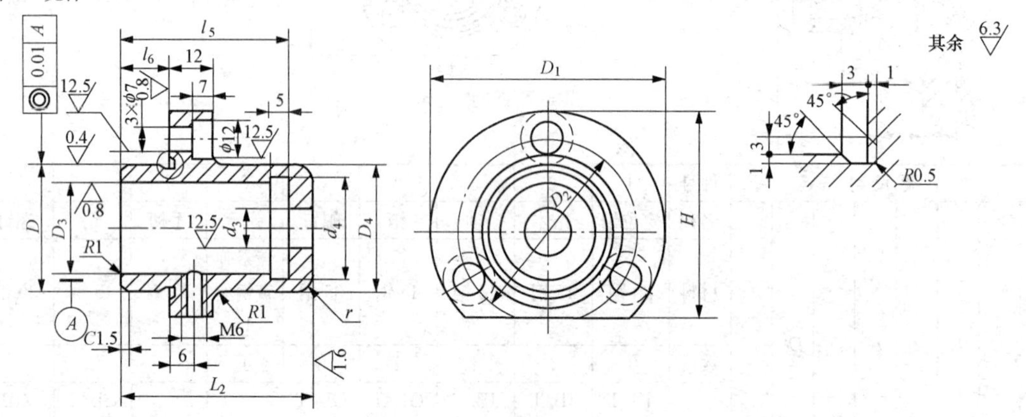

1. 材料：45 钢。
2. 热处理：35～40HRC。
3. 其他技术条件按 JB/T 8044。

标记示例　D_3=28mm 的壳体：壳体 28　JB/T 8021.2—1999

D_3		d_3	d_4	D		D_1	D_2		D_4	L_2	l_5	l_6	H	r
基本尺寸	极限偏差 H7			基本尺寸	极限偏差 n6		基本尺寸	极限偏差						
24	+0.021 0	9	25	32	+0.033 +0.017	60	46	±0.200	32	45	40	12	54	3
28		12	29	38		68	52		38	55	48	15	60	4
30			31	40		70	55		40	60	52	18	62	

表 6-21　枪栓式定位器轴的规格尺寸（JB/T 8021.2—1999）　mm

件 3　轴

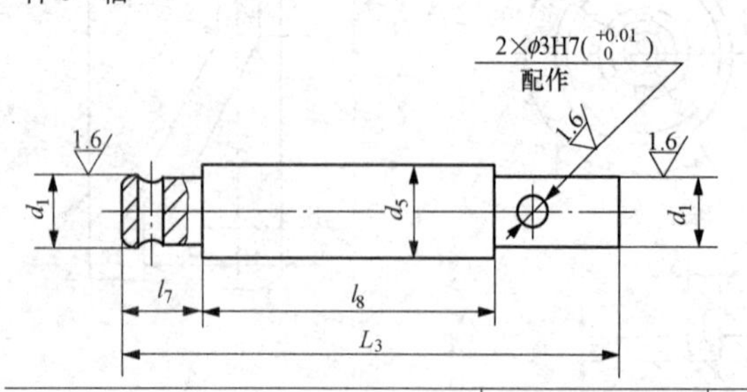

1. 材料：45 钢。
2. 其他技术条件按 JB/T 8044。

标记示例　d_1=8mm，L_3=53mm 的轴：轴 8×53　JB/T 8021.2—1999

d_1		L_3	d_5	l_7	l_8
基本尺寸	极限偏差 h8				
8	0 −0.022	53	8.5	10	29
10		66	11.5	12	37
		73			44

3. 齿条式定位器（见表6-22～表6-25）

表6-22 **齿条式定位器** mm

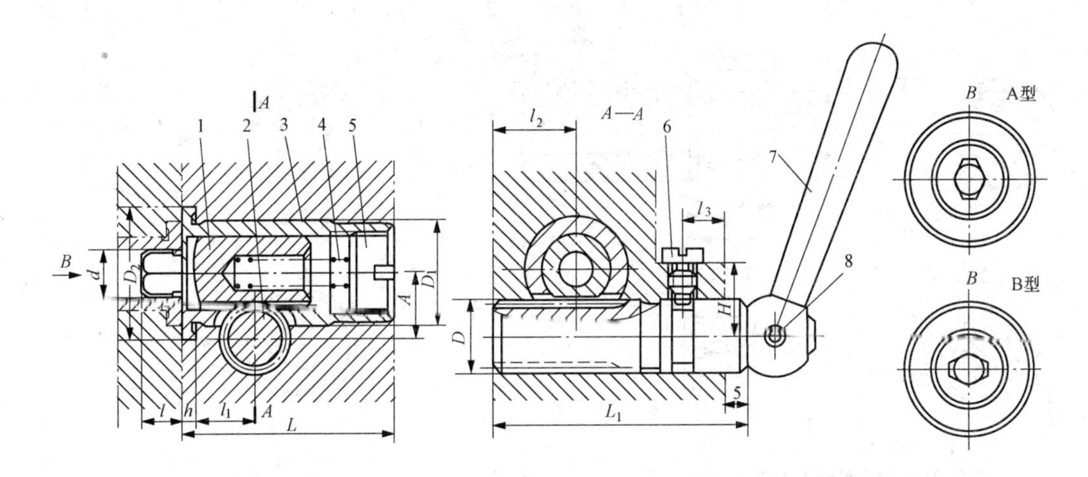

主要尺寸													件号	1		2	3	4	5	6	7	8
													名称	定位销		轴	销套	弹簧	螺塞	螺钉	手柄	销
d (H7/g6)	D (H9/f9)	D (H7/n6)	D_2	h	$A^{+0.05}_{+0.15}$	H	L	L_1	l	l_1	l_2	l_3	数量	1		1	1	1	1	1	1	1
													标准						JB/T 8037—1999			GB/T 117—2000
12	18	25	32	3.5	16	17	50.5	60	10	17	20	8	尺寸	A12	B12	18×75	25	1×8×40	AM20×1.5	M6×10	80	3×18
								85								18×100						
								110								18×125						
								135								18×150						
								160								18×175						
16	25	30	36		21	20	62.5	70	12	22	22			A16	B16	25×90	30	1.2×12×60	AM24×1.5		100	4×26
								95								25×115						
								120								25×140						
								145								25×165						
								170								25×190						
20	30	35	42	4.5	24.5	24.7	8.5	80	15	30	25	10		A20	B20	30×105	35	1.6×12×60	AM27×1.5	M8×12	125	5×30
								105								30×130						
								130								30×155						
								155								30×180						
								180								30×205						
25	36	42	50		30	27	92.5	95	18	40	30			A25	B25	36×120	42	2×16×65	AM33×1.5			
								120								36×145						
								145								36×175						
								170								36×195						
								195								36×220						
32	40	50	60	5.5	35	31	108.5	110	22	48	35	12		A32	B32	40×140	50	2×18×90	AM42×2	M10×15	160	6×40
								135								40×165						
								160								40×190						
								185								40×215						
								210								40×240						

表 6-23　　齿条式定位器定位销的规格尺寸　　mm

件 1　定位销

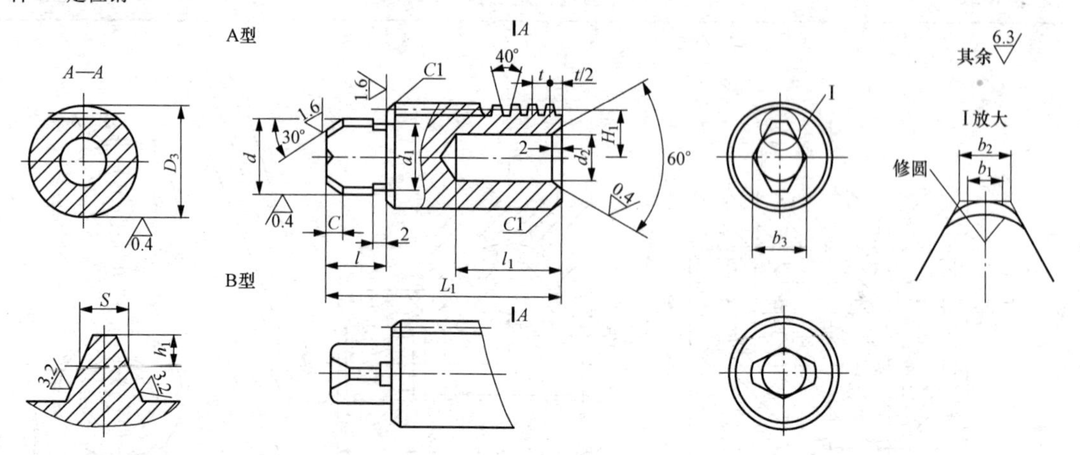

1. 材料：T7A。
2. d 对 D_3 的径向圆跳动不大于 0.01mm。
3. 齿形压力角为 20°，与件 2 啮合。
4. 热处理：淬火 55～60HRC。

d		d_1	d_2		D_3		L_1	l	l_1	C	b_1	b_2	b_3	齿形尺寸					
基本尺寸	极限偏差 g6		基本尺寸	极限偏差 H12	基本尺寸	极限偏差 g6								m	H_1	t	h_1	S 基本尺寸	S 极限偏差
12	−0.006 −0.017	11.5	9	+0.159 0	18	−0.006 −0.017	40	10	18	4	3	4	10	1	8	3.14	1	1.57	−0.06 −0.12
16		15.5	13	+0.180 0	22	−0.007 −0.020	50	12	25				14	1.25	9.75	3.93	1.25	1.96	
20	−0.007 −0.020	19.5			25		65	15	30	5			18	1.5	11	4.71	1.5	2.36	
25		24.5	17		30		78	18	35			5	22		13.5				
32	−0.009 −0.025	31.5	20	+0.210 0	38	−0.009 −0.025	92	22	45				28	2	17	6.28	2	3.14	−0.08 −0.16

表 6-24　　齿条式定位器轴的规格尺寸　　mm

件 2　轴

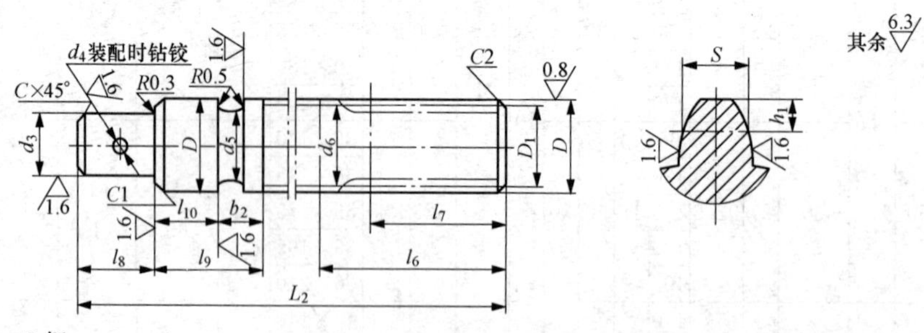

1. 材料：45 钢。
2. 齿形压力角为 20°与件 1 啮合。
3. 锐边倒钝。
4. 热处理：淬火 43～48HRC；l_8 长度上不淬火。

续表

D 基本尺寸	D 极限偏差 f9	d_3 基本尺寸	d_3 极限偏差 h8	d_4 基本尺寸	d_4 极限偏差 H7	d_5	d_6	l_6	l_7	l_8	l_9	l_{10}	b_2	C	L_2	齿部尺寸 m	齿部尺寸 D_1	齿部尺寸 齿数 Z	齿部尺寸 h_1	齿部尺寸 S 基本尺寸	齿部尺寸 S 极限偏差
18	−0.016 −0.059	10	0 −0.022	3	+0.010 0	13	16	35	25	15	25	12	5		75 100 125 150 175	1	16	16	1.04	1.57	—
25	−0.020 −0.072	12	0 −0.027	4	+0.012 0	18	23	45	30	20	25	12	5	1	90 115 140 165 190	1.25	22.5	18	1.29	1.96	−0.060 −0.120
30	−0.020 −0.072	16	0 −0.027	5	+0.012 0	22	28	50	35	25	30	12	7	1	105 130 155 180 205	1.5	27	18	1.55	2.36	−0.060 −0.120
36	−0.025 −0.087	16	0 −0.027	5	+0.012 0	28	34	60	40	25	35	12	7	1	120 145 170 195 220	1.5	33	22	1.54	2.36	−0.060 −0.120
40	−0.025 −0.087	20	0 −0.033	6	+0.012 0	30	38	70	45	30	40	15	8	1.5	140 165 190 215 240	2	36	18	2.07	3.14	−0.080 −0.160

表 6-25　齿条式定位器销套的规格尺寸　mm

件3　销套

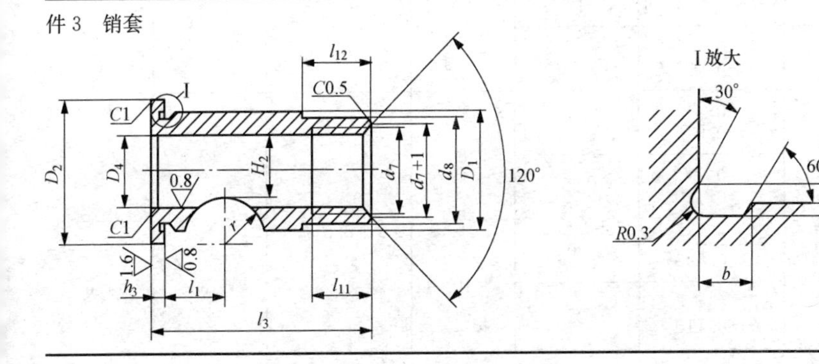

其余 6.3

1. 材料：20钢。
2. 螺纹按3级精度制造。
3. D_1 对 D_4 的径向圆跳动不大于0.01mm。
4. 热处理：渗碳深度0.8～1.2mm，螺纹 d_7 处去碳层，淬火55～60HRC。

续表

D_1 基本尺寸	D_1 极限偏差 n6	D_2	D_4 基本尺寸	D_4 极限偏差 H7	d_7	d_8	H_2	h_3	l_3	l_1	l_{11}	l_{12}	r	b	a
25	+0.028 +0.015	32	18	+0.018 0	M20×1.5	24	18	3	50	17	15	15	10	2	0.5
30		36	22	+0.021 0	M24×1.5	29	22		62	22			14		
35	+0.033 +0.017	42	25		M27×1.5	34	25	4	78	30		20	16	3	1
42		50	30	+0.025 0	M33×1.5	41	31		92	40	18	25	20		
50		60	38		M42×2	49	38	5	108	48	20	35	22.5		

6.1.5 标准支承件（见表6-26～表6-38）

表6-26 **支承件的规格尺寸**（JB/T 8029.2—1999） mm

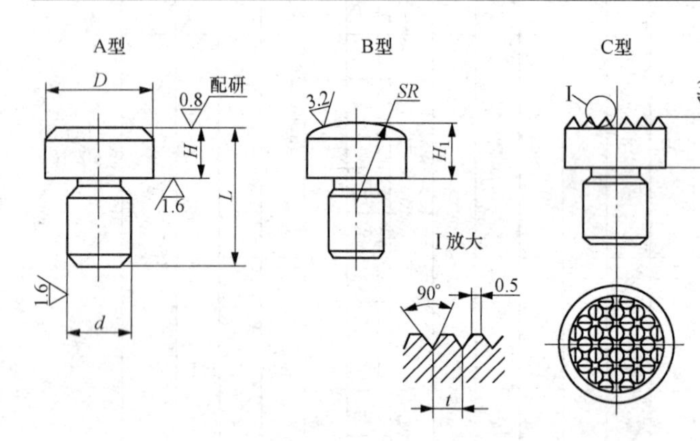

其余 6.3

1. 材料：T8按GB/T 1298的规定。

2. 热处理：55～60HRC。

3. 其他技术条件按JB/T 8044的规定。

标记示例 $D=16$mm、$H=8$mm的A型支承钉：

支承钉 A16×8 JB/T 8029.2—1999

D	H	H_1 基本尺寸	H_1 极限偏差 h11	L	d 基本尺寸	d 极限偏差 r6	SR	t
5	2	2	0 −0.060	6	3	+0.016 +0.010	5	1
	5	5	0 −0.075	9				
6	3	3	0 −0.075	8	4	+0.023 +0.015	6	1
	6	6		11				
8	4	4		12	6		8	1.2
	8	8	0 −0.090	16				
12	6	6	0 −0.075		8	+0.028 +0.019	12	
	12	12	0 −0.110	22				
16	8	8	0 −0.090	20	10		16	1.5
	16	16	0 −0.110	28				

续表

D	H	H_1 基本尺寸	H_1 极限偏差 h11	L	d 基本尺寸	d 极限偏差 r6	SR	t
20	10	10	0 −0.090	25	12	+0.034 +0.023	20	1.5
	20	20	0 −0.130	35				
25	12	12	0 −0.110	32	16		25	2
	25	25	0 −0.130	45				
30	16	16	0 −0.110	42	20	+0.041 +0.028	32	
	30	30	0 −0.130	55				
40	20	20		50	24		40	
	40	40	0 −0.160	70				

表 6-27　**六角头支承的规格尺寸**（JB/T 8026.1—1999）　mm

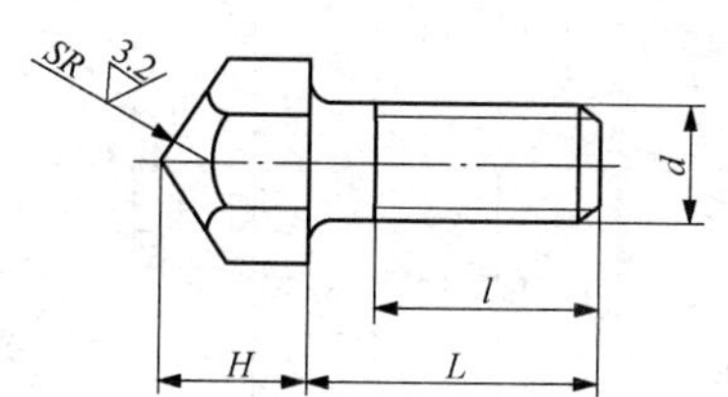

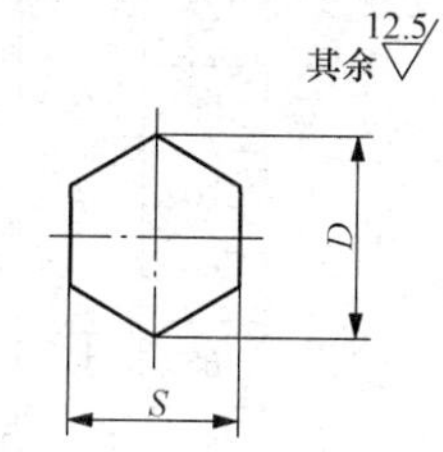

其余 12.5

1. 材料：45 钢按 GB/T 699 的规定。
2. 热处理：L≤50mm 全部 45～55HRC；L>50mm 头部 40～50HRC。
3. 其他技术条件按 JB/T 8044 的规定。

标记示例　d=M10、L=25mm 的六角头支承：

支承　M10×25　JB/T 8026.1—1999

d		M5	M6	M8	M10	M12	M16	M20	M24	M30	M36
D≈		8.63	10.89	12.7	14.2	17.59	23.35	31.2	37.29	47.3	57.7
H		8	8	10	12	14	16	20	24	30	36
SR		5						12			
S	基本尺寸	8	10	11	13	17	21	27	34	41	50
	极限偏差	0 −0.220		0 −0.270			0 −0.330		0 −0.620		
L		l									
15		12	12								
20		15	15	15							
25		20	20	20	20						
30			25	25	25	25					
35				30	30	30	30				
40				35	35	35	35	30			
45								35	30		
50					40	40	40		35		
60						45	45	40	40	35	
70							50	50	50	45	45
80							60	60	55	50	50
90									60	60	
100								70	70		60
120									80	70	
140										100	90
160											100

表 6-28 **顶压支承的规格尺寸**（JB/T 8026.2—1999） mm

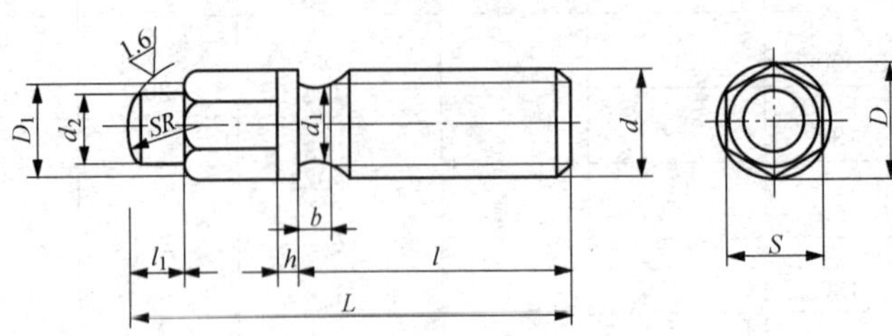

1. 材料：45 钢按 GB/T 699 的规定。

2. 热处理：40～45HRC。

3. 其他技术条件按 JB/T 8044 的规定。

标记示例 d=Tr16×4 左，L=65mm 的顶压支承：

支承 Tr16×4 左×65 JB/T 8026.2—1999

d	$D\approx$	L	S		l	l_1	$D_1\approx$	d_1	d_2	b	h	SR
			基本尺寸	极限偏差								
Tr16×4 左	16.2	55	13	0 −0.270	30	8	13.5	10.9	10	5	3	10
		65			40							
		80			55							
Tr20×4 左	19.6	70	17		40	10	16.5	14.9	12			12
		85			55							
		100			70							
Tr24×5 左	25.4	85	21	0 −0.330	50	12	21	17.4	16	6.5	4	16
		100			65							
		120			85							
Tr30×6 左	31.2	100	27		65	15	26	22.2	20	7.5	6	20
		120			75							
		140			95							
Tr36×6 左	36.9	120	34	0 −0.620	65	18	31	28.2	24			24
		140			85							
		160			105							

表 6-29 **圆柱头调节支承的规格尺寸**（JB/T 8026.3—1999） mm

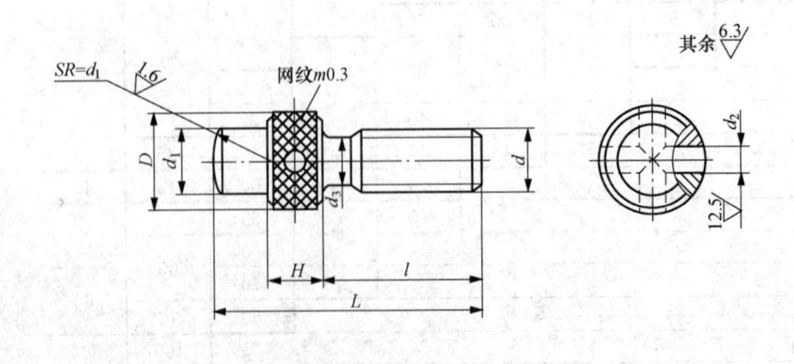

1. 材料：45 钢按 GB/T 699 的规定。

2. 热处理：$L\leqslant50$mm 全部 40～45HRC。

$L>50$mm 头部 40～45HRC。

3. 其他技术条件按 JB/T 8044 的规定。

标记示例 d=M10、L=45mm 的圆柱头调节支承：

支承 M10×45 JB/T 8026.3—1999

续表

d	M5	M6	M8	M10	M12	M16	M20
D（滚花前）	10	12	14	16	18	22	28
d_1	5	6	8	10	12	16	20
d_2		3		4	5	6	8
d_3	3.7	4.4	6	7.7	9.4	13	16.4
H		6		8	10	12	14
L				l			
25	15						
30	20	20					
35	25	25	25				
40	30	30	30	25			
45	35	35	35	30			
50		40	40	35	30		
60			50	45	40		
70				55	50	45	
80					60	55	50
90						65	60
100						75	70
120							90

表 6-30　调节支承的规格尺寸（JB/T 8026.4—1999）　mm

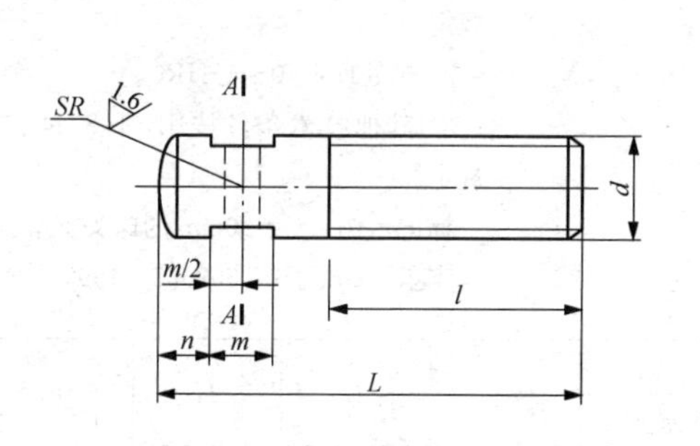

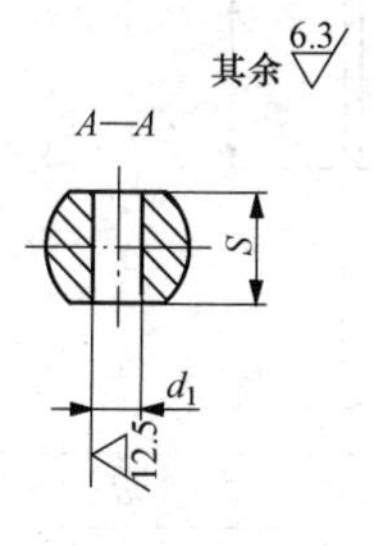

1. 材料：45 钢按 GB/T 699 的规定。

2. 热处理：L≤50mm 全部 40～45HRC；L>50 头部 40～45HRC。

3. 其他技术条件按 JB/T 8044 的规定。

标记示例　d=M12、L=50mm 的调节支承：

支承　M12×50　JB/T 8026.4—1999

d		M5	M6	M8	M10	M12	M16	M20	M24	M30	M36
n		2	3		4	5	6	8	10	12	18
m		4		5	8		10	12	14	16	18
S	基本尺寸	3.2	4	5.5	8	10	13	16	18	24	30
	极限偏差	0 −0.180			0 −0.220		0 −0.270		0 −0.330		
d_1		2	2.5	3	3.5	4	5	—			
SR		5	6	8	10	12	16	20	24	30	36

续表

L	l									
20	10	10								
25	12	12	12							
30	16	16	16	14						
35		18	18	16						
40			20	20	18					
45			25	25	20					
50			30	30	25	25				
60					30	30				
70					35	40	35			
80						50	45	40		
100							50	60	50	
120									70	60
140							80	90	90	80
160										100
180									100	
200										
220										150
250										
280										
320										

表 6-31　　球头支承的规格尺寸（JB/T 8026.5—1999）　　mm

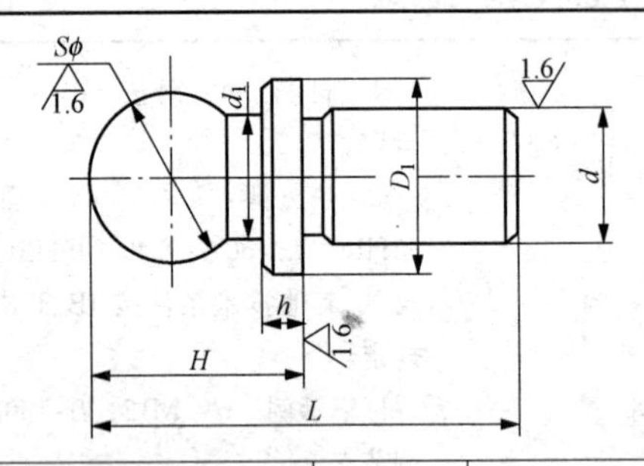

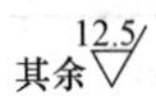

1. 材料：45 钢按 GB/T 699 的规定。

2. 热处理：40～45HRC。

3. 其他技术条件按 JB/T 8044 的规定。

标记示例　D=20mm 的球头支承：

支承　20　JB/T8026.5—1999

Sϕ 基本尺寸	Sϕ 极限偏差 h11	D_1	d 基本尺寸	d 极限偏差 r6	d_1	L	H	h
8	0 −0.090	10	6	+0.023 +0.015	6	20	12	2
10		12	8	+0.028 +0.019	8	25	15	3
12	0 −0.110	15	10	+0.028 +0.019	10	30	16	4
16		18	12	+0.034 +0.023	12	40	20	5
20	0 −0.130	22	16		16	50	25	
25		28	20	+0.041 +0.028	20	60	30	6
32	0 −0.160	36	25		25	70	38	

表 6-32　　**螺钉支承的规格尺寸**（JB/T 8026.6—1999）　　mm

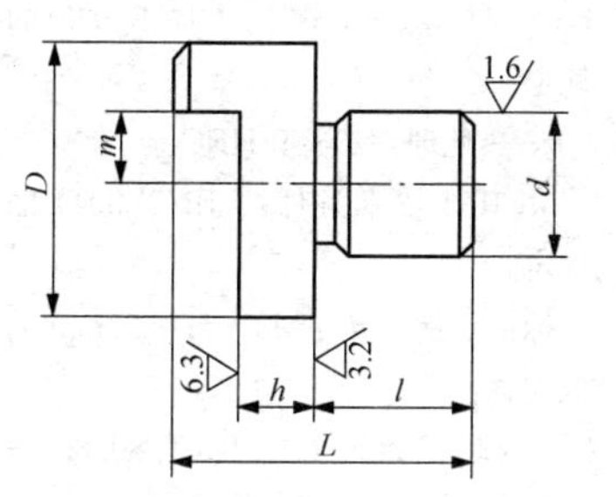

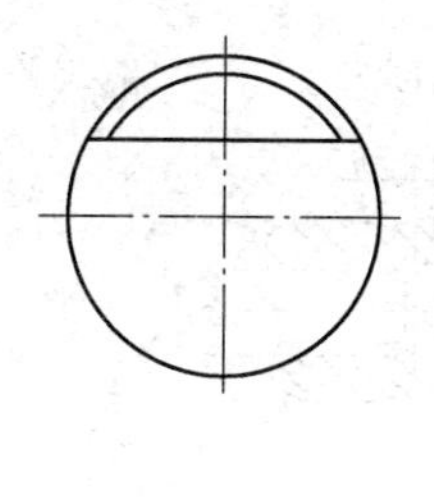

其余 12.5

1. 材料：45 钢按 GB/T 699 的规定。
2. 热处理：40～45HRC。
3. 其他技术条件按 JB/T 8044 的规定。

标记示例　*D*=30mm 的螺钉支承：
支承　30　JB/T 8026.6—1999

D	*d*		*L*	*l*	*h*	*m*	配用螺钉
	基本尺寸	极限偏差 f6					
14	8	+0.028 +0.019	18	10	5	3	M6
16	10		20	12		4	M8
18			22		6	5	M10
20	12	+0.034 +0.023	25	15		6	M12
25			30		9	7	M16
30	16		35	18		8	M20
35			38		10	10	M24
40	20	+0.041 +0.028	42	22		12	M30
50	25		50	25	15	14	M36

表 6-33　　**支柱的规格尺寸**（JB/T 8027.1—1999）　　mm

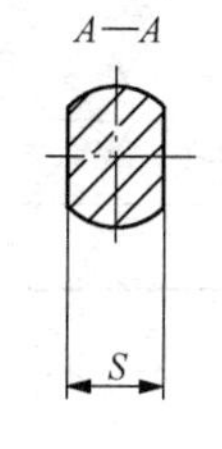

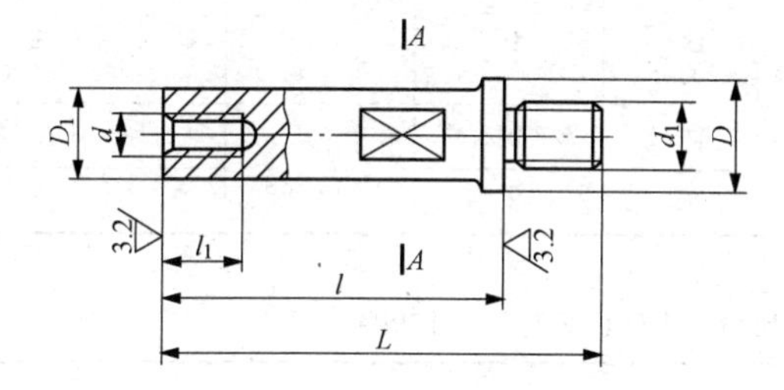

其余 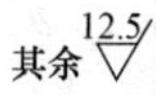

1. 材料：45 钢按 GB/T 699 的规定。
2. 热处理：35～40HRC。
3. 其他技术条件按 JB/T 8044 的规定。

标记示例　*d*=M5、*L*=40mm 的支柱：
支柱　M5×40　JB/T 8027.1—1999

d	*L*	d_1	*D*	D_1	*S*		*l*	l_1
					基本尺寸	极限偏差		
M5	35	M6	12	10	8	0 −0.220	25	10
	40	M8					23	
M6	45		14	12	10		32	12
	60						45	
	75	M10	16	14	11	0 −0.270	58	
M8	90	M12	22	16	13		70	16
	110						90	
M10	140	M16	30	20	16		115	20

表 6-34　　低支脚的规格尺寸（JB/T 8028.1—1999）　　mm

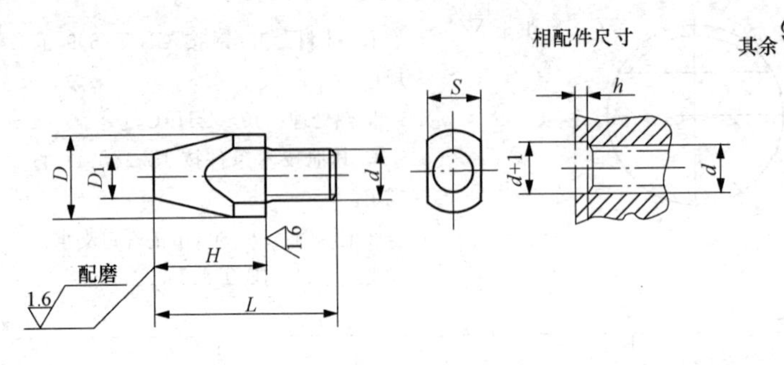

1. 材料：45 钢按 GB/T 699 的规定。

2. 热处理：40～45HRC。

3. 其他技术条件按 JB/T 8044 的规定。

标记示例　d=M8、H=20mm 的低支脚：

支脚　M8×20　JB/T 8028.1—1999

d	H	L	D	D_1	S 基本尺寸	S 极限偏差	相配件 h
M4	10	18	6	4	4	0 −0.180	0.5
	20	28					
M5	12	20	8	5	5.5		1
	25	34					
M6	16	25	10	6	8	0 −0.220	1.5
	32	42					
M8	20	32	12	8	10		2
	40	52					
M10	25	40	16	10	13	0 −0.270	2.5
	50	65					
M12	30	50	20	12	16		3
	60	80					
M16	40	60	25	16	21	0 −0.330	3.5
M20	50	80	32	20	27		4

表 6-35　　高支脚的规格尺寸（JB/T 8028.2—1999）　　mm

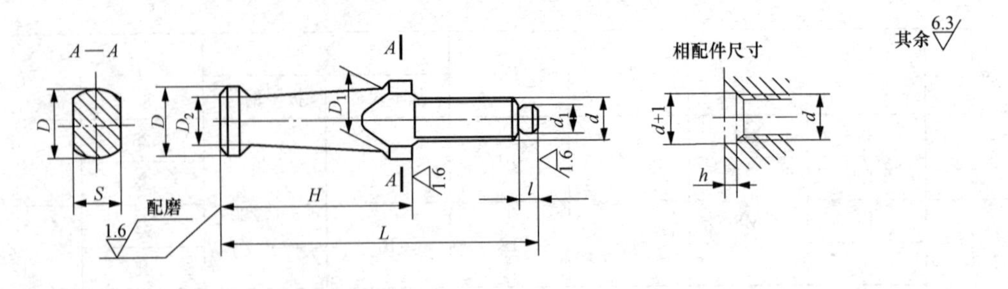

1. 材料：45 钢按 GB/T 699 的规定。

2. 热处理：40～45HRC。

3. 其他技术条件按 JB/T 8044 的规定。

标记示例　d=M10、H=55mm 的高支脚：高支脚　M10×55　JB/T 8028.2—1999

续表

d	H	L	D	D_1	D_2	d_1	S 基本尺寸	S 极限偏差	l	相配件 h
M8	35	60	12	11	8	5	10	0 −0.220	4	2
	45	70								
	55	80								
	65	90								
M10	45	75	16	14	10	7	13	0 −0.270	5	2.5
	55	85								
	65	95								
	75	105								
M12	55	90	20	16	13	9	16		6	3
	70	105								
	85	120								
	100	135								
M16	65	110	25	22	16	12	21	0 −0.330	8	3.5
	85	130								
	105	150								
	130	175								
M20	100	155	32	26	20	15	27		10	4
	125	180								
	150	205								
	180	235								

表 6-36　**支承板的规格尺寸**（JB/T 8029.1—1999）　mm

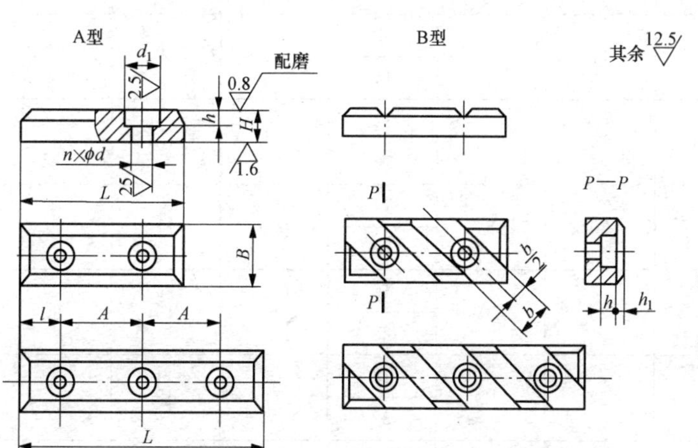

1. 材料：T8 按 GB/T 1298 的规定。

2. 热处理：55～60HRC。

3. 其他技术条件按 JB/T 8044 的规定。

标记示例　H=16mm、L=100mm 的 A 型支承板：

支承板　A16×100　JB/T 8029.1—1999

续表

H	L	B	d	l	A	d	d_1	h	h_1	孔数 n
6	30	12	—	7.5	15	4.5	8	3	—	2
	45									3
8	40	14		10	20	5.5	10	3.5		2
	60									3
10	60	16	14	15	30	6.6	11	4.5	1.5	2
	90									3
12	80	20	17	20	40	9	15	6	1.5	2
	120									3
16	100	25			60					2
	160									3
20	120	32	20	30		11	18	7	2.5	2
	180									3
25	140	40			80					2
	220									3

表 6-37　支板的规格尺寸（JB/T 8030—1999）　mm

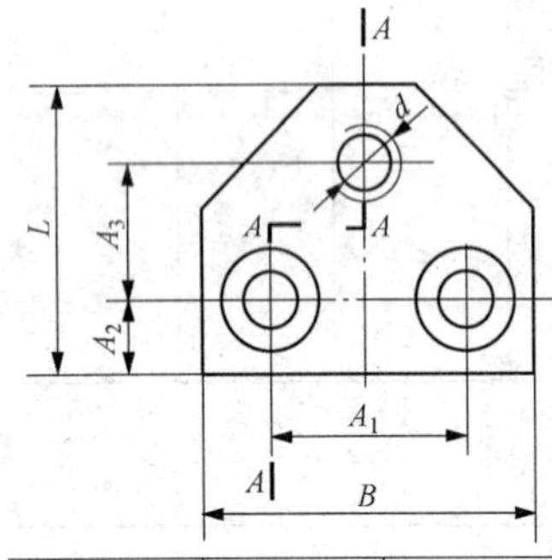

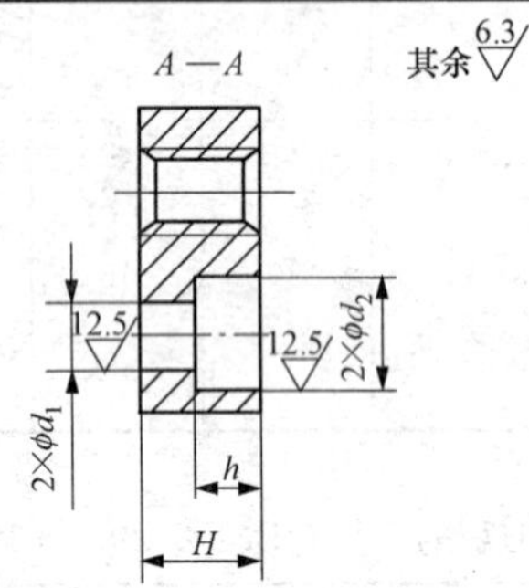

其余 6.3

1. 材料：45 钢按 GB/T 699 的规定。
2. 热处理：35～40HRC。
3. 其他技术条件按 JB/T 8044 的规定。

标记示例　d=M8、L=30mm 的支板：

支板　M8×30　JB/T 8030—1999

d	L	B	H	A_1	A_2	A_3	d_1	d_2	h
M5	18	22	8	11	5.5	8	4.5	8	5
	24					14			
M6	24	28	10	15	6.5	12	5.5	10	6
	30					18			
M8	30	35	12	20	8	14	6.6	11	7
	38					22			
M10	38	45	15	25	10	16	6	15	9
	48					28			
M12	44	55	18	32	12	18	11	18	11
	58					32			
M16	52	75	22	48	14	22	13.5	20	13
	68					38			

表 6-38　　**螺钉用垫板的规格尺寸**（JB/T 8042—1999）　　mm

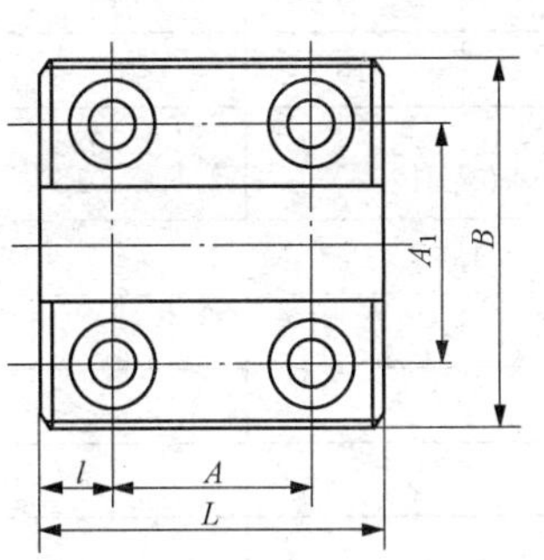

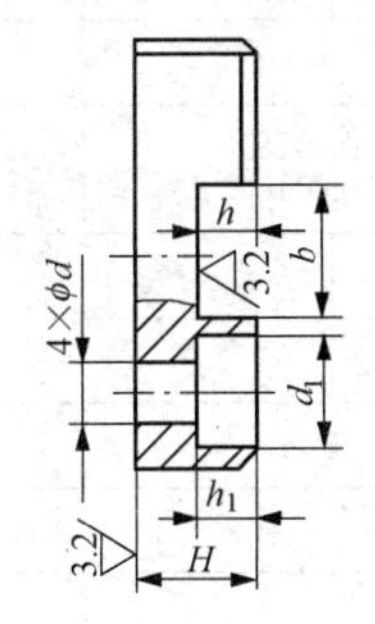

其余 12.5

1. 材料：45 钢按 GB/T 699 的规定。
2. 热处理：40～45HRC。
3. 其他技术条件按 JB/T 8044 的规定。

标记示例　b＝13mm、L＝40mm 的螺钉用垫板：

垫板　13×40　JB/T 8042—1999

<table>
<tr><th>b</th><th>L</th><th>B</th><th>H</th><th>A</th><th>A1</th><th>l</th><th>d</th><th>d1</th><th>h</th><th>h1</th><th>配用螺钉</th></tr>
<tr><td>5.5</td><td>24</td><td>28</td><td>8</td><td>12</td><td>16</td><td>6</td><td>4.5</td><td>8</td><td>2</td><td>4</td><td>M6</td></tr>
<tr><td>7</td><td>30</td><td>34</td><td>10</td><td>16</td><td>20</td><td>7</td><td>5.5</td><td>10</td><td>3</td><td>5</td><td>M8</td></tr>
<tr><td>8</td><td rowspan="2">34</td><td>40</td><td rowspan="5">12</td><td rowspan="2">18</td><td>24</td><td rowspan="2">8</td><td rowspan="5">6.6</td><td rowspan="5">11</td><td>4</td><td rowspan="5">6</td><td>M10</td></tr>
<tr><td rowspan="2">10</td><td rowspan="2">42</td><td rowspan="2">26</td><td rowspan="4">5</td><td rowspan="2">M12</td></tr>
<tr><td>54</td><td>34</td><td>10</td></tr>
<tr><td rowspan="2">13</td><td>40</td><td rowspan="2">45</td><td>24</td><td rowspan="2">29</td><td>8</td><td rowspan="2">M16</td></tr>
<tr><td>70</td><td>42</td><td>14</td></tr>
<tr><td rowspan="2">16</td><td>50</td><td rowspan="2">56</td><td rowspan="5">16</td><td>30</td><td rowspan="2">36</td><td>10</td><td rowspan="5">9</td><td rowspan="5">15</td><td rowspan="2">6</td><td rowspan="5">8</td><td rowspan="2">M20</td></tr>
<tr><td>90</td><td>54</td><td>18</td></tr>
<tr><td rowspan="3">19</td><td>60</td><td rowspan="3">58</td><td>40</td><td rowspan="3">38</td><td>10</td><td rowspan="3">8</td><td rowspan="3">M24～M36</td></tr>
<tr><td>90</td><td>54</td><td>18</td></tr>
<tr><td>130</td><td>80</td><td>25</td></tr>
</table>

6.1.6　非标准支承件（见表 6-39 和表 6-40）

表 6-39　　**长圆头支承钉的规格尺寸**　　mm

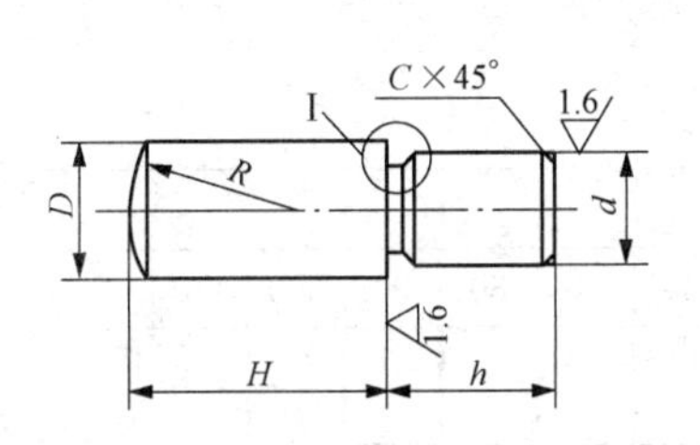

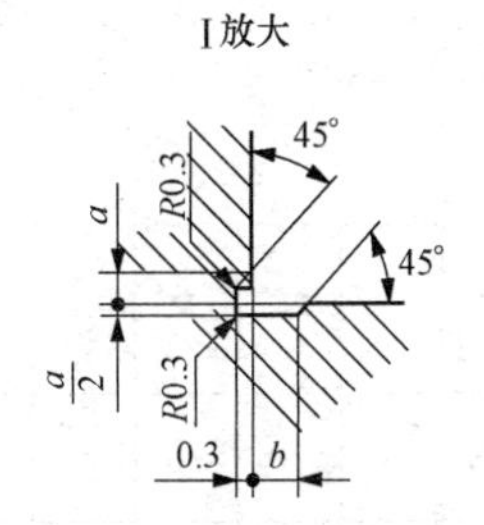

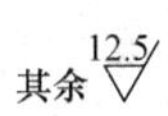

1. 材料：45 钢。
2. 热处理：38～43HRC。

<table>
<tr><td colspan="2">D</td><td>8</td><td>10</td><td>12</td><td>16</td><td>20</td><td>24</td></tr>
<tr><td rowspan="2">d</td><td>基本尺寸</td><td>6</td><td colspan="2">8</td><td>12</td><td>16</td><td>20</td></tr>
<tr><td>极限偏差 n6</td><td>+0.016
+0.008</td><td colspan="2">+0.019
+0.010</td><td colspan="2">+0.023
+0.012</td><td>+0.028
+0.015</td></tr>
<tr><td colspan="2">R</td><td rowspan="2">8</td><td rowspan="2">10</td><td rowspan="2">12</td><td>16</td><td>20</td><td>25</td></tr>
<tr><td colspan="2">h</td><td>18</td><td>25</td><td>30</td></tr>
</table>

续表

D		8	10	12	16	20	24
d	基本尺寸	6	8		12	16	20
	极限偏差 n6	+0.016 +0.008	+0.019 +0.010		+0.023 +0.012		+0.028 +0.015
a		1		1.5			
b		1		1.5			2
C		0.8	1		2		2.5
H							
10							
12							
15							
18							
20							
25							
30							
35							
40							
45							
50							

表 6-40　　锥体支承钉的规格尺寸　　mm

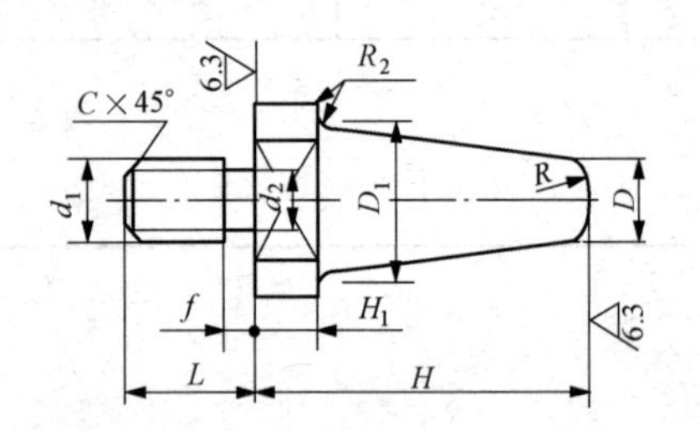

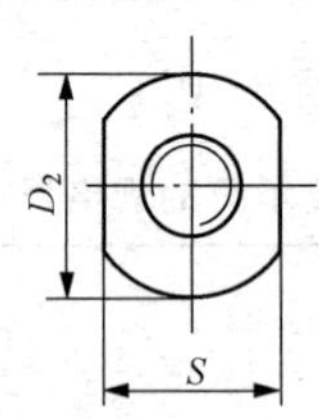

其余 12.5

1. 材料：45 钢。
2. 热处理：38～43HRC。

D	D_1	D_2	S 基本尺寸	S 极限偏差	d_1	d_2	L	C	f	H_1	R	H 50	60	70	80	90	100	110	120
10	22	28	22	0 −0.28	M12	9.5	18	1.8	3	10	10								
12	27	35	27	0 −0.28	M16	13	22	2	3	13	12								
16	32	40	32	0 −0.34	M20	16.5	28	2.5	4	16	16								
20	36	48	36	0 −0.34	M24	19	35	3	5	18	20								
24	46	52	46	0 −0.34	M30	25	42	4	6	20	24								

6.1.7　辅助支承

1. 自动调节支承（见表6-41～表6-45）

表6-41　**自动调节支承的规格尺寸**（JB/T 8026.7—1999）　mm

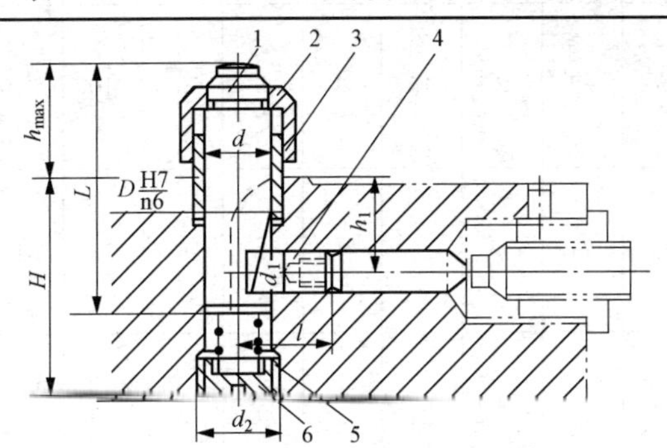

标记示例　d=12mm、H=45mm的自动调节支承：

支承　12×45　JB/T 8026.7—1999

主要尺寸									件号	1	2	3	4	5	6
									名称	支承	挡盖	衬套	顶销	弹簧	螺塞
									材料	45	A3	45	45	碳素弹簧钢丝Ⅱ	A3
									数量	1	1	1	1	1	1
d	H_{min}	h_{max}	L	D	d_1	d_2	h_1	l	标准	JB/T 8026.7—1999	JB/T 8026.7—1999	JB/T 8026.7—1999	JB/T 8026.7—1999	JB/T 2089—1994	JB/T 8037—1999
12	45	32	58	16	10	M18×1.5	16	18.2	规格	12×58	18×18	12	10	1.2×9×18	BM18×1.5
	49		62				20			12×62					
	55		68				26			12×68					
16	56	36	65	22	12	M22×1.5	18	22.3		16×65	24×20	16	12	1.6×12×25	BM22×1.5
	66		75				28			16×75					
	76		85				38			16×85					
20	72	45	85	26	16	M27×1.5	25	30.6		20×85	28×24	20	16	2×14×38	BM27×1.5
	82		95				35			20×95					
	92		115				45			20×115	28×35				

表6-42　**自动调节支承支承的规格尺寸**（JB/T 8026.7—1999）　mm

件1　支承

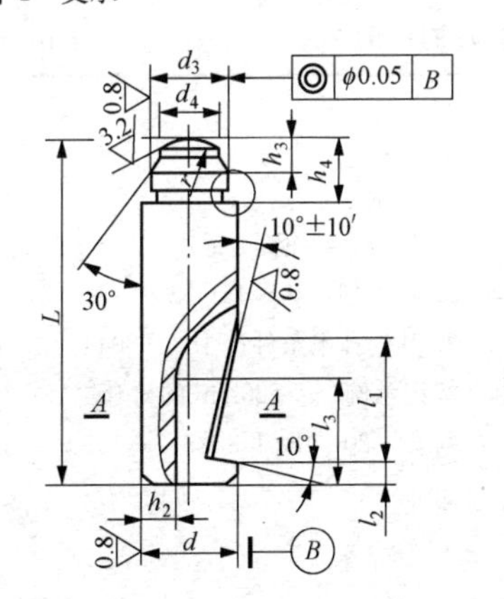

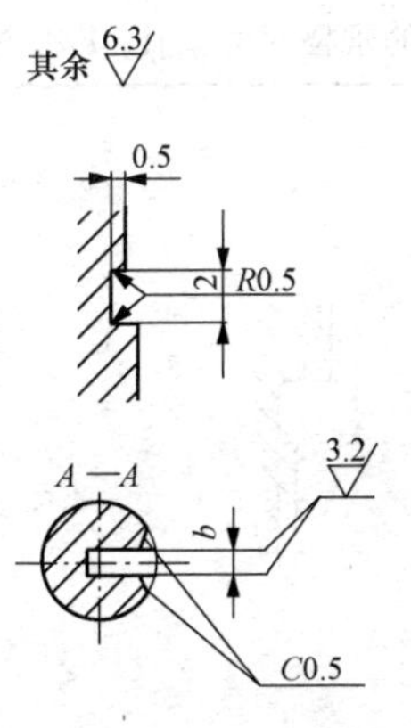

1. 材料：45钢。
2. 热处理：40～45HRC。
3. 其他技术条件按JB/T 8044。

标记示例　d=16mm，L=65mm的支承：

支承　16×65　JB/T 8026.7—1999

续表

d 基本尺寸	d 极限偏差 f9	L	d_3 基本尺寸	d_3 极限偏差 n6	d_4	l_1	l_2	l_3	b	h_2	h_3	h_4	r
12	−0.016 −0.059	58 62 68	11	+0.023 +0.012	9	22	3	15	3	5	5	10	10
16		65 75	15		12	24	4	20	4	7	6	12	12
		85											
20	−0.020 −0.072	95 115	18		15	28	5	24	5	9	8	16	16

表 6-43　自动调节支承挡盖的规格尺寸（JB/T 8026.7—1999）　mm

件 2　挡盖

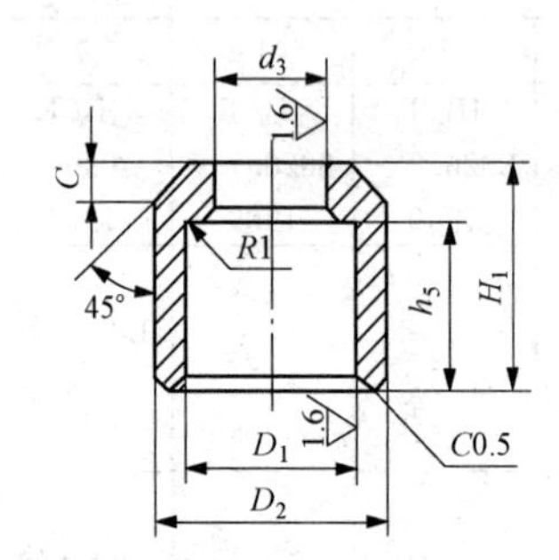

其余 $\sqrt{3.2}$

1. 材料：A3。
2. 其他技术条件按 JB/T 8044。

标记示例　D_1＝28mm，H_1＝28mm 的挡盖：

挡盖　28×28　JB/T 8026.7—1999

D_1 基本尺寸	D_1 极限偏差 H11	H_1	D_2	d_3 基本尺寸	d_3 极限偏差 H7	h_5	C
18	+0.110 0	18	22	11	+0.180 0	13	3
24	+0.130 0	20	30	15		14	4
28		24	35	18		16	5
		35				27	

表 6-44　自动调节支承衬套的规格尺寸（JB/T 8026.7—1999）　mm

件 3　衬套

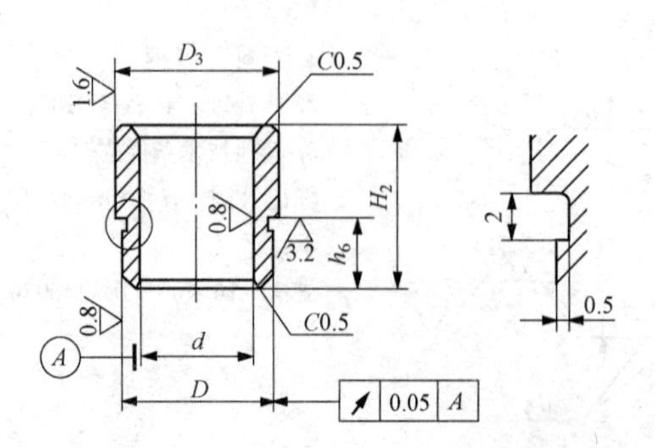

其余 $\sqrt{6.3}$

1. 材料：45 钢。
2. 热处理：40～45HRC。
3. 其他技术条件按 JB/T 8044。

标记示例　d＝20mm 的衬套：

衬套　20　JB/T 8026.7—1999

续表

d		D		D_3		H_2	h_6
基本尺寸	极限偏差 H9	基本尺寸	极限偏差 n6	基本尺寸	极限偏差 b11		
12	+0.043 0	16	+0.023 +0.012	18	−0.150 −0.260	20	8
16		22	+0.028 +0.015	24	−0.160 −0.290	22	10
20	+0.052 0	26		28		28	12

表 6-45　　自动调节支承顶销的规格尺寸（JB/T 8026.7—1999）　　mm

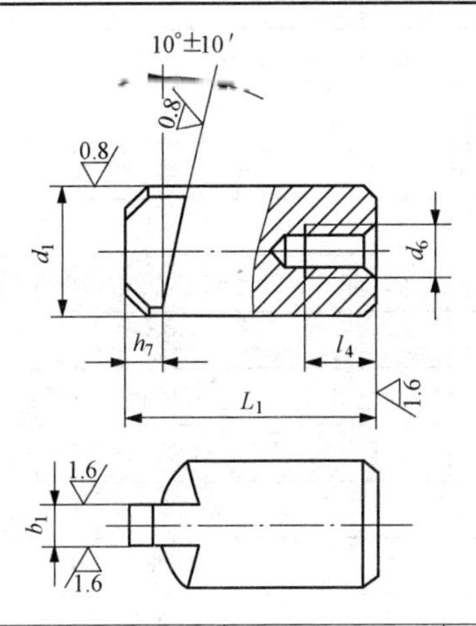

1. 材料：45 钢。
2. 热处理：40～45HRC。
3. 两斜面 10°±10′须在同一平面上。
4. 其他技术条件按 JB/T 8044。

标记示例　d_1=16mm 的顶销：

顶销 16　JB/T 8026.7—1999

d_1		L_1	b_1	h_7	d_6	l_4
基本尺寸	极限偏差 f9					
10	−0.013 −0.049	18	2.8	2	M5	6
12	−0.016 −0.059	22	3.8	3.5	M6	8
16		30	4.8	4.5		

2. 推引式辅助支承（见表 6-46～表 6-53）

表 6-46　　推引式辅助支承的规格尺寸　　mm

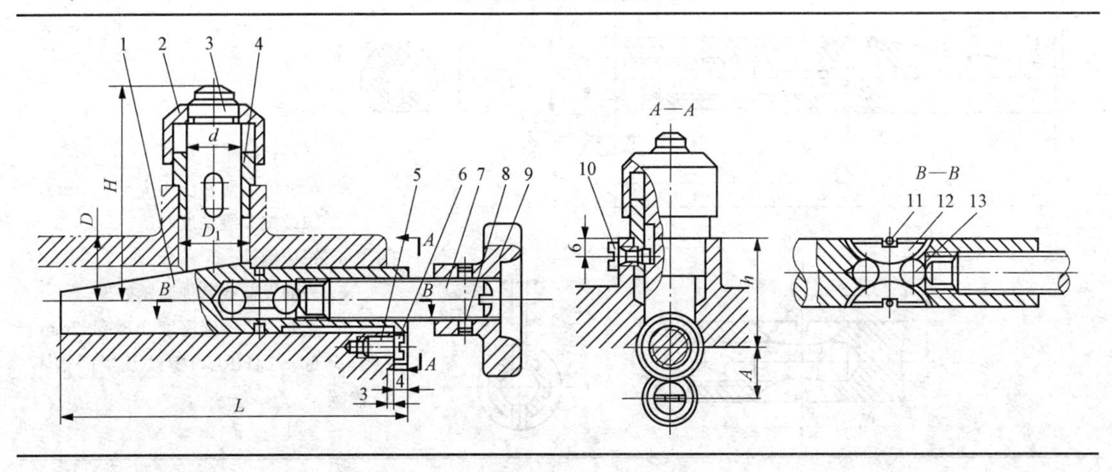

续表

件号	名称	数量	标准				尺寸			
主要尺寸	d (H8/f9)			16			20			
	D (H8/f9)			20			30			
	H		min	54	59	64	65	70	75	90
			max	58	63	68	72	77	82	87
	D_1 (H7/h6)			22			26			
	L			110			140			
	h			25	30	35	30	35	40	45
	A			15			22			
	每件质量≈(kg)			0.696	0.700	0.704	1.397	1.402	1.412	1.432
件号	名称	数量	标准	尺寸						
1	调节楔	1		20			30			
2	挡盖	1		24×20			28×24			
3	支承	1		16×50	16×55	16×60	20×60	20×65	20×70	20×75
4	衬套	1		16			20			
5	挡圈	1		7			9			
6	螺钉	1	GB/T 65—2000	M6×12			M8×14			
7	螺钉	1		AM12×60			AM16×80			
8	销	1	GB/T 117—2000	3×26			4×30			
9	把手	1		65			80			
10	螺钉	1		M6×10			M6×12			
11	钢丝挡圈	1	GB/T 921—1986	15			25			
12	半圆键	2		5			6			
13	钢球	2	GB/T 308—2002	9			13			

表 6-47　推引式辅助支承调节楔的规格尺寸　mm

件1　调节楔

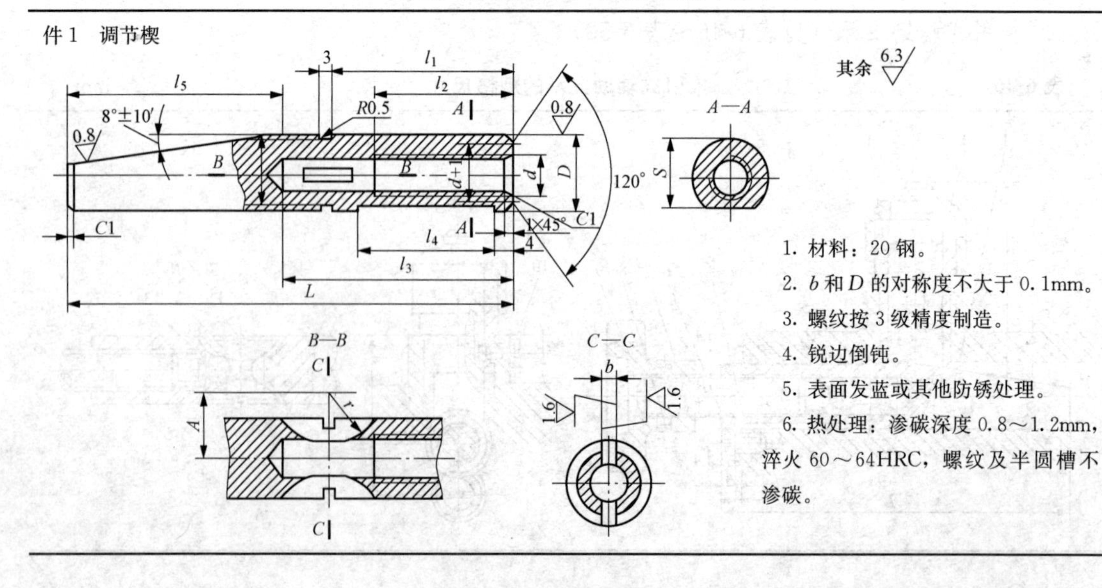

1. 材料：20 钢。
2. b 和 D 的对称度不大于 0.1mm。
3. 螺纹按 3 级精度制造。
4. 锐边倒钝。
5. 表面发蓝或其他防锈处理。
6. 热处理：渗碳深度 0.8～1.2mm，淬火 60～64HRC，螺纹及半圆槽不渗碳。

续表

D 基本尺寸	D 极限偏差 f9	d	d_1 基本尺寸	d_1 极限偏差 h12	L	l_1±0.2	l_2	l_3+0.2	l_4	l_5	b 基本尺寸	b 极限偏差 H8	A±0.2	r	S 基本尺寸	S 极限偏差 h11	每件质量≈(kg)
20	−0.020 −0.072	M12	15	0 −0.210	110	45	35	57.5	35	58	5	+0.018 0	18	15	18.5	0 −0.130	0.170
30		M16	25	0 −0.250	140	60	45	75	50	75	6		22	19	28		0.495

表 6-48　推引式辅助支承挡盖的规格尺寸　mm

件 2　挡盖

其余 6.3

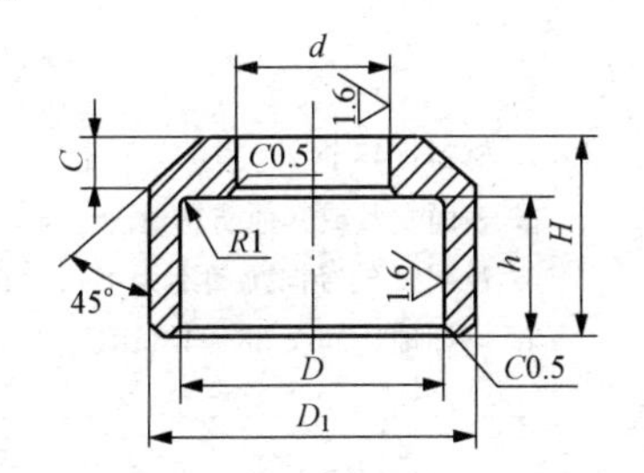

1. 材料：A3。
2. 锐边倒钝。
3. 表面发蓝或其他防锈处理。

D 基本尺寸	D 极限偏差 H12	H	D1	d 基本尺寸	d 极限偏差 H7	h	C	每件质量≈(kg)
18	+0.018 0	18	22	11	+0.180 0	13	3	0.020
24	+0.210 0	20	30	15		14	4	0.050
28		24	35	18		16	5	0.060
		35				27		0.110

表 6-49　推引式辅助支承支承的规格尺寸　mm

件 3　支承

其余 6.3

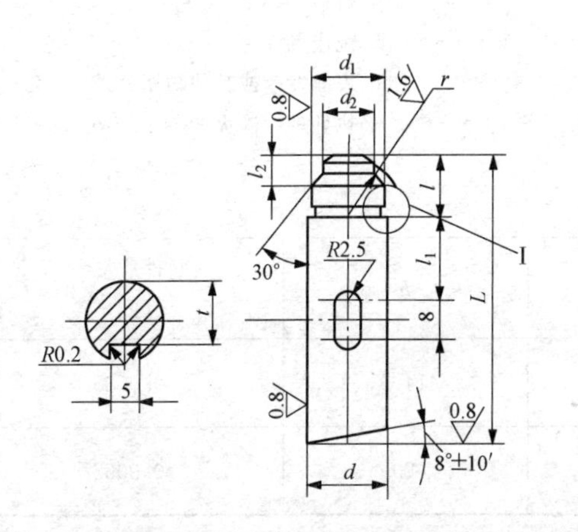

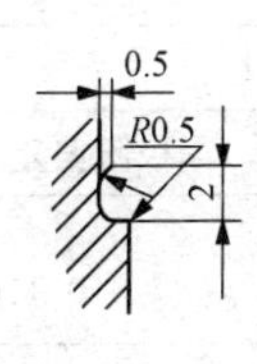

1. 材料：45 钢。
2. d_1 对 d 的径向圆跳动不大于 0.05mm。
3. 锐边倒钝。
4. 热处理：淬火 38～42HRC。

续表

d		d_1		d_2	L	l	l_1	l_2	r	t	每件质量≈(kg)
基本尺寸	极限偏差 f9	基本尺寸	极限偏差 n6								
16	−0.016 −0.059	15	+0.032 +0.012	12	50	12	18	6	12	13	0.070
					55						0.075
					60						0.085
20	−0.020 −0.072	18	+0.028 +0.015	15	60	16	23	8	16	17	0.135
					65						0.145
					70						0.155
					75						0.170

表 6-50　推引式辅助支承衬套的规格尺寸　mm

件 4　衬套

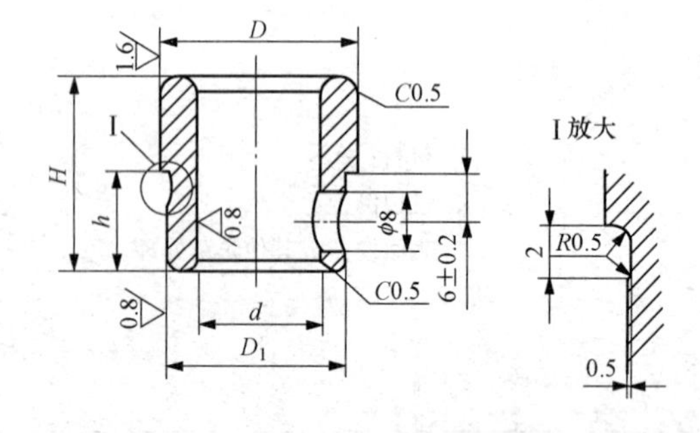

其余 6.3

1. 材料：45 钢。
2. 表面发蓝或其他防锈处理。
3. D 对 d 的径向跳动不大于 0.05mm。
4. 热处理：淬火 38～42HRC。

d		D		D_1		H	h	每件质量≈(kg)
基本尺寸	极限偏差 H8	基本尺寸	极限偏差 b12	基本尺寸	极限偏差 n6			
16	+0.027 0	24	−0.150 −0.330	22	+0.028 +0.015	24	12	0.035
20	+0.032 0	28		26		27		0.50

表 6-51　推引式辅助支承挡圈的规格尺寸　mm

件 5　挡圈

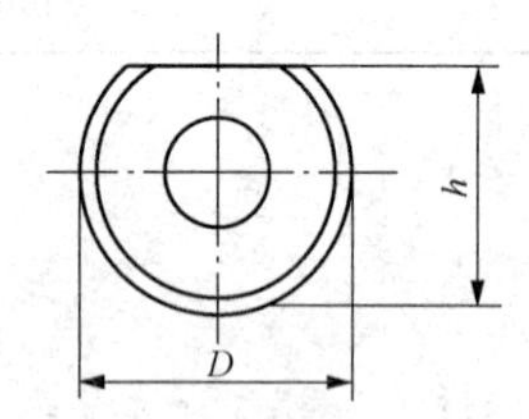

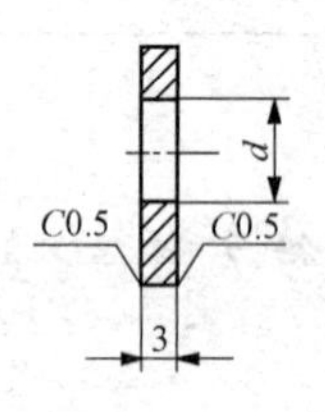

其余 6.3

1. 材料：45 钢。
2. 锐边倒钝。
3. 表面发蓝或其他防锈处理。
4. 热处理：淬火 38～42HRC。

d	D		h	每件质量≈(kg)
	基本尺寸	极限偏差 h11		
7	16	0 −0.110	14.5	0.0035
9	22	0 −0.130	20	0.0065

表 6-52　推引式辅助支承星形把手的规格尺寸 mm

件 9　星形把手

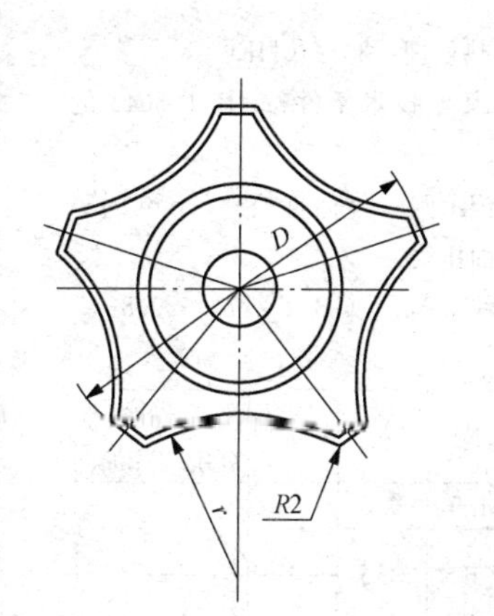

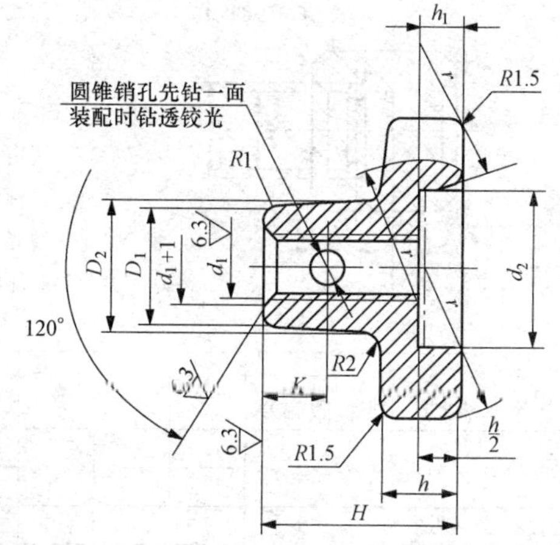

其余 ⌀∨

1. 材料：HT150。
2. 锐边倒钝。
3. 非加工表面涂漆。

D	D_1	D_2	d_1	d_2	H	h	h_1	K	r	每件质量≈（kg）	圆锥销 GB/T 117—2000 $d\times l$
65	25	27	M12	32	36	16	8	12	32.5	0.266	3×26
80	30	32	M16	40	50	20	14	16	40	0.626	4×30

表 6-53　推引式辅助支承半圆键的规格尺寸 mm

件 12　半圆键

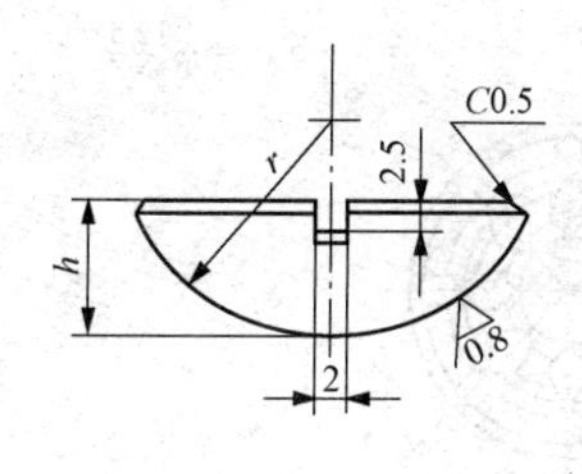

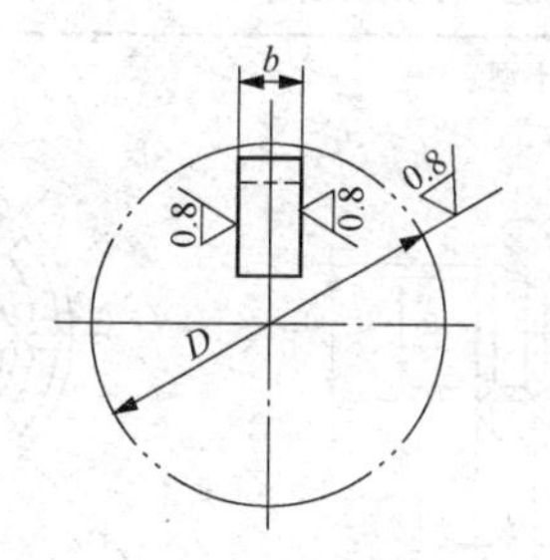

其余 6.3∨

1. 材料：45 钢。
2. 锐边倒钝。
3. 表面发蓝或其他防锈处理。
4. 热处理：淬火 38～42HRC。

b		h		r		D		每件质量≈（kg）
基本尺寸	极限偏差 f9	基本尺寸	极限偏差 h12	基本尺寸	极限偏差 h12	基本尺寸	极限偏差 h12	
5	−0.010 −0.040	7	0 −0.150	14	0 −0.180	20	0 −0.210	0.0045
6		11	0 −0.180	18		30		0.0120

6.2 夹　紧　件

6.2.1 压块、压板（见表 6-54～表 6-82）

1. 光面压块（GB/T 2171—2008）

表 6-54　　光面压块的规格尺寸　　mm

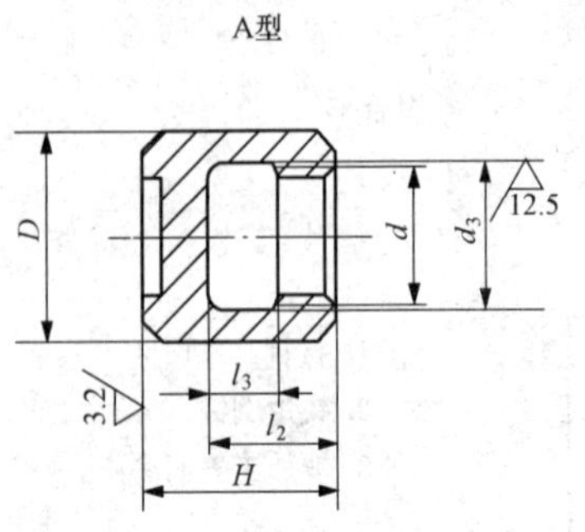

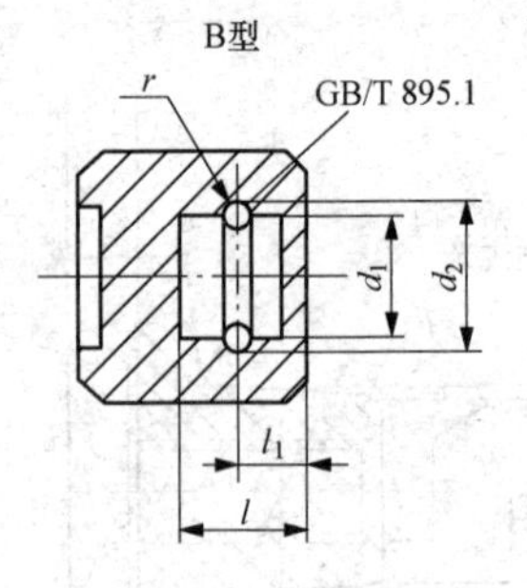

1. 材料：45 钢按 GB/T 699 的规定。

2. 热处理：35～40HRC。

3. 其他技术条件按 JB/T 8044 的规定。

标记示例　公称直径＝12mm 的 A 型光面压块：

压块　A12　GB/T 2171—2008

公称直径（螺纹直径）	D	H	d	d_1	d_2 基本尺寸	d_2 极限偏差	d_3	l	l_1	l_2	l_3	r	挡圈（GB/T 895.1）
4	8	7	M4	—	—	—	4.5	—	—	4.5	2.5	—	—
5	10	9	M5				6			6	3.5		
6	12		M6	4.8	5.3	+0.100 0	7	6	2.4			0.4	5
8	16	12	M8	6.3	6.9		10	7.5	3.1	8	5		6
10	18	15	M10	7.4	7.9		12	8.5	3.5	9	6		7
12	20	18	M12	9.5	10		14	10.5	4.2	11.5	7.5		9
16	25	20	M16	12.5	13.1	+0.120 0	18	13	4.4	13	9	0.6	12
20	30	25	M20	16.5	17.5		22	16	5.4	15	10.5	1	16
24	36	28	M24	18.5	19.5	+0.280 0	26	18	6.4	17.5	12.5		18

2. 槽面压块（JB/T 8009.2—1999）

表 6-55　　槽面压块的规格尺寸　　mm

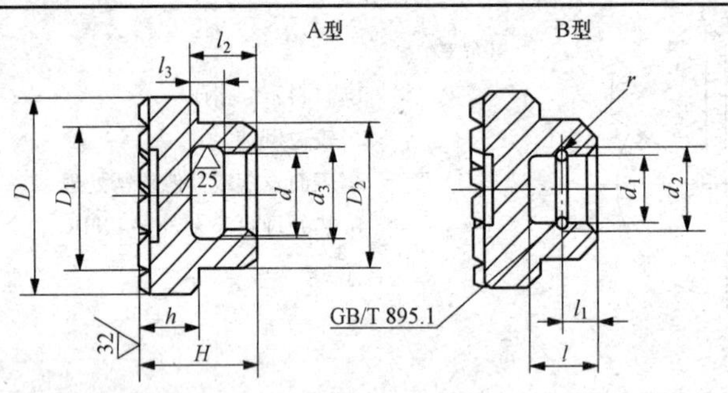

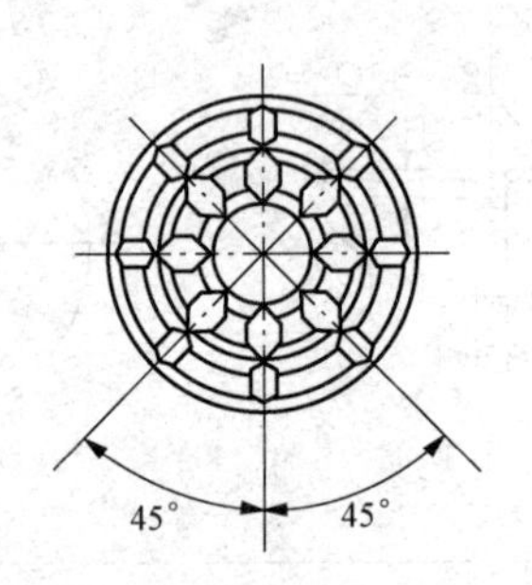

1. 材料：45 钢按 GB/T 699 的规定。

2. 热处理：35～40HRC。

3. 其他技术条件按 JB/T 8044 的规定。

标记示例　公称直径＝12mm 的 A 型槽面压块：压块　A12　JB/T 8009.2—1999

公称直径（螺纹直径）	D	D_1	D_2	H	h	d	d_1	d_2 基本尺寸	d_2 极限偏差	d_3	l	l_1	l_2	l_3	r	挡圈（GB/T 895.1）
8	20	14	16	12	6	M8	6.3	6.9	+0.100 0	10	7.5	3.1	8	5	0.4	6
10	25	18	18	15	8	M10	7.4	7.9		12	8.5	3.5	9	6		7
12	30	21	20	18	10	M12	9.5	10		14	10.5	4.2	11.5	7.5		9
16	35	25	25	20	12	M16	12.5	13.1	+0.120 0	18	13	4.4	13	9	0.6	12
20	45	30	30	35		M20	16.5	17.5		22	16	5.4	15	10.5	1	16
24	55	38	36	28	14	M24	18.5	19.5	+0.280 0	26	18	6.4	17.5	12.5		18

3. 圆压块（JB/T 8009.3—1999）

表 6-56　　**圆压块的规格尺寸**　　mm

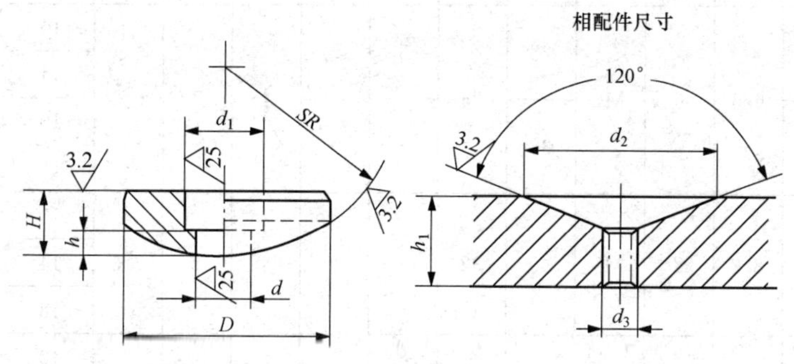

其余 12.5

1. 材料：45 钢按 GB/T 699 的规定。

2. 热处理：35～40HRC。

3. 其他技术条件按 JB/T 8044 的规定。

标记示例　D=32mm 的圆压块：

压块　32　JB/T 8009.3—1999

D	H	SR	d	d_1	h	相配件		
						d_2	d_3	h_{min}
20	7	16	6	10	3	18	M4	10
25	8	20	7	12		23	M5	12
32	10	25	9	15	4	30	M6	15
40	12	32			5	35		18
50	15	36	11	18	7	45	M8	22
60	18	40			11	55		25

4. 弧形压块（JB/T 8009.4—1999）

表 6-57　　**弧形压块的规格尺寸**　　mm

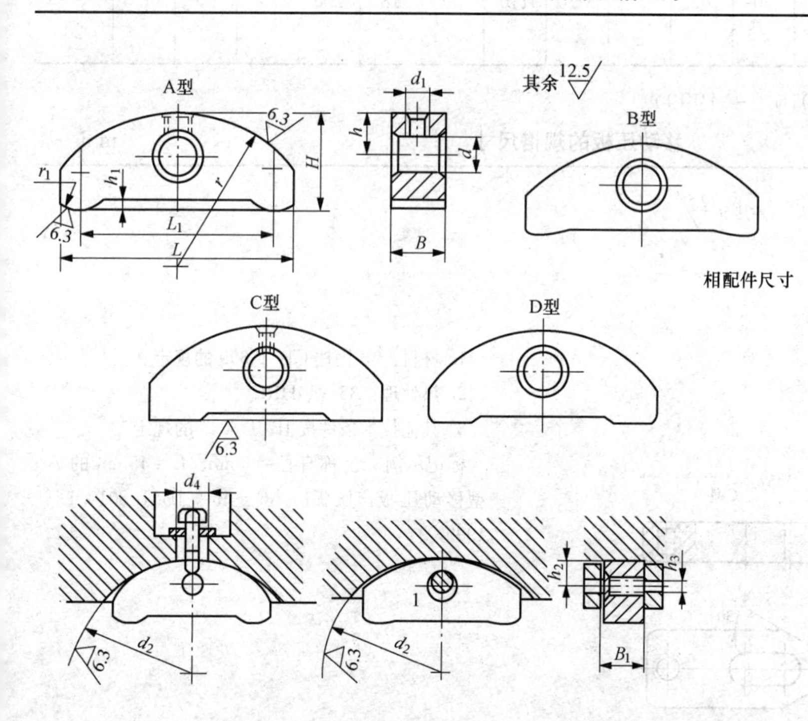

1. 材料：45 钢按 GB/T 699 的规定。

2. 热处理：35～40HRC。

3. 其他技术条件按 JB/T 8044 的规定。

标记示例　L = 60mm、B = 14mm 的 A 型弧形压块：压块 A60×14　JB/T 8009.4—1999

续表

L	B 基本尺寸	B 极限偏差 a11	H	h	d	d_1	L_1	r	r_1	相配件 d_2	相配件 d_3	相配件 d_4	相配件 h_2	相配件 B_1
30	10	−0.290 −0.400	14	6.5	6	M4	25	25	5	63	4	7	6.2	10
	14													14
40	10		16				32		6					10
	14													14
50	10		20	8.2	8	M5	40	32	8	80	4	8	7.5	10
	14													14
	18													18
60	10		25	10.5	10	M6	50	40	10	100	5	10	9.5	10
	14													14
	18													18
80	14	−0.290 −0.400	32	11.5	12	M8	60	50	12	125	6	13	10.5	14
	16													16
	20	−0.300 −0.430												20
100	14	−0.290 −0.400	40	14	16		80	60	16	160	8		12.5	14
	16													16
	20	−0.300 −0.430												20
125	16	−0.290 −0.400	50	16.5		M10	110	80	18	200		16	14.5	16
	20	−0.300 −0.430												20

5. 移动压板（JB/T 8010.1—1999）

表 6-58 **移动压板的规格尺寸** mm

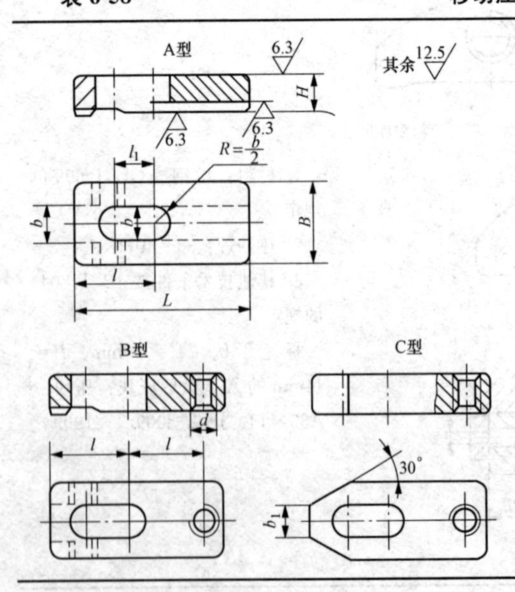

1. 材料：45 钢按 GB/T 699 的规定。
2. 热处理：35～40HRC。
3. 其他技术条件按 JB/T 8044 的规定。

标记示例　公称直径＝6mm、L＝45mm 的 A 型移动压板：压板　A6×45　JB/T 8010.1—1999

续表

<table>
<tr><th rowspan="2">公称直径
（螺纹直径）</th><th colspan="3">L</th><th rowspan="2">B</th><th rowspan="2">H</th><th rowspan="2">l</th><th rowspan="2">l_1</th><th rowspan="2">b</th><th rowspan="2">b_1</th><th rowspan="2">d</th></tr>
<tr><th>A型</th><th>B型</th><th>C型</th></tr>
<tr><td rowspan="3">6</td><td>40</td><td>—</td><td>40</td><td>18</td><td>6</td><td>17</td><td>9</td><td rowspan="3">6.6</td><td rowspan="3">7</td><td rowspan="3">M6</td></tr>
<tr><td colspan="2">45</td><td>—</td><td>20</td><td>8</td><td>19</td><td>11</td></tr>
<tr><td colspan="3">50</td><td>22</td><td>12</td><td>22</td><td>14</td></tr>
<tr><td rowspan="3">8</td><td>45</td><td>—</td><td>—</td><td>20</td><td>8</td><td>18</td><td>8</td><td rowspan="3">9</td><td rowspan="3">9</td><td rowspan="3">M8</td></tr>
<tr><td colspan="3">50</td><td>22</td><td>10</td><td>22</td><td>12</td></tr>
<tr><td>60</td><td colspan="2">60</td><td>25</td><td>14</td><td>27</td><td>17</td></tr>
<tr><td rowspan="3">10</td><td>60</td><td>—</td><td>—</td><td>25</td><td>10</td><td>27</td><td>14</td><td rowspan="3">11</td><td rowspan="3">10</td><td rowspan="3">M10</td></tr>
<tr><td colspan="3">70</td><td>28</td><td>12</td><td>30</td><td>17</td></tr>
<tr><td colspan="3">80</td><td>30</td><td>16</td><td>36</td><td>23</td></tr>
<tr><td rowspan="4">12</td><td>70</td><td>—</td><td>—</td><td rowspan="2">32</td><td>14</td><td>30</td><td>15</td><td rowspan="4">14</td><td rowspan="4">12</td><td rowspan="4">M12</td></tr>
<tr><td colspan="3">80</td><td>16</td><td>35</td><td>20</td></tr>
<tr><td colspan="3">100</td><td rowspan="3">36</td><td>18</td><td>45</td><td>30</td></tr>
<tr><td colspan="3">120</td><td>22</td><td>55</td><td>43</td></tr>
<tr><td rowspan="4">16</td><td>80</td><td>—</td><td>—</td><td>18</td><td>35</td><td>15</td><td rowspan="4">18</td><td rowspan="4">16</td><td rowspan="4">M16</td></tr>
<tr><td colspan="3">100</td><td>40</td><td>22</td><td>44</td><td>24</td></tr>
<tr><td colspan="3">120</td><td rowspan="3">45</td><td>25</td><td>54</td><td>36</td></tr>
<tr><td colspan="3">160</td><td>30</td><td>74</td><td>54</td></tr>
<tr><td rowspan="4">20</td><td>100</td><td>—</td><td>—</td><td>22</td><td>42</td><td>18</td><td rowspan="4">22</td><td rowspan="4">20</td><td rowspan="4">M20</td></tr>
<tr><td colspan="3">120</td><td rowspan="2">50</td><td>25</td><td>52</td><td>30</td></tr>
<tr><td colspan="3">160</td><td>30</td><td>72</td><td>48</td></tr>
<tr><td colspan="3">200</td><td>55</td><td>35</td><td>92</td><td>68</td></tr>
<tr><td rowspan="4">24</td><td>120</td><td>—</td><td>—</td><td>50</td><td>28</td><td>52</td><td>22</td><td rowspan="4">26</td><td rowspan="4">24</td><td rowspan="4">M24</td></tr>
<tr><td colspan="3">160</td><td>55</td><td>30</td><td>70</td><td>40</td></tr>
<tr><td colspan="3">200</td><td rowspan="2">60</td><td>35</td><td>90</td><td>60</td></tr>
<tr><td colspan="3">250</td><td>40</td><td>115</td><td>85</td></tr>
<tr><td rowspan="3">30</td><td>160</td><td>—</td><td rowspan="6">—</td><td rowspan="3">65</td><td rowspan="2">35</td><td>70</td><td>35</td><td rowspan="3">33</td><td rowspan="6">—</td><td rowspan="3">M30</td></tr>
<tr><td colspan="2">200</td><td>90</td><td>55</td></tr>
<tr><td colspan="2">250</td><td rowspan="2">40</td><td>115</td><td>80</td></tr>
<tr><td rowspan="3">36</td><td>200</td><td rowspan="3">—</td><td rowspan="2">75</td><td>85</td><td>45</td><td rowspan="3">39</td><td rowspan="3">—</td></tr>
<tr><td>250</td><td>45</td><td>110</td><td>70</td></tr>
<tr><td>320</td><td>80</td><td>50</td><td>145</td><td>105</td></tr>
</table>

6. 转动压板（JB/T 8010.2—1999）

表 6-59　　转动压板的规格尺寸　　mm

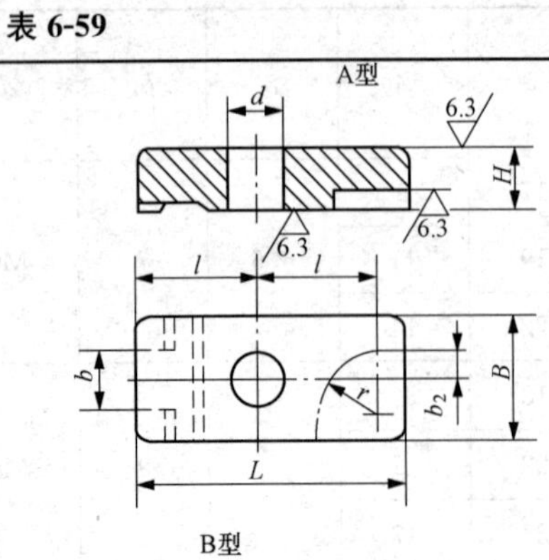

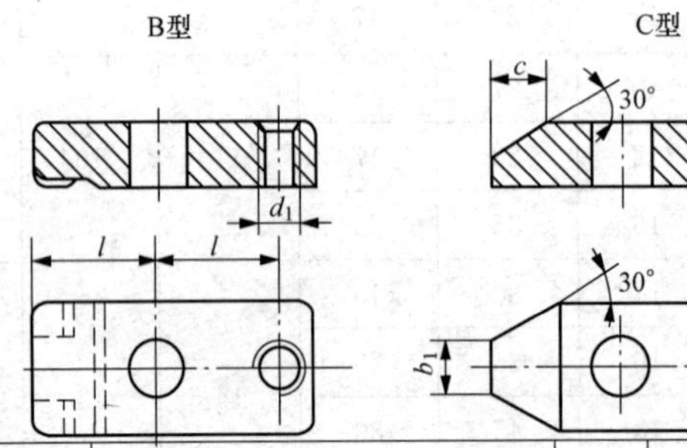

1. 材料：45 钢按 GB/T 699 的规定。

2. 热处理：35～40HRC。

3. 其他技术条件按 JB/T 8044 的规定。

标记示例　公称直径＝6mm、$L=$45mm 的 A 型转动压板：

压板　A6×45　JB/T 8010.2—1999

<table>
<tr><th rowspan="2">公称直径
（螺纹直径）</th><th colspan="3">L</th><th rowspan="2">B</th><th rowspan="2">H</th><th rowspan="2">l</th><th rowspan="2">d</th><th rowspan="2">d_1</th><th rowspan="2">b</th><th rowspan="2">b_1</th><th rowspan="2">b_2</th><th rowspan="2">r</th><th rowspan="2">c</th></tr>
<tr><th>A 型</th><th>B 型</th><th>C 型</th></tr>
<tr><td rowspan="3">6</td><td>40</td><td>—</td><td>40</td><td>18</td><td>6</td><td>17</td><td rowspan="3">6.6</td><td rowspan="3">M6</td><td rowspan="3">8</td><td rowspan="3">6</td><td rowspan="3">3</td><td rowspan="3">8</td><td>2</td></tr>
<tr><td colspan="2">45</td><td>—</td><td>20</td><td>8</td><td>19</td><td>—</td></tr>
<tr><td colspan="3">50</td><td>22</td><td>12</td><td>22</td><td>10</td></tr>
<tr><td rowspan="3">8</td><td>45</td><td>—</td><td>—</td><td>20</td><td>8</td><td>18</td><td rowspan="3">9</td><td rowspan="3">M8</td><td rowspan="3">9</td><td rowspan="3">8</td><td rowspan="3">4</td><td rowspan="3">10</td><td>—</td></tr>
<tr><td colspan="3">50</td><td>22</td><td>10</td><td>22</td><td>7</td></tr>
<tr><td>60</td><td colspan="2">60</td><td>25</td><td>14</td><td>27</td><td>14</td></tr>
<tr><td rowspan="3">10</td><td>60</td><td>—</td><td>—</td><td>25</td><td>10</td><td>27</td><td rowspan="3">11</td><td rowspan="3">M10</td><td rowspan="3">11</td><td rowspan="3">10</td><td rowspan="3">5</td><td rowspan="3">12.5</td><td>—</td></tr>
<tr><td colspan="3">70</td><td>28</td><td>12</td><td>30</td><td>10</td></tr>
<tr><td colspan="3">80</td><td>30</td><td>16</td><td>36</td><td>14</td></tr>
<tr><td rowspan="4">12</td><td>70</td><td>—</td><td>—</td><td rowspan="2">32</td><td>14</td><td>30</td><td rowspan="4">14</td><td rowspan="4">M12</td><td rowspan="4">14</td><td rowspan="4">12</td><td rowspan="4">6</td><td rowspan="4">16</td><td>—</td></tr>
<tr><td colspan="3">80</td><td>16</td><td>35</td><td>14</td></tr>
<tr><td colspan="3">100</td><td rowspan="3">36</td><td>20</td><td>45</td><td>17</td></tr>
<tr><td colspan="3">120</td><td>22</td><td>55</td><td>21</td></tr>
<tr><td rowspan="4">16</td><td>80</td><td>—</td><td>—</td><td>18</td><td>35</td><td rowspan="4">18</td><td rowspan="4">M16</td><td rowspan="4">18</td><td rowspan="4">16</td><td rowspan="4">8</td><td rowspan="4">17.5</td><td>—</td></tr>
<tr><td colspan="3">100</td><td>40</td><td>22</td><td>44</td><td>14</td></tr>
<tr><td colspan="3">120</td><td rowspan="2">45</td><td>25</td><td>54</td><td>17</td></tr>
<tr><td colspan="3">160</td><td>30</td><td>74</td><td>21</td></tr>
<tr><td rowspan="4">20</td><td>100</td><td>—</td><td>—</td><td>45</td><td>22</td><td>42</td><td rowspan="4">22</td><td rowspan="4">M20</td><td rowspan="4">22</td><td rowspan="4">20</td><td rowspan="4">10</td><td rowspan="4">20</td><td>—</td></tr>
<tr><td colspan="3">120</td><td rowspan="2">50</td><td>25</td><td>52</td><td>12</td></tr>
<tr><td colspan="3">160</td><td>30</td><td>72</td><td>17</td></tr>
<tr><td colspan="3">220</td><td>55</td><td>35</td><td>92</td><td>26</td></tr>
</table>

续表

公称直径（螺纹直径）	L A型	L B型	L C型	B	H	l	d	d_1	b	b_1	b_2	r	c
24	120	—	—	50	28	52	26	M24	26	24	12	22.5	—
	160			55	30	70							17
	200			60	35	90							
	250				40	115							26
30	160	—	—	65	35	70	33	M30	33	—	15	30	—
	200					90							
	250				40	115							
36	200	—		75		85	39	—	39		18		
	250				45	110							
	320			80	50	145							

7. 移动弯压板（JB/T 8010.3—1999）

表 6-60 **移动弯压板的规格尺寸** mm

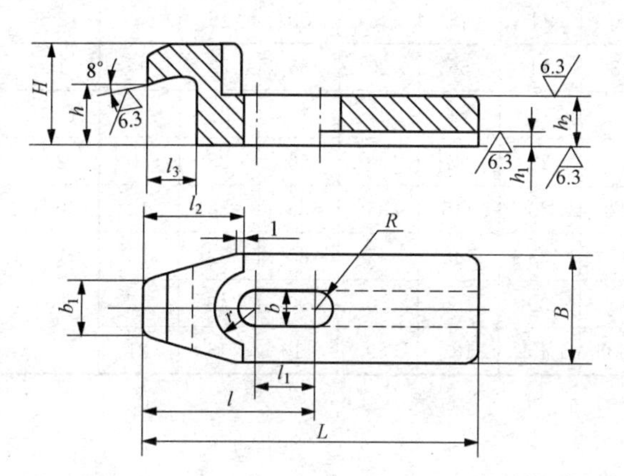

其余 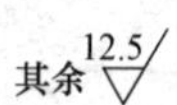

1. 材料：45 钢按 GB/T 699 的规定。
2. 热处理：35～40HRC。
3. 其他技术条件按 JB/T 8044 的规定。

标记示例 公称直径＝8mm、L＝80mm 的移动弯压板：

压板 8×80 JB/T 8010.3—1999

公称直径（螺纹直径）	L	B	H	h	h_1	h_2	l	l_1	l_2	l_3	b	b_1	r
6	60	20	20	12	3	10	32	12	18	8	6.6	10	8
8	80	25	25	15		12	40		22	12	9	12	10
10	100	32	32	20		16	52	16	30	16	11	15	13
12	120	40	40	25	5	18	65	20	38	20	14	20	15
16	160	45	50	30		23	80	25	45	25	18	22	18
20	200	55	60	36	6	30	100	30	56	30	22	25	22
24	250	65	70	44	8	32	125	35	75	35	26	28	26
30	320	75	100	60		40	160	45	90	45	33	32	30
36	360	90	115	65	10	45	180	50	100	50	39	40	36
42	400	105	130	75		50	200	60	115	60	45	45	42

8. 转动弯压板（JB/T 8010.4—1999）

表 6-61 转动弯压板的规格尺寸 mm

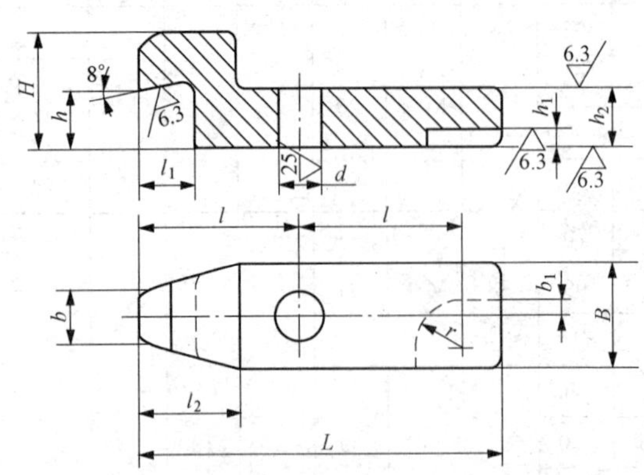

其余 12.5

1. 材料：45 钢按 GB/T 699 的规定。
2. 热处理：35～40HRC。
3. 其他技术条件按 JB/T 8044 的规定。

标记示例 公称直径＝8mm、L＝80mm 的转动弯压板：

压板 8×80 JB/T 8010.4—1999

公称直径（螺纹直径）	L	B	H	h	h_1	h_2	d	l	l_1	l_2	b	b_1	r
6	60	20	20	12	3	10	6.6	27	8	18	10	3	8
8	80	25	25	15		12	9	36	12	22	12	4	10
10	100	32	32	18		16	11	45	16	30	15	5	12.5
12	120	40	40	23	5	18	14	55	20	38	20	6	16
16	160	45	50	30		23	18	74	25	45	22	8	17.5
20	200	55	60	34	6	30	22	92	30	56	25	10	20
24	250	65	70	42	8	32	26	115	35	65	28	12	22.5
30	320	75	100	60		40	33	145	45	80	32	15	30
36	360	90	115	65	10	45	39	165	50	90	40	18	
42	400	105	130	75		50	45	185	60	110	45	21	

9. 移动宽头压板（JB/T 8010.5—1999）

表 6-62 移动宽头压板的规格尺寸 mm

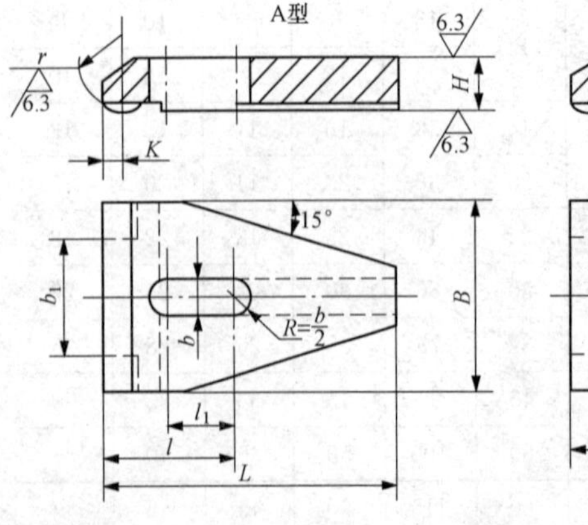

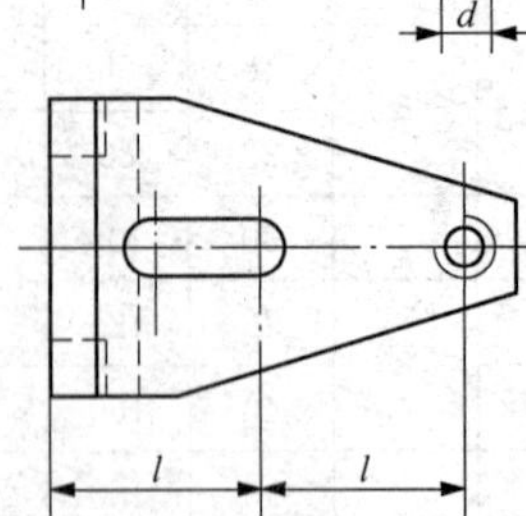

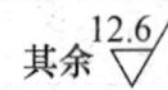

1. 材料：45 钢按 GB/T 699 的规定。
2. 热处理：35～40HRC。
3. 其他技术条件按 JB/T 8044 的规定。

标记示例 公称直径＝10mm、L＝100mm 的 A 型移动宽头压板：

压板 A10×100 JB/T 8010.5—1999

续表

公称尺寸（螺纹直径）	L	B	H	d	l	l_1	b	b_1	r	K
8	80	50	12	M8	36	18	9	30	15	6
10	100	60	16	M10	45	22	11	40		
12	120	80	20	M12	54	28	14	50		
16	160	100	25	M16	74	36	18	60	25	10
20	200	120	32	M20	92	45	22	70		
24	250	160		M24	115	56	26	90		

10. 转动宽头压板（JB/T 8010.6—1999）

表 6-63　转动宽头压板的规格尺寸　mm

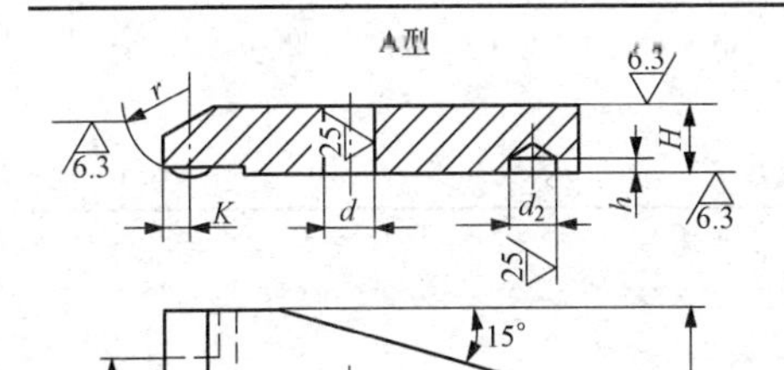

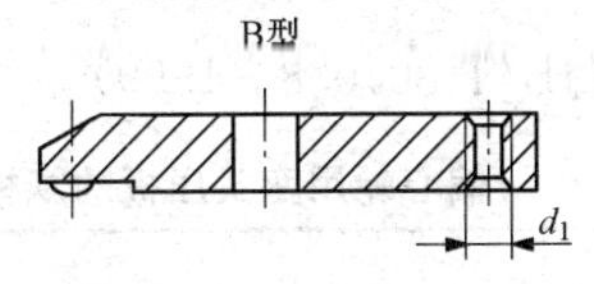

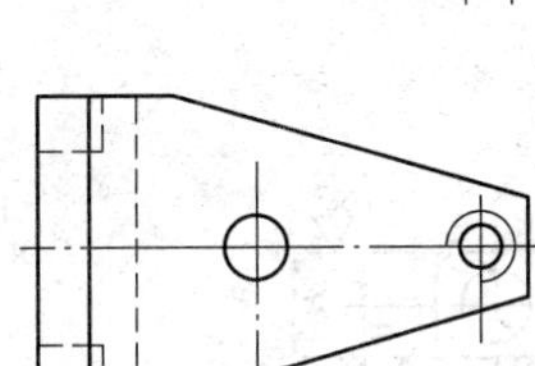

其余 12.5

1. 材料：45 钢按 GB/T 699 的规定。

2. 热处理：35～40HRC。

3. 其他技术条件按 JB/T 8044 的规定：

标记示例　公称直径＝10mm、L＝100mm 的 A 型转动宽头压板：

压板　A10×100　JB/T 1010.6—1999

公称直径（螺纹直径）	L	B	H	d	d_1	d_2	l	h	b	r	K
8	80	50	12	9	M8	9	36	3	30	15	6
10	100	60	16	11	M10	11	45		40		
12	120	80	20	14	M12	13	54	4	50		
16	160	100	25	18	M16	17	74	5	60	25	10
20	200	120	32	22	M20	21	90	6	70		
24	250	160		26	M24	25	110		90		

11. 偏心轮用压板（JB/T 8010.7—1999）

表 6-64　偏心轮用压板的规格尺寸　mm

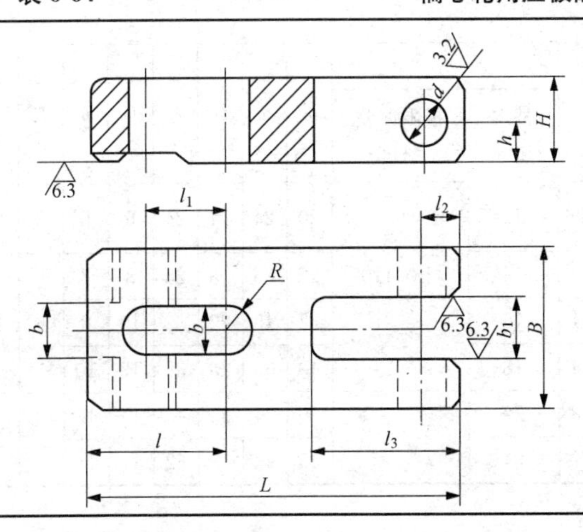

1. 材料：45 钢按 GB/T 699 的规定。

2. 热处理：35～40HRC。

3. 其他技术条件按 JB/T 8044 的规定。

标记示例　公称直径＝8mm、L＝70mm 的偏心轮用压板：

压板　8×70　JB/T 8010.7—1999

续表

公称直径（螺纹直径）	L	B	H	d 基本尺寸	d 极限偏差 H7	b	b_1 基本尺寸	b_1 极限偏差 H11	l	l_1	l_2	l_3	h
6	60	25	12	6	+0.012 0	6.6	12	+0.110 0	24	14	6	24	5
8	70	30	16	8	+0.015 0	9	14		28	16	8	28	7
10	80	36	18	10		11	16		32	18	10	32	8
12	100	40	22	12	+0.018 0	14	18		42	24	12	38	10
16	120	45	15	16		18	22	+0.130 0	54	32	14	45	12
20	160	50	60			22	24		70	45	15	52	14

12. 偏心轮用宽头压板（JB/T 8010.8—1999）

表 6-65　偏心轮用宽头压板的规格尺寸　mm

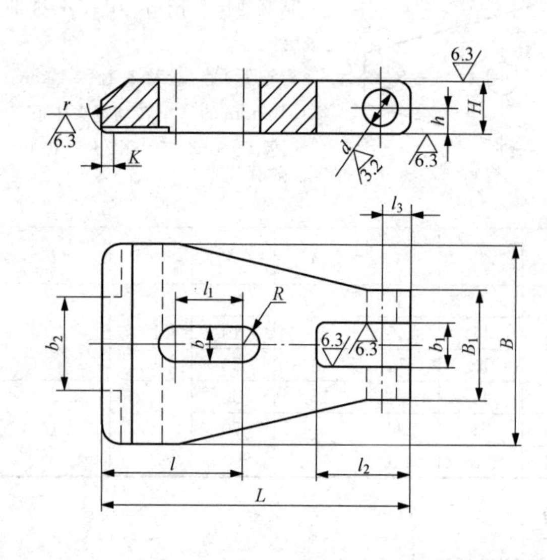

其余 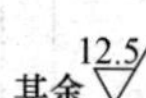

1. 材料：45 钢按 GB/T 699 的规定。

2. 热处理：35～40HRC。

3. 其他技术条件按 JB/T 8044 的规定。

标记示例　公称直径＝12mm、L＝120mm 的偏心轮用宽头压板：

压板　12×120　JB/T 8010.8—1999

公称直径（螺纹直径）	L	B	H	B_1	d 基本尺寸	d 极限偏差 H7	b	b_1 基本尺寸	b_1 极限偏差 H11	b_2	l	l_1	l_2	l_3	h	K	r
6	60	40	12	25	6	+0.012 0	6.6	12	+0.110 0	20	24	14	24	6	5	3	7
8	80	50	16	30	8	+0.015 0	9	14		25	36	18	28	8	7	6	15
10	100	60	18	35	10		11	16		32	45	22	32	10	8		
12	120	80	22	50	12	+0.018 0	14	18		40	58	28	38	12	10		
16	160	100	25	60	16		18	22	+0.130 0	50	74	36	45	14	12	10	25
20	200	120	30	70			22	24		60	92	45	52	15	14		

13. 平压板（JB/T 8010.9—1999）

表 6-66　　**平压板的规格尺寸**　　mm

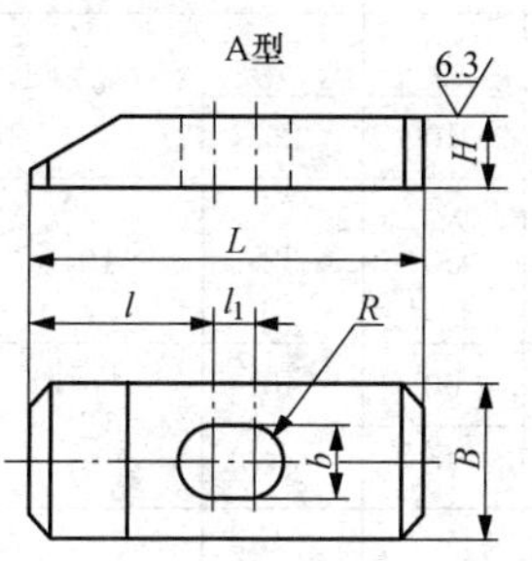

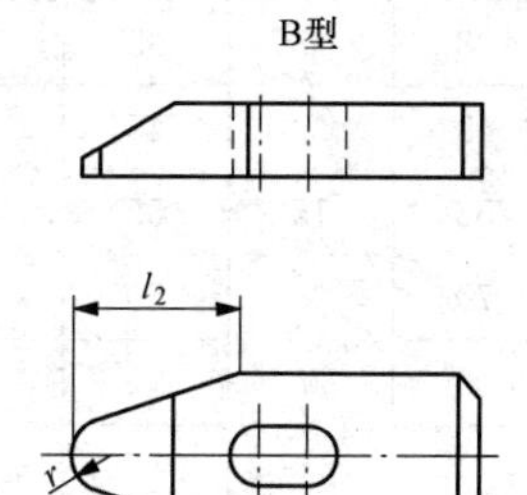

其余 25

1. 材料：45 钢按 GB/T 699 的规定。
2. 热处理：35～40HRC。
3. 其他技术条件按 JB/T 8044 的规定。

标记示例　公称直径＝20mm、$L=$200mm 的 A 型平压板：

压板　A20×200　JB/T 8010.9—1999

公称直径（螺纹直径）	L	B	H	b	l	l_1	l_2	r
6	40	18	8	7	18	7	16	4
6	50	22	12	7	23	7	21	4
8	45	22	10	10	21	7	19	5
8	60	25	12	10	28	7	26	5
10	60	25	12	12	28	7	26	6
10	80	30	16	12	38	7	35	6
12	80	32	16	15	38	7	35	8
12	100	40	20	15	48	7	45	8
16	120	50	25	19	52	15	55	10
16	160	50	25	19	70	20	60	10
20	200	60	28	24	90	20	75	12
20	250	70	32	24	110	20	85	12
24	250	80	35	28	110	30	100	16
24	320	80	35	28	130	30	110	16
30	320	100	40	35	130	40	110	20
30	360	100	40	35	150	40	130	20
36	320	100	45	42	130	50	110	20
36	360	100	45	42	150	50	130	20

14. 弯头压板（JB/T 8010.10—1999）

表 6-67　　**弯头压板的规格尺寸**　　mm

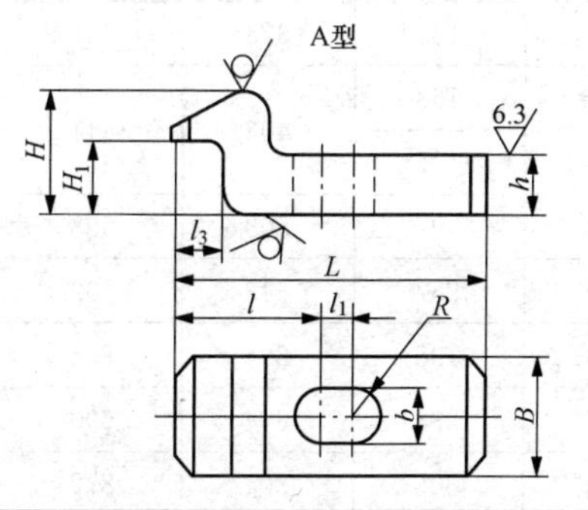

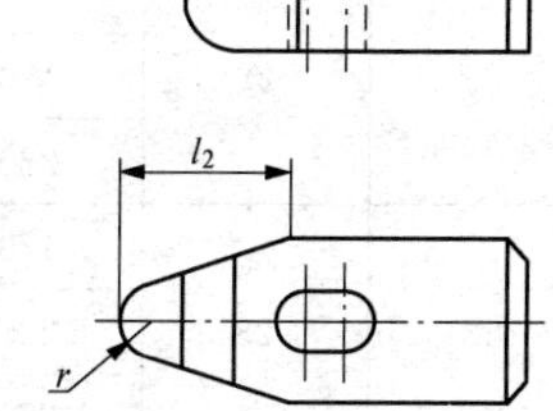

其余 25

1. 材料：45 钢按 GB/T 699 的规定。
2. 热处理：35～40HRC。
3. 其他技术条件按 JB/T 8044 的规定。

标记示例　公称直径＝20mm、$L=$200mm 的 A 型弯头压板：

压板　A20×200　JB/T 8010.10—1999

续表

公称直径（螺纹直径）	L	B	h	b	l	l_1	l_2	l_3	H	H_1	r
12	80	32	16	15	38	7	35	12	32	20	8
	100	40	20		48		45	16	40	25	
16	120	50	25	19	52	15	55	20	50	32	10
	160				70		60				
20	200	60	28	24	90	20	75	25	60	40	12
	250	70	32		110		85		70	45	
24		80	35	28		30	100	32	80	50	16
	320				130		110				
30			40	35		40					
	360	100			150		130	40	100	60	20
36	320				130		110				
	360		45	42	150	50	130				

15. U 形压板（JB/T 8010.11—1999）

表 6-68　　U 形压板的规格尺寸　　mm

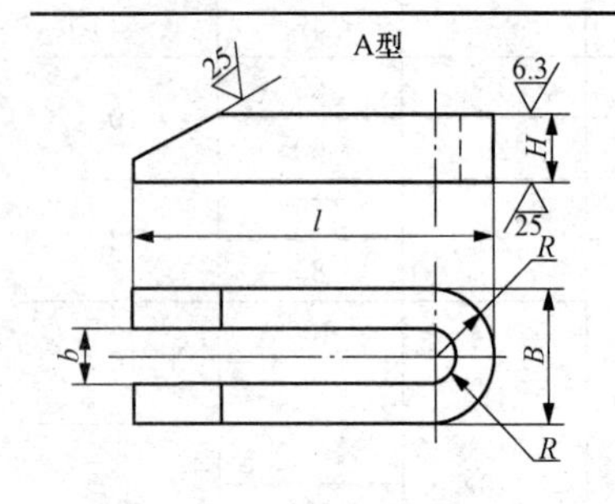

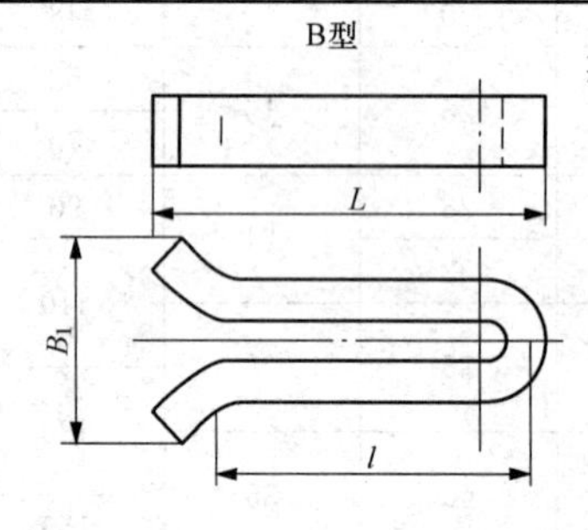

其余

1. 材料：45 钢按 GB/T 699 的规定。
2. 热处理：35～40HRC。
3. 其他技术条件按 JB/T 8044 的规定。

标记示例　公称直径＝24mm、L＝250mm 的 A 型 U 形压板：

压板　A24×250　JB/T 8010.11—1999

公称直径（螺纹直径）	L	B	H	b	l	B_1≈	展开长 L_1≈ A型	展开长 L_1≈ B型
12	100	42	22	14	65	93	202	221
	120				70	117	242	265
16	160	54	28	18	105	138	323	351
	200				130	168	403	444
						177		
20	250	66	35	22	170	197	503	553
	320				220	237	643	709
24	250	84	42	28	170	198	504	534
	320				220	238	644	690
	400				270	303	804	872

续表

公称直径（螺纹直径）	L	B	H	b	l	$B_1\approx$	展开长 $L_1\approx$	
							A型	B型
30	320	105	50	35	220	260	645	696
	400				265	325	805	878
	500				335	390	1005	1110
36	400	120	60	40	—	—	846	
	500						1046	
	630						1306	
42	500	138	70	46			1007	
	630						1267	
	800						1607	
48	630	156	80	52			1268	
	800						1608	
	1000						2008	

16. 鞍形压板（JB/T 8010.12—1999）

表 6-69　　**鞍形压板的规格尺寸**　　mm

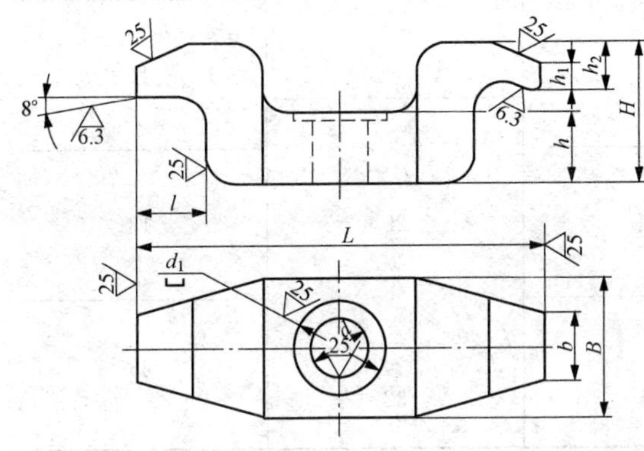

其余

1. 材料：45 钢按 GB/T 699 的规定。
2. 热处理：35～40HRC。
3. 其他技术条件按 JB/T 8044 的规定。

标记示例　公称直径＝16mm、L＝180mm 的鞍形压板：

压板　16×180　JB/T 8010.12—1999

公称直径（螺纹直径）	L	B	H	b	d	d_1	h	h_1	h_2	l
8	70	25	25	13	10	18	12	6	10	12
10	90	32	32	16	12	22	15	8	12	16
12	120	40	40	20	15	25	20	10	15	20
16	140	50	50	25	19	32	25	12	20	25
	180	60		30						
20	200	70	60	35	24	40	30	16	25	35
	250	80		40						
24	250	90	70	45	28	48	35	20	30	40
	300	100		50						

17. 直压板（JB/T 8010.13—1999）

表 6-70　　直压板的规格尺寸　　mm

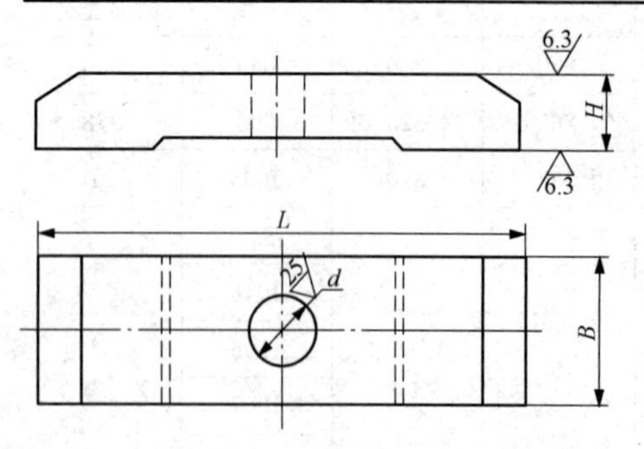

其余 12.5

1. 材料：45 钢按 GB/T 699 的规定。
2. 热处理：35～40HRC。
3. 其他技术条件按 JB/T 8044 的规定。

标记示例　公称直径＝8mm、L＝80mm 的直压板：

压板　8×80　JB/T 8010.13—1999

公称直径（螺纹直径）	L	B	H	d
8	50	25	12	9
	60			
	80			
10	60	32	16	11
	80			
	100		20	
12	80			14
	100			
	120		25	
16	100	40		18
	120			
	160			
20	120	50		22
	160		32	
	200			

18. 铰链压板（JB/T 8010.14—1999）

表 6-71　　铰链压板的规格尺寸　　mm

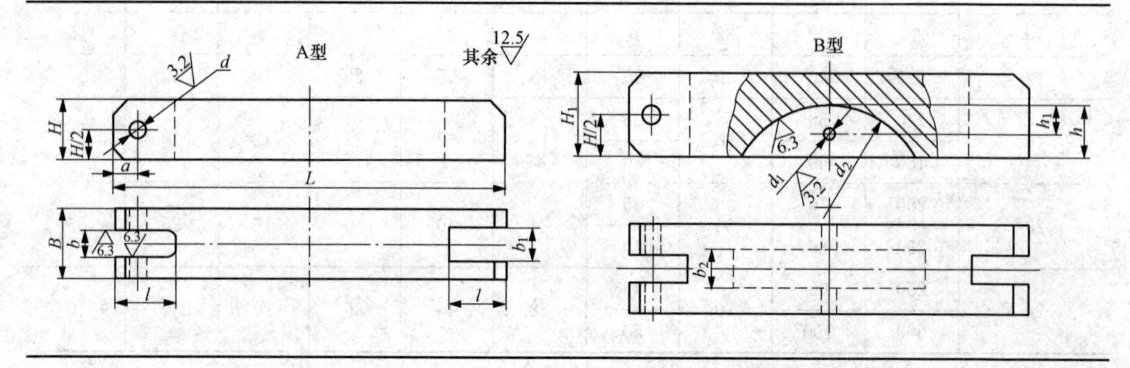

续表

1. 材料：45 钢按 GB/T 699 的规定。
2. 热处理：A 型 T215，B 型 35～40HRC。
3. 其他技术条件按 JB/T 8044 的规定。

标记示例　b=8mm、L=100mm 的 A 型铰链压板：
压板　A8×100　JB/T 8010.14—1999

b 基本尺寸	b 极限偏差 H11	L	B	H	H_1	b_1	b_2	d 基本尺寸	d 极限偏差 H7	d_1 基本尺寸	d_1 极限偏差 H7	d_2	a	l	h	h_1
6	+0.075 0	70、90	16	12	—	6	—	4	+0.012 0	—	+0.010 0	—	5	12	—	—
8	+0.090 0	100、120	18 (100)、24 (120)	15	20	8	10、14	5	+0.012 0	3	+0.010 0	60	6	15	10	6.2
10	+0.090 0	120、140	24	18	20	10	10、14	6	+0.012 0	3	+0.010 0	60	7	18	10	6.2
12	+0.110 0	140、160、180	32	22	26	12	10、14、18	8	+0.015 0	4	+0.012 0	80	9	22	14	7.5
14	+0.110 0	180、200、220	32	26	32	14	10、14、18	10	+0.015 0	5	+0.012 0	100	10	25	18	9.5
18	+0.110 0	220、250、280	40	32	38	18	14、16、20	12	+0.018 0	6	+0.012 0	125	14	32	22	10.5
22	+0.130 0	250、280、300	50	40	45	22	14、16、20	16	+0.018 0	8	+0.015 0	160	18	40	26	12.5
26	+0.130 0	300、320、360	60	45	45	26	16、20	20	+0.021 0	8	+0.015 0	200	22	48	26	14.5

19. 回转压板（JB/T 8010.15—1999）

表 6-72　回转压板的规格尺寸　mm

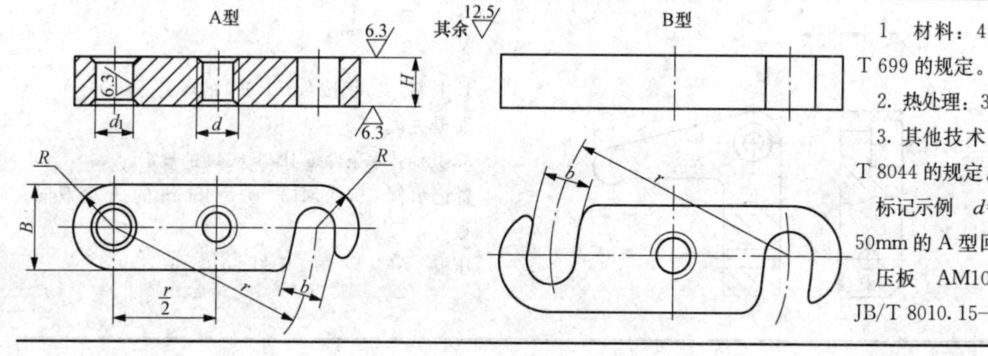

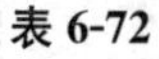

1　材料：45 钢按 GB/T 699 的规定。
2. 热处理：35～40HRC。
3. 其他技术条件按 JB/T 8044 的规定。

标记示例　d=M10　r=50mm 的 A 型回转压板：
压板　AM10×50　JB/T 8010.15—1999

续表

d		M5	M6	M8	M10	M12	M16
B		14	18	20	20	25	32
H	基本尺寸	6	8	10	12	16	20
	极限偏差 h11	0 −0.075	0 −0.090		0 −0.110		0 −0.130
b		5.5	6.6	9	11	14	18
d_1	基本尺寸	6	8	10	12	14	18
	极限偏差 H11	+0.075 0	+0.090 0		+0.110 0		
r		20	30	40	50		
		25	35	45	55	60	
		30	40	50	60	65	
		35	45	55	65	70	80
		40	50	60	70	75	85
				65	75	80	100
				70	80	85	100
					85	90	110
					90	100	120
配用螺钉（GB/T 830）		M5×6	M6×8	M8×10	M10×12	M12×16①	M16×20②

① 按使用需要自行设计。

20．双向压板（JB/T 8010.16—1999）

表 6-73　　双向压板的规格尺寸　　mm

其余 12.5

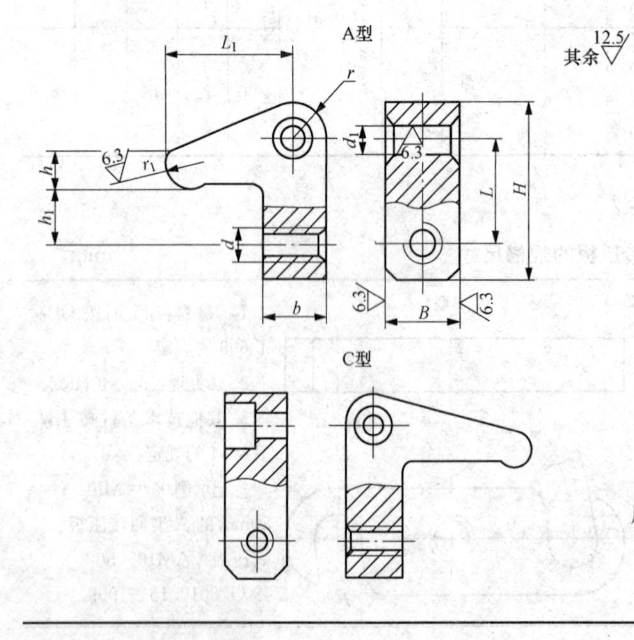

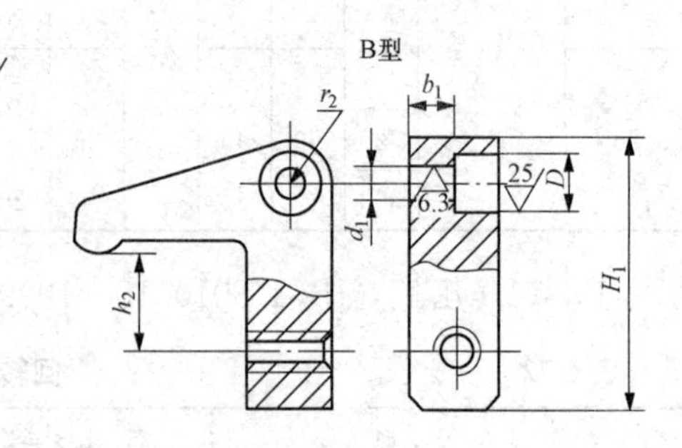

1. 材料：45 钢按 GB/T 699 的规定。
2. 热处理：35～40HRC。
3. 其他技术条件按 JB/T 8044 的规定。

标记示例　d＝M12　L＝48mm 的 A 型双向压板：

压板　AM12×48　JB/T 8010.16—1999

续表

d	L A型	L B型 C型	L_1 A型	L_1 B型 C型	B 基本尺寸	B 极限偏差 b12	H	H_1	d_1 基本尺寸	d_1 极限偏差 B11	D	b	b_1 基本尺寸	b_1 极限偏差	h	h_1	h_2	r	r_1	r_2
M4	12	—	14	—	8		20	—	4	+0.215 +0.140	—	7	—	−0.100 −0.200	4	5	—	4		—
	—		—			−0.150 −0.300														
M5	15	15	18	22			25	27									8		2	
	20	20	25	30	10		30	32	5		10	9	6		5	6	12	5		7
	—	25	—	38			—	37		+0.215 +0.140							16			
M6	18	22	22	30			30	36									12			
	24	30	30	45	12		36	44	6		12	11	8		7	8	20	6		8
	—	40	—	60			—	54									30		3	
M8	24	25	28	38			39	42									15			
	30	35	38	52	15	−0.150 −0.330	45	52	8		15	14	10		9	10	25	7.5		9.5
	—	45	—	68			—	62		+0.240 +0.150							35			
M10	30	30	35	45			48	50									20			
	38	45	45	68	18		56	65	10		18	18	12	−0.100 −0.200	12	12	35	9		11
	—	60	—	90			—	80									50			
M12	38	40	42	60			60	64									28		4	
	48	55	52	82	22		70	79	12		22	22			15	15	42	11		13
	—	70	—	105		−0.160 −0.370	—	94		+0.260 +0.150							57			
M16	48	45	52	68			74	74					16				32			
	60	60	65	90	26		86	89	16		28	28			18	20	47	13		16
	—	75	—	112			—	104									62			
M20	60		65		32		92					34			22	25		16	5	
	—	—	—	—		−0.170 −0.420	—	—	20	+0.290 +0.160	—		—				—			—
M24	76		80		38		115					40			26	30		19		
	—		—				—													

21. 自调式压板（JB/T 8010.17—1999）

表 6-74 **自调式压板的规格尺寸** mm

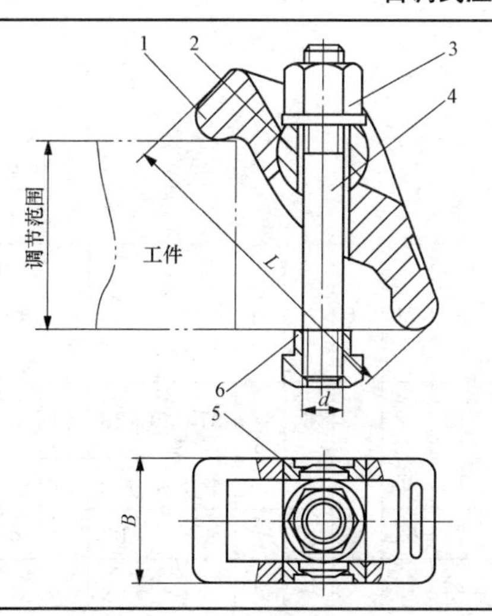

标记示例 调节范围为0～70mm的自调式压板：

压板 0～70 JB/T 8010.17—1999

续表

主要尺寸				件号	1	2	3	4	5	6
				名称	压板	转轴	螺母	双头螺柱	套盖	螺母
调节范围	d	L	B	材料	ZG45	45	45	A3	45	45
				数量	1	1	1	1	2	1
				标准号	JB/T 8010.17—1999	JB/T 8010.17—1999	JB/T 8004.1—1999	GB/T 898—1988	JB/T 8010.17—1999	JB/T 8004.11—1999
0～70	M12	115	40	规格	0～70	24	M12	M12×l	18	M12
0～100	M16	160	50		0～100	32	M16	M16×l	22	M16
0～140	M20	210	63		0～140	40	M20	M20×l	28	M20
0～200	M24	292	80		0～200	48	M24	M24×l	32	M24

注　双头螺柱的长度 l 可根据其调节范围按 GB/T 898 选取。

表 6-75　　**自调式压板压板的规格尺寸**　　mm

件 1　压板

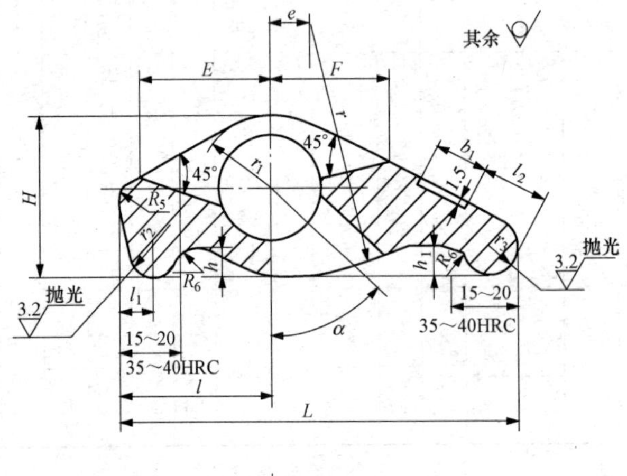

1. 材料：ZG45。
2. 热处理：局部 35～40HRC。
3. 其他技术条件按 JB/T 8044 的规定。

标记示例　调节范围为 0～70mm 的自调式压板：

压板　0～70　JB/T 8010.17—1999

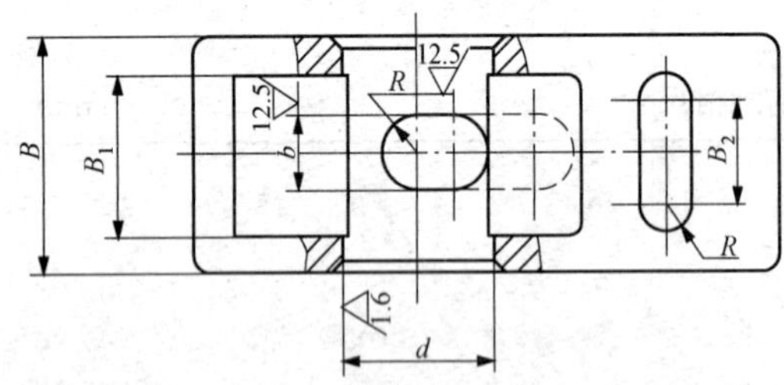

调节范围	d 基本尺寸	d 极限偏差 H7	L	l	l_1	l_2	B	B_1	B_2	b	b_1	H	e	h	h_1	E	F	r	r_1	r_2	r_3	α
0～70	24	+0.021 0	115	36	8	15	40	25	12	13	10	38	7.5	6	6	31	30	48	18	6	6	45°
0～100	32	+0.025 0	160	52	9	38	50	32	15	17	15	50		8		43	37	70	24		8	
0～140	40		210	72	11	55	63	40	19	21	20	62	9	10	7	59	48	100	30	8	10	48°
0～200	48		292	96	13	80	80	48	23	25	25	76		12	9	72	56	140	36	10	12	

表 6-76　　**自调式压板转轴的规格尺寸**　　mm

件 2　转轴

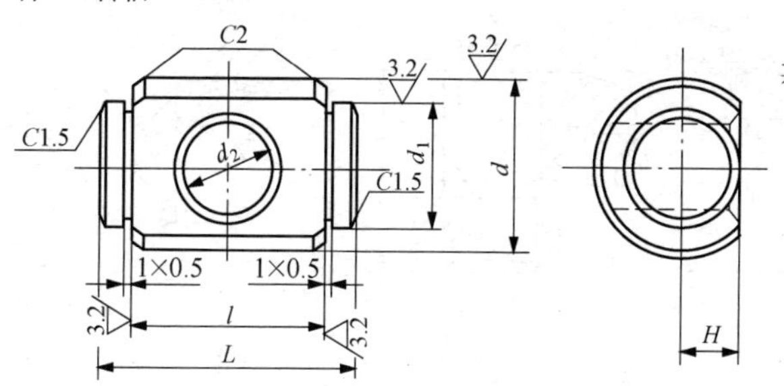

其余 12.5

1. 材料：45 钢。
2. 热处理：40～45HRC。
3. 其他技术条件按 JB/T 8044 的规定。

标记示例　d=24mm 的转轴：

转轴　24　JB/T 8010.17—1999

d 基本尺寸	d 极限偏差	d_1 基本尺寸	d_1 极限偏差	d_2	L	l 基本尺寸	l 极限偏差	H
24	0 −0.1	18	−0.10 −0.15	13	37	25	0 −0.5	8
32		22		17	47	32		11
40		28		21	59	40		13
48		32		25	76	48		15

表 6-77　　**自调式压板套盖的规格尺寸**　　mm

件 5　套盖

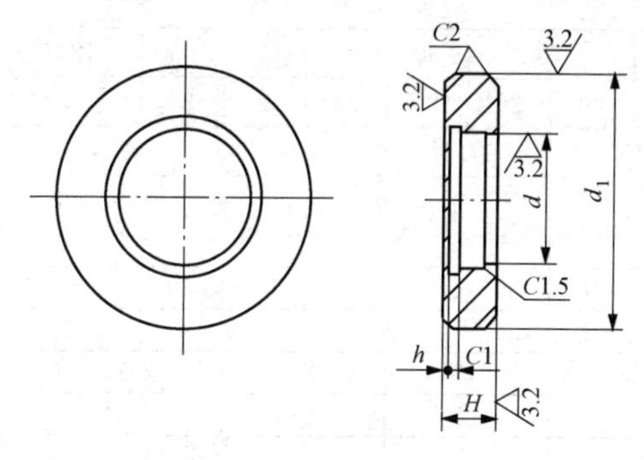

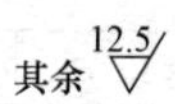

1. 材料：45 钢。
2. 热处理：40～45HRC。
3. 其他技术条件按 JB/T 8044 的规定。

标记示例　d=18mm 的套盖：

套盖　18　JB/T 8010.17—1999

d 基本尺寸	d 极限偏差	d_1 基本尺寸	d_1 极限偏差	H	h
18	+0.03 0	24	+0.05 +0.07	7.5	1.0
22		32		9.0	
28		40		11.5	1.5
32		48		16.0	

22. 钩形压板（JB/T 8012.1—1999）

表 6-78　　钩形压板的规格尺寸　　mm

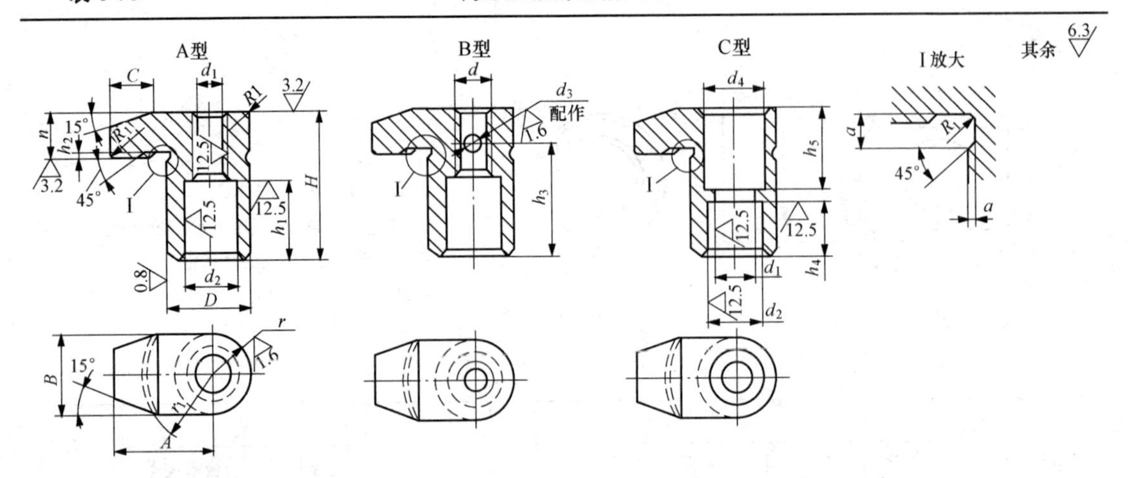

1. 材料：45 钢按 GB/T 699 的规定。
2. 热处理：35～40HRC。
3. 其他技术条件按 JB/T 8044 的规定：

标记示例　公称直径＝12mm、A＝35mm 的 A 型钩形压板：压板　A12×35　JB/T 8012.1—1999

A型 C型	公称直径（螺纹直径）	6		8		10		12		16		20		24	
B型	d	M6		M8		M10		M12		M16		M20		M24	
A		18	24		28		35		45		55		65		75
B		16		20		25		30		35		40		50	
D	基本尺寸	16		20		25		30		35		40		50	
	极限偏差 f9	−0.016 −0.059		−0.020 −0.072						−0.025 −0.087					
H		28	35		45		58	55	70		90	80	100	95	120
h		8	10	11	13		16		20	22	25	28	30	32	35
r	基本尺寸	8		10		12.5		15		17.5		20		25	
	极限偏差 h11	0 −0.090		0 −0.110						0 −0.130					
r_1		14	20	18	24	22	30	26	36	35	45	42	52	50	60
C		8	12	10	14	12	16	15	18	20	25		30		35
d_1		6.6		9		11		13		17		21		25	
d_2		10		14		16		18		23		28		34	
d_3	基本尺寸	2		3		4				5		6			
	极限偏差 H7	+0.010 0				+0.012 0									
d_1		10.5		14.5		18.5		22.5		25.5		30.5		39	
h_1		16	21	20	28	25	36	30	42	40	60	45	60	50	75
h_2		1								1.5				2	
h_3		22	28		35		45	42	55		75	60	75	70	95
h_4		8	14	11	20	16	25	20	30	24	40	24	40	28	50
h_5		16		20		25		30		40		50		60	
a		0.5								1					
b		3				4						5			

23. 钩形压板（组合）(JB/T 8012.2—1999)

表 6-79　钩形压板（组成）（一）的规格尺寸　mm

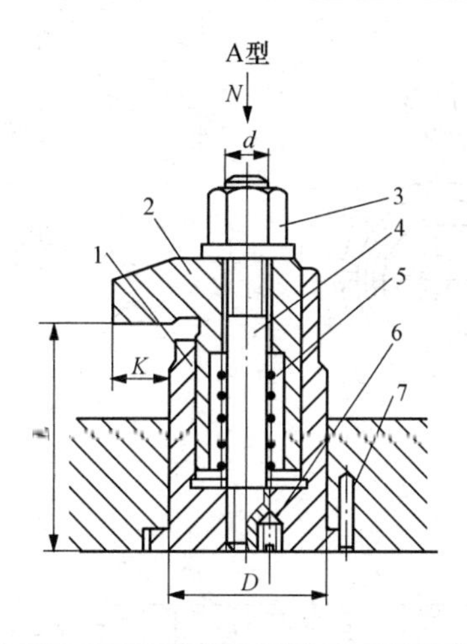

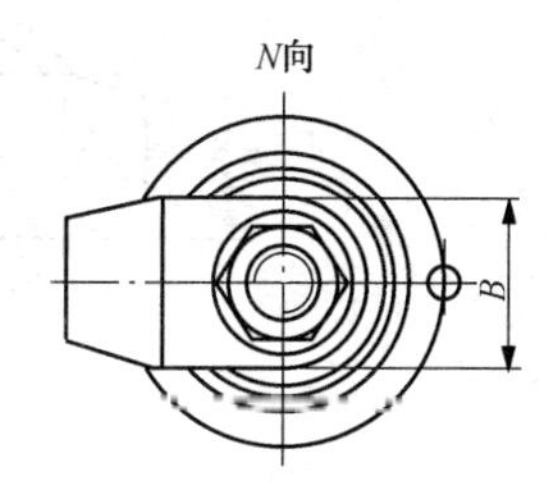

标记示例　d=M12、K=14mm 的 A 型钩形压板：

压板　AM12×14　JB/T 8012.2—1999

<table>
<tr><td colspan="6" rowspan="2">主要尺寸</td><td>件号</td><td>1</td><td>2</td><td>3</td><td>4</td><td>5</td><td>6</td><td>7</td></tr>
<tr><td>名称</td><td>套筒</td><td>钩形压板</td><td>螺母</td><td>双头螺柱</td><td>弹簧</td><td>螺钉</td><td>销</td></tr>
<tr><td rowspan="3">d</td><td rowspan="3">K</td><td rowspan="3">D</td><td rowspan="3">B</td><td colspan="2" rowspan="2">L</td><td>材料</td><td>45 钢</td><td>45 钢</td><td>45 钢</td><td>35 钢</td><td>碳素弹簧钢丝Ⅱ</td><td>35 钢</td><td>45 钢</td></tr>
<tr><td>数量</td><td>1</td><td>1</td><td>1</td><td>1</td><td>1</td><td>1</td><td>1</td></tr>
<tr><td>最小</td><td>最大</td><td>标准</td><td>JB/T 8012.2—1999</td><td>JB/T 8012.1—1999</td><td>JB/T 8004.1—1999</td><td>GB/T 900—1988</td><td></td><td>GB/T 71—1985</td><td>GB/T 119.1～2—2000</td></tr>
<tr><td rowspan="2">M6</td><td>7</td><td rowspan="2">22</td><td rowspan="2">16</td><td>31</td><td>36</td><td rowspan="12">规格</td><td>AM6×40</td><td>A6×18</td><td rowspan="2">M6</td><td>M6×45</td><td rowspan="2">0.8×8×38</td><td rowspan="2">M3×5</td><td rowspan="6">3n6×12</td></tr>
<tr><td>13</td><td>36</td><td>42</td><td>AM6×48</td><td>A6×24</td><td>M6×50</td></tr>
<tr><td rowspan="2">M8</td><td>10</td><td rowspan="2">28</td><td rowspan="2">20</td><td>37</td><td>44</td><td>AM8×50</td><td>A8×24</td><td rowspan="2">M8</td><td>M8×55</td><td rowspan="2">1×10×45</td><td rowspan="4">M4×6</td></tr>
<tr><td>14</td><td>45</td><td>52</td><td>AM8×60</td><td>A8×28</td><td>M8×65</td></tr>
<tr><td rowspan="2">M10</td><td>10.5</td><td rowspan="2">35</td><td rowspan="2">25</td><td>48</td><td>58</td><td>AM10×62</td><td>A10×28</td><td rowspan="2">M10</td><td>M10×70</td><td rowspan="2">1.2×12×52</td></tr>
<tr><td>17.5</td><td>58</td><td>70</td><td>AM10×75</td><td>A10×35</td><td>M10×85</td></tr>
<tr><td rowspan="2">M12</td><td>14</td><td rowspan="2">42</td><td rowspan="2">30</td><td>57</td><td>68</td><td>AM12×75</td><td>A12×35</td><td rowspan="2">M12</td><td>M12×80</td><td rowspan="2">1.4×14×75</td><td rowspan="4">M6×8</td><td rowspan="4">4n6×16</td></tr>
<tr><td>24</td><td rowspan="2">70</td><td>82</td><td>AM12×90</td><td>A12×45</td><td>M12×100</td></tr>
<tr><td rowspan="2">M16</td><td>21</td><td rowspan="2">48</td><td rowspan="2">35</td><td>86</td><td>AM16×95</td><td>A16×45</td><td rowspan="2">M16</td><td>M16×100</td><td rowspan="2">1.6×20×95</td></tr>
<tr><td>31</td><td>87</td><td>105</td><td>AM16×115</td><td>A16×55</td><td>M16×120</td></tr>
<tr><td rowspan="2">M20</td><td>27.5</td><td rowspan="2">55</td><td rowspan="2">40</td><td>81</td><td>100</td><td>AM20×112</td><td>A20×55</td><td rowspan="2">M20</td><td>M20×120</td><td rowspan="2">2×25×105</td><td rowspan="2">M8×10</td><td rowspan="4">5n6×20</td></tr>
<tr><td>37.5</td><td>99</td><td rowspan="2">120</td><td>AM20×132</td><td>A20×65</td><td>M20×140</td></tr>
<tr><td rowspan="2">M24</td><td>32.5</td><td rowspan="2">65</td><td rowspan="2">50</td><td>100</td><td>AM24×135</td><td>A24×65</td><td rowspan="2">M24</td><td>M24×140</td><td rowspan="2">2.5×28×115</td><td rowspan="2">M10×12</td></tr>
<tr><td>42.5</td><td>125</td><td>145</td><td>AM24×160</td><td>A24×75</td><td>M24×170</td></tr>
</table>

表 6-80　钩形压板（组合）（二）的规格尺寸　mm

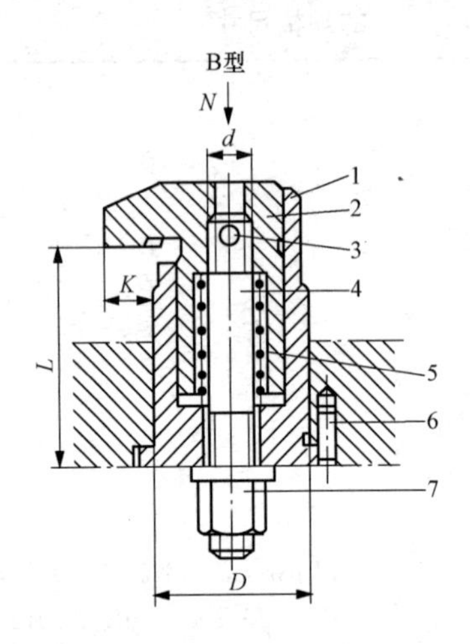

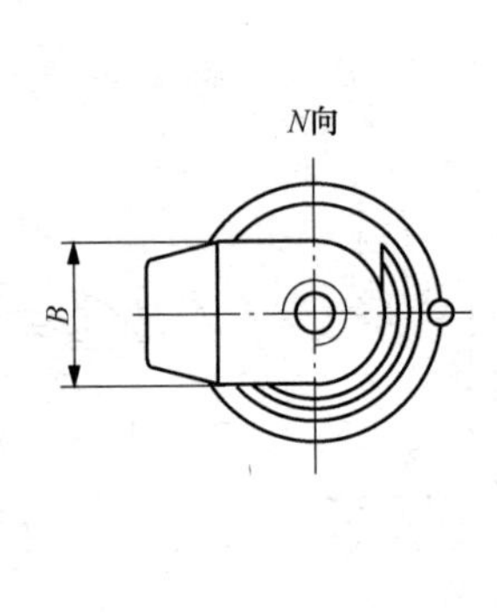

主要尺寸						件号	1	2	3	4	5	6	7
						名称	套筒	钩形压板	销	双头螺柱	弹簧	销	螺母
d	K	D	B	L		材料	45 钢	45 钢	35 钢	35 钢	碳素弹簧钢丝Ⅱ	35 钢	35 钢
						数量	1	1	1	1	1	1	1
				最小	最大	标准	JB/T 8012.2—1999	JB/T 8012.1—1999	JB/T 119.1～2—2000	GB/T 900—1988		GB/T 119.1～2—2000	JB/T 8004.1—1999
M6	7	26	16	31	36	规格	B6×40	BM6×18	2n6×14	M6×45	0.8×8×38	3n6×12	M6
	13			36	42		B6×48	BM6×24		M6×50			
M8	10	28	20	37	44		B8×50	BM8×24	3n6×18	M8×55	1×10×45		M8
	14			45	52		B8×60	BM8×28		M8×65			
M10	10.5	35	25	48	58		B10×62	BM10×28	4n6×22	M10×70	1.2×12×52		M10
	17.5			58	70		B10×75	BM10×35		M10×85			
M12	14	42	30	57	68		B12×75	BM12×35	4n6×28	M12×80	1.4×14×75	4n6×16	M12
	24			70	82		B12×90	BM12×45		M12×100			
M16	21	48	35		86		B16×95	BM16×45	5n6×32	M16×100	1.6×20×95		M16
	31			87	105		B16×115	BM16×55		M16×120			
M20	27.5	55	40	81	100		B20×112	BM20×55	6n6×35	M20×120	2×25×105	5n6×20	M20
	37.5			99	120		B20×132	BM20×65		M20×140			
M24	32.5	65	50	100			B24×135	BM24×65	6n6×45	M24×140	2.5×28×115		M24
	42.5			125	145		B24×160	BM24×75		M24×170			

表 6-81　　钩形压板（组合）（三）的规格尺寸　　mm

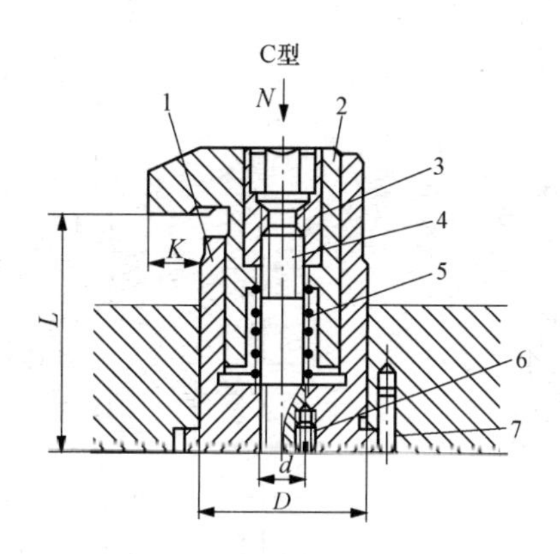

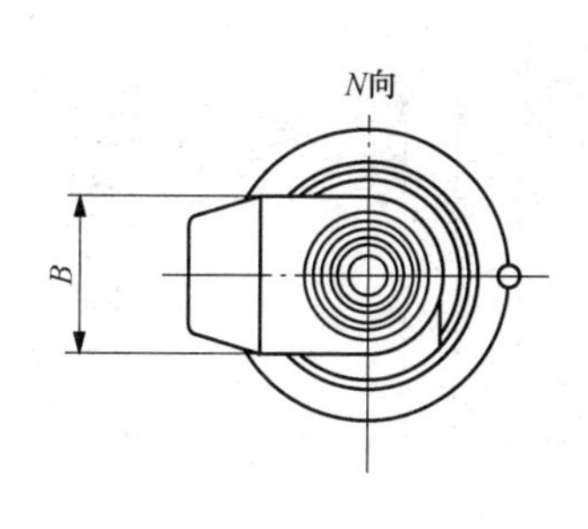

主要尺寸						件号	1	2	3	4	5	6	7
						名称	套筒	钩形压板	螺母	双头螺柱	弹簧	螺钉	销
d	*K*	*D*	*B*	*L*		材料	45 钢	45 钢	45 钢	35 钢	碳素弹簧钢丝Ⅱ	35 钢	45 钢
						数量	1	1	1	1	1	1	1
				最小	最大	标准	JB/T 8012.2—1999	JB/T 8012.1—1999	JB/T 8004.7—1999	GB/T 900—1988		GB/T 71—1985	GB/T 119.1～2—2000
M6	7	22	16	31	36	规格	AM6×40	C6×18	M6	M6×25	0.8×8×20	M3×5	3n6×12
	13			36	42		AM6×48	C6×24		M6×30	0.8×8×32		
M8	10	28	20	37	44		AM8×50	C8×24	M8	M8×25	1×10×25	M4×6	
	14			45	52		AM8×60	C8×28		M8×35	1×10×30		
M10	10.5	35	25	48	58		AM10×62	C10×28	M10	M10×30	1.2×12×40		
	17.5			58	70		AM10×75	C10×35		M10×45			
M12	14	42	30	57	68		AM12×75	C12×35	M12	M12×40	1.4×14×52	M6×8	4n6×16
	24			70	82		AM12×90	C12×45		M12×55			
M16	21	48	35	70	86		AM16×95	C16×45	M16	M16×45	1.6×20×52	M6×8	4n6×16
	31			87	105		AM16×115	C16×55		M16×65			
M20	27.5	55	40	81	100		AM20×112	C20×55	M20	M20×55	2×25×28	M8×10	5n6×20
	37.5			99	120		AM20×132	C20×65		M20×75	2×25×75		
M24	32.5	65	50	100			AM24×135	C24×65	24	M24×65	2.5×28×65	M10×12	
	42.5			125	145		AM24×160	C24×75		M24×90	2.5×28×100		

表 6-82　　钩形压板（组合）套筒的规格尺寸（JB/T 8012.2—1999）　　mm

件 1　套筒

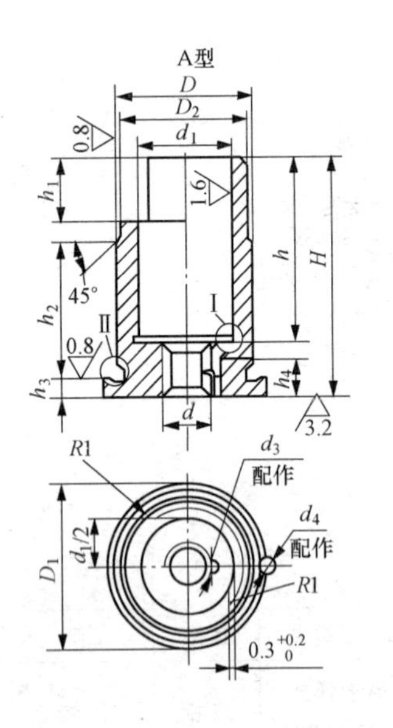

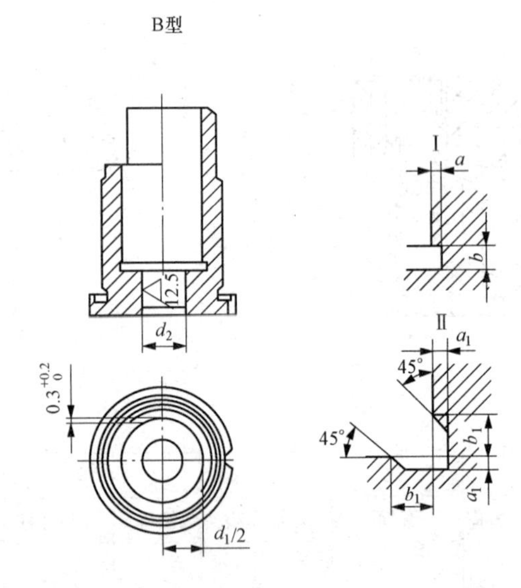

其余 6.3

1. 材料：45 钢。
2. 热处理：调质 225～255HB。
3. 其他技术条件按 JB/T 8044 的规定。

标记示例　d=M12，H=75mm 的 A 型套筒：套筒 AM12×75　JB/T 8012.2—1999

<table>
<tr><th>A 型</th><th>B 型</th><th rowspan="2">H</th><th colspan="2">d_1</th><th colspan="2">D</th><th rowspan="2">D_1</th><th rowspan="2">D_2</th><th rowspan="2">d_2</th><th rowspan="2">d_3</th><th colspan="2">d_1</th><th rowspan="2">h</th><th rowspan="2">h_1</th><th rowspan="2">h_2</th><th rowspan="2">h_3</th><th rowspan="2">h_4</th><th rowspan="2">b</th><th rowspan="2">b_1</th><th rowspan="2">a</th><th rowspan="2">a_1</th></tr>
<tr><th>d</th><th>公称直径</th><th>基本尺寸</th><th>极限偏差 H9</th><th>基本尺寸</th><th>极限偏差 n6</th><th>基本尺寸</th><th>极限偏差 H7</th></tr>
<tr><td rowspan="2">M6</td><td rowspan="2">6</td><td>40</td><td rowspan="2">16</td><td rowspan="2">+0.043
0</td><td rowspan="2">22</td><td rowspan="4">+0.028
+0.015</td><td rowspan="2">28</td><td rowspan="2">21.4</td><td rowspan="2">6.6</td><td rowspan="2">M3</td><td rowspan="6">3</td><td rowspan="6">+0.010
0</td><td>30</td><td>10</td><td rowspan="2">22</td><td rowspan="2">3</td><td rowspan="2">7</td><td rowspan="8">2</td><td rowspan="4">2</td><td rowspan="8">0.5</td><td rowspan="3">0.5</td></tr>
<tr><td>48</td><td rowspan="2">38</td><td>12</td></tr>
<tr><td rowspan="2">M8</td><td rowspan="2">8</td><td>50</td><td rowspan="2">20</td><td rowspan="6">+0.052
0</td><td rowspan="2">28</td><td rowspan="2">35</td><td rowspan="2">27.4</td><td rowspan="2">9</td><td rowspan="4">M4</td><td>14</td><td rowspan="2">28</td><td rowspan="2">4</td><td rowspan="4">10</td></tr>
<tr><td>60</td><td rowspan="2">48</td><td rowspan="2">16</td><td rowspan="7">1</td></tr>
<tr><td rowspan="2">M10</td><td rowspan="2">10</td><td>62</td><td rowspan="2">25</td><td rowspan="2">35</td><td rowspan="6">+0.033
+0.017</td><td rowspan="2">45</td><td rowspan="2">34.4</td><td rowspan="2">11</td><td rowspan="2">35</td><td rowspan="2">5</td><td rowspan="6">3</td></tr>
<tr><td rowspan="2">75</td><td>60</td><td>18</td></tr>
<tr><td rowspan="2">M12</td><td rowspan="2">12</td><td rowspan="2">30</td><td rowspan="2">42</td><td rowspan="2">52</td><td rowspan="2">41.4</td><td rowspan="2">13</td><td rowspan="4">M6</td><td rowspan="4">4</td><td rowspan="4">+0.012
0</td><td>58</td><td>20</td><td rowspan="2">42</td><td rowspan="4">6</td><td rowspan="4">12</td></tr>
<tr><td>90</td><td>72</td><td>22</td></tr>
<tr><td rowspan="2">M16</td><td rowspan="2">16</td><td>95</td><td rowspan="2">35</td><td rowspan="2">+0.062
0</td><td rowspan="2">48</td><td rowspan="2">58</td><td rowspan="2">47.4</td><td rowspan="2">17</td><td>75</td><td>26</td><td rowspan="2">50</td><td rowspan="2">3</td><td rowspan="2">1</td></tr>
<tr><td>115</td><td>95</td><td>30</td></tr>
<tr><td rowspan="2">M20</td><td rowspan="2">20</td><td>112</td><td rowspan="2">40</td><td rowspan="4">+0.062
0</td><td rowspan="2">55</td><td rowspan="4">+0.039
+0.020</td><td rowspan="2">65</td><td rowspan="2">54.4</td><td rowspan="2">21</td><td rowspan="2">M8</td><td rowspan="4">5</td><td rowspan="4">+0.012
0</td><td>85</td><td>32</td><td rowspan="2">60</td><td rowspan="4">8</td><td rowspan="2">15</td><td rowspan="4">3</td><td rowspan="4">4</td><td rowspan="4">1</td><td rowspan="4">1</td></tr>
<tr><td>132</td><td>105</td><td>34</td></tr>
<tr><td rowspan="2">M24</td><td rowspan="2">24</td><td>135</td><td rowspan="2">50</td><td rowspan="2">65</td><td rowspan="2">75</td><td rowspan="2">64.4</td><td rowspan="2">25</td><td rowspan="2">M10</td><td>100</td><td>38</td><td rowspan="2">70</td><td rowspan="2">18</td></tr>
<tr><td>160</td><td>125</td><td>40</td></tr>
</table>

6.2.2　偏心轮（见表 6-83～表 6-88）

表 6-83　**圆偏心轮的规格尺寸**（JB/T 8011.1—1999）　mm

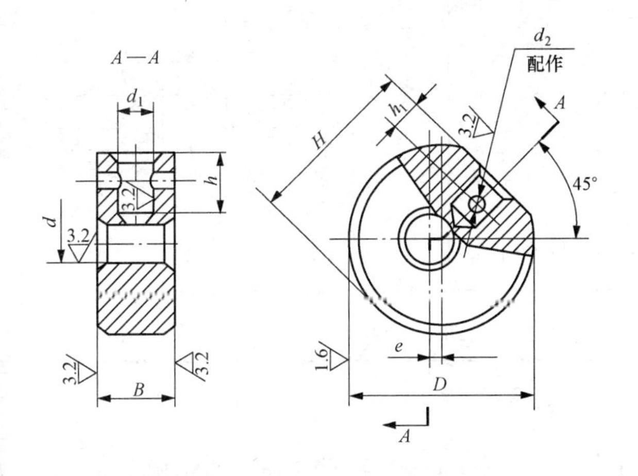

其余 12.5

1. 材料：20 钢按 GB/T 699 的规定。
2. 热处理：渗碳深度 0.8～1.2mm，58～64HRC。
3. 其他技术条件按 JB/T 8044 的规定。

标记示例　D=32mm 的圆偏心轮：

偏心轮　32　JB/T 8011.1—1999

D	e		B		d		d_1		d_2		H	h	h_1
	基本尺寸	极限偏差	基本尺寸	极限偏差 d11	基本尺寸	极限偏差 D9	基本尺寸	极限偏差 H7	基本尺寸	极限偏差 H7			
25	1.3	±0.200	12	−0.050 −0.160	6	+0.060 +0.030	6	+0.012 0	2	+0.010 0	24	9	4
32	1.7		14		8	+0.076 +0.040	8	+0.015 0	3		31	11	5
40	2		16		10		10				38.5	14	6
50	2.5		18		12	+0.092 +0.050	12	+0.018 0	4		48	18	8
60	3		22	−0.065 −0.195	16		16		5	+0.012 0	58	22	10
70	3.5		24								68	24	

表 6-84　**叉形偏心轮的规格尺寸**（JB/T 8011.2—1999）　mm

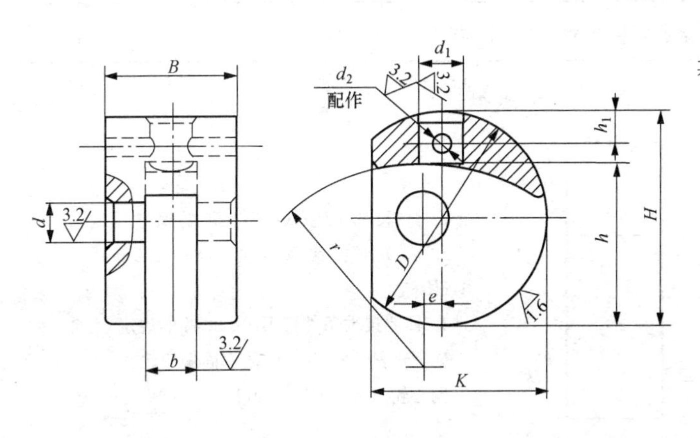

其余 12.5

1. 材料：20 钢按 GB/T 699 的规定。
2. 热处理：渗碳深度 0.8～1.2mm，58～64HRC。
3. 其他技术条件按 JB/T 8044 的规定。

标记示例　D=50mm 的叉形偏心轮：

偏心轮　50　JB/T 8011.2—1999

续表

D	e 基本尺寸	e 极限偏差	B	b	d 基本尺寸	d 极限偏差 H7	d_1 基本尺寸	d_1 极限偏差 H7	d_2 基本尺寸	d_2 极限偏差 H7	H	h	h_1	K	r
25	1.3	±0.200	14	6	4	+0.012 0	5	+0.012 0	1.5	+0.010 0	24	18	3	20	32
32	1.7		18	8	5		6		2		31	24	4	27	45
40	2		25	10	6		8	+0.015 0	3		39	30	5	34	50
50	2.5		32	12	8	+0.015 0	10				49	36	6	42	62
65	3.5		38	14	10		12	+0.018 0	4	+0.012 0	64	47	8	55	70
80	5		45	18	12	+0.018 0	16		5		78	58	10	65	88
100	6		52	22	16		20	+0.021 0	6		98	72	12	80	100

表 6-85　单面偏心轮的规格尺寸（JB/T 8011.3—1999）　mm

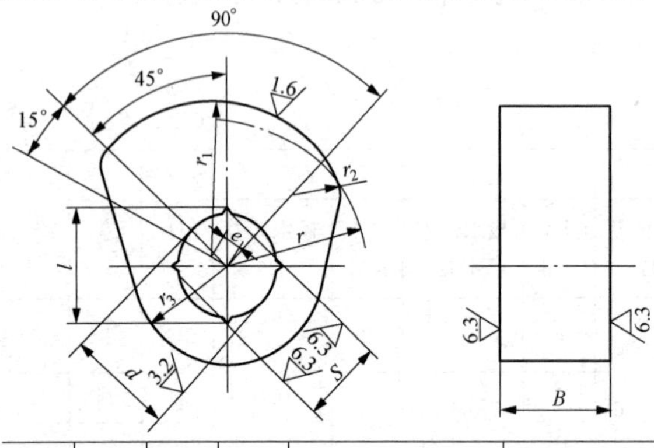

1. 材料：20 钢按 GB/T 699 的规定。
2. 热处理：渗碳深度 0.8～1.2mm，58～64HRC。
3. 其他技术条件按 JB/T 8044 的规定。

标记示例　r=30mm 的单面偏心轮：

偏心轮　30　JB/T 8011.3—1999

r	r_1	r_2	r_3	e 基本尺寸	e 极限偏差	B 基本尺寸	B 极限偏差 d11	d 基本尺寸	d 极限偏差 H9	S 基本尺寸	S 极限偏差 H11	l
30	30.9	10	20	3	±0.200	22	−0.065 −0.195	20	+0.052 0	17	+0.110 0	24
40	41.2	15	25	4				25		22	+0.130 0	31.1
50	51.5	18	30	5		24		27		24		33.9
60	61.8	22	35	6								
70	72.1	25	38	7		29		30		27		38.1

表 6-86　双面偏心轮的规格尺寸（JB/T 8011.4—1999）　mm

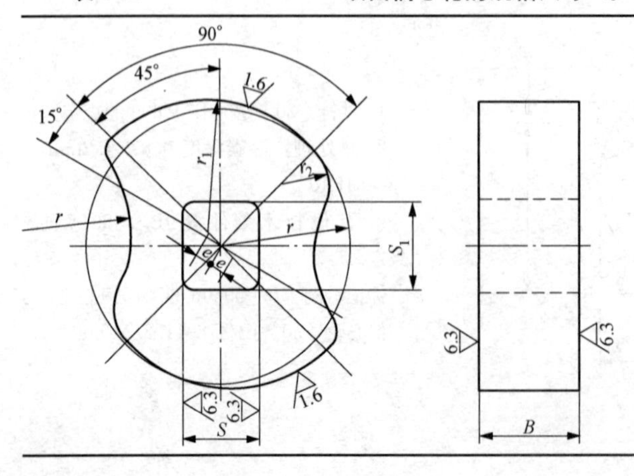

1. 材料：20 钢按 GB/T 699 的规定。
2. 热处理：渗碳深度 0.8～1.2mm，58～64HRC。
3. 其他技术条件按 JB/T 8044 的规定。

标记示例　r=30mm 的双面偏心轮：

偏心轮　30　JB/T 8011.4—1999

续表

r	r_1	r_2	e 基本尺寸	e 极限偏差	B 基本尺寸	B 极限偏差 d11	S 基本尺寸	S 极限偏差 H11	S_1
30	30.9	10	3	±0.200	22	$^{-0.065}_{-0.195}$	17	$^{+0.110}_{0}$	20
40	41.2	15	4				22	$^{+0.130}_{0}$	25
50	51.5	18	5		24		24		28
60	61.8	22	6						
70	72.1	25	7		29		27		32

表 6-87　　偏心轮用垫板的规格尺寸（JB/T 8011.5—1999）　　mm

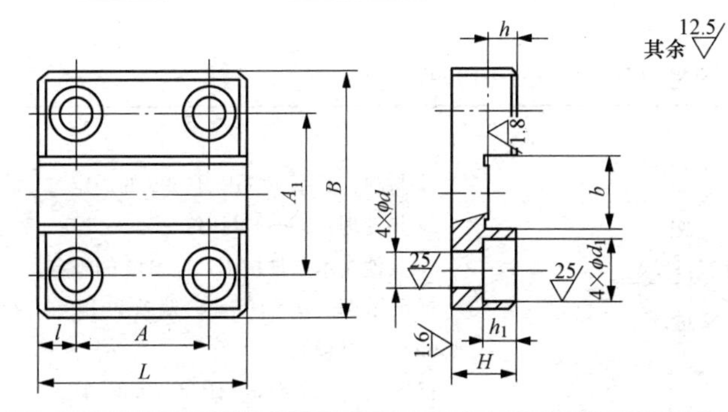

1. 材料：20 钢按 GB/T 699 的规定。
2. 热处理：渗碳深度 0.8～1.2mm，58～64HRC。
3. 其他技术条件按 JB/T 8044 的规定。

标记示例　b=15mm 的偏心轮用垫板：

垫板　15　JB/T 8011.5—1999

b	L	B	H	A	A_1	l	d	d_1	h	h_1
13	35	42	12	19	26	8	6.6	12	5	6
15	40	45		24	29					
17	45	56	16	25	36	10	9	15	6	8
19	50	58		30	38				8	
23	60	62	20	36	42	12				
25	70	64		46	44				10	

表 6-88　　偏心轮的规格尺寸　　mm

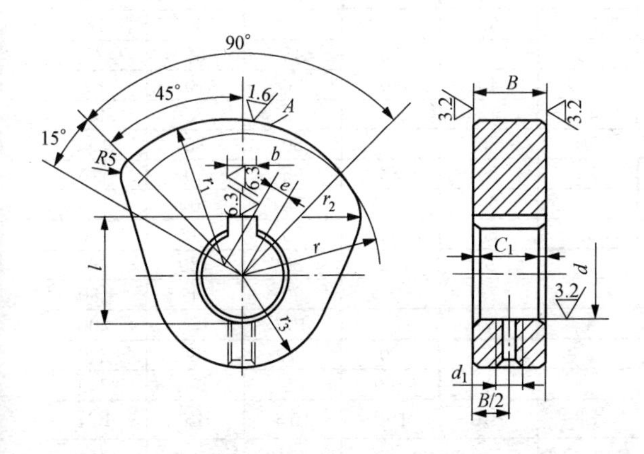

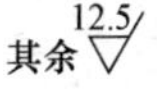

1. 材料：20。
2. 热处理：A 面渗碳 0.8～1.2mm，淬硬 58～64HRC。

续表

r	r_1	r_2	r_3	e ±0.2	d 基本尺寸	d 极限偏差 H7	b 基本尺寸	b 极限偏差 D10	t 基本尺寸	t 极限偏差	B 基本尺寸	B 极限偏差 d11	d_1
30	30.9	15	20	3	20	+0.021 0	6	+0.060 +0.020	21.2	+0.1 0	22	−0.065 −0.195	M6
40	41.2	18	25	4	25		8		26.2				
50	51.5	22	30	5	27				28.2		24		M8
60	61.8	25	35	6									
70	72.1	30	38	7	30				31.2		29		

6.3 支座、支柱

支座、支柱的规格尺寸见表 6-89～表 6-92。

表 6-89 **铰链轴的规格尺寸**（JB/T 8033—1999） mm

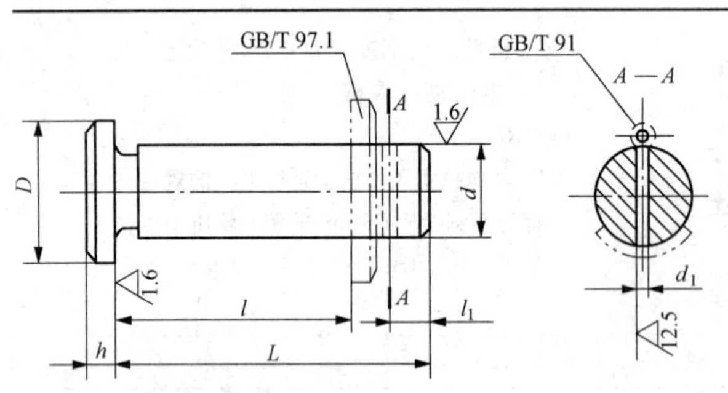

其余 6.3

1. 材料：45 钢按 GB/T 699 的规定。
2. 热处理：35～40HRC。
3. 其他技术条件按 JB/T 8044 的规定。

标记示例 d=10mm、偏差为 f9、L=45mm 的铰链轴：

铰链轴 10f9×45 JB/T 8033—1999

d	基本尺寸	4	5	6	8	10	12	16	20	25
	极限偏差 h6	0 −0.008			0 −0.009		0 −0.011		0 −0.013	
	极限偏差 f9	−0.010 −0.040			−0.013 −0.049		−0.016 −0.059		−0.020 −0.072	
D		6	8	9	12	14	18	21	26	32
d_1		1		1.5		2		2.5	3	4
l		L—4		L—5		L—7	L—8	L—10	L—12	L—15
l_1		2		2.5		3.5	4.5	5.5	6	8.5
h		1.5	2		2.5		3		5	
L		20	20	20	20				50	60
		25	25	25	25	25		35	55	65
		30	30	30	30	30	30	40	60	70
			35	35	35	35	35	45	65	75
			40	40	40	40	40	50	70	80
				45	45	45	45	55	75	90
				50	50	50	50	60	80	100
					55	55	55	65	90	110
					60	60	60	70	100	120
					65	65	65	75	110	140
						70	70	80	120	160
						75	75	90	140	180
						80	80	100	160	200
							90	110	180	220
							100	120	200	240
相配件	垫圈 GB/T 97.1	B4	B5	B6	B8	B10	B12	B16	B20	B24
	开口销 GB/T 91	1×8		1.5×10	1.5×16	2×20		2.5×25	3×30	4×35

表 6-90　　**铰链支座的规格尺寸**（JB/T 8034—1999）　　mm

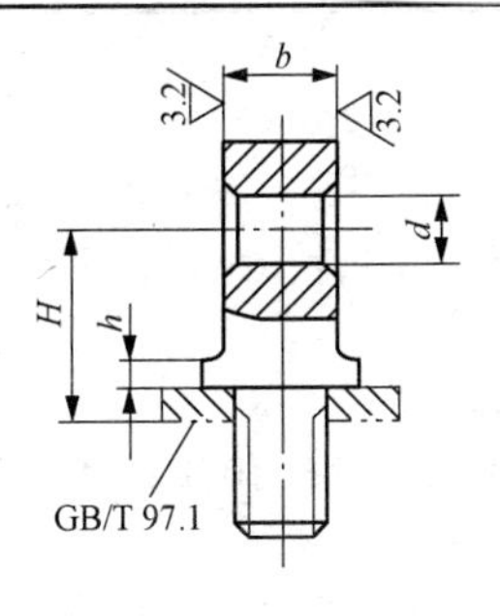

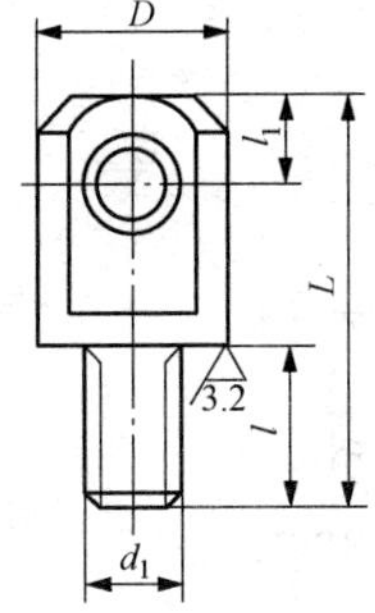

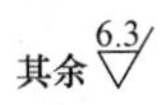

1. 材料：45 钢按 GB/T 699 的规定。
2. 热处理：35～40HRC。
3. 其他技术条件按 JB/T 8044 的规定。

标记示例　b=12mm 的铰链支座：

支座　12　JB/T 8034—1999

b		D	d	d_1	L	l	l_1	H≈	h
基本尺寸	极限偏差 d11								
6	−0.030 −0.105	10	4.1	M5	25	10	5	11	2
8	−0.040 −0.130	12	5.2	M6	30	12	6	13.5	
10		14	6.2	M8	35	14	7	15.5	3
12	−0.050 −0.160	18	8.2	M10	42	16	9	19	
14		20	10.2	M12	50	20	10	22	4
18		28	12.2	M16	65	25	14	29	5
22	−0.065 −0.195	34	16.2	M20	80	33	17	33	
26		42	20.2	M24	95	38	21	40	7

表 6-91　　**铰链叉座的规格尺寸**（JB/T 8035—1999）　　mm

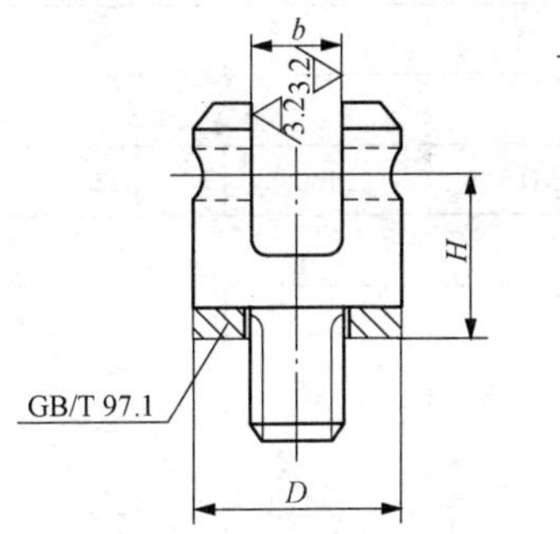

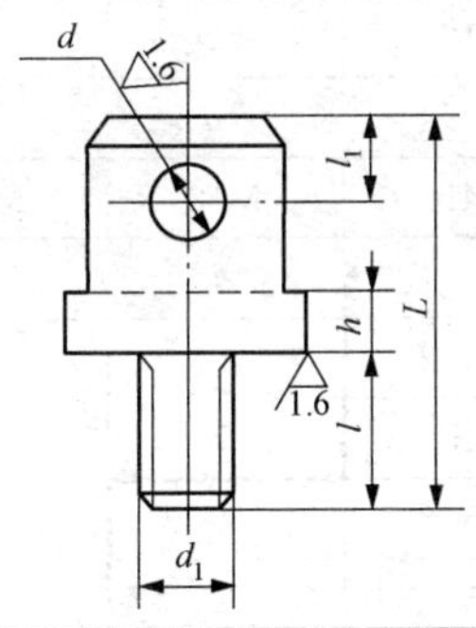

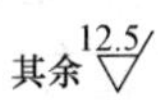

1. 材料：45 钢按 GB/T 699 的规定。
2. 热处理：35～40HRC。
3. 其他技术条件按 JB/T 8044 的规定。

标记示例　b=12mm 的铰链叉座：

叉座　12　JB/T 8035—1999

b		d		D	d_1	L	l	l_1	H≈	h
基本尺寸	极限偏差 H11	基本尺寸	极限偏差 H7							
6	+0.075 0	4	+0.012 0	14	M5	25	10	5	11	3
8	+0.090 0	5		18	M6	30	12	6	13.5	4
10		6		20	M8	35	14	7	13.5	5
12	+0.110 0	8	+0.015 0	25	M10	42	16	9	19	6
14		10		30	M12	50	20	10	22	7
18		12	+0.018 0	38	M16	65	25	14	29	9
22	+0.130 0	16		48	M20	80	33	17	33	10
26		20	+0.021 0	55	M24	95	38	21	40	12

表 6-92 螺钉支座的规格尺寸（JB/T 8036.1—1999） mm

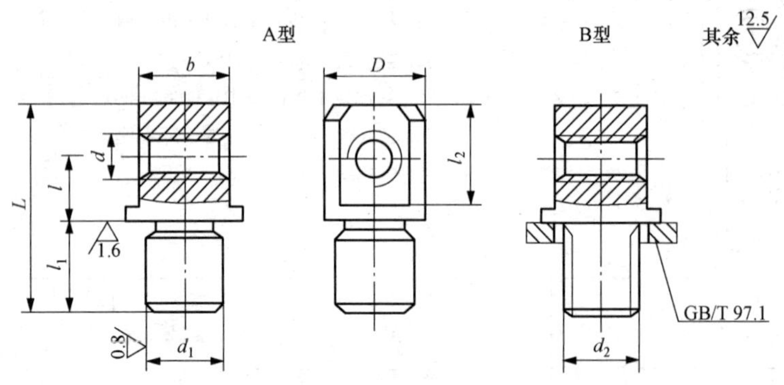

1. 材料：45 钢按 GB/T 699 的规定。

2. 热处理：35～40HRC。

3. 其他技术条件按 JB/T 8044 的规定。

标记示例 d=M8、l=10mm 的 A 型螺钉支座：

支座 AM8×10 JB/T 8036.1—1999

d		M6	M8	M10	M12	M16	M20	M24
d_1	基本尺寸	10	12	16	20	25	30	36
	极限偏差 n6	+0.019 +0.010	+0.023 +0.012		+0.028 +0.015			+0.033 +0.017
d_2		M10	M12	M16	M20	M24	M30	M36
D		15	18	24	30	35	40	50
l_1		12	15	20	24	30	36	45
l_2		12	16	18	24	30	40	50
b		10	14	17	22	24	30	35

l	d						
	M6	M8	M10	M12	M16	M20	M24
	L						
10	28	32	40				
15	32	38	45				
20	38	42	50	55			
25	42	48	55	60			
30	48	52	60	65	75		
40		62	70	75	85	95	
50			80	85	95	105	
60				95	105	115	130
70				105	115	125	140
80					125	135	150
100						155	170
120							190
140							210

6.4　夹具专用零件

6.4.1　夹具专用螺钉和螺栓（见表6-93～表6-102）

表6-93　**压紧螺钉的规格尺寸**（JB/T 8006.1—1999）　mm

A型

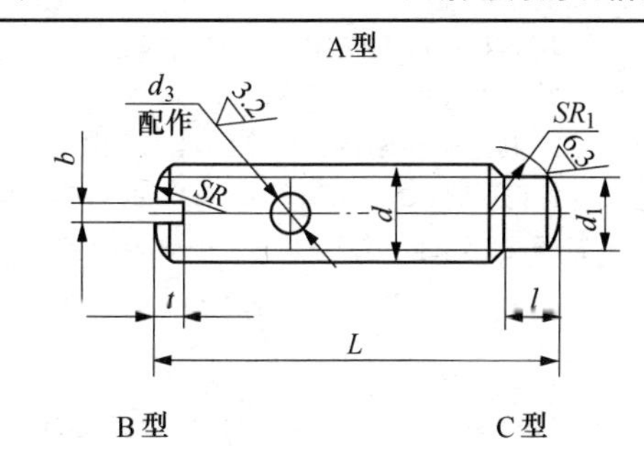

B型

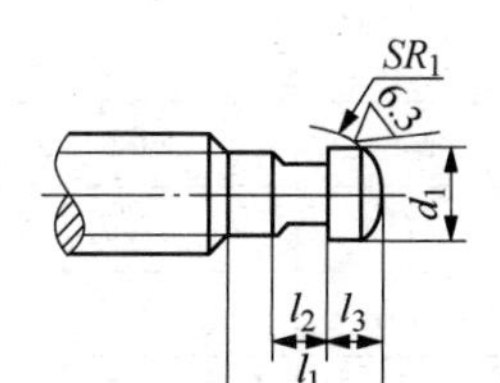

C型

其余 12.5

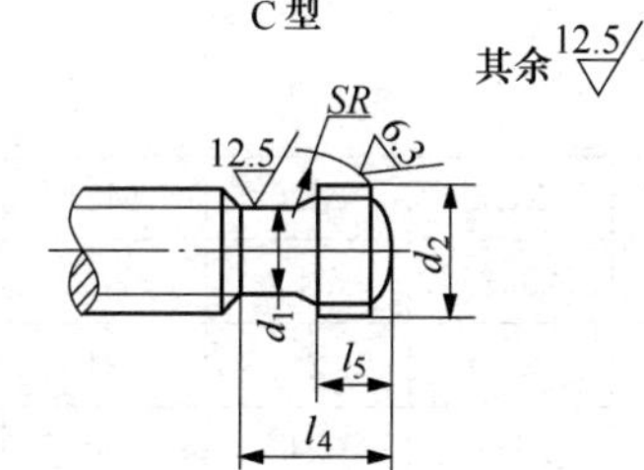

1. 材料：45钢按GB/T 699的规定。
2. 热处理：30～35HRC。
3. 其他技术条件按JB/T 8044的规定。

标记示例　d=M16、L=60mm的A型压紧螺钉：螺钉　AM16×60　JB/T 8006.1—1999

d		M4	M5	M6	M8	M10	M12	M16	M20	M24	M30
d_1		2.8	3.5	4.5	6	7	9	12	16	18	
d_2		M4	M5	M6	M8	M10	M12	M16	M20	M24	
d_3	基本尺寸	—	1.5	2	3	4	5	6		8	
	极限偏差H7	—	$^{+0.010}_{0}$			$^{+0.012}_{0}$				$^{+0.015}_{0}$	
l		3		4	5	6	7	8	10	12	
l_1		—		7	8.5	10	13	15	18	20	
l_2				2.1	2.5			3.4	5		
l_3				2.2	2.6	3.2	4.8	6.3	7.5	8.5	
l_4		5	6.5		9	11	13.5	15	17	20	
l_5		2	3		4	5	6.5	8	9	11	
SR		4	5	6	8	10	12	16	20	25	
SR_1		3	4	5	6	7	9	12	16	18	
b		0.6	0.8		1.2	1.5	2		3	4	
t		1.4	1.8	2	2.5	3	3.5	4.5	6	7	
L		18	22			40			70	80	80
		20	25	28	35	45	50	60	80	90	90
		22	28	30	40	50	60	70	90	100	100
		25	30	35	45	60	70	80	100	110	110
		28	35	40	50	70	80	90	110	120	120
		30	40	45	60	80	90	100	120	140	140
		35	45	50	70	90	100	110	140	160	160
		40	50	60	80	100	110	120	160	180	180

表 6-94　　六角头压紧螺钉的规格尺寸（JB/T 8006.2—1999）　　mm

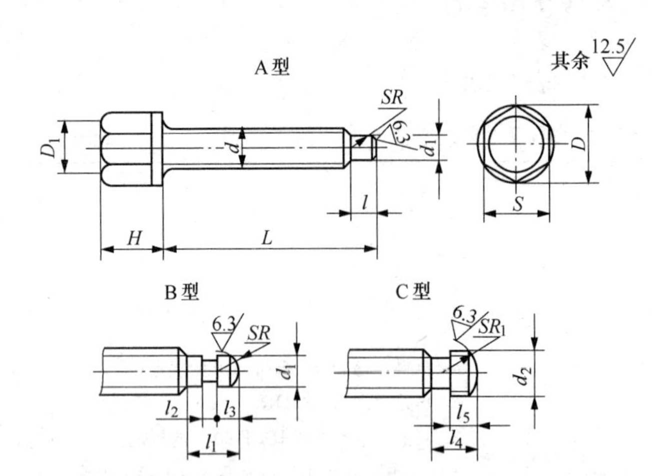

1. 材料：45 钢按 GB/T 699 的规定。
2. 热处理：35～40HRC。
3. 其他技术条件按 JB/T 8044 的规定。

标记示例　d=M16、L=60mm 的 A 型六角压紧螺钉：螺钉　AM16×60　JB/T 8006.2—1999

d		M8	M10	M12	M16	M20	M24	M30	M36
$D\approx$		12.7	14.2	17.59	23.35	31.2	37.29	47.3	57.7
$D_1\approx$		11.5	13.5	16.5	21	26	31	39	47.5
H		10	12	16	18	24	30	36	40
S	基本尺寸	11	13	16	21	27	34	41	50
	极限偏差	0 −0.240			0 −0.280		0 −0.340		
d_1		6	7	9	12	16	18		
d_2		M8	M10	M12	M16	M20	M24		
l		5	6	7	8	10	12		
l_1		8.5	10	13	15	18	20		
l_2		2.5			3.4	5			
l_3		2.6	3.2	4.8	6.3	7.5	8.5		
l_4		9	11	13.5	15	17	20		
l_5		4	5	6.5	8	9	11		
SR_1		8	10	12	16	20	25		
SR		6	7	9	12	16	18		
L		25	30	35	40	50	60		
		30	35	40	50	60	70	80	100
		35	40	50	60	70	80	90	110
		40	50	60	70	80	90	100	120
		50	60	70	80	90	100	110	140
				80	90	100	110	120	160
				90	100	110	120	140	180
						120	140	160	200

表 6-95　**固定手柄压紧螺钉的规格尺寸**（JB/T 8006.3—1999）　mm

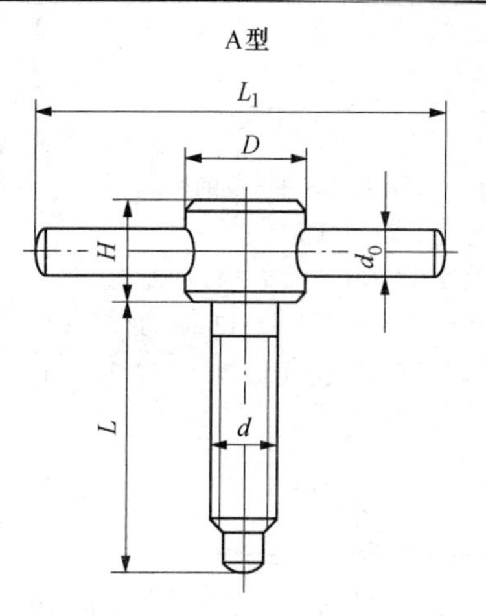

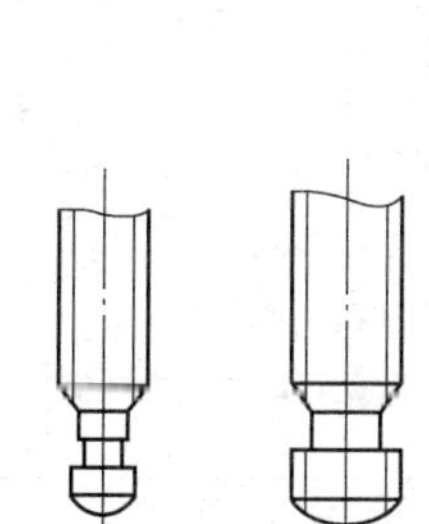

标记示例　d=M10、L=80mm 的 A 型固定手柄压紧螺钉：

螺钉　AM10×80　JB/T 8006.3—1999

d	d_0	D	H	L_1	L										
					30	35	40	50	60	70	80	90	100	120	140
M6	5	12	10	50											
M8	6	15	12	60											
M10	8	18	14	80											
M12	10	20	16	100											
M16	12	24	20	120											
M20	16	30	25	160											

表 6-96　**活动手柄压紧螺钉的规格尺寸**（JB/T 8006.4—1999）　mm

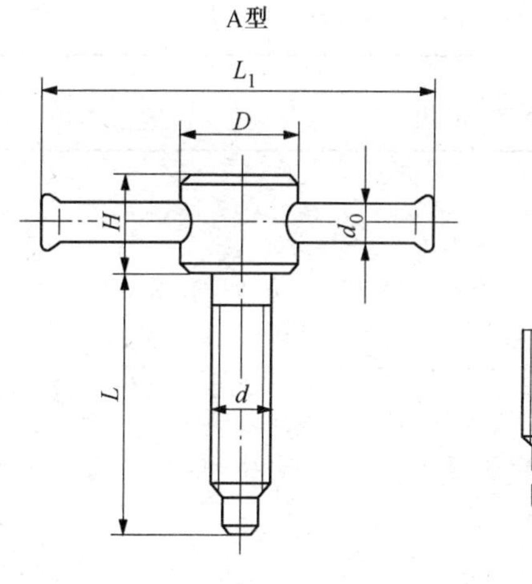

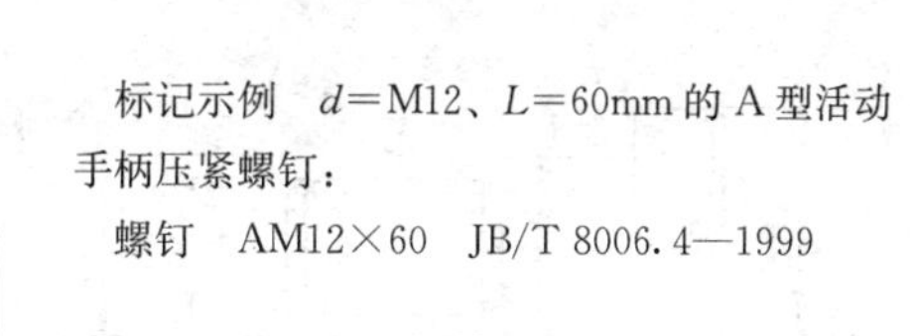

标记示例　d=M12、L=60mm 的 A 型活动手柄压紧螺钉：

螺钉　AM12×60　JB/T 8006.4—1999

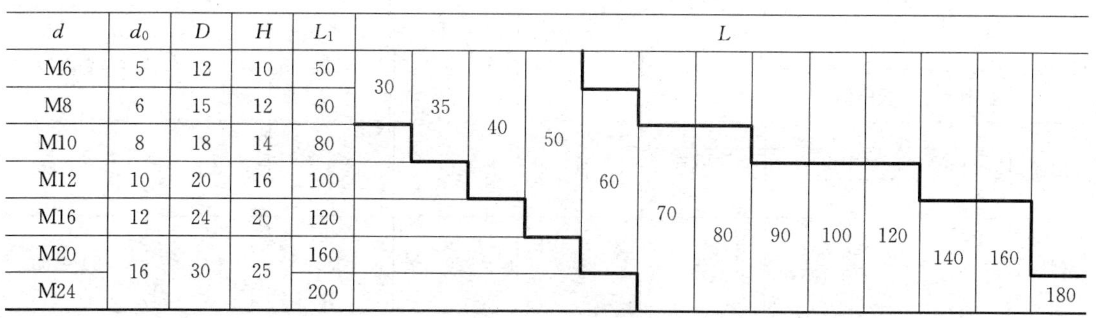

d	d_0	D	H	L_1	L												
					30	35	40	50	60	70	80	90	100	120	140	160	180
M6	5	12	10	50													
M8	6	15	12	60													
M10	8	18	14	80													
M12	10	20	16	100													
M16	12	24	20	120													
M20	16	30	25	160													
M24				200													

表 6-97　　钻套螺钉的规格尺寸（JB/T 8045. 5—1999）　　mm

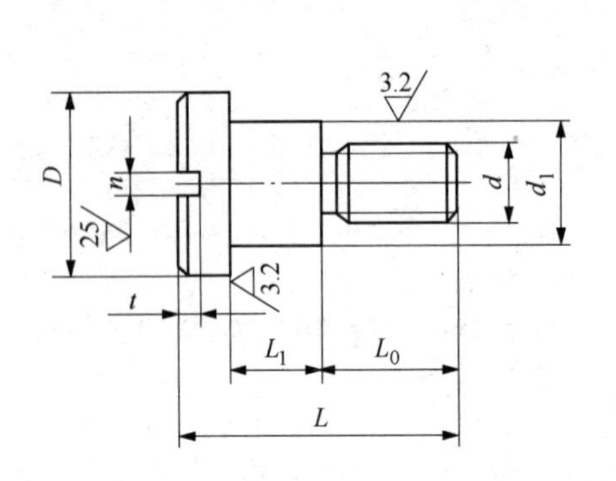

1. 材料：45 钢按 GB/T 699 的规定。
2. 热处理：35～40HRC。
3. 其他技术条件按 JB/T 8044 的规定。

标记示例　d=M10、L_1=13mm 的钻套螺钉：

螺钉　M10×13　JB/T 8045. 5—1999

d	L_1		d_1		D	L	L_0	n	t	钻套内径
	基本尺寸	极限偏差	基本尺寸	极限偏差 d11						
M5	3	+0. 200 +0. 050	7. 5	−0. 040 −0. 130	13	15	9	1. 2	1. 7	>0～6
	6					18				
M6	4		9. 5		16	18	10	1. 5	2	>6～12
	8					22				
M8	5. 5		12	−0. 050 −0. 160	20	22	11. 5	2	2. 5	>12～30
	10. 5					27				
M10	7		15		24	32	18. 5	2. 5	8	>30～85
	13					38				

表 6-98　　镗套螺钉的规格尺寸（JB/T 8046. 3—1999）　　mm

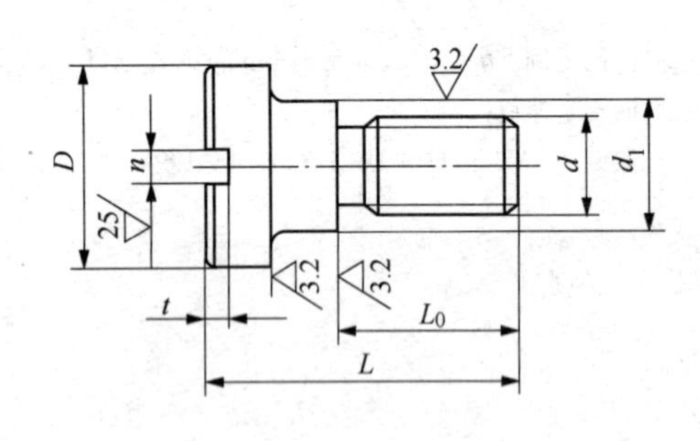

1. 材料：45 钢按 GB/T 699 的规定。
2. 热处理：35～40HRC。
3. 其他技术条件按 JB/T 8044 的规定。

标记示例　d=M12 的镗套螺钉：

螺钉　M12　JB/T 8046. 3—1999

d	d_1		D	L	L_0	n	t	镗套内径
	基本尺寸	极限偏差 d11						
M12	16	−0. 050 −0. 160	24	30	15	3	3. 5	>45～80
M16	20	−0. 065 −0. 195	28	37	20	3. 5	4	>80～160

表 6-99　　**球头螺栓的规格尺寸**（JB/T 8007.1—1999）　　mm

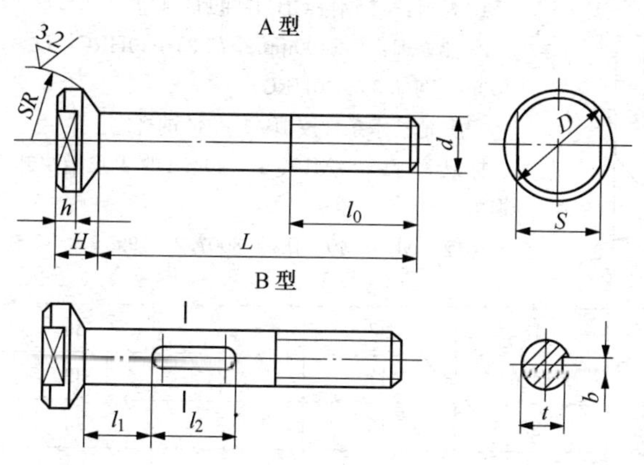

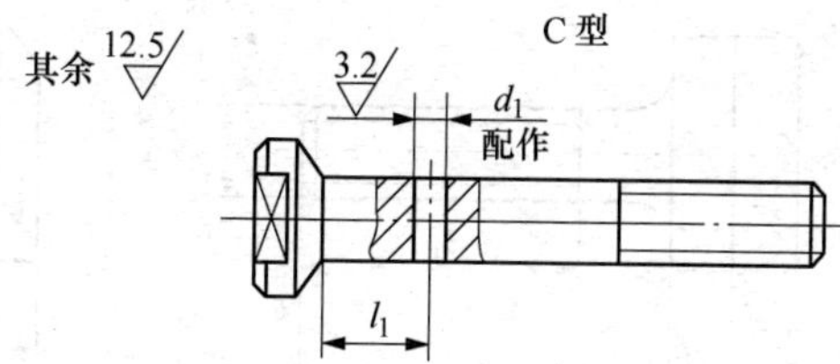

1. 材料：45 钢按 GB/T 699 的规定。
2. 热处理：头部 H 长度上及螺纹 l_0 长度上 35～40HRC。
3. 其他技术条件按 JB/T 8044 的规定。

标记示例　d=M20、L=120mm 的 A 型球头螺栓：

螺栓　AM20×120　JB/T 8007.1—1999

d		M6	M8	M10	M12	M16	M20	M24	M30	M36
D		12.5	17	21	24	30	37	44	56	66
S	基本尺寸	10	13	16	18	24	30	36	46	55
	极限偏差	0 −0.220	0 −0.270		0 −0.330			0 −0.620		0 −0.740
H		7	9	10	12	14	16	20	22	26
h		4	5	6	7	8	9	10	12	14
SR		10	12	16	20	25	32	36	40	50
a_1	基本尺寸	2	3		4	5	6		8	10
	极限偏差 H7	+0.010 0			+0.012 0				+0.015 0	
b		2	3		4	5	6.5		8	10
t		4.9	6	8	9.5	13	16.5	20.5	25.5	31.5
l_0		16	20	25	30	40	50	60	70	80
l_1		根据设计需要决定								
l_2		8	10	15	20				30	
L		25	30	40	50	60	70	80		
		30	35	45	60	70	80	90	100	
		35	40	50	70	80	90	100	110	120
		40	45	60	80	90	100	110	120	140
		45	50	70	90	100	110	120	140	160
		50	60	80	100	110	120	140	160	180
		60	70	90	110	120	140	160	180	200
		70	80	100	120	140	160	180	200	220
			90	110	140	160	180	200	220	250
			100	120	160	180	200	220	250	280
				140	180	200	220	250	280	320
				160	200	220	250	280	320	360
								320	360	400

表 6-100 **T形槽快卸螺栓的规格尺寸**（JB/T 8007.2—1999） mm

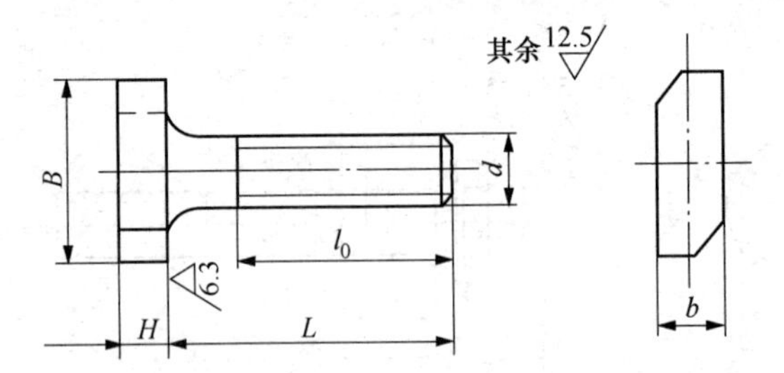

1. 材料：45钢按GB/T 699的规定。
2. 热处理：L≤100mm全部35～40HRC；L>100mm两端35～40HRC。
3. 其他技术条件按JB/T 8044的规定。

标记示例 d=M10、L=40mm的T形槽快卸螺栓：

螺栓 M10×40 JB/T 8007.2—1999

T形槽宽度	10	12	14	18	22	28	36
d	M8	M10	M12	M16	M20	M24	M30
B	20	25	30	36	46	58	74
H	6	7	9	12	14	16	20
l_0	25	30	40	50	60	75	90
b	8	10	12	16	20	24	30
L	30	40	60		100	120	160
	40	50	80	100	120	160	200
	50	60	100	120	160	200	250
	60	80	120	160	200	250	320
			160	200	250	320	400

表 6-101 **钩形螺栓的规格尺寸**（JB/T 8007.3—1999） mm

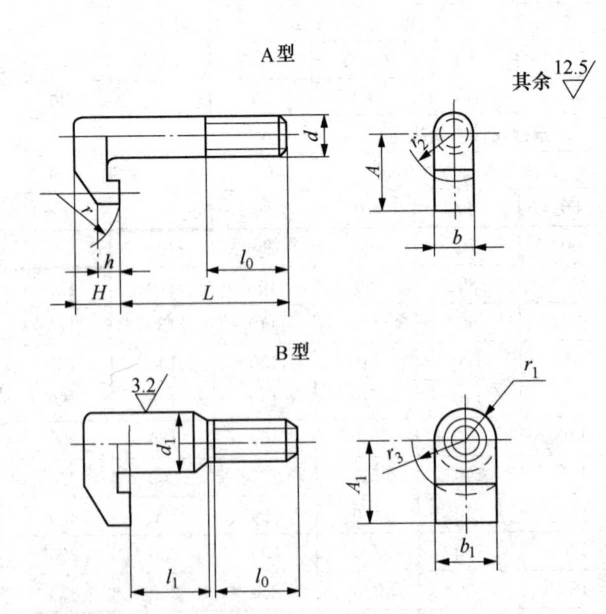

1. 材料：45钢按GB/T 699的规定。
2. 热处理：35～40HRC。
3. 其他技术条件按JB/T 8044的规定。

标记示例 d=M6、A=12mm、L=30mm的A形钩形螺栓：螺栓 AM6×12×30 JB/T 8007.3—1999

续表

d		M6	M8	M10	M12	M16	M20	M24
d_1	基本尺寸	10	12	16	18	22	28	34
	极限偏差 f9	−0.013 −0.049	−0.016 −0.059			−0.020 −0.072		−0.025 −0.087
A		12	16	20	25	32	40	50
A_1		15	20	24	30	38	46	60
b		6	8	10	12	16	20	24
b_1		10	12	16	18	22	28	34
l_0		14	18	25	30	40	45	
l_1				22	35	32	40	48
r		12			14	18	22	26
r_1	基本尺寸	5	6	8	9	11	14	17
	极限偏差 h11	0 −0.075		0 −0.090		0 −0.110		
r_2		7	10	12	15	20	24	30
r_3		10	14	16	20	26	30	40
H		8	10	12	14	18	22	26
h		5	6	7	8	10	12	14
L		30	40	50	60	80	90	100
		40	50	60	70	90	100	110
		50	60	70	80	100	110	120
					90	110	120	140
								160

表 6-102　　槽用螺栓的规格尺寸（JB/T 8007.5—1999）　　mm

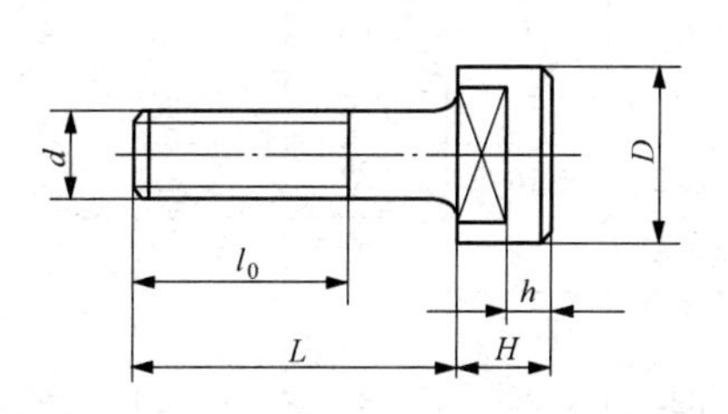

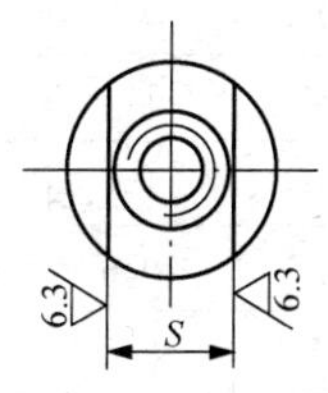

其余 $\overset{12.5}{\bigtriangledown}$

1. 材料：45 钢按 GB/T 699 的规定。
2. 热处理：35～40HRC。
3. 其他技术条件按 JB/T 8044 的规定。

标记示例　d＝M10、L＝40mm 的槽用螺栓：

螺栓　M10×40　JB/T 8007.5—1999

d	M6	M8	M10	M12	M16	M20	M24
D	14	18	22	26	34	42	52
S	8	10	11	13	18	21	27
H	8	10	12	16	22	26	34
h	4	5	6	8	11	13	17

续表

<table>
<tr><th>d</th><th>M6</th><th>M8</th><th>M10</th><th>M12</th><th>M16</th><th>M20</th><th>M24</th></tr>
<tr><th>L</th><th colspan="7">l_0</th></tr>
<tr><td>30</td><td rowspan="3">14</td><td rowspan="5">20</td><td rowspan="7">25</td><td></td><td></td><td></td><td></td></tr>
<tr><td>40</td><td rowspan="6">30</td><td></td><td></td><td></td></tr>
<tr><td>50</td><td rowspan="7">40</td><td></td><td></td></tr>
<tr><td>60</td><td></td><td rowspan="5">50</td><td></td></tr>
<tr><td>70</td><td></td><td rowspan="6">60</td></tr>
<tr><td>80</td><td></td><td></td></tr>
<tr><td>100</td><td></td><td></td></tr>
<tr><td>120</td><td></td><td></td><td></td></tr>
<tr><td>160</td><td></td><td></td><td></td><td></td></tr>
<tr><td>200</td><td></td><td></td><td></td><td></td><td></td><td></td></tr>
</table>

6.4.2　夹具专用垫圈（见表 6-103～表 6-108）

表 6-103　　**悬式垫圈的规格尺寸**（JB/T 8008.1—1999）　　mm

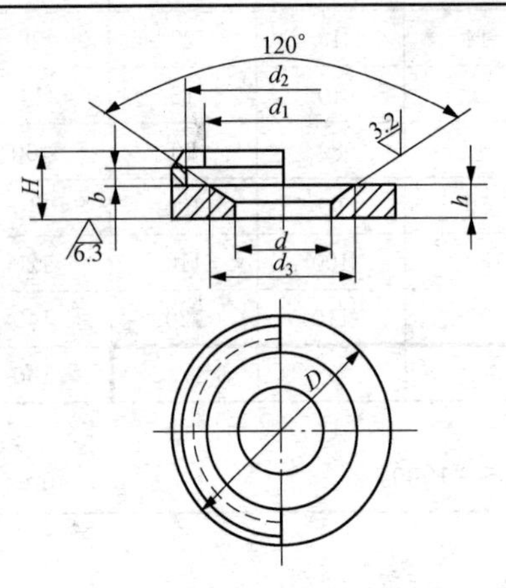

1. 材料：45 钢按 GB/T 699 的规定。
2. 热处理：35～40HRC。
3. 其他技术条件按 JB/T 8044 的规定。

标记示例　公称直径＝16mm 的悬式垫圈：

垫圈　16　JB/T 8008.1—1999

公称直径（螺纹直径）	D	H	d	d_1	d_2	d_3	b	h
6	17	6.5	8	11	14	12	2.3	2.6
8	22	7.5	10	15	18.5	16	2.7	3.2
10	26	8.5	12.5	19.5	22.5	18	3	4
12	30	9.5	16	22	26	23.5	3.2	4.7
16	38	11	20	28	32	29	4	5.1
20	48	13.5	25	35	40	34	4.4	6.6
24	55	16.5	30	42	48	38.5		6.8
30	63	20.5	36	52	60	45.2	7.5	9.9
36	80	24	43	62	72	64		14.3
42	94	30	50	72	85	69	12.5	14.4
48	110	37	60	82	100	78.6	15	17.4

表 6-104 **十字垫圈的规格尺寸**（JB/T 8008.2—1999） mm

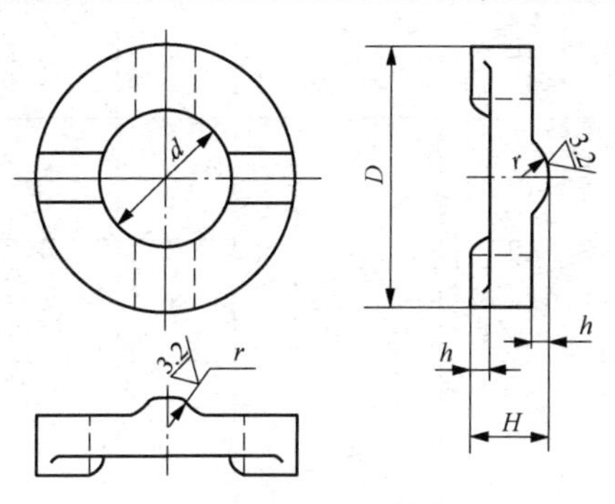

其余 12.5

公称直径（螺纹直径）	*d*	*D*	*H*	*h*	*r*
6	7	14	6	1	3
8	9	18	8		
10	11.5	21	10		
12	14	25			
16	18	32	12	1.5	
20	22.5	38			5
24	26.5	45	16		
30	33	55		2	
36	40	68	20		
42	46	80			
48	52	90			

1. 材料：45 钢按 GB/T 699 的规定。
2. 热处理：40～45HRC。
3. 其他技术条件按 JB/T 8044 的规定。

标记示例 公称直径＝16mm 的十字垫圈：

垫圈 16 JB/T 8008.2—1999

表 6-105 **十字垫圈用垫圈的规格尺寸**（JB/T 8008.3—1999） mm

其余 12.5

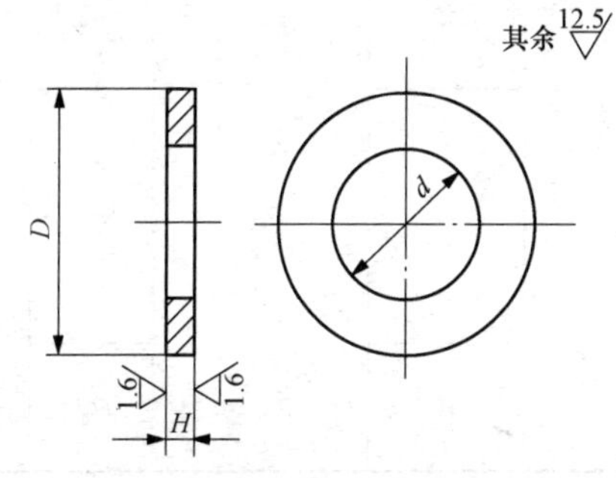

公称直径（螺纹直径）	*d*	*D*	*H*
6	7	14	2
8	9	18	
10	11.5	21	2.5
12	14	25	
16	18	32	3
20	22.5	38	4
24	26.5	45	
30	33	55	5
36	40	68	6
42	46	80	
48	52	90	8

1. 材料：45 钢按 GB/T 699 的规定。
2. 热处理：40～45HRC。
3. 其他技术条件按 JB/T 8044 的规定。

标记示例 公称直径＝16mm 的十字垫圈用垫圈：

垫圈 16 JB/T 8008.3—1999

表 6-106 **转动垫圈的规格尺寸**（JB/T 8008.4—1999） mm

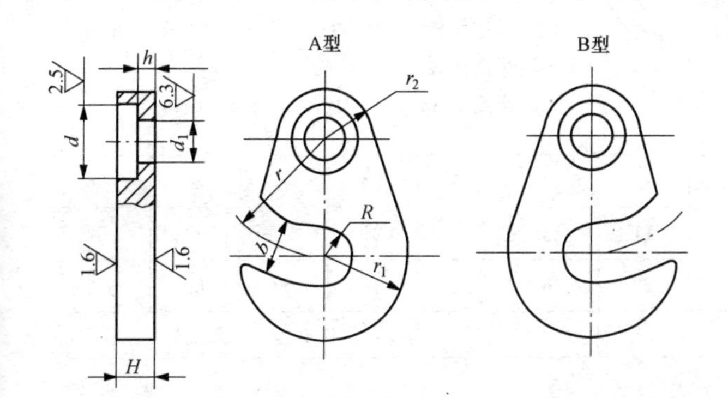

其余 12.5

1. 材料：45 钢按 GB/T 699 的规定。
2. 热处理：35～40HRC。
3. 其他技术条件按 JB/T 8044 的规定。

标记示例 公称直径＝8、r＝22mm 的 A 型转动垫圈：

垫圈 A8×22 JB/T 8008.4—1999

续表

公称直径（螺纹直径）	r	r_1	H	d	d_1 基本尺寸	d_1 极限偏差 H11	h 基本尺寸	h 极限偏差	b	r_2
5	15	11	6	9	5	+0.075 0	3	0 −0.100	7	7
	20	14								
6	18	13	7	11	6				8	8
	25	18								
8	22	16	8	14	8	+0.090 0	4		10	10
	30	22								
10	26	20	10	18	10				12	13
	35	26								
12	32	25							14	
	45	32								
16	38	28	12	22	12	+0.110 0	5		18	15
	50	36								
20	45	32	14				6		22	
	60	42								
24	50	38	16				8		26	
	70	50								
30	60	45	18	26	16				32	18
	80	58								
36	70	55	20				10		38	
	95	70								

表 6-107　　快换垫圈的规格尺寸（JB/T 8008.5—1999）　　mm

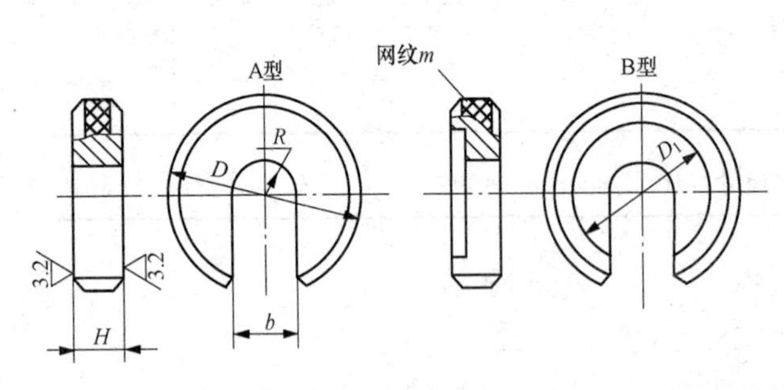

其余 $\sqrt{12.5}$

1. 材料：45 钢按 GB/T 699 的规定。
2. 热处理：35～40HRC。
3. 其他技术条件按 JB/T 8044 的规定。

标记示例　公称直径＝6mm、D＝30mm 的 A 型快换垫圈：

垫圈　A6×30　JB/T 8008.5—1999

公称直径（螺纹直径）	5	6	8	10	12	16	20	24	30	36
b	6	7	9	11	13	17	21	25	31	37
D_1	13	15	19	23	26	32	42	50	60	72
m	0.3				0.4					
D	H									

续表

公称直径（螺纹直径）	5	6	8	10	12	16	20	24	30	36
16	4									
20		5								
25			6							
30		6		7						
35			7		8					
40				8		10				
50							10			
60					10			12		
70									14	
80						12	12			
90										16
100								14		
110							14		16	—
120								16		16
130									18	—
140										18
160										20

表 6-108　　**拆卸垫的规格尺寸**（JB/T 8040—1999）　　mm

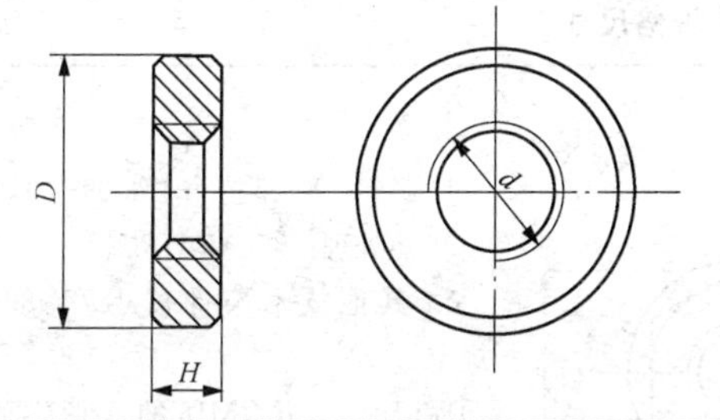

1. 材料：45 钢按 GB/T 699 的规定。
2. 热处理：30～35HRC。
3. 其他技术条件按 JB/T 8044 的规定。

标记示例　D=25mm 的拆卸垫：

拆卸垫　25　JB/T 8040—1999

D	7.5	9	11	14	17	21	25	29	34	40	46	53	60	68	76	83	93
H	3		4		5			6			8			10			
d	M4	M5	M6		M8		M10		M12			M16					

6.4.3　夹具专用螺母（见表 6-109～表 6-118）

1. 带肩六角螺母（JB/T 8004.1—1999）

表 6-109　　**带肩六角螺母的规格尺寸**　　mm

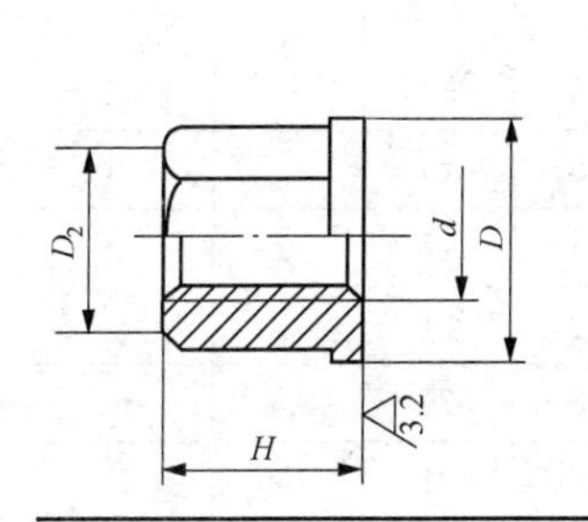

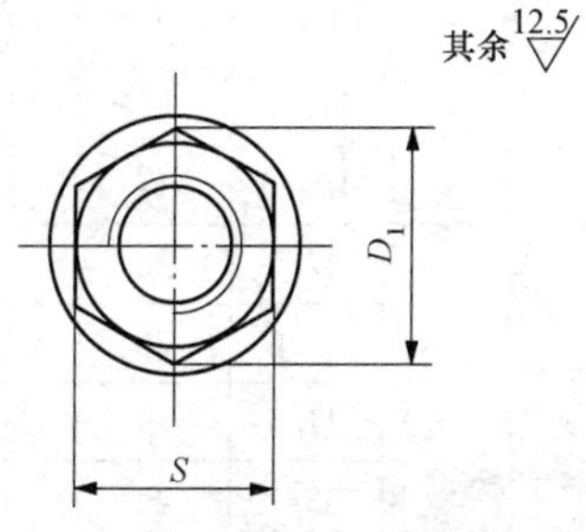

其余 12.5

1. 材料：45 钢按 GB/T 699 的规定。
2. 热处理：35～40HRC。
3. 其他技术条件按 JB/T 8044 的规定。

标记示例　d=M16 的带肩六角螺母：

螺母　M16　JB/T 8004.1—1999

d=M16×1.5 的带肩六角螺母：

螺母　M16×1.5　JB/T 8004.1—1999

续表

d		D	H	S		$D_1\approx$	$D_2\approx$
普通螺纹	细牙螺纹			基本尺寸	极限偏差		
M5	—	10	8	8	0 −0.220	9.2	7.5
M6	—	12.5	10	10		11.5	9.5
M8	M8×1	17	12	13	0 −0.270	14.2	13.5
M10	M10×1	21	16	16		17.59	16.5
M12	M12×1.25	24	20	18		19.85	17
M16	M16×1.5	30	25	24	0 −0.330	27.7	23
M20	M20×1.5	37	32	30		34.6	29
M24	M24×1.5	44	38	36	0 −0.620	41.6	34
M30	M30×1.5	56	48	46		53.1	44
M36	M36×1.5	66	55	55	0 −0.740	63.5	53
M42	M42×1.5	78	65	65		75	62
M48	M48×1.5	92	75	75		86.5	72

2. 球面带肩螺母（JB/T 8004.2—1999）

表 6-110　　球面带肩螺母的规格尺寸　　mm

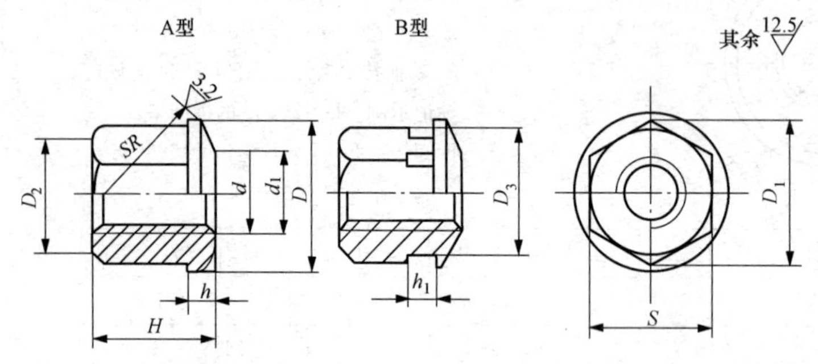

1. 材料：45 钢按 GB/T 699 的规定。

2. 热处理：35～40HRC。

3. 其他技术条件按 JB/T 8044 的规定。

标记示例　d=M16 的 A 型球面带肩螺母：

螺母　AM16　JB/T 8004.2—1999

d	D	H	SR	S		$D_1\approx$	$D_2\approx$	D_3	d_1	h	h_1
				基本尺寸	极限偏差						
M6	12.5	10	10	10	0 −0.220	11.5	9.5	10	6.4	3	2.5
M8	17	12	12	13	0 −0.270	14.2	13.5	14	8.4	4	3
M10	21	16	16	16		17.59	16.5	18	10.5		3.5
M12	24	20	20	18		19.85	17	20	13	5	4
M16	30	25	25	24	0 −0.330	27.7	23	26	17	6	5
M20	37	32	32	30		34.6	29	32	21	6.6	
M24	44	38	36	36	0 −0.620	41.6	34	38	25	9.6	6
M30	56	48	40	46		53.1	44	48	31	9.8	7

续表

d	D	H	SR	S		$D_1\approx$	$D_2\approx$	D_3	d_1	h	h_1
				基本尺寸	极限偏差						
M36	66	55	50	55	0 −0.740	63.5	53	58	37	12	8
M42	78	65	63	65		75	62	68	43	16	9
M48	92	75	70	75		86.5	72	78	50	20	10

3. 调节螺母（JB/T 8004.4—1999）

表 6-111　　调节螺母的规格尺寸　　mm

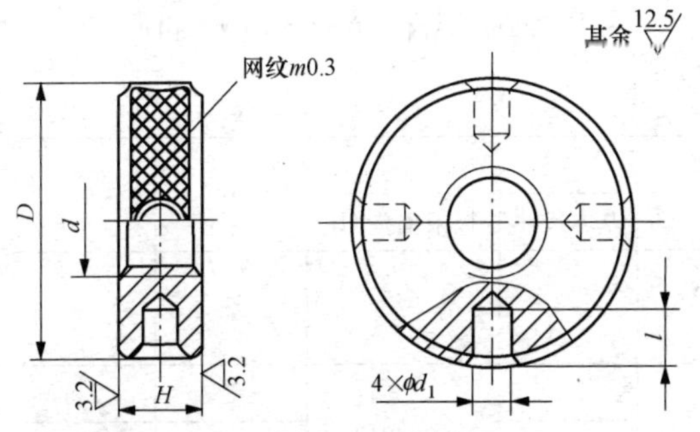

标记示例　d=M16 的调节螺母：

螺母　M16　JB/T 8004.4—1999

d	D（滚花前）	H	d_1	l
M6	20	6	3	4.5
M8	24	7	3.5	5
M10	30	8	4	6
M12	35	10	5	7
M16	40	12	6	8
M20	50	14		10

1. 材料：45 钢按 GB/T 699 的规定。
2. 热处理：35～40HRC。
3. 其他技术条件按 JB/T 8044 的规定。

4. 连接螺母（JB/T 8004.3—1999）

表 6-112　　连接螺母的规格尺寸　　mm

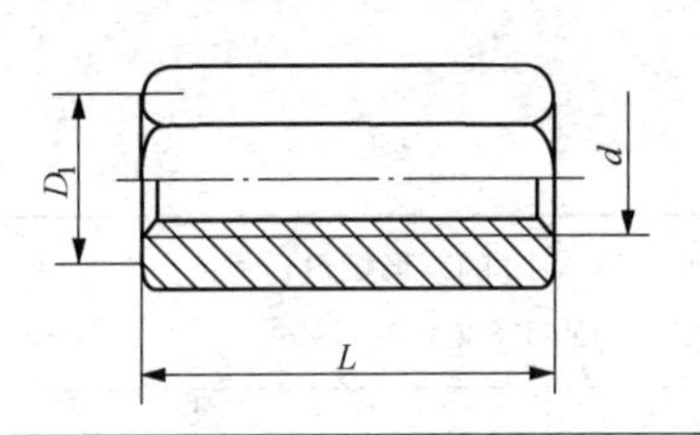

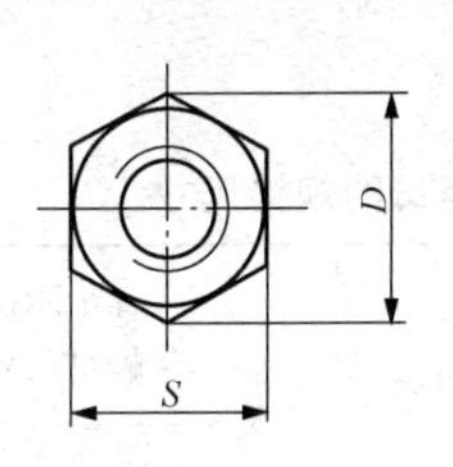

其余 12.5

1. 材料：45 钢按 GB/T 699 的规定。
2. 热处理：35～40HRC。
3. 其他技术条件按 JB/T 8044 的规定。

标记示例　d=M12 的连接螺母：

螺母　M12　JB/T 8004.3—1999

d	L	S		$D\approx$	$D_1\approx$
		基本尺寸	极限偏差		
M12	40	18	0 −0.270	19.85	18
M16	50	24	0 −0.330	27.7	22.8
M20	60	30		34.6	28.5
M24	75	36	0 −0.620	41.6	34.2
M30	90	46		53.1	43.7
M36	110	55	0 −0.740	63.5	52.3
M42	130	65		75	61.8
M48	160	75		86.5	71.3

5. 带孔滚花螺母（JB/T 8004.5—1999）

表 6-113 **带孔滚花螺母的规格尺寸** mm

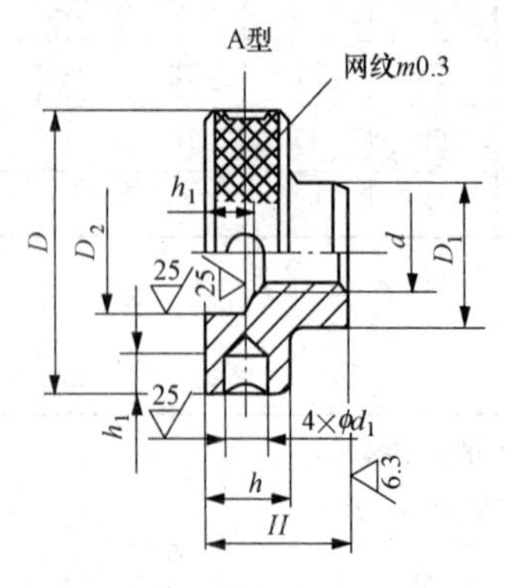

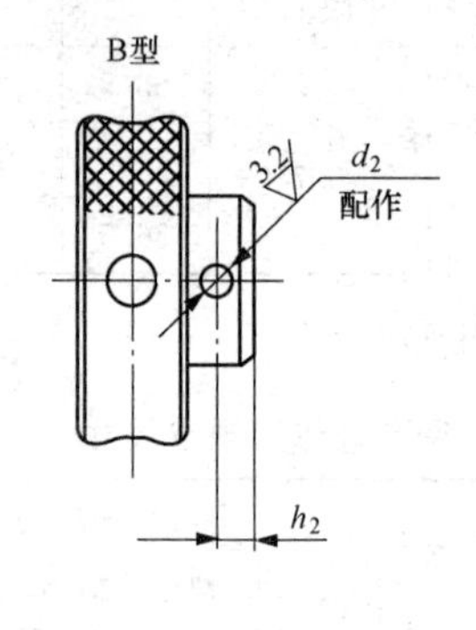

其余 12.5

1. 材料：45 钢按 GB/T 699 的规定。
2. 热处理：A 型 35～40HRC。
3. 其他技术条件按 JB/T 8044 的规定。

标记示例 d=M5 的 A 型带孔滚花螺母：

螺母 AM5 JB/T 8004.5—1999

<table>
<tr><th rowspan="2">d</th><th rowspan="2">D（滚花前）</th><th rowspan="2">DD_1</th><th rowspan="2">D_2</th><th rowspan="2">H</th><th rowspan="2">h</th><th rowspan="2">d_1</th><th colspan="2">d_2</th><th rowspan="2">h_1</th><th rowspan="2">h_2</th></tr>
<tr><th>基本尺寸</th><th>极限偏差 H7</th></tr>
<tr><td>M3</td><td>12</td><td>8</td><td>5</td><td>8</td><td>5</td><td rowspan="4">—</td><td rowspan="2">—</td><td rowspan="2">—</td><td rowspan="2">2</td><td rowspan="2">—</td></tr>
<tr><td>M4</td><td>18</td><td>10</td><td>6</td><td>10</td><td>6</td></tr>
<tr><td>M5</td><td>20</td><td rowspan="2">12</td><td>7</td><td>12</td><td>7</td><td>1.5</td><td rowspan="3">+0.010
0</td><td>3</td><td>2.5</td></tr>
<tr><td>M6</td><td>25</td><td>8</td><td>14</td><td>8</td><td>2</td><td>4</td><td rowspan="3">3</td></tr>
<tr><td>M8</td><td>30</td><td>16</td><td>10</td><td>16</td><td>10</td><td rowspan="2">5</td><td>3</td><td rowspan="2">5</td></tr>
<tr><td>M10</td><td>35</td><td rowspan="2">20</td><td>14</td><td rowspan="2">20</td><td rowspan="2">12</td><td>4</td><td rowspan="4">+0.012
0</td><td rowspan="2">4</td></tr>
<tr><td>M12</td><td>40</td><td>18</td><td>6</td><td>5</td><td>7</td></tr>
<tr><td>M16</td><td>50</td><td>25</td><td>20</td><td>25</td><td rowspan="2">15</td><td rowspan="2">8</td><td rowspan="2">6</td><td>8</td><td>5</td></tr>
<tr><td>M20</td><td>60</td><td>30</td><td>25</td><td>30</td><td>10</td><td>7</td></tr>
</table>

6. 菱形螺母（JB/T 8004.6—1999）

表 6-114 **菱形螺母的规格尺寸** mm

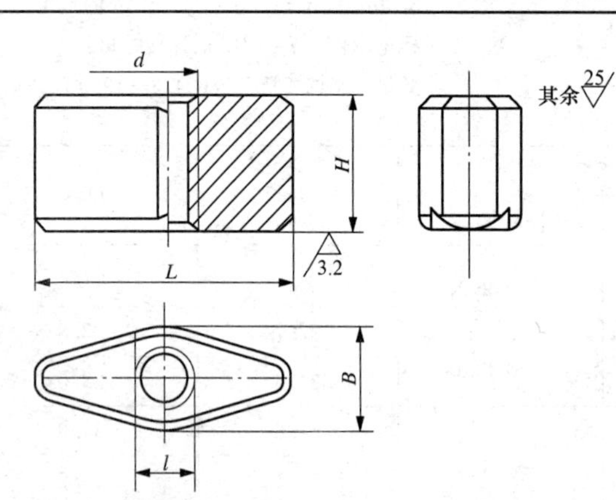

1. 材料：45 钢按 GB/T 699 的规定。
2. 热处理：35～40HRC。
3. 其他技术条件按 JB/T 8044 的规定。

标记示例 d=M10 的菱形螺母：

螺母 M10 JB/T 8004.6—1999

d	L	B	H	l
M4	20	7	8	4
M5	25	8	10	5
M6	30	10	12	6
M8	35	12	16	8
M10	40	14	20	10
M12	50	16	22	12
M16	60	22	25	16

7. 内六角螺母（JB/T 8004.7—1999）

表 6-115　内六角螺母的规定尺寸　mm

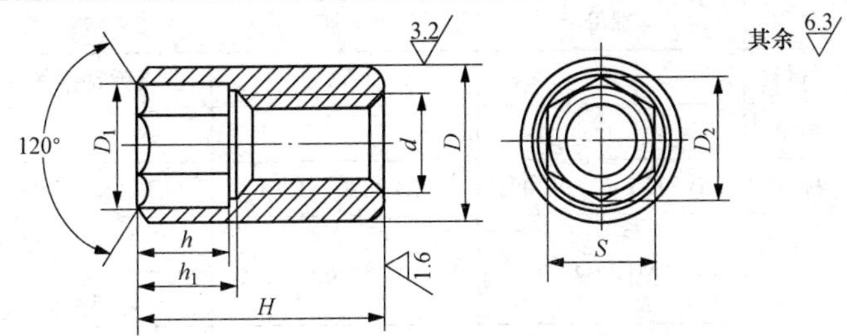

1. 材料：45 钢。
2. 热处理：35～40HRC。
3. 其他技术条件按 JB/T 8044 的规定。

标记示例　d=M12 的内六角螺母：

螺母 M12　JB/T 8004.7—1999

d	D	H	S 基本尺寸	S 极限偏差	D_2	$D_1\approx$	h	h_1
M6	10	16	6	+0.160 +0.030	7.5	6.9	5	6
M8	14	20	8	+0.200 +0.040	9.5	9.2	7	8
M10	18	25	10		12	11.5	9	10
M12	22	30	14	+0.240 +0.050	17	16.2	11	13
M16	25	40	17		20	19.6	13	15
M20	30	50	22	+0.280 +0.060	26	25.4	16	18
M24	38	60	27		32	31.2	22	24

8. 手柄螺母（JB/T 8004.8—1999）

表 6-116　手柄螺母的规格尺寸　mm

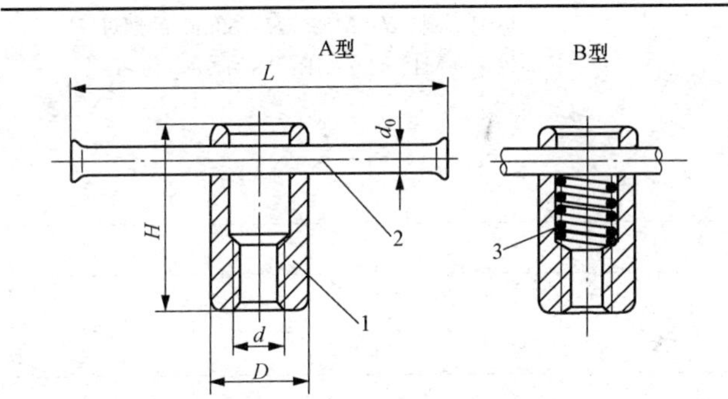

标记示例　d=M12，H=50mm 的 A 型手柄螺母：

手柄螺母　AM12×50　JB/T 8004.8—1999

主要尺寸 d	D	H	L	d_0	件号	1	2	3
					名称	螺母	手柄	弹簧
					材料	45	A3	碳素弹簧钢丝Ⅱ
					数量	1	1	1
					标准	GB 2155（1）—1991	GB 2220—1991	GB 2089—1991
M6	15	28	50	5	规格	M6×H	5×50	0.8×7×13
		50						0.8×7×38
M8	18	32	60	6		M8×H	6×60	0.8×9×17
		60						0.8×9×45

续表

主要尺寸					件号	1	2	3
					名称	螺母	手柄	弹簧
d	D	H	L	d_0	材料	45	A3	碳素弹簧钢丝Ⅱ
					数量	1	1	1
					标准	GB 2155（1）—1991	GB 2220—1991	GB 2089—1991
M10	22	45	80	8	规格	M10×H	8×80	1.2×12×22
		80						1.2×12×65
M12	25	50	100	10		M12×H	10×100	1.6×14×20
		100						1.6×14×80
M16	32	60	120	12		M16×H	12×120	1.6×18×25
		110						1.6×18×80
M20	36	70	200	16		M20×H	16×200	2×22×30
		120						2×22×85

表 6-117　　手柄螺母螺母的规格尺寸　　mm

件 1　螺母

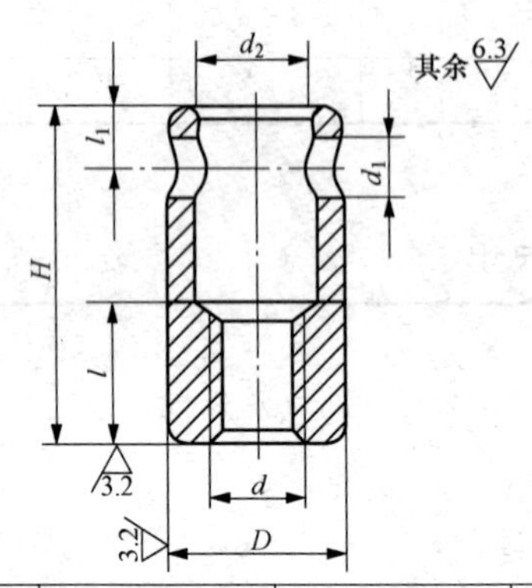

1. 材料：45 钢。
2. 热处理：35～40HRC。
3. 其他技术条件按 JB/T 8044 的规定。

标记示例　d=M12、H=50mm 的螺母：

螺母　M12×50　JB/T 8004.8—1999

d	D	H	d_1	d_2	l	l_1
M6	15	28	5.1	9	10	6
		50				
M8	18	32	6.1	11	12	7
		60				
M10	22	45	8.2	15	16	8
		80				
M12	25	50	10.2	17	20	9
		100				
M16	32	60	12.2	21	25	11
		110				
M20	36	70	16.2	25	32	13
		120				

9. T形槽用螺母（JB/T 8004.11—1999）

表 6-118　　T形槽用螺母的规格尺寸　　mm

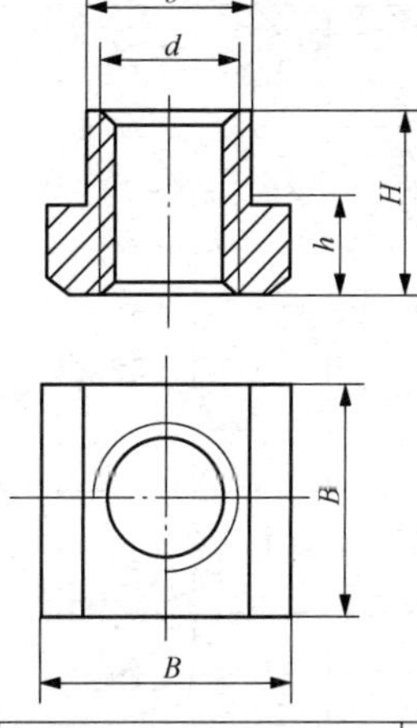

1. 材料：45钢按 GB/T 699 的规定。
2. 热处理：35～40HRC。
3. 其他技术条件按 JB/T 8044 的规定。

标记示例　*d*=M20 的 T形槽用螺母：
螺母　M20　JB/T 8004.11—1999

d	*b*		*B*		*h*		*H*	适用宽度
	基本尺寸	极限偏差	基本尺寸	极限偏差	基本尺寸	极限偏差		
M4	5	−0.3 −0.5	9	0 −0.5	2.5	0 −0.3	6.5	5
M5	6		10		4	0 −0.5	8	6
M6	8		13		6		10	8
M8	10		15				12	10
M10	12	−0.3 −0.6	18		7		14	12
M12	14		22		8		16	14
M16	18		28		10		20	18
M20	22		34		14		28	22
M24	28		43	0 −1.0	18	0 −1.0	36	28
M30	36	−0.4 −0.7	53		23		44	36
M36	42		64		28		52	42
M42	48		75		32		60	48
M48	54	−0.4 −0.8	85		36		70	54

6.5　导　向　件

6.5.1　钻套（见表 6-119～表 6-123）

表 6-119　　固定钻套的规格尺寸（JB/T 8045.1—1999）　　mm

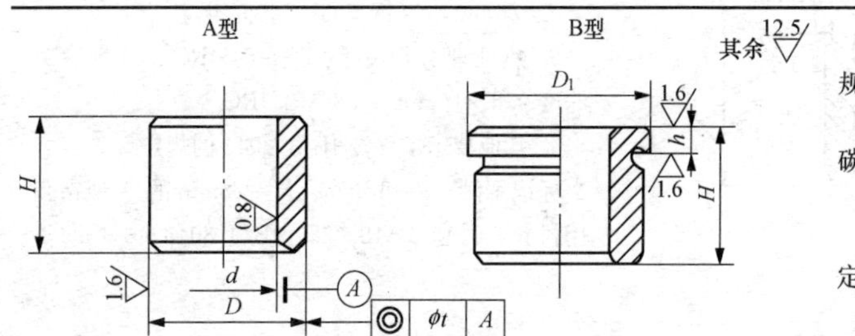

1. 材料：*d*≤26mm，T10A按 GB/T 1298 的规定；*d*>26mm，20钢按 GB/T 699 的规定。

2. 热处理：T10A 为 58～64HRC；20钢渗碳深度 0.8～1.2mm，58～64HRC。

3. 其他技术条件按 JB/T 8044 的规定。

标记示例　*d*=18mm、*H*=16mm 的 A型固定钻套：

钻套　A18×16　JB/T 8045.1—1999

续表

d 基本尺寸	d 极限偏差 F7	D 基本尺寸	D 极限偏差 D6	D_1	H			t
>0～1	+0.016 +0.006	3	+0.010 +0.004	6	6	9	—	0.008
>1～1.8		4	+0.016 +0.008	7				
>1.8～2.6		5		8				
>2.6～3		6		9	8	12	16	
>3～3.3	+0.022 +0.010							
>3.3～4		7	+0.019 +0.010	10				
>4～5		8		11				
>5～6		10		13	10	16	20	
>6～8	+0.028 +0.013	12	+0.023 +0.012	15				
>8～10		15		18	12	20	25	
>10～12	+0.034 +0.016	18		22				
>12～15		22	+0.028 +0.015	26	16	28	36	
>15～18		26		30				0.012
>18～22	+0.041 +0.020	30		34	20	36	45	
>22～26		35	+0.033 +0.017	39				
>26～30		42		46	25	45	56	
>30～35	+0.050 +0.025	48		52				
>35～42		55	+0.039 +0.020	59	30	56	67	
>42～48		62		66				
>48～50		70		74				0.040
>50～55	+0.060 +0.030							
>55～62		78		82	35	67	78	
>62～70		85	+0.045 +0.023	90				0.040
>70～78		95		100	40	78	105	
>78～80		105		110				
>80～85	+0.071 +0.036							

表 6-120　钻套用衬套的规格尺寸（JB/T 8045.4—1999）　mm

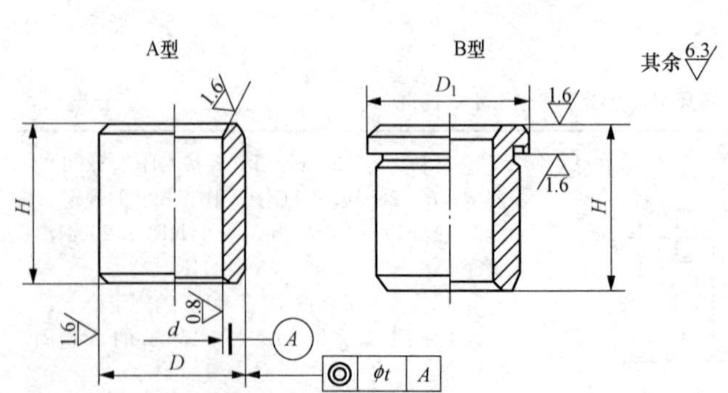

1. 材料：d≤26mm，T10A 按 GB1298 的规定；d>26mm，20 钢按 GB 699 的规定。

2. 热处理：T10A 为 58～64HRC；20 钢渗碳深度 0.8～1.2mm，58～64HRC。

3. 其他技术条件按 JB/T 8044 的规定。

标记示例　d=18mm、H=28mm 的 A 型钻套用衬套：衬套　A18×28　JB/T 8045.4—1999

续表

d		D		D_1	H			t
基本尺寸	极限偏差 F7	基本尺寸	极限偏差 n6					
8	+0.028 +0.013	12	+0.023 +0.012	15	10	16	—	0.008
10		15		18	12	20	25	
12	+0.034 +0.016	18		22				
(15)		22	+0.028 +0.015	26	16	28	36	
18		26		30				
22	+0.041 +0.020	30		34	20	36	45	0.012
(26)		35	+0.033 +0.017	39				
30		42		46	25	45	56	
35	+0.050 +0.025	48		52				
(42)		55	+0.039 +0.020	59	30	56	67	
(48)		62		66				
55	+0.060 +0.030	70		74				
62		78		82	35	67	78	0.040
70		85	+0.045 +0.023	90				
78		95		100	40	78	105	
(85)	+0.071 +0.036	105		110				
95		115		120	45	89	112	
105		125	+0.052 +0.027	130				

注　因 F7 为装配后公差带，零件加工尺寸需由工艺决定（需要预留收缩量时，推荐为 0.006～0.012mm）。

表 6-121　　**可换钻套的规格尺寸**（JB/T 8045.2—1999）　　mm

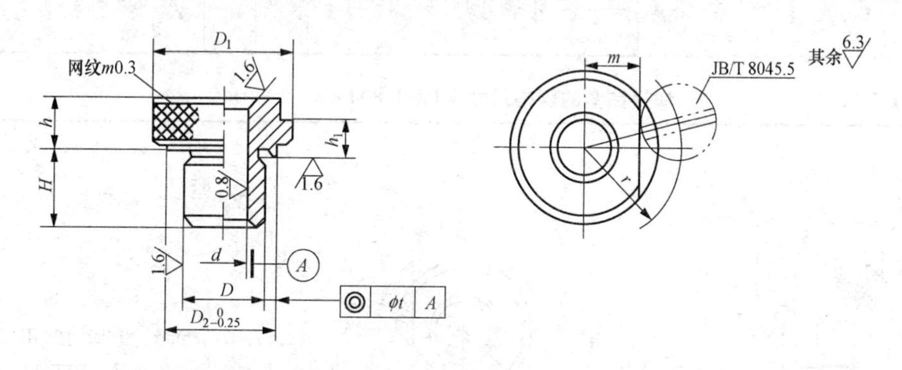

1. 材料：d≤26mm，T10A 按 GB/T 1298 的规定；d>26mm，20 钢按 GB/T 699 的规定。
2. 热处理：T10A 为 58～64HRC；20 钢渗碳深度为 0.8～1.2mm，58～64HRC。
3. 其他技术条件按 JB/T 8044 的规定。

标记示例　d=12mm、公差带为 F7、D=18mm、公差带为 k6、H=16mm 的可换钻套：

钻套　12F7×18k6×16　JB/T 8045.2—1999

续表

d 基本尺寸	d 极限偏差 F7	D 基本尺寸	D 极限偏差 m6	D 极限偏差 k6	滚花前 D_1	D_2	H			h	h_1	r	m	t	配用螺钉 JB/T 8045.5
>0～3	+0.016 +0.006	8	+0.015 +0.006	+0.010 +0.001	15	12	10	16	—	8	3	11.5	4.2	0.008	M5
>3～4	+0.022 +0.010														
>4～6		10			18	15	12	20	25			13	5.5		
>6～8	+0.028 +0.013	12	+0.018 +0.007	+0.012 +0.001	22	18				10	4	16	7		M6
>8～10		15			26	22	16	28	36			18	9		
>10～12	+0.034 +0.016	18			30	26						20	11		
>12～15		22	+0.021 +0.008	+0.015 +0.002	34	30	20	36	45	12	5.5	23.5	12		M8
>15～18		26			39	35						26	14.5	0.012	
>18～22	+0.041 +0.020	30			46	42	25	45	56			29.5	18		
>22～26		35	+0.025 +0.009	+0.018 +0.002	52	46						32.5	21		
>26～30		42			59	53	30	56	67			36	24.5		
>30～35	+0.050 +0.025	48			66	60				16	7	41	27		M10
>35～42		55	+0.030 +0.011	+0.021 +0.002	74	68						45	31		
>42～48		62			82	76	35	67	78			49	35		
>48～50		70			90	84						53	39	0.040	
>50～55	+0.060 +0.030														
>55～62		78			100	94	40	78	105			58	44		
>62～70		85	+0.035 +0.013	+0.025 +0.003	110	104						63	49		
>70～78		95			120	114	45	89	112			68	54		
>78～80		105			130	124						73	59		
>80～85	+0.071 +0.036														

表 6-122　　快换钻套的规格尺寸（JB/T 8045.3—1999）　　mm

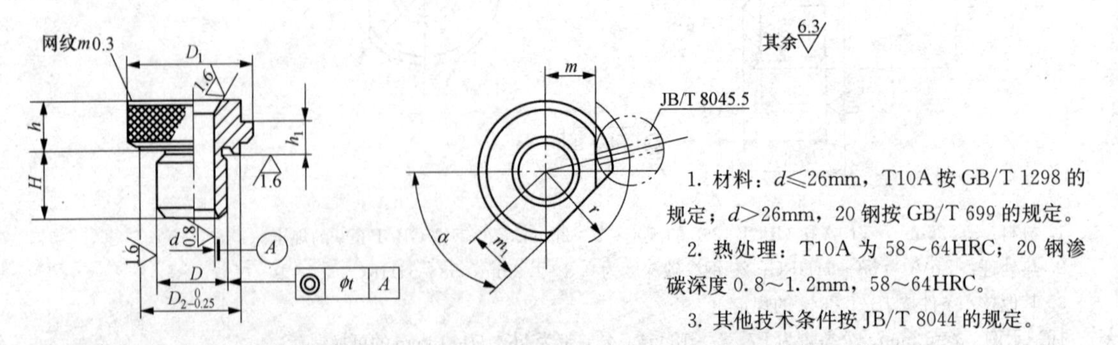

1. 材料：$d \leqslant 26$mm，T10A 按 GB/T 1298 的规定；$d > 26$mm，20 钢按 GB/T 699 的规定。

2. 热处理：T10A 为 58～64HRC；20 钢渗碳深度 0.8～1.2mm，58～64HRC。

3. 其他技术条件按 JB/T 8044 的规定。

标记示例　d=12mm、公差带为 F7、D=18mm、公差带为 k6、H=16mm 的快换钻套：

钻套　12F7×18k6×16　JB/T 8045.3—1999

续表

d 基本尺寸	d 极限偏差 F7	D 基本尺寸	D 极限偏差 m6	D 极限偏差 k6	D_1（滚花前）	D_2	H			h	h_1	r	m	m_1	α	t	配用螺钉 JB/T 8045.5—1999
>0~3	+0.016 +0.006	8	+0.015 +0.006	+0.010 +0.001	15	12	10	16	—	8	3	11.5	4.2	4.2	50°	0.008	M5
>3~4	+0.022 +0.010																
>4~6		10			18	15	12	20	25			13	5.5	5.5			
>6~8	+0.028 +0.013	12	+0.018 +0.007	+0.012 +0.001	22	18				10	4	16	7	7			M6
>8~10		15			26	22	16	28	36			18	9	9	55°		
>10~12	+0.034 +0.016	18			30	26						20	11	11			
>12~15		22	+0.021 +0.008	+0.016 +0.002	34	30	20	36	45	12	5.5	23.5	12	12			M8
>15~18		26			39	35						26	14.5	14.5		0.012	
>18~22	+0.041 +0.020	30			46	42	25	45	56			29.5	18	18			
>22~26		35	+0.025 +0.009	+0.018 +0.002	52	46						32.5	21	21			
>26~30		42			59	53	30	56	67			36	24.5	25	65°		
>30~35	+0.050 +0.025	48			66	60				16	7	41	27	28			M10
>35~42		55	+0.030 +0.011	+0.021 +0.002	74	68						45	31	32			
>42~48		62			82	76	35	67	78			49	35	36	70°		
>48~50		70			90	84						53	39	40		0.040	
>50~55	+0.060 +0.030																
>55~62		78			100	94	40	78	105			58	44	45			
>62~70		85	+0.035 +0.013	+0.025 +0.003	110	104						63	49	50			
>70~78		95			120	114	45	89	112			68	54	55	75°		
>78~80		105			130	124						73	59	60			
>80~85	+0.071 +0.036																

注　1. 当作铰（扩）套使用时，d 的公差带推荐如下：采用 GB/T 1132 铰刀，铰 H7 孔时取 F7；铰 H9 孔时取 E7。铰（扩）其他精度孔时，公差带由设计选定。

2. 铰（扩）套标记示例：d=12mm 公差带为 E7、D=18mm、公差带为 m6、H=16mm 的快换铰（扩）套，铰（扩）套　12E7×18m6×16JB/T 8045.3—1999。

表 6-123　　薄壁钻套的规格尺寸（JB/T 8013.2—1999）　　mm

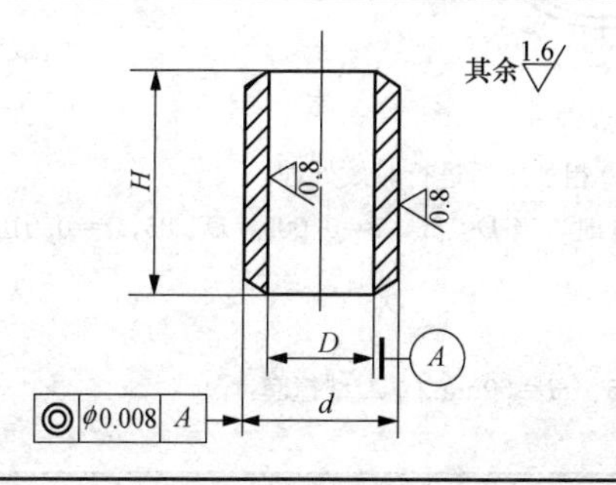

1. 材料：CrMn 按 GB/T 1299 的规定。
2. 热处理：58～62HRC。
3. 其他技术条件按 JB/T 8044 的规定。

标记示例　D=6mm、H=12mm 的薄壁钻套：

钻套　6×12　JB/T 8013.2—1999

续表

D	d		H	D	d		H
	基本尺寸	极限偏差 n6			基本尺寸	极限偏差 n6	
≥0.5～1	2	+0.010 +0.004	6	>2.5～3	5	+0.016 +0.008	6
			8				8
>1～1.2	2.5		6	>3～4	6		8
			8				12
>1.2～1.5	3		6	>4～5	7	+0.019 +0.010	8
			8				12
>1.5～2	3.5	+0.016 +0.008	6	>5～6	8		8
			8				12
>2～2.5	4		6	>6～7	9		8
			8				12

注　*D* 的公差带按设计要求决定。

6.5.2　其他导向件（见表 6-124～表 6-126）

表 6-124　　**镗套的规格尺寸**（JB/T 8046.1—1999）　　mm

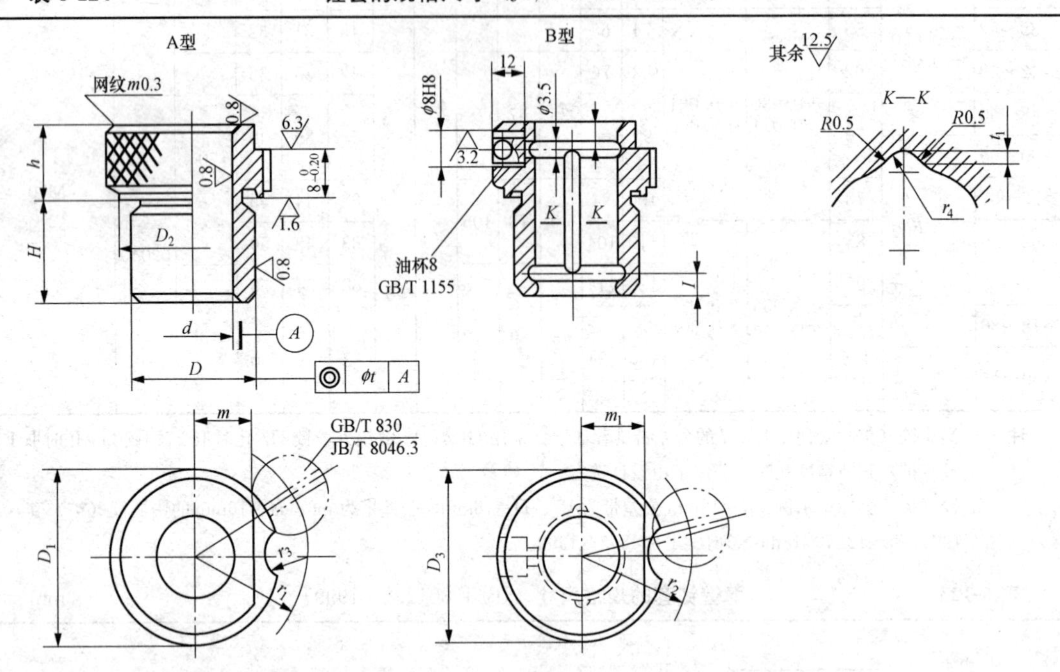

1. 材料：20 钢按 GB/T 699 的规定；HT200 按 GB/T 9439 的规定。
2. 热处理：20 钢渗碳深度 0.8～1.2mm，55～60HRC；HT200 粗加工后进行时效处理。
3. 同轴度：*d* 的公差带为 H7 时，t=0.010；*d* 的公差带为 H6 时，当 $D<85$，t=0.005；$D\geqslant 85$，t=0.010。
4. 油槽锐角磨后倒钝。
5. 其他技术条件按 JB/T 8044 的规定。

标记示例　d=40mm、公差带为 H7、D=50mm、公差带为 g5、H=60mm 的 A 型镗套：

镗套　A40H7×50g5×60　JB/T 8046.1—1999

续表

d	基本尺寸	20	22	25	28	32	35	40	45	50	55	60	70	80	90	100	120	160
	极限偏差 H6	+0.013 0				+0.016 0					+0.019 0				+0.022 0			+0.025 0
	极限偏差 H7	+0.021 0				+0.025 0					+0.030 0				+0.035 0			+0.040 0
D	基本尺寸	25	28	32	35	40	45	50	55	60	65	75	85	100	110	120	145	185
	极限偏差 g5	−0.007 −0.016		−0.009 −0.020					−0.010 −0.023				−0.012 −0.027				−0.014 −0.032	−0.015 −0.035
	极限偏差 g6	−0.007 −0.020		−0.009 −0.025					−0.010 −0.029				−0.012 −0.054				−0.014 −0.039	−0.015 −0.044
H		20		25		35				45			60		80		100	125
		25		35		45				60			80		100		125	160
		35		45		55		60		80			100		125		160	200
I		—			6			8										
D_1 滚花前		34	38	42	46	52	56	62	70	75	80	90	105	120	130	140	165	220
D_2		32	36	40	44	50	54	60	65	70	75	85	100	115	125	135	160	210
D_3（滚花前）		—			56	60	65	70	75	80	85	90	105	120	130	140	165	220
h		15						18										
m		13	15	17	18	21	23	26	30	32	35	40	47	54	58	65	75	105
m_1		—			23	25	28	30	33	35	38							
r_1		22.5	24.5	26.5	30	33	35	38	45.5	46	48.5	53.5	61	68.5	75.5	81	93	121
r_2		—			35	37	39.5	42	46	48.5	51							
r_3		9			11				12.5						16			
r_4		—			2								2.5					
t_1					1.5								2					
配用螺钉		M8×8 GB/T 830			M10×8 GB/T 830				M12×8 JB/T 8046.3—1999						M16×8 JB/T 8046.3—1999			

注　1. d 或 D 的公差带，d 与镗杆外径或 D 与衬套内径的配合间隙也可由设计确定。

2. 当 d 的公差带为 H7 时，d 孔表面的粗糙度为 $Ra0.8\mu m$。

表 6-125　**镗套用衬套的规格尺寸**（JB/T 8046.2—1999）　mm

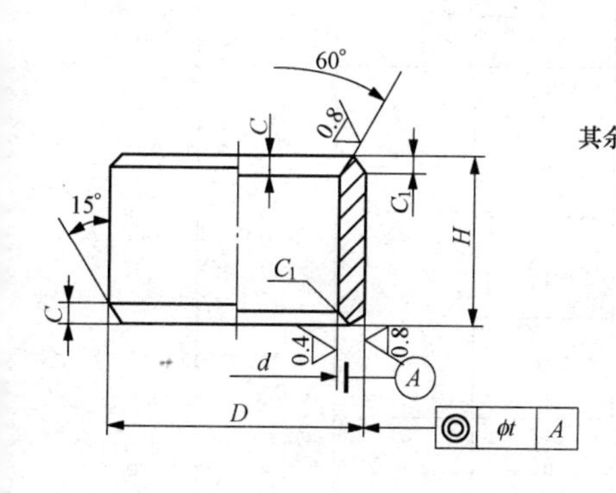

其余 6.3

1. 材料：20 钢按 GB/T 699 的规定。

2. 热处理：渗碳深度 0.8～1.2mm，58～64HRC。

3. 同轴度：d 的公差带为 H7 时，t=0.010；d 的公差带为 H6 时，当 D<52，t=0.005；当 D≥52，t=0.010。

4. 其他技术条件按 JB/T 8044 的规定。

标记示例　d=32mm、公差带为 H6、H=25mm 的镗套用衬套：

衬套　32H6×25　JB/T 8046.2—1999

续表

d	基本尺寸	25	28	32	35	40	45	50	55	60	65	75	85	100	110	120	145	185
	极限偏差 H6	+0.013 0		+0.016 0					+0.019 0				+0.022 0				+0.025 0	+0.029 0
	极限偏差 H7	+0.021 0		+0.025 0					+0.030 0				+0.035 0				+0.040 0	+0.046 0
D	基本尺寸	30	34	38	42	48	52	58	65	70	75	85	100	115	125	135	160	210
	极限偏差 n6	+0.028 +0.015	+0.033 +0.017				+0.039 +0.020					+0.045 +0.023		+0.052 +0.027				+0.060 +0.031
H		20		25		35				45			60		80		100	125
		25		35		45				60			80		100		125	160
		35		45		55		60		80			100		125		160	200
C		2	2.5						3								4	
C_1		0.6			1						2					2.5		

注　因 H6 或 H7 为装配后公差带，零件加工尺寸需由工艺决定。

表 6-126　　**定位衬套的规格尺寸**（JB/T 8013.1—1999）　　mm

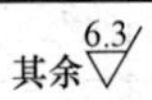

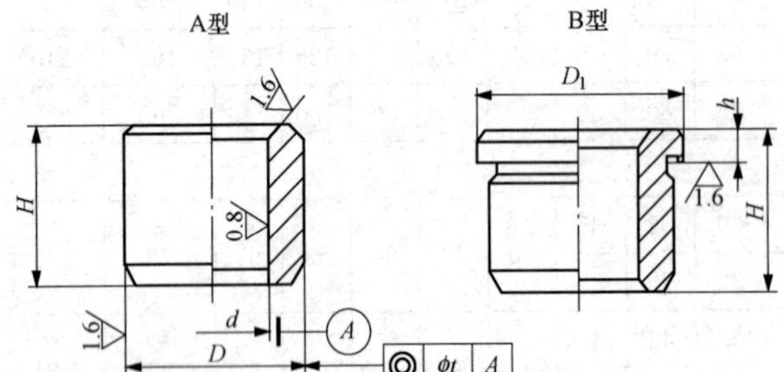

1. 材料：$d\leqslant$25mm，T8 按 GB/T 1298 的规定；$d>$25mm，20 钢按 GB/T 699 的规定。
2. 热处理：T8 为 55～60HRC；20 渗碳深度 0.8～1.2mm，55～60HRC。
3. 其他技术条件按 JB/T 8044 的规定。

标记示例　d=22mm、公差带为 H6、H=20mm 的 A 型定位衬套：

定位衬套　A22H6×20　JB/T 8013.1—1999

d 基本尺寸	d 极限偏差 H6	d 极限偏差 H7	H	D 基本尺寸	D 极限偏差 n6	D_1	h	t 用于 H6	t 用于 H7
3	+0.006 0	+0.010 0	8	8	+0.019 +0.010	11	3	0.005	0.008
4	+0.008 0	+0.012 0	10						
6				10		13			
8	+0.009 0	+0.015 0		12	+0.023 +0.012	15			
10			12	15		18			
12	+0.011 0	+0.018 0		18		22	4		
15			16	22	+0.028 +0.015	26			
18				26		30		0.008	0.012
22	+0.013 0	+0.021 0	20	30	+0.033 +0.017	34			
26				35		39	5		
30			25	42		46			
			45						
35	+0.016 0	+0.025 0	25	48		52			
			45						
42			30	55	+0.039 +0.020	59			
			56						
48			30	62		66	6		
			56						

续表

d			H	D		D_1	h	t	
基本尺寸	极限偏差 H6	极限偏差 H7		基本尺寸	极限偏差 n6			用于 H6	用于 H7
55	+0.019 0	+0.030 0	30	70	+0.039 +0.020	74	6	0.025	0.040
			56						
62			35	78		82			
			67						
70			35	85	+0.045 +0.023	90			
			67						
78			40	95		100			
			78						

6.6　对刀块及塞尺

6.6.1　对刀块（见表6-127～表6-130）

表6-127　　圆形对刀块的规格尺寸（JB/T 8031.1—1999）　　mm

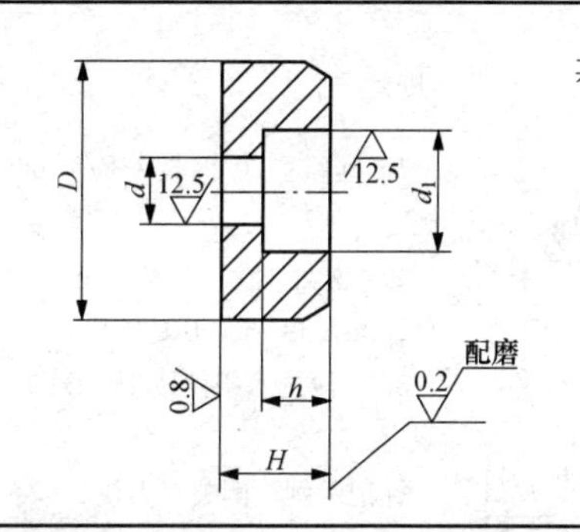

1. 材料：20钢按GB/T 699的规定。
2. 热处理：渗碳深度0.8～1.2mm，58～64HRC。
3. 其他技术条件按JB/T 8044的规定。

标记示例　D=25mm的圆形对刀块：

对刀块　25　JB/T 8031.1—1999

D	H	h	d	d_1
16	10	6	5.5	10
25		7	6.6	11

表6-128　　方形对刀块的规格尺寸（JB/T 8031.2—1999）　　mm

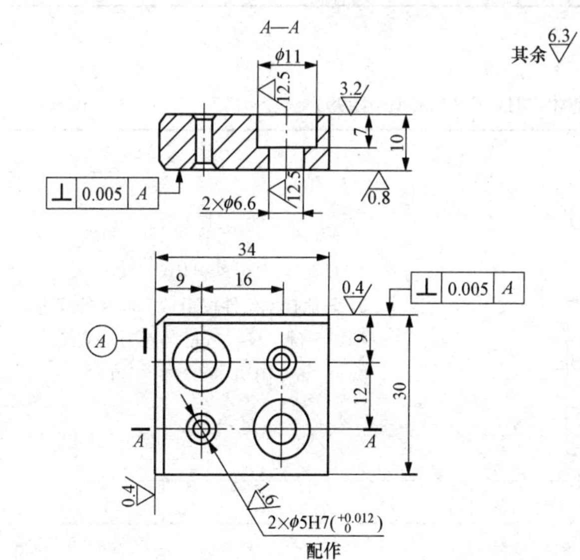

1. 材料：20钢按GB/T 699的规定。
2. 热处理：渗碳深度0.8～1.2mm，58～64HRC。
3. 其他技术条件按JB/T 8044的规定。

标记示例　方形对刀块：

对刀块　JB/T 8031.2—1999

表 6-129　　直角对刀块的规格尺寸（JB/T 8031.3—1999）　　mm

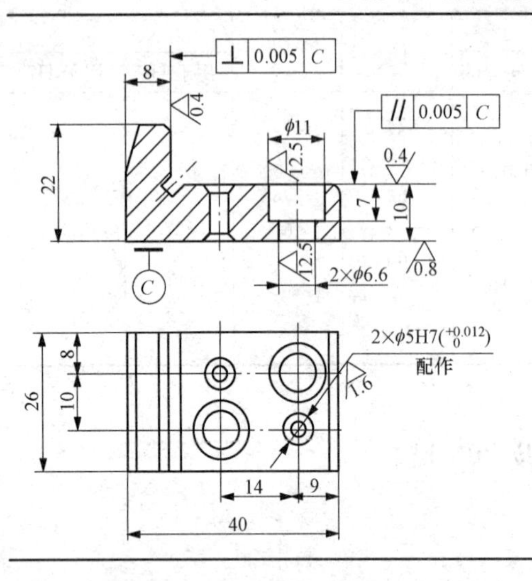

其余 12.5▽

1. 材料：20 钢按 GB/T 699 的规定。
2. 热处理：渗碳深度 0.8～1.2mm。58～64HRC。
3. 其他技术条件按 JB/T 8044 的规定。

标记示例　直角对刀块：

对刀块　JB/T 8031.3—1999

表 6-130　　侧装对刀块的规格尺寸（JB/T 8031.4—1999）　　mm

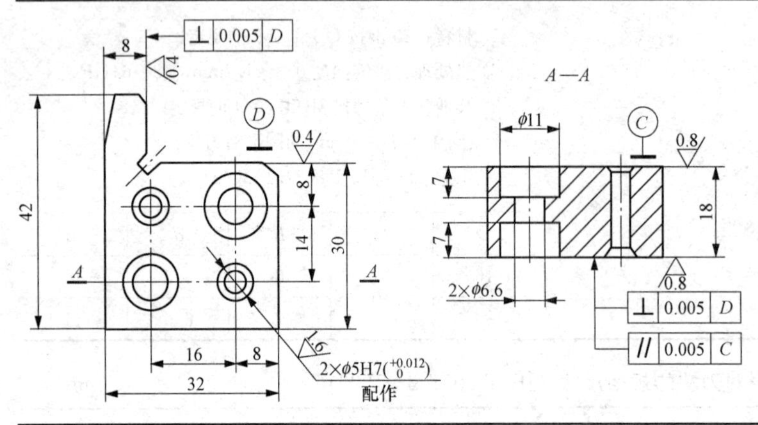

其余 12.5▽

1. 材料：20 钢按 GB/T 699 的规定。
2. 热处理：渗碳深度 0.8～1.2mm，58～64HRC。
3. 其他技术条件按 JB/T 8044 的规定。

标记示例　侧装对刀块：

对刀块　JB/T 8031.4—1999

6.6.2　塞尺（见表 6-131 和表 6-132）

表 6-131　　对刀平塞尺的规格尺寸（JB/T 8032.1—1999）　　mm

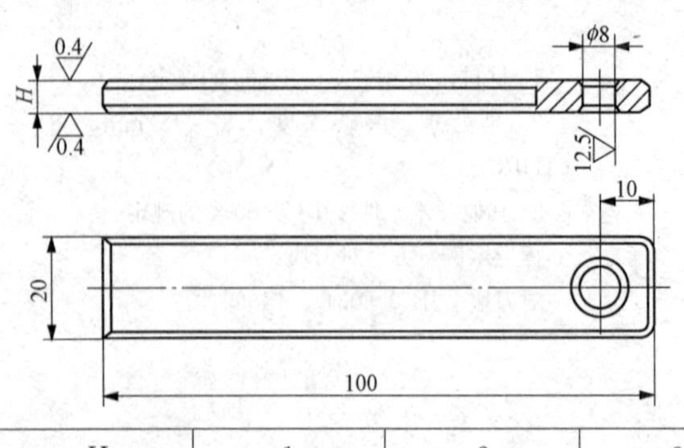

其余 6.3▽

1. 材料：T8 按 GB/T 1298 的规定。
2. 热处理：55～60HRC。
3. 其他技术条件按 JB/T 8044 的规定。

标记示例　H=5mm 的对刀平塞尺：

塞尺　5　JB/T 8032.1—1999

H	1	2	3	4	5	
极限偏差 h8		0 −0.014			0 −0.018	

表 6-132　　对刀圆柱塞尺的规格尺寸（JB/T 8032.2—1999）　　mm

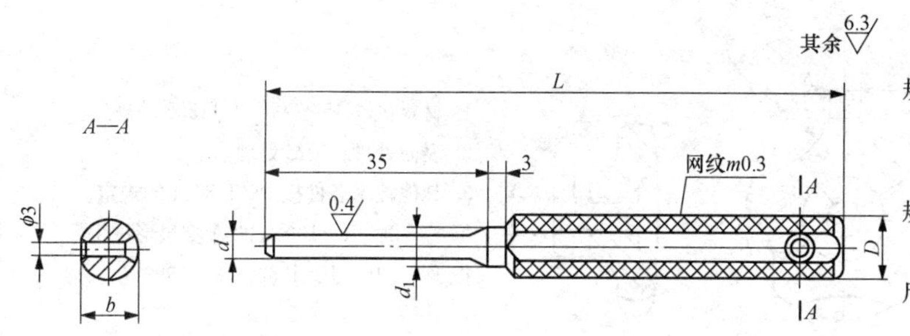

1. 材料：T8 按 GB/T 1298 的规定。
2. 热处理：55～60HRC。
3. 其他技术条件按 JB/T 8044 的规定。

标记示例　d=5mm 的对刀圆柱塞尺：塞尺　5　JB/T 8032.2—1999

d		D（滚花前）	L	d_1	b
基本尺寸	极限偏差 h8				
3	0 −0.014	7	90	5	6
5	0 −0.018	10	100	8	9

6.7　操　作　件

6.7.1　夹具常用操作件（见表 6-133～表 6-136）

表 6-133　　滚花把手的规格尺寸（JB/T 8023.1—1999）　　mm

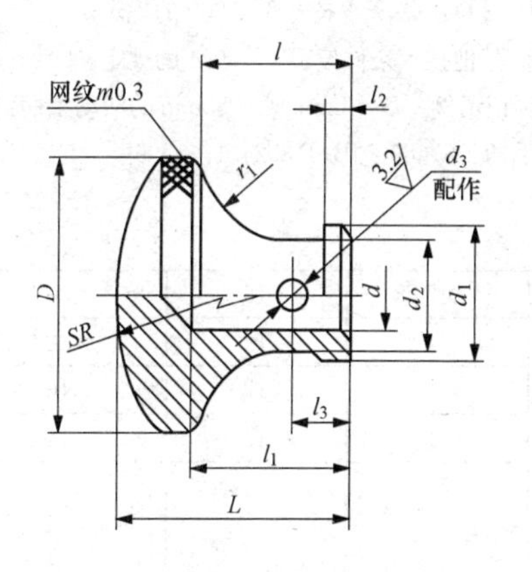

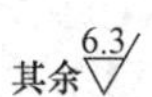

1. 材料：Q235A 按 GB/T 700 的规定。
2. 其他技术条件按 JB/T 8044 的规定。

标记示例　d=8mm 的滚花把手：
把手　8　JB/T 8023.1—1999

d		D（滚花前）	L	SR	r_1	d_1	d_2	d_3		l	l_1	l_2	l_3
基本尺寸	极限偏差 H9							基本尺寸	极限偏差 H7				
6	+0.030 0	30	25	30	8	15	12	2	+0.010 0	17	18	3	6
8	+0.036 0	35	30	35		18	15	3		20	20		8
10		40	35	40	10	22	18			24	25	5	10

表 6-134 **星形把手的规格尺寸**（JB/T 8023.2—1999） mm

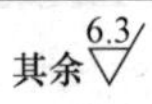

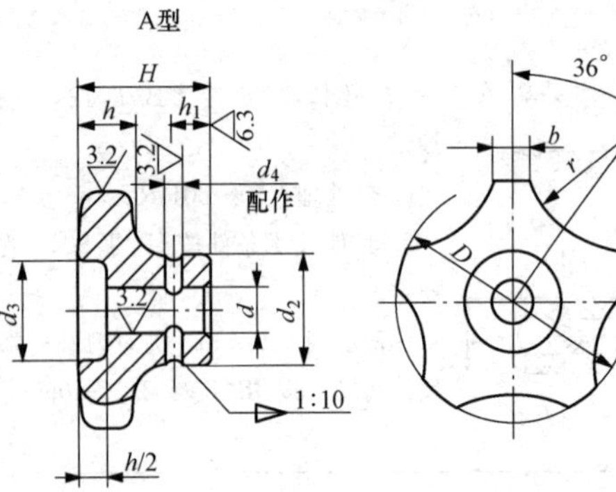

1. 材料：ZG45 按 GB/T 11352 的规定。
2. 表面处理：喷砂处理。
3. 其他技术条件按 JB/T 8044 的规定。

标记示例　d=10mm 的 A 型星形把手：

把手　A10　JB/T 8023.2—1999

d 基本尺寸	d 极限偏差 H9	d_1	D	H	d_2	d_3	d_4 基本尺寸	d_4 极限偏差 H7	h	h_1	b	r
6	$^{+0.030}_{0}$	M6	32	18	14	14	2	$^{+0.010}_{0}$	8	5	6	16
8	$^{+0.036}_{0}$	M8	40	22	18	16			10	6	8	20
10		M10	50	26	22	25	3		12	7	10	25
12	$^{+0.043}_{0}$	M12	65	35	24	32			16	9	12	32
16		M16	80	45	30	40	4	$^{+0.012}_{0}$	20	11	15	40

表 6-135 **活动手柄的规格尺寸**（JB/T 8024.1—1999） mm

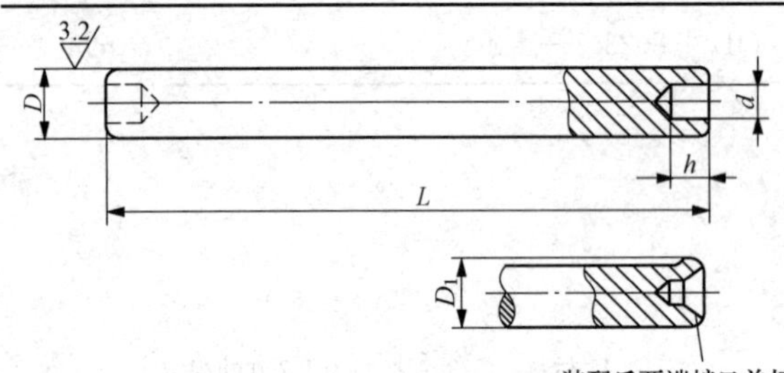

其余 12.5

1. 材料：Q235A 按 GB/T 700 的规定。
2. 其他技术条件按 JB/T 8044 的规定。

标记示例　D=8mm、L=80mm 的活动手柄：

手柄　8×80　JB/T 8024.1—1999

D	5	6	8	10	12	16	20
D_1≈	6.5	7.5	9.5	12	14	18	22
D	2.8	3.5	5	7	9	12	16
h	3	4	5	6	8	10	14
L	50						
	60	60					
		80	80				
		100	100	100			
			120	120	120		
			160	160	160	160	
				200	200	200	200
					250	250	250
						320	320
							360

表 6-136　　**固定手柄的规格尺寸**（JB/T 8024.2—1999）　　mm

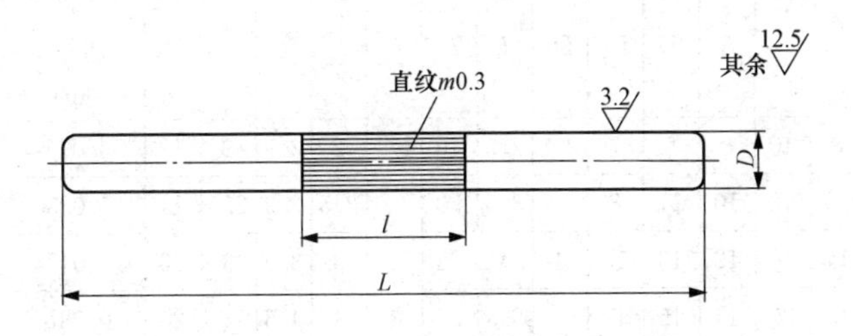

1. 材料：Q235A 按 GB/T 700 的规定。
2. 其他技术条件按 JB/T 8044 的规定。

标记示例　D=8mm、L=80mm 的固定手柄：

手柄　8×80　JB/T 8024.2—1999

D	5	6	8	10	12	16	20
l	15	18	20	22	26	32	
L	50						
	60	60					
		80	80				
		100	100	100			
			120	120	120		
			160	160	160	160	
				200	200	200	200
					250	250	250
						320	320
							360

6.7.2　其他操作件（见表 6-137～表 6-152）

1. 手柄（JB/T 7270.1—1994）

表 6-137　　**手柄的规格尺寸**　　mm

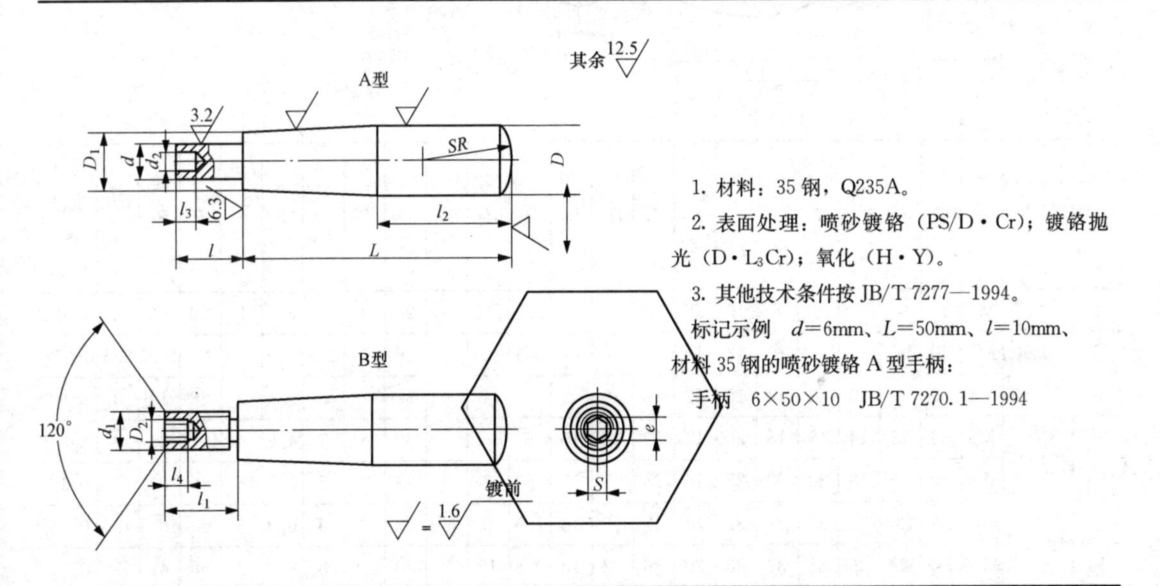

1. 材料：35 钢，Q235A。
2. 表面处理：喷砂镀铬（PS/D・Cr）；镀铬抛光（D・L_3Cr）；氧化（H・Y）。
3. 其他技术条件按 JB/T 7277—1994。

标记示例　d=6mm、L=50mm、l=10mm、材料 35 钢的喷砂镀铬 A 型手柄：

手柄　6×50×10　JB/T 7270.1—1994

续表

d		d_1	L	l					l_1	D	D_1	D_2	d_2	l_2	l_3	l_4	e	S	SR	每件重量(kg)
基本尺寸	极限偏差 js7																			
4	±0.006	M4	32	—	—	6	8	10	8	9	7	2.5	2.5	16	3	2	2.3	2	12	0.015
5		M5	40	—	—	8	10	12	10	11	8	3.1	3.5	20	4	2.5	2.9	2.5	14	0.025
6		M6	50	—	10	12	14	16	12	13	10	4	4	25		3	3.5	3	16	0.047
8	±0.007	M8	63	12	14	16	18	20	14	16	12	5	5.5	32		4	4.6	4	20	0.087
10		M10	80	16	18	20	22	25	16	20	15	6.3	7	40	5	5	5.8	5	25	0.175
12	±0.009	M12	100	20	22	25	28	32	18	25	18	7.5	9	50	6	6	6.9	6	32	0.262
16		M16	112	22	25	28	32	36	20	32	22	9.8	12	56	8	8	9.2	8	40	0.492

2. 曲面手柄（JB/T 7270.2—1994）

表 6-138　　　　　　曲面手柄的规格尺寸　　　　　　mm

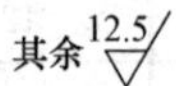

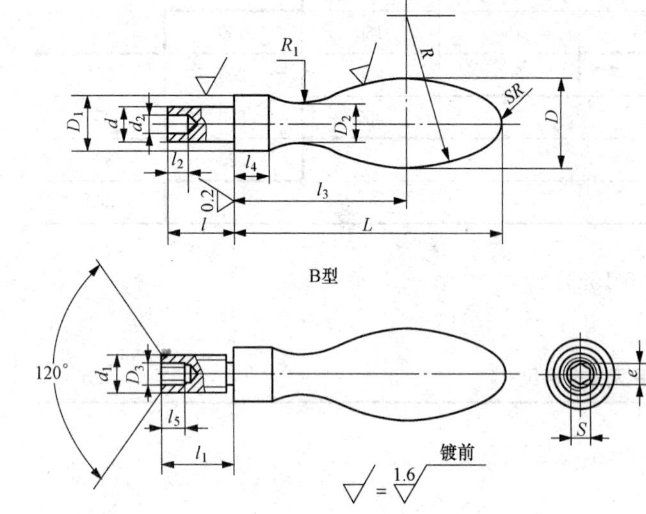

1. 材料：35、Q235A。

2. 表面处理：喷砂镀铬（PS/D·Cr）；镀铬抛光（D·L_3Cr）；氧化（H·Y）。

3. 其他技术条件按 JB/T 7277—1994。

标记示例　d=6mm、L=50mm、l=12mm、材料 35 钢的喷砂镀铬 A 型曲面手柄：

手柄　6×50×12JB/T 7270.2—1994

d		d_1	L	l					l_1	D	D_1	D_2	D_3	d_2	l_2	l_3≈	l_4	l_5	e	S	R	R_1	SR≈	每件重量≈(kg)
基本尺寸	极限偏差 js7																							
4	±0.006	M4	32	—	—	6	8	10	8	10	7	5	2.5	2.5	3	20	4	2	2.3	2	20	9.5	2	0.012
5		M5	40	—	—	8	10	12	10	13	8	6.5	3.1	3.5	4	26	5	2.5	2.9	2.5	24	14.5	2.5	0.027
6		M6	50	—	10	12	14	16	12	16	10	8	4	4		32	7	3	3.5	3	28	19	3	0.049
8	±0.007	M8	63	12	14	16	18	20	14	20	12	10	5	5.5		39	8	4	4.6	4	40.5	21	3	0.085
10		M10	80	16	18	20	22	25	16	25	15	13	6.3	7	5	49	10	5	5.8	5	50	29	4	0.18
12	±0.009	M12	100	20	22	25	28	32	18	32	18	16	7.5	9	6	63	13	6	6.9	6	55	40.5	4.5	0.36
16		M16	112	22	25	28	32	36	20	36	22	18	9.8	12	8	70	14	8	9.2	8	68	41	7	0.51

3. 直手柄（JB/T 7270.3—1999）

表 6-139　　直手柄的规格尺寸　　mm

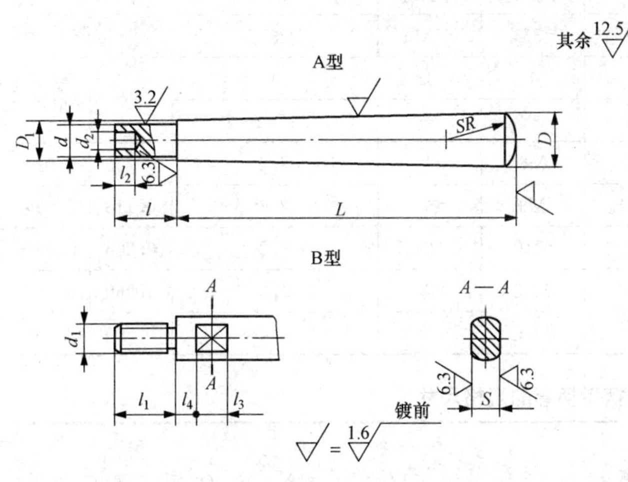

1. 材料：35、Q235A。

2. 表面处理：喷砂镀铬（PS/D・Cr）；镀铬抛光（D・L_3Cr）；氧化（H・Y）。

3. 其他技术条件按 JB/T 7277—1994。

标记示例　$d=6$mm、$L=63$mm、$l=10$mm、材料 35 钢的喷砂镀铬 A 型直手柄：

手柄　6×63×10JB/T 7270.3—1999

d_1=M6、L=63mm、材料 35 钢的喷砂镀铬 B 型直手柄：

手柄　BM6×63JB/T 7270.3—1999

d		d_1	L	l			l_1	D	D_1	d_2	l_2	l_3	l_4	SR	S		每件重量 ≈ (kg)
基本尺寸	极限偏差 js7														基本尺寸	极限偏差 h13	
4	±0.006	M4	40	5	6	8	8	7	5	2.5	3	6	4	10	4	0 −0.180	0.010
5		M5	50	6	8	10	10	8	6	3.5	4				5		0.015
6		M6	63	8	10	12	12	10	8	4				12	6		0.032
8	±0.007	M8	80	10	12	16	14	13	10	5.5		8	6	16	8	0 −0.220	0.065
10		M10	100	12	16	20	16	16	12	7	5			20	10		0.125
12	±0.009	M12	125	16	20	25	18	20	16	9	6	10	8	25	13	0 −0.270	0.260
16		M16	160	20	25	32	25	25	20	12	8			32	16		0.510
20	±0.010	M20	200	25	32	40	25	32	25	16	10	12	10	40	21	0 −0.330	1.078

4. 转动手柄（JB/T 7270.5—1994）

表 6-140　　转动手柄的组件尺寸　　mm

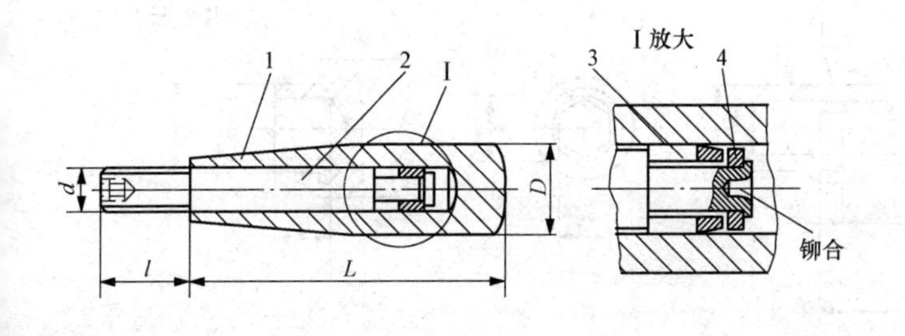

标记示例

d=M6、L=50mm、材料 35 钢的喷砂镀铬转动手柄：

手柄　M6×50　JB/T 7270.5—1994

d=M6、L=50mm、材料为塑料的转动手柄：

手柄　M6×50・塑　JB/T 7270.5—1994

续表

主要尺寸				件号	1	2	3	4	每套重量≈(kg)	
				名称	手柄套	手柄杆	弹性套	垫圈		
				材料	35、Q235A 塑料	35	65Mn	Q235A		
d	*L*	*l*	*D*	数量	1	1	1	1	钢	塑料
				标准号	—	—	—	GB/T 97.2—2002		
M6	50	12	16	规格	50	M6	4	2.2	0.069	0.020
M8	63	14	18		63	M8	5	2.7	0.113	0.036
M10	80	16	22		80	M10	6	3.2	0.205	0.067
M12	100	18	25		100	M12	8	4.2	0.269	0.102
M16	112	20	32		112	M16	10	6.4	0.505	0.184

表 6-141　转动手柄手柄套的规格尺寸　mm

件 1　手柄套

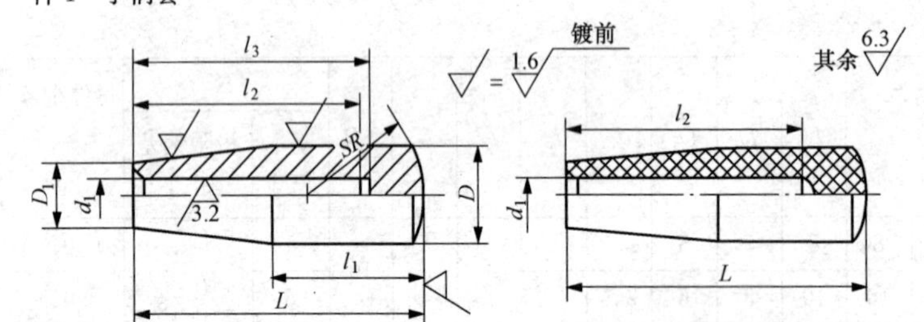

1. 材料：35、Q235A、塑料。

2. 表面处理：喷砂镀铬（PS/D · Cr）；镀铬抛光（D · L_3Cr）；氧化（H · Y）。

3. 其他技术条件按 JB/T 7277—1994。

L	*D*	D_1	d_1 基本尺寸	d_1 极限偏差 F11	l_1	l_2	l_3	*SR*
50	16	12	6	+0.075 0	25	40	42	20
63	18	14	8	+0.090 0	32	50	52	25
80	22	16	10		40	60	65	28
100	25	18	12	+0.110 0	50	75	80	32
112	32	22	16		56	85	90	40

表 6-142　转动手柄手柄杆的规格尺寸　mm

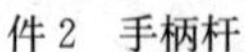
件 2　手柄杆

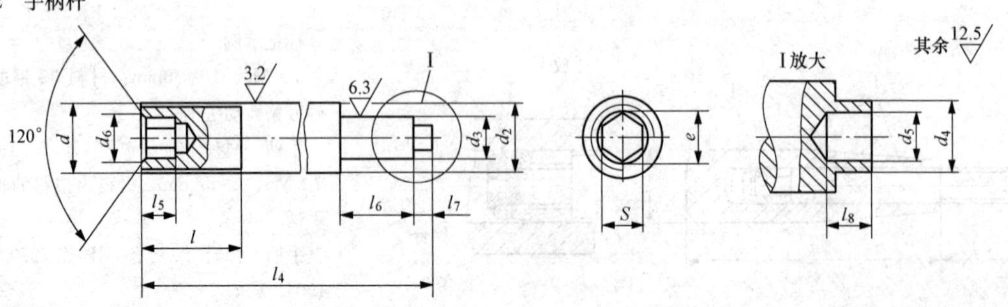

1. 材料：35 钢。2. 表面处理：氧化（H · Y）。3. 其他技术条件按 JB/T 7277—1994。

续表

d	l	d_2 基本尺寸	d_2 极限偏差 d11	d_3	d_4	d_5	d_6	d_4	l_4	l_5	l_6	l_7	l_8	e	S
M6	12	6	−0.030 −0.105	3.5	2	1	4	50	50	3	7	1.5	1	3.5	3
M8	14	8	−0.040 −0.130	4.5	2.5	1.5	5	60	60	4	9		1.5	4.6	4
M10	16	10		5.5	3	2	6.3	70	70	5	11	2	2	5.8	5
M12	18	12	−0.050 −0.160	7.5	4	2.5	7.5	90	80	6	13		2.5	6.9	6
M16	20	16		9.5	6	4.5	9.8	100	90	8	15	2.5	4.5	9.2	8

表 6-143　　**转动手柄弹性套的规格尺寸**　　mm

件3　弹性套

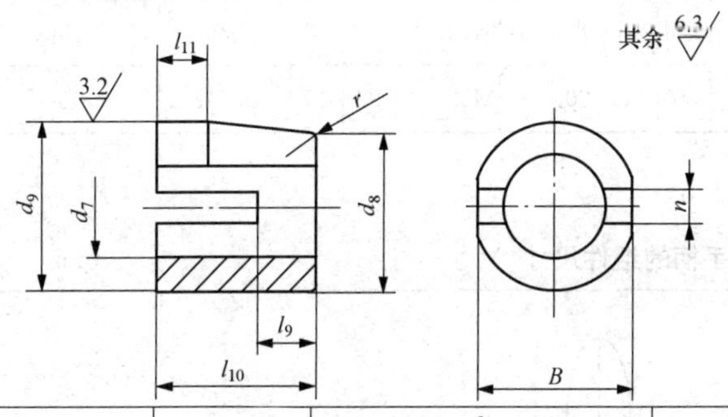

1. 材料：65Mn。
2. 热处理：42HRC。
3. 其他技术条件按 JB/T 7277—1994。

d_7	d_8	d_9 基本尺寸	d_9 极限偏差 h11	B	l_9	l_{10}	n	r
4	6	6.20	0 −0.090	5.5	2	6	1	0.5
5	8	8.25		7.5		8		
6	10	10.25	0 −0.110	9.5	3	10	1.2	1
8	12	12.30		11.5		12		
10	16	16.30		14.5		14	1.5	

5. 球头手柄（JB/T 7270.8—1994）

表 6-144　　**球头手柄的规格尺寸**　　mm

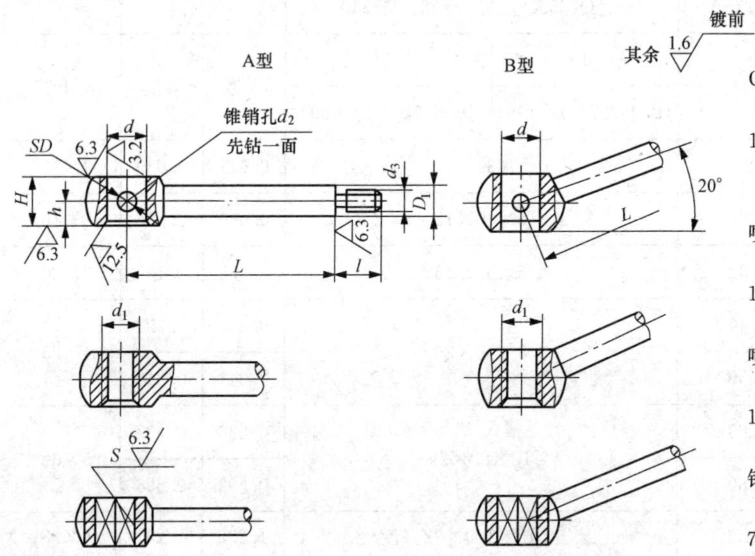

1. 材料：35、Q235A。

2. 表面处理：喷砂镀铬（PS/D·Cr）；镀铬抛光（D·L_3Cr）。

3. 其他技术条件按 JB/T 7277—1994。

标记示例

d=8mm、L=50mm、材料 35 钢、喷砂镀铬 B 型球头手柄：

手柄　B8×50　JB/T 7270.8—1994

d_1=M8、L=50mm、材料 35 钢、喷砂镀铬 B 型球头手柄：

手柄　BM8×50　JB/T 7270.8—1994

S=5.5mm、L=50mm、材料 35 钢、喷砂镀铬 B 型球头手柄：

手柄　B5.5×5.5×50　JB/T 7270.8—1994

续表

d 基本尺寸	d 极限偏差 H8	d_1	S 基本尺寸	S 极限偏差 H13	L	SD	D_1	d_2	d_3	l	H	h	每件重量≈(kg)	圆锥销(GB/T 117)
8	$^{+0.022}_{0}$	M8	5.5	$^{+0.18}_{0}$	50	16	6	3	M5	8	11	5	0.022	3×16
10		M10	7	$^{+0.22}_{0}$	63	20	8		M6	10	14	6.5	0.046	3×20
12	$^{+0.027}_{0}$	M12	8		80	25	10	4	M8	12	18	8.5	0.091	4×25
16		M16	10	$^{+0.27}_{0}$	100	32	12	5	M10	14	22	10	0.170	5×32
20	$^{+0.033}_{0}$	M20	13		125	40	16	6	M12	16	28	13	0.353	6×40
25		M24	18		160	50	20	8	M16	20	36	17	0.742	8×50

6. 单柄对重手柄（JB/T 7270.9—1994）

表 6-145　　单柄对重手柄的组件尺寸　　mm

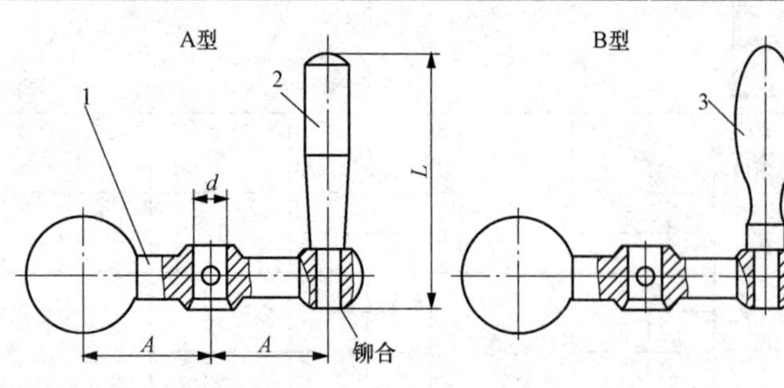

标记示例

d=8mm、A=25mm、材料 35 钢喷砂镀铬 B 型单柄对重手柄：

手柄　B8×25　JB/T 7270.9—1994

主要尺寸			件号	1	2	3	每套重量≈(kg)		圆锥销
			名称	手柄体	手柄	曲面手柄			
			材料	35；Q235A	35；Q235A	35；Q235A			
d	A	L	数量	1	1	1	A 型	B 型	GB/T 117
			标准号	—	JB/T 7270.1—1994	JB/T 7270.2—1994			
6	20	40	规格	6×20	4×32×10		0.041	0.039	2×12
8	25	50		8×25	5×40×12		0.080	0.082	3×16
10	32	63		10×32	6×50×16		0.155	0.157	3×20
12	40	80		12×40	8×63×20		0.294	0.292	4×25
	50			12×50			0.344	0.342	
14	63	102		14×63	10×80×25		0.630	0.632	5×32
16	80			16×80			0.692	0.698	
18	100	130		18×100	12×100×32		1.230	1.231	6×38

表 6-146 单柄对重手柄手柄体的规格尺寸 mm

件1 手柄体

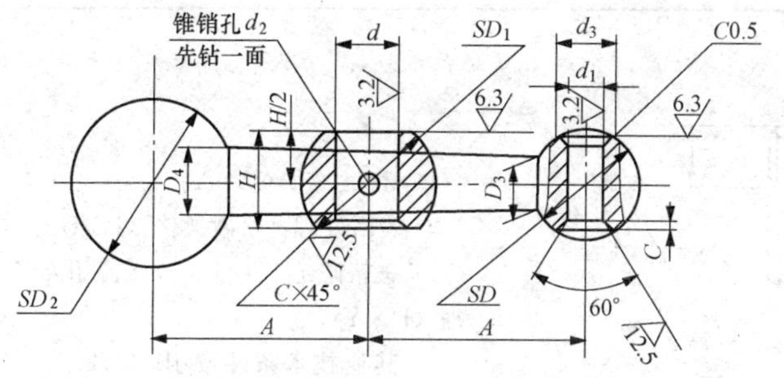

1. 材料：35、Q235A。
2. 表面处理：喷砂镀铬（PS/D・Cr）；镀铬抛光（D・L_3Cr）。
3. 其他技术条件按 JB/T 7277—1994 的规定。

d 基本尺寸	d 极限偏差 H8	A	d_1 基本尺寸	d_1 极限偏差 H8	H	SD	SD_1	SD_2	D_3	D_4	d_2	d_3	C
6	+0.018 0	20	4	+0.018 0	9	10	12	16	5	7	2	7	1
8	+0.022 0	25	5		11	12	16	20	6	9	3	8	
10		32	6		14	16	20	25	8	11		10	
12	+0.027 0	40	8	+0.022 0	18	20	25	32	10	14	4	12	1.5
		50								15			
14		63	10		22	25	32	38	12	19	5	15	
16		80								21			
18		100	12	+0.027 0	28	32	38	45	14	25	6	18	

7. 手柄球（JB/T 7271.1—1994）

表 6-147 手柄球的规格尺寸 mm

d	SD	H	l	嵌套 JB/T 7275—1994	每件重量≈（kg）A型	每件重量≈（kg）B型
M5	16	14	12	BM5×12	0.003	0.006
M6	20	18	14	BM6×14	0.006	0.012
M8	25	22.5	16	BM8×16	0.012	0.020
M10	32	29	20	BM10×20	0.024	0.043
M12	40	36	25	BM12×25	0.046	0.086
M16	50	45	32	BM16×32	0.063	0.135
M20	63	56	40	BM20×36	0.092	0.198

A型 B型 嵌套 JB/T 7275—1999

1. 材料：塑料。
2. 其他技术条件按 JB/T 7277—1994 的规定。

标记示例

d=M10、D=32mm、黑色：

手柄球 M10×32 JB/T 7271.1—1994

d=M10、D=32mm、红色：

手柄球（红） BM10×32 JB/T 7271.1—1994

8. 手柄杆（JB/T 7271.6—1994）

表 6-148　　**手柄杆的规格尺寸（一）**　　mm

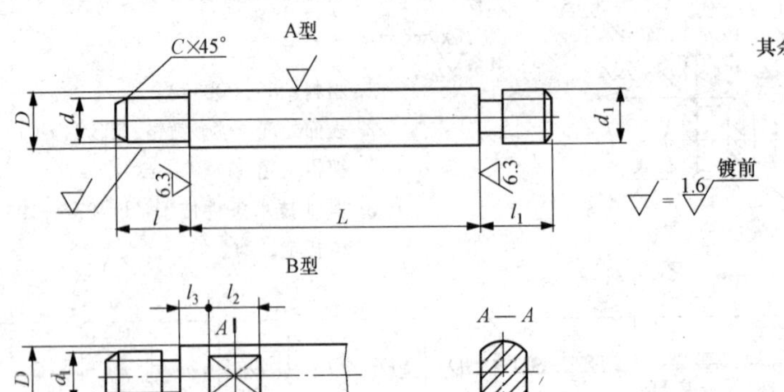

1. 材料：35、Q235A。

2. 表面处理：喷砂镀铬（PS/D·Cr）；镀铬抛光（D·L_3Cr）或氧化处理（H·Y）。

3. 其他技术条件按 JB/T 7277—1994。

d 基本尺寸	d 极限偏差 k7	d_1	l			l_1	D	l_2	l_3	S 基本尺寸	S 极限偏差 h13	C	L
5	+0.013 +0.001	M5	6	8	10	8	6	6	4	5	0 −0.180	0.5	12～80
6		M6	8	10	12	10	8			6			12～100
8	+0.016 +0.001	M8	10	12	16	12	10	8	6	8	0 −0.220		20～125
10		M10	12	16	20	14	12			10			20～200
12	+0.019 +0.001	M12	16	20	25	16	16	10	8	13	0 −0.270	1	25～320
16		M16	20	25	32	20	20			16			25～630
20	+0.023 +0.002	M20	25	32	40	25	25	12	10	21	0 −0.330		32～630

表 6-149　　**手柄杆的规格尺寸（二）**　　mm

L	d、d_1 5 M5	6 M6	8 M8	10 M10	12 M12	16 M16	20 M20
	每件重量≈(kg)						
12	0.005	0.009					
16	0.006	0.011					
20	0.007	0.012	0.022	0.035			
25	0.008	0.014	0.025	0.040	0.068	0.125	
32	0.010	0.017	0.029	0.046	0.079	0.142	0.246
40	0.011	0.020	0.034	0.053	0.092	0.162	0.278
50	0.014	0.024	0.040	0.062	0.107	0.187	0.316
63	0.017	0.030	0.050	0.075	0.131	0.224	0.374
80	0.020	0.036	0.059	0.088	0.155	0.261	0.432
100		0.044	0.071	0.106	0.186	0.310	0.509
125			0.087	0.128	0.226	0.409	0.605
160				0.159	0.281	0.458	0.740
200				0.195	0.344	0.557	0.894
250					0.423	0.681	1.086
320					0.566	0.854	1.336
400						1.051	1.664
500						1.298	2.049
630						1.619	2.549

9. 定位手柄座（JB/T 7272.4—1994）

表 6-150　　**定位手柄座的规格尺寸**　　mm

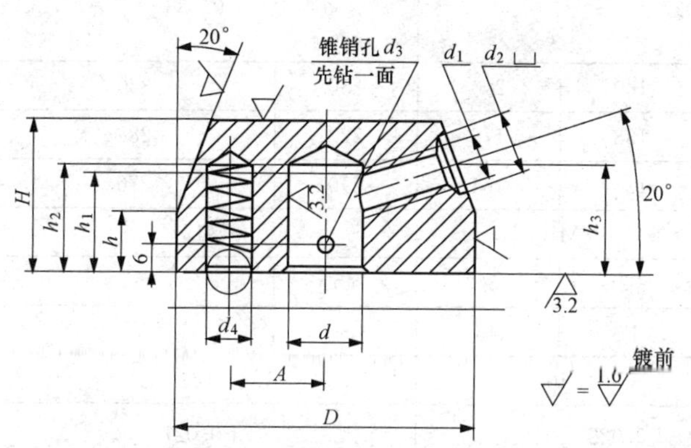

其余 $\sqrt[12.5]{}$

1. 材料：HT200、35、Q235A。

2. 表面处理、喷砂镀铬（PS/D・Cr）；镀铬抛光（D・L_3Cr）；氧化（H・Y）。

3. 其他技术条件按 JB/T 7277—1994。

标记示例　$d=16$mm、$D=60$mm、材料 HT200、喷砂镀铬定位手柄座：

手柄座　16×60　JB/T 7272.4—1994

d 基本尺寸	d 极限偏差 H8	D	A	H	d_1	d_2	d_3	d_4	h	h_1	h_2	h_3	每件重量 ≈ (kg)	钢球 (GB/T 308)	压缩弹簧 (GB 2089)	圆锥销 (GB/T 117)
12	+0.027 0	50	16	26	M8	11	5	6.7	11	18	20	19	0.326	6.5	0.8×5×25	5×50
16		60	20	32	M10	13		8.5	13	21	23	23	0.570	8	1.2×7×35	5×60
18		70	25				6						0.713			6×70
22	+0.033 0	80	30	36	M12	17						25	1.070			6×80

10. 手轮（JB/T 7273.3—1994）

表 6-151　　**手轮的规格尺寸**　　mm

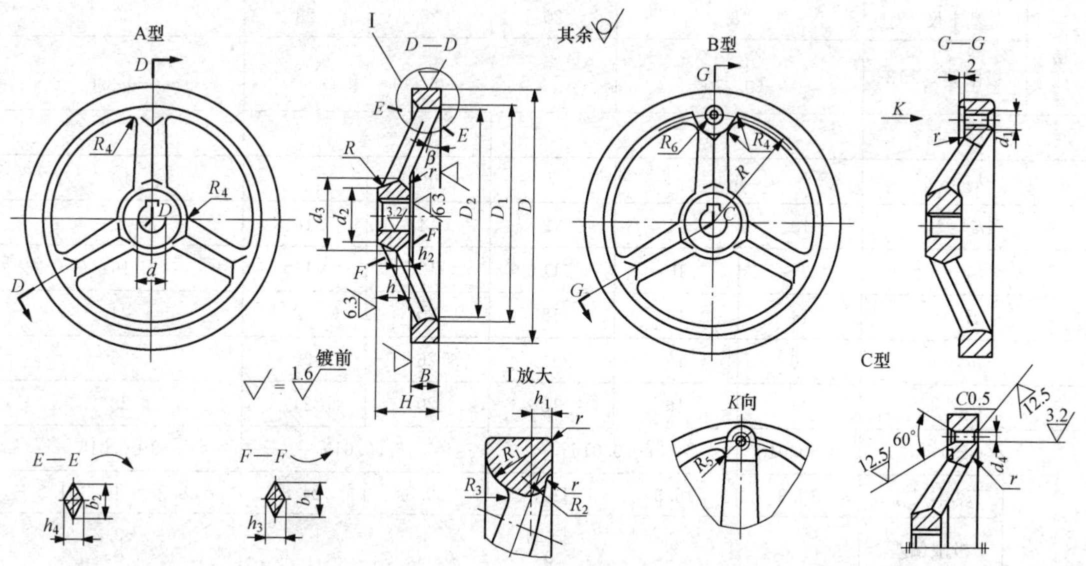

1. 材料：HT200。

2. 表面处理：喷砂镀铬（PS/D・Cr）；镀铬抛光（D・L_3Cr）。

3. 其他技术条件按 JB/T 7277—1994 的规定。

标记示例　d=16mm、D=160mm、喷砂镀铬 B 型手轮：手轮　B16×160　JB/T 7273.3—1994

续表

<table>
<tr><td rowspan="2">d</td><td>基本尺寸</td><td>12</td><td>14</td><td>16</td><td>18</td><td>22</td><td>25</td><td>28</td></tr>
<tr><td>极限偏差 H8</td><td colspan="4">$^{+0.027}_{0}$</td><td colspan="3">$^{+0.033}_{0}$</td></tr>
<tr><td colspan="2">D</td><td>100</td><td>125</td><td>160</td><td>200</td><td>250</td><td colspan="2">320</td></tr>
<tr><td colspan="2">D_1</td><td>86</td><td>107</td><td>138</td><td>176</td><td>222</td><td colspan="2">288</td></tr>
<tr><td colspan="2">D_2</td><td>76</td><td>97</td><td>128</td><td>164</td><td>210</td><td colspan="2">276</td></tr>
<tr><td colspan="2">d_1</td><td>M6</td><td>M8</td><td colspan="2">M10</td><td colspan="3">M12</td></tr>
<tr><td colspan="2">d_2</td><td>22</td><td>28</td><td>32</td><td>36</td><td>45</td><td colspan="2">55</td></tr>
<tr><td colspan="2">d_3</td><td>30</td><td>38</td><td>42</td><td>48</td><td>58</td><td colspan="2">72</td></tr>
<tr><td rowspan="2">d_4</td><td>基本尺寸</td><td>6</td><td>8</td><td colspan="2">10</td><td colspan="3">12</td></tr>
<tr><td>极限偏差 H8</td><td>$^{+0.018}_{0}$</td><td colspan="3">$^{+0.022}_{0}$</td><td colspan="3">$^{+0.027}_{0}$</td></tr>
<tr><td colspan="2">R</td><td>40</td><td>52</td><td>68</td><td>88</td><td>110</td><td colspan="2">145</td></tr>
<tr><td colspan="2">R_1</td><td>9</td><td>11</td><td>13</td><td>14</td><td>16</td><td colspan="2">18</td></tr>
<tr><td colspan="2">R_2</td><td colspan="3">4</td><td colspan="4">5</td></tr>
<tr><td colspan="2">R_3</td><td colspan="2">5</td><td colspan="2">6</td><td>8</td><td colspan="2">10</td></tr>
<tr><td colspan="2">R_4</td><td>3</td><td>4</td><td colspan="2">5</td><td colspan="3">6</td></tr>
<tr><td colspan="2">R_5</td><td>5</td><td>6</td><td colspan="2">8</td><td colspan="3">10</td></tr>
<tr><td colspan="2">R_6</td><td>7</td><td>8</td><td colspan="2">10</td><td colspan="3">12</td></tr>
<tr><td colspan="2">r</td><td colspan="3">1.6</td><td colspan="4">2</td></tr>
<tr><td colspan="2">H</td><td>22</td><td>36</td><td>40</td><td>45</td><td>50</td><td colspan="2">55</td></tr>
<tr><td rowspan="2">h</td><td>基本尺寸</td><td colspan="2">18</td><td>20</td><td>25</td><td>28</td><td colspan="2">32</td></tr>
<tr><td>极限偏差 h13</td><td colspan="2">$^{0}_{-0.270}$</td><td colspan="3">$^{0}_{-0.330}$</td><td colspan="2">$^{0}_{-0.390}$</td></tr>
<tr><td colspan="2">h_1</td><td colspan="3">5</td><td colspan="4">6</td></tr>
<tr><td colspan="2">h_2</td><td colspan="2">6</td><td>7</td><td>8</td><td>9</td><td colspan="2">10</td></tr>
<tr><td colspan="2">h_3</td><td>10</td><td>11</td><td>12</td><td>14</td><td>18</td><td colspan="2">20</td></tr>
<tr><td colspan="2">h_4</td><td>9</td><td>10</td><td>11</td><td>12</td><td>14</td><td colspan="2">16</td></tr>
<tr><td colspan="2">B</td><td>14</td><td>16</td><td>18</td><td>20</td><td>22</td><td colspan="2">24</td></tr>
<tr><td colspan="2">b_1</td><td>16</td><td>18</td><td>22</td><td>26</td><td>30</td><td colspan="2">35</td></tr>
<tr><td colspan="2">b_2</td><td>14</td><td>16</td><td>18</td><td>20</td><td>24</td><td colspan="2">28</td></tr>
<tr><td colspan="2">b（js9）</td><td>4±0.015</td><td colspan="2">5±0.015</td><td colspan="2">6±0.015</td><td colspan="2">8±0.018</td></tr>
<tr><td rowspan="2">t</td><td>基本尺寸</td><td>13.8</td><td>16.3</td><td>18.3</td><td>20.8</td><td>24.8</td><td>28.3</td><td>31.3</td></tr>
<tr><td>极限偏差</td><td colspan="5">$^{+0.1}_{0}$</td><td colspan="2">$^{+0.2}_{0}$</td></tr>
<tr><td colspan="2">C</td><td colspan="4">1.0</td><td colspan="3">1.5</td></tr>
<tr><td colspan="2">β</td><td colspan="2">15°</td><td colspan="3">10°</td><td colspan="2">5°</td></tr>
<tr><td colspan="2">每件质量≈（kg）</td><td>0.425</td><td>0.660</td><td>1.160</td><td>1.806</td><td>2.805</td><td colspan="2">5.730</td></tr>
</table>

11. 星形把手（JB/T 7274.4—1994）

表 6-152　星形把手的规格尺寸　mm

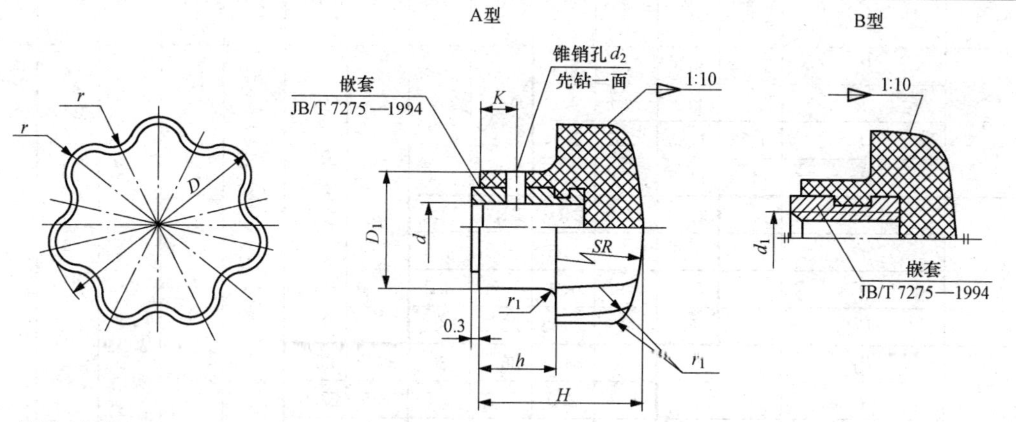

1. 材料：塑料。
2. 其他技术条件按 JB/T 7277—1994 的规定。

标记示例　d_1=M10、D=40mm 的 B 型星形把手：把手　BM10×40　JB/T 7274.4—1994

d		d_1	D	D_1	d_2	H	h	SR	r	r_1	K	嵌套（JB/T 7275—1994）		每件重量≈（kg）	圆锥销（GB/T 117）
基本尺寸	极限偏差 H8											A 型	B 型		
6	+0.018 0	M6	25	16	2	20	10	32	4	1.6	5	6×12	MB6×12	0.015	2×16
8	+0.022 0	M8	32	18	3	25	12	40	5	2	6	8×16	BM8×16	0.024	3×18
10		M10	40	22		30	14	50	6		7	10×20	BM10×20	0.035	3×22
12	+0.027 0	M12	50	28		35	16	60	8		8	12×25	BM12×25	0.069	3×28
16		M16	63	32	4	40	18	80	10	2.5	10	16×30	BM16×30	0.111	4×32

6.8 其　他　件

其他件的规格尺寸见表 6-153～表 6-160。

1. 圆柱螺旋压缩弹簧

表 6-153　圆柱螺旋压缩弹簧的规格尺寸　mm

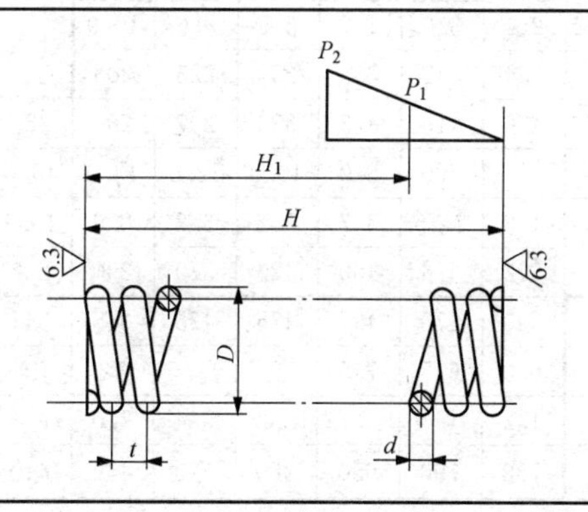

1. 材料：弹簧钢丝 65Mn。
2. 热处理：回火。

标记示例　弹簧 d×D×H

续表

d	参数 \ D	4	5	6	7	8	10	12	14	16	18	20	22	25
0.5	P_1	11.4	9.3	7.8	6.7									
	t	1.5	2.2	3.0	4.0									
	f	0.78	1.35	2.07	2.94									
	P_2	14.5	11.7	9.4	8.0									
0.8	P_1		27.6	27.6	24.0	21.2	17.1							
	t		1.5	2.0	2.5	3.2	4.5							
	f		0.5	0.95	1.4	1.92	3.2							
	P_2		38.7	34.9	29.2	26.3	19.5							
1.0	P_1			44	34.6	36.4	30	27.2	23.4					
	t			1.8	2.0	2.5	3.5	5.5	7.0					
	f			0.55	0.75	1.25	2.25	3.62	5.2					
	P_2			64	46.3	43.7	34.3	33.8	27					
1.2	P_1				58	56	54	45	39	34.7				
	t				2.0	2.3	3.5	4.5	6.0	7.5				
	f				0.55	0.85	1.8	2.74	4.0	5.5				
	P_2				85	73	70	54	47	40				
1.6	P_1					102	111	87	86	78	70	63		
	t					2.4	3.0	3.5	4.5	6.0	7.0	9.0		
	f					0.4	1.0	1.5	2.5	3.55	4.69	6.0		
	P_2					203	155	111	100	97	80	78		
2.0	P_1						193	160	138	142	128	116	106	94
	t						2.8	3.5	4.0	5.0	6.0	7.0	8.5	10.5
	f						0.3	1.0	1.5	2.43	3.28	4.2	5.3	7.1
	P_2						250	240	185	175	156	137	130	112
2.5	P_1	290	257	238	210	210	193	172	154	135				
	t	3.5	4.0	4.5	5.0	6.0	7.0	8.5	10.5	13.0				
	f	0.56	1.0	1.5	2.0	2.9	3.7	5.0	6.5	8.9				
	P_2	438	385	317	262	255	237	207	188	159				
3.0	P_1		120	221	288	314	283	273	246	211	193	175		
	t		3.8	4.2	4.8	5.5	6.0	7.5	8.5	11.0	13.0	16.0		
	f		0.2	0.6	1.2	1.9	2.4	3.6	4.7	6.5	8.6	10.9		
	P_2		480	442	432	412	354	342	285	265	225	208		
3.5	P_1				295	267	426	416	378	338	297	264	229	
	t				4.8	5	6	7.0	8.0	10.0	12.0	13.0	16.0	
	f				0.6	0.8	1.8	2.76	3.7	5.2	6.8	8.6	10.9	
	P_2				638	600	592	526	460	420	370	290	262	
4.0	P_1						530	470	497	475	425	385	344	311
	t						6.0	6.5	7.5	9	10.5	12	15	18
	f						1.2	1.	2.7	4.07	5.4	7.0	9.3	11.8
	P_2						780	700	650	580	510	440	410	370

续表

d	参数 \ D	25	28	32	36	40	45	50	55	60	70
4.5	P_1	286	516	612	572	512	456	415	370		
	t	6	7	8.5	10.0	11.5	13	16	18		
	f	0.6	1.6	3.1	4.4	5.6	6.6	9.6	11.6		
	P_2	815	792	790	718	640	587	496	430		
5.0	P_1		515	635	630	660	590	540	490	451	
	t		7	8	9	10.5	12	14	17	19	
	f		1	2	3	4.5	6.0	7.8	9.8	12	
	P_2		1030	950	840	800	680	620	600	530	
6.0	P_1			960	1100	1080	1040	950	870	800	690
	t			8.5	9.5	10.5	12	14	16	18	24
	f			1.3	2.3	3.3	4.8	6.2	7.9	9.7	14
	P_2			1840	1680	1480	1310	1220	1100	990	890

注　D—弹簧外径，mm；d—钢丝直径，mm；t—节距，mm；P_1—允许工作负荷，N；P_2—极限工作负荷，N；弹簧长度 $H=nt+d$，mm；圈数 $n=\dfrac{H_1}{t-f}$，H_1—弹簧在工作时长度，mm；f—在允许工作负荷 P_1 时一个弹簧圈的变形量，mm。

表 6-154　弹簧自由长度 *H* 的尺寸范围　mm

d \ D	4	5	6	7	8	10	12	14	16	18	20	22	25	28	32	36	40	45	50	55	60	70
0.5	5～20	7～25	10～32	12～36																		
0.8		5～25	7～32	8～36	10～40	14～50																
1.0			6～32	7～36	8～40	12～50	18～60	22～70														
1.2				7～36	8～40	12～50	14～60	18～70	25～80													
1.6					8～40	10～50	12～60	14～70	18～80	22～90	28～100											
2.0						10～50	12～60	12～70	14～80	18～90	22～100	25～110	32～125									
2.5							12～60	12～70	14～80	16～90	18～100	22～110	28～125	32～140	40～160							
3.0								12～70	14～80	16～90	16～100	18～110	25～125	28～140	35～160	40～180	50～200					
3.5										16～90	16～100	18～110	22～125	25～140	32～160	36～180	40～200	50～220				
4.0												18～110	20～125	22～140	28～160	32～180	36～200	45～220	50～250			

续表

d \ D	4	5	6	7	8	10	12	14	16	18	20	22	25	28	32	36	40	45	50	55	60	70
4.5													20～125	22～140	28～160	32～180	36～200	45～220	55～250	60～280		
5.0														18～140	25～160	28～180	32～200	36～220	45～250	55～280	60～300	
6.0															25～160	28～180	32～200	36～220	45～250	50～280	55～300	75～340

表 6-155　　自由状态下弹簧长度 *H* 的总系列　　mm

H	5	6	7	8	10	12	14	16	18	20	22	25	28	32	36	40	45
50	55	60	65	70	75	80	85	90	95	100	105	110	115	120	125	130	135
140	150	160	170	180	190	200	210	220	230	240	250	260	280	300	320	340	

2. 圆柱螺旋拉伸弹簧

表 6-156　　圆柱螺旋拉伸弹簧的规格尺寸　　mm

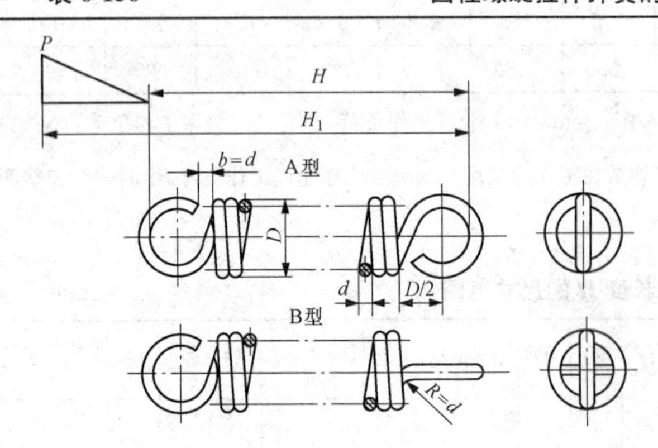

1. 材料：弹簧钢丝 65Mn。

2. 热处理：回火。

标记示例

弹簧（A 型或 B 型）$d \times D \times H$

d	参数 \ D	4	6	8	10	12	14	16	18	20	22	25	28	32
0.5	P	11.4	7.8											
	f	0.78	2.07											
0.8	P		27.6	21.2	17.1									
	f		0.95	1.92	3.2									
1.0	P		52	40	32.3	27.2	23.4							
	f		0.65	1.37	2.35	3.62	5.20							
1.2	P			66	54	45	39	35						
	f			1.00	1.80	2.74	4.00	5.50						
1.6	P				120	103	88	78	70	63				
	f				1.08	1.76	2.57	3.55	4.69	6.00				
2.0	P					185	161	142	128	116	106	94		
	f					1.96	1.74	2.43	3.28	4.20	5.30	7.10		
2.5	P						291	259	233	210	193	172	154	135
	f						1.1	1.6	2.2	2.9	3.7	5.0	6.5	8.5
3.0	P							406	368	331	307	273	246	217
	f							1.1	1.5	2.0	2.6	3.6	4.7	6.5

注　*D*—弹簧外径，mm；*d*—钢丝直径，mm；*P*—允许工作负荷，N；*f*—负荷为 *P* 时一个弹簧圈的变形量，mm；弹簧长度 $H=nd+2D$，mm；圈数 $n=\dfrac{H_1-2D}{d+f}$，其中 H_1 为弹簧工作状态下的长度，mm。

3. 弹簧用螺钉

表 6-157　　弹簧用螺钉的规格尺寸　　mm

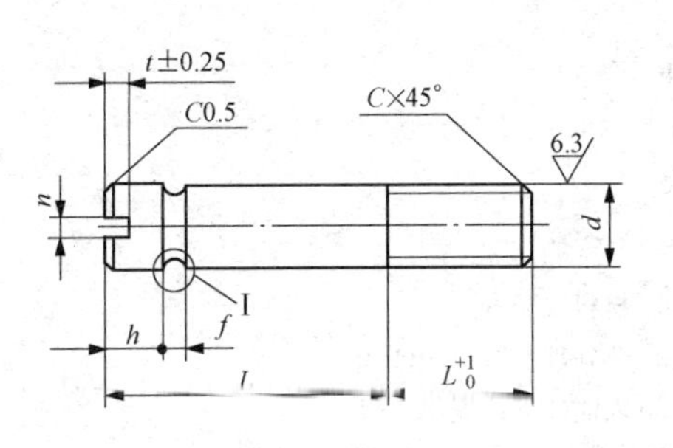

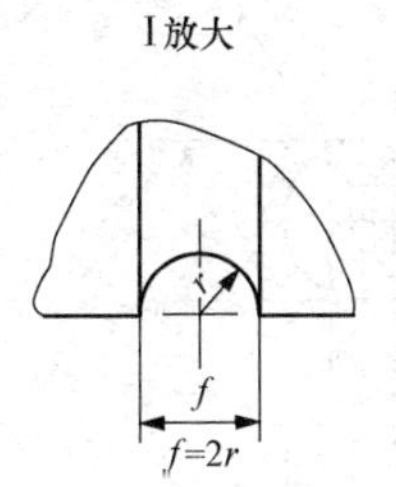

其余 12.5

1. 材料：35 钢。
2. 热处理：30～40HRC。
3. 表面处理：氧化。

标记示例　粗牙普通螺纹，直径 8mm、长 L 为 18mm 的弹簧用螺钉：螺钉　M8×18

d		M3	M4	M5	M6	M8
r		0.6		1		1.5
h		2.0	2.5	3		4
n	基本尺寸	0.5	0.6	0.8		1.2
	偏差	+0.014 0		+0.16 0		+0.25 0
t		1.2	1.4	1.8	2.0	2.5
C		0.5	0.7	0.8	1	1.2
槽与螺钉中心线间的公差		0.2	0.3		0.4	
L_0		5	6	7.5	9	12
d		M3	M4	M5	M6	M8
L						
基本尺寸	偏差					
5	±0.3					
6	±0.4					
8						
10						
12	±0.5					
15						
18						
22	±0.7					
25						

4. 弹簧用吊环螺钉

表 6-158 **弹簧用吊环螺钉** mm

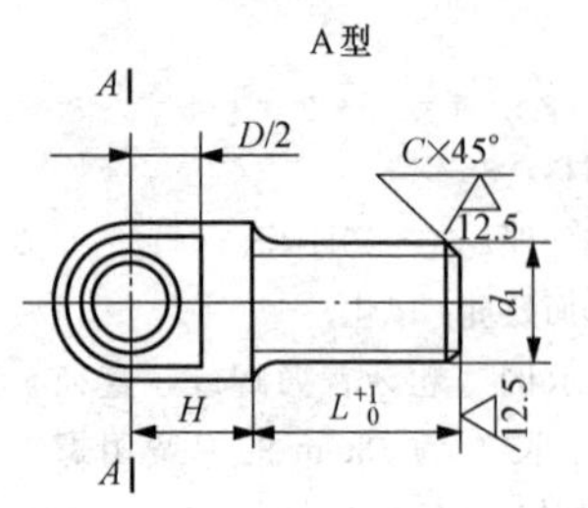

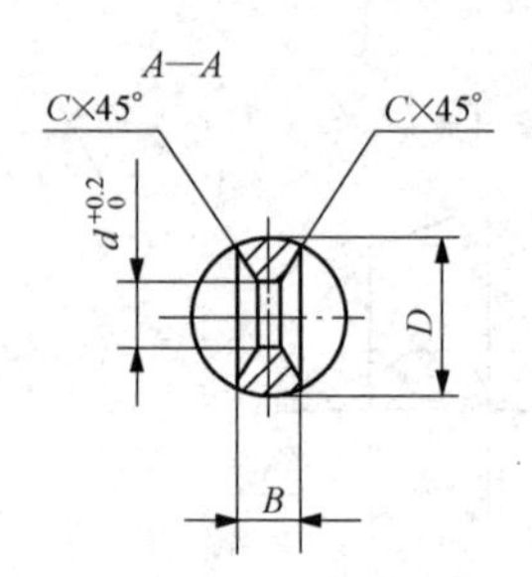

其余 $\sqrt{6.3}$

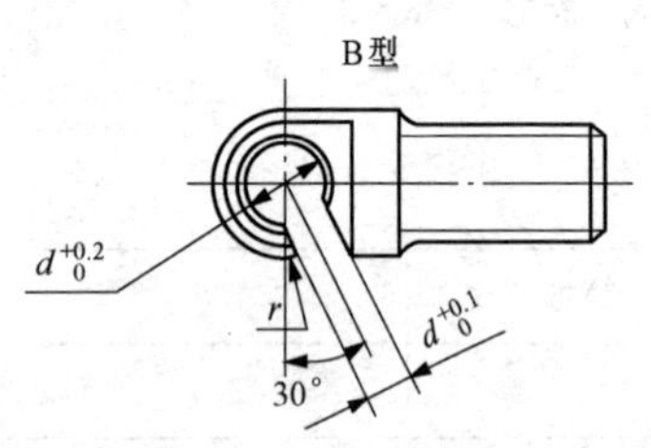

1. 材料：35 钢。
2. 热处理：30～40HRC。
3. 表面处理：氧化。

标记示例 粗牙普通螺纹，直径 4mm 的 A 型弹簧用吊环螺钉：螺钉 AM4

d_1	M3	M4	M5	M6	M8	M10	M12
d	1.5	2	2.5	3	4	5	6
D	5	6	7	8	10	12	14
B	1.5	2	2.5	3	4	5	6
H	3.5	4	5	6	8	10	12
b	1.2	1.5	2	2.5	3	4	5
C	0.5	0.7	0.8	1	1.2	1.5	8
r	1		1.5		2		
L	5	6	7.5	9	12	15	

5. 带扳手孔圆螺母

表 6-159 **带扳手孔圆螺母的规格尺寸** mm

其余 $\sqrt{25}$

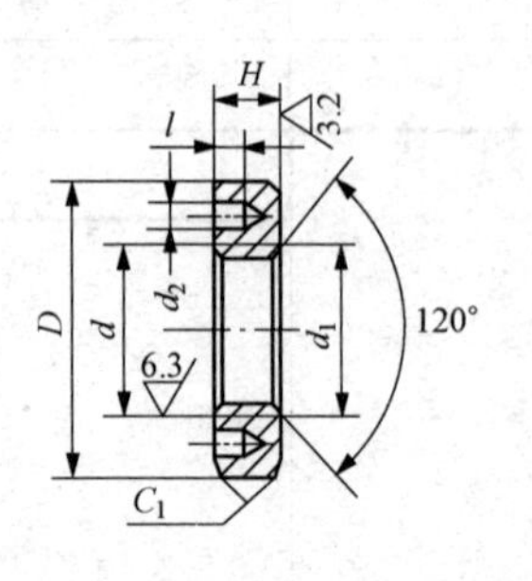

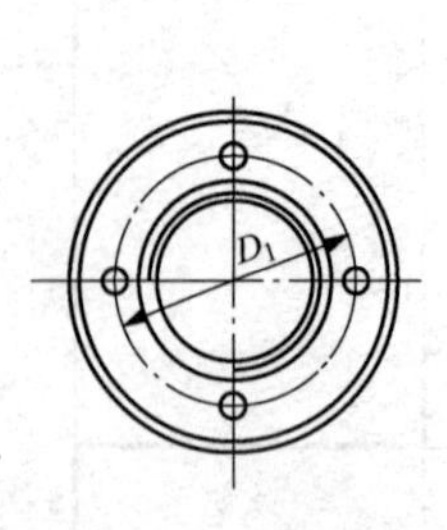

1. 材料：45 钢。
2. 热处理：26～31HRC。

续表

d	d_1	D 基本尺寸	D 极限偏差	D_1 基本尺寸	D_1 极限偏差	H 基本尺寸	H 极限偏差	螺纹轴线与螺母支承面的垂直度	d_2 基本尺寸	d_2 极限偏差	l
M12×1.25	13	26	$^{0}_{-0.28}$	19	$^{+0.15}_{0}$	10	$^{+0.5}_{0}$	0.04	4	$^{+0.16}_{0}$	5
M14×1.5	15	30		23							
M16×1.5	17	32	$^{0}_{-0.34}$								
M18×1.5	19	34		27							
M20×1.5	21	36									
M22×1.5	23	40		32	$^{+0.2}_{0}$						
M24×1.5	25	42									
M27×1.5	28	45		38		12					
M30×1.5	31	48									
M33×1.5	34	52	$^{0}_{-0.4}$	44				0.06			
M36×1.5	37	55									
M39×1.5	40	58		50							
M42×1.5	43	62									
M45×1.5	46	68		58					6	$^{+0.16}_{0}$	7
M48×1.5	49	72									
M52×1.5	53	78		68							
M56×1.5	57	85	$^{0}_{-0.46}$								
M60×1.5	61	90		78		15					
M64×1.5	65	95									
M68×1.5	69	100		88	$^{+0.25}_{0}$			0.08			
M72×1.5	73	105									
M76×1.5	77	110							8	$^{+0.2}_{0}$	10
M80×1.5	81	115		100							
M85×1.5	86	120									
M90×1.5	91	130	$^{0}_{-0.53}$	115							
M95×1.5	96	135									
M100×1.5	101	145									

6. 带锁紧槽圆螺母

表 6-160　带锁紧槽圆螺母的规格尺寸　mm

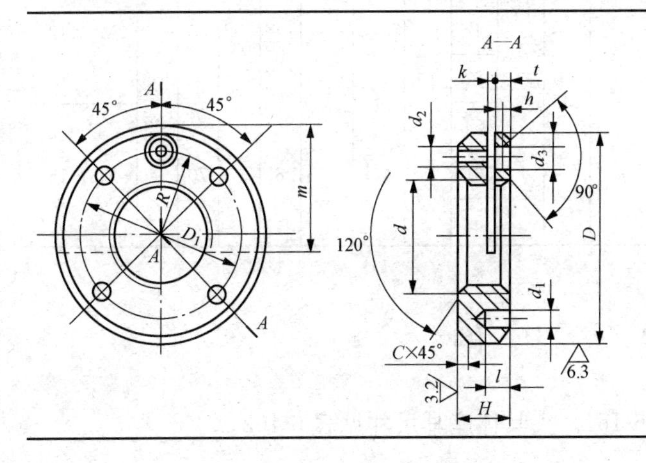

其余 12.5

1. 材料：45 钢。
2. 热处理：扳手孔 d_1 40～45HRC。
3. 表面处理：氧化。

标记示例　细牙普通螺纹，直径 24mm、螺距 1.5mm 的带锁紧槽圆螺母：

圆螺母　M24×1.5

续表

<table>
<tr><th rowspan="2">d</th><th rowspan="2">D</th><th colspan="2">D1</th><th colspan="2">H</th><th colspan="2">d1</th><th rowspan="2">d2</th><th rowspan="2">d3</th><th rowspan="2">R</th><th rowspan="2">l</th><th colspan="2">h</th><th rowspan="2">t</th><th rowspan="2">k</th><th rowspan="2">m</th><th rowspan="2">c</th><th rowspan="2">螺钉
CB/T 68—2000</th></tr>
<tr><th>基本尺寸</th><th>极限偏差</th><th>基本尺寸</th><th>极限偏差</th><th>基本尺寸</th><th>极限偏差</th><th>基本尺寸</th><th>极限偏差</th></tr>
<tr><td>M10×1</td><td>22</td><td>16</td><td rowspan="2">+0.12
0</td><td rowspan="2">6</td><td rowspan="2">−0.30
0</td><td rowspan="3">3</td><td rowspan="3">+0.25
0</td><td rowspan="2">M2</td><td rowspan="2">2.6</td><td>8</td><td rowspan="2">3</td><td rowspan="2">1.2</td><td rowspan="5">0
−0.3</td><td rowspan="2">1.2</td><td rowspan="5">1.5</td><td rowspan="2">15</td><td rowspan="2">0.2</td><td rowspan="2">M2×4</td></tr>
<tr><td>M12×1.25</td><td>25</td><td>18</td><td>9</td></tr>
<tr><td>M16×1.5</td><td>30</td><td>22</td><td rowspan="4">+0.14
0</td><td rowspan="3">8</td><td rowspan="12">−0.36
0</td><td rowspan="3">M3</td><td rowspan="3">3.6</td><td>11.5</td><td rowspan="3">4</td><td rowspan="3">1.5</td><td rowspan="3">1.5</td><td rowspan="3">20</td><td rowspan="4">0.5</td><td rowspan="3">M3×6</td></tr>
<tr><td>M18×1.5</td><td>32</td><td>24</td><td rowspan="2">3.5</td><td rowspan="13">+0.30
0</td><td>12.5</td></tr>
<tr><td>M20×1.5</td><td>35</td><td>27</td><td>13.5</td></tr>
<tr><td>(M22×1.5)</td><td>38</td><td>30</td><td rowspan="9">10</td><td rowspan="3">4</td><td rowspan="4">M4</td><td rowspan="4">4.8</td><td>15</td><td rowspan="3">5</td><td rowspan="4">2</td><td rowspan="16">0
−0.4</td><td rowspan="4">2</td><td rowspan="7">2</td><td rowspan="2">25</td><td rowspan="4">M4×8</td></tr>
<tr><td>M24×1.5</td><td>42</td><td rowspan="2">34</td><td rowspan="6">+0.17
0</td><td>16.5</td><td rowspan="14">1</td></tr>
<tr><td>(M27×1.5)</td><td>45</td><td>18</td><td rowspan="2">30</td></tr>
<tr><td>M30×1.5</td><td>48</td><td>38</td><td rowspan="4">4.5</td><td>19.5</td><td rowspan="4">6</td></tr>
<tr><td>(M33×1.5)</td><td>55</td><td>42</td><td rowspan="5">M5</td><td rowspan="5">5.8</td><td>22</td><td rowspan="5">2.5</td><td rowspan="5">3</td><td rowspan="2">35</td><td rowspan="5">M5×8</td></tr>
<tr><td>M36×1.5</td><td>58</td><td rowspan="2">48</td><td>23.5</td></tr>
<tr><td>(M39×1.5)</td><td>62</td><td>25</td><td rowspan="2">40</td></tr>
<tr><td>M42×1.5</td><td>65</td><td rowspan="2">56</td><td rowspan="8">+0.20
0</td><td rowspan="4">5.5</td><td>27</td><td rowspan="6">7</td><td rowspan="15">3</td></tr>
<tr><td>(M45×1.5)</td><td>68</td><td>28.5</td><td rowspan="2">45</td></tr>
<tr><td>M48×1.5</td><td>75</td><td rowspan="2">64</td><td rowspan="6">12</td><td rowspan="13">−0.43
0</td><td rowspan="7">M6</td><td rowspan="7">7</td><td>30.5</td><td rowspan="7">3</td><td rowspan="5">4</td><td rowspan="6">M6×10</td></tr>
<tr><td>(M52×1.5)</td><td>78</td><td>32.5</td><td rowspan="2">50</td></tr>
<tr><td>M56×2</td><td>85</td><td rowspan="2">72</td><td rowspan="2">6.5</td><td rowspan="11">+0.36
0</td><td>35.5</td></tr>
<tr><td>M60×2</td><td>90</td><td>38</td><td rowspan="2">55</td></tr>
<tr><td>M64×2</td><td>95</td><td rowspan="2">80</td><td rowspan="2">7.5</td><td>40</td><td rowspan="2">8</td></tr>
<tr><td>(M68×2)</td><td>100</td><td>42</td><td rowspan="5">5</td><td rowspan="2">60</td></tr>
<tr><td>M72×2</td><td>105</td><td rowspan="2">90</td><td rowspan="7">+0.23
0</td><td rowspan="4">15</td><td rowspan="7">9</td><td>44</td><td rowspan="7">10</td><td rowspan="7">1.5</td><td>M6×12</td></tr>
<tr><td>(M76×2)</td><td>110</td><td rowspan="6">M8</td><td rowspan="6">9</td><td>46.5</td><td rowspan="6">4</td><td rowspan="6">0
−0.5</td><td rowspan="3">65</td><td rowspan="3">M8×12</td></tr>
<tr><td>M80×2</td><td>115</td><td rowspan="2">100</td><td>49</td></tr>
<tr><td>(M85×2)</td><td>120</td><td>51</td></tr>
<tr><td>M90×2</td><td>125</td><td rowspan="2">110</td><td rowspan="3">18</td><td>54</td><td rowspan="3">6</td><td rowspan="3">70</td><td rowspan="3">M8×15</td></tr>
<tr><td>(M95×2)</td><td>130</td><td>56.5</td></tr>
<tr><td>M100×2</td><td>135</td><td>120</td><td>59</td></tr>
</table>

注 括号内的尺寸，尽可能不采用。

6.9 夹 具 体

夹具体的毛坯种类及基本要求见表 6-161。夹具体座耳尺寸见表 6-162。

表 6-161　　夹具体的毛坯种类及基本要求

夹具体毛坯种类	特　点	有关结构的数据和要求	对夹具体的基本要求
铸造结构	1. 可铸出形状复杂的结构 2. 抗压强度大，耐振性好，能承受较大切削负荷和夹紧力 3. 易加工，成本低 4. 材料：HT150，HT200 应用广泛，但生产周期较长	1. 壁厚一般为 15～30mm，并尽可能均匀，对厚或面积大处应挖空 2. 加强肋取壁厚的 0.7～0.9 倍，其高度不大于壁厚的 5 倍 3. 转角处应为圆角 4. 一般应时效处理或退火，以消除内应力，防止变形	1. 应有足够的刚度和强度及防振性 2. 力求结构简单，尺寸稳度，在保证上述要求下尽量重量轻。移动夹具或翻转夹具的重量应不大于 10kg 3. 有良好的结构工艺性和使用性。本体安装基面，安装定位件，对刀和导向件的表面要便于加工；本体的毛面与工件表面应留间隙，一般取为 4～15mm，笨重的夹具要有吊装装置；便于装配等 4. 便于排屑 5. 在机床上的安装要正确、可靠、稳定 6. 在适当部位设置找正基准
焊接结构	与铸造相比： 1. 易制造，生产周期短 2. 采用钢板、型材组成，如结构合理，可减轻夹具重量 3. 适用于产品试制及结构简单的小批量生产 4. 材料：Q235、10 或 20 钢	1. 一般壁厚取为 6～20mm 2. 刚度不足可增设加强肋 3. 主要缺点是焊接的热变形和有残余应力，故需退火处理，以防止变形	
组合式结构	由标准毛坯件组合成夹具毛坯，或由标准零件组合成夹具体	详见相关手册	

表 6-162　　夹具体座耳尺寸　　mm

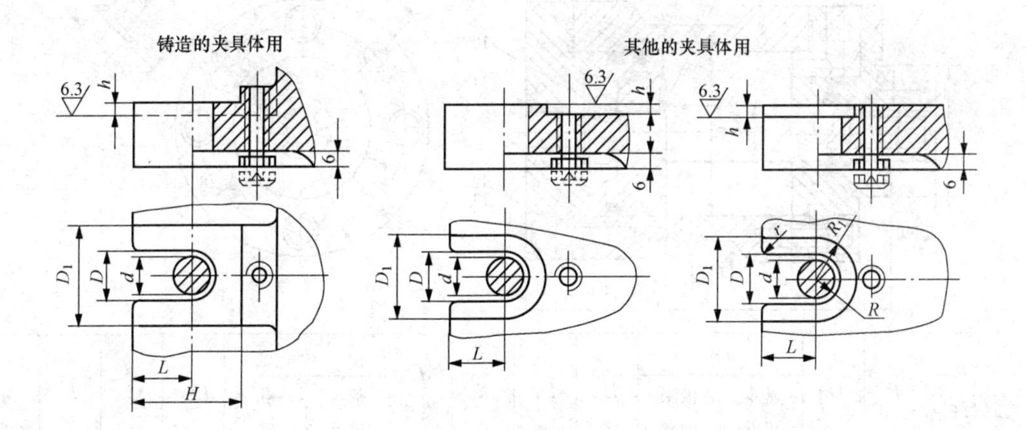

螺栓直径 d	D	D_1	h_3 不小于	L	H	r	螺栓直径 d	D	D_1	h_1 不小于	L	H	r
8	10	20		16	28		18	20	40		26	50	
10	12	24	3	18	32	1.5	20	22	44	5	—	—	2
12	14	30		20	36		24	28	50		—	—	
16	18	38	5	25	46	2	30	36	62	6	—	—	3

续表

件号		1	2	3	4	5	6	7	8	9	10	11	12	13
名称		活塞杆	前盖	密封圈	垫片	缸筒	垫片	活塞	密封圈	后盖	垫圈	螺母	垫圈	螺钉
数量		1	1	1	2	1	1	1	2	1	1	1	见下	见下
标准					橡胶石棉板		橡胶石棉板				GB/T 858—1988	GB/T 812—1988	GB/T 93—1987	GB/T 70—2000
150	规格	35×135	150	41	No. 8	11 150×95	25	150	150	150	24	M24×1.5	8～16件	M8×25 16件
		35×185				11 150×145								
200		35×135	200	41	No. 10	11 200×105	25	200	200	200	24		10～16件	M10×30 16件
		35×190				11 200×160								
250		40×145	250	46	No. 12	11 250×105	28	250	250	250	27	M27×1.5		
		40×205				11 250×165								
300		40×145	300	46	No. 13	11 300×105	28	300	300	300	27		12～16件	M12×35 16件
		40×205				11 300×165								

6.10 气缸与液压缸

气缸与液压缸的基本尺寸见表 6-163～表 6-166。

表 6-163 法兰式气缸的基本尺寸 mm

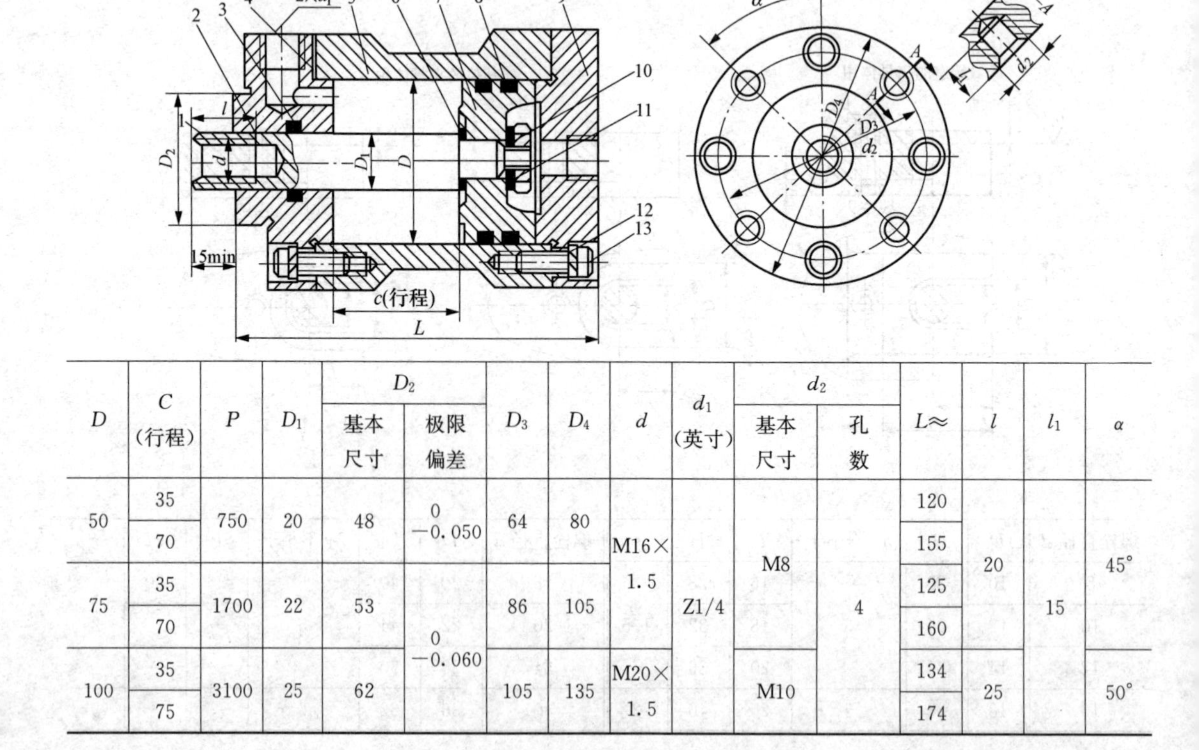

D	C(行程)	P	D_1	D_2 基本尺寸	D_2 极限偏差	D_3	D_4	d	d_1(英寸)	d_2 基本尺寸	d_2 孔数	$L\approx$	l	l_1	α
50	35	750	20	48	0 −0.050	64	80	M16×1.5	Z1/4	M8	4	120	20	15	45°
	70											155			
75	35	1700	22	53	0 −0.060	86	105					125			
	70											160			
100	35	3100	25	62		105	135	M20×1.5		M10		134	25		50°
	75											174			

续表

D	C（行程）	P	D_1	D_2 基本尺寸	D_2 极限偏差	D_3	D_4	d	d_1（英寸）	d_2 基本尺寸	d_2 孔数	L≈	l	l_1	α
150	40	7000	35	75	0 −0.060	142	187	M24×1.5	Z3/8	M10	4	150	30	18	22°30′
	90											200			
200	40	12 000					245			M12		160			
	95											210			
250	40	20 000	40	80		190	295	M30×1.5	Z1/2			170	25	35	
	100											230			
300	40	28 000					350			M16		170			
	100											230			

注　P——气压为 0.4MPa 时活塞上的推力。

件号		1	2	3	4	5	6	7	8	9	10	11	12	13
名称		活塞杆	前盖	密封圈	垫片	缸筒	垫片	活塞	密封圈	后盖	垫圈	螺母	垫圈	螺钉
数量		1	1	1	2	1	1	1	2	1	1	1	见下	见下
标准					橡胶石棉板		橡胶石棉板				GB/T 858—1988	GB/T 812—1988	GB/T 93—1987	GB/T 70—2000
50	规格	20×112	50	24	No. 1	Ⅱ50×80	14	50	50	50	12	M12×1.25	6～8件	M6×22 8件
		20×147				Ⅱ50×115								
75		22×115	75	26	No. 3	Ⅱ75×80	14	75	75	75	12			
		22×150				Ⅱ75×115								
100		25×120	100	31	No. 5	Ⅱ100×85	18	100	100	100	16	M16×1.5	6～12件	M6×22 12件
		25×160				Ⅱ100×125								
150		35×135	150	41	No. 8	Ⅱ150×95	25	150	150	150	24	M24×1.5	8～16件	M8×25 16件
		35×185				Ⅱ150×145								
200		35×135	200	41	No. 10	Ⅱ200×105	25	200	200	200	24		10～16件	M10×30 16件
		35×190				Ⅱ200×160								
250		40×145	250	46	No. 12	Ⅱ250×105	28	250	250	250	27	M27×1.5		
		40×205				Ⅱ250×165								
300		40×145	300	46	No. 13	Ⅱ300×105	28	300	300	300	27		12～16件	M12×35 16件
		40×205				Ⅱ300×165								

表 6-164　　地脚式气缸的基本尺寸　　mm

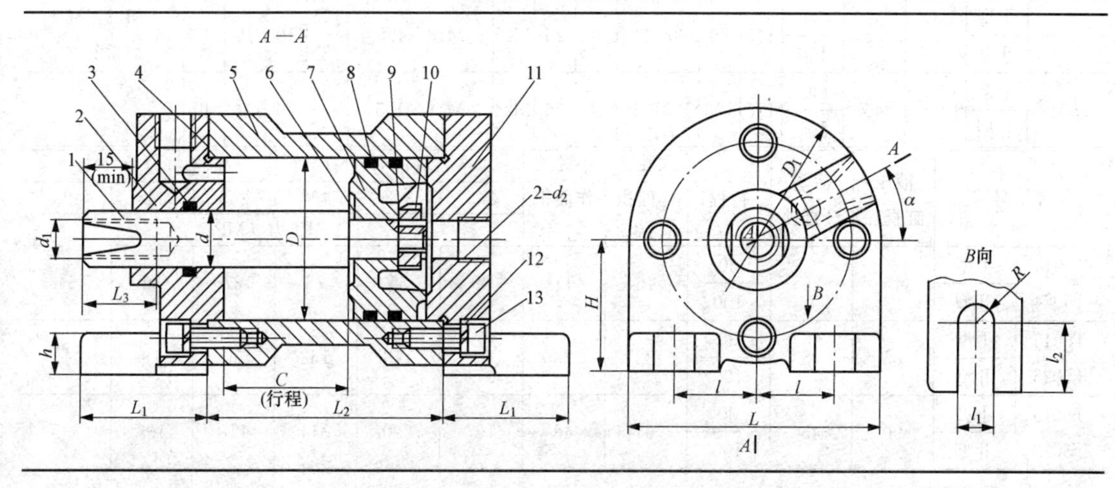

续表

D	C（行程）	F（N）	D_1	d	d_1	d_2（英寸）	l	l_1	l_2	L	L_1	L_2	L_3	H	α	h
50	35	750	80	20	M16×1.5	Z1/4″	25	11	15	80	40	80	20	43	30°	12
	70											115				
75	35	1700	105	22			30			105		80		55		
	70											115				
100	35	3100	135	25	M20×1.5		40	13		135	45	85	25	70		16
	75											125				
150	40	7000	187	35	M24×1.5	Z3/8″	66	17	20	187	55	95	30	95	22°30′	20
	90											145				
200	40	12000	245				90			245	60	105		125		25
	95											160				

注 零件明细同表 6-163。

表 6-165 法兰式液压缸的基本尺寸 mm

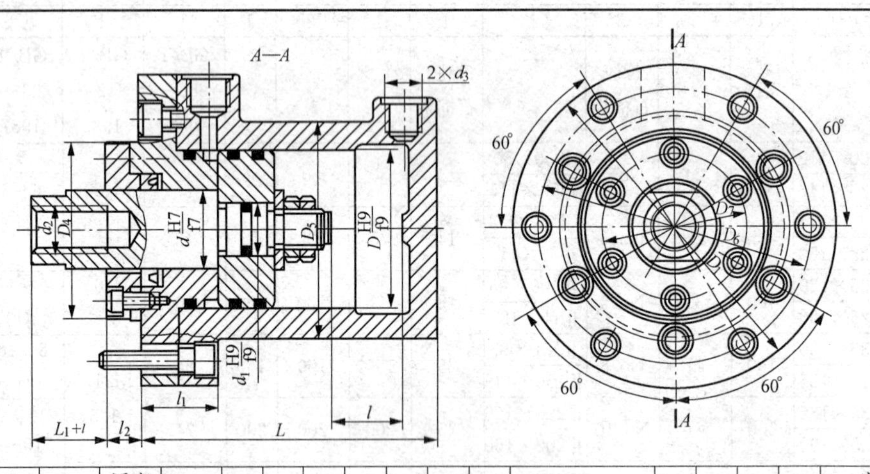

型号		缸径 D	活塞杆 d	行程 l	D_1	D_4	D_5	D_6	D_7	d_1	d_2	d_3	L	L_1	l_2	l_1	安装螺钉 GB/T 70—2000
T5014	Ⅰ型	45	25	30	120	75	72	95	58	18	M16	M14×1.5	133	5	14	38	M10×45（6个）
	Ⅱ型			100									203				
T5016	Ⅰ型	65	35	30	145	80	90	116	66	25	M20	M18×1.5	155	10	15	38	M12×45（6个）
	Ⅱ型			100									225				
T5019	Ⅰ型	90	45	30	175	100	120	146	80	30	M24	M18×1.5	162	10	18	40	M12×50（6个）
	Ⅱ型			100									232				

型号		液压缸直径	活塞杆直径	行程	大腔工作面积（cm^2）	小腔工作面积（cm^2）	活塞杆推力（N）			活塞杆拉力（N）		
							245	343	490	245	343	490
							工作压力（MPa）					
T5014	Ⅰ型	45	25	30	16	11	39	55	78	27	38	54
T5024	Ⅱ型			100								
T5016	Ⅰ型	65	35	30	33	23	81	113	162	56	78	113
T5026	Ⅱ型			100								
T5019	Ⅰ型	90	45	30	64	48	157	220	314	118	165	235
T5029	Ⅱ型			100								

表 6-166　　地脚式液压缸的基本尺寸　　mm

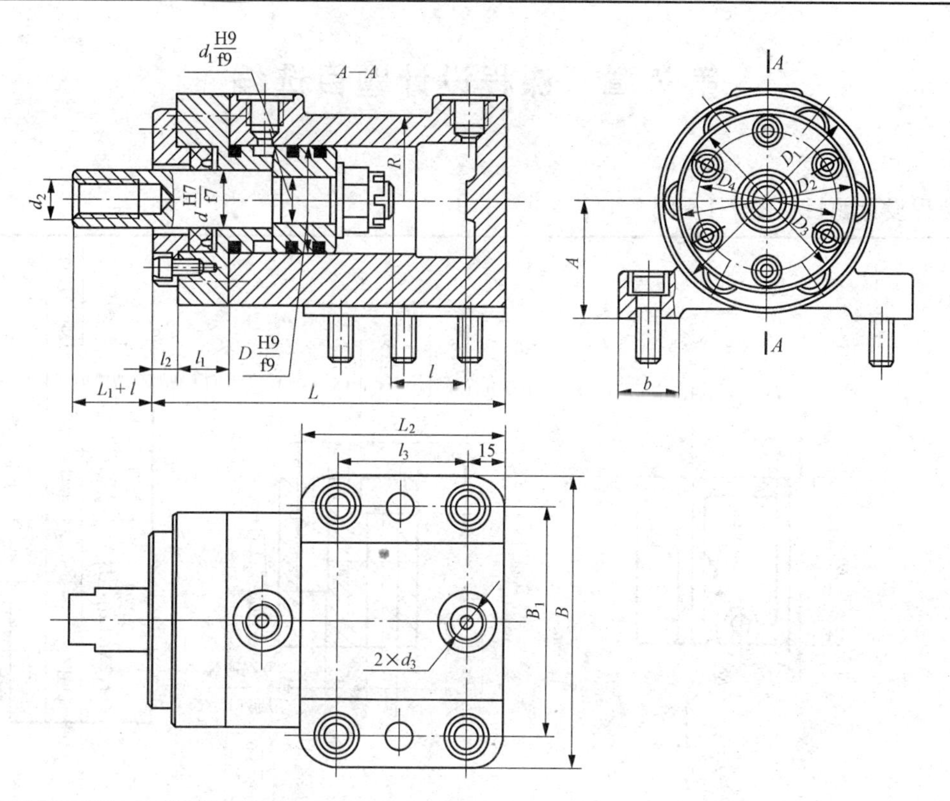

型号		缸径 D	活塞杆 d	行程 l	中心高 A	D_1	D_2	D_3	D_4	R	d_1	d_2	d_3
T5024	Ⅰ型	45	25	30	50	90	74	70	58	35	18	M16	M14×1.5
	Ⅱ型			100									
T5026	Ⅰ型	65	35	30	65	120	80	98	66	45	25	M20	M18×1.5
	Ⅱ型			100									
T5029	Ⅰ型	90	45	30	75	145	98	118	80	60	30	M24	M18×1.5
	Ⅱ型			100									

型号		L	L_1	L_2	l_1	l_2	l_3	B	B_1	b	安装螺钉 GB/T 70—2000	定位销 GB/T 118—2000
T5024	Ⅰ型	147	5	85	23	9	55	120	94	26	M10×30	12×40
	Ⅱ型	217		155			125					
T5026	Ⅰ型	170	10	100	4	9	70	150	120	40	M12×35	12×45
	Ⅱ型	240		170			140					
T5029	Ⅰ型	180	10	105	26	12	75	180	150	40	M12×40	12×50
	Ⅱ型	250		175			145					

第 7 章　课程设计题目选编

课程设计题目见图 7-1～图 7-44。

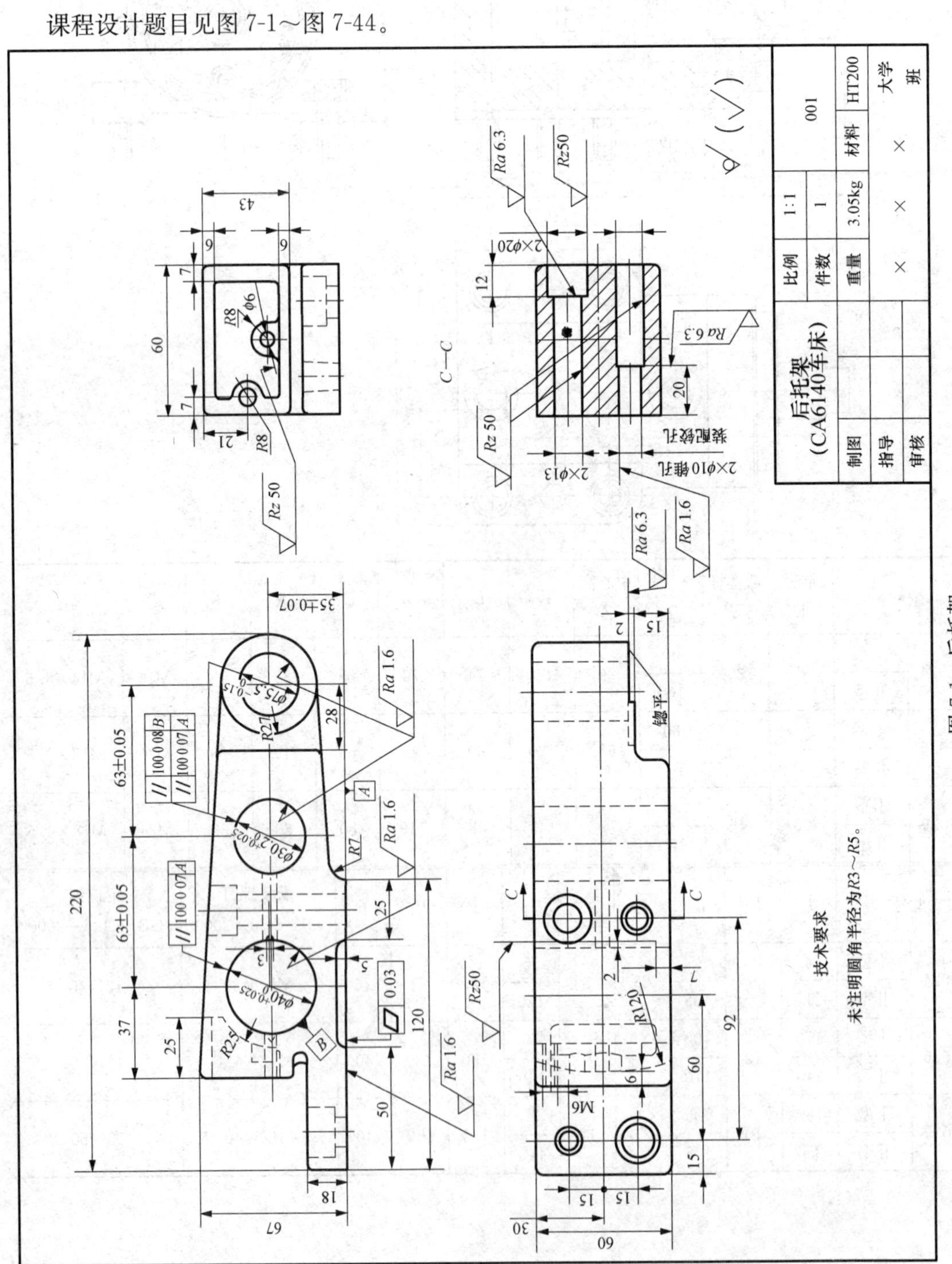

图 7-1　后托架

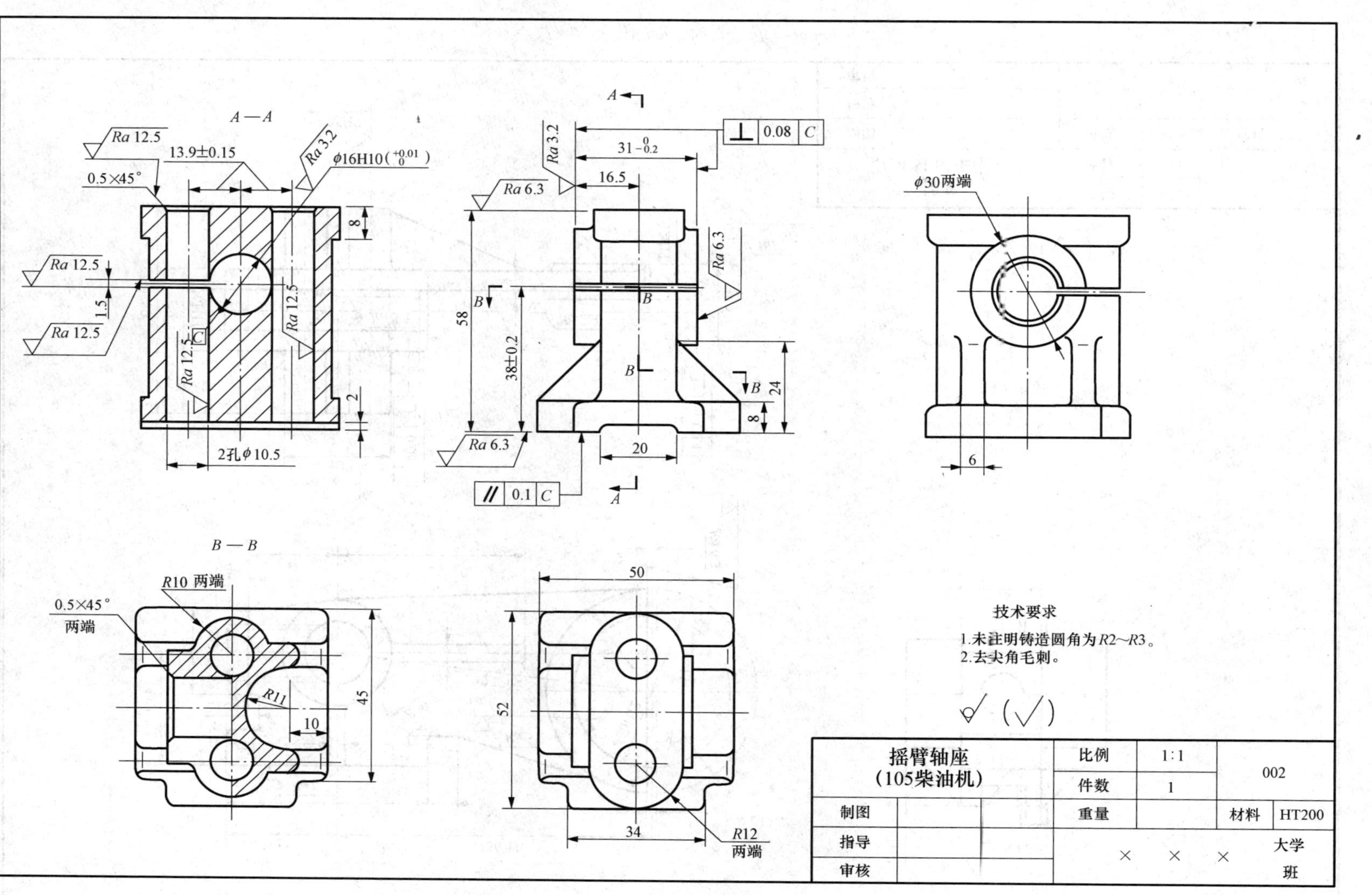
A—A
B—B
φ30两端
R10 两端
0.5×45° 两端
R12 两端
2孔φ10.5
技术要求
1.未注明铸造圆角为R2~R3。
2.去尖角毛刺。
摇臂轴座
(105柴油机)
比例
1:1
件数
1
重量
材料
HT200
002
制图
指导
审核
大学
班

图 7-2　摇臂轴座

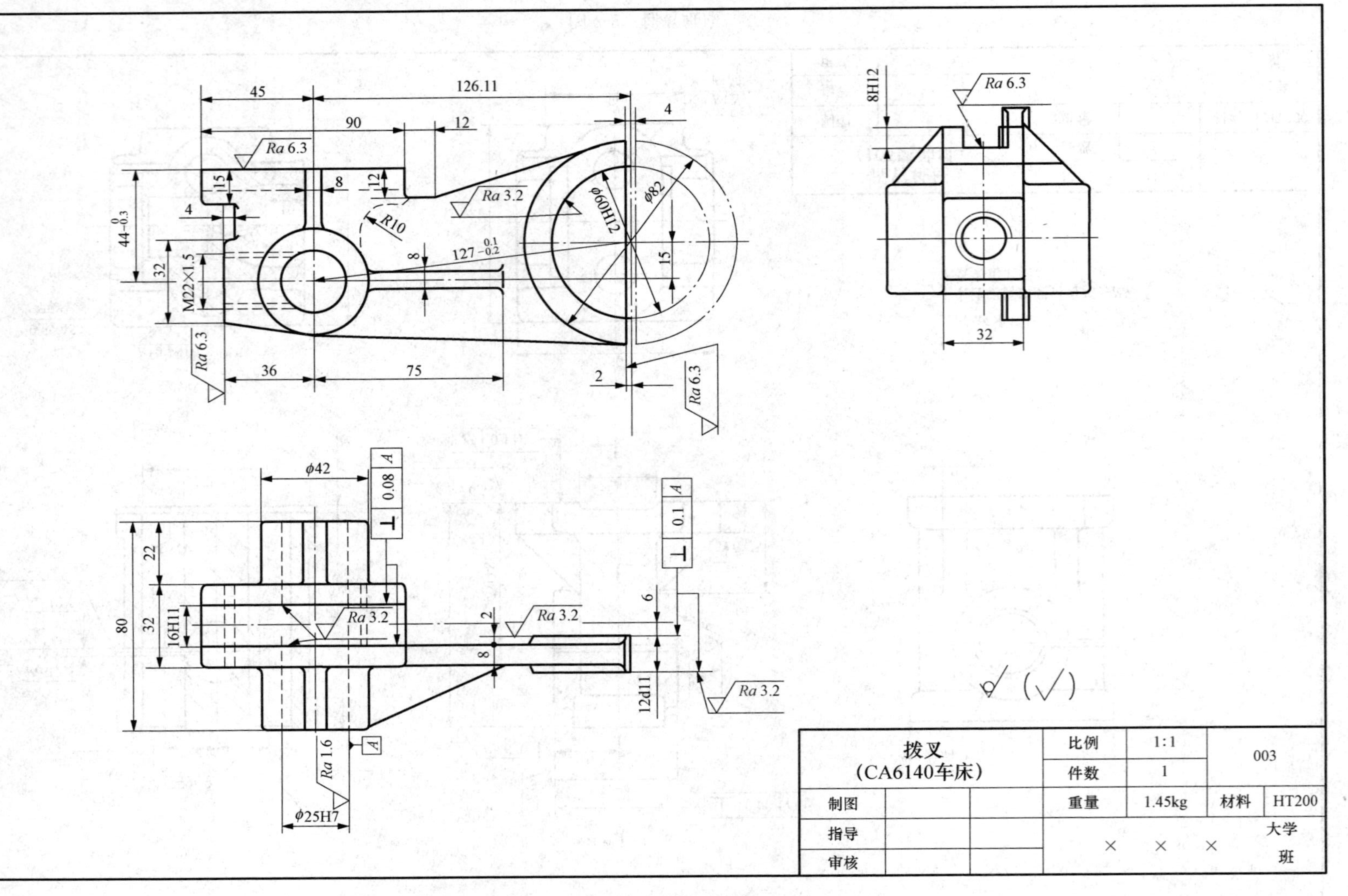
拨叉
(CA6140车床)
比例
1:1
件数
1
重量
1.45kg
材料
HT200
003
制图
指导
审核
大学
班
Ra 6.3
Ra 3.2
Ra 1.6
8H12
32
ϕ82
ϕ60H12
ϕ42
ϕ25H7
16H11
12d11
M22×1.5
126.11
90
45
75
36
R10
80
22
0.1 A
0.08 A

图 7-3 拨叉

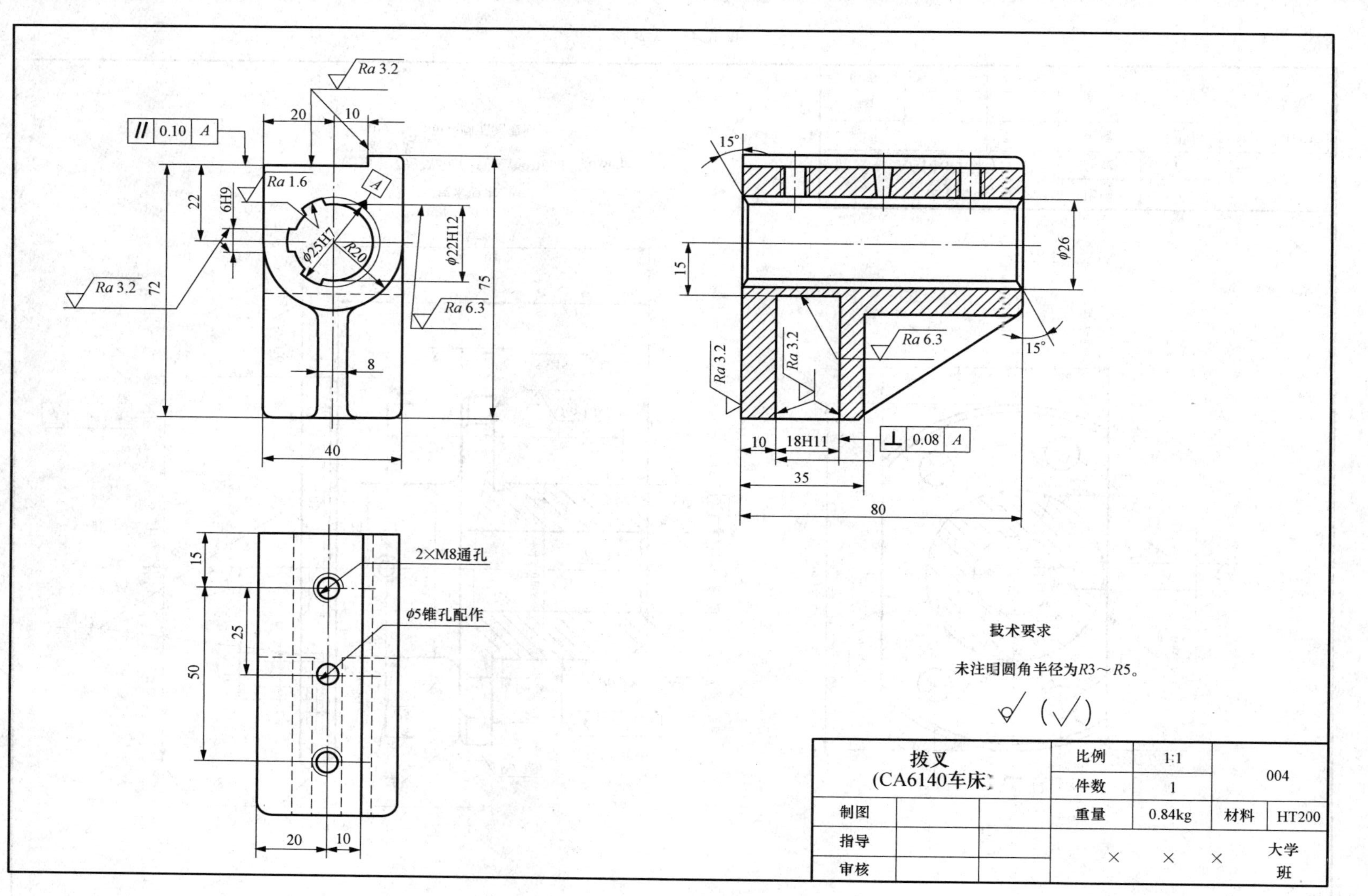

Ra 3.2
0.10 A
Ra 1.6
A
6H9
φ25H7
R20
φ22H12
Ra 6.3
2×M8通孔
φ5锥孔配作
15°
φ26
18H11
0.08 A
技术要求
未注明圆角半径为R3～R5。
拨叉
(CA6140车床)
比例
1:1
件数
1
004
制图
重量
0.84kg
材料
HT200
指导
审核
大学
班

图 7-4　拨叉二

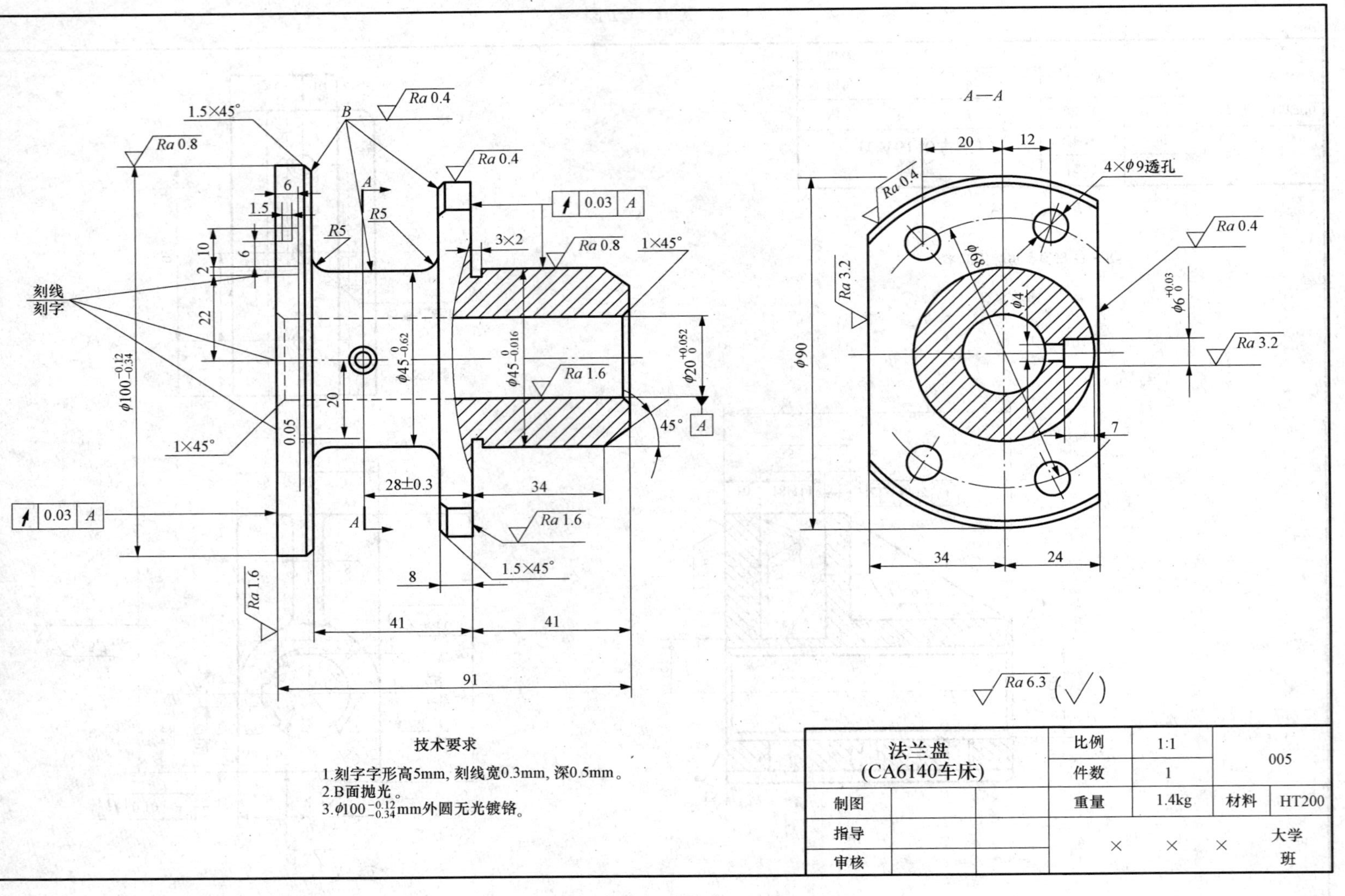
A—A
4×φ9透孔
刻线
刻字
B
1.5×45°
1×45°
45°
3×2
R5
28±0.3
Ra 0.4
Ra 0.8
Ra 1.6
Ra 3.2
Ra 6.3 (√)
φ100$^{-0.12}_{-0.34}$
φ45$^{0}_{-0.62}$
φ45$^{0}_{-0.016}$
φ20$^{+0.052}_{0}$
φ6$^{+0.03}_{0}$
φ68
φ90
φ4
0.03 A
0.05
91
41
34
24
技术要求
1.刻字字形高5mm, 刻线宽0.3mm, 深0.5mm。
2.B面抛光。
3.φ100$^{-0.12}_{-0.34}$mm外圆无光镀铬。
法兰盘
(CA6140车床)
比例 1:1
件数 1
重量 1.4kg
材料 HT200
005
制图
指导
审核
× × × 大学
班

图 7-5　法兰盘

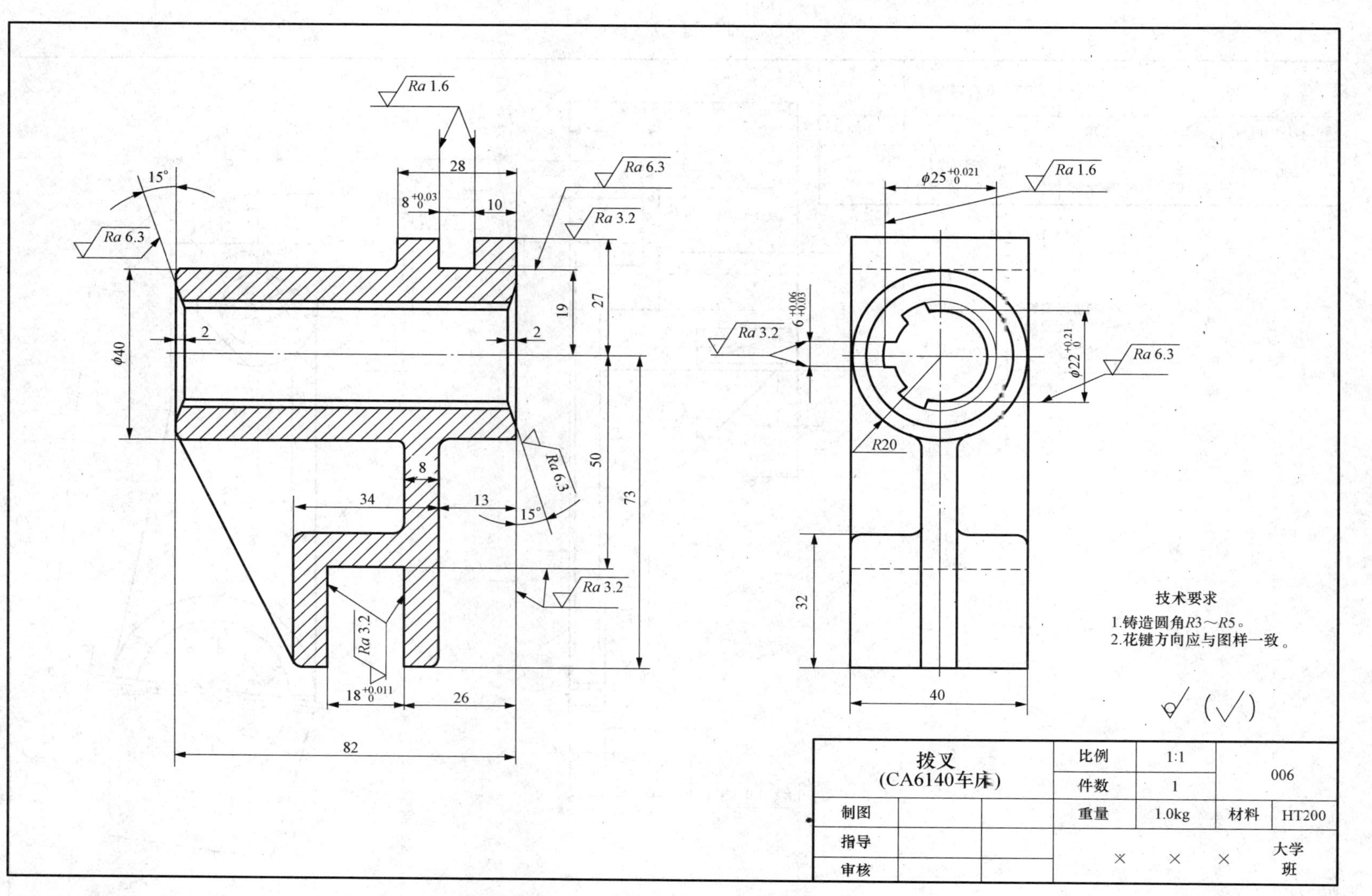
技术要求
1.铸造圆角R3～R5。
2.花键方向应与图样一致。
拨叉
(CA6140车床)
比例
1:1
006
件数
1
重量
1.0kg
材料
HT200
制图
指导
审核
大学
班
Ra 1.6
Ra 6.3
Ra 3.2
R20
40
32
73
50
27
19
82
26
34
13
28
10
8
2
ϕ40
15°

图 7-6　拨叉三

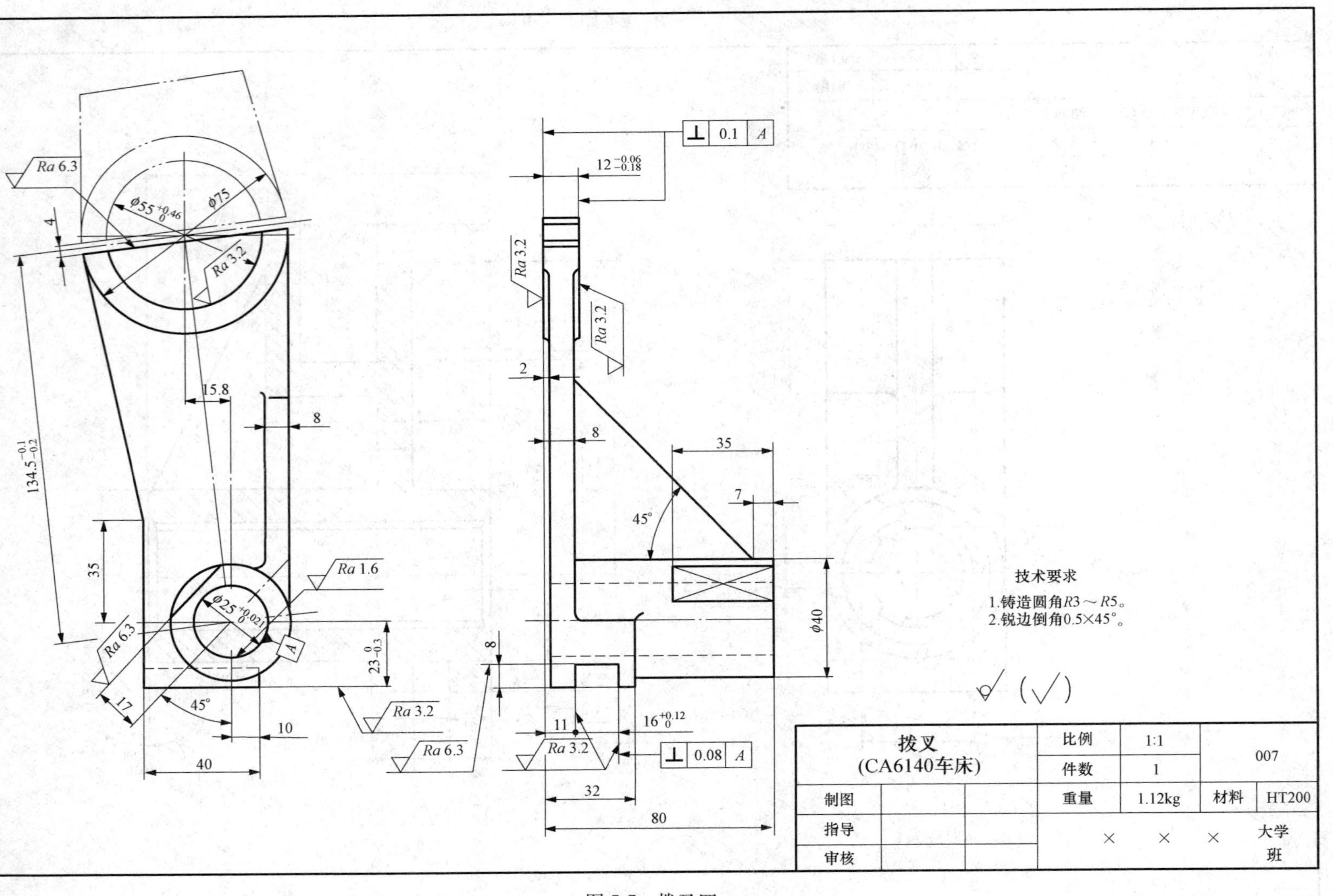
技术要求
1.铸造圆角R3～R5。
2.锐边倒角0.5×45°。
拨叉
(CA6140车床)
比例 1:1
件数 1
重量 1.12kg
材料 HT200
007
制图
指导
审核
× × ×
大学
班
φ40
φ75
φ55
φ25
134.5
35
40
10
17
45°
15.8
8
2
7
11
32
80
0.1 A
0.08 A
A
Ra 6.3
Ra 3.2
Ra 1.6

图 7-7 拨叉四

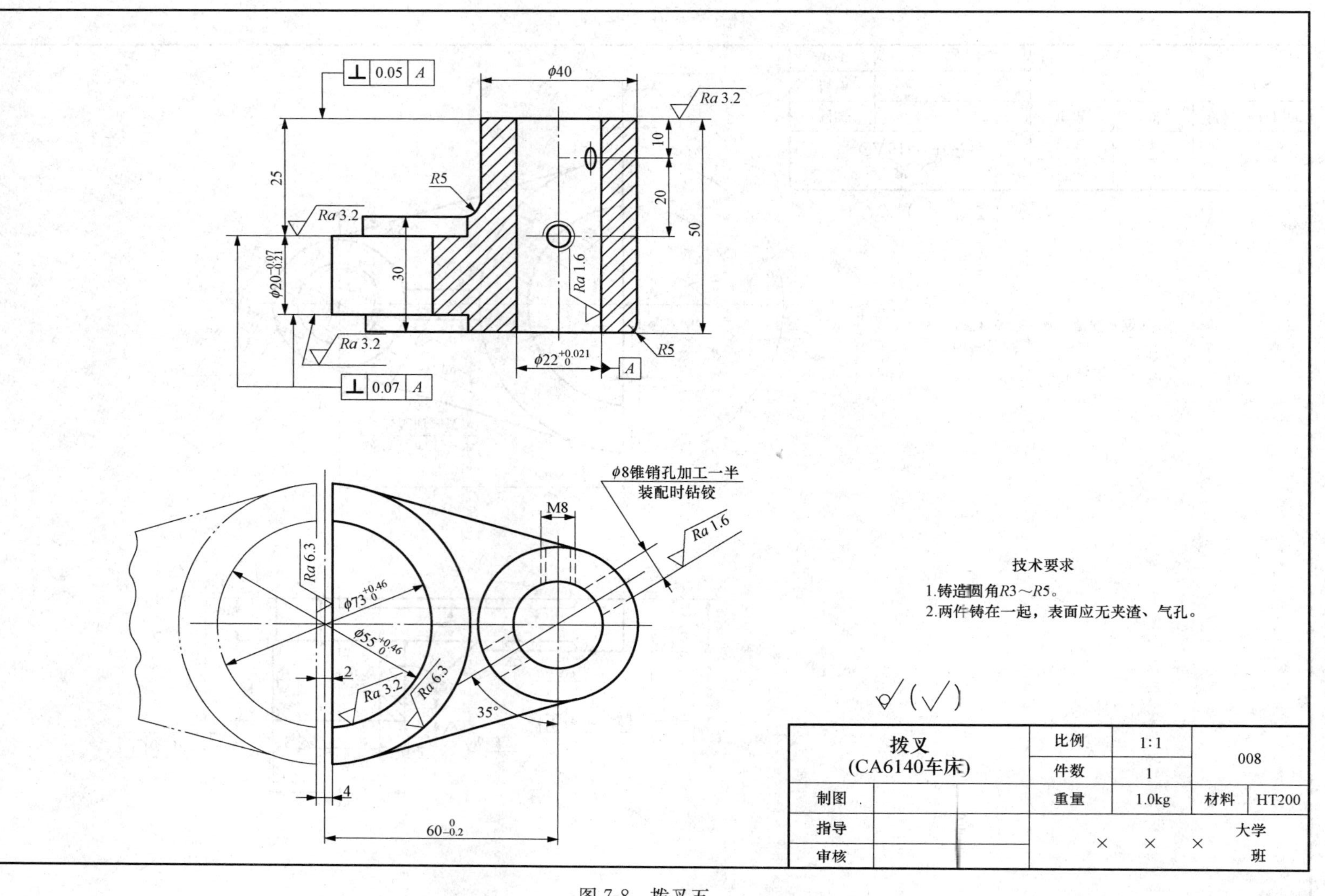
技术要求
1.铸造圆角R3～R5。
2.两件铸在一起，表面应无夹渣、气孔。
拨叉
(CA6140车床)
比例
1:1
件数
1
重量
1.0kg
材料
HT200
008
制图
指导
审核
大学
班
φ8锥销孔加工一半
装配时钻铰
Ra 1.6
Ra 3.2
Ra 6.3
φ40
50
10
20
25
30
R5
A
35°
M8
2
4
⊥ 0.05 A
⊥ 0.07 A

图 7-8　拨叉五

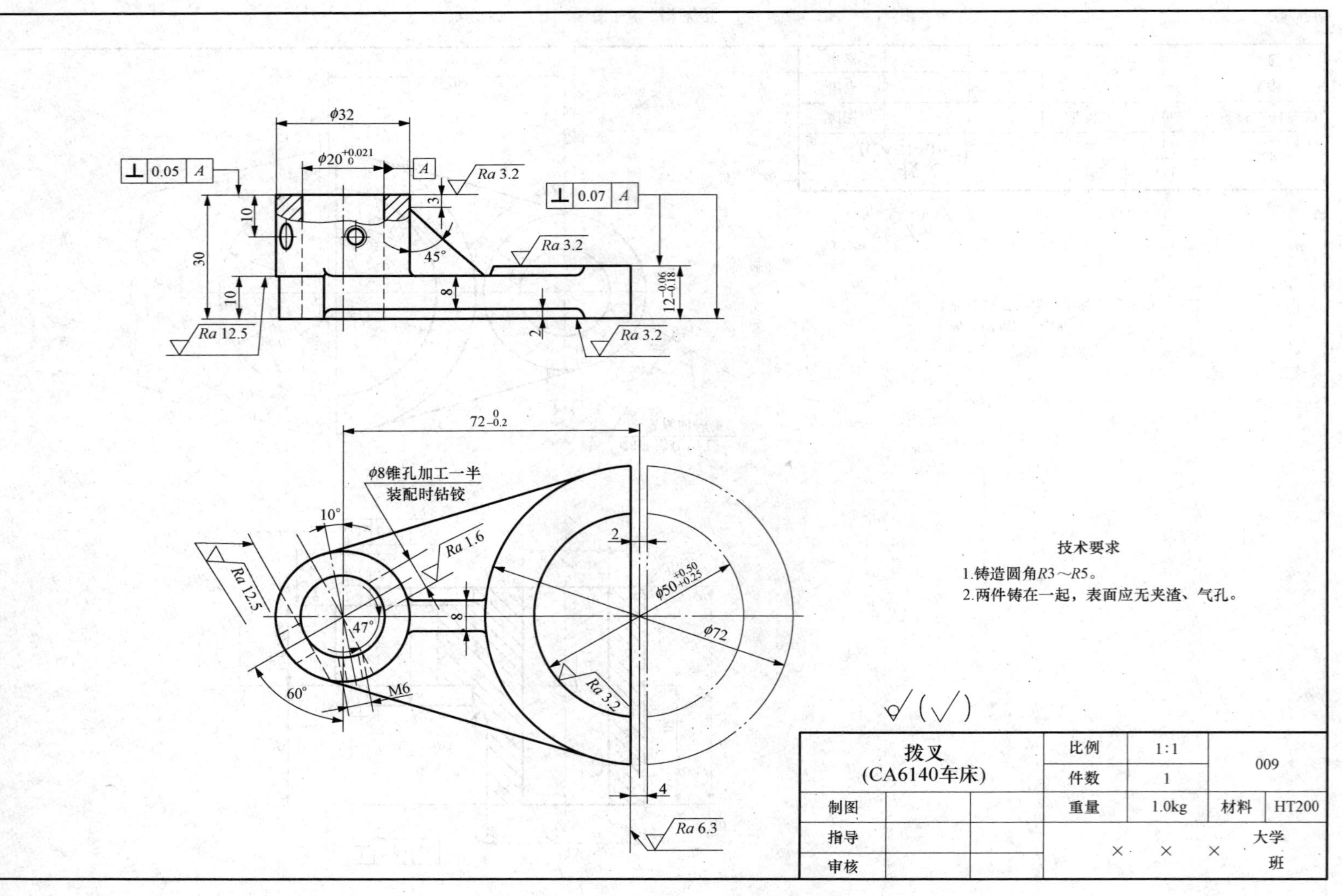
φ32
φ20+0.021 0
0.05 A
0.07 A
A
Ra 3.2
3
10
30
45°
8
10
2
12−0.06 −0.18
Ra 12.5
Ra 3.2
72 0 −0.2
φ8锥孔加工一半
装配时钻铰
10°
Ra 1.6
Ra 12.5
47°
8
60°
M6
2
φ50+0.50 +0.25
φ72
Ra 3.2
4
Ra 6.3
技术要求
1.铸造圆角R3～R5。
2.两件铸在一起，表面应无夹渣、气孔。
拨叉
(CA6140车床)
比例
1:1
件数
1
009
制图
重量
1.0kg
材料
HT200
指导
审核
× × ×
大学
班

图 7-9 拨叉六

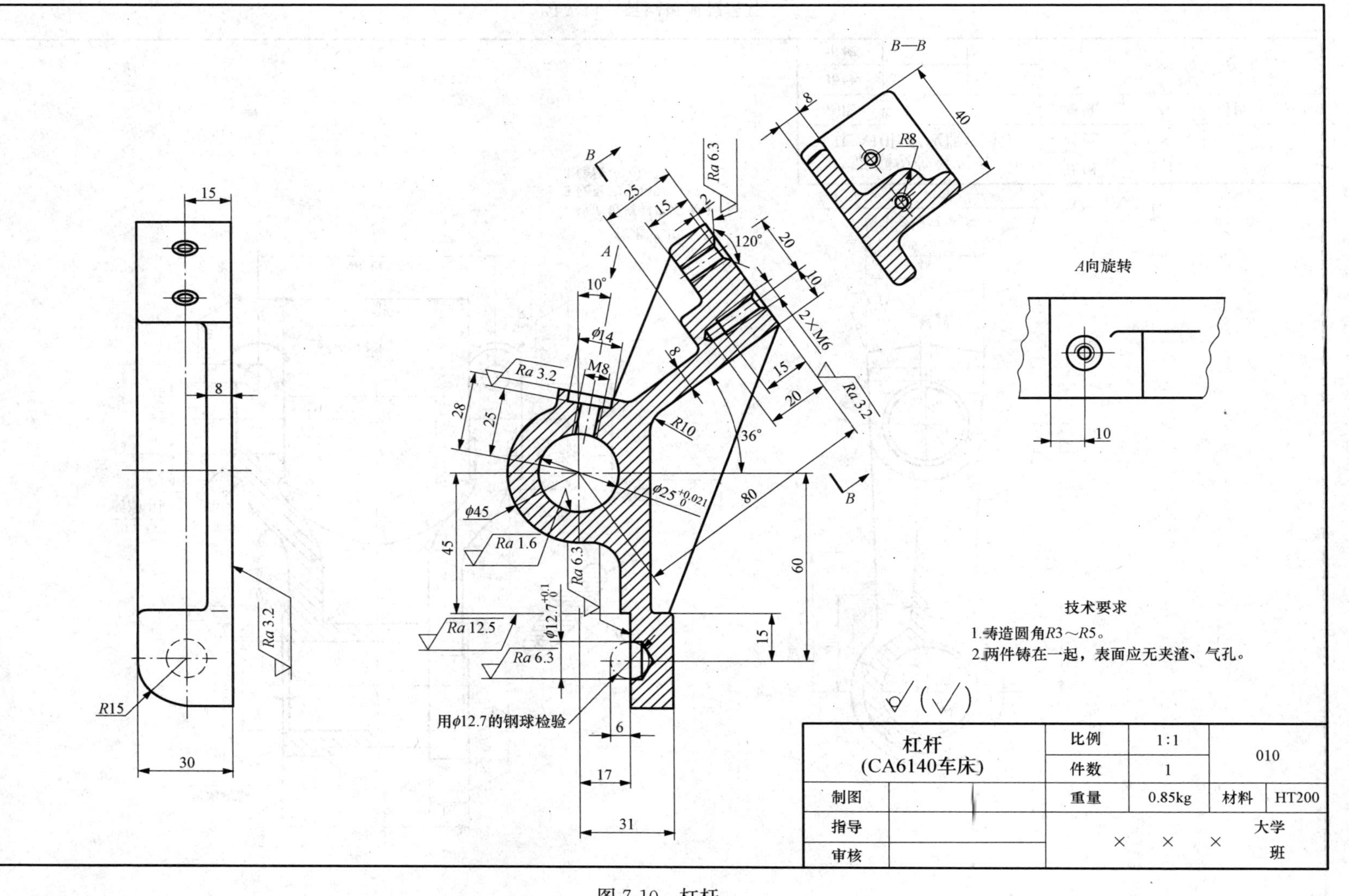
B—B
A向旋转
技术要求
1.铸造圆角R3～R5。
2.两件铸在一起，表面应无夹渣、气孔。
用φ12.7的钢球检验
2×M6
M8
R8
R10
R15
Ra 3.2
Ra 6.3
Ra 1.6
Ra 12.5
杠杆
(CA6140车床)
比例
1:1
件数
1
重量
0.85kg
材料
HT200
010
制图
指导
审核
大学
班

图 7-10　杠杆

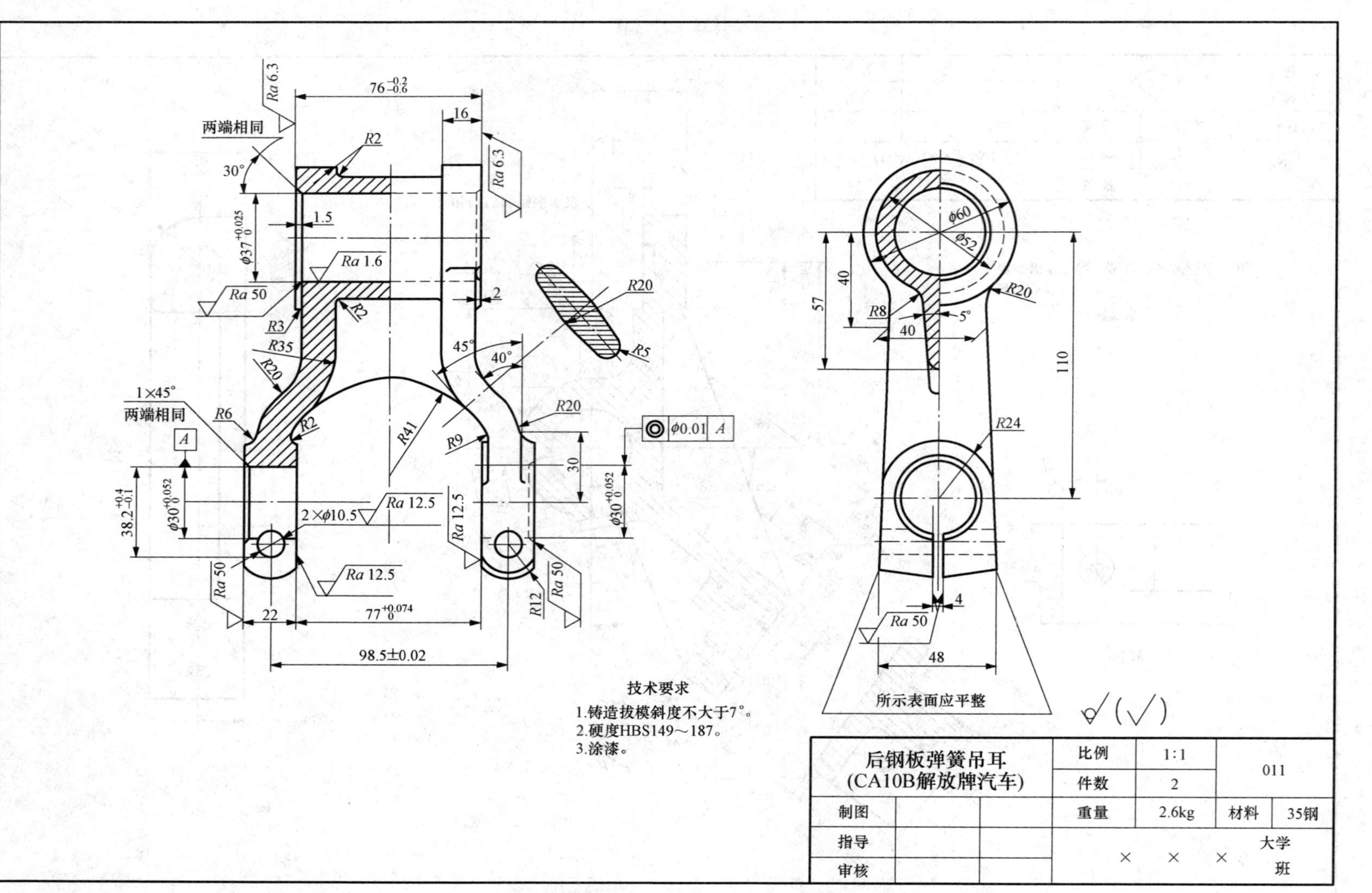

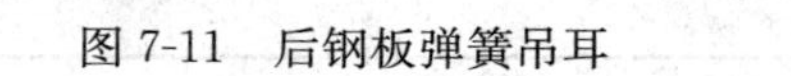
图 7-11 后钢板弹簧吊耳

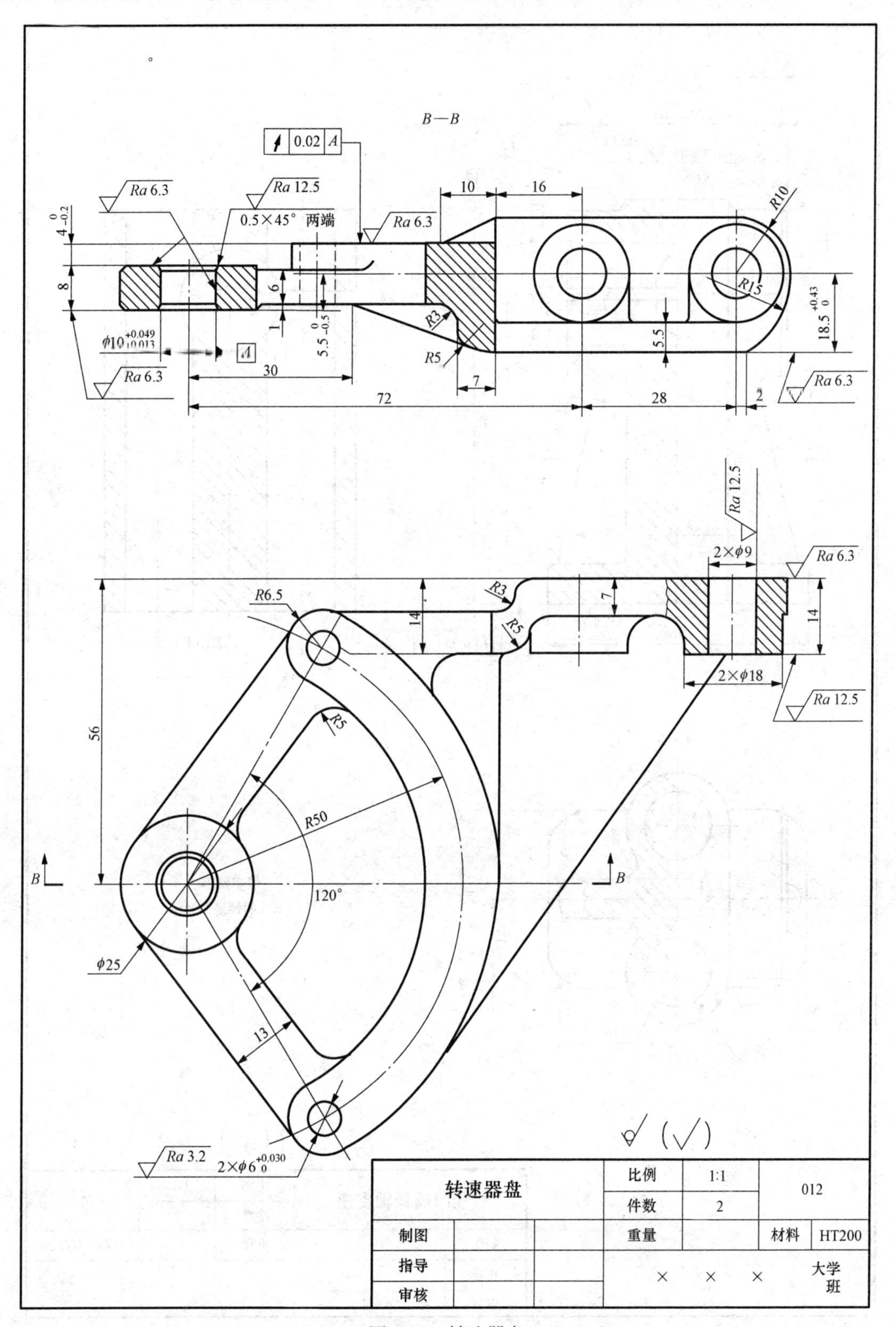
B—B
0.02 A
Ra 6.3
Ra 12.5
0.5×45° 两端
Ra 6.3
10
16
R10
R15
R3
R5
18.5
5.5
30
72
28
2
7
8
6
1
Ra 12.5
2×ϕ9
Ra 6.3
R3
R5
7
14
14
2×ϕ18
Ra 12.5
R6.5
56
R5
R50
120°
ϕ25
13
B
B
Ra 3.2
转速器盘
比例
1:1
件数
2
012
制图
指导
审核
重量
材料
HT200
×　×　×
大学
班

图 7-12　转速器盘

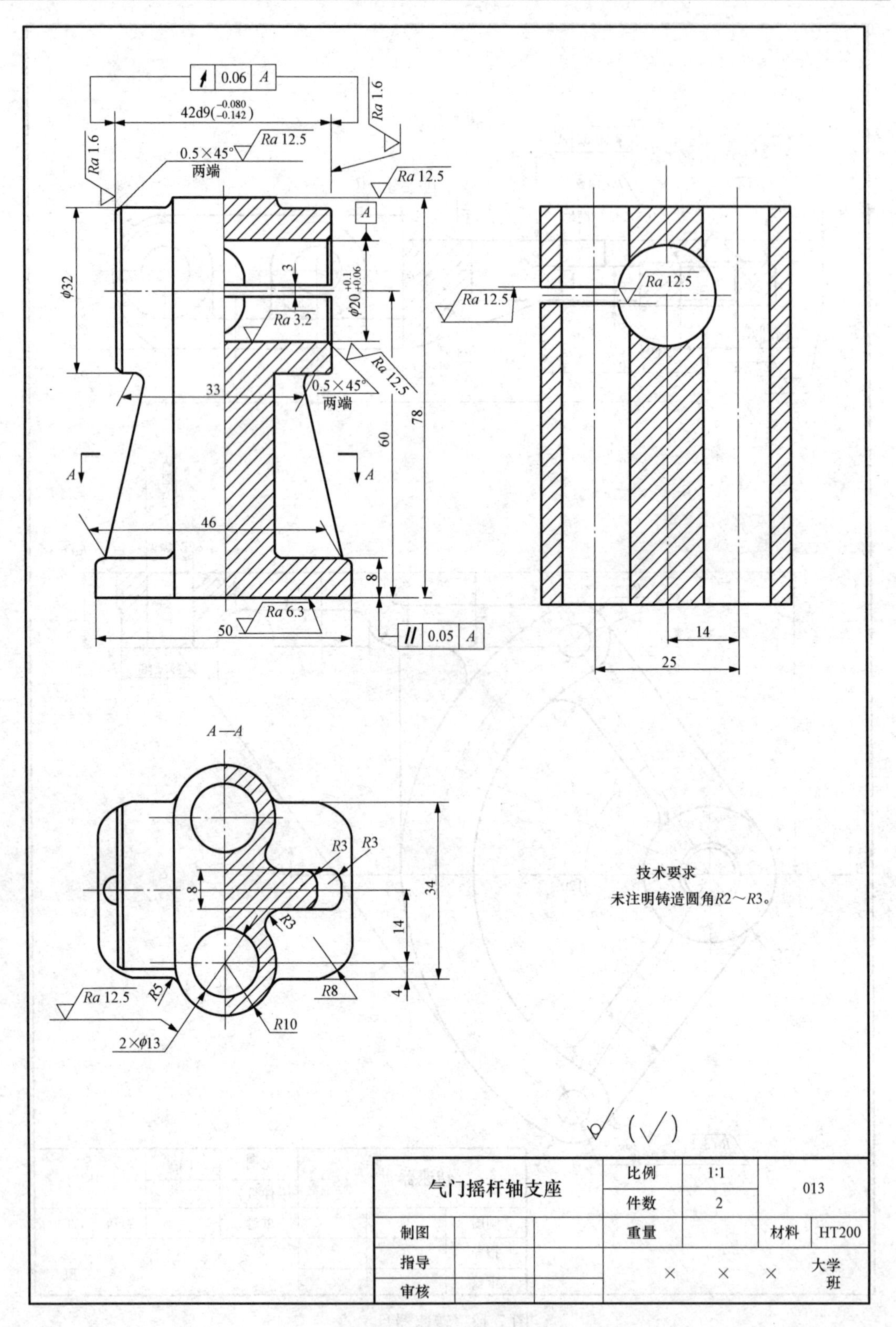

图 7-13 气门摇杆轴支座

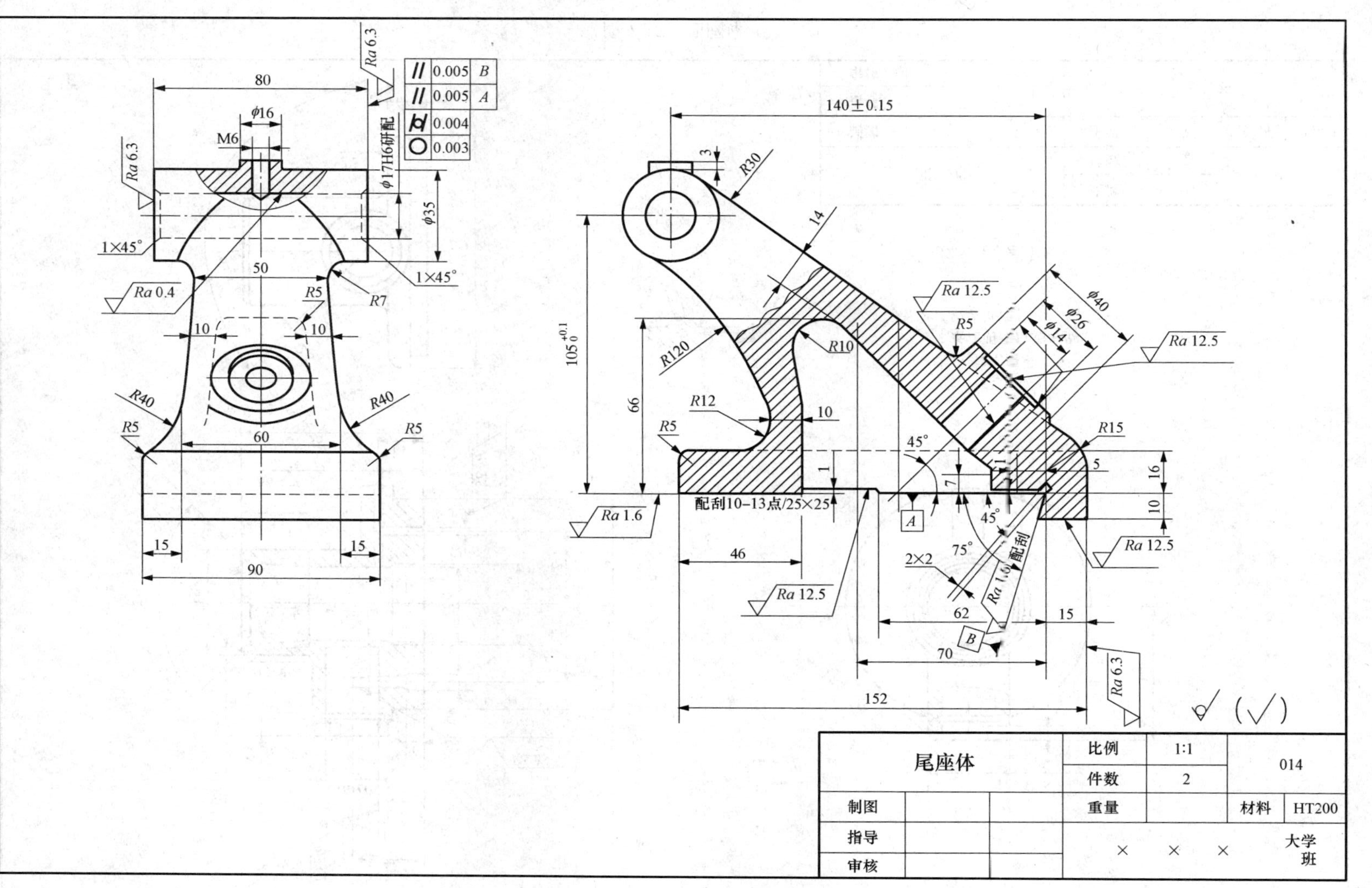
80
φ16
M6
φ17H6研配
φ35
Ra 6.3
0.005 B
0.005 A
0.004
0.003
1×45°
Ra 0.4
50
R5
R7
10
R40
60
15
90
140±0.15
R30
14
105 +0.1 0
R120
R10
R12
66
Ra 12.5
φ40
φ26
φ14
R15
配刮10–13点/25×25
Ra 1.6
45°
75°
2×2
配刮
46
62
70
152
16
15
A
B
尾座体
比例 1:1
件数 2
014
制图
重量
材料 HT200
指导
审核
大学
班

图 7-14　尾座体

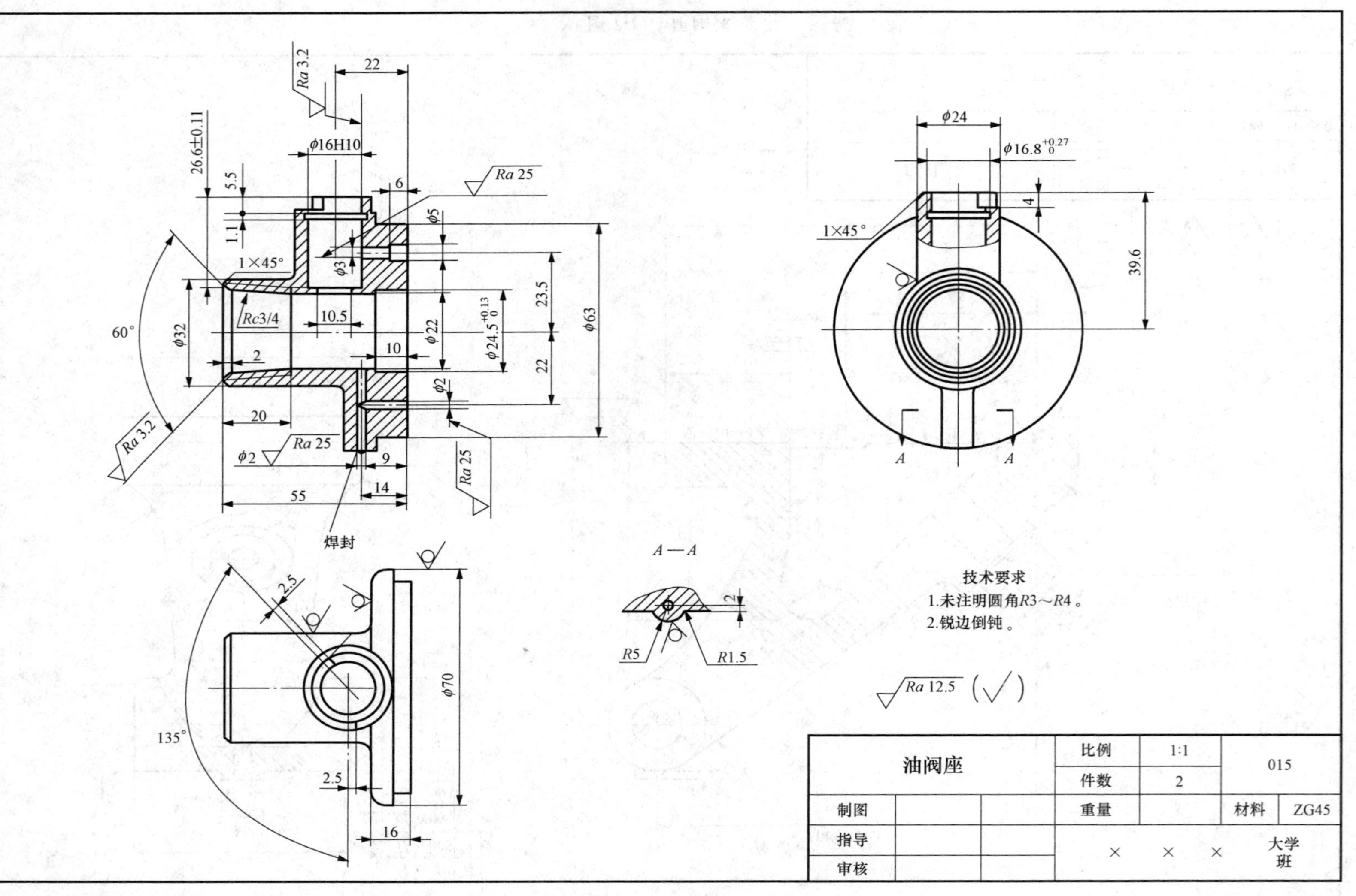
技术要求
1.未注明圆角R3～R4。
2.锐边倒钝。
Ra 12.5 (√)
A—A
R5
R1.5
油阀座
比例
1:1
件数
2
015
制图
重量
材料
ZG45
指导
审核
× × ×
大学
班
φ24
φ16.8 +0.27 0
1×45°
39.6
φ16H10
26.6±0.11
5.5
1.1
Rc3/4
10.5
φ22
φ24.5 +0.13 0
23.5
φ63
φ32
φ5
φ3
φ2
10
55
20
14
9
6
焊封
60°
135°
φ70
2.5
16

图 7-15 油阀座

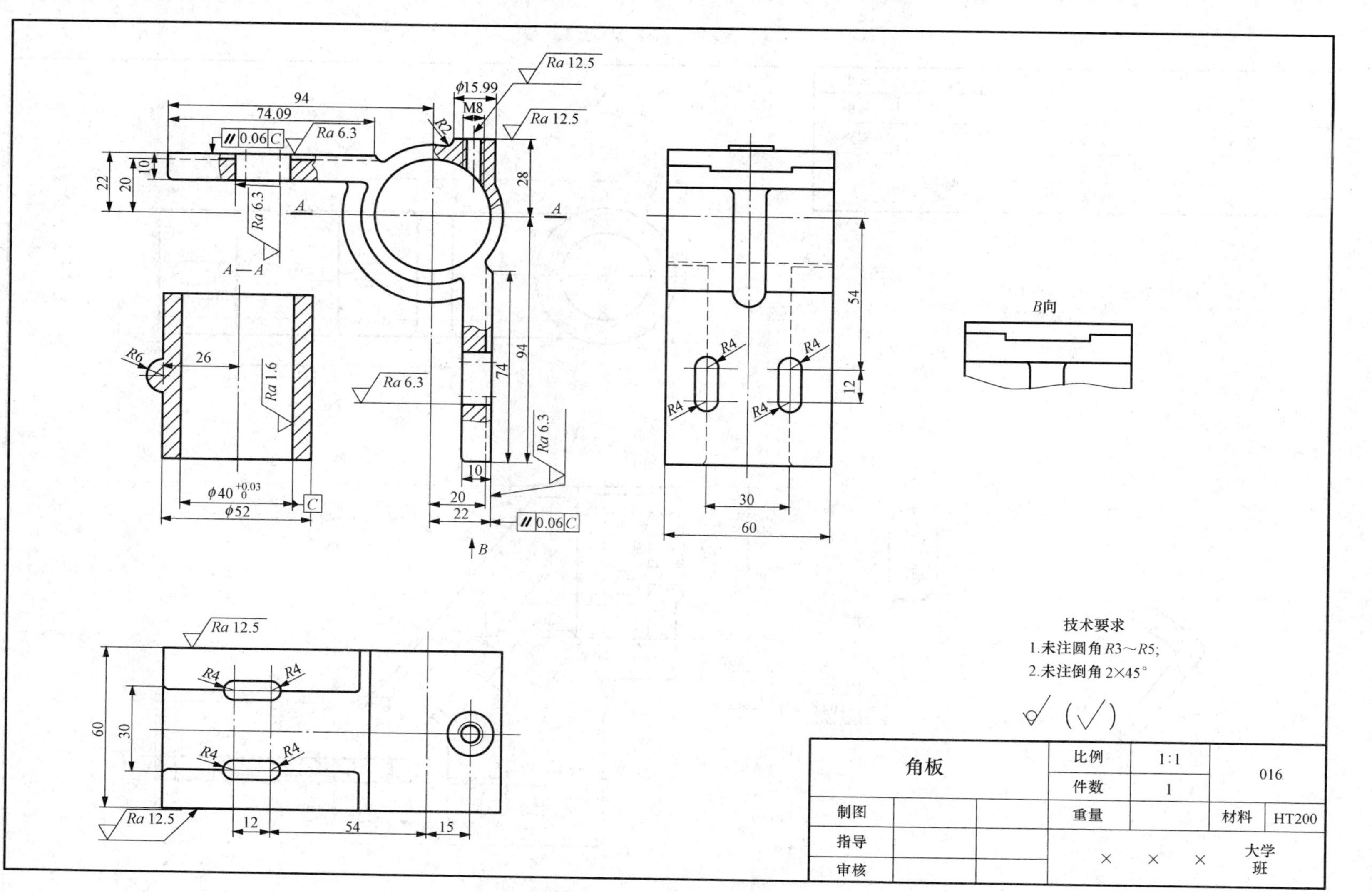
94
74.09
0.06 C
Ra 6.3
φ15.99
M8
R2
Ra 12.5
Ra 12.5
22
20
10
28
A
A
A—A
R6
26
Ra 1.6
φ40 +0.03 0
φ52
C
Ra 6.3
74
94
Ra 6.3
10
20
22
0.06 C
B
54
12
R4
30
60
B向
Ra 12.5
60
30
12
54
15
技术要求
1.未注圆角 R3～R5;
2.未注倒角 2×45°
角板
比例
1:1
件数
1
重量
016
材料
HT200
制图
指导
审核
大学
班

图 7-16　角板

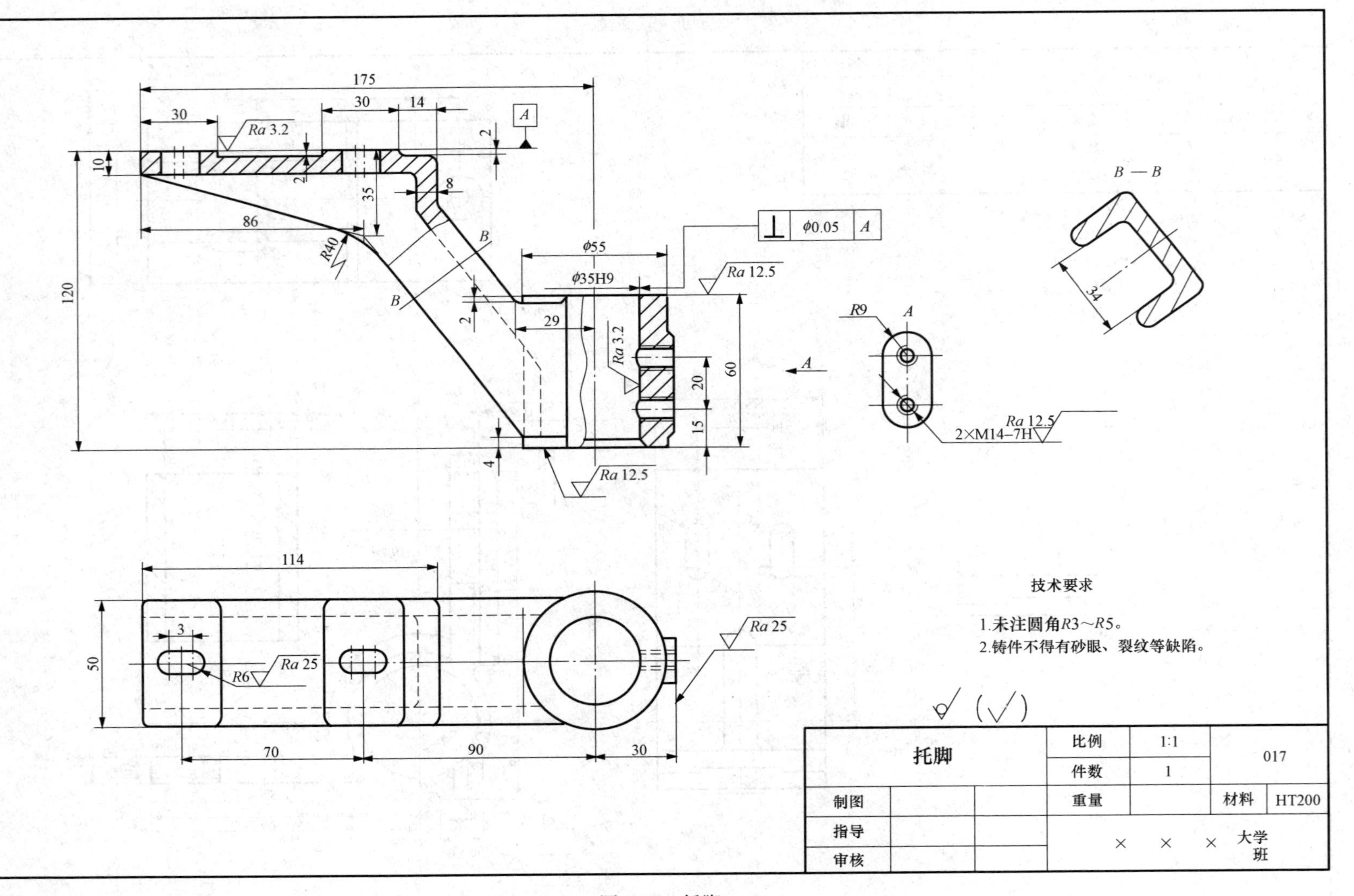
175
30
14
30
Ra 3.2
A
2
10
2
35
8
86
R40
B
B
120
⊥ φ0.05 A
φ55
φ35H9
Ra 12.5
2
29
Ra 3.2
20
60
15
4
Ra 12.5
A
R9
A
Ra 12.5
2×M14-7H
B — B
34
114
3
50
R6
Ra 25
Ra 25
70
90
30
技术要求
1.未注圆角R3~R5。
2.铸件不得有砂眼、裂纹等缺陷。
托脚
比例 1:1
件数 1
重量
材料 HT200
017
制图
指导
审核
× × × 大学 班

图 7-17 托脚

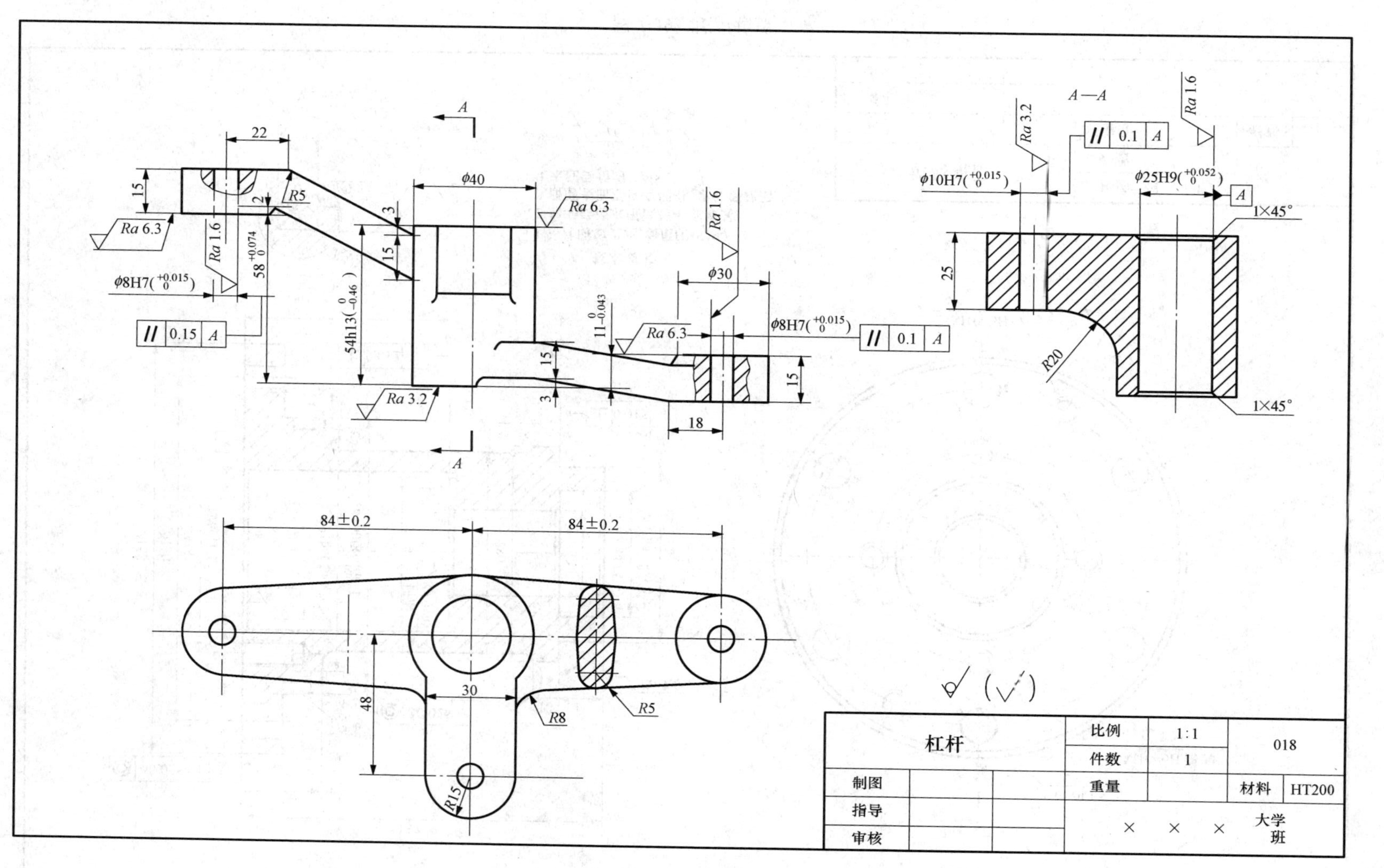
A—A
A
22
15
R5
2
φ40
Ra 6.3
Ra 1.6
Ra 3.2
3
φ8H7($^{+0.015}_{0}$)
$58^{+0.074}_{0}$
54h13($^{0}_{-0.46}$)
// 0.15 A
// 0.1 A
φ30
$11^{0}_{-0.043}$
18
φ10H7($^{+0.015}_{0}$)
φ25H9($^{+0.052}_{0}$)
1×45°
25
R20
84±0.2
30
48
R8
R15
杠杆
比例
1:1
件数
1
重量
材料
HT200
018
制图
指导
审核
× × ×
大学
班

图 7-18 杠杆

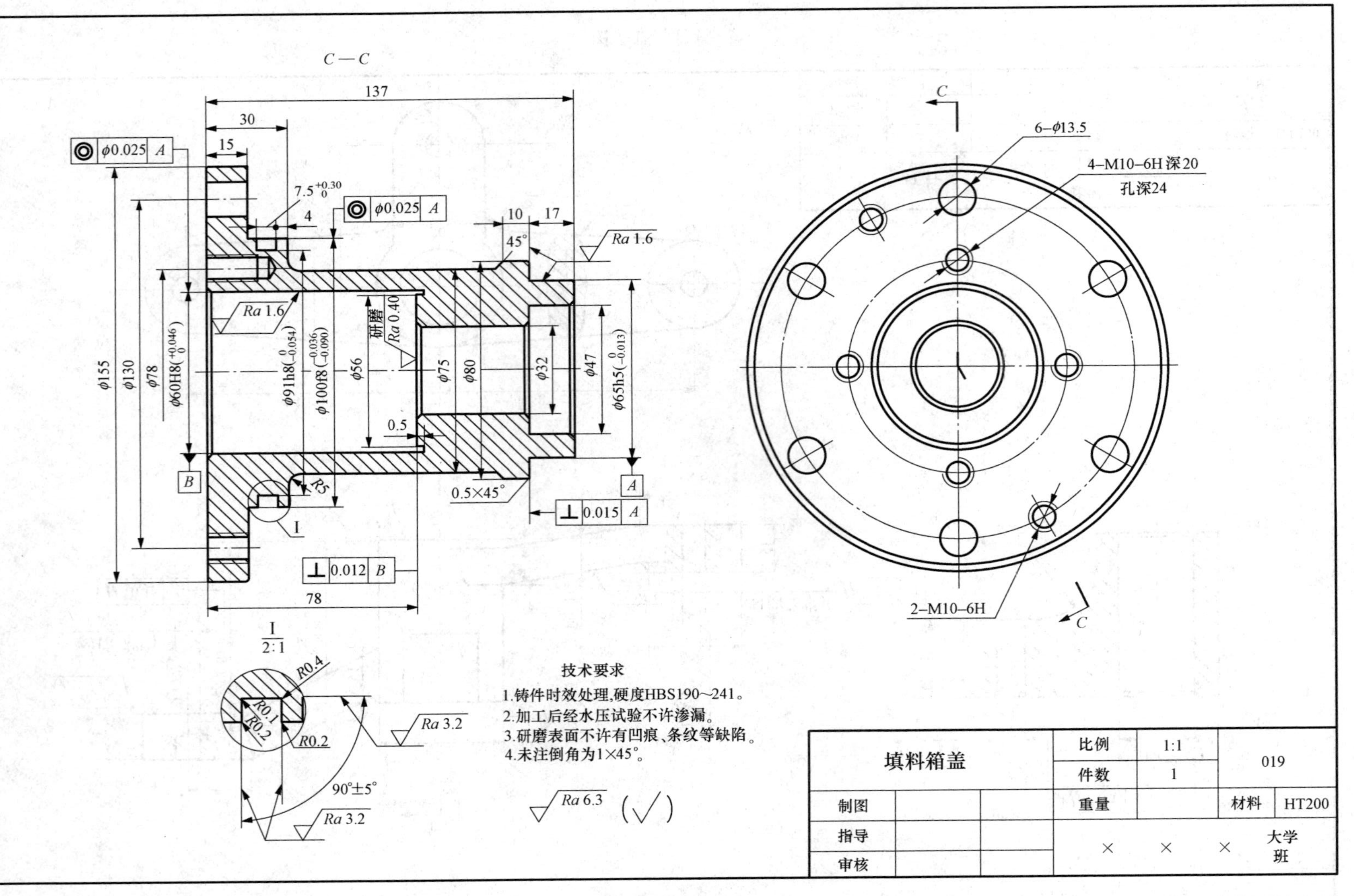
C—C
137
30
15
7.5$^{+0.30}_{0}$
4
ϕ0.025 A
ϕ0.025 A
10
17
45°
Ra 1.6
Ra 1.6
Ra 0.40
研磨
ϕ155
ϕ130
ϕ78
ϕ60H8($^{+0.046}_{0}$)
ϕ91h8($^{0}_{-0.054}$)
ϕ100f8($^{-0.036}_{-0.090}$)
ϕ56
ϕ75
ϕ80
ϕ32
ϕ47
ϕ65h5($^{0}_{-0.013}$)
0.5
R5
0.5×45°
B
A
⊥ 0.015 A
⊥ 0.012 B
I
78
I
2:1
R0.4
R0.1
R0.2
R0.2
Ra 3.2
90°±5°
Ra 3.2
C
6–ϕ13.5
4–M10–6H 深20
孔深24
2–M10–6H
C
技术要求
1.铸件时效处理,硬度HBS190~241。
2.加工后经水压试验不许渗漏。
3.研磨表面不许有凹痕、条纹等缺陷。
4.未注倒角为1×45°。
Ra 6.3 (√)
填料箱盖
比例
1:1
件数
1
019
制图
重量
材料
HT200
指导
审核
× × ×
大学
班

图 7-19 填料箱盖

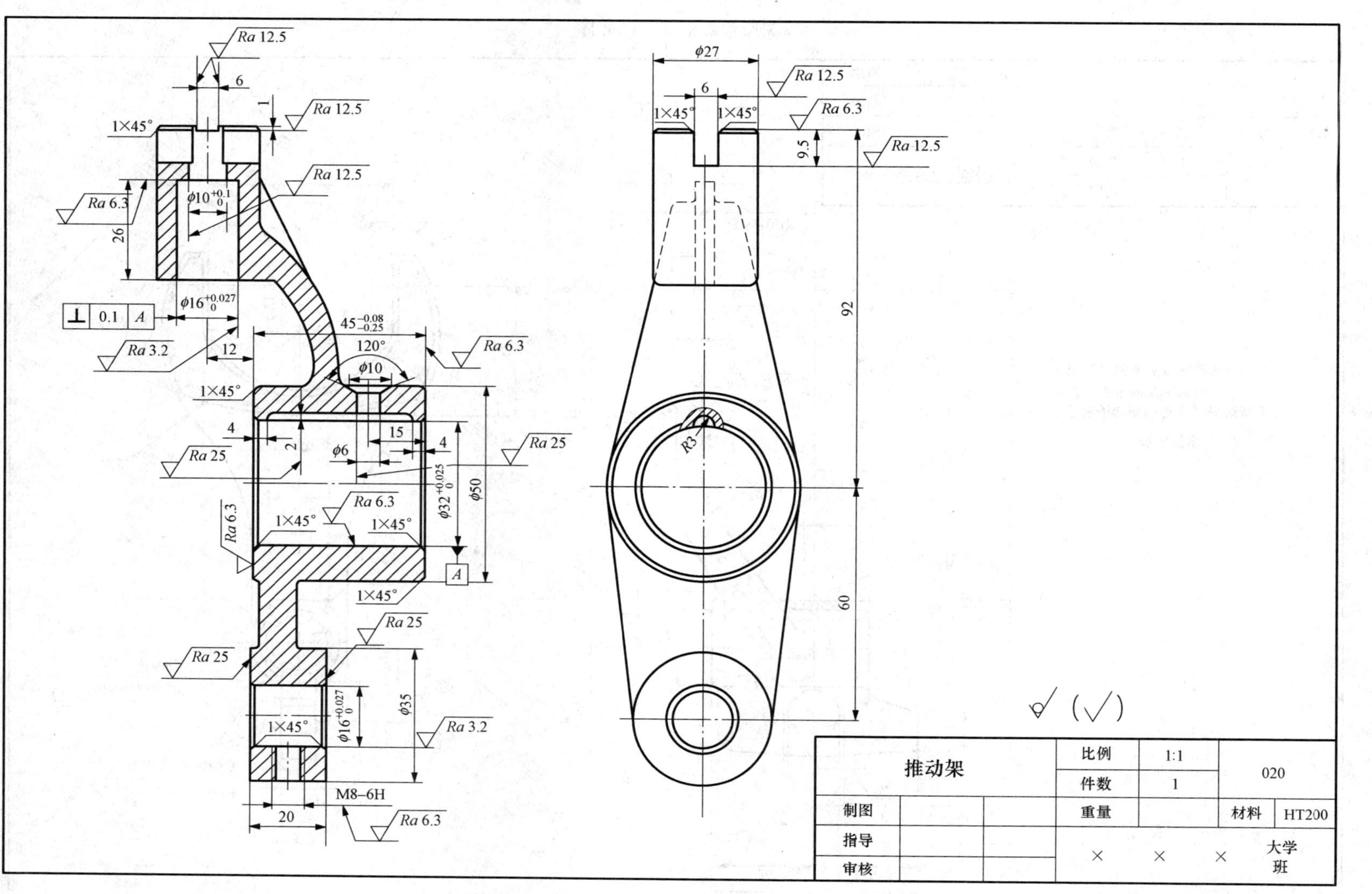
Ra 12.5
6
1
1×45°
Ra 12.5
Ra 12.5
Ra 6.3
φ10 +0.1 0
26
φ16 +0.027 0
⊥ 0.1 A
Ra 3.2
12
45 −0.08 −0.25
120°
φ10
Ra 6.3
1×45°
4
15
2
φ6
4
Ra 25
Ra 25
Ra 6.3
φ32 +0.025 0
φ50
Ra 6.3
1×45°
1×45°
A
1×45°
Ra 25
Ra 25
φ35
φ16 +0.027 0
1×45°
Ra 3.2
M8–6H
20
Ra 6.3
φ27
6
1×45°
1×45°
Ra 12.5
Ra 6.3
9.5
Ra 12.5
92
R3
60
(√)
推动架
比例
1:1
件数
1
020
制图
重量
材料
HT200
指导
审核
×
×
×
大学
班

图 7-20　推动架

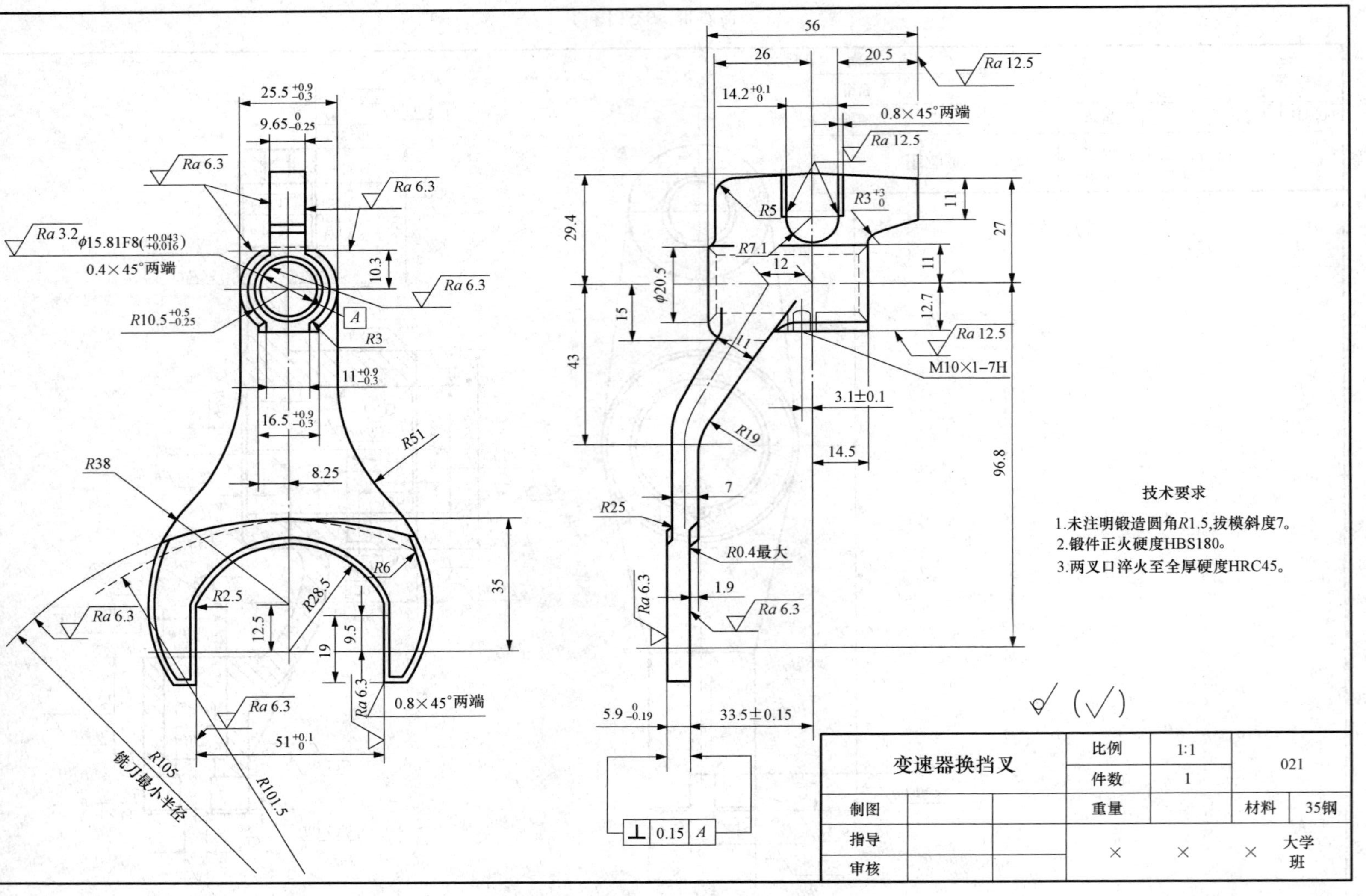
技术要求
1.未注明锻造圆角R1.5,拔模斜度7。
2.锻件正火硬度HBS180。
3.两叉口淬火至全厚硬度HRC45。
变速器换挡叉
比例 1:1
件数 1
重量
材料 35钢
021
制图
指导
审核
大学
班
M10×1−7H
0.8×45°两端
0.4×45°两端
R0.4最大
铣刀最小半径
R101.5
R105
R51
R38
R28.5
R19
R25
Ra 12.5
Ra 6.3
Ra 3.2
0.15 A

图 7-21 变速器换挡叉

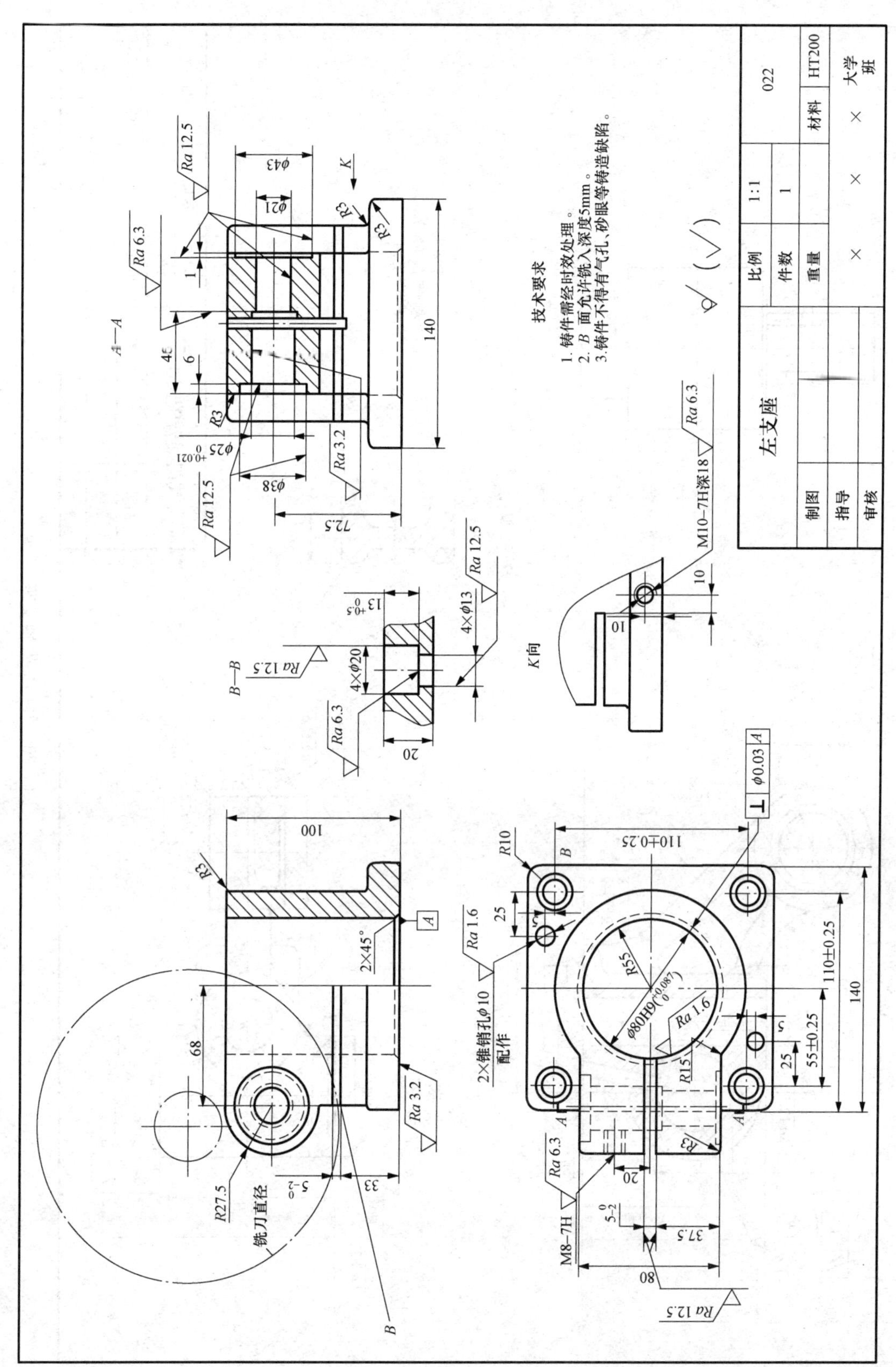
A—A
B—B
K向
技术要求
1. 铸件需经时效处理。
2. B 面允许铣入深度5mm。
3.铸件不得有气孔、砂眼等铸造缺陷。
2×锥销孔φ10
配作
M10–7H深18
M8–7H
铣刀直径
左支座
比例
1:1
件数
1
重量
材料
HT200
022
制图
指导
审核
大学
班

图 7-22　左支座

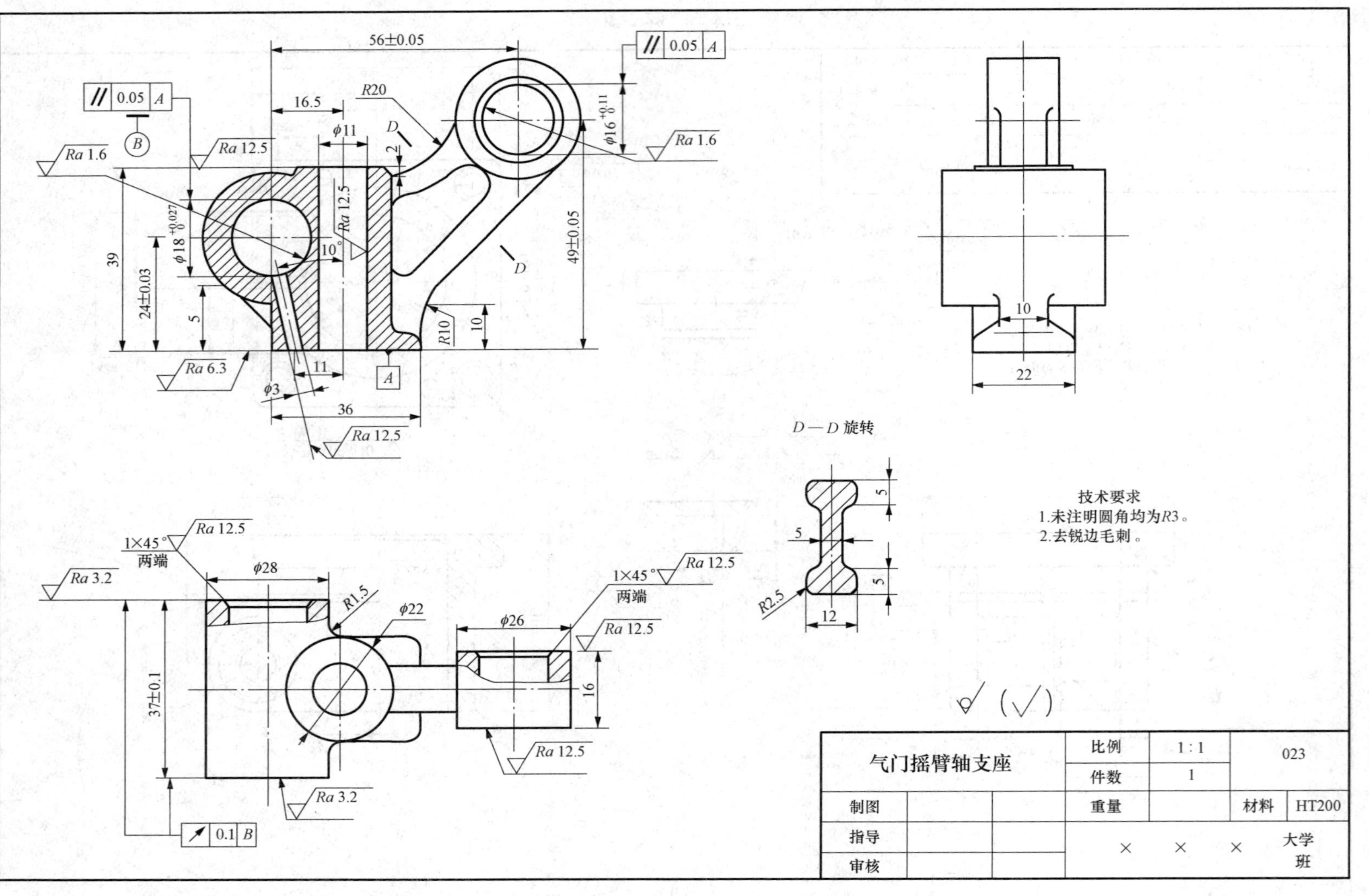

图 7-23 气门摇臂轴支座

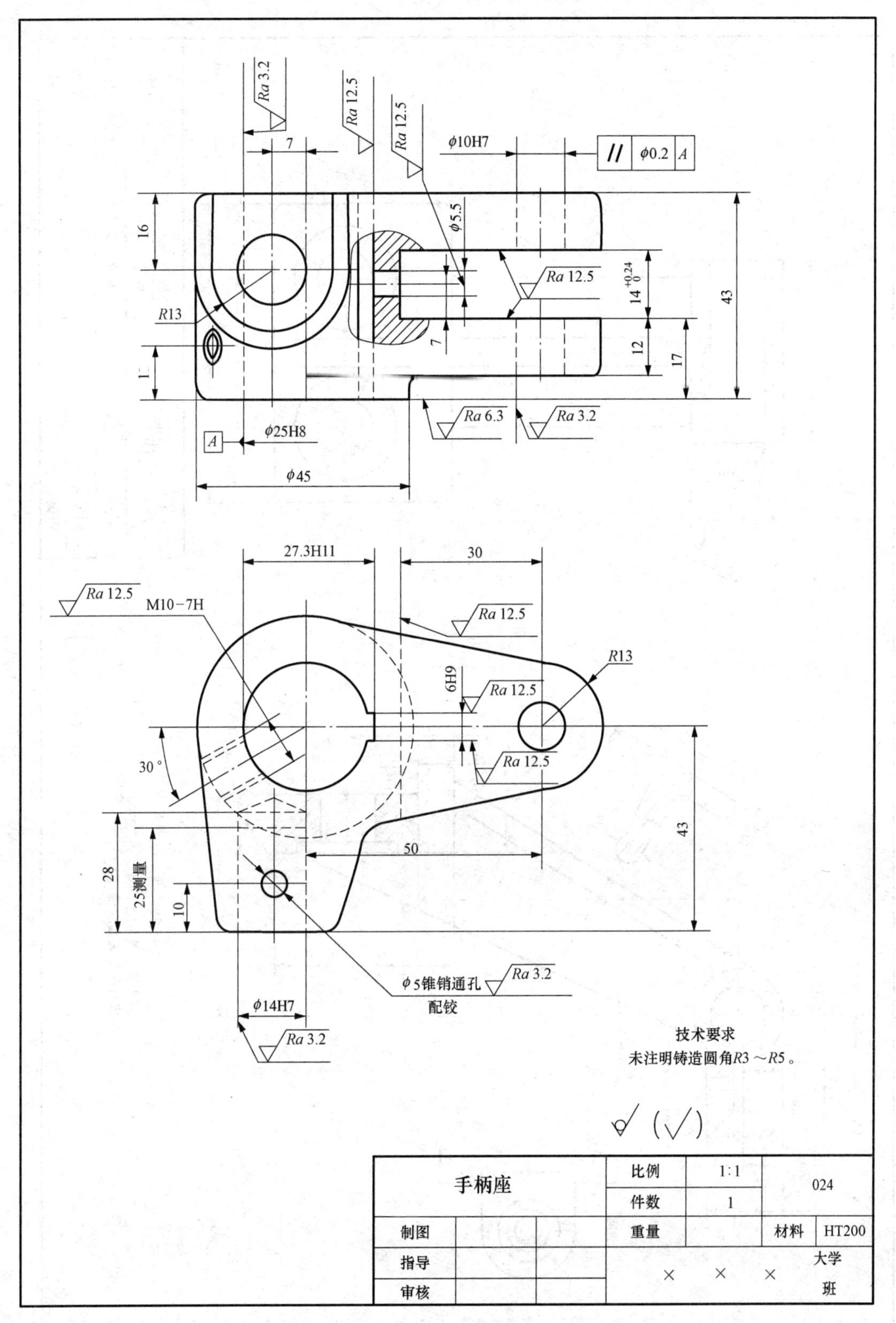
Ra 3.2
7
Ra 12.5
Ra 12.5
φ10H7
// φ0.2 A
16
φ5.5
Ra 12.5
14 +0.24 0
43
R13
7
12
17
Ra 6.3
Ra 3.2
A
φ25H8
φ45
27.3H11
30
Ra 12.5
M10−7H
Ra 12.5
R13
6H9
Ra 12.5
Ra 12.5
30°
28
25测量
10
50
43
φ5锥销通孔
配铰
Ra 3.2
φ14H7
Ra 3.2
技术要求
未注明铸造圆角R3～R5。
手柄座
比例 1:1
件数 1
024
制图
重量
材料 HT200
指导
审核
× × × 大学
班

图7-24　手柄座

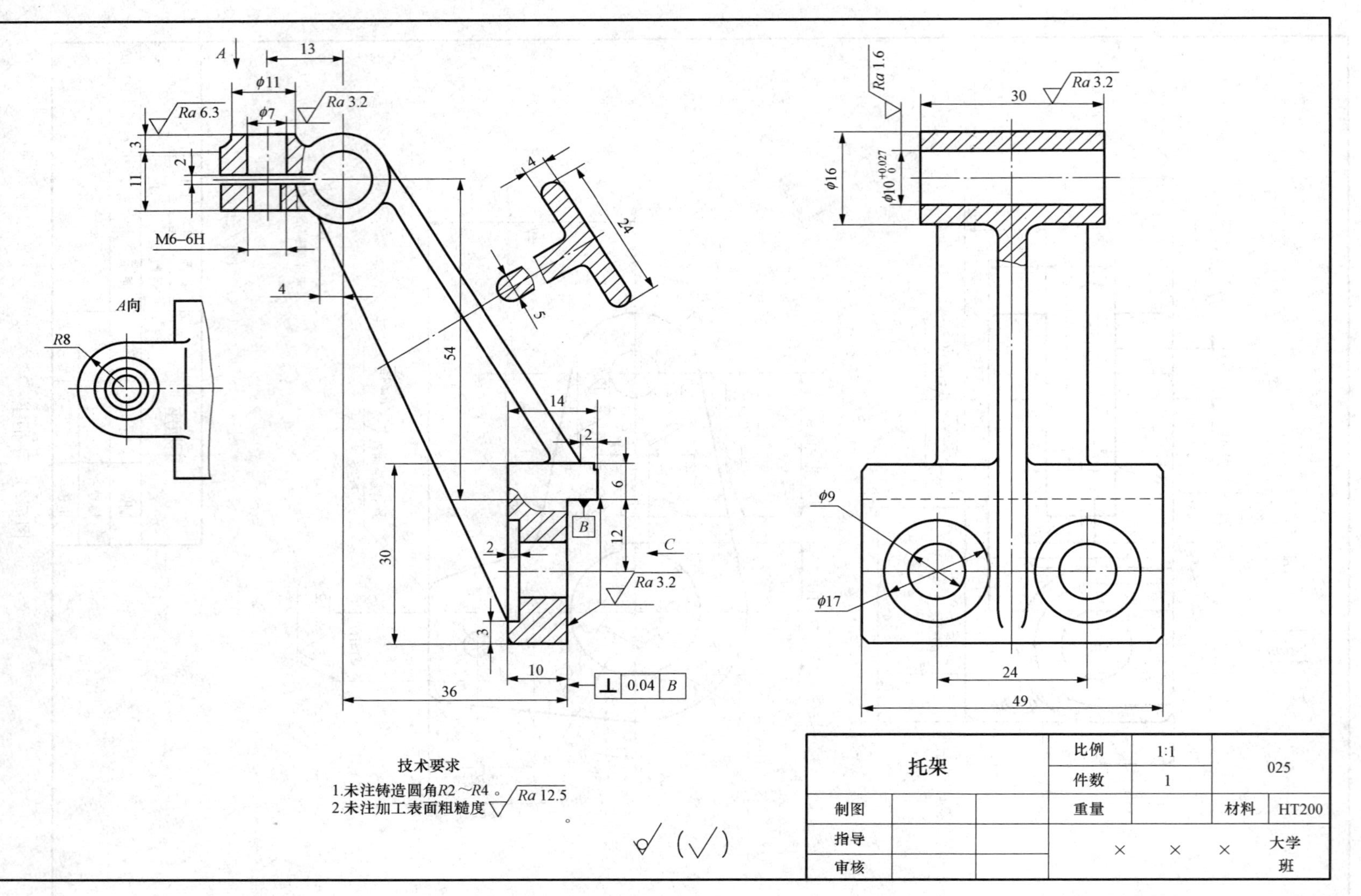
技术要求
1.未注铸造圆角R2～R4。
2.未注加工表面粗糙度 Ra 12.5。
托架
比例
1:1
件数
1
重量
材料
HT200
025
制图
指导
审核
大学
班
A向
R8
M6–6H
Ra 3.2
Ra 6.3
Ra 1.6
φ16
φ9
φ17
0.04 B

图 7-25　托架

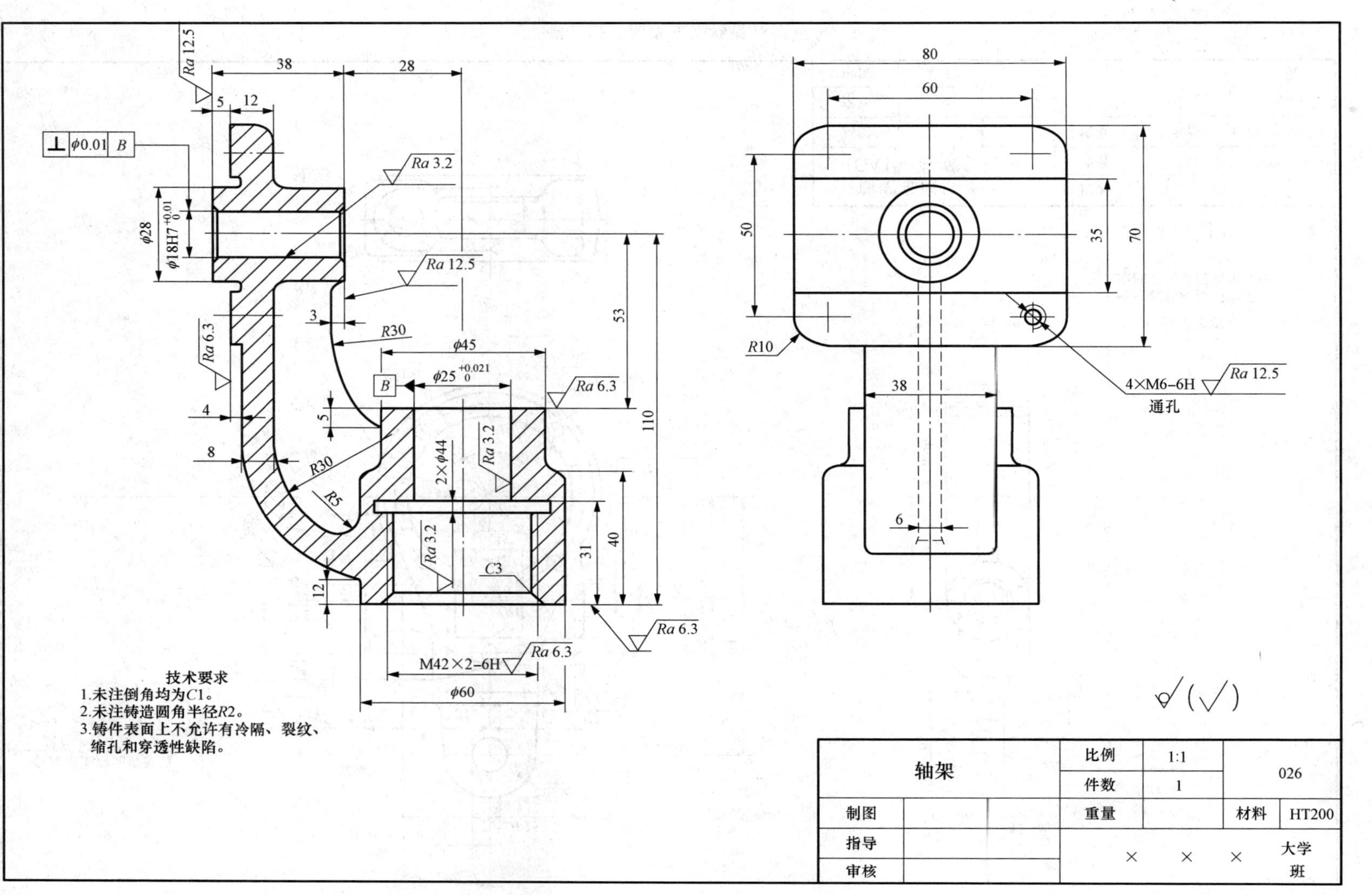
Ra 12.5
38
28
5
12
⊥ φ0.01 B
Ra 3.2
φ28
$\phi18H7^{+0.01}_{0}$
Ra 12.5
3
R30
Ra 6.3
φ45
B
$\phi25^{+0.021}_{0}$
Ra 6.3
53
110
4
5
2×φ44
Ra 3.2
8
R30
R5
Ra 3.2
40
31
C3
12
Ra 6.3
M42×2-6H
Ra 6.3
φ60
技术要求
1.未注倒角均为C1。
2.未注铸造圆角半径R2。
3.铸件表面上不允许有冷隔、裂纹、缩孔和穿透性缺陷。
80
60
50
35
70
R10
38
4×M6-6H
Ra 12.5
通孔
6
轴架
比例 1:1
件数 1
026
制图
重量
材料 HT200
指导
审核
× × ×
大学
班

图 7-26　轴架

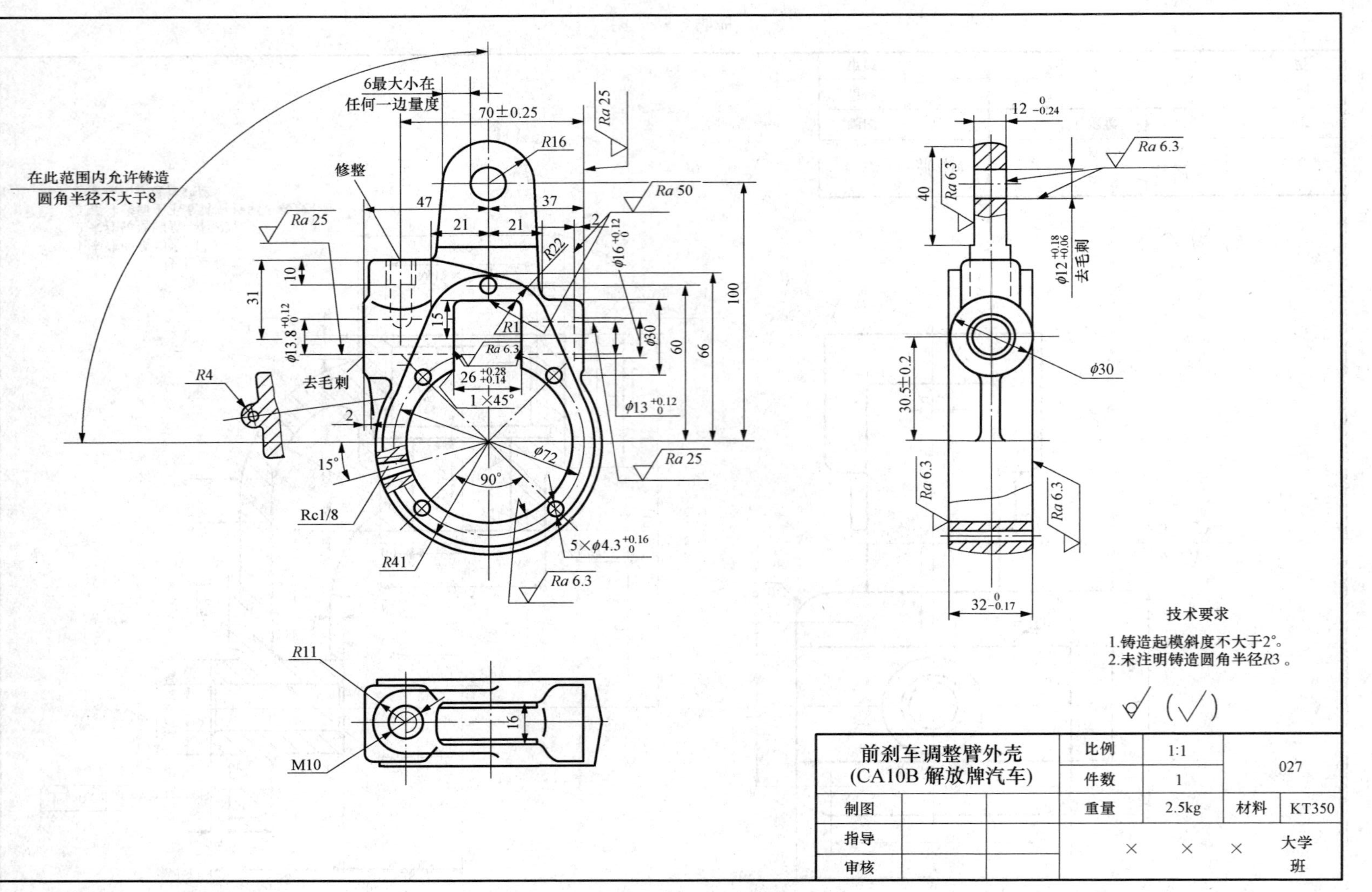

图 7-27 前刹车调整臂外壳

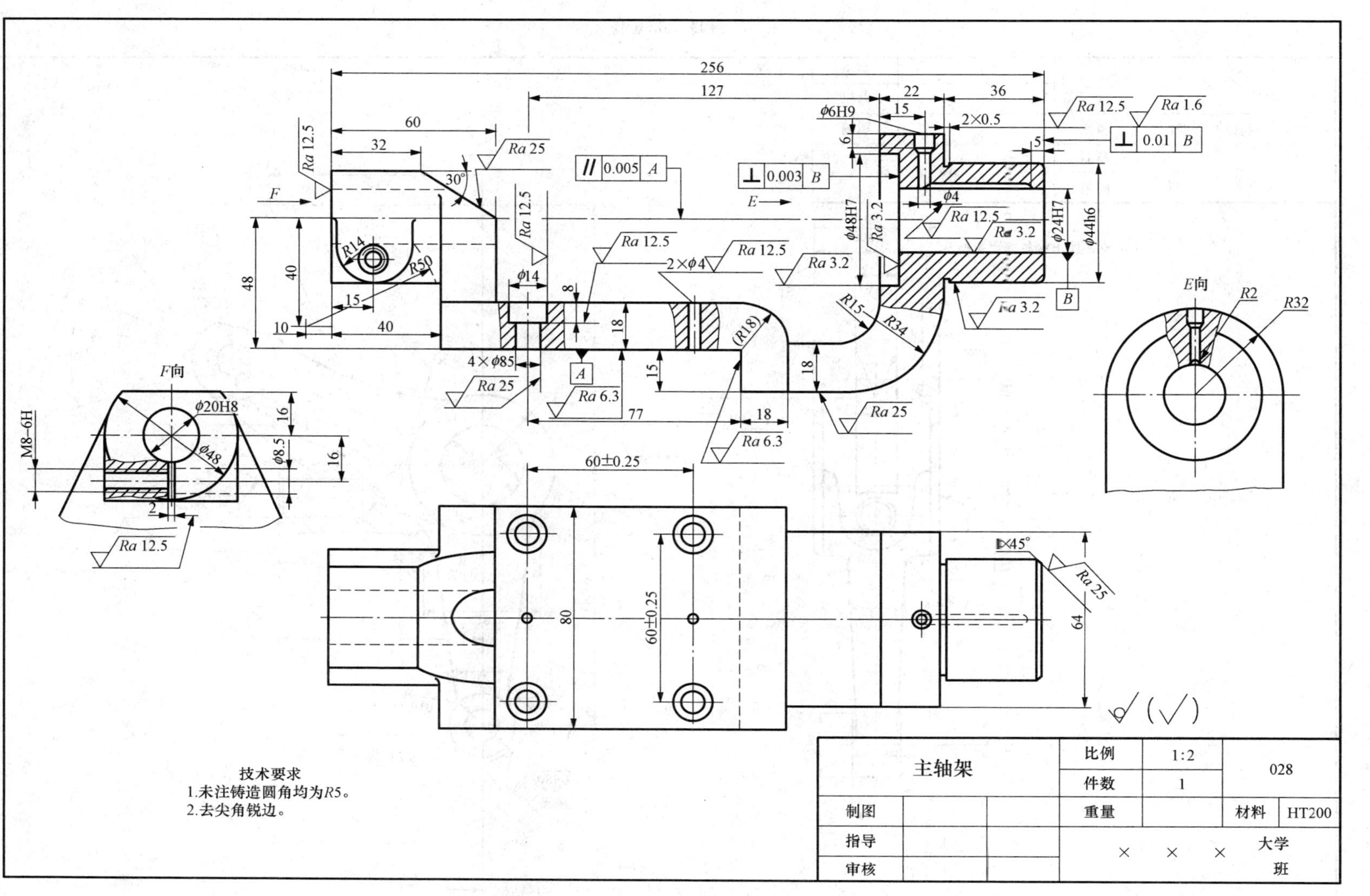
主轴架
比例 1:2
件数 1
重量
028
材料 HT200
制图
指导
审核
× × ×
大学
班
技术要求
1.未注铸造圆角均为R5。
2.去尖角锐边。
F向
E向
F
E
Ra 1.6
Ra 12.5
Ra 3.2
Ra 6.3
Ra 25
0.01 B
0.003 B
0.005 A
A
B
φ44h6
φ24H7
φ48H7
φ6H9
φ20H8
φ48
φ8.5
φ14
φ4
2×φ4
4×φ85
M8-6H
R32
R2
R34
R15
(R18)
R50
R14
256
127
60
32
22
36
15
2×0.5
48
40
10
60±0.25
80
64
77
18
16
30°
45°

图 7-28　主轴架

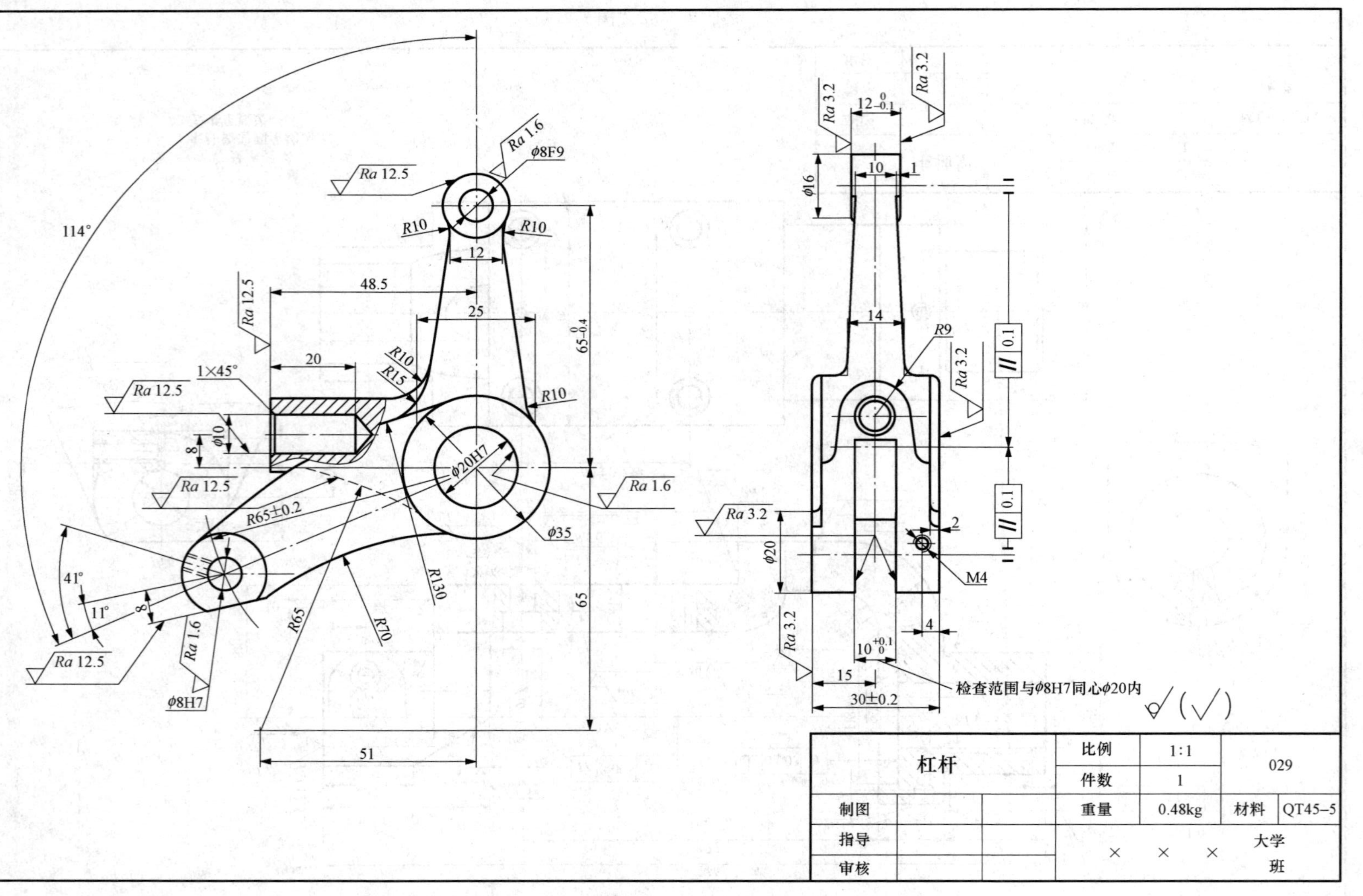
杠杆
比例 1:1
件数 1
重量 0.48kg
材料 QT45-5
029
制图
指导
审核
× × × 大学 班
检查范围与φ8H7同心φ20内
φ8F9
φ20H7
φ35
φ8H7
φ10
φ16
φ20
M4
R130
R70
R65
R65±0.2
R9
R10
R15
114°
41°
11°
1×45°
48.5
25
20
12
51
65
30±0.2
15
Ra 1.6
Ra 3.2
Ra 12.5

图 7-29 杠杆

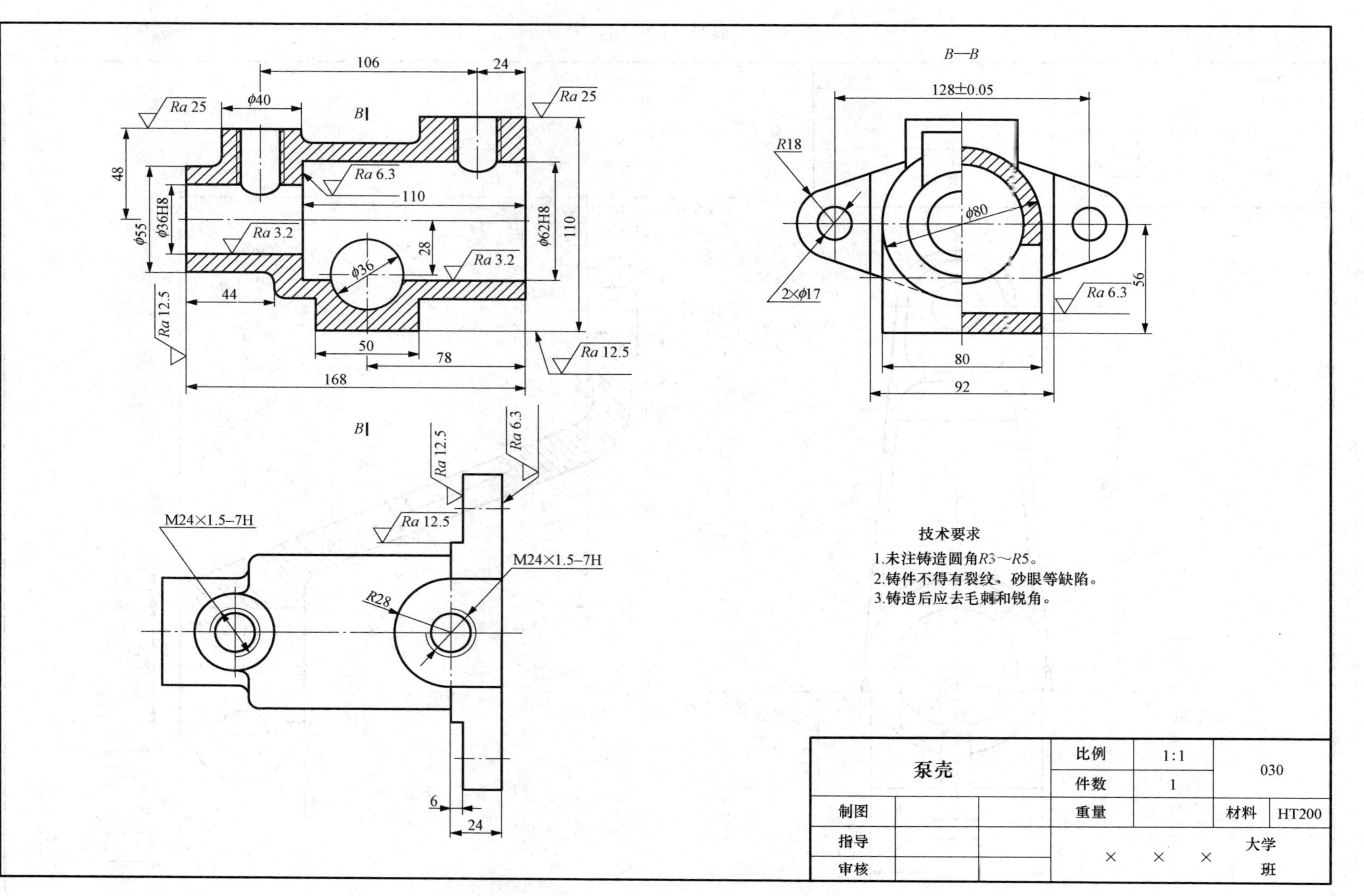
106
24
φ40
B
Ra 25
Ra 25
Ra 6.3
110
48
φ55
φ36H8
Ra 3.2
φ36
28
Ra 3.2
φ62H8
110
44
Ra 12.5
50
78
168
Ra 12.5
B—B
128±0.05
R18
φ80
2×φ17
Ra 6.3
56
80
92
B
Ra 12.5
Ra 6.3
Ra 12.5
M24×1.5-7H
M24×1.5-7H
R28
6
24
技术要求
1.未注铸造圆角R3～R5。
2.铸件不得有裂纹、砂眼等缺陷。
3.铸造后应去毛刺和锐角。
泵壳
比例
1:1
件数
1
030
制图
重量
材料
HT200
指导
× × ×
大学
审核
班

图 7-30　泵壳

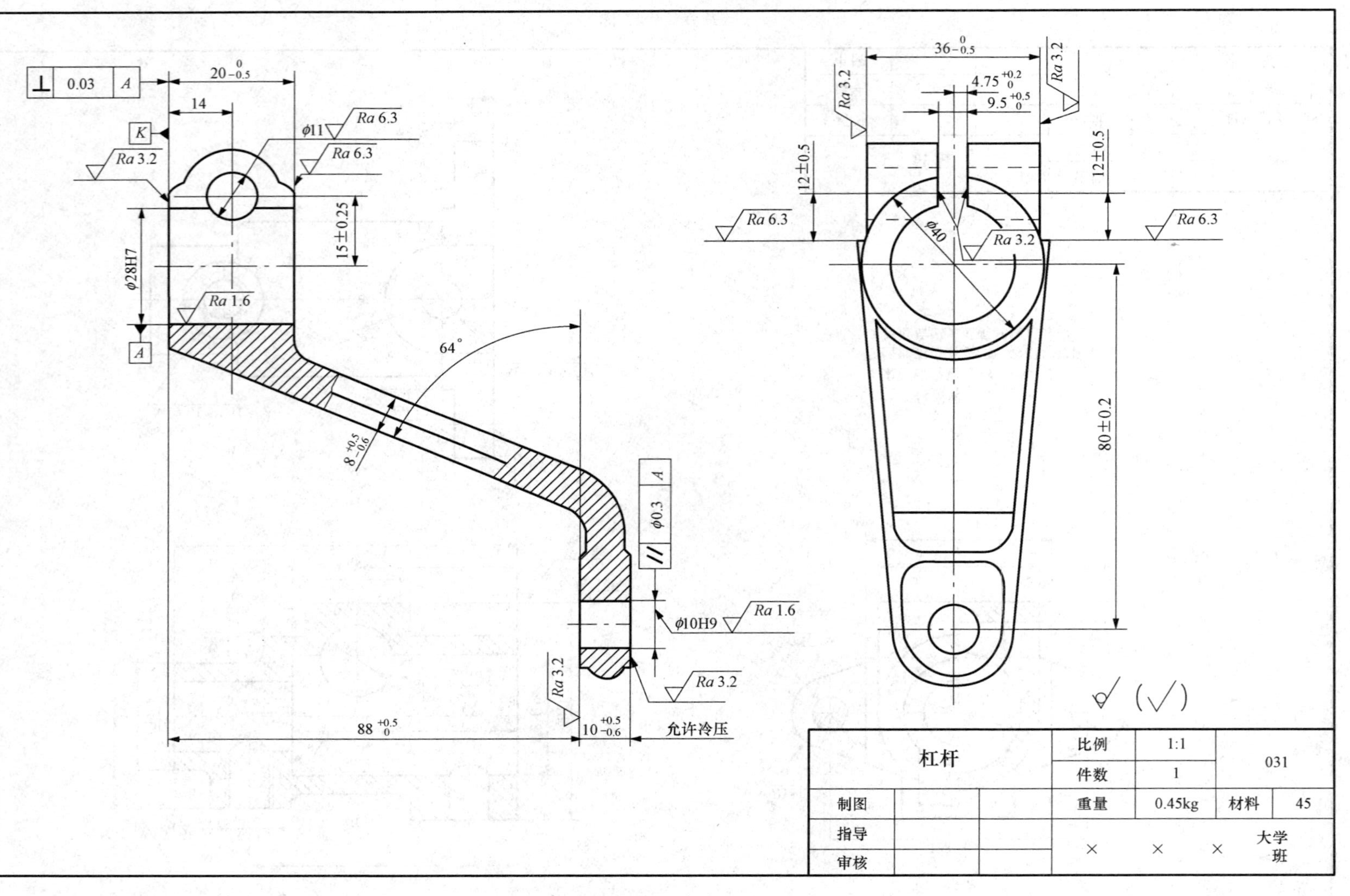
0.03 A
20 0 -0.5
14
K
φ11 Ra 6.3
Ra 6.3
Ra 3.2
15±0.25
φ28H7
Ra 1.6
A
64°
8 +0.5 -0.6
φ0.3 A
φ10H9 Ra 1.6
Ra 3.2
Ra 3.2
88 +0.5 0
10 +0.5 -0.6
允许冷压
36 0 -0.5
4.75 +0.2 0
9.5 +0.5 0
Ra 3.2
Ra 3.2
12±0.5
12±0.5
Ra 6.3
Ra 6.3
φ40
Ra 3.2
80±0.2
(√)
杠杆
比例 1:1
件数 1
031
制图
重量 0.45kg
材料 45
指导
审核
× × ×
大学 班

图 7-31 杠杆

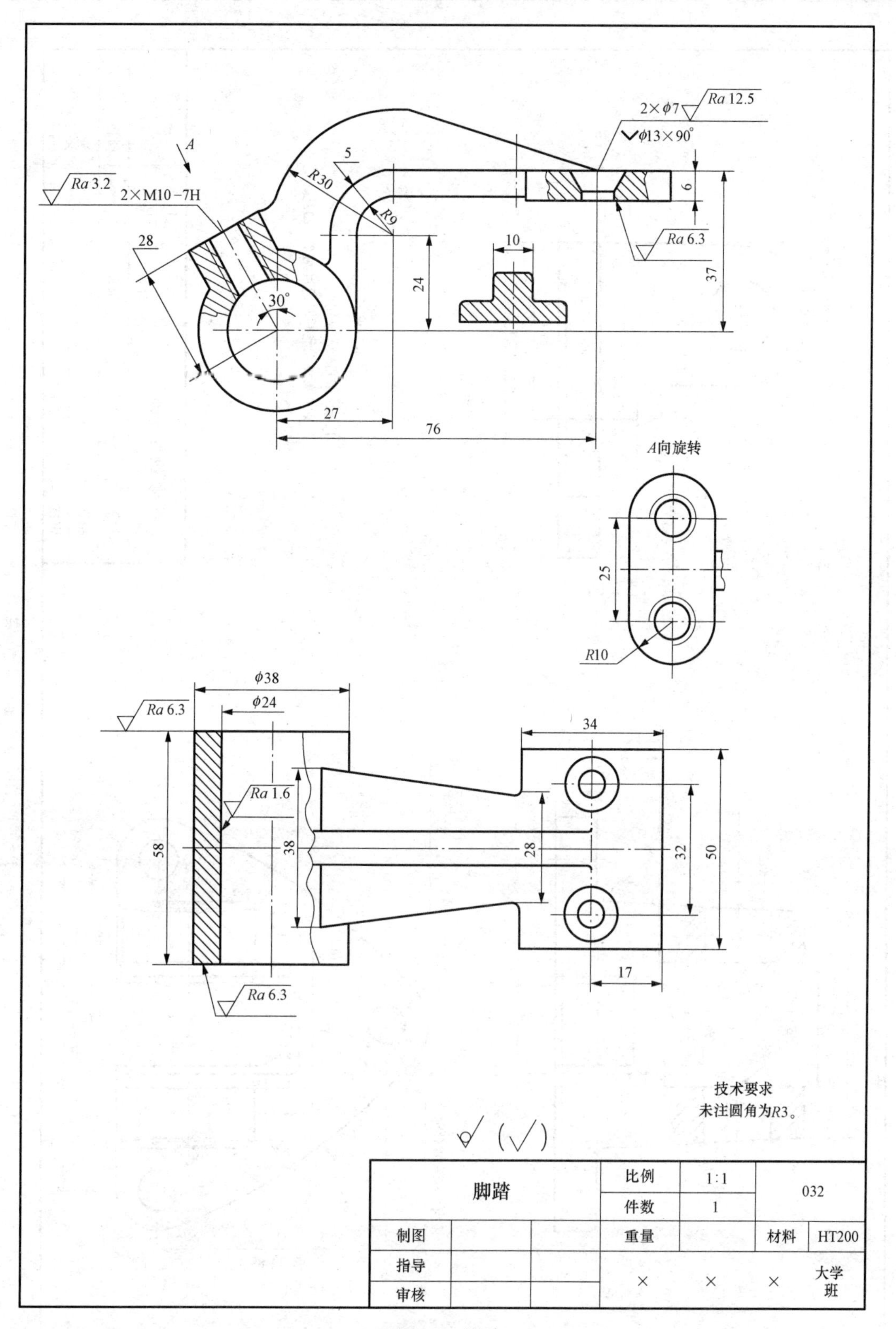

脚踏			比例	1:1	032	
			件数	1		
制图			重量		材料	HT200
指导			×	×	×	大学班
审核						

图7-32　脚踏

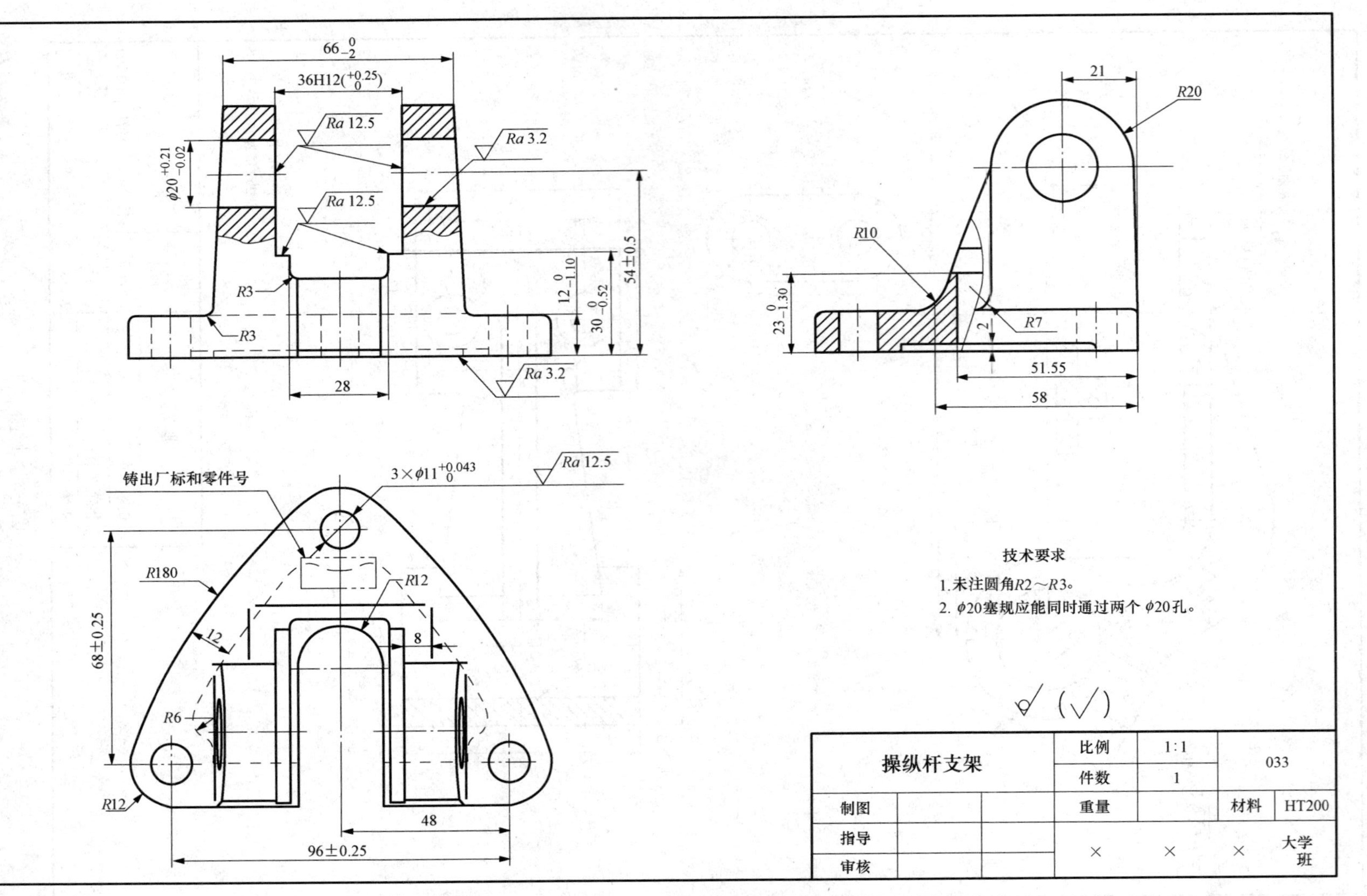
66 $_{-2}^{0}$
36H12($^{+0.25}_{0}$)
Ra 12.5
Ra 3.2
ϕ20 $^{+0.21}_{-0.02}$
R3
12 $^{0}_{-1.10}$
30 $^{0}_{-0.52}$
54±0.5
28
21
R20
R10
23 $^{0}_{-1.30}$
R7
2
51.55
58
铸出厂标和零件号
3×ϕ11 $^{+0.043}_{0}$
R180
R12
12
8
68±0.25
R6
48
96±0.25
技术要求
1.未注圆角R2～R3。
2. ϕ20塞规应能同时通过两个 ϕ20孔。
操纵杆支架
比例 1:1
件数 1
重量
材料 HT200
033
制图
指导
审核
大学
班

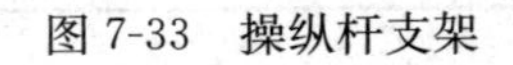
图 7-33 操纵杆支架

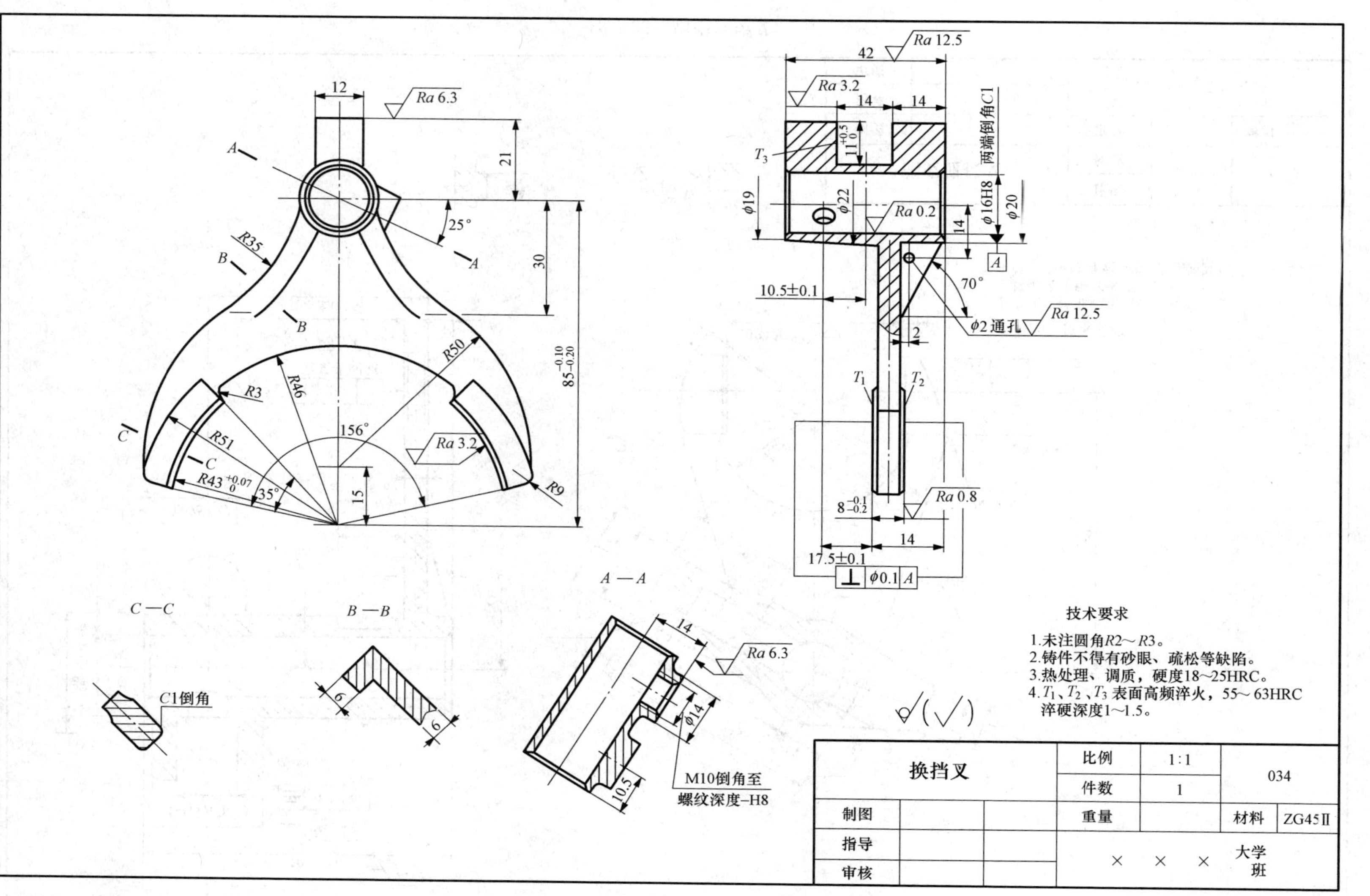
技术要求
1.未注圆角R2～R3。
2.铸件不得有砂眼、疏松等缺陷。
3.热处理，调质，硬度18～25HRC。
4.T1、T2、T3表面高频淬火，55～63HRC
淬硬深度1～1.5。
换挡叉
比例
1:1
件数
1
重量
034
材料
ZG45Ⅱ
制图
指导
审核
× × ×
大学
班
A—A
B—B
C—C
M10倒角至
螺纹深度-H8
两端倒角C1
φ2通孔
C1倒角
Ra 12.5
Ra 3.2
Ra 6.3
Ra 0.2
Ra 0.8
φ16H8
φ20
φ22
φ19
φ14
R50
R46
R51
R35
R9
R3
156°
70°
25°
35°
10.5±0.1
17.5±0.1
φ0.1 A

图 7-34　换挡叉

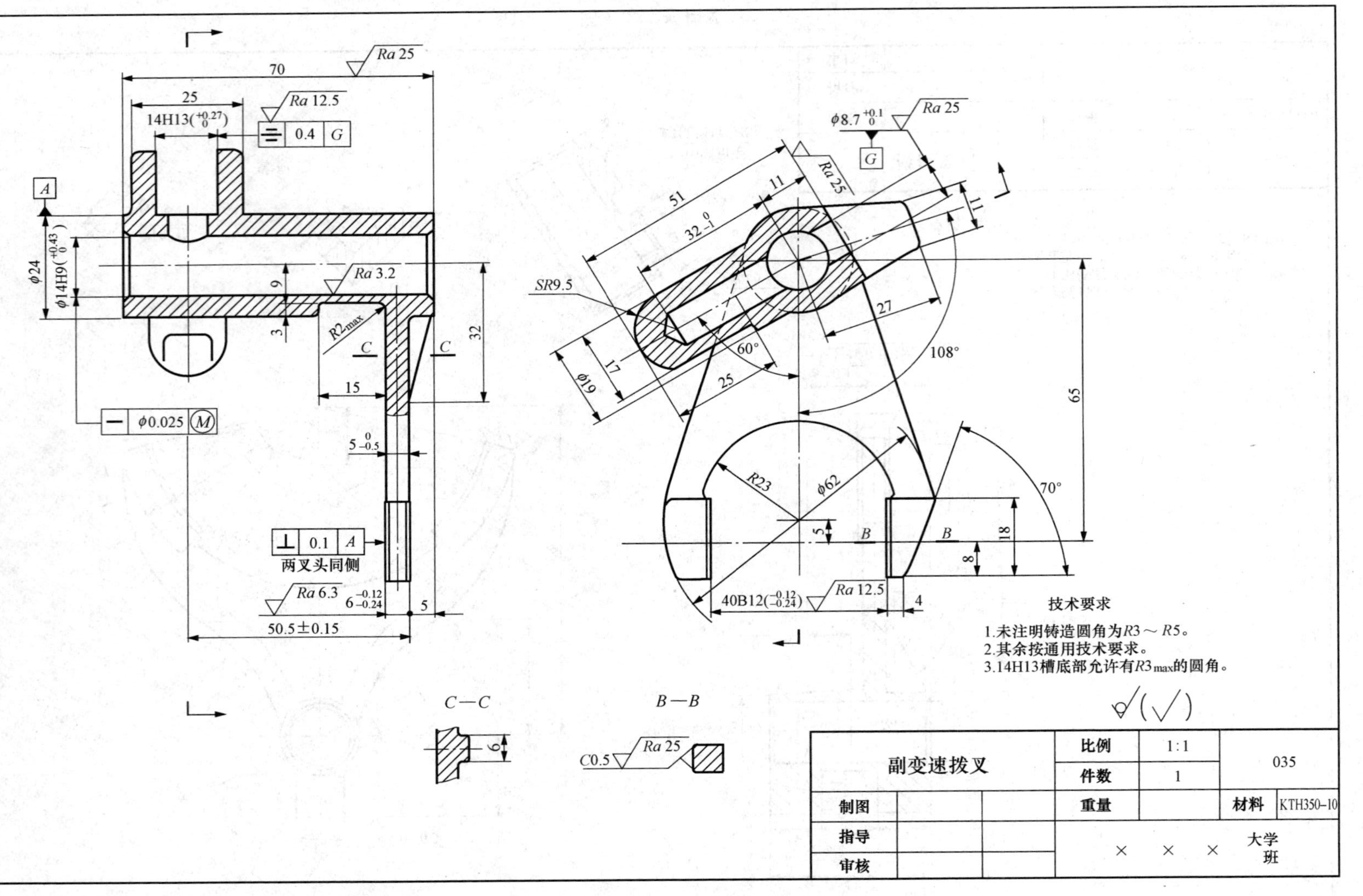
技术要求
1.未注明铸造圆角为R3～R5。
2.其余按通用技术要求。
3.14H13槽底部允许有R3max的圆角。
副变速拨叉
比例 1:1
件数 1
重量
材料 KTH350-10
035
制图
指导
审核
×××大学
班
C—C
B—B
两叉头同侧

图 7-35 副变速拨叉

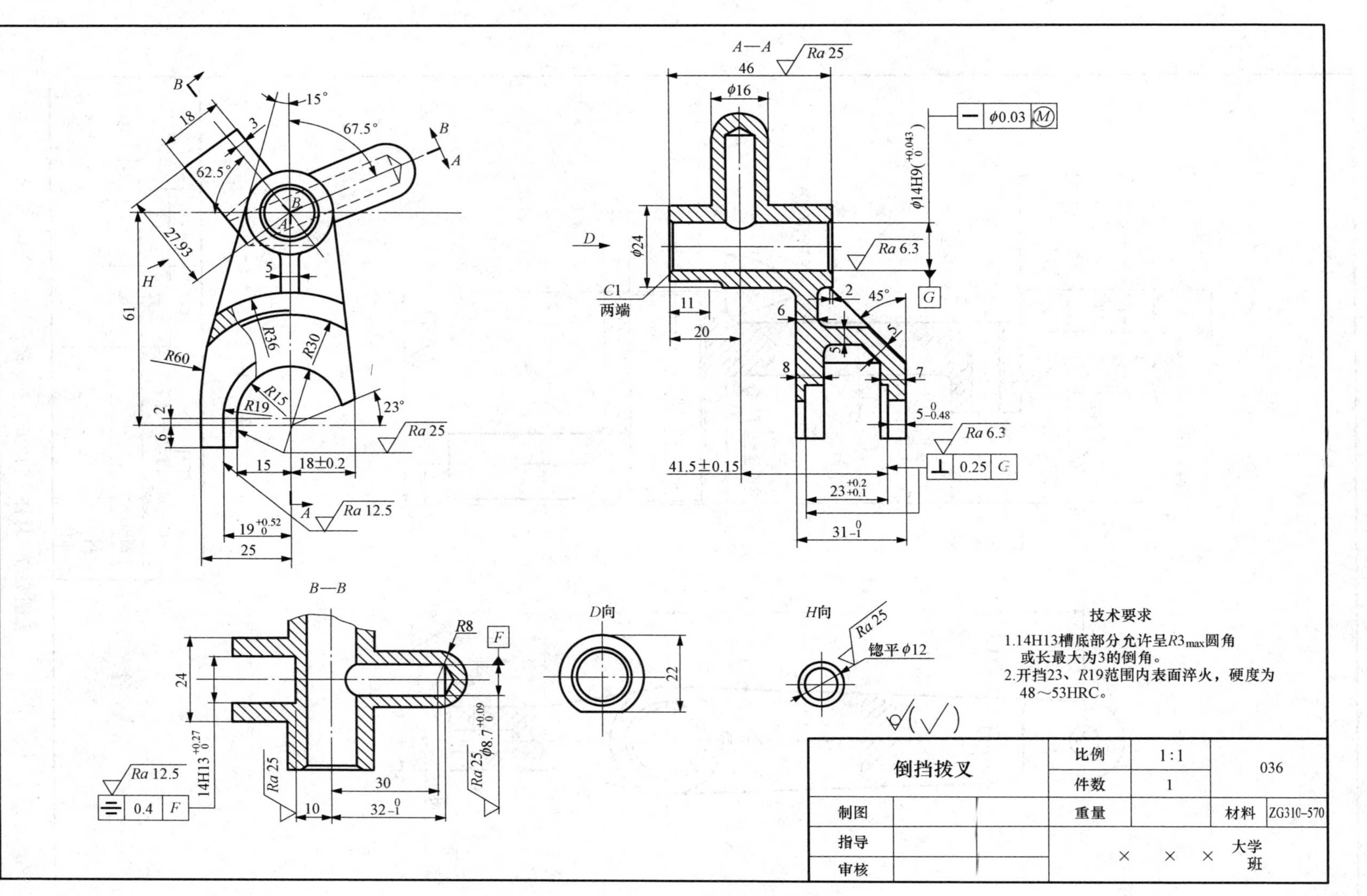
A—A
B—B
D向
H向
C1
两端
锪平 φ12
技术要求
1.14H13槽底部分允许呈$R3_{max}$圆角
或长最大为3的倒角。
2.开挡23、R19范围内表面淬火，硬度为
48～53HRC。
倒挡拨叉
比例
1:1
件数
1
036
制图
指导
审核
重量
材料
ZG310-570
× × ×
大学
班

图 7-36　倒挡拨叉

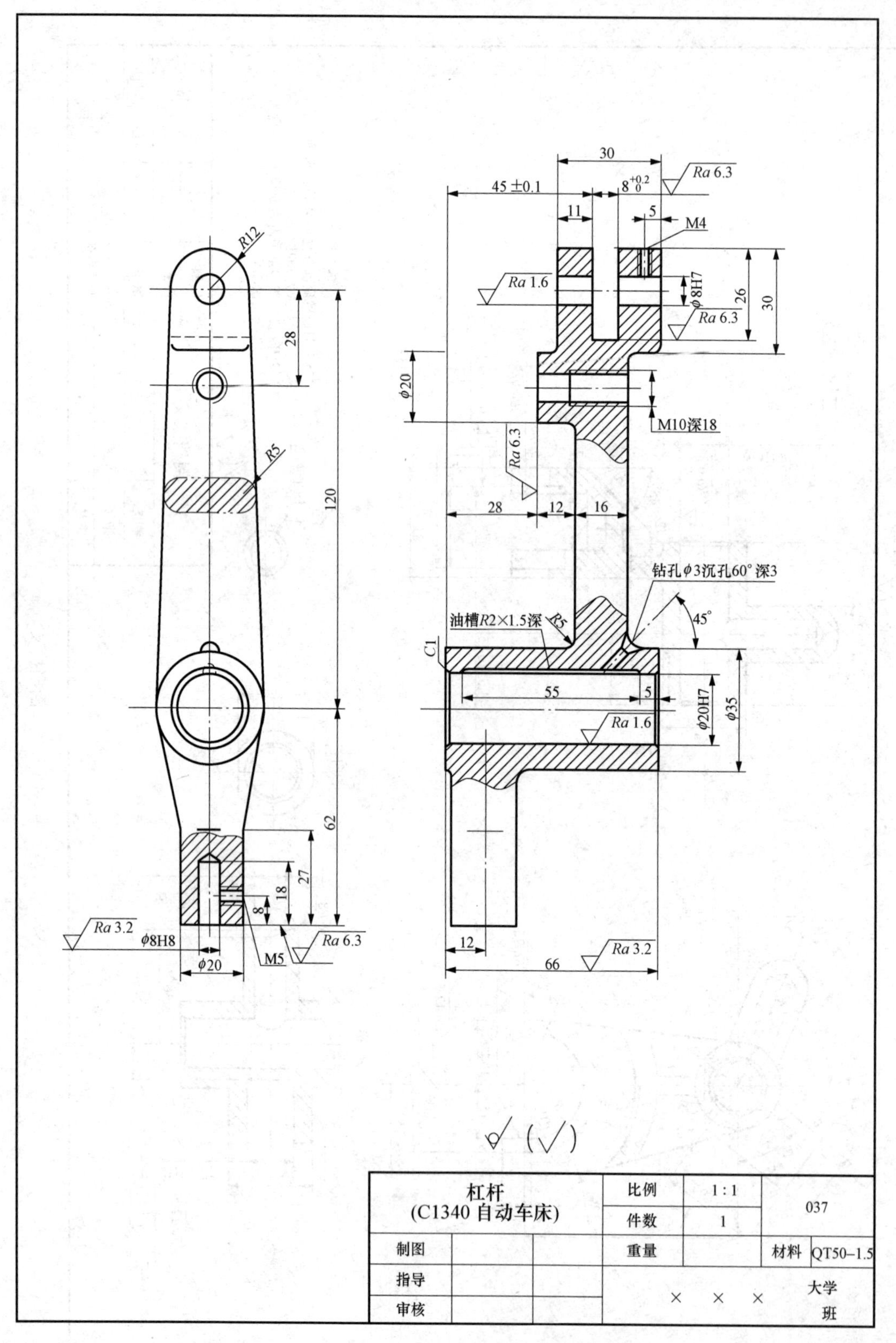

图 7-37 杠杆（C1340 自动车床）

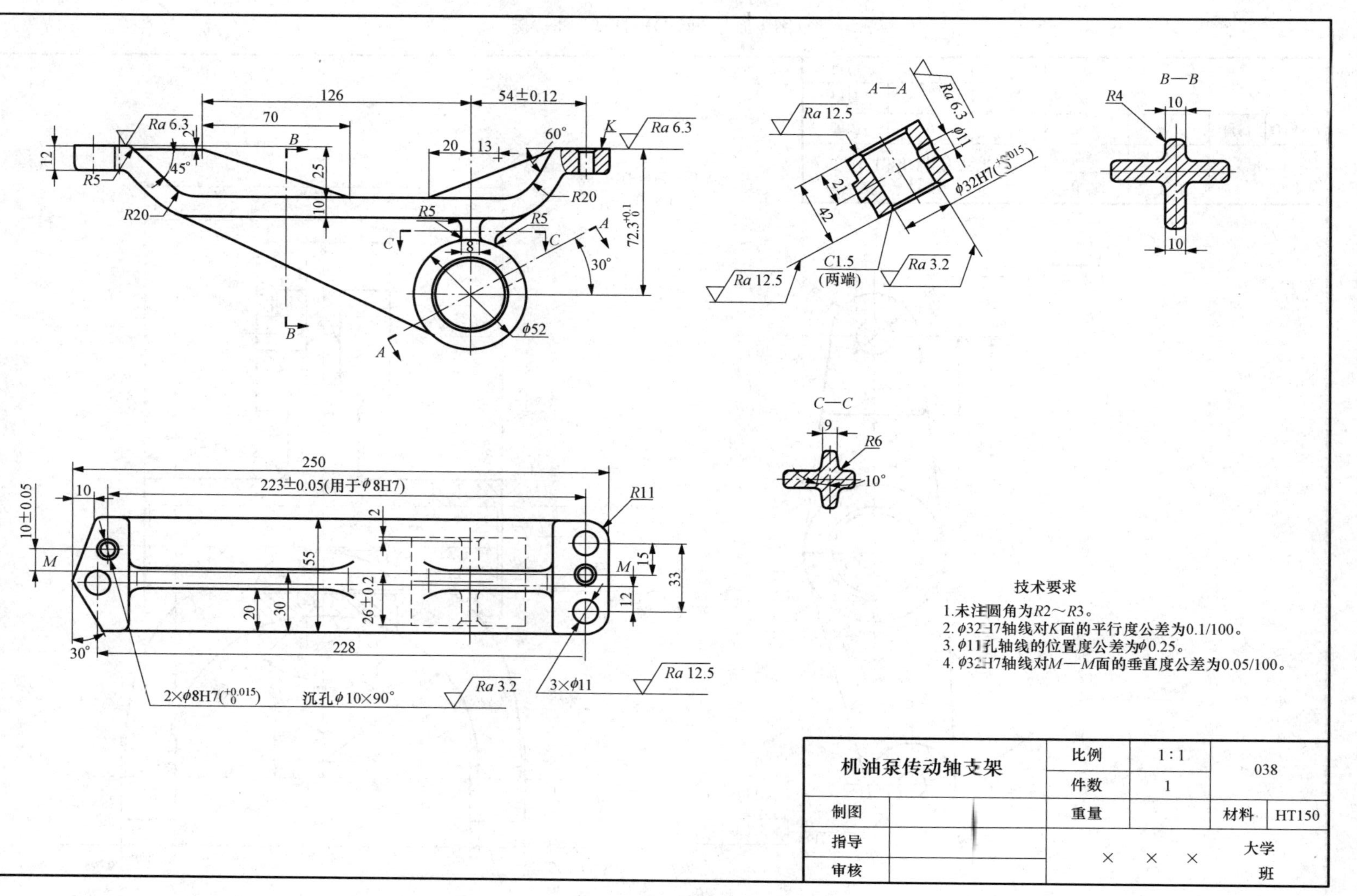

图7-38 机油泵传动轴支架

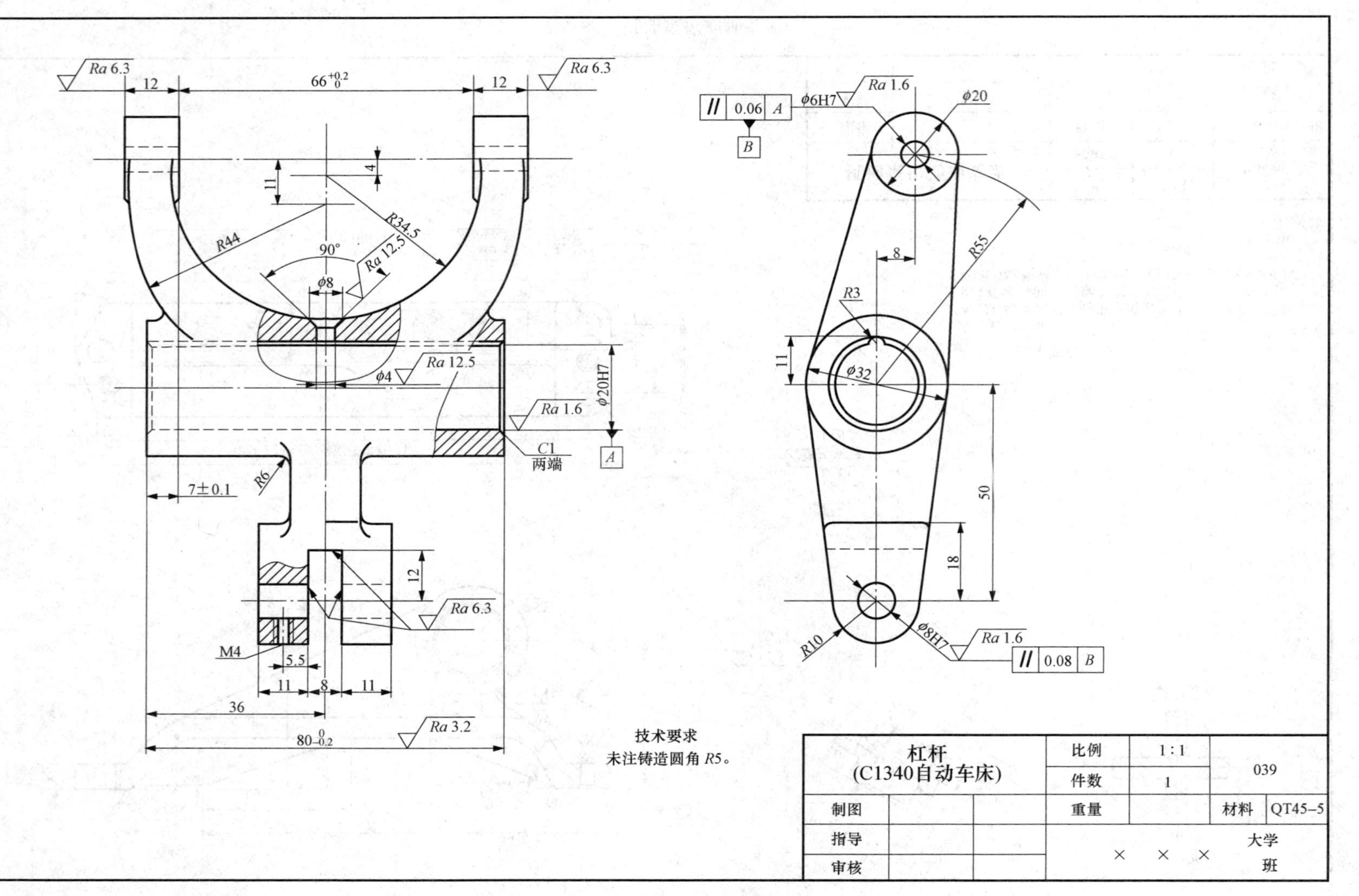

图 7-39 杠杆（C1340 自动车床）

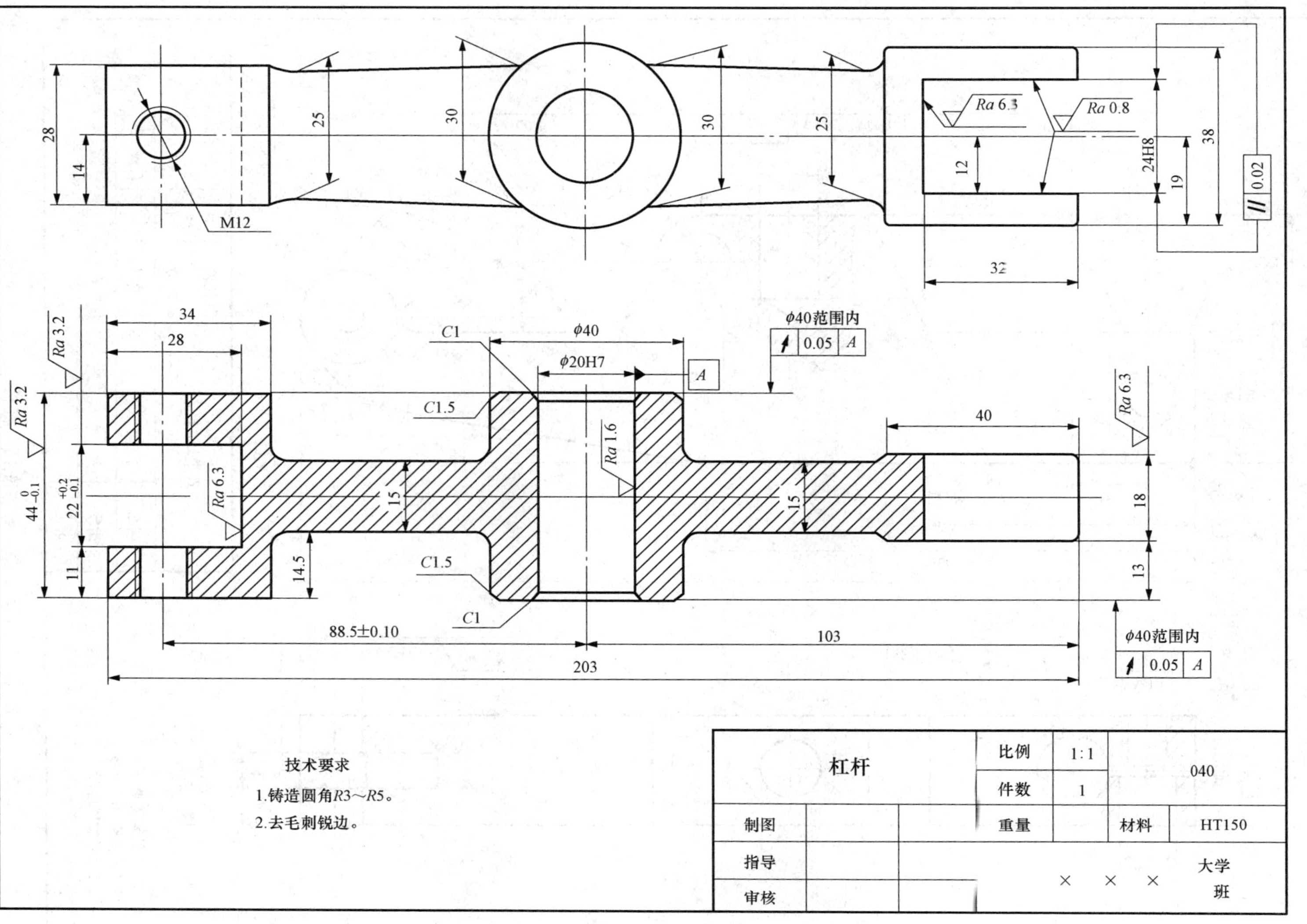
M12
28
14
25
30
30
25
Ra 6.3
Ra 0.8
12
24H8
19
38
0.02
32
34
28
Ra 3.2
Ra 3.2
C1
φ40
φ20H7
A
φ40范围内
0.05 A
C1.5
40
Ra 6.3
$44^{\ 0}_{-0.1}$
$22^{+0.2}_{-0.1}$
Ra 6.3
15
Ra 1.6
15
18
11
14.5
C1.5
13
C1
88.5±0.10
103
φ40范围内
0.05 A
203
技术要求
1.铸造圆角R3～R5。
2.去毛刺锐边。
杠杆
比例
1:1
件数
1
040
制图
重量
材料
HT150
指导
审核
× × ×
大学
班

图 7-40　杠杆

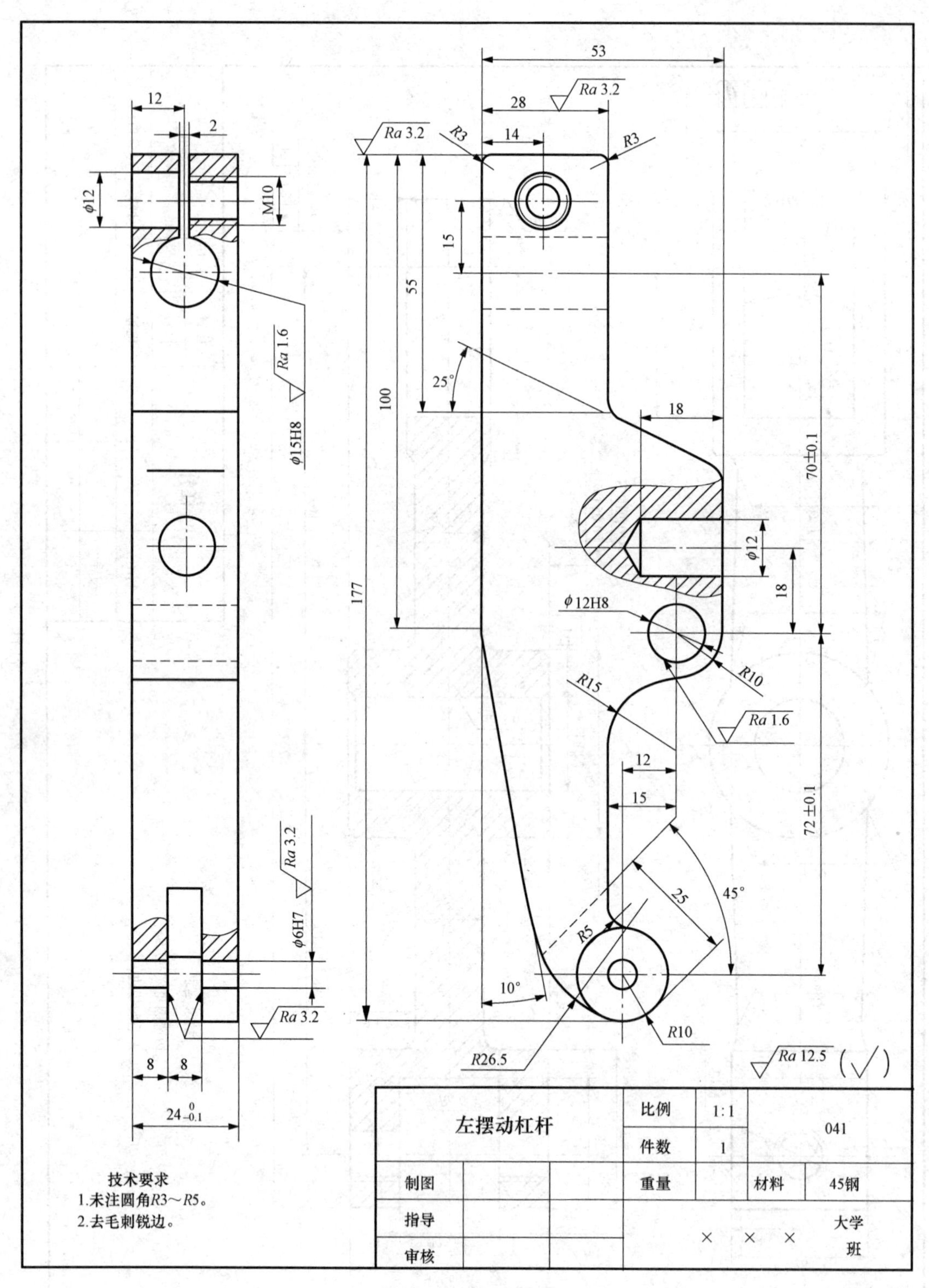
12
2
ϕ12
M10
Ra 1.6
ϕ15H8
Ra 3.2
ϕ6H7
Ra 3.2
8
8
24 $^{0}_{-0.1}$
53
Ra 3.2
28
Ra 3.2
R3
14
R3
15
55
25°
100
177
18
70±0.1
ϕ12
18
ϕ12H8
R10
R15
Ra 1.6
12
15
72±0.1
45°
25
R5
10°
R10
R26.5
Ra 12.5 (√)
左摆动杠杆
比例
1:1
件数
1
041
制图
重量
材料
45钢
指导
审核
× × ×
大学
班
技术要求
1.未注圆角R3～R5。
2.去毛刺锐边。

图 7-41　左摆动杠杆

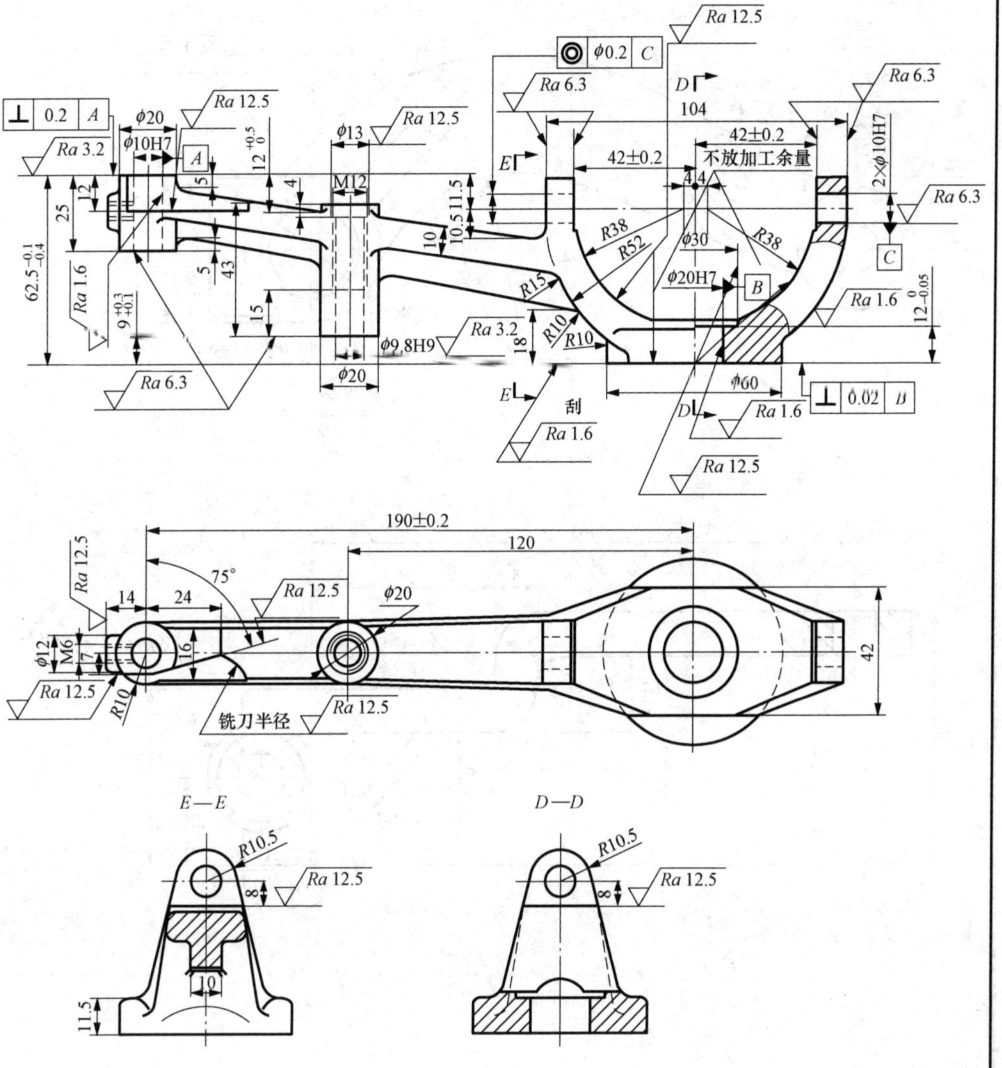

技术要求

2×ϕ10H7孔与ϕ20H7孔中心线应在同一平面上，允差0.1。

$\sqrt{}$ ($\sqrt{}$)

拨叉 (CA6140车床)			比例	1:1	042	
			件数	1		
制图			重量	0.98kg	材料	QT200
指导			× × ×		大学 班	
审核						

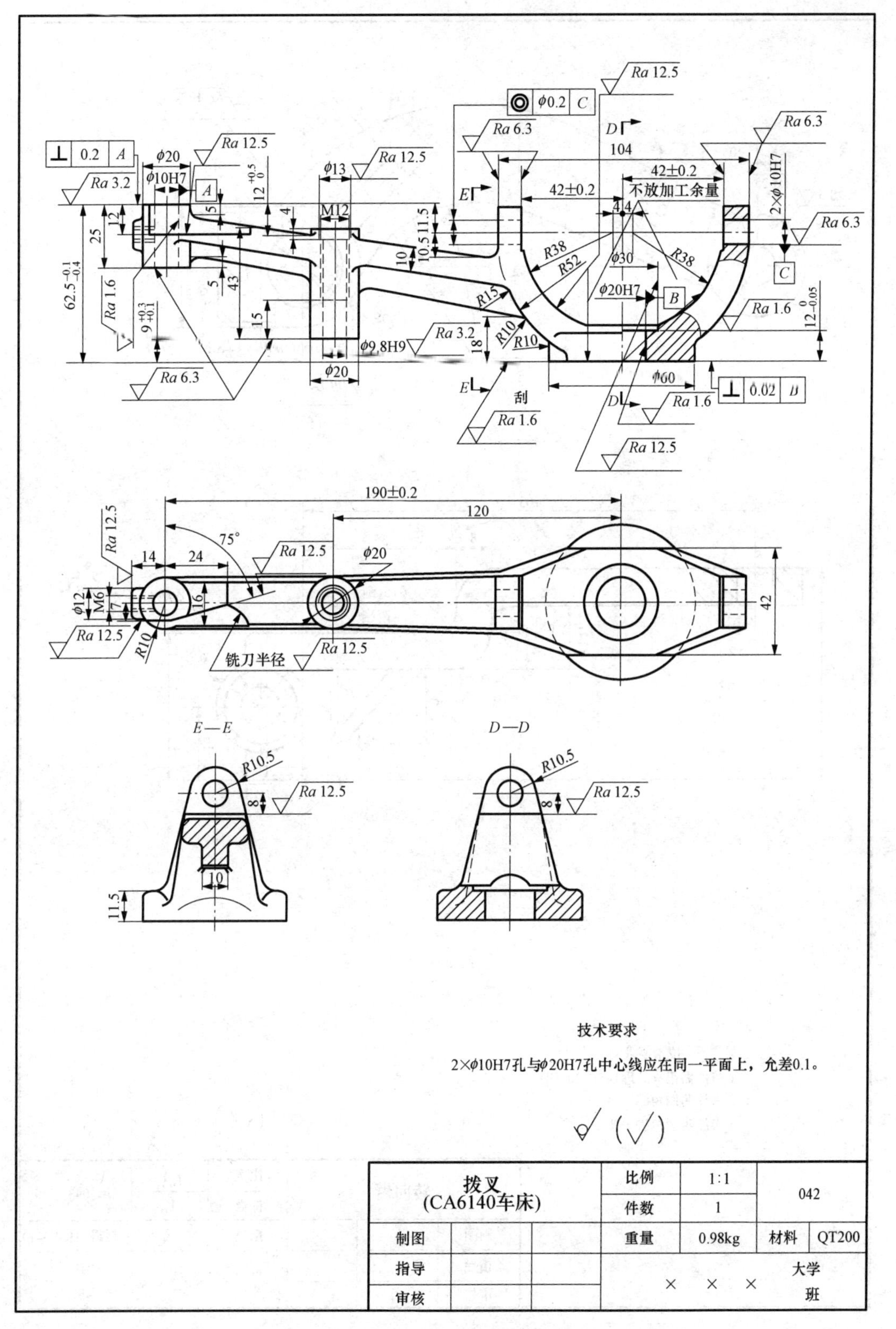

图 7-42　拨叉（CA6140 车床）（七）

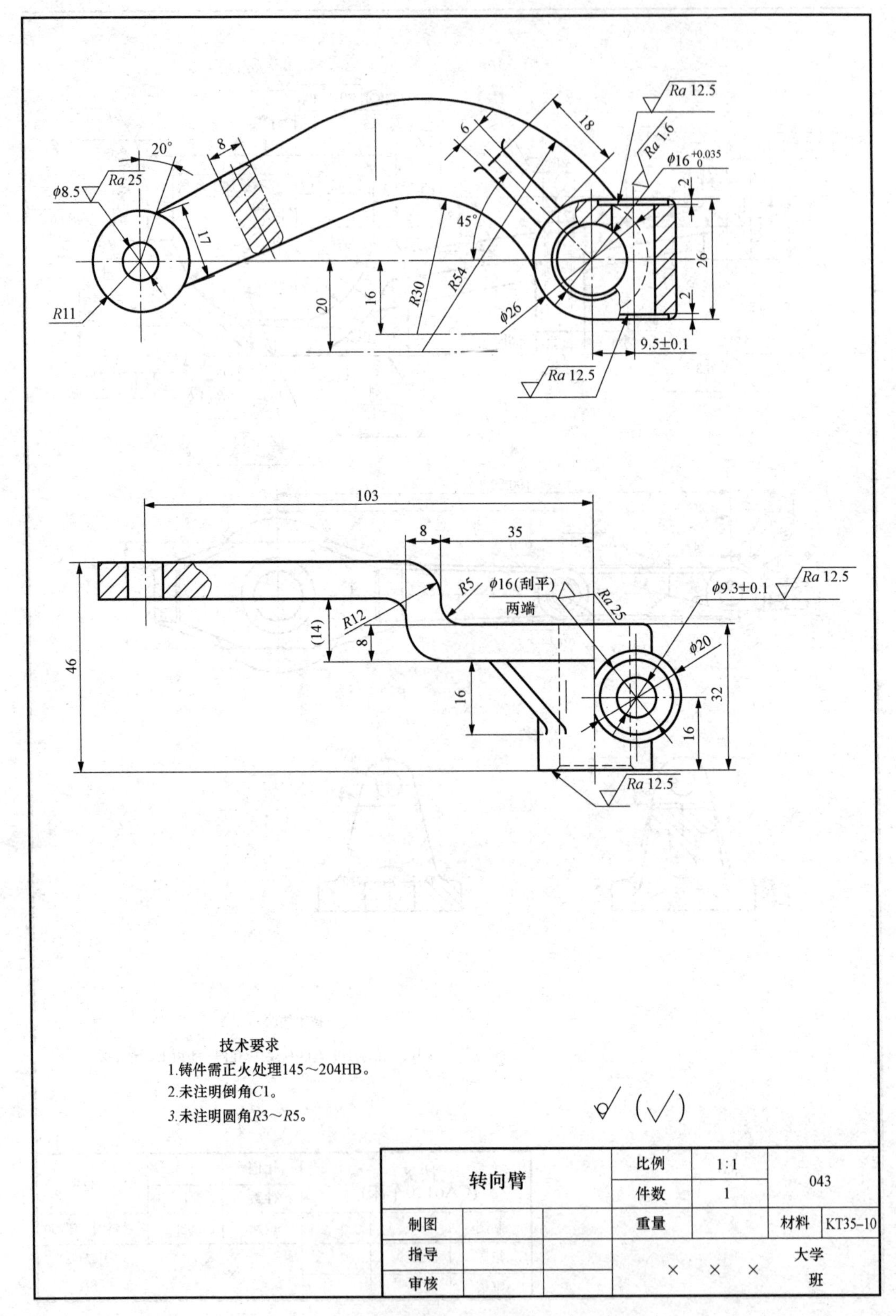

Ra 12.5
18
6
Ra 1.6
φ16 +0.035 0
20°
8
φ8.5
Ra 25
2
45°
17
26
R54
R30
20
16
φ26
2
R11
9.5±0.1
Ra 12.5
103
8
35
φ16(刮平)
两端
Ra 25
R5
φ9.3±0.1
Ra 12.5
R12
(14)
8
φ20
46
16
32
16
Ra 12.5
技术要求
1.铸件需正火处理145～204HB。
2.未注明倒角C1。
3.未注明圆角R3～R5。
(√)
转向臂
比例
1:1
件数
1
043
制图
重量
材料
KT35-10
指导
审核
× × ×
大学
班

图 7-43 转向臂

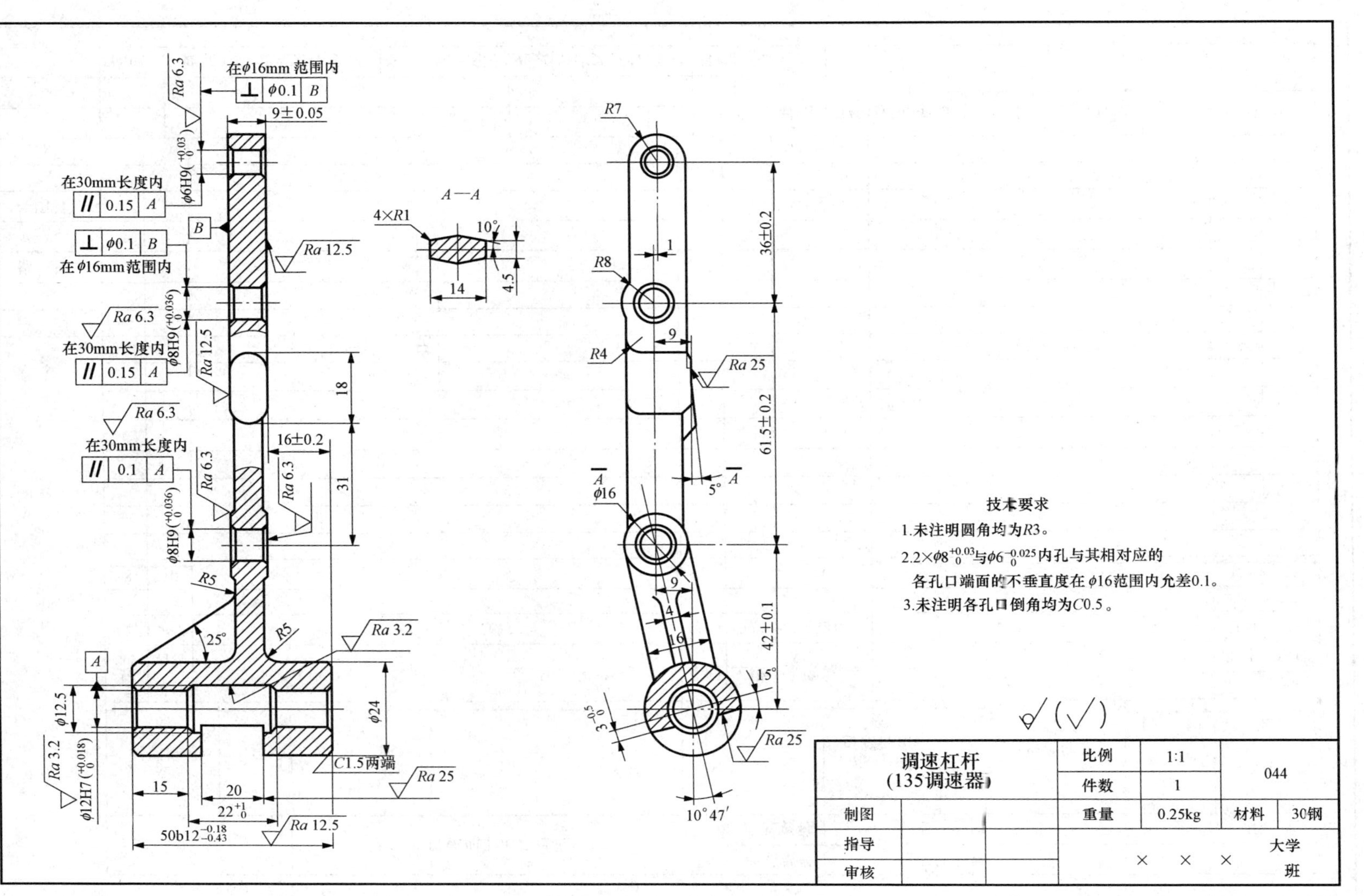
在φ16mm 范围内
在30mm长度内
在φ16mm范围内
在30mm长度内
在30mm长度内
A—A
4×R1
技术要求
1.未注明圆角均为R3。
2.2×φ8$^{+0.03}_{0}$与φ6$^{-0.025}_{0}$内孔与其相对应的
各孔口端面的不垂直度在φ16范围内允差0.1。
3.未注明各孔口倒角均为C0.5。
C1.5两端
调速杠杆
(135调速器)
比例
1:1
044
件数
1
重量
0.25kg
材料
30钢
制图
指导
审核
× × × 大学
班

图 7-44　调速杠杆

附表 1

机械加工工艺过程卡片

	机械加工工艺过程卡片					产品型号		零件图号			
						产品名称		零件名称		共 页	第 页
材料牌号 25	(1) 30	毛坯种类 15	(2) 30	毛坯外形尺寸 25	(3) 30	每毛坯可制件数 25	(4) 10	每台件数	(5) 10	备注 10	(6) 20

工序号	工序名称	工序内容	车间	工段	设备	工艺装备	工时	
							准终	单件
(7)	(8)	(9)	(10)	(11)	(12)	(13)	(14)	(15)
8	10	16 / 8 / 18×8(=144)	8		20	75	10	10

描图	
描校	
底图号	
装订号	

标记	处数	更改文件号	签字	日期	标记	处数	更改文件号	签字	日期	设计(日期)	审核(日期)	标准化(日期)	会签(日期)

附表 2

机械加工工序卡片

	机械加工工序卡片	产品型号		零件图号			
		产品名称		零件名称		共 页	第 页

10×8（=80）

车间	工序号	工序名称	材料牌号
25 （1）	15 （2）	25 （3）	30 （4）
毛坯种类	毛坯外形尺寸	每毛坯可制件数	每台件数
（5）	30 （6）	20 （7）	20 （8）
设备名称	设备型号	设备编号	同时加工件数
（9）	（10）	（11）	（12）

夹具编号	夹具名称	切削液	
（13）	（14）	（15）	
工位器具编号	工位器具名称	工序工时	
		准终	单件
45 （16）	30 （17）	（18）	（19）

工步号	工步内容	工艺设备	主轴转速 (r/min)	切削速度 (m/min)	进给量 (mm/r)	切削深度 (mm)	进给次数	工步工时	
								机动	辅助
（20）	（21）	（22）	（23）	（24）	（25）	（26）	（27）	（28）	（29）

8 90 7×10（=70） 10 16 8 9×8（=72）

描 图
描 校
底图号
装订号

										设计（日期）	审核（日期）	标准化（日期）	会签（日期）
标记	处数	更改文件号	签字	日期	标记	处数	更改文件号	签字	日期				

参 考 文 献

[1] 范孝良．机械制造技术基础．北京：中国电力出版社，2015.
[2] 黄如林．切削加工简明实用手册．北京：化学工业出版社，2004.
[3] 朱耀祥，浦林祥．现代夹具设计手册．北京：机械工业出版社，2010.
[4] 陈宏钧．实用机械加工工艺手册．3版．北京：机械工业出版社，2009.
[5] 杨叔子．机械加工工艺师手册．2版．北京：机械工业出版社，2011.
[6] 孙丽媛．机械制造工艺及专用夹具设计指导．2版．北京：冶金工业出版社，2010.
[7] 张龙勋．机械制造工艺学课程设计指导书及习题．北京：机械工业出版社，2007.
[8] 宗凯．机械制造技术基础课程设计指南．2版．北京：化学工业出版社，2015.
[9] 艾兴．切削用量简明手册．3版．北京：机械工业出版社，2002.
[10] 邹青．机械制造技术基础课程设计指导教程．2版．北京：机械工业出版社，2011.